KEC 규격에 의한

최신 전기설비설계

전 기 응 용 기 술 사 박종복
건축전기설비기술사 배준기
건축전기설비기술사 민찬식
건축전기설비기술사 송정원
공저

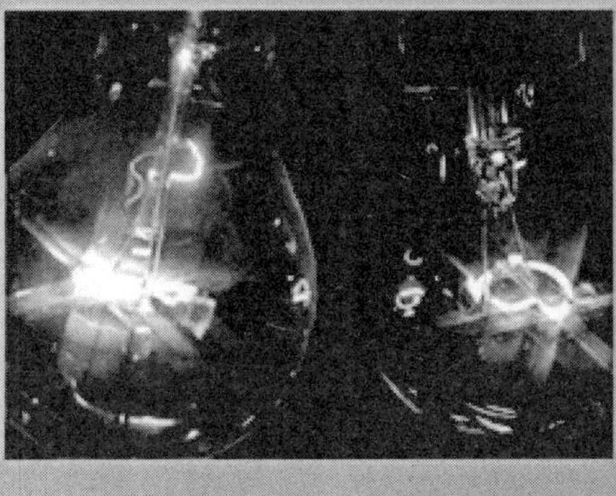

도서출판 태영문화사

머 리 말

본 교재는 4차산업혁명시대의 국제기준에 발맞춰 최근 제·개정된 전기설비기술기준과 KEC(한국전기설비규정), 건축법령 및 화재안전기준 등을 반영하여 산업현장에서 이루어지는 각종 전기설비의 기획, 설계, 시공, 감리 및 유지관리를 할 수 있도록 재구성하였다. 또한, 전기분야 국가기술자격시험에 응시하고자 하는 수험생에게는 실무기술을 학습하는데 매우 중요한 교재로서 현장에서 경험할 수 없는 새로 제정된 KEC에 관한 이론과 실무를 동시에 학습할 수 있도록 내용을 다음과 같이 구성하였다.

제1장에서는 전기설비의 개요 및 종류에 대하여 설명하였다.
제2장에서는 수변전설비의 구성 및 선정을 할 수 있도록 설명하였다.
제3장에서는 배전설비의 전기방식, 전압강하, 감전 및 과전류보호에 대하여 설명하였다.
제4장에서는 부하설비의 조명설비 및 동력설비에 대하여 설명하였다.
제5장에서는 반송설비에서는 승강기 및 에스컬레이터에 대하여 설명하였다.
제6장에서는 정보통신의 개념과 종류에 대하여 설명하였다.
제7장에서는 소방설비, 뇌 보호설비 및 항공장애등의 방재설비에 대하여 설명하였다.
제8장에서는 접지시스템의 구분, 계통접지방식 등의 설계에 대하여 설명하였다.
제9장에서는 전기공사의 설계, 시공, 감리, 견적에 관한 기본사항에 대하여 설명하였다.
제10장에서는 전기공사에 사용하는 재료와 공구에 대하여 설명하였다.
제11장에서는 안전보호에 대하여 설명하였으며

본 교재는 전기분야기술사들이 다년간의 경험과 노하우를 바탕으로 산업현장에서 바로 적용할 수 있도록 이론과 실무내용으로 구성하였으며 또한 제·개정된 관계법령 및 KEC규정을 이해하기 쉽게 해설하여 수록하였다. 그러므로 본 교재를 학습하는 전기전공학생 또는 전기설비의 기획·설계·시공·감리 및 안전관리직무를 수행하는 모든 기술자들에게 많은 도움이 되기를 바랍니다.

끝으로, 본 교재가 완성되기까지 수정 및 보완해주신 태영문화사 사장님 및 임직원들께 감사를 드립니다.

저자 씀

차 례

제1장 전기설비의 개요

제2장 수변전설비

제3장 배전설비

제4장 부하설비

제5장 반송설비

제6장 정보통신설비

제7장 방재설비

제8장 접지시스템

제10장 재료와 공구

제11장 안전보호

제 1 장 전기설비의 개요

전기설비는 건축물의 용도와 그 외 사용 목적에 적합한 종합적인 전기설비를 의미하며 건축물내의 주거환경을 구성하는 옥내 전기설비가 주를 이루며, 옥외 전기설비 및 기타 전기설비를 포함하고 있다.

1.1 전기설비의 정의

전기설비라 함은 발전·송전·변전·배전 또는 전기사용을 위하여 설치하는 기계, 기구, 댐, 수로, 저수지, 전선로, 보안통신선로 등 기타의 설비를 말하며 발전을 하기 위한 수력발전설비(댐, 수로, 저수지), 화력발전설비, 원자력발전설비, 가스터빈발전설비, 분산형전원설비, 송전을 위한 송전설비, 변전을 위한 변전설비, 배전을 위한 배전설비 및 전기사용을 위하여 설치하는 전기수용가설비까지를 말한다.

전기설비에서 "제외되는 선박·차량 또는 항공기에 설치하는 것, 기타 영(領)으로 정한 것"은 다음과 같다.

① 선박, 함선, 차량 또는 항공기가 그 기능을 유지하도록 하기 위하여 설치하는 전기설비.

② 전압 30[V] 미만의 전기설비로서 전압 30[V] 이상의 전기설비와 전기적으로 접속되어 있지 않을 것.

③ 전기통신 기본법이 적용되는 전기통신설비(수전을 위한 설비를 제외한다).

1.2 전기사업법에 의한 전기설비

전기사업법은 전기설비의 공사 · 유지 및 운영에 관하여 필요한 사항을 정하므로 공공의 안전을 확보하고 전기를 발전하기 위한 댐 · 수로 · 저수지 · 발전 · 송전 · 변전 · 배전 · 보안통신선로, 전기를 사용하기 위하여 설치하는 수용설비(수전, 구내배전)까지를 말한다.

전기사업법에 의한 전기설비는 사업용 전기설비, 자가용 전기설비, 일반용 전기설비의 3종류가 있다.

〔1〕 전기사업용 전기설비

사업용 전기설비라 함은 전기사업자가 전기사업에 사용하는 전기설비를 말한다. 예를 들면 전기사업자가 일반의 수요에 응하여 전기를 공급할 목적으로 설치한 전기설비를 말하며, 발전 · 변전 · 송전 · 배전설비, 통신(전력용 보안)의 전기설비, 전기판매, 구역전기사업 등 직접 이러한 설비관리를 행하는 사업소에 설치하는 전기설비를 의미한다.

〔2〕 일반용 전기설비

일반용 전기설비란 주택, 상점, 소규모 공장 등과 같이 소규모의 전기설비로서 한정된 구역에서 전기를 사용하기 위한 설비로서 다음과 같다.

① 저압에 해당하는 용량은 75[kW] 미만의 전기설비로 자가용 설비의 예외설비를 제외한 소규모 설비.

② 저압에 해당하는 발전기 용량이 10[kW] 이하의 설비를 설치한 고객.

③ 저압에 해당하는 수전용량은 100[kW] 미만의 심야전력 및 제조업의 전기설비.

〔3〕 자가용 전기설비

자가용 전기설비라 함은 전기사업용 전기설비 및 일반용 전기설비 이외의 전기설비로서 다음의 전기설비는 포함한다.

① 자가용 전기설비를 설치하는 자가 그 자가용 전기설비의 설치장소와 동일한 수전 장소에 설치하는 것.

② 폭발성 또는 인화성 물질이 있어 전기설비에 의한 사고발생의 우려가 많은 각종 법령에서 정하는 갑종 탄광, 화약류 제조사업장, 도시가스 사업장, 액화석유가스 저장 및 판매사업장 등의 장소에 위험시설에 설치하는 용량 20[kW] 이상의 전기설비.

③ 공연장, 유흥주점, 체력단련장, 대규모 점포, 상점가, 의료기관, 호텔, 집회장, 영화상영관 등 불특정 다수인이 이용하는 용량 20[kW] 이상의 전기설비.

1.3 기능에 의한 전기설비의 구성

〔1〕 전원설비

전기 에너지를 공급하는 수전설비, 변전설비, 예비발전설비, 축전지설비, 특수전원설비 등 전원공급설비.

① **수전설비** : 전력회사로부터 전력을 수전하는 설비.

② **변전설비** : 특고압을 부하에 알맞은 사용전압으로 강압하고, 보호기능을 갖고 있는 설비.

③ **예비전원설비** : 상시 사용하는 전원회로의 고장, 정전 또는 비상시 대체하는 발전설비.

④ **축전지설비** : 상용전원 공급 중단시 공급되는 비상조명등, 감시제어용 직류전원.

⑤ **특수전원설비** : 축전지 설비와 컴퓨터용 전원 등에 정전압·정주파수 공급장치(CVCF) 및 무정전장치(UPS) 등 특수 부하에 대한 전원설비.

⑥ **신·재생에너지발전설비** : 건축물에 설치되는 태양광, 풍력, 연료전지 등의 발전설비

⑦ **에너지저장시스템(ESS)설비** : 신·재생에너지로 생산된 전기를 배터리에 저장했다가 일시적으로 전력이 부족할 때 사용 하거나 스마트그리드의 구성체계로서 전력의 소비 주체도 전력생산자의 역할을 가능하게 하는 전력에너지저장 설비

〔2〕 전력부하설비

전기 에너지를 소비하는 조명, 전열, 동력, 비상조명, 비상동력 등의 전력부하설비.

① **조명설비** : 일반 조명설비, 옥외조명설비, 비상조명설비.

② **동력설비** : 공기조화, 급·배수, 냉·난방, 위생, 반송설비, 소방용동력 등의 설비.

③ **콘센트설비** : 일반 및 비상용 콘센트설비.

이 밖에도 컴퓨터용, 주방용, 의료용 전원 등의 특수 부하설비와 활주로 및 도로에 전열설비를 하는 로드히팅, 건물내의 바닥 난방 등을 위한 패널 히팅 등의 부하 설비가 있다.

〔3〕 전력공급설비

전력공급설비는 전원설비와 부하설비를 연결하는 것으로서 대용량으로 집합하여 보내는 간선설비와 각 부하에 공급하는 분기회로로 구분되며 다음과 같은 설비가 있다.

① **플로어덕트(floor duct)설비** : 바닥내에 덕트를 설치하여 배선하는 설비.

② **배선덕트** : 전기샤프트 내의 버스덕트(bus duct) 설비를 포함해 다량의 배선을 시설하는 경우에 사용하는 설비.

③ **일반 간선설비** : 케이블 랙 설비와 전등 및 동력 등의 부하에 각각 배선을 집약하여 공급하는 배선설비.

〔4〕 감시제어설비

건축물에 설치되는 전력시설물을 관리하고 감시하는 중앙감시설비, 건물의 이용에 있어서 편의성을 제공하는 전기설비(승강기, 카(car)리프트, 덤웨이터, 에스컬레이터, 컨베이어, 문서 반송장치 등의 반송설비, 자동주차관제설비, 조명자동제어설비 등), 계장제어설비, 호텔 객실관리설비 및 전기방재설비가 있으며, 건축물 내에 설치된 각종 시스템을 자동적으로 운전하고 건축물 내부의 쾌적한 환경을 유지하고 관리하는 통합자동제어설비가 있다.

〔5〕 정보통신설비

유선망 및 무선망에서 부호 문자 음향 및 영상 등을 취득, 저장, 제어, 처리하는 등의 정보를 송수신하기 위한 기계 · 기구 · 선로 및 기타 필요한 다음의 설비를 말한다.

① 확성설비 : 음성에 의한 정보를 전달하는 설비.
② 전기시계설비 : 시간에 대한 정보전달기능의 설비.
③ 전화기 및 전자교환장치(EAPBX) : 건물 내 · 외부와의 통화교환수단의 설비.
④ 인터폰 설비 : 특정 장소간의 통화설비.
⑤ TV 공청 안테나 설비 : 양질의 전파를 수신하여 TV수상기에 TV전파를 배분하여 시청하게 하는 설비.
⑥ 모뎀(MODEM)설비 : 데이터통신 등을 송수신되는 신호를 변환하기 위한 설비.
⑦ CATV설비 : 난시청 해소, 자주방송 등을 위한 유선 설비.
⑧ 근거리통신망(LAN : Local Area Network)설비 : 구내의 데이터 통신망 구축용의 설비.
⑨ 부가가치통신망(VAN : Value Added Network)설비 : 공중전기통신서비스, 각종 정보유통을 위해 전화, 컴퓨터, 비디오텍스 등의 단말기를 통해 부가가치를 추가한 고도 통신설비를 제공하는 통신망설비.
⑩ 종합정보통신망(ISDN : Integrated Service Digital Network)설비 : 음성, 문자, 영상 등의 다양한 통신서비스 제공을 위한 디지털 통신망.
⑪ 위성통신설비

〔6〕 반송설비

반송설비는 사람이나 물품을 운반하는 설비로서 다음과 같이 분류된다.

① 엘리베이터(Elevator) : 건축물에서 수직으로 사람 또는 물품을 운반하는데 이용.

② 에스컬레이터(Escalator) : 경사형으로 위 또는 아래로 많은 사람들을 동일방향으로 향하는 장소에 설치 대량수송에 이용.

③ 덤웨이터(Dumb Waiter) : 수직으로 물품을 이송하는 장치.

④ 컨베이어(Belt Conveyor) : 수평, 경사 등의 벨트 면에 물품을 올려 이송하는 장치.

⑤ 에어슈터(Air-Shutter) : 원통형의 용기에 서류 등을 넣어 송풍에 의한 물품을 운반하는데 이용.

⑥ 움직이는 보도 등.

〔7〕 방재설비

방재설비는 인재나 천재에 대한 방지 또는 감시 시스템으로서 사람, 재산을 재해로부터 보호하기 위한 전기설비로서 설비목적에 따라 분류하면 다음과 같다.

① 자동화재탐지설비 : 화재의 조기발견과 자동통보 기능을 갖춘 설비.

② 유도등 및 방송설비 : 비상시에 피난을 유도하는 설비.

③ 방범설비 : 범죄의 예방 및 감시설비.

④ 피뢰설비 : 건물 및 구조물을 뇌격으로부터 보호하는 설비.

⑤ 항공장애등설비 : 고층건물에 설치되는 항공장애등으로 항공기의 안전비행을 위한 설비.

⑥ 누전경보설비 : 누전으로 인한 화재 및 재난을 방지하기 위한 설비.

〔8〕 특수설비 및 특수 장소의 전기설비

최근에 설비가 다양화되면서 여러 가지 설비가 등장하고 있으며 특수 전기설비 시설에는 전기울타리, 전기욕기, 은 이온 살균장치, 전극식 온천 온수기, 전기온상 등, X선 발생장치의 시설, 전격살충기, 유희용 전차, 전기 집진장치, 아크 용접기, 파이프 라인 등의 전열장치 시설, 도로 등의 전열장치, 비행장 등화배선 시설, 소

세력 회로의 시설, 전기방식시설, 전기자동차 전원설비 등의 전기시설이 있다. 또한, 특수 장소의 전기설비시설로는 분진 위험장소, 가연성 가스 등의 위험장소, 위험물 등이 존재하는 장소, 화약류 저장소 등의 위험장소, 전시회, 쇼 및 공연장의 전기설비, 터널, 갱도 기타 이와 유사한 장소, 이동식 숙박차량 정박지, 야영지 및 이와 유사한 장소, 마리나 및 이와 유사한 장소, 의료장소, 엘리베이터 · 덤웨이터 등의 승강로 안의 저압 옥내배선 등의 전기시설이 있다.

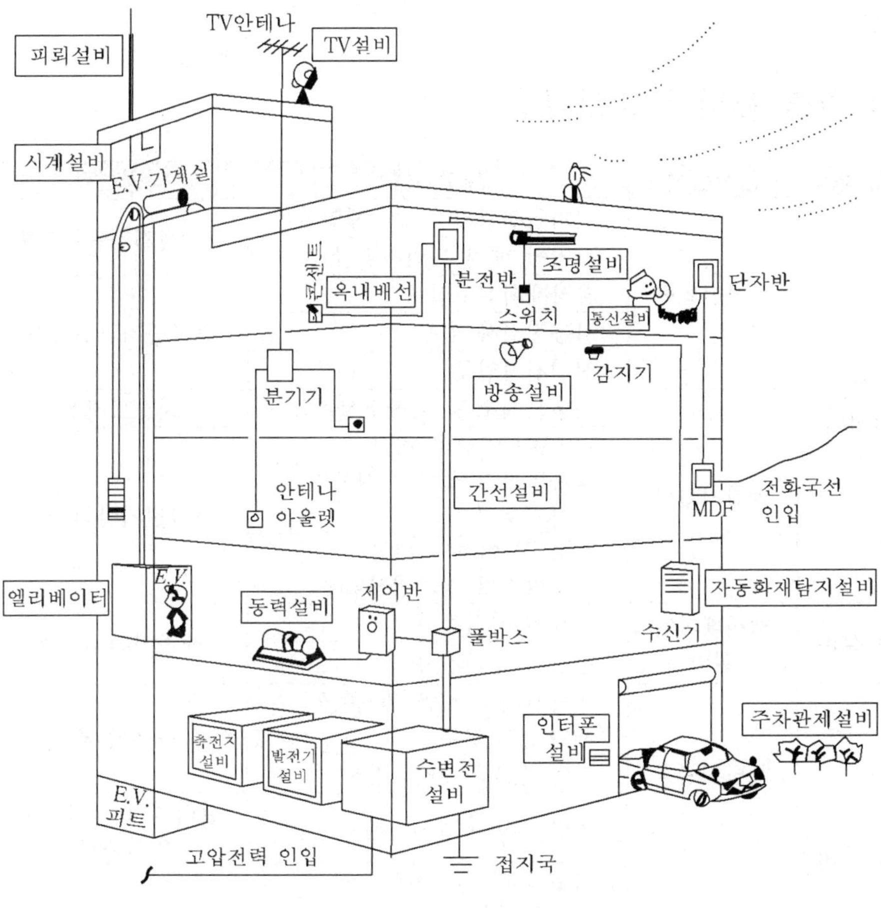

그림 1-1 빌딩 전기설비 예

특수 장소의 전선로의 전기설비시설에는 터널 안 전선로 시설, 수상전선로의 시설, 물밑전선로의 시설, 지상에 시설하는 전선로의 시설, 교량에 시설하는 전선로의 시설, 전선로 전용교량의 전선로 시설, 급경사지 전선로 시설, 옥내의 전선로 시설, 임시 전선로의 시설 등의 전선로 시설이 있다.

1.4 대관업무

〔1〕 대관업무의 개요

일반용 전기설비의 유지관리 법적 의무사항과 자가용 전기설비에 대한 전기사업자에게 전기수용신청과 관계 유관기관사전 협의 사항을 검토한 후 발주, 설계, 시공, 감리, 공사계획신고, 사용전 검사, 정기검사 등의 절차를 사전 검토하여 업무를 수행한다.

〔2〕 각종 설비의 대관업무

설비의 종류	설비항목	세부내용	담당기관	비고
자가용 전기설비	수변전설비	· 전기안전관리자 선 · 해임업무	한국전기기술인협회	
		· 감리원 배치 확인서발급		
		· 공사계획신고업무	한국전기안전공사	
		· 사용전검사 업무		
		· 정기검사업무		
	발전기설비	· 위험물제조소, 저장소설치공사	시 · 도지사	
		· 75[kW] 이상의 비상, 상용발전기 설치시 사용전 검사업무	한국전기안전공사	
		· 75[kW] 이상의 비상, 상용발전기 정기검사업무		
반송 설비	엘리베이터 설비	· 승강기 완성검사	행정안전부장관	
		· 승강기 정기검사		
방재 설비	소방시설물	· 소방설비의 시공 및 준공 제반 공사업무	소방본부	
		· 소방 설비의 완공 검사		
		· 소방 설비의 완공 검사	감리업체 보고서로 대치 가능	
	항공장애등 설비	· 의무사항규정 여부 검사, 60[m] 이상의 건축물 및 기타 시설 검사	국토교통부장관, 지방항공청장, 시도지사	
		· 주간장애표시와 항공장애등 설비 완공검사		
정보 통신 설치 공사	구내 통신 설비	· 전기통신설비 기술기준에 적합 여부	특별자치도지사, 시장, 군수, 구청장	

〔3〕 각종 대관의 업무처리 내용

분 류	업 무 내 용	비 고
한국전력공사	(1) 전력공급방안 협의 (2) 전기수용신청 (3) 전력수급계약체결 (4) 내선검토서 발급 (5) 한국전력설비와의 보호협조를 위한 수전용 차단기 수전반 보호계전기 정정치 발급 (6) 대용량 수용가 고장전류계산 및 선로철탑의 강도계산	
한국전기 기술인협회	(1) 전기안전관리자 선·해임 업무 (2) 감리배치확인서 발급 업무 (3) 전기기술자 법정교육 업무	
한국전기 안전공사	(1) 공사계획신고 및 수리업무 (2) 사용전검사 업무 (3) 정기검사 업무 (4) 전기안전관리 대행 업무 (5) 전기설비 안전진단 업무 (6) 국가 재난안전관리 업무 (7) 일반용 전기설비 정기점검업무 (8) 다중이용시설 인·허가 업무 (9) 일반용 전기설비 사용전 점검업무	

〔4〕 공사 계획 신고 및 검사업무

항 목	세 부 내 용	비 고
공사계획 해당 관청	한국전기안전공사	
공사계획 신고시기	전기설비의 효율적인 안전관리를 위하여 자가 전기설비의 전기공사(배관공사포함) 개시전에 신고하여야 한다.	전기 사업법 제61조
공사계획 신고서류	(1) 공사계획서 (2) 전기설비의 종류에 따라 별표 8의 제2호의 규정에 의한 사항을 기재한 서류(도면) (a) 주요설비의 배치 평면도 (b) 수전설비 단선결선도 및 배선계통도 (가) 수전설비 단선결선도 (나) 구내배전설비 동력설비 단선결선도	

항 목	세 부 내 용	비 고
공사계획 신고서류	㈐ 구내배전설비 전등, 전열 단선결선도(콘센트, 스위치, 기타 부속설비 표기 결선도) ㈑ 배선 계통도 : 간선계통이 말단분전반까지 표시된 계통도 (c) 전압 1,000[V] 이상의 변압기 선정검토서 (d) 절연유 구외 유출방지시설도면 및 계산서(전압 10만[V] 이상에 한함) (e) 전선로 지형도(전압 5만[V] 이상에 한함) (f) 케이블 구조도(전압 5만[V] 이상에 한함) (g) 전자유도 전압 계산서(전압 5만[V] 이상에 한함) (h) 전파장해의 방지조치에 대한설명서(전압 20만[V] 이상에 한함) (i) 철탑지지물의 구조도 및 강도 계산서 (j) 지중 또는 물밑전선로의 구조도(지중전선로에 한함) (k) 고장전류 계산서 (l) 전기설비 변경이유서(변경공사에 한함) (3) 공사공정표 (4) 기술시방서 (5) 전력기술관리법 시행령 제22조 4항의 규정에 의한 감리원 배치확인서 사본(공사감리대상에 한함) (원본 필히 가져 올 것)(임시전력은 제외) ※ 다만 자가용 전기 설비중 용량 1,000[kW] 미만의 수용설비와 용량 500[kW] 미만의 비상용 예비발전설비는 다음 서류를 첨부 1. 설계도면 2. 전력기술관리법시행령 제22조 4항의 규정에 의한 감리원 배치확인서 3. 공사계획을 변경하는 경우에는 변경이유서 및 변경내용을 기재한 서류	
사용전검사 신청방법	(1) 신청관청 한국전기안전공사 (2) 신청시기 검사 받고자 하는 희망일 7일전에 신청하여야 한다. (3) 신청방법 (a) 사용전검사 신청서(부분검사 신청 가능) (b) 전기안전관리자 선임확인서 (c) 사용전검사 수수료	전기 사업법 제63조
검사일정의 변경방법	신청인은 해당시설의 사정 또는 부득이한 사정으로 연기하고자 하는 경우는 검사자와 협의하여 유선이나 서면으로 일정을 변경할 수 있다.	

〔5〕 전기설비 수용관련 행정절차

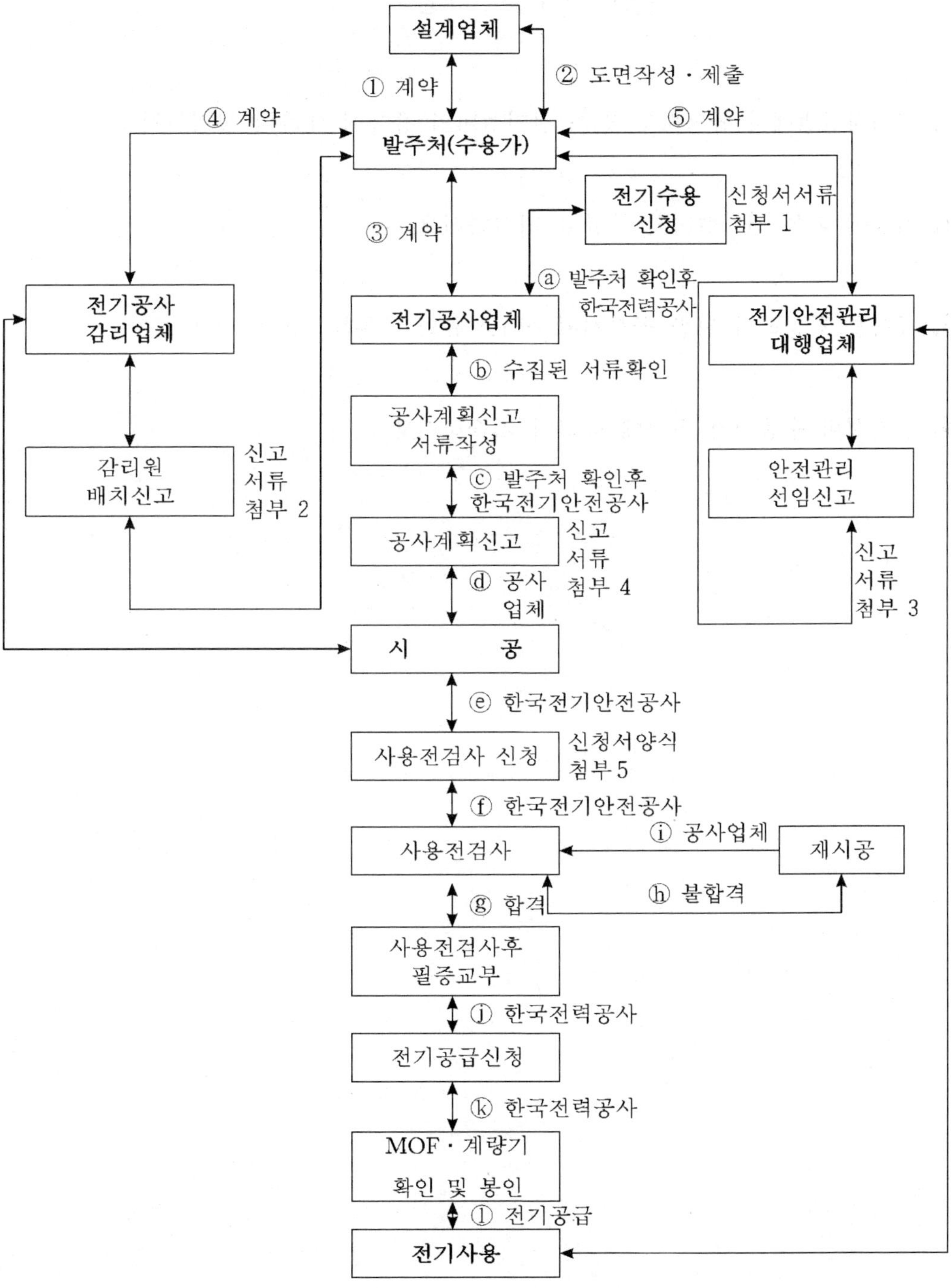

연 습 문 제

1. 전기사업법에서 규정하고 있는 전기설비의 종류에 대하여 설명하시오.

2. 기능에 따른 전기설비의 종류를 기술하시오.

3. 공사를 착공하기 위한 공사계획 신고서류의 종류를 기술하시오.

4. 전기설비 수용신청 절차에 대하여 기술하시오.

제 2 장 수변전설비

2.1 수변전설비 개요

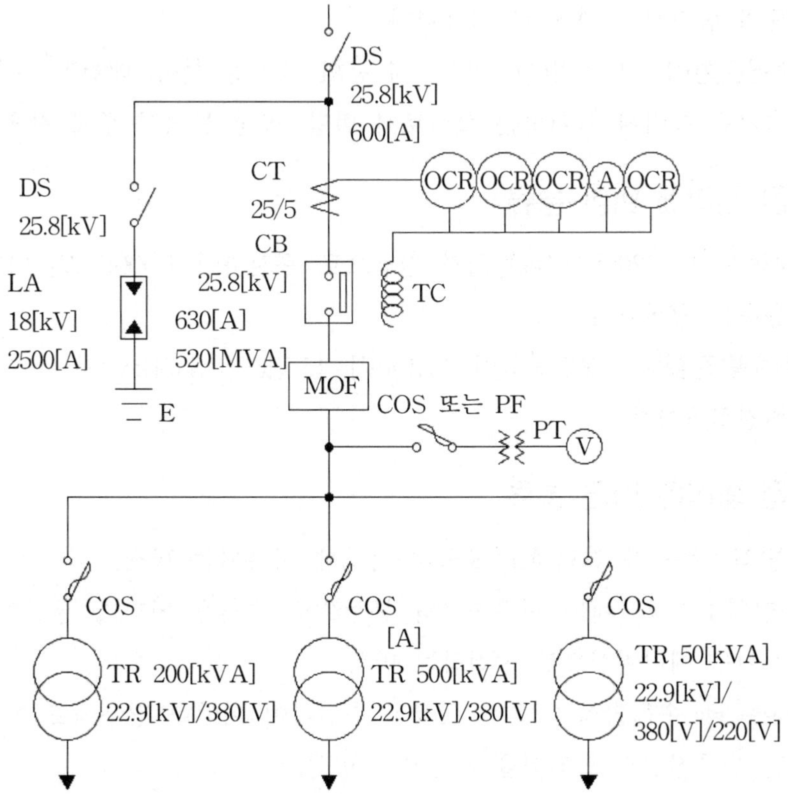

그림 2-1 3상4선식 22.9(kV-Y)의 수변전설비

전력을 공급하는 한국전력공사의 시설에는 발전소, 송배전 선로 및 변전소가 있으며 여기서 변전소는 구외로부터 공급받은 전기를 구내의 변압기 등에 의하여 승압 또는 강압시켜 다시 구외로 전송하는 장소를 말한다. 이에 대하여 수용가의 구내에 전력을 수전하고 변전설비를 시설하여 구내에만 배전하고 구외로 전송하지 않는 설비를 수변전설비 또는 자가용 수변전설비라 한다.

2.1.1 자가용 수변전설비

〔1〕 설비의 분류

(1) 시설장소에 따른 분류

① 옥외 수변전설비 : 일반적으로 주 변압기, 개폐장치 등의 고전압설비는 옥외에 설치하고 배전반, 축전지 등의 제어용 기기는 옥내에 설치하는 방식이다. 공장, 플랜트 등의 변전실 등에 주로 사용한다.

② 옥내 수변전설비 : 주 변압기, 개폐장치 등의 고전압 설비, 배전반, 축전지 등의 제어용 기기를 옥내에 설치하는 설비로서 빌딩, 공장 등에서 주로 사용한다.

(2) 수전 전압에 의한 분류

① 저압 수전설비 : 220[V], 380[V]의 전압으로 수전하여 1,000[kW] 미만의 수용가에 사용하는 방식이다.

② 특고압 수변전설비 : 수전전압이 22.9[kV], 154[kV], 345[kV]인 특고압으로 수전하는 변전설비이다.

(3) 수전 방식에 따른 분류

① 1회선 방식 : 부하가 간단하고 소규모 용량에 사용되는 방식.

② 2회선 방식 : 평상시에는 전력회사의 본선으로 수전을 하다가 본선의 사고 또는 정전시에는 예비회선으로 수전하는 방식.

③ Spot Network 수전방식 : 3회선 이상을 수전하여 어떠한 경우에도 정전을 발생시키지 않고 무정전으로 전원을 공급하는 방식.

(4) 수변전 기기의 배치를 위한 조립방식에 따른 분류

① 자립개방형 설비 : 차단기, 변압기, 배전반, 고압 및 특고압 모선, 애자류 등을 프레임에 조립하여 사용하는 설비로서 공장에서 많이 사용된다.

② 폐쇄형 설비 : 차단기, 변압기, 배전반, 고압 및 특고압 모선, 애자류 등을 전부 금속제 함에 넣은 설비이며 빌딩과 인텔리젼트 빌딩에 많이 채택되고 있다. 최근에는 안정성, 신뢰성 등을 고려하여 GIS가 많이 사용되고 있다.

③ 자립, 폐쇄형을 병행한 설비방식 : 차단기 등을 폐쇄형으로 하고 변압기군, 콘덴서군을 프레임으로 한 변전설비이다.(공장에서 많이 사용)

(5) 수변전 기기의 절연유의 사용에 따른 분류

① 건식 설비 : 건식변압기 등 절연유를 사용하지 않는 기기를 채택한 설비.

② 유입식 설비 : 유입변압기 등과 같이 절연유을 사용한 설비.

③ 병용식 설비 : 건식기기와 유입기기를 조합한 설비.

〔2〕 자가용 수변전설비의 구비조건

① 건물의 사용 목적에 적합해야 한다.

② 설비의 신뢰도를 유지하고 운전 보수에 불편이 없는 범위 내에서 경제적인 설비이어야 한다.

③ 전기설비로 인한 감전 및 화재의 위험성이 없도록 안전한 설비이어야 한다.

④ 기기는 성능이 좋고 신뢰도가 높으며 수명이 긴 것을 사용하도록 한다.

⑤ 수변전설비의 소요 높이 및 면적을 절감하기 위하여 기기는 작고 가벼운 것으로 한다.

⑥ 기기 배치를 합리적으로 하여 조작이 잘못되는 일이 없도록 하며, 운전 보수가 쉽고 기기의 반 · 출입이 용이하여야 한다.

⑦ 건설비, 운전 · 유지비가 저렴하여야 한다.

2.1.2 수변전설비의 설계

건축물의 기본설계 단계에서 사업주, 건축설계자, 설비설계자 등과 협의하여 건축물의 신뢰성, 안전성, 경제성 등을 고려하여 기본계획을 세워야 한다.

[1] 전원설비

(1) 설계순서

① 지역 및 주변상황을 파악하는 사전조사를 시행한다.

② 일반 전기사업자와 수전전압을 결정하고 수전방식, 인입경로, 변전방식을 결정하는 수변전 시스템을 결정한다.

③ 사용되는 기기를 조사하여 배전전압을 결정한다. 이때에 특별한 사양의 기기 이외는 표준전압을 적용해야 한다.

④ 주회로 접속방식과 변전 설비용량은 각종 Factor를 추정하여 산정한다.

⑤ 제어 및 보호방식을 선정하고 허용되는 용량, 사용전압, 차단용량 등을 고려한 각종 기기를 결정한다.

이렇게 모든 시스템이 결정되면 건축설계자 및 기계설비 설계자와 협의하여 변전실의 위치, 면적, 환기요건 등을 결정해야 한다. 이러한 절차가 끝난 후 설계도서를 작성하여야 한다.

(2) 수변전설비 설계시 고려할 사항

그림 2-2는 수변전설비설계 순서를 나타내고 있다.

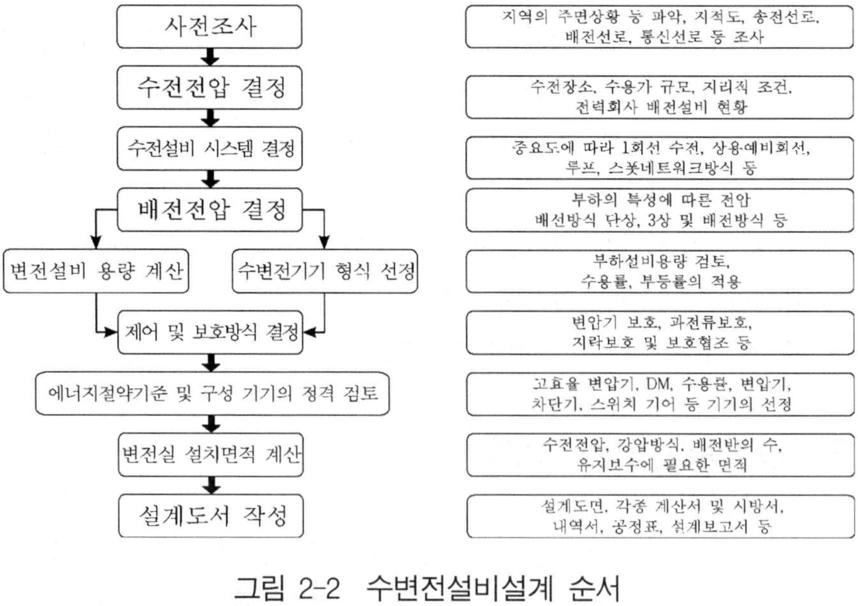

그림 2-2 수변전설비설계 순서

(가) 사전조사

사전조사는 기획단계 또는 기본설계단계에서 실시하며 지적도면을 이용한 조사 및 지세, 홍수위, 도로상황, 송전선로, 배전선로상황, 통신선로상황 접지를 위한 대지저항률, 통신선로상황 등을 직접현장에서 조사한다. 또한 현장 조사가 어려운 관련법령 및 관련규정 등과 홍수량, 적설량, 풍속, 지진위험 등 자연환경은 문헌을 찾아 조사한다.

(나) 수전전압의 결정

전력회사로부터 공급되는 전압은 수용가의 규모, 지리적 조건, 전력회사의 배전설비 현황 등에 따라 다르므로 적당한 수전전압을 결정한다.

① 저압 : 220[V], 380[V]

② 특별고압 : 13,200[V], 22,900[V], 66,000[V], 154,000[V], 345,000[V]

(다) 공급전압의 결정

1) 저압수전 계약전력 1000[kW] 미만

교류 단상 220[V] 또는 3상 220[V], 380[V] 중 한국전력회사에서 적당하다고 결정한 한가지 전기공급방식 및 공급전압으로 한다.

다만, 수용가가 희망하는 경우에 고압 및 특별고압 중 전력회사가 적당하다고 인정하는 한 가지로 공급 가능하다.

2) 계약전력 1000[kW] 이상

계약전력이 1000[kW] 이상인 경우는 고압 이상으로 공급하도록 되어 있으나 최근 우리나라의 배전선로가 특별고압 22[kV]급(22.9[kV])으로 공급되고 있으므로 보통 특별고압으로 수전하고 있다.

공급전압은 13.2[kV], 22.9[kV], 154[kV], 345[kV] 중 하나를 택하도록 되어 있으나 대부분 다음과 같이 용량에 따라서 공급하고 있다.

① 1000[kW] 이하 : 전력회사에서 고압 공급이 가능할 경우 고압 수전으로 하나 최근에는 고압수전보다 특별고압 13.2/22.9[kV]를 많이 사용한다.(고압의 경우 3.3[kV], 6.6[kV])

② 1000[kW] 초과 : 특별 고압 수전으로 해야 한다.

㉠ 전압 22[kV](22.9[kV]) : 용량 20[MVA] 이하로 공급.(2회선 수전시 최대 40[MVA](1회선당 20[MVA]까지 수전 가능)

㉡ 전압 154[kV] : 용량 40[MVA]를 넘고 400[MVA] 미만의 경우 공급.

㉢ 전압 345[kV] : 용량 400[MVA] 이상에서 공급.

* 공동주택(APT)의 경우는 공용전력과 세대용 전력을 구분하여 수전할 수 있고 고객이 원할 경우는 합한 용량으로 수전 가능하다.

(라) 수전방식의 결정

수전방식 선정시 검토할 사항은 다음과 같다.

① 건물의 용도 및 부하의 중요도를 고려한다.

② 예비전원설비(자가발전설비, 무정전 전원장치)의 유 · 무를 고려한다.

③ 전원의 공급 신뢰도(정전의 회수 및 시간)를 고려한다.

④ 경제성을 고려한다.

1) 1회선 수전방식

소규모, 중규모 빌딩에 널리 사용되며 대규모 수용가에도 사용한다.

① **T 분기 수전방식** : 소규모, 중규모 빌딩 및 공장의 경우에 사용한다.

② **전용 1회선 수전방식** : 대규모 공장 등에서 한전변전소로부터 타 고객을 거치치 않고 전용으로 공급하는 방식을 말한다.

2) 2회선 수전방식

한쪽 배전선사고에 대비할 수 있고 신뢰성이 높고 투자비가 많고, 보호계전방식이 복잡하며 종류는 다음과 같다.

① **본선+예비회선 수전방식** : 1곳의 변전소로부터 수전하며 점검 또는 정전시에는 예비회선으로 절체가 되어 전원 공급이 가능하다. 신뢰성이 높은 반면 건설비, 유지비가 많이 든다.

② **본선+예비전원 수전방식** : 2곳의 변전소로부터 수전하며 점검 또는 정전시에는 예비변전소의 회선으로 절체가 되어 전원공급이 가능하다. 신뢰성이 높은 반면 건설비, 유지비가 많이 든다.

3) Loop회선 수전방식

부하 밀도가 크고 공급신뢰도가 높게 요구되는 장소에 적용하며 전압변동이 적고 경제적이나 인근에 Loop 수용가가 없는 경우 채택이 곤란하다.

4) Spot-Network 수전방식

여러 가지 수전방식 중에서 가장 신뢰성이 높으며 설비비가 가장 많이 들고, 정전시간이 거의 없어 중요한 시설에 사용된다. Spot-Network의 변압기 용량은 식 (2-1)에 의해 산정한다.

$$\text{변압기 용량 TR} = \frac{P_{DM}}{(N-1)} \times \frac{100}{130} [\text{kVA}] \qquad (2\text{-}1)$$

여기서, P_{DM} : 최대수용전력, N : 회선수

표 2-1은 여러가지 형태의 수전방식과 특징을 나타내고 있다.

표 2-1 수전방식의 비교

명 칭		구성도	특 징
1회선 수전 방식	전용 1회선	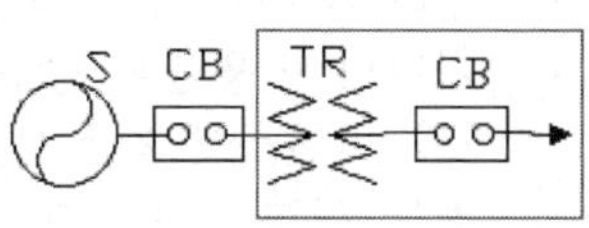	· 임의의 배전선 또는 타 건물 사고에 의하여 정전은 되지 않는다. · 전압 변동율이 적다. · 신뢰성이 높다. 전용 1회선 수전에 대한 시설비 투자비가 많이 든다.
	T분기 수전	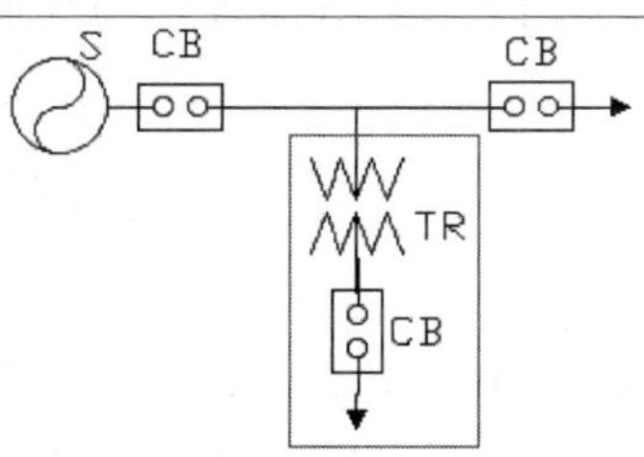	· 간단하며 경제적이다. 주로 소규모 용량에 많이 쓰인다. · 선로 및 수전용 차단기 사고에 대비책이 없다.

명 칭		구성도	특 징
2회선 수전 방식	평행 2회선 수전 방식	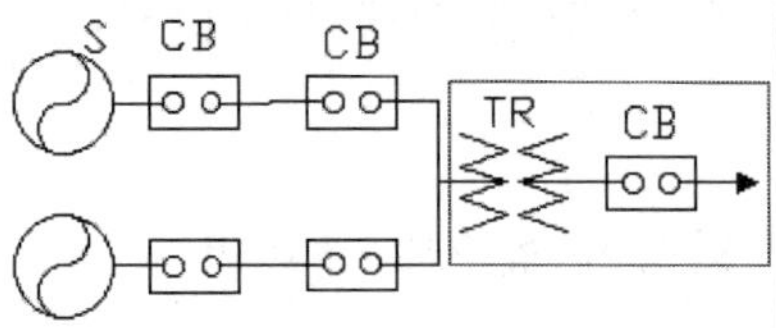	· 어느 한쪽의 수전선 사고에 대해서도 무정전 수전이 된다. · 단독 수전이 가능하다. · 수전선 보호장치와 2회선 평행 수전 장치가 필요하다. · 1회선분에 대한 시설비 투자비가 많이든다.
	루프 수전 방식	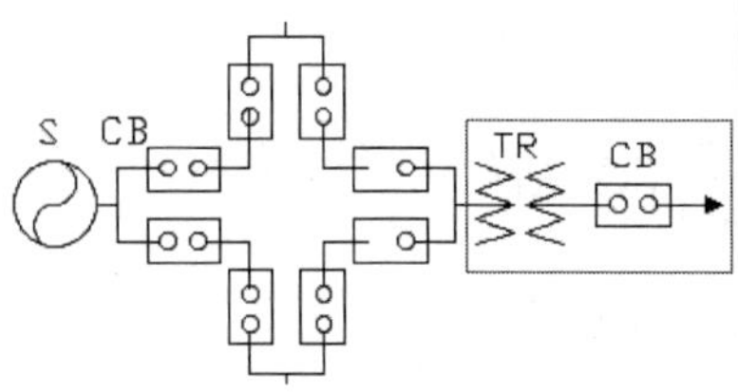	· 임의의 배전선 사고시 Loop가 개로 될 뿐이며 정전은 되지 않는다. · 전압 변동율이 적다. · Loop회로에 걸리는 용량은 전부하(타 건물 포함)을 고려하여야 한다. · 수전 방식이 복잡하다. · 회로상의 사고복귀에 시간이 걸린다.
	스폿 네트 워크 수전 방식	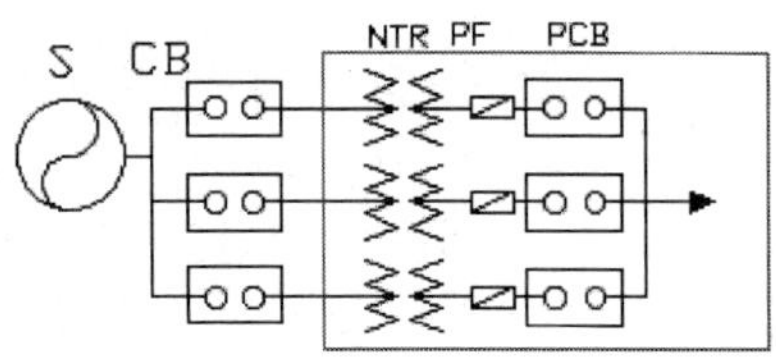	· 무정전 공급이 가능하다. · 효율 운전이 가능하다. · 전압 변동율이 적다. · 전력손실을 감소할 수 있다. · 부하 증가에 대한 적응성이 크다. · 기기의 이용율이 향상된다. · 2차 변전소를 감소시킬 수 있다. · 전등 전력의 일원화 가능하다. · 시설 투자액이 비싸다.

(마) 배전방식 및 배전전압의 결정

배전방식은 단상 2선식, 단상 3선식, 3상 3선식, 3상 4선식 등으로 구분되며 전압에 따라 저압배전방식, 고압배전방식과 특고압 배전방식이 있으며 일반적으로 구내의 전압으로는 저압배전방식을 채택하나 대규모 고객의 경우는 고압배전방식을 채택 사용한다.

(바) 제어 및 보호방식의 선정

수전 및 배전방식에 따라 차단기와 보호계전기 등의 선정 및 회로구성, 보호협조 사항들이 다르게 적용됨으로 설계시에는 이를 사전에 고려해야 한다.

차단기의 선정은 시설장소, 정격전류, 단락용량 및 경제성 등에 따라 결정되나 특고압차단기로는 GCB, VCB, OCB, ABB 등이 사용되고 고압차단기로는 VCB, OCB, MBB, 저압차단기로는 ACB, MCCB, ELCB 등이 사용된다.

(사) 부하설비 용량의 추정

1) 부하설비 용량을 알고 있는 경우

① 전등 부하의 경우 : 백열전등은 전구수(W)를 소비전력용량으로 산정하고 방전등 계열은 전구수(W)에 따라 다소의 차이는 있으나 정격 소비전력에 대하여 역률 및 효율을 감안 입력용량으로 환산한다.

표 2-2 조명 부하의 입력환산표

부하 설비	입력 환산 용량
백열전구, 할로겐 전구	소비전력 용량 ×1.0
형광등	정격용량 ×1.25
나트륨등, 메탈 할라이드등 수은등	정격용량 ×1.15
LED	정격용량 ×1.1

② 동력 부하의 경우 : 전동기의 경우 전동기의 정격 용량에 역률, 효율 등을 고려하여 입력 용량을 환산하여 일반적으로 정격용량의 1.25~1.8배 적용하고, 내선규정에는 전동기의 정격용량에 대하여 역률, 효율 등을 고려한 규약전류에 의해 환산된 용량을 적용한다.

③ 부하설비용량은 환산된 설비용량의 총합계[VA]에 수용률, 부등률, 부하율 등을 적용하여 적정용량의 설비가 되도록 계산한다.

2) 부하 설비 용량을 모르고 있는 경우

설비의 규모와 용도에 따라 과거의 실적을 토대로 하여 각 부하마다 설비용량을 추정하여 단위 면적당 부하밀도에 연면적을 곱하여 구한다.

$$\text{부하설비용량[VA]} = \text{부하밀도}[\text{VA/m}^2] \times \text{연면적}[\text{m}^2] \qquad (2\text{-}2)$$

① 건축물의 종류에 따른 부하밀도

표 2-3 일반 건축물의 부하밀도 단위 : [VA/m²]

용 도	전 등	일반 동력	냉방 동력	합 계
사무실	37	60(59)	37	134(133)
백화점(상점)	60(62)	45(72)	55(43)	160(177)
호텔	30(38)	30(53)	30(27)	100(118)
주택	25(51)	20(14)	25(28)	70(93)
학교	25(27)	15	20(18)	60
종합병원	45(47)	65(64)	50(48)	160(159)
연구소	60	100(108)	50(53)	210(221)
극장	45	45	50	130
공공건물	30(32)	40(41)	30(31)	100(104)

② 사무실 건물의 등급별 부하밀도

표 2-4 IBS 빌딩의 부하밀도 단위 : [VA/m²]

부하 종별	0등급	1등급	2등급	3등급
전등 전열	32	35	27	34
OA용 기기	–	–	34	36
일반 동력	38	45	45	45
냉방 동력	40	43	43	43
OA 동력	–	2	8	8
합 계	110	125	157	166

③ 건축물 면적별 부하밀도

표 2-5 건축물 면적의 부하밀도 단위 : [VA/m²]

건물 면적	조 명	일반동력	냉방동력	합 계
5000[m²] 이하	27	30	33	90
20,000[m²] 이하	30	33	37	100
20,000[m²] 이상	32	38	40	110

3) 부하설비 용량 결정

① 부하설비 용량

㉠ 부하설비 용량은 부하 밀도에 대한 표준부하, 부분부하, 가산부하 등을 고려

하여 결정한다.

㉡ 부하설비 용량

$$P_S = PA + QB + C[\mathrm{VA}] \tag{2-3}$$

여기서, P, Q : 건물의 연면적

A : 표준부하 밀도[VA/m^2]

B : 부분부하 밀도[VA/m^2]

C : 가산부하[VA]

② 표준부하

표 2-6 표준부하

건물 종류	부하 밀도
공장, 공회장, 사원, 교회, 극장, 영화관, 연회장	10[VA/m^2]
학교, 기숙사, 여관, 호텔, 병원, 음식점, 대중목욕탕	20[VA/m^2]
사무실, 은행, 상점, 이발소, 미용원	30[VA/m^2]
주택, 아파트	40[VA/m^2]

③ 부분부하

표 2-7 부분부하

건물 부분	부하 밀도
계단, 복도, 낭하, 창고	5[VA/m^2]
강당, 관람석	10[VA/m^2]

④ 가산부하

㉠ 주택, 아파트의 가산부하 : 세대당 500~1000[VA]

㉡ 상점 진열장 : 길이 1[m]마다 300[VA]

㉢ 옥외 광고등, 전광사인, 무대조명, 특수전등 등

(아) 변압기 용량의 결정

부하의 설비용량이 결정되면 각 부하별로 수용률, 부하율, 부등률을 고려하여 최대수용전력을 산출하고 부하의 역률과 장래 부하증가를 고려하여 변압기 총 용량을 결정한다.

변압기 총 용량이 결정되면 부하의 전기방식에 따라 변압기 1대당의 용량과 대수 및 변압기 Bank의 구성을 결정한다.

1) 변압기 용량 결정시 고려사항

① 부하조사

② 급전방식과 변압기대수

③ 전압변동, 전압강하, 순시 정전시 대책

④ 변압기 발열량 파악 및 냉각 방식

⑤ 단락보호방식

⑥ 단락전류 추정 및 차단기 용량선정

⑦ 부하 밸런스 시간정격 및 과부하율

⑧ 접지 보호, 서지 보호, 여자돌입 전류, 플리커 대책

2) 수용률, 부하율, 부등률의 적용

적용 이유는 변압기 용량을 가장 적정한 용량으로 낮추기 위해 적용한다.

① **수용률** : 수용장소에 설치된 총 설비용량에 대하여 실제 사용하고 있는 부하의 최대수요전력과(1시간 평균) 비율을 백분율로 표시한 것이다.

$$\text{수용률} = \frac{\text{최대 수요 전력합계[kVA]}}{\text{총 부하설비 용량합계[kVA]}} \times 100[\%] \qquad (2\text{-}4)$$

② **부하율** : 부하율은 전기설비가 어느 정도 유효하게 사용하고 있는가를 나타내는 척도이고 어떤 기간 중에 최대수요전력과 그 기간 중에 평균전력과의 비율을 백분율로 표시한 것이다.

$$\text{부하율} = \frac{\text{부하의 평균전력[kVA]}}{\text{최대 수요전력[kVA]}} \times 100[\%] \qquad (2\text{-}5)$$

부하율은 기준에 따라 일부하율, 월부하율, 년부하율 등으로 나타내며 부하율이 클수록 전기설비가 유효하게 사용하고 있음을 나타낸다.

③ **부등률** : 수용가의 설비부하는 각 부하의 부하특성에 따라 최대 수용전력 발생시각이 다르게 나타나므로 부등률을 고려하여 변압기용량을 적정용량으로 낮추는 효과를 갖게 된다.

$$부등률 = \frac{각\ 부하의\ 최대수요전력의\ 합[kVA]}{어떤\ 시간에의\ 최대수요전력의\ 합[kVA]} \qquad (2\text{-}6)$$

부등률은 항상 1보다 크게 된다.

④ 수용률, 부등률, 부하율과의 관계

$$\boxed{부등률} = \frac{부하\ 각개\ 최대\ 수요전력의\ 합}{합성\ 최대\ 수요전력} \geq 1$$

↑

$$\boxed{수용률} = \frac{최대\ 수요전력}{총\ 설비용량} \times 100$$

↓

$$\boxed{부하율} = \frac{부하의\ 평균전력}{최대\ 수요부하} \times 100 = \frac{부하의\ 평균전력}{총\ 설비용량} \times \frac{부등률}{수용률}$$

↓

$$\boxed{최대부하} = 부하\ 설비의\ 합계 \times \frac{수용률}{부등률}$$

3) 변압기 용량의 결정

① **변압기 용량** : 각 부하 설비용량의 합계에 수용률, 부하율, 부등률을 적용하고 장래 부하증설을 고려한 예비율을 적정 적용하여 계산한 것이다.

$$변압기\ 용량 = \frac{\sum(부하\ 종류별\ 합계 \times 수용률)}{부등률} \times 예비율 \qquad (2\text{-}7)$$

② **변압기 대수 결정** : 변압기의 대수는 다음 사항을 고려하여 적용한다.

㉠ 변압기 총 용량이 500[kVA]를 초과하는 경우에는 가급적 조명용과 동력용으로 구분하여 설치하는 것이 바람직하다.

㉡ 계절성 부하가 있는 경우 별도의 뱅크를 구성하여 계약전력 및 변압기 손실을 감소시키도록 용량을 적용한다.

㉢ 비상부하용으로 비상 발전기와의 연계에 따른 변압기 뱅크를 분리 설치한다.

㉣ 첨두부하의 Peak cut용으로 뱅크분리 또는 상용 발전기를 도입하는 방안 등의 구성을 검토하여야 한다.

㉤ 변압기의 뱅크를 2뱅크 이상 구성시에 뱅크용량을 갖게 하여 유지보수 및 응급대처에 용이하도록 구성해야 한다.

4) 수용률, 부하율, 부등률 Factor적용의 예

직강방식을 적용하였을 경우 변압기는 수용률만을 적용한다. 단, 2차측의 간선이 복잡한 용도로 구분되었을 경우에는 부등률을 적용할 수 있다.

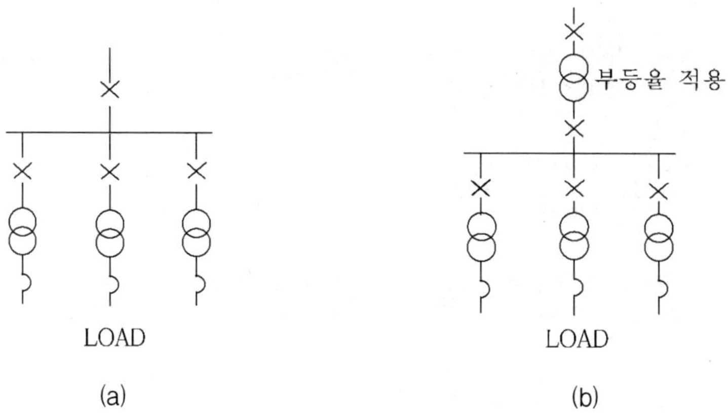

그림 2-3 부등률의 적용 예

(자) 모선의 구성방식 결정

모선의 구성은 단일모선, 복수모선방식(이중) 및 섹션을 가진 단일모선방식(일명 : 타이스위치방식)이 있으나 일반적인 건물 시설인 경우에는 단일모선 방식을 채택하고 중요부하 시설의 경우는 섹션을 가진 단일모선방식을 채택 사용하고 있다.

1) 단일 모선방식

독립적으로 타 뱅크에 영향이 없고 사고시에는 급전이 중단되는 단점이 있으므로 폐쇄형이나 절연모선 사용 등으로 사고확률을 최소화하여야 한다.

2) 섹션을 가진 단일모선방식(타이스위치방식)

급전에 융통성이 도모되는 방식으로 사고시에나 shut-down 운전에 대처될 수 있는 방안이나 변압기를 병렬로 운전할 경우 캐스캐이딩 현상이 발생할 수 있고 각 간선차단기의 차단용량은 최악의 경우를 고려하여 선정하여야 한다.

3) 이중(복수)모선방식

이중모선방식은 사고에 의한 급전중단을 최소화하고 중요부하가 있을 경우 선정한다. 정기점검이나 작업을 무정전으로 시행할 수 있으나, 설비 구성시 고가이다.

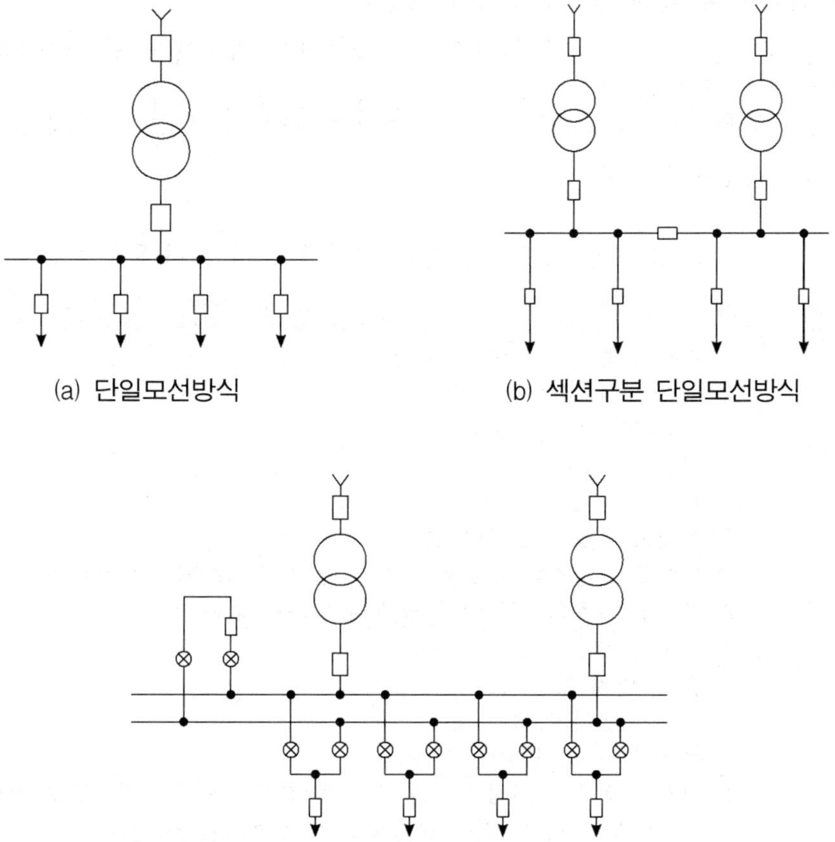

(a) 단일모선방식 (b) 섹션구분 단일모선방식

(c) 이중모선방식

그림 2-4 모선의 구성 방식

(차) 에너지절약 설계의 검토

에너지 절약을 위해 고효율 변압기를 선정하고, 변압기마다 전력량 및 최대수요전력을 측정할 수 있는 기기를 선정하여 부하의 감시와 예측을 할 수 있어야 한다.

변전설비용량은 부하의 특성, 수용률 적용 및 장래부하증가를 예상하여 여유율을 적용한다. 또한, 변압기의 대수 제어를 하여 부하특성, 부하종류 및 계절부하 등을 고려한 뱅크를 구성한다.

무부하 손실을 줄이기 위한 변압기의 직접강압방식을 채택하고, 집합 설치하는 역률개선용 콘덴서에는 역률자동조절장치를 설계에 반영하여 종합감시제어 및 기록이 가능한 자동제어설비를 수변전설비에 채택한다.

(카) 변전실의 위치 및 면적의 산정방법

1) 변전실의 위치

변전실의 위치 선정시 고려할 사항은 전기적, 재해적, 환경적, 경제적, 건축적인 면에서 고려사항은 다음과 같다.

표 2-8 변전실 위치 선정시 고려할 사항

구 분	고 려 항 목
전기적	① 부하의 중심에 있어야 한다. ② 수전 및 배전에 유리한 곳. ③ 전압강하 및 전력손실이 적은 곳. ④ 인입 및 인출이 용이한 곳. ⑤ 보수 감시가 용이한 곳. ⑥ 장래의 용량 증설이나 크기의 확장성이 좋은 곳.
재해적	① 위험물 저장소나 폭발물 저장소 부근 등 화재의 우려가 없는 곳. ② 부식성 가스의 침입이나 염해의 우려가 없는 곳. ③ 홍수시 침수의 우려가 없는 곳.
환경적	① 습기, 먼지 없는 곳. ② 고온 다습하지 않는 곳. ③ 부식성가스의 영향이 적은 곳.
건축적	① 변전실 선정시 가장 중요한 건축물의 높이를 수전전압별로 고려할 것. · 22,9[kV] 수전은 건축물 층고 높이가 4.5[m] 이상일 것. · 66.0[kV] 이상 수전의 경우는 5.5[m] 이상일 것. ② 변전실 바닥 하중은 200~500[kg/m²] 이상일 것. ③ 장비의 반입과 반출이 용이한 장소일 것.
경제적	상기 고려사항을 적용한 상태에서 설비비용, 간선비용, 재해, 환경적 측면에 소요비용 등이 종합적으로 검토하여 경제성이 유리한 곳

2) 변전실의 면적 산출법

변전실의 면적은 수전전압, 전압의 강압방식, 특고압 배전반, 고압 배전반, 저압 배전반 등의 수량, 변압기의 수량, 보수 및 감시에 필요한 넓이를 포함한 기기의 배치 상태, 장래 증설에 대한 여유율을 고려해야 한다. 그러므로 계획이나 기본설계시 변전실 면적의 추정방법은 다음 방식의 계산식을 사용한다.

① 제1방법

$$A = K \times (\text{변압기용량[kVA]})^{0.7}[\text{m}^2] \quad (2\text{-}8)$$

여기서, K : 1.7(특고압/고압인 경우)

K : 1.4(특고압/저압(380[V])인 경우)

K : 0.98(고압/저압인 경우)

보통 감시실을 포함한 경우

② 제2방법

$$A = 3.3 \times \sqrt{\text{변압기용량[kVA]}} \times \alpha[\text{m}^2] \quad (2\text{-}9)$$

여기서, α : 2.66(연면적 6,000[m²] 미만)

: 3.55(연면적 10,000[m²] 미만)

: 4.30(연면적 10,000[m²] 이상 큐비클 형식의 경우)

: 5.50(연면적 10,000[m²] 이상 형식구분 없을 때)

③ 제3방법

$$A = 2.15 \times [\text{설비용량(kVA)}]^{0.52}[\text{m}^2] \quad (2\text{-}10)$$

④ 제4방법

$$A = 5.5 \times \sqrt{\text{변압기용량[kVA]}}\,[\text{m}^2] \quad (2\text{-}11)$$

* 변전실 면적 산정시는 상기의 계산식 4가지를 이용하여 계산한 후 가장 큰 값을 적용한다.

3) 변전실 넓이에 영향을 주는 요소

변전실의 넓이는 수전설비용량과 변압기 용량이 가장 큰 영향을 주며 면적에 영향을 주는 요소는 다음과 같다.

① 수전 전압 및 수전 전압 강압방식(2단 강압방식, 1단 강압방식)

② 변압기 용량 및 수량

③ 콘덴서의 용량 및 수량

④ 고압 및 특고압 큐비클 수량과 고압 분전반의 수량

⑤ 저압배전반의 수량

⑥ 기기의 형식

⑦ 기기의 배치방법

⑧ 보수감시에 필요한 넓이

4) 중앙감시실의 넓이

중앙감시실 선정시 고려사항은 표 2-9에 나타내었다.

표 2-9 중앙감시실의 선정시 고려사항

구 분	고려사항
건축적	① 조명, 전력, 방범, 안공장애등 설비 등을 집중 감시제어 가능할 것. ② 건축물 규모, 관리의 효율성을 감안 휴식공간 제공. ③ 방재센터와 겸용시 방화구획을 하고, 피난층에 설치할 것.
환경적	① 홍수에 대비하여 침수 또는 누수가 없을 것. ② 감시실내 급수 및 배수관 설치 금지. ③ 배선과 장비의 배치 효율성을 위하여 이중바닥의 시설을 고려할 것.
전기적	① 수변전실, 발전기실, 축전지실, 기계실 등과 연계하여 위치를 고려할 것.

중앙감시실의 면적은 보통 소규모 건축물은 10[m^2], 중·소규모 건축물은 15~30[m^2], 중·대규모 건축물은 30~60[m^2] 및 대규모 건축물에서는 60[m^2] 이상으로 선정하도록 건축전기설비설계기준(2011)에서 정하고 있다.

5) 샤프트를 결정

설비용량이 커지면 전선 굵기 및 수량이 증가되어 이를 부설하기 위한 샤프트(Electric Pipe Shaft : EPS)가 필요하게 된다. 샤프트의 크기, 위치 등을 결정할 때에는 건축적, 환경적 및 전기적으로 다음 사항을 고려한다.

① 샤프트는 수직으로 설치시 각 층의 같은 위치에 설치한다.

② 변전실에서 샤프트까지의 수평설치 및 각 층의 수평설치는 가급적 적게 한다.

③ 보수용 점검구 또는 점검문을 90[cm] 이상 설치한다.

④ 사람이 들어가는 샤프트에는 사람을 위한 공간으로서 폭 600[mm] 정도의 공간을 확보하고 분전반 등 점검조작의 빈도가 큰 것은 입구 가까이에 설치한다.

⑤ 연면적 3,000[m^2] 이상 건물일 경우 1개층 기준 800[m^2]마다 설치한다.

⑥ IBS 빌딩에서는 샤프트를 크게 한다.

⑦ 샤프트 점검문 하단에는 침수대비 물이 넘치지 않도록 차(턱)를 둔다.

⑧ 간선뿐만 아니라 약전, 다른 설비 배관도 고려하여 충분한 공간을 확보할 것.

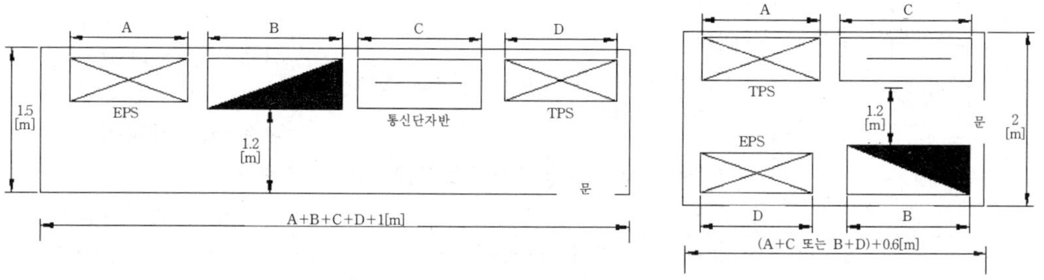

그림 2-5

2.1.3 수변전설비의 기기

수변전설비 기기의 선정은 전기설비기술기준 및 전기설비규정 등 전기관련 법규·규정 뿐 아니라 소방법 또는 건축법 등을 기초로 하여 선정하여야 한다.

표 2-10 수변전 설비기기의 구성도

구 성 블 럭	구 성 기 기	비 고
인 입 관 계	단로기(인입용, 피뢰기용) 피뢰기(보안장치) · 지중 : CN-CV-W 또는 TR CNCV -W CABLE · 건물구내 또는 공동구 : FR CNCV-W CABLE (22.9[kVY]계통) 개폐기(ASS, LBS, LDS, GS)	책임분계점, 재산한계점(수급 지점)은 전력회사와 협의한다.
고압 및 특 고압수전반	차단기(반부착, 수동조작의 경우) 조작개폐기(차단기원반조작의 경우) 계량장치(계기, 변성기) 표시장치(개폐, 고장, 램프식) 보호장치(과전류, 부족전압, 접지 및 방향성) 피뢰기(이상전압 보호장치)	차단기는 변전실비의 심장부에 해당하고 회로의 단락사고, 과부하, 접지사고의 경우에 아주 짧은 시간에 차단하며 또 평상시는 부하 전류의 개폐를 한다.
고압 및 특 고압분기반	위와 같다.	차단기의 정격차단전류의 선정에 주의를 요한다.

구 성 블 럭	구 성 기 기	비 고
고압 및 특 고압개폐기	전력퓨즈(한류형 및 비한류형) PF 고압 및 특고압 컷 아웃 위치(COS) 등	전력퓨즈와 COS의 사용법에 유의한다.
변 압 기	변압기 (단상, 3상, 유입식, 몰드식, 가스 절연식, 아몰퍼스변압기)	변전실비의 주체를 이루고 자가용에서는 고압에서 저압으로 변성하는 장치이다.
콘 덴 서	콘덴서, 방전코일, 직렬리액터, 차단기	역률개선용 접지용 콘덴서
배선용 차단기	계측장치(계기, 변성기) 기중차단기(ACB) 저압배선용 차단기(MCCB) 나이프스위치(KS) 누전차단기(ELB)	저압간선회로의 제어감시 보호를 한다.
부하(전등, 동력 외)	전등분전반 동력조작반 및 조작반 부하설비(전등, 전동기, 전력장치)	

2.1.3.1 변압기

변압기(Transformer)는 전자기 유도 작용에 의해 수전 전압을 부하설비의 운전에 적합한 전압으로 변환하는 중요한 기능을 갖고 있다. 변압기의 종류는 유입변압기, 건식변압기, 몰드변압기, 아몰퍼스변압기, 가스절연변압기 등으로 분류된다.

(1) 변압기의 종류

변압기는 용도, 절연종별, 냉각방식 등에 따라서 다음과 같이 분류할 수 있다.

표 2-11 변압기의 종류

구 분	종 류
절연방식에 의한 분류	유입변압기, 건식변압기, 몰드변압기, 가스절연변압기
절연종별에 의한 분류 (최고허용온도)	*Y*종(90[℃]), *A*종(105[℃]), *E*종(120[℃]), *B*종(130[℃]), *F*종(155[℃]), *H*종(180[℃]), *C*종(200[℃], 220[℃], 250[℃])
냉각방식에 의한 분류	유입자냉식, 유입풍냉식, 유입수냉식, 송유자냉식, 송유풍냉식, 송유수냉식, 건식자냉식, 건식풍냉식
권선의 개수에 의한 분류	단권변압기, 2권선변압기, 다권선변압기

구 분	종 류
내부구조에 의한 분류	내철형, 외철형
사용전압에 의한 분류	*A*종 : 발전기전압에서 고압 또는 특고압으로 승압하는 변압기 *B*종 : 특고압에서 다른 특고압으로 승압하는 변압기 *C*종 : 특고압 또는 고압에서 다른 고압으로 강압하는 변압기 *D*종 : 고압에서 저압으로 강압하는 변압기 기타 저압에서 다른 저압으로 강압하는 것
상수에 의한 분류	단상변압기, 3상변압기
용도에 의한 분류	전력용변압기, 배전용변압기, 전기로용변압기, 정류기용변압기, 시험용변압기, 기타
탭절환방식에 의한 분류	무전압탭절체기(NLTC), 부하시 탭절체기(OLTC)

(a) 유입 변압기

(b) 몰드 변압기

(c) 건식 변압기

(d) SF_6 가스 절연변압기

그림 2-6 각종 변압기의 외형

(가) 건식변압기

코일을 유리섬유 등의 내열성이 높은 절연물을 내열 니스 처리한 변압기로 H 종 절연변압기이다. 이 변압기는 절연, 열화가 적고 변압기에 사고가 생긴 경우에도 유입변압기와 달리 폭발, 화재 등의 위험이 없으나 현재는 거의 사용하지 않고 있다.

보통 건식 자냉식의 경우는 500[kVA] 이하에 주로 사용, 건식 풍냉식의 경우는 500[kVA] 넘는 용량에 채용하며 장 · 단점은 다음과 같다.

【장점】 ① 전혀 기름을 사용하지 않으므로 화재의 위험성이 없다.
② 내습성, 내약품성이 우수하다.
③ 기름이 없기 때문에 보수, 점검이 용이하다.
④ 유입식에 비해서 소형, 경량이다.
⑤ 큐비클 내에 설치하기 좋으므로 미관상 좋다.

【단점】 ① 유입식에 비해 값이 비싸다.
② 설치시 흡습(吸濕)에 의한 절연 저하 및 환기 조건에 특히 유의해야 한다.
③ 건식 변압기의 용량은 주로 중용량 이하에 적합하며 소음이 크다.
④ 권선이 공기 중에 노출되어 있어 옥외나 먼지가 많은 곳에는 적합하지 않다.

(나) 유입변압기

철심에 감은 코일을 절연유로 절연한 것으로 A 종 절연 변압기로서 100[kVA] 이하의 주상변압기에서 1,500[MVA]의 대용량까지 제작되며 신뢰성이 높고 가격이 싸며 용량과 전압의 제한이 적어 널리 사용하고 있고 현장에서 많이 사용하는 변압기의 냉각방식별 내용을 간단히 설명하면 다음과 같다.

① 유입자냉식

㉠ 권선 철심의 발생열은 대류(對流)에 의하여 기름에 전해지고 다시 탱크 벽에 전달되어 탱크벽 외부표면에 방사와 공기의 대류에 의하여 방열한다.

㉡ 보수가 간단하여 널리 사용된다.

② 유입풍냉식

㉠ 유입자냉식의 방열기에 송풍기로 바람을 보내어 방열효과를 증가시킨 것이다.

㉡ 기설자냉식 변압기에 송풍기를 부착하여 풍냉식으로 개조하면 약 20~30[%] 정도의 용량 증가 가능하다.

③ **유입수냉식**

㉠ 냉각관을 탱크 상부의 내벽을 따라 배치하고 펌프로 물을 순환시켜 기름을 냉각하는 방식이다.

㉡ 냉각수질이 좋지 못하면 물때가 끼거나 관의 부식으로 보수하기가 어렵다.

④ **송유자냉식** : 방열기 탱크를 별도로 설치하여 탱크 본체와 방열기 탱크 사이의 접속관로에 송유펌프로 냉각시킨다.

(다) 몰드변압기

고압 및 저압권선을 모두 에폭시로 몰드한 고체절연 방식을 채택하여 난연성, 절연의 신뢰성, 보수 및 점검이 용이, 에너지 절약 등의 특징이 있어 많이 채택되고 있으나 가격이 비싸며 종류로는 금형 type과 무금형 type이 있다.

몰드변압기를 채택하여 VCB와 연결하여 사용할 때에는 VCB개폐시 발생하는 서지에 대한 대책으로 서지 옵서버(SA : surge absorber)를 설치하여야 한다.

1) Mold 변압기의 특징(유입변압기와의 비교시)

① 난연성 : 에폭시 수지에 무기물의 충진제가 혼입되어 있어 자기소화성이 있으며 외부의 불꽃에 의하여 착화하지 않는다.

② 절연의 신뢰성 향상 : 내(耐) Corona 특성, 임펄스 특성이 좋아 신뢰도 우수하다.

③ 소형, 경량 : 철심이 Compact화 되어 면적이 축소되고 가볍다.

④ 고효율, 저손실 변압기로 무부하 손실이 적어 에너지 절약효과가 있으며 운전경비가 절감된다.

⑤ 유지보수 및 점검이 용이하다.

⑥ 절연유 여과 및 교체가 필요없다.

⑦ 장기간 운전정지후 재 사용시 건조작업이 간단한다.

⑧ 먼지, 습기에 의한 절연내력 영향을 받지 않는다.

⑨ 단시간 과부하 내량이 크다.

⑩ 소음이 적고 무공해운전

⑪ Surge에 대한 대책을 수립하여야 하는 단점이 있다.

(라) 아몰퍼스변압기

아몰퍼스변압기는 철심의 자성소재에 아몰퍼스 금속을 적용하여 그 우수한 자기특성에 의해 규소강판을 사용하고 있는 변압기에 비해서 철손을 1/3~1/4로 저감시킬 수 있다.

아몰퍼스 합금은 판 두께가 약 0.03[mm]로 현행 규소 강판에 비하여 약 1/10로 와전류손도 절감되고 무부하손이 약 70~80[%]로 대폭 감소한다.

현재의 변압기와 아몰퍼스변압기의 특성 비교는 표 2-12와 같다.

표 2-12 아몰퍼스변압기 특성 비교

구 분	25년전 변압기	현재 변압기	아몰퍼스변압기
부하손	101	100	67
무부하손	213	100	17
전체 손실	135	100	51

주 현행변압기를 100으로 했을 때의 지수

표 2-13 각종 변압기의 특성 비교

구 분	유입식변압기	H종 건식변압기	몰드변압기
연 소 성	가 연 성	난 연 성	난 연 성
폭발위험성	있 다.	없 다.	없 다.
내 습 성	개방형의 경우 수분을 흡수	수분을 흡수함	수분을 흡수치 않음
소 음	적 다.	크 다.	적 다.
전 력 손 실	보 통	크 다.	적 다.
단 락 강 도	강 하 다.	강 하 다.	매우 강하다.
절 연 특 성	안 정	불 안 정	안 정
내 진 성	강 하 다.	강 하 다.	매우 강하다.
크 기	크 다.	보 통	작 다.
중 량	크 다.	보 통	적 다.

구 분		유입식변압기	H종 건식변압기	몰드변압기
보수 및 점검	점 검	① 질소가스누설점검 ② 브리자 흡습제 점검 ③ 유면계 누유점검 ④ 온도계 감시	① 외관점검 ② 온도계 감시 ③ 풍냉식인 경우 : 냉각팬 흡기구 점검	① 자냉식 : 외관점검 ② 풍냉식의 경우 : 냉각팬 흡기구 점검
	보 수	정기적으로 ① 절연유의 특성 체크 ② 절연유의 여과 ③ 내부 본체 인양 후 점검	정기적으로 ① 진공소제기에 의한 청소 ② 운전 재개 직전 외관을 세밀히 조사 ③ 건조 필요	정기적으로 ① 걸레, 진공청소기 등에 의한 청소 ② 외관을 세밀히 점검
부대시설	소화시설	필요함(대규모)	유입변압기보다 소규모	건식변압기보다 소규모
	보수점검용	여과설비 및 절연유 보관 탱크	코일청소	코일청소
크기 및 중량 비교(1500[kVA])	설치면적	1.0	0.84	0.67
	부피	1.0	0.67	0.44
	중량	1.0	0.96	0.87

(마) 가스절연변압기

가스절연변압기는 SF_6가스를 사용하여 불연성이고 안정성이 높으며 건식변압기보다 높은 절연계급까지 실용화되고 있어 22[kV]급 5,000[kVA] 이상의 변압기에 적용하고 있다.

장점으로는 유입변압기와 전기적 특성이 같고 오일리스화, 방재화 등을 들 수 있다.

(2) 변압기의 정격

단상변압기와 3상변압기의 표준용량은 표 2-14와 표 2-15와 같이 정하며 이 중에서 선정하는 것이 바람직하다. 또 용량을 결정할 때는 기본적으로 부하용량과 장래의 계획을 고려하고 1차/2차 개폐장치의 정격(전류와 차단용량)과의 협조 그리고 1뱅크에 고장이 생겼을 때에 예비용량의 필요성 등을 종합적으로 검토할 필요가 있다.

표 2-14 단상변압기 표준용량[kVA]

1[kVA] 2[kVA] 3[kVA] 5[kVA] 7.5[kVA] 10[kVA]	15[kVA] 20[kVA] 30[kVA] 50[kVA] 75[kVA] 100[kVA]	150[kVA] 200[kVA] 300[kVA] 500[kVA] 750[kVA] 1,000[kVA]

표 2-15 3상 변압기 표준용량[kVA]

3[kVA] 5[kVA] 7.5[kVA] 10[kVA]	15[kVA] 20[kVA] 30[kVA] 50[kVA] 75[kVA] 100[kVA]	150[kVA] 200[kVA] 300[kVA] 500[kVA] 750[kVA] 1,000[kVA]	1,500[kVA] 2,000[kVA] 3,000[kVA] 4,500[kVA] 6,000[kVA] 7,500[kVA] 10,000[kVA]	15,000[kVA] 20,000[kVA] 30,000[kVA] 45,000[kVA] (50,000[kVA]) 60,000[kVA] 90,000[kVA] 100,000[kVA]	(120,000[kVA]) 150,000[kVA] (180,000[kVA]) 200,000[kVA] 250,000[kVA] 300,000[kVA]

주 ( )안은 준표준.

(3) 변압기의 결선

현재 동력용으로는 3상 변압기를 많이 사용하고 용량이 동일한 변압기를 3상과 단상으로 나누어 비교하면 표 2-16과 같으며 일반적으로 50[kVA] 이하는 단상 변압기를 100[kVA] 이상은 3상 변압기를 많이 사용하고 있다.

표 2-16 3상과 단상의 비교

종 별	설치바닥면적	가 격	고장이 났을 때	운 반
3 상	소 (1대)	저가	운전 불능	형상 · 중량 큼. 불편함
단 상	대 (3대)	고가	V결선으로 운전가능	단체(單體)로서 중량 작음. 편리함

수전설비 용량이 산정되면 부하의 상황, 변전실의 넓이, 배전방식에 따라서 부하 종별마다 변압기의 대수 및 결선 방식이 결정된다.

(가) 변압기 결선의 종류

① 단상 변압기 3대로 3상 전압으로 변환하는 방법에는 △-△ 결선, Y-Y 결선, △-Y 결선, Y-△ 결선이 있다.

② 단상 변압기 2대로 3상 전압으로 변환시키는 방법에는 V-V 결선이 있다.

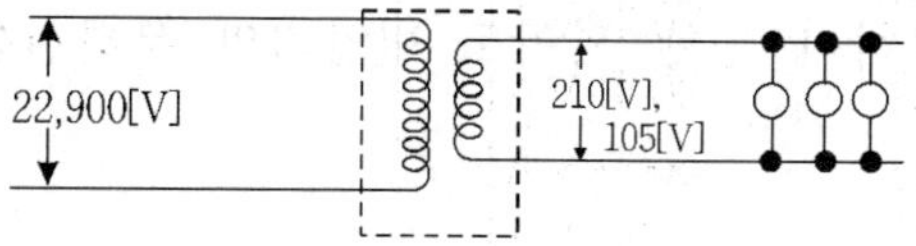

(a) 단상 2선식 결선

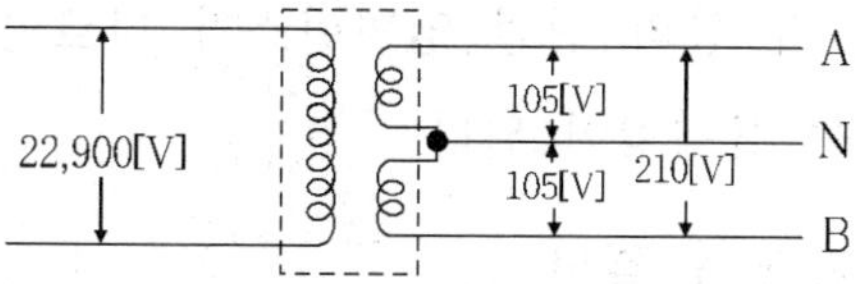

(b) 단상 3선식 결선

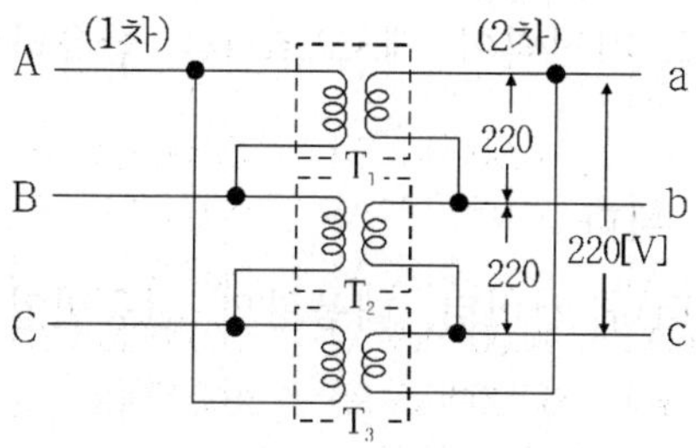

(c) 3상 3선식 △-△ 결선

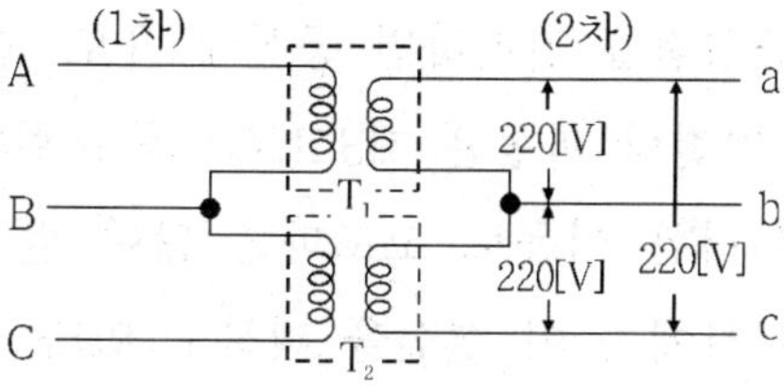

(d) 3상 3선식 V결선

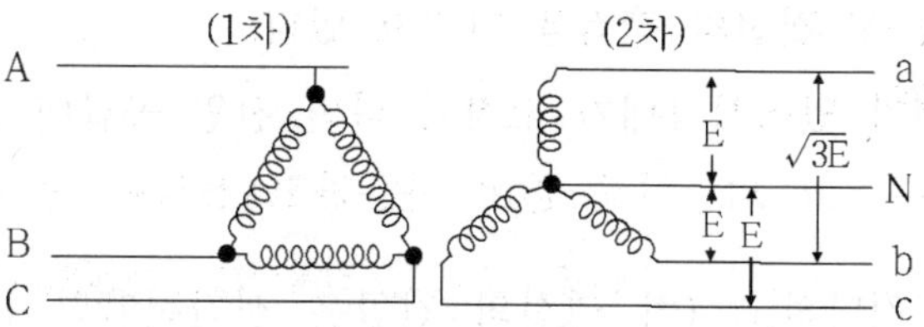

(e) 3상 4선식 결선

그림 2-7 변압기의 결선 방식

(나) 결선 방식별 특징

1) △-△ 결선

① 제3고조파 전류가 △결선 내를 순환하므로 정현파 교류 전압을 유기하여 기전력이 왜곡을 일으키지 않아 유도장애가 없다.

② 1상분이 고장나면 나머지 2대로 V결선 할 수 있다.(부하를 $1/\sqrt{3}$로 줄여서 공급 가능)

③ 각 변압기의 상전류가 선전류의 $1/\sqrt{3}$이 되어 대전류에 적당하다.

④ 중성점을 접지 할 수 없으므로 고장 전류가 적고 지락 사고의 검출이 곤란하

다.

⑤ 변압비가 다른 것을 결선하면 순환 전류가 흐른다.

⑥ 각 상의 권선 임피던스가 다르면 3상 부하가 평행 되어도 변압기의 부하전류는 불평형이 된다.

2) Y-Y 결선

① 중성점을 접지 할 수 있으므로 단(段)절연방식을 채택할 수 있다.

② 상전압이 선간전압의 $1/\sqrt{3}$이 되어 고전압의 결선에 적합하다.

③ 제3고조파 여자전류의 통로가 없으므로 유도 기전력이 제3고조파를 함유하여 중성점을 접지하면 통신에 유도 장해를 준다.

④ 기전력 파형은 제3고조파를 포함한 왜형파가 된다.
이러한 이유로 고조파를 많이 발생하는 인버터나 컨버터, 대용량의 전등변압기 부하에는 이 결선을 피하고 있다.

3) △-Y 결선

① 2차 권선의 전압이 선간전압의 $1/\sqrt{3}$이고 승압용에 적당하다.

② △-△ 결선과 Y-Y 결선의 장점을 가지고 있다.

③ 30°의 위상 변위가 있어서 1대가 고장이 나면 전원 공급이 불가능이다.

4) Y-△ 결선

① 강압 변압기에 적당하고 1차 권선의 전압은 선간전압의 $1/\sqrt{3}$이다. 즉, 높은 전압을 Y결선으로 하므로 절연이 유리하다.

② △-△, Y-Y 결선의 장점을 가지고 있다.

5) V-V 결선

① 변압기 2대로 V결선시 이용률은 $\sqrt{3}/2=0.866$으로 3상 부하의 $\sqrt{3}$배의 변압기 용량이 필요로 하며 변압기 3대 운전 중 1대 고장시의 이용율은 $\sqrt{3}/3=0.577$이 된다.

② 부하시 두 단자전압이 불평형하게 된다.

③ 평형부하가 되어도 변압기의 부하전류는 불평형이 된다.

(4) 변압기의 병렬운전

변압기 부하의 증가 또는 경제적인 운전이라는 점에서 여러 대의 변압기를 병렬로 운전할 경우가 있다. 병렬운전에 필요한 조건으로서는 각 변압기가 자기의 용량에 비례하는 부하를 분담하고 순환전류를 사용상 지장이 없을 정도로 제한해야 한다.

(가) 병렬운전 조건

① 변압기의 1차 전압, 2차 전압이 같을 것.
② 임피던스 전압이 같고 저항과 리액턴스비가 같을 것.
③ 단상일 경우 극성이 같고 3상인 경우 각 변위와 상회전이 같을 것.
④ 2대 변압기의 용량차가 3 : 1이내에서 운전할 것.

(나) 임피던스 전압이 다른 경우의 병렬운전

① 임피던스 전압이 낮은 쪽이 과부하가 된다. 즉 $\%Z$가 낮은 쪽이 과부하가 되어 소손우려 된다.
② 리액턴스 비가 같지 않을 경우 부하역률에 따라 리액턴스가 낮은 쪽이 과부하가 된다.
③ $\%Z$가 다른 경우의 부하분담.

두대 변압기의 정격용량을 P_1, P_2, 분담전력을 P_a, P_b, 분담전류를 I_1, I_2

$\%Z$를 Z_1, Z_2, 부하 P_l 에서 $Z_1 > Z_2$ 라고 하면

$$\text{부하분담전류}\ I_1 = \frac{\frac{P_1}{Z_1}}{\frac{P_1}{Z_1}+\frac{P_2}{Z_2}} \times I \qquad (2\text{-}12)$$

$$I_2 = \frac{\frac{P_2}{Z_2}}{\frac{P_1}{Z_1}+\frac{P_2}{Z_2}} \times I \qquad (2\text{-}13)$$

$$\text{분담전력}\ P_a = \frac{\frac{P_1}{Z_1}}{\frac{P_1}{Z_1}+\frac{P_2}{Z_2}} \times P_l \qquad (2\text{-}14)$$

$$P_b = \frac{\frac{P_2}{Z_2}}{\frac{P_1}{Z_1}+\frac{P_2}{Z_2}} \times P_l \quad (2\text{-}15)$$

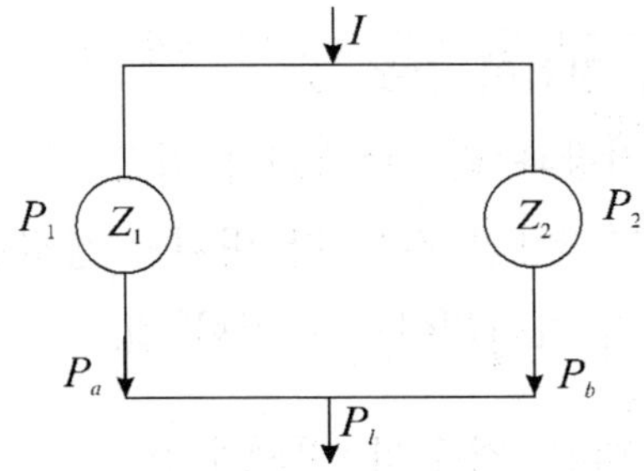

그림 2-8 부하분담

표 2-17 병렬운전이 가능한 결선

병렬 운전이 가능한 결선		불가능한 결선	
A 변압기	B 변압기	A 변압기	B 변압기
△ - △	△ -△	△ - △	△ - Y
Y - Y	Y - Y	△ - △	Y - △
△ - Y	△ - Y	Y - Y	Y - △
Y - △	Y - △	Y - Y	△ - Y
△ - △	Y - Y		
△ - Y	Y - △		

(5) 변압기의 구성과 용량선정

(가) 변압기의 회로수(뱅크수)

뱅크수의 결정은 신뢰성과 경제성을 고려하면 변압기 용량이 적은 경우에는 1대의 용량을 크게 하면 되지만, 대용량의 경우에는 기기 정격전류 증가 및 단락전류가 증대되므로 뱅크수를 증가시킨다.

① 1,500[kVA] 미만 : 1뱅크 구성이 적당하나 뱅크수를 증가시키는 것이 바람직하다. 단, 특고압 수전에서 500[kVA] 이상인 경우 2뱅크 이상으로 구분하여 운전특성에 따라 뱅크를 조절할 수 있다.

② 1,500~3,000[kVA] : 최소 1~2뱅크로 구성하나 역시 뱅크수를 증가시키는 것이

바람직하다.

③ 3,000[kVA] 이상 : 최소 2뱅크 구성이 바람직하다.

상기 내용과 같이 변압기 뱅크수를 증가시키는 것이 중요하며 빌딩의 경우에 최근에는 빙축열시스템 적용이 급격히 늘어나고 있으므로 별도의 변압기 구성이 필요하고 문제는 각 기기의 내력 및 과전류차단기의 용량 선정시 문제가 되므로 뱅크수 선정시 주의가 요구된다.

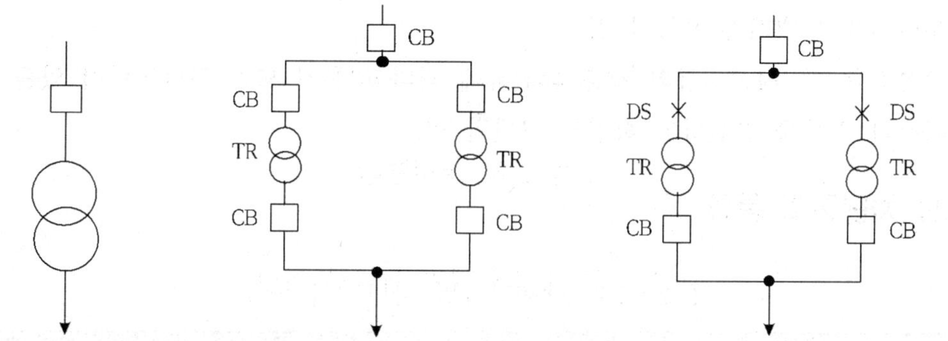

(a) 1뱅크 방식 (b) 2뱅크 1차 CB 2차 CB방식 (c) 2뱅크 1차 DS 2차 CB 방식

그림 2-9 변압기의 뱅크 구성

(나) 변압기의 용량 선정

수전변압기 용량에 따라 최대계약전력이 결정되므로 기본전력요금에 영향을 주며 각종 손실과 경제적인 면을 고려하여 다음과 같이 신중하게 검토해서 결정하여야 한다.

① 부하조사(수용률, 부하율, 부등률을 고려 적정 용량선정)
② 변압기 대수 및 배전방식 고려
③ 전압강하 및 전압변동률 고려
④ 주위온도와 발열량 고려
⑤ 단락보호방식
⑥ 단락전류의 추정과 차단기 용량의 선정
⑦ 부하의 불평형율과 단시간 정격
⑧ 기타 접지방식, 서지(surge)대책, 여자돌입전류, 플리커(flicker), 변압기 병렬운

전 및 기기의 반·출입에 용이한 용량 선정 등

2.1.3.2 차단기

차단기(CB : circuit breaker)는 회로의 부하전류를 개폐 또는 차단기의 부하측에서 단락 사고 및 지락사고가 발생시 각종 계전기와 조합으로 신속히 회로를 차단하여 사고점으로부터 계통을 분리하여 회로에 접속된 전기기기 및 전선류를 보호하고 안전성을 유지하는 장치로서 요구되는 기능은 다음과 같다.

① 부하전류의 개폐가 가능할 것.
② 고장전류, 즉 사고전류와 같은 대전류에 견디고 통전 또는 차단능력이 있을 것.
③ 과부하 전류를 안전하고 확실히 차단할 것.

(1) 차단기의 종류

표 2-18 사용전압별 차단기의 종류

구 분	차단기 종류
저압 차단기	· 배선용차단기(MCCB : Molded case Circuit Breaker)
	· 누전차단기(ELB : Earth Leakage Circuit Breaker)
	· 기중차단기(ACB : Air Circuit Breaker)
고압 및 특고압차단기	· 진공차단기(VCB : Vacuum Circuit Breaker)
	· 유입차단기(OCB : Oil Circuit Breaker)
	· 자기차단기(MBB : Magnetic Blast Circuit Breaker)
	· 가스차단기(GCB : Gas Circuit Breaker)
	· 공기차단기(ABCB : Air Blast Circuit Breaker)

표 2-19 각 차단기의 특징 비교표

비교항목 \ 차단기		진공차단기 (VCB)	유입차단기 (OCB)	가스차단기 (GCB)	공기차단기 (ABB)	자기차단기 (MBB)
소호원리		10^{-4}Torr 이하의 진공 상태에서의 높은 절연특성과 아크확산에 의한 소호	절연유의 절연성능과 발생 GAS압력 및 냉각효과에 의한 소호	SF_6가스의 높은 절연성능과 소호성능을 이용	별도설치한 압축공기 장치를 통해 아크를 분산, 냉각시켜 소호	아크와 차단전류에 의해서 만들어진 자계 사이의 전자력에 의해서 소호
정격전압[kV]		3.6~36	3.6~300	24~800	12~800	3.6~12
차단전류[kA]		8~40	8~50	20~50	25~100	16~50
차단시간[Hz]		3	3~6	2~5	2~5	5
개폐 서어지		최대	중	소	대	최소
개폐 수명	무부하 개 폐	10,000~30,000	10,000	10,000	10,000	10,000
	단 락 개 폐	30~50	3~5	10~30	3~5	4~6
차단성능		우수	보통	우수	우수	우수
소호실, 접촉부 보수점검		불필요	필요	불필요 (SF_6 가스 보충필요)	필요	필요
연소성		가연성	난연성	난연성	불연성	불연성
경제성		염가	중간	중간	고가	고가

(가) 기중차단기

기중차단기(ACB : air circuit breaker)는 저압용 차단기로 KS C 4620에 의하면 교류용 주파수 60[Hz]의 1000[V] 이하 전로에 사용한다.

정격전류는 최대 교류 6,300[A] 이하, 차단용량은 100[kA] 정도이다.

(나) 공기차단기

공기차단기(ABB 또는 ABCB : air blast circuit breaker)는 개방할 때 접촉자가 떨어지면서 발생하는 아크를 강력한 압축공기 10~30[kg/cm²]를 불어 소호하는 방식이다.

① 유입 차단기에 비해 화재의 위험성이 적고 차단 능력이 뛰어남.
② 유지 보수가 용이하다.
③ 별도의 압축 공기를 위한 콤퓨레샤 등 부대 설비가 필요하다.
④ 대용량의 차단기로서 널리 사용.
⑤ 전기로 등 개폐 빈도가 심한 장소에 많이 사용.

(다) 자기차단기

자기(磁氣)차단기(MBB 또는 MBCB : magnetic blast circuit breaker)는 아크와 직각으로 자계를 주어 아크를 소호실로 흡입하여 아크 전압을 증대시키고, 냉각하여 소호작용을 하도록 된 구조의 차단기이다. 3.3~6.6[kV]의 전압회로에 많이 사용되고 특징은 다음과 같다.

① 자기차단기는 화재의 염려가 없다.
② 절연유를 사용하지 않아 열화가 없어 보수가 간단하다.
③ 소호능력 면에서 특고압에 적당하지 않다.

(라) 진공차단기

진공차단기(VCB : vacuum circuit breaker)는 진공에서의 높은 절연내력과 아크 생성물이 고진공 용기 내에서 급속한 확산을 이용하여 소호하는 구조로서 최근에 많이 사용된다. 진공차단기는 고진공속에서 전류를 차단하며 절연내력이 높아 접점 간격이 타방식에 비하여 작아 차단기 전체가 소형, 경량으로 된다. 차단기의 전류차단 부분이 외기와 차폐되어 있기 때문에 차단성능이 주위환경에 영향을 받지 않고 진공도의 수명이 길고 안정된 차단 성능을 갖고 있다.

또한 절연회복 특성이 우수하고, 접점 수명이 길어서 개폐회수가 많고 차단 후에 높은 회복전압이 요구되는 콘덴서 부하용으로도 적합하며 다음과 같은 특징이 있다.

① 매우 높은 절연내력과 소형, 경량이다.
② 차단시간(3~5cycle)이 짧고 개 · 폐 수명이 길다.
③ 기름을 사용하지 않아 화재의 위험이 없다.
④ 차단성능은 우수하나 동작시 높은 서지전압을 발생시키는 결점이 있다.
⑤ 안전성이 높아 방재 겸용으로 사용이 가능하다.

⑥ 보수점검이 용이하다.

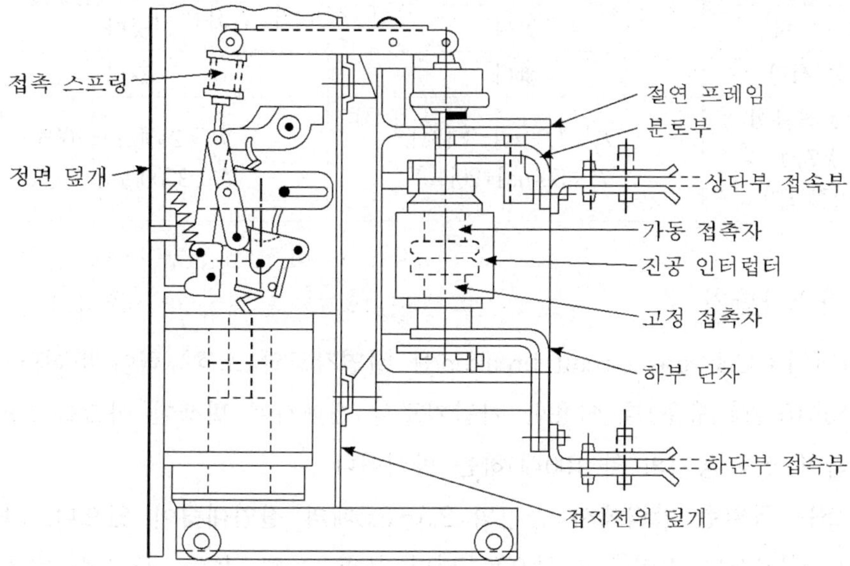

그림 2-10 진공차단기의 구조

1) 서지흡수기(SA)의 설치

구내선로에서 발생할 수 있는 개폐서지, 순간과도전압 등으로 이상전압이 2차 기기에 악영향을 주는 것을 막기 위해 서지흡수기를 설치하는 것이 바람직하다.

서지흡수기는 보호하고자 하는 기기전단에 설치하고 개폐서지를 발생하는 진공차단기 후단과 부하측 사이에 설치한다.

표 2-20 진공차단기(VCB)에 서지흡수기 적용여부

2차 보호기기 \ 전압[kV]		3	6	10	20	30
전 동 기		적 용	적 용	적 용	-	-
변압기	유입식	불필요	불필요	불필요	불필요	불필요
	몰드식	적 용	적 용	적 용	적 용	적 용
	건식	적 용	적 용	적 용	적 용	적 용
콘 덴 서		불필요	불필요	불필요	불필요	불필요
변압기와 유도기기와의 혼용 사용시		적 용	적 용	-	-	-

표 2-21 뇌서지와 개폐서지 비교

구 분	뇌서지(Lightning Surge)	개폐서지(Switching Surge)
파 고 치	높다	낮다
지속 시간	짧다	길다
표준충격파의 파두장(T_f) 및 파미장(T_t)	T_f : 1.2[μs]±30[%] T_t : 50[μs]±20[%]	T_f : 250[μs]±20[%] T_t : 2500[μs]±60[%]

(마) 가스차단기

가스차단기(GCB : gas circuit breaker)는 절연강도와 소호능력이 뛰어난 불활성 가스인 SF_6(6불화 유황)를 이용한 차단기로서 개폐시에 발생한 아크를 SF_6 가스를 분사하여 소호(공기의 약 100배)하는 방식이다.

SF_6가스는 동일한 압력에서 공기의 2.5~3.5배의 절연내력이 있으며, 가스압력 3~4[kg/cm^2]에서는 절연유 이상으로 되며 무취, 무해, 무독, 불연성, 비폭발성의 성질을 가지고 있고 특징은 다음과 같다.

① 보수 점검 횟수가 적고 차단성능이 우수하다.
② 개폐시 소음이 작고, 가격이 고가이다.
③ 설치 면적이 적어 대부분 초고압 계통의 차단기로 많이 사용된다.
④ 화재의 위험이 없다.
⑤ 고가이며 설치면적이 작다.

(바) 유입차단기

유입차단기(OCB : oil circuit breaker)는 기름차단기라고도 하며 전로 개폐시 발생되는 아크를 절연유의 소호작용에 의하여 소호하는 구조로 된 특징은 다음과 같다.

① 다른 종류의 차단기에 비해 차단 성능 및 보수 면에서 불리하다.
② 가격이 저렴하고 광범위한 전압 범위에서 사용할 수 있다.
③ 소 · 중 용량 차단기로서 널리 사용한다.
④ 화재의 위험과 설치면적이 크다.

(2) 차단기의 정격 선정방법

(가) 정격전압

차단기의 정격전압(rated voltage)은 차단기에 인가하여 사용할 수 있는 회로의 최대허용전압을 말하며, 일반적으로 정격전압은 3상 선간전압으로 표시하고 표 2-22와 같다.

표 2-22 차단기의 정격전압

공칭 전압[kV]	정격 전압[kV]	비 고
3.3	3.6	KS
6.6	7.2	KS
22[kV]-Δ 22.9[kV]-Y	24 25.8	KS ESB
66	72.5	KS
154	170	KS
345	362	KS

차단기의 정격전압은 다음 식으로 나타낼 수 있다.

$$\text{정격전압} = \text{공칭전압} \times \frac{1.2}{1.1} [\text{kV}] \qquad (2\text{-}16)$$

예제 22[kV]의 정격전압은?

풀이 22 × 1.2/1.1 = 24[kV]

그러므로 공칭전압 22[kV]급 정격전압은 24[kV]이나 22.9[kV-Y] 계통은 한국전력공사 표준(ESB)에 의하여 25.8[kV]로 규정하고 있다.

(나) 정격전류

차단기의 정격전류(rated current)는 정격전압 및 정격주파수에서 규정의 온도상승 한도를 초과하지 않고 연속적으로 통전할 수 있는 전류의 한도를 말한다.

일반회로에서 회로전류의 120[%] 이상의 정격전류를 갖는 차단기를 특히 콘덴서용 차단기는 콘덴서군 전류의 150[%] 이상의 정격전류를 갖는 차단기를 선정하는 것이 바람직하다.

3상의 경우 정격전류는 다음과 같이 구한다.

$$I_n = \frac{P}{\sqrt{3}\,V\cos\theta}[\mathrm{A}] \qquad (2\text{-}17)$$

여기서, P : 설비용량[kW], V : 정격전압[kV], $\cos\theta$: 역률

(다) 정격차단전류

차단기의 정격전류에 해당하는 회복전압, 재기전압 등의 규정조건에서 규정된 동작책무 및 동작상태를 수행할 수 있는 지역율 차단 전류의 한도를 말한다.

표 2-23 정격차단전류

공칭전압	정격전압	정격차단전류
6.6[kV]	7.2[kV]	12.5[kA]
22.9[kV]	25.8[kV]	12.5[kA]
		25[kA]
66[kV]	72.5[kV]	20[kA]
154[kV]	170[kV]	40[kA]

(라) 차단기 용량 선정

① 차단기 용량 $Q = \sqrt{3} \times$정격전압$\times$정격차단전류

$$= \sqrt{3} \times V \times I_s \times 10^{-3}[\mathrm{MVA}]$$

$$= \frac{100}{\%Z} \times P_n[\mathrm{MVA}] \qquad (2\text{-}18)$$

② 변압기용 차단기 용량 $Q_t = \frac{100}{\%Z} \times P_r[\mathrm{MVA}]$ (2-19)

여기서, P_r : 변압기용량[MVA], P_n : 기준용량[MVA]

(마) 정격차단시간

정격차단시간은 차단기가 트립지령을 받고부터 즉, 보호계전기의 접점이 닫혀진 후 부터 트립장치가 동작하여 전류차단이 완료할 때 까지의 시간을 의미한다.

정격차단시간은 정격주파수를 기준으로 하여 사이클 수로 나타내며 고압차단기기에 있어서는 5사이클 및 8사이클이 표준으로 되어 있는데 수전용 차단기로 사용

하는 전력회사와의 협조로 정격차단시간 5사이클의 것을 사용할 필요가 있다.

(바) 표준동작책무

차단기가 1회 또는 2회 이상의 차단동작을 규정의 시간간격을 두고 반복해서 행하는 일련의 동작을 나타내는 책무를 말한다.

① A Type : O-1분-CO-3분-CO : 특고에 적용

② B Type : CO-15초-CO : 7.2[kV]적용, 콘덴서, 리액터용

③ M Type : O-2분-CO : 수동식

④ R Type : O- t초-CO-1분-CO : 고속도재폐로 방식

주 O : open, C : close

(사) 정격 개극시간

무부하시에 정격 트립전압 및 정격 조작 입력으로 트립하는 경우에 개극시간을 말한다.

(아) 정격 투입조작 전압, 정격트립 전압

정격 투입조작 전압은 직류 투입이나 교류 투입 모두 100[V] 또는 200[V]로 되어 있으며, 직류이면 85[%]에서 110[%] 사이의 변동에 대해서 성능을 보장하는 것이 보통이다.

정격 트립(trip) 전압도 위와 같으나, 직류이면 60[%]~125[%] 사이에서 성능을 보증하고 있다.

(3) 차단기의 투입 및 트립 방식

(가) 차단기의 투입방식

① **수동조작** : 수동직접조작

② **동력조작**
- 전기조작 : 전자(電磁)조작, 전동기 조작
- 스프링 조작 : 전동 스프링 조작, 전자 스프링 조작, 수동 스프링 조작
- 압축공기조작
- 유압조작

조작시의 안전을 확보할 목적으로 정격차단전류가 8[kA] 이상인 차단기는 가급

적 동력조작방식으로 하며 전기조작방식의 경우 조작전원은 원칙적으로 직류전원으로 하고 있다.

(나) 차단기의 트립방식

① **변류기의 2차 전류를 이용하는 트립 방식** : CT의 2차 전류가 정해진 값보다 초과되었을 때 트립 동작을 하는 방식이다. 이 경우 트립 장치는 일정한 한시특성이 있어야 한다.

② **부족전압 트립 방식** : PT의 2차 전압을 항상 트립코일에 인가해 두고 1차측 전압이 정해진 값 이하로 떨어졌을 때에 트립하는 방식이다.

③ **전압 트립 방식** : 상시 개로형 조작방식으로 트립전원을 축전지 전원으로 공급한다.

④ **콘덴서 트립 방식** : PT의 2차측에 정류기를 부설하여 콘덴서를 충전하고 이를 트립코일을 통해서 방전시켜 차단하는 방식이다. 1차측이 무전압으로 되어도 콘덴서의 단자전압은 일정한 시간 정해진 전압 이상을 유지하여야 한다.

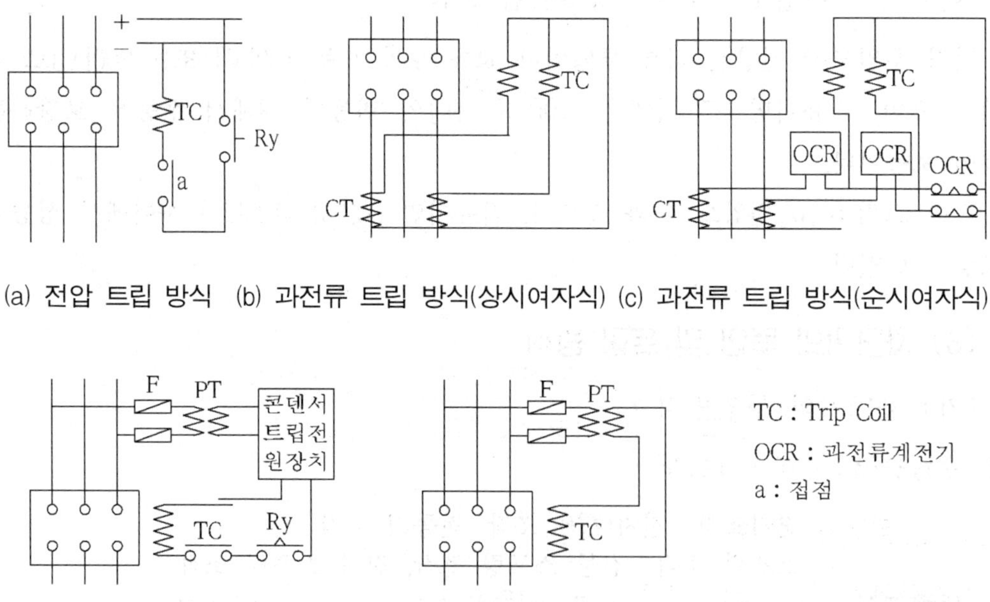

(a) 전압 트립 방식 (b) 과전류 트립 방식(상시여자식) (c) 과전류 트립 방식(순시여자식)

(d) 콘덴서 트립 방식 (e) 부족 전압 트립 방식

그림 2-11 차단기 트립 방식의 종류

2.1.3.3 단로기

단로기(DS : disconnecting switch)는 개폐기의 일종으로 기기의 점검, 측정, 시험 및 수리를 할 때 기기를 활선으로부터 분리하여 확실하게 회로를 열어 놓거나 회로변경을 위하여 설치한다.

단로기는 부하전류를 차단할 능력이 없기 때문에 부하전류가 흐르는 상태에서 차단하면 매우 위험하다. 따라서, 단로기는 차단기를 열고 나서 개폐할 필요가 있다.

① 변압기, 차단기 등의 보수 점검을 위해 설치하는 회로 분리용
② 전력계통 변환을 위한 회로 분리용

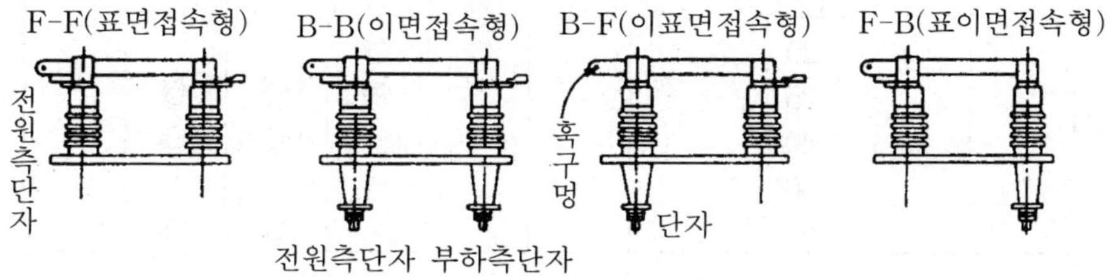

(a) 종류

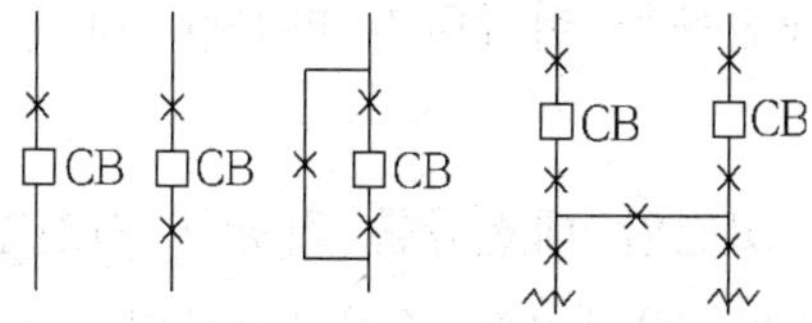

(b) 설치위치

그림 2-12 단로기의 종류 및 설치위치

(1) 단로기의 정격

① **정격전압** : 회로전압의 상한을 나타내며 다음과 같이 구한다.

$$\text{정격전압} = \text{공칭전압} \times \frac{1.2}{1.1}\,[\text{kV}] \qquad (2\text{-}20)$$

② **정격전류** : 단로기에 연속하여 통전할 수 있는 전류의 상한을 나타낸다.

③ 정격단시간전류 : 사용회로의 단시간전류(단락전류)가 1초간 또는 2초간 통전되어도 이상을 일으키지 않는 단락전류의 상한을 나타낸다.

표 2-24 정격전류의 표준값

정격전압[kV]	정격 단시간 전류[kA]	정격 전류[A]						
		400	600	800	1200	2000	3000	4000
3.6	16		◎					
	25		◎		◎			
	40				◎	◎	◎	
7.2	12.5	◎	◎		◎			
	20		◎		◎			
	31.5				◎	◎	◎	
	40					◎	◎	◎
24	12.5		◎					
	20		◎	◎				
	25		◎	◎	◎	◎		
	40				◎	◎		
	50							◎
	63				◎	◎		◎

2.1.3.4 계기용 변성기

수변전설비는 고전압, 대전류를 취급하기 때문에 계기 또는 계전기를 특별고압으로부터 보호해야 한다.

이 때 계기용 변성기는 고전압 대전류를 적당한 저전압(110[V]) 저전류(0.1[A], 1[A], 5[A])로 변성하여 계기, 계전기를 주회로로부터 절연하고, 주회로의 전압, 전류를 계기, 계전기의 입력으로 변성하여 주회로의 측정, 보호 범위를 확대하고 계기 및 계전기의 소형화, 표준화 및 계측과 보호의 집중화를 목적으로 사용된다.

(1) 계기용 변류기

계기용 변류기(Current Transformer)란 대전류를 어떤 변류비에 비례하는 작은 전류값으로 변성하는 기기를 말한다. 또한 공칭 주파수가 15~100[Hz]인 전기적인 측정장치나 보호장치와 함께 사용하기 위해 아날로그 또는 디지털값을 출력하는 전자식 변류기의 사용이 증가하고 있다.

(가) 정격 1차 전류

변류기의 정격 1차 전류값은 그 회로의 최대 부하전류를 계산하여 그 값에 여유율을 적용하여야 한다.

일반적으로 수용가의 인입회로나 전력용 변압기의 1차측에 설치하는 것은 최대 부하전류의 125~150[%] 정도로 선정하고, 전동기 부하 등 기동전류가 큰 부하는 기동전류를 고려하여야 하므로 전동기의 정격 입력값이 200~250[%] 정도가 되도록 선정한다.

예제 부하용량이 500[kVA]이고 전압이 3상 380[V]인 전기설비의 경우 계기용 변류기의 1차 전류는 얼마를 선정하여야 하는가?

풀이 부하전류 $I = \frac{P}{\sqrt{3}V} = \frac{500 \times 10^3}{\sqrt{3} \times 380} = 759.7[A]$

변류기 정격 1차 전류 $= 759.7 \times (1.25 \sim 1.5) = 1{,}000[A]$

∴ 계기용 변류기 1차 전류는 1,000[A]임.

(나) 정격 2차 전류

일반적으로 보통의 계기, 보호계전기 등의 정격 2차 전류는 5[A]의 것이 많이 사용되었으나, 최근에는 디지털용 계전기 등의 경우에는 0.1[A] 및 1[A]용이 사용되고 있다.

변류기의 설치장소에서 멀리 떨어진 곳을 원방 계측하는 경우에는 변류기 2차 배선의 부담을 줄이기 위하여 변류기의 정격 2차 전류를 0.1[A] 또는 1[A]로 하여 사용하는 것이 바람직하다.

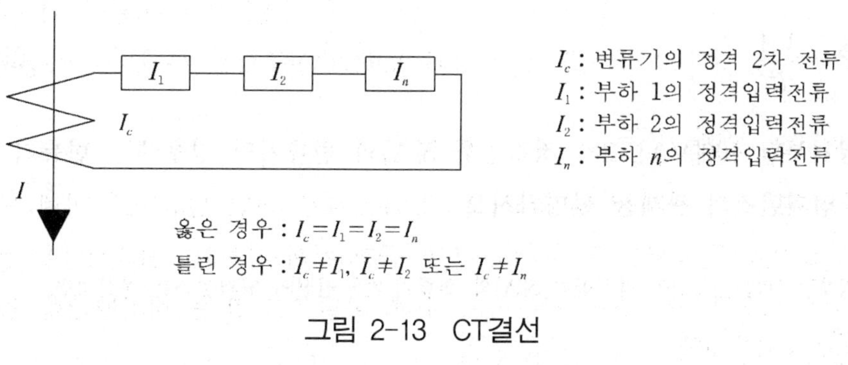

그림 2-13 CT결선

(다) 정격부담

변류기의 부담이란 역률이 1일 때 옴[Ω] 단위로 표현되는 2차 회로의 임피던스에서 변류기의 2차 단자간에 접속되는 부하가 정격주파수의 2차 전류에서 소비하는 피상전력을 말한다.

$$VA = I^2 Z[\mathrm{VA}] \tag{2-21}$$

단, Z : 변류기 2차 권선의 임피던스[Ω], VA : 변류기 2차 권선의 정격부담[VA], I : 변류기 2차 권선의 정격전류[A]

변류기의 **정격부담**이란 규정의 조건하에서 정해진 특성을 보증할 수 있는 변류기의 권선당 부담을 말하는데 그 값은 표준화되어 있다.

표 2-25 변류기의 정격부담

계 급	정 격 부 담[단위 : VA]						
0.1급	2.5	5	-	15	25	-	-
0.2급	2.5	5	-	15	25	-	-
0.5급	-	-	-	15	25	40	100
1.0급	-	5	10	15	25	40	100
3.0급	-	5	10	15	25	40	100

주 ① 정격 2차 전류 0.1[A]의 변류기는 정격부담 2.5[VA] 및 5[VA]에 한한다.
② 정격 2차 전류 5[A]의 변류기는 정격부담 2.5[VA]를 제외한다.

변류기의 2차 부담은 변류기 2차 회로에 정격전류가 흐를 경우 변류기의 2차 단자 전압과 정격 2차 전류의 적(積)이므로 변류기의 2차 권선의 임피던스 Z는

$$Z = \frac{VA}{I^2} \tag{2-22}$$

예제 정격부담 100[VA], 2차 정격전류 5[A]의 변류기인 경우에는 변류기 2차 권선의 임피던스의 관계를 설명하시오.

풀이 정격부담 100[VA], 2차 정격전류 5[A]의 변류기 2차 권선의 임피던스를 계산하면

$Z = \frac{100}{25} = 4[\Omega]$이 된다.

이 변류기의 2차 권선에 접속되는 부하의 합성 임피던스(계기, 계전기, 배선 등의 합성 임피던

스)는 4[Ω] 이하를 유지시켜야 함을 알 수 있다.

(라) 정격 내전류(정격 과전류 강도)

변류기는 사고전류에 대하여 열적, 기계적으로 견디어야 하며 사고전류가 변류기 1차 권선에 흐르면 그 변류기의 정격 1차 전류값의 몇 배의 사고전류까지 견딜 수 있는가를 정한 것을 변류기의 **과전류 강도**라고 하며, 과전류 강도는 열적 과전류 강도와 기계적 과전류 강도로 분류된다.

변류기에는 정격내 전류에 대한 사항은 정격 과전류 강도로 표시한 것과 정격 과전류로 표시하는 것이 있는데 정격 과전류 강도로 표시하는 경우는 표 2-26을 기준으로 하고 있다.

표 2-26 변류기의 정격 과전류 부담

정격 과전류 강도	보증하는 과전류
40	정격 1차 전류의 40배
75	정격 1차 전류의 75배
150	정격 1차 전류의 150배
300	정격 1차 전류의 300배

㈜ 정격 과전류 강도가 300을 초과하는 경우는 특수품으로 한다.

표 2-27 변류기의 정격 과전류

최고 전압	정격 과전류[A]							
3.45	1.6	4	8	16	25	40		
7.2	2	4	8	12.5	20	25	31.5	40
11.5	25	40	50	80				
13.8, 25, 25.8	12.5	20	25	40	50	63		
34.5	12.5	16	25	31.5	40			
72.5	12.5	20	25	31.5				
138, 170	12.5	20	25	31.5	40	50	63	
362	16	20	31.5	40	50			

1) 열적 과전류 강도

열적 과전류 강도는 KS 규격상으로 표준 지속시간이 1.0초로 되어 있으나 실제로 과전류가 흐르는 시간은 경우에 따라 다르게 된다. 따라서 임의의 지속시간에 대한 열적 과전류 강도는 다음 식으로 계산된다.

$$S = \frac{S_n}{\sqrt{t}}[\text{kA}] \tag{2-23}$$

여기서, S : 통전시간 t초에 대한 열적 과전류 강도

S_n : 정격 과전류 강도[kA]

t : 통전시간[sec]

예제 정격 과전류 강도가 2[kA]라 표시된 변류기에 고장전류가 흐를 경우 0.2[초] 이내에 회로를 완전히 차단하는 차단기 회로에 사용할 경우 열적 과전류 강도를 구하여라.

풀이 $S = \frac{S_n}{\sqrt{t}} = \frac{2}{\sqrt{0.2}} = 4.5[\text{kA}]$가 되므로

위 계산 결과 열적 과전류 강도가 4.5[kA]로 증가하게 된다.

2) 기계적 과전류 강도

기계적 과전류 강도는 고장전류의 최대 진폭에 견디어야 하고 최악의 경우에는 고장전류(교류실효치)의 $2\sqrt{2}$배의 진폭에 견디어야 하지만 KS 규격상으로 직류분의 감쇄를 고려하여 정격 과전류 강도에 해당하는 1차 전류(교류실효치)의 2.5배에 상당하는 초기 최대 순시값의 과전류에 견디면 충분한 것으로 되어 있다.

$$\text{변류기의 기계적 강도} \geq \frac{\text{전력회로의 최대 고장전류[A]}}{\text{변류기의 1차 정격전류[A]}} \tag{2-24}$$

(마) 과전류 정수

정격 과전류 정수는 변류기의 정격부담, 정격주파수하에서의 변성비 오차가 −10[%]가 될 때의 1차 전류값과 정격 1차 전류값의 비(比)인 n으로 표시하는데 n>5, n>10, n>20을 표준으로 한다.

표 2-28 과전류 정수의 사용부담에 따른 변화

구 분	정격부담 40[VA]	사 용 부 담		
		25[VA]	15[VA]	10[VA]
과전류 정수	$n>10$	$n^1>15$	$n^1>20$	$n^1>25$

(바) CT의 2차측 개방

변류기의 2차측이 개방된 상태에서 1차측의 전류가 흐르면 CT 2차측에는 전류가 흐르지 않기 때문에 CT의 철심이 과도하게 여자되고 고전압이 유기되어 2차측 회로의 절연이 파괴되고, 철손 증대로 인해 CT가 과열된다.

그러므로 CT의 2차측은 절대로 개방하지 않도록 주의할 필요가 있다.

(사) 접 지

고압용 계기용 변류기 및 특별고압용 계기용 변류기의 2차회로 및 3차회로의 1단자(L측) 전로에는 반드시 한국전기설비규정 140에 의한 접지공사를 하여야 한다.

(아) 변류기 선정 순서

최대 부하전류 산출	$I_n = \dfrac{P}{\sqrt{3}\,V\cos\theta}$
↓	
CT 1차 정격전류	· 최대부하전류에 여유를 두어 결정 · 변압기 1차측 - 최대부하전류의 125~150[%] · 전동기 등의 기동전류를 고려할 경우 200~250[%]
↓	
정격부담 및 오차계급	· 오차계급 - 계기용, 계전기용 - 1.0급 이상 - 전력량계용 - 0.5급 이하
↓	
과전류 정수 결정	· 정격 과전류 정수는 변류기의 과전류 영역에서의 특징을 나타냄 · CT의 정격부담 정격 주파수에서 변성비 오차가 10[%] 일 때
↓	
단락보호 검토	· 1차 전류값과 정격 1차 전류값의 비로 표시[n] $n>5$, $n>10$, $n>20$의 표준임

(2) 계기용 변압기

계기용 변압기(PT : potential transformer 또는 VT : Voltage transformer)는 특고압회로의 전압을 이에 비례하는 낮은 전압으로 변성하는 것으로 회로에 병렬로 접속하여 사용하며 배전반의 전압계, 전력계, 주파수계, 역률계, 표시등 및 부족전압 트립 코일(UVC)의 전원으로 사용된다. 그림 2-14는 계기용 변압기의 외관, 심벌 및 원리를 나타낸 것이다.

(a) 외형 (b) 결선도

그림 2-14 계기용 변압기

표 2-29 계기용 변압기의 정격 부담(단위 : [VA])

계급	정격 부담						
0.1급	10	15	25	-	-	-	-
0.2급	10	15	25	-	-	-	-
0.5급	-	15	-	50	100	200	-
1.0급	-	15	-	50	100	200	500
3.0급	-	15	-	50	100	200	500

(3) 계기용 변성기함

계기용 변성기함(MOF : metering out fit)은 계기용 변압기와 계기용 변류기를 조합한 것으로 전력사용량을 계량하기 위하여 수전전압, 전류를 계량장치에 적절하도록 변압(PT) 및 변류(CT)시켜서 DM(Maximum Demand Watt-Hour Meter : Demand Meter : 최대수용 전력량계)에 전달하여 주는 장치이다.

표 2-30 계기용 변성기의 계급

계 급	호 칭	주요용도
0.1급 0.2급	표 준 용	계기용 변성기 시험용의 표준기 또는 특별정밀계측용
0.5급 1.0급 3.0급	일 반 계 기 용	정밀계측용 보통계측용, 배전반용 배전반용

주 ① 최대사용전류란 인입 판넬의 경우는 역률을 판정하고(예컨대 85[%]), 규약 전류을 기초로 하여 산출한 부하전류이다.

② 기타의 패널에서는 부하의 수용률이나 계통의 부등률을 고려한 값을 기준으로 한다.

③ 전력회사에 따라서는 변압기의 정격 1차 전류는 최대 사용전류의 200[%] 이하임을 요구하고 있다.

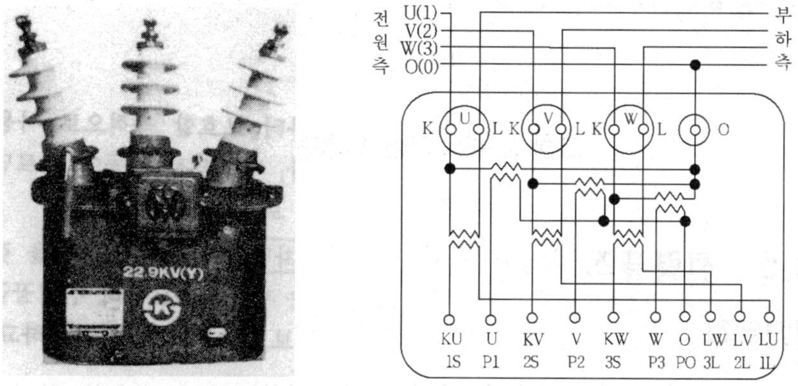

(a) 외형 (b) 결선도

그림 2-15 계기용 변성기함 및 계기 결선도

(4) 영상 변류기

영상 변류기(ZCT : zero-phase current transformer)는 비접지계통에서 지락사고가 발생시 흐르는 영상전류를 검출하는 기기이다.

영상 변류기는 접지계전기와 조합하여 사용하는 것으로 부착하는 위치는 고압전로에 지락이 생겼을 때 전로를 자동적으로 차단할 수 있도록 전원에 가장 가까운 위치로 한다.

① 정격 1차 전류는 200[mA], 2차 전류는 1.5[mA] 및 3.0[mA]가 표준이다.
② 영상전류를 검출하기 위하여 1개의 철심을 썼으며 철심의 특성차에 의한 오차 출력이 적어서 고감도의 지락사고 보호에 적합하다.
③ 비접지 배전선로의 지락보호에 선택접지 계전기와 함께 쓰인다.
④ cable 관통형을 적용할 때 케이블 차폐접지는 영상전류합이 0이 되지 않도록 주의한다.
⑤ ZCT를 접지계전기에 접속하지 않을 경우 2차측 k, l은 반드시 단락해 두어야 한다.
⑥ 영상변류기의 종류에는 권선형과 관통형이 있다.

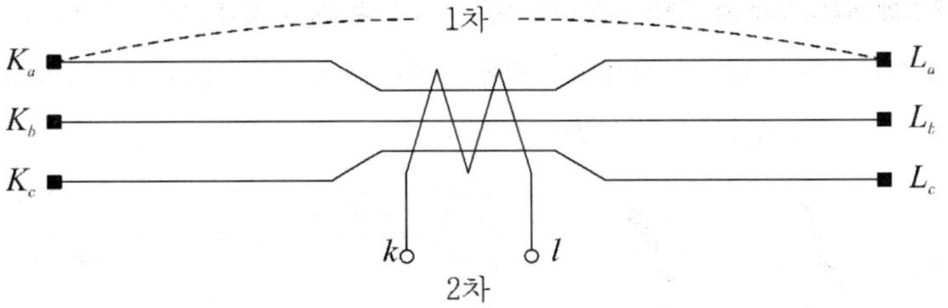

그림 2-16 영상 변류기(ZCT)

2.1.3.5 전력퓨즈

(1) 설치목적

전력퓨즈(Power Fuse)는 전로나 기기를 단락전류로부터 보호할 목적으로 사용하는 것이며 퓨즈의 일부를 구성하는 가용체(可溶體)에 단락전류, 과부하전류 등이 흐르면 주울열로 용단되어 전로를 자동적으로 차단하여 전로나 기기를 보호하는 설비이다.

전력퓨즈는 자체적으로 [변류기] + [과전류계전기] + [차단기] 의 3가지 기능을 갖추고 있다.

(2) 종류와 구조

(가) 소호원리에 의한 분류

1) 한류형 퓨즈

단락전류 차단시에 높은 아크저항을 발생하여 사고전류를 강제적으로 억제하여 차단하는 퓨즈이며 밀폐된 퓨즈통 안에 가용체와 규사 등 입상소호제(粒狀消弧劑)로 채운 구조로서 특징은 다음과 같다.

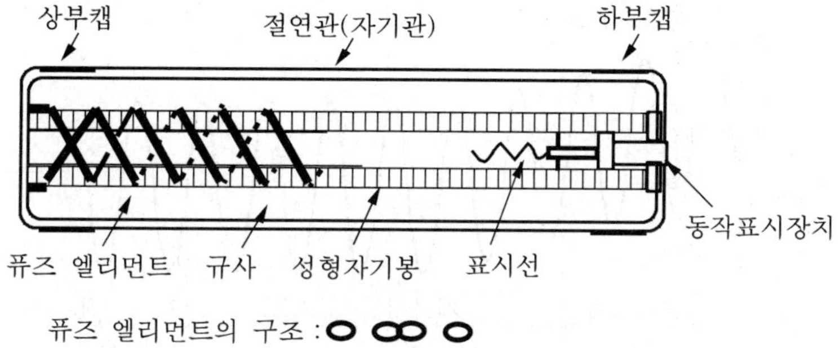

그림 2-17 한류형 퓨즈의 구조

① 소형으로 차단용량이 크다.
② 한류효과가 크다.
③ 과전압을 발생한다.
④ 최소 차단 전류가 있다.
⑤ 한류퓨즈의 차단시간은 $\frac{1}{4}$ 사이클이다.
⑥ 전압 0점에서 차단된다.

2) 비한류형 퓨즈

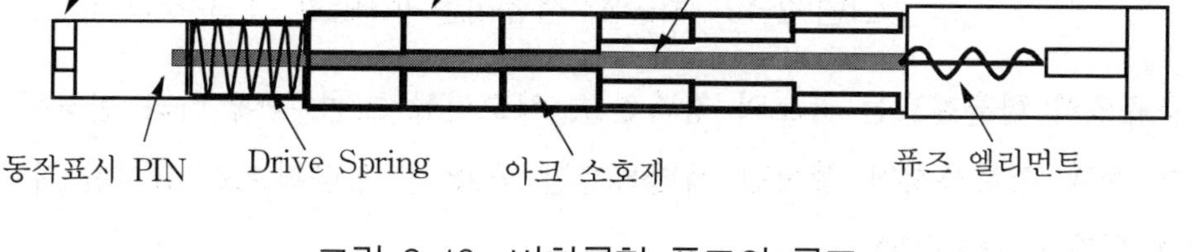

그림 2-18 비한류형 퓨즈의 구조

전류차단시에 소호가스를 아크에 불어내어 전류가 0점에서 극간의 절연내력을 재기전압 이상으로 높여 차단하는 퓨즈를 비한류형 전력퓨즈라 하고 소호가스로는 붕산 혹은 파이버에서의 발생가스를 이용하는 퓨즈이다.

(나) 전력퓨즈의 차단특성

그림 2-19는 정격전류값의 차단기 비한류형 퓨즈, 한류형 퓨즈가 같은 사고전류를 차단하는 경우 전류파형을 비교한 것이다.

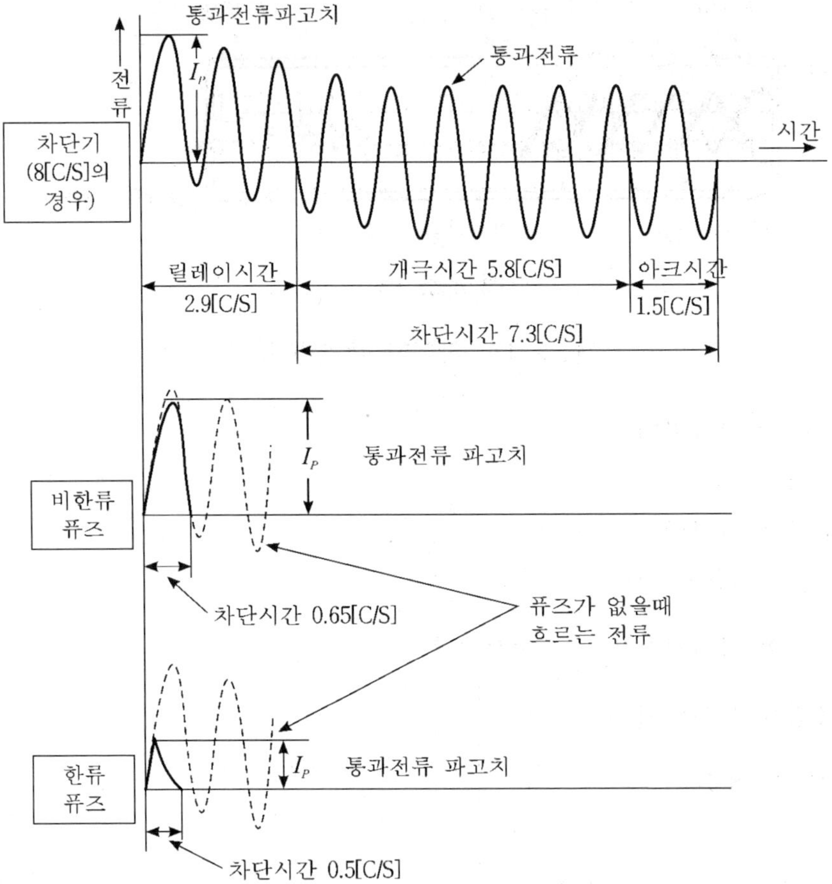

그림 2-19 차단시 전류파형의 비교

한류퓨즈의 한류정도는 퓨즈의 정격전류, 사고전류 크기 등에 따라 변하는데 기계적인 통과 전류특성과 열적인 차단특성인 I^2Rt를 정량적으로 표시할 수 있어 경제적 설계가 가능하다.

표 2-31은 한류형과 비한류형 퓨즈의 장 · 단점을 비교한 것이다.

표 2-31 한류형과 비한류형 퓨즈의 장·단점

퓨즈의 종류	장 점	단 점
한 류 형	① 소형이며 차단 용량이 크다. ② 한류 효과가 크다.(후비보호에 적합) ③ 전압 0점에서 확실히 차단한다. ④ 1/2Cycle 이내에서 확실히 차단한다.	① 과전압을 발생한다. ② 최소 차단전류가 있다.
비한류형	① 과전압을 발생하지 않는다. (2중 회로용으로서 최적) ② 녹으면 반드시 차단한다. (과부하 보호 가능) ③ 전류 0점에서 확실히 차단한다.	① 대형이다. ② 대형이지만 한류효과가 적다. ③ 1/2Cycle 이상에서 차단한다.

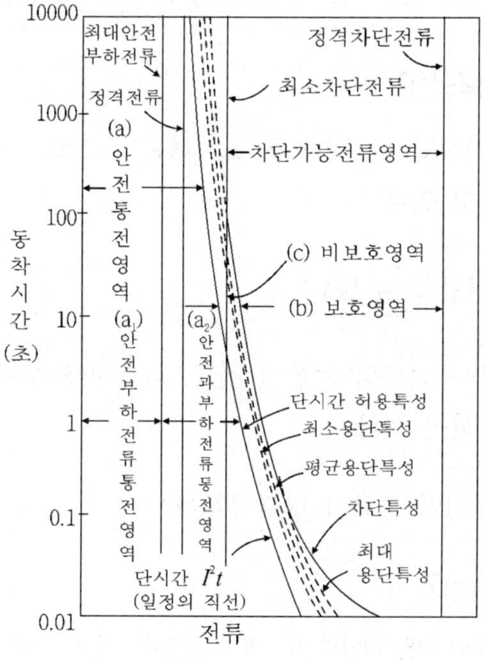

그림 2-20 전력퓨즈의 전류-시간 특성

(3) 전력퓨즈의 장·단점

표 2-32 전력퓨즈의 장.단점

장 점	단 점
① 가격이 싸다. ② 소형 경량이다. ③ 릴레이나 변성기가 필요 없다. ④ 밀폐형 퓨즈는 차단시에 무소음 무방출이다. ⑤ 소형으로 큰 차단용량을 갖는다. ⑥ 보수가 간단하다. ⑦ 고속도 차단한다. ⑧ 한류형 퓨즈는 한류효과가 대단히 크다. ⑨ 차지하는 공간이 적고 장치 전체가 싼 값에 소형으로 처리된다. ⑩ 후비보호가 완벽하다.	① 재투입을 할 수 없다. ② 과도전류로 용단하기 쉽다. ③ 동작시간-전류특성을 계전기처럼 자유로이 조정 할 수 없다. ④ 한류형 퓨즈에는 녹아도 차단하지 못하는 전류범위를 갖는 것이 있다. ⑤ 비보호영역이 있으며, 사용 중에 열화하여 동작하면 결상을 일으킬 염려가 있다. ⑥ 한류형은 차단시에 과전압을 발생한다. ⑦ 고 임피던스 접지계통의 접지보호는 할 수 없다.

(4) 전력퓨즈의 정격전압

3상 회로에서 사용 가능한 전압한도를 표시하는 것으로서 선로의 공칭전압에 대해 다음과 같이 나타내고 있다.

$$\text{정격전압} = \text{공칭전압} \times \frac{1.2}{1.1}[\text{kV}] \tag{2-25}$$

전력퓨즈의 정격전압은 선로의 계통이 접지, 비접지에 무관하고 계통 최대 선간 전압에 의해 선정하게 되어 있다.

예제 공칭전압이 6.6[kV]인 선로의 정격전압은?

풀이 $\text{정격전압} = 6.6 \times \frac{1.2}{1.1} = 7.2[\text{kV}]$

즉, 전선로의 공칭전압은 6.6[kV]이며 퓨즈의 정격전압은 7.2[kV]이다. 이외에 13.2/22.9[kV-Y]에서는 설계전압이 25.8[kV]로 되어 있다.

(5) 전력퓨즈의 정격전류

전력퓨즈가 온도상승 한도를 넘지 않고 연속으로 흘려 보낼 수 있는 전류값이며 실효값[A]으로 표시한다.

내선규정에 의해 정격전류를 산출하고 일반적으로 전부하전류의 2배(자가용설비에서는 1.5배 추천)를 사용한다.

표 2-33 전력퓨즈의 정격전류 표준값

정격 전류의 표준값
1, 2, 3, 5, 7, 10, 15, 20, 25, 30, 40, 50, 65, 80, 100, 125, 150, 200, 250, 300, 400

(6) 전력퓨즈의 정격 차단 용량

① 퓨즈가 차단할 수 있는 단락전류의 최대전류값[A, kA]으로 표시한다.

② 퓨즈는 고속도 차단을 하여 차단 전류에는 과도현상에서 발생하는 직류분이 포함되는데, 차단용량을 표시하는 경우 이러한 직류분을 포함시킨 비대칭 실효값으로 나타내지 않고 교류분만의 대칭 실효값만을 나타낸다.

③ 대칭값과 비대칭값의 배율은 선로역률이 나쁠수록 크지만 퓨즈는 일반적으로 비대칭값/대칭값=1.6정도로 적용하고 있다.

표 2-34 전력퓨즈의 정격표준치

<table>
<tr><th>정격전압[kV]</th><th>정격전류[A]</th><th>정격주파수[Hz]</th><th>정격차단전류[kA]</th></tr>
<tr><td>3.6</td><td rowspan="7">1(1.5), 2, 3, 5, 7, 10, 15, 20, 25, 30, 40, 50, (60)65(75), 80, 100, 125, 150, 200, 250, 300, 400</td><td rowspan="7">60[Hz]</td><td>16, 25, 40</td></tr>
<tr><td>7.2</td><td>12.5, 20, 31.5, 40</td></tr>
<tr><td>12</td><td>12.5, 25, 40, 50, 80</td></tr>
<tr><td>24(25.8)</td><td>12.5, 20, 25, 40, 50</td></tr>
<tr><td>36</td><td>8, 12.5, 16.5, 25</td></tr>
<tr><td>72</td><td>4, 8, 12.5, 20, 31.5</td></tr>
<tr><td>84</td><td>3.15, 6.3, 10, 12.5, 20</td></tr>
</table>

주 ( )의 값을 JEC 2330에 추가 표시된 값임.

2.1.3.6 전력용 콘덴서

전력용 콘덴서(SC : static capacitor)는 부하와 병렬로 접속하여 진상전류가 흘러 뒤진 전류를 보상해 역률을 개선하기 위하여 사용되는 기기이다.

(1) 용량 계산 방법

(가) 계산에 의한 소요 콘덴서 용량의 산출법

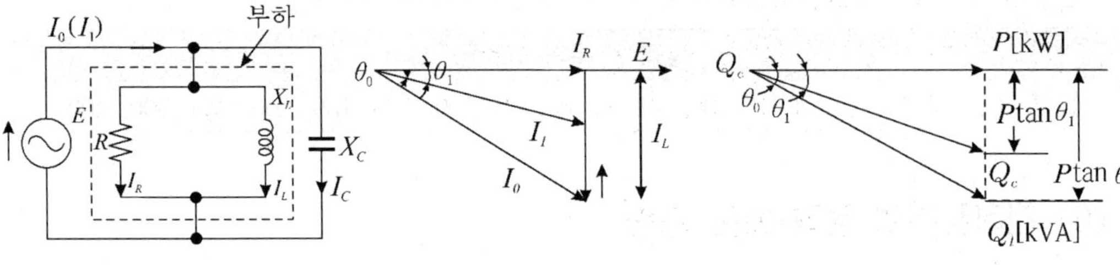

(a) 회로도 (b) 전류벡터도 (c) 콘덴서용량 벡터도

그림 2-21 역률개선의 원리도

그림 2-21 (a)와 같이 부하와 병렬로 전력용 콘덴서에 의한 용량리액턴스 X_C를 접속하면, X_C에 흐르는 전류 I_C는 전압 E보다 90° 앞선 위상이 된다.

그림 (b)와 같이 역률 $\cos\theta_0$가 $\cos\theta_1$으로 되어 전력용 콘덴서를 설치하기 전보다 역률이 1에 가까워진다. 이 효과를 역률 개선 효과로 볼 수 있다.

그림 (c)에서 콘덴서 용량 Q_c를 구하면

$$Q_c = P(\tan\theta_0 - \tan\theta_1)[\text{kVA}] \tag{2-26}$$

또는

$$Q_c = P\left(\sqrt{\frac{1}{\cos^2\theta_0}-1} - \sqrt{\frac{1}{\cos^2\theta_1}-1}\right)[\text{kVA}] \tag{2-27}$$

여기서, P[kW] : 부하의 용량, $\cos\theta_0$: 개선전 역률, $\cos\theta_1$: 개선후 역률,
Q_c[kVA] : 소요콘덴서 용량

(나) 콘덴서 용량표에 의한 방법

콘덴서 용량의 산출에는 [kVA]부하를 기준으로 하는 경우와 [kW]를 기준으로 하는 경우가 있다.

표 2-35 콘덴서 용량을 구하는 표(콘덴서 용량을 부하 용량의 백분비로 표시함)

A. kW부하를 기준으로 하는 경우 kW부하 ×표의 %=콘덴서 용량[kVA]				B. kVA부하를 기준으로 하는 경우 kVA부하 ×표의 %=콘덴서 용량[kVA]			
최초의 역률[%]	개선 후의 역률[%]			최초의 역률[%]	개선 후의 역률[%]		
	95	90	85		95	90	85
40	196	181	167	40	79	72	67
42	183	168	154	42	77	71	65
46	160	144	131	46	74	67	60
50	140	125	111	50	70	62	56
52	131	116	102	52	68	60	53
56	115	99	86	56	64	56	48
60	110	85	71	60	60	51	43
62	94	78	65	62	58	49	40
64	87	72	58	64	56	46	37
66	81	65	52	66	54	43	34
68	75	59	46	68	51	40	31
69	72	57	43	69	50	39	30
70	69	54	40	70	49	38	29
72	64	48	34	72	46	35	25
74	58	42	29	74	43	32	22
76	53	37	24	76	40	28	18
78	47	32	18	78	37	25	14
80	42	27	13	80	34	21	10
82	37	21	8	82	30	18	7
84	32	16	3	84	27	14	3
86	27	11		86	23	10	
88	21	6		88	19	5	
90	16			90	14		
94	3			94	3		

변압기 용량에 따른 변압기 여자전류 보상용 콘덴서의 용량을 구하는 경우에는 표 2-36를 적용한다.

표 2-36 변압기 용량에 따른 콘덴서의 용량선정 방법

변압기 용량[kVA]	콘덴서 용량[kVA]
500[kVA] 이하	변압기 용량 ×5[%]로 콘덴서 용량 결정
500~2,000[kVA]의 경우	변압기 용량 ×4[%]로 콘덴서 용량 결정
2,000[kVA] 이상	변압기 용량 ×3[%]로 콘덴서 용량 결정

예제 $P = 1000[kW]$, $\cos\theta = 0.8$인 부하를 $\cos\theta_1 = 0.95$로 개선하는데 필요한 콘덴서 용량을 구하시오.

풀이 $Q_c = 1{,}000\left(\sqrt{\frac{1}{(0.8)^2}-1}-\sqrt{\frac{1}{(0.95)^2}-1}\right) = 1{,}000 \times 0.421 = 421[kVA]$

표준용량의 콘덴서를 선정한다면 500[kVA]의 콘덴서를 선정하여야 한다.

예제 그림 2-22와 같이 부하 변동이 있는 공장에서 부하 역률을 95[%]로 개선하는데 필요한 콘덴서의 용량과 군(群) 분할을 결정하라.

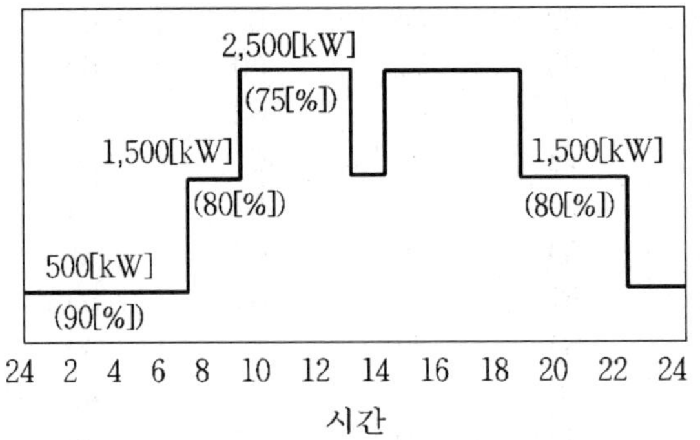

그림 2-22 부하 변동

풀이 ① 500[kW] 부하일 때는 PF=0.9이므로 식 (2-26)으로부터 Q_c=75[kVA]

② 1,500[kW] 부하일 때는 PF=0.8이므로 식 (2-26)으로부터 Q_c=632[kVA]

③ 2,500[kW] 부하일 때는 PF=0.75이므로 식 (2-26)으로부터 Q_c=1,383[kVA]

위 계산으로부터 75[kVA], 650[kVA], 1400[kVA] 콘덴서 설비가 필요하다. 이러한 부하의 경우는 200[kVA] 1군을 고정으로 하고 600[kVA] ×2군을 가변군(可變群)으로 하여 500[kW] 부하에서는 200[kVA]만을 사용하고 1500[kW]일 때는 600[kVA] 1군을 자동 투입하고 2500[kW] 부하에서는 다시 600[kVA] 1군을 자동 투입하면 전 부하에 대해서 PF=0.95 이상으로 유지할 수 있다. 이와 같은 설비 구성으로 하는 것이 콘덴서 단위를 통일하는 견지에서 바람직하다. 부하가 시간 단위로 크게 변동하는 경우에는 콘덴서를 몇 군으로 분할하고, 부하 변동에 따라 자동 또는 수동으로 개폐하여 조정하도록 한다. 또한 군 분할에 있어서는 설비비와 보수 점검을 고려해서 군의 수는 최소한으로 하는 것이 경제적이다.

예제 부하 100[kVA], 처음 역률 60[%]를 90[%]로 개선하는데 필요한 콘덴서 용량을 구하시오.

풀이 용량 산출시는 표 2-35 B를 이용 60[%]의 수평란과 희망 역률을 90[%] 수직란과 교차점 51 [%]를 채용한다.

$$\therefore \ Q_c = 100 \times 0.51 = 51[\text{kVA}] \quad ①$$

표준용량의 콘덴서를 설치하려면 75[kVA]를 선정한다. 이것을 계산법으로 산출하면

$$Q_c = 1000 \times \left(\sqrt{\frac{1}{0.6^2} - 1} - \sqrt{\frac{1}{0.9^2} - 1} \right) = 51[\text{kVA}] \quad ②$$

표에 의한 ①과 계산에 의한 ②가 같음을 알 수 있다.

(다) 역률 저하시의 문제점

사용하는 전력부하 설비의 특징은 인덕턴스 성분의 영향으로 전압에 비해 뒤진 전류가 공급되므로 다음과 같은 문제점이 발생된다.

① 전력손실(변압기 손실, 배전선 손실)의 증가
② 전압강하의 발생
③ 전압변동률의 증가
④ 변압기 이용률(여유율) 감소
⑤ 전류증가에 따른 전선의 허용전류감소
⑥ 전기요금 추가부담

(라) 전력용 콘덴서의 설치 효과

1) 변압기 동손의 경감

변압기의 손실 중 동손이 차지하는 비율을 75[%]라고 하면, 동손의 저감량 W_t는 다음과 같다.

$$W_t = \left[\frac{100}{\eta} - 1 \right] \times \frac{75}{100} \left[\frac{P}{P_t} \right]^2 \times \left[1 - \frac{\cos^2\theta_0}{\cos^2\theta_1} \right] \times P_t \ [\text{kW}] \qquad (2\text{-}28)$$

여기서, η : 변압기 효율[%], P : 부하용량[kVA], $\cos\theta_0$: 개선전의 역률, $\cos\theta_1$: 개선후의 역률, P_t : 변압기 정격용량[kVA]

2) 선로손실의 경감

역률을 개선하면 선로에 흐르는 전류가 감소하기 때문에 선로손실이 감소되며 그 손실 저감량 W_t는 다음 식으로 구해진다.

$$W_t = \left(\frac{P}{E}\right)^2 \times R \times \left[\frac{1}{\cos^2\theta_0} - \frac{1}{\cos^2\theta_1}\right] \times 10^{-3}[\text{kW}] \qquad (2\text{-}29)$$

여기서, P : 부하의 유효전력[kW], E : 회로전압[kV], R : 선로 1상분의 저항[Ω]

$\cos\theta_0$: 개선전의 역률, $\cos\theta_1$: 개선후의 역률

3) 설비 용량의 여유도 향상

전력용 콘덴서 Q_c를 설치하여 역률 $\cos\theta_0$에서 $\cos\theta_1$로 개선하였을 경우 전원으로부터 공급되는 파상 전력은 P_0에서 P_1으로 감소하게 된다.

이것을 역률개선에 의한 부하전류가 감소하는 결과로 나타내며, 같은 설비에서 $(P_0 - P_1)$의 설비여력이 있는 것을 뜻한다.

이 설비여력 P는 다음 식으로 구해진다.

$$P_0^2 = P_1^2 + P^2 - 2P_1 \cdot P\cos(180^\circ - \theta_0 + \theta_1) \qquad (2\text{-}30)$$

$$P = -P_1 \cdot \cos(\theta_0 - \theta_1) + \sqrt{P_1^2 \cdot \cos(\theta_0 - \cos\theta_1) - (P_1^2 - P_0^2)} \qquad (2\text{-}31)$$

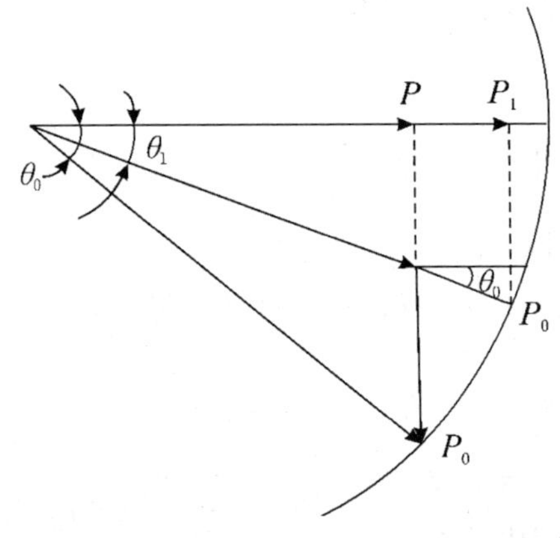

그림 2-23 설비여유 증가의 벡터도

4) 전압강하의 개선

역률을 개선하면 선로전류가 감소하고 선로의 리액턴스분에 의한 전압강하가 보상된다.

$$\Delta E_l = I_1(R\cos\theta_1 + X\sin\theta_1) - I_2(R\cos\theta_2 + X\sin\theta_2) \qquad (2\text{-}32)$$

여기서, ΔE_l : 전압강하 개선량[V], I_1 : 개선전의 선로 전류[A], I_2 : 개선후의 선로 전류[A], R : 선로의 저항[Ω], X : 선로의 리액턴스[Ω], $\cos\theta_1$: 개선전의 역률, $\cos\theta_2$: 개선후의 역률, $\sin\theta_1$: 개선전의 무효율, $\sin\theta_2$: 개선후의 무효율

5) 전력요금의 경감

전기요금은 계약전력[kW]으로 정하는 기본요금과 사용전력량[kW]으로 정하는 전력요금으로 구성된다.

$$\text{전기요금(원)} = \text{기본요금} + \text{전력량 요금} \quad (2\text{-}33)$$

$$\text{기본요금(원)} = \text{계약전력[kW]} \times \left(1 + \frac{90 - \text{역률[\%]}}{100}\right) \times \text{전력단가[원/kW]} \quad (2\text{-}34)$$

$$\text{전력량요금(원)} = \text{사용 전력량[kWh]} \times \text{전력단가[원/kWh]} \quad (2\text{-}35)$$

전기공급규정에 따르면 역률이 90[%]에 미달하는 경우에는 역률 60[%]까지 매 1[%]에 대하여 기본 요금의 0.2[%]씩을 추가한다. 이러한 추가 전력요금은 전력용 콘덴서를 설치함으로써 경감할 수 있다. 무효 전력량계를 설치한 수용가에서 역률이 90[%]를 초과하는 경우에는 95[%] 까지의 초과하는 매 1[%]에 대하여 기본요금의 0.2[%]씩을 감액한다.

(마) 콘덴서 과보상시 문제점

① 전력손실증가(변압기 손실, 배전선 손실)

② 경부하시 모선전압의 증가

③ 고조파 왜곡의 확대에 의한 파형의 왜곡 확대

(바) 설치방법과 제어방식

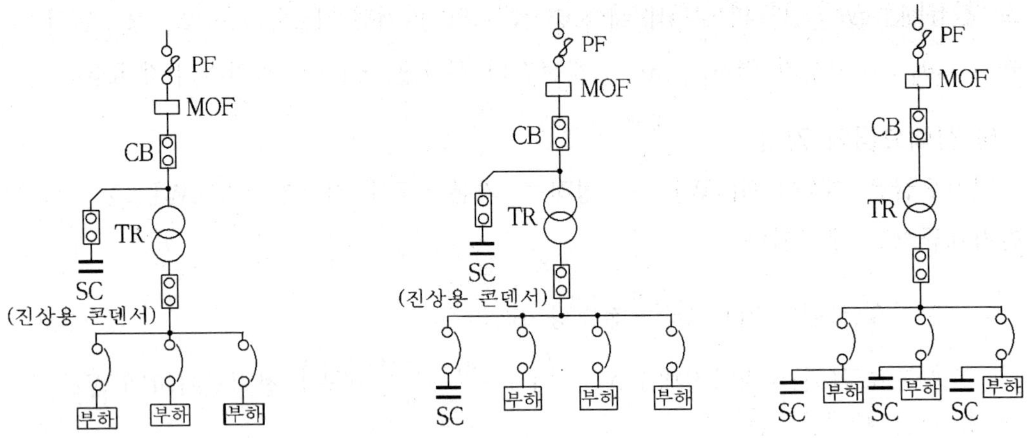

(a) 수전단 모선에 설치 (b) 수전단 모선과 부하측에 분산 설치 (c) 부하측에 분산 설치

그림 2-24 콘덴서의 설치 방법

1) 자동제어 방식

전력용 콘덴서를 설치하여 항상 높은 역률을 유지하고 전기설비를 효율적으로 이용하려면, 부하의 변동에 맞춰 필요한 용량만 공급하도록 콘덴서를 제어해야 한다.

① 특정 부하 개폐 신호에 의한 제어
② 프로그램에 의한 제어
③ 수전점 무효전력에 의한 제어
④ 모선전압에 의한 제어
⑤ 부하전류에 의한 제어
⑥ 수전점 역률에 의한 제어

표 2-37 자동제어 방식의 종류와 특징

<table>
<tr><th>회 로 도</th><th>자동제어 방식</th><th>적 용</th><th>특 징</th></tr>
<tr><td rowspan="6">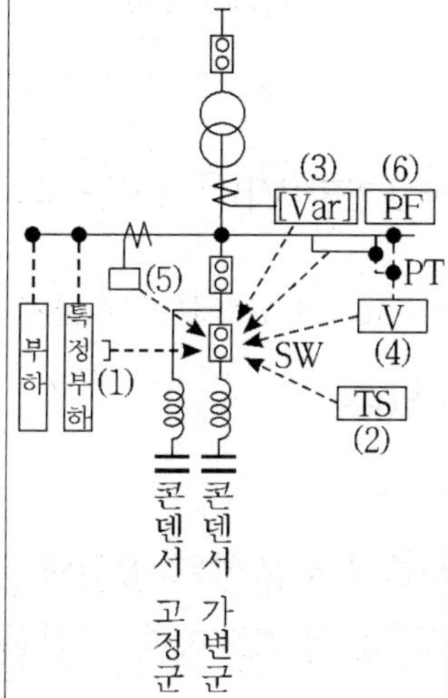</td><td>(1) 특정 부하의 개폐 신호에 의한 제어</td><td>변동하는 특정 부하 이외의 부하 무효전력이 거의 일정한 곳</td><td>개폐기의 접점만으로 간단히 제어할 수 있어 가장 설치비가 적다.</td></tr>
<tr><td>(2) 프로그램에 의한 제어</td><td>하루의 부하변동이 거의 없는 곳</td><td>다음으로 설치비가 적게 든다. 타이어 조정과 조합 등으로 기능의 변환이 가능하다.</td></tr>
<tr><td>(3) 수전점 무효전력에 의한 제어</td><td>모든 변동 부하</td><td>부하 변동의 종류를 가리지 않고 적용 가능하며, 순간적인 부하 변동에만 주의하면 된다.</td></tr>
<tr><td>(4) 모선 전압 제어에 의한 제어</td><td>전원 임피던스가 크고 전압변동이 큰 계통</td><td>역률개선보다도 전압강하 억제를 목적으로 한 것이며 전력회사에서 많이 채용하는 방식이다.</td></tr>
<tr><td>(5) 부하 전류에 의한 제어</td><td>전류의 크기와 무효전력의 관계가 일정한 곳</td><td>부하의 CT 2차 전류만으로 적용이 가능하여 조작이 간단하다.</td></tr>
<tr><td>(6) 수전점 역률에 의한 제어</td><td>모든 변동 부하</td><td>같은 역률이라도 부하의 크기에 따라 무효전력이 다르므로 일반적인 수용가에선 채용되고 있지 않다.</td></tr>
</table>

㈜ 콘덴서 설치에 따른 효과는 그 설치 위치에서 전원측에 나타나므로 수용가 측에서의 효과는 부하 말단에 설치할수록 좋아지므로 자동제어방식의 결정을 복합적으로 결정되어야 한다.

(사) 콘덴서 관련 참고사항

표 2-38 자동제어 방식의 종류와 특징

전압[V]	주파수[Hz]	1[kVA]당 [μF]용량	1[μF]당 [kVA]용량
220	60	54.80704	0.01824583
380	60	18.37023	0.05443591
440	60	13.70176	0.07298333
3,300	60	0.243587	4.1053122
6,600	60	0.0608967	16.4212488

* 진상용 콘덴서의 용량 환산 공식

$$Q = 2\pi f\, CV^2 \times 10^3 [\text{kVA}] (C : \text{콘덴서용량}[\mu\text{F}],\ E : \text{공급전압}[\text{V}])$$

(아) 콘덴서 부속기기

전력용 콘덴서의 부속기기는 방전장치와 직렬 리액터가 있다.

1) 방전장치

전력용 콘덴서를 회로로부터 개방하였을 때 잔류전하 때문에 콘덴서의 점검이나 취급에 있어서 위험하다. 이 잔류전하를 단시간에 방전시키는 방전장치를 시설하여야 한다.

① 방전코일(DC : discharging coil) : 대용량에 사용.

② 방전저항 : 소용량의 군에서 사용.

(a) 방전코일

(b) 직렬 리액터

그림 2-25 방전코일 및 직렬 리액터

방전코일은 콘덴서의 잔류전하를 5초 이내에 50[V] 이하로 방전시킬 수 있는 용량이어야 하며 방전저항은 5분 이내에 방전시켜야 한다.

2) 직렬 리액터

전압파형의 찌그러짐을 개선할 목적으로 전력용 콘덴서와 직렬로 직렬 리액터(SR : series reactor)를 사용한다.

직렬 리액터의 용량은 전력용 콘덴서 용량의 6[%]가 표준정격이며, 보통 뱅크용량이 300[kVA] 이상일 때 설치한다.

① 설치 목적

㉠ 제5고조파 성분 제거

㉡ 돌입전류 억제

㉢ 계통의 과전압 억제

㉣ 고조파 성분에 의한 계전기 오동작 방지

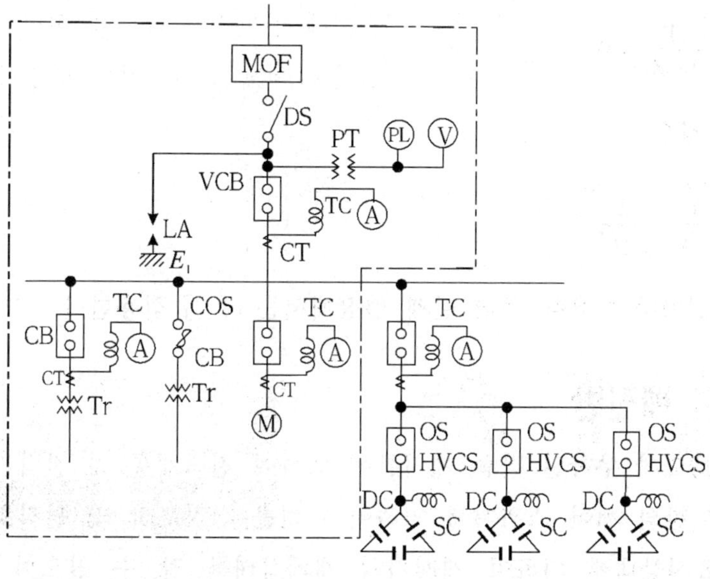

(a) 콘덴서 총 용량이 600[kVA] 초과의 경우

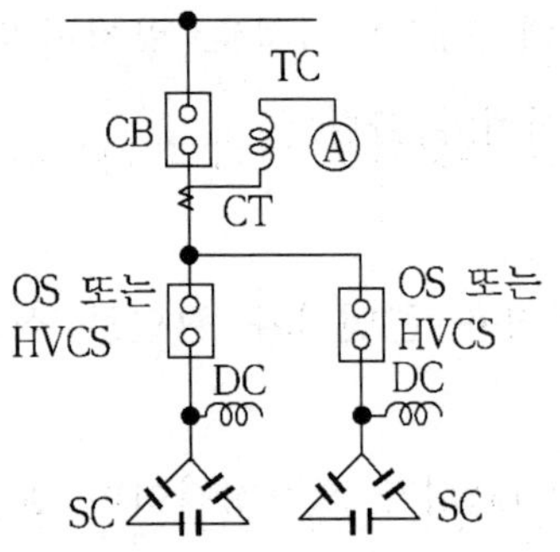

(b) 콘덴서 총 용량이 300[kVA] 초과 600[kVA] 이하의 경우

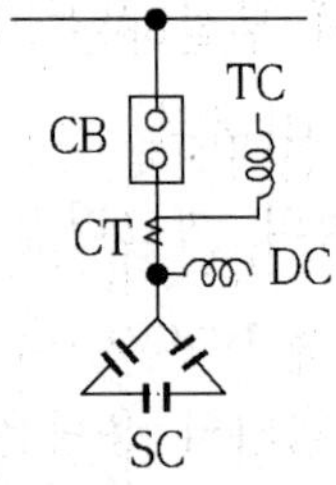

(c) 콘덴서 총 용량이 300[kVA] 의 경우 전류계를 생략할 때

그림 2-26 전력용 콘덴서 접속도

주 콘덴서의 용량이 100[kVA] 이하인 경우에는 CB 대신 OS 또는 유사한 것(인터럽터 스위치 등)을, 50[kVA] 미만의 경우에는 COS(직결로 함)을 사용할 수 있다.

② 직렬리액터 용량 계산

$$n\omega L - \frac{1}{n\omega C} = 0 \tag{2-36}$$

5고조파인 경우

$$\omega L = \frac{1}{25} \cdot \frac{1}{\omega C} \tag{2-37}$$

이론상 4[%]이나 여유를 주어 실제 현장에서는 6[%] 적용한다.

2.1.3.7 배전반

배전반은 보드에 부착된 각종 계기류에 의하여 전력계통 및 전력기기의 상태를 감시하고 제어반의 제어 스위치에 의하여 기기를 현장조작 및 원격조작하기도 하며 램프의 표시상태에 의하여 개폐기의 개폐상태를 알 수 있으며 각종 릴레이(relay : 보호 계전기)에 의하여 기기 및 전선로의 이상 상태를 검출하여 선택 차단 및 경보 등을 하는 기능을 가지고 있다.

(1) 배전반의 구성요소

배전반에 부설하는 기기는 감시제어용 기기와 주회로용 기기로 나누어진다.

① 계기 : 전력회로, 기기의 상태를 감시 및 계측
② 표시등 : 차단기, 개폐기의 개폐 상태 확인
③ 조작개폐기 : 기기의 조작용
④ 보호계전기 : 기기, 회로의 이상 상태의 검출, 선택, 차단하는 보호장치
⑤ 경보장치 : 누전을 경보하는 것(ELD)

(2) 배전반의 분류

배전반은 모양에 따라서 수직형, 벤치형, 데스크형, 특수형으로 분류된다.

① **수직형** : 자립형(큐비클형) : 폐쇄된 철판함속에 차단기, 변성기, 단로기, 조작용 스위치하고 있다.
② **벤치형** : 수직자립형과 데스크형을 하나로 조합한 것으로 조작용스위치, 신호등, 계기류의 수가 많은 것에 적합하다.
③ **데스크형** : 제어용, 수직자립형과 조합해서 사용하는 일이 많다.
④ **특수형** : 사용목적에 따라서 여러 형태로 특수하게 제작된 것이다.

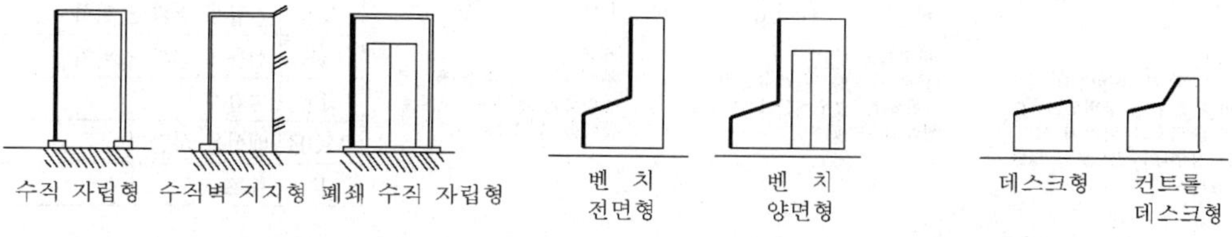

(a) 수직형 배전반 (b) 벤치형 배전반 (c) 데스크형 배전반

그림 2-27 배전반의 구조에 의한 분류(굵은 선은 감시면)

(3) 고압 큐비클

고압 큐비클의 종류는 주차단장치에 따라 구분되며 표 2-39와 같다.

표 2-39 큐비클의 종류

형 식		수전설비용량	주 차 단 기	콘덴서 용량
CB형	옥내용	1000[kVA] 이하	차단기(CB)를 사용한 것.	300[kVA] 이하
	옥외용			
PF-CB형	옥내용	500[kVA] 이하	한류형 전력퓨즈(PF)와 CB를 조합하여 사용한 것.	300[kVA] 이하
	옥외용			
PF-S형	옥내용	300[kVA] 이하	PF와 고압개폐기를 조합하여 사용한 것.	100[kVA] 이하
	옥외용			

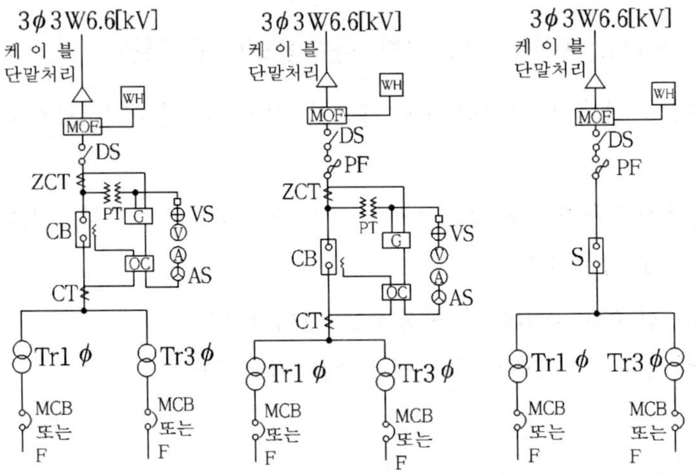

[비고]
차단기(CB)가 자동연결 기구의 단로부를 구비하고 있으며 단로기의 위치에 설치하는 경우에는 DS를 생략할 수 있다.

[비고]
PF에 단로형 전력 퓨즈를 사용하는 경우에는 DS를 생략할 수 있다.

[비고]
PF에 단로형 전력 퓨즈를 사용하는 경우에는 DS를 생략할 수 있다.

범 례

약호	명 칭
MOF	전력수급용 변성기
WH	전력수급용 계량장치
DS	단로기(고압 컷 아웃을 포함)
PF	전력퓨즈
CB	차단기
S	고압 개폐기
ZCT	영상 변류기
G	고압 지락 계전 장치
OC	과전류 계전기
CT	변류기
PT	계기용 변압기
V	전압계
A	전류계
VS	전압계 전환 스위치
AS	전류계 전환 스위치
Tr	변압기
MCB	배선용 차단기
F	퓨즈

(a) CB형 (b) PF · CB형 (c) PF · S형

그림 2-28 큐비클식 고압수전설비의 단선접속도

2.1.3.8 보호계전기

보호계전기는 전력계통, 전기기기의 사고가 발생하였을 때 변성기로부터 검출된 이상상태를 신속히 판정하고 회로를 분리하여 사람의 안전, 설비의 손상방지 및 다른 전력계통에 사고의 파급을 막고 전력공급의 안정과 신뢰도 향상을 목적으로 설치하는 기기이다.

표 2-40 보호계전 시스템의 구성

구 분	기 기 명	세 부 내 용	비고
검출부 (변성기류)	계기용변압기 (PT 혹은 VT)	선로의 부족전압 및 과전압 검출장치	
	접지형 계기용변압기 (GPT 혹은 GVT)	지락과전압, 저전압, 부족전압 검출장치	
	계기용변류기(CT)	과전류 및 단락전류 등을 검출하는 장치	
	영상 변류기(ZCT)	비접지계통에서 영상전류를 검출하는 장치	
판정부 (보호계전기)	과전류계전기(OCR)	변성기 2차의 과전류가 계전기 정정치 이상시에 동작	전류동작형
	지락과전류계전기 (OCGR)	변성기 2차의 지락전류값이 계전기 정정치 이상시 동작	
	지락계전기(GR)	영상변류기 2차의 지락전류값이 계전기 정정치 이상시 동작	
	비율차동계전기 (RDR)	1차 및 2차 변류기의 차전류값이 계전기 정정치 이상시 동작	
	부족전압계전기 (UVR)	계기용변압기 2차의 전압이 결상이나 부족전압 유입시 동작	전압동작형
	과전압계전기(OVR)	계기용변압기 2차의 전압이 과전압 유입시 동작	
	지락과전압계전기 (OVGR)	접지형 계기용변압기 2차의 지락과전압이 계전기 정정치 이상시 동작	
	선택지락계전기 (SGR)	GPT 3차의 영상전압과 ZCT 2차의 영상전류값이 계전기 정정치 이상시 동작	전력형
	역전력계전기(RPR)	전력의 방향이 역으로 될때 동작하며 병렬운전을 하는 발전기 등을 보호하는데 사용	
동작부 (차단기류)	저압차단기	ⓐ 기중차단기(ACB) ⓑ MCCB(트립신호 외부 부착형)	
	고압 및 특고차단기	ⓐ 진공차단기(VCB) ⓑ 유입차단기(OCB) ⓒ 공기차단기(ABCB) ⓓ 자기차단기(MBB) ⓔ 가스차단기(GCB)	

(1) 보호계전기의 종류

보호계전기의 발달과정을 보면 전자형(電磁形)에서 정지형(停止形)을 거쳐 최근에는 디지털(Digital)형으로 산업현장에 많이 사용되며, 표 2-41과 같이 분류된다.

표 2-41 보호계전기의 종류

보호계전기 분류	종 류	비 고
동작 구조에 의한 분류	- 가동철심형 - 가동코일형 - 유도형 - 디지털형	
동작 시한에 의한 분류	- 한시형 - 반한시형 - 정한시형 - 정반한시형 - 단한시형	
사용 목적에 의한 분류	- 보호 계전기 - 제어 계전기 - 조정 계전기 - 보조 계전기	

(2) 보호계전기의 동작원리 및 종류별 특징

표 2-42 유도원판형, 정지형, 디지털형 보호계전기의 비교

분류 / 비교 항목	아날로그형		디지털형
	유도원판형	정지형	
동작원리	계전기 입력에 의한 전자력을 기계적 구동력 또는 변위로 변환해 접점개폐로 출력하는 것. 전자흡인형과 전자유도형의 2종류가 있으며 전자흡인형은 전자석에 철심이 흡인되는 응동(應動)을 이용한 것이며 전자유도형은 유도전동기와 같은 전자유도력 원리를 이용한 것이다.	입력된 전기량을 트랜지스터나 IC회로 등으로 크기나 위상비교를 하여 그 결과를 출력하는 것.	디지털형은 판정부에 CPU를 사용하고 있으며 입력된 아날로그의 전기량을 아날로그/디지털 변환기(A/D)로 디지털 신호로 변환해 디지털 연산처리로 입력 레벨을 구해 정정된 구동값과 비교해 동작을 판정한다.
보호특성	기계적 원리이기 때문에 특성선택은 계전기가 중요하다. 동작감도 고속화에도 한도가 있다.	전자형보다 고감도로 고속화가 가능하다. 복잡한 반한시(反限時), 정한시(定限時)특성 등을 선택 가능한 기종도 있다.	고속, 안정 복수의 보호특성을 내장해 이들을 용이하게 선택가능

<table>
<tr><th colspan="2" rowspan="2">분류
비교항목</th><th colspan="2">아날로그형</th><th rowspan="2">디지털형</th></tr>
<tr><th>유도원판형</th><th>정지형</th></tr>
<tr><td colspan="2">고조파 직류분에 대한 안정성</td><td>본질적으로 고조파 직류분에 영향은 잘 받지 않는다.</td><td>원리상 영향은 받기 쉬우나 고성능 아날로그 필터를 이용해 대책을 취한다.</td><td>디지털 필터를 이용해 기본파 이외의 성분을 제거한다.
항상 안정된 특성을 얻을 수 있다.</td></tr>
<tr><td rowspan="2">입력용량</td><td>변성기 부담</td><td>기계적 가동부를 지니고 있어 저부담화에도 한도가 있다.</td><td>전자회로 증폭작용을 이용하고 있어 큰폭의 작은 부담이 가능하다.</td><td>정지형과 동일,
부담도 거의 정지형과 동일</td></tr>
<tr><td>제어용 전원</td><td>보호계전기 장치에는 필요하지 않다.</td><td>전자회로를 사용하고 있어 회로 제어 전원을 필요로 한다.</td><td>정지형과 동일,
필요용량도 거의 정지형과 동일</td></tr>
<tr><td colspan="2">신뢰도·안정도</td><td>기계적 가동부를 사용하고 있어 진동에 대해 불필요한 동작을 할 경우가 있다.</td><td>먼지, 진동에 대해서는 강하지만 사용부품이 많은 만큼 신뢰도가 약간 떨어진다.</td><td>자기감시 기능을 지닌다. 디지털 연산부의 경년열화에 의한 오차는 없다.</td></tr>
<tr><td colspan="2">장치 소형화</td><td>소형화에도 한도가 있다.</td><td>보호목적에 따라 다르지만 전자형의 약 1/2이하</td><td>정지형에 비교해 질량, 외형 치수 모두 약 30[%] 정도 소형화를 실현</td></tr>
</table>

(3) 계전기의 종류별 특징

(가) 과전류계전기

과전류계전기(OCR : Over Current Relay)는 변류기의 2차측에 접속되어 변류기로부터 부하측에서 단락사고 및 과부하 사고가 발생하였을 때 검출신호를 받아 계전기의 정정 전류값을 초과할 때 차단기를 동작시키는 계전기로서 상시개로형과 상시폐로형이 있다.

1) 유도형 과전류계전기의 전류탭과 권수

유도형 과전류계전기 동작전류의 Setting은 Tap으로 하며 동작시간은 Lever로 한다.

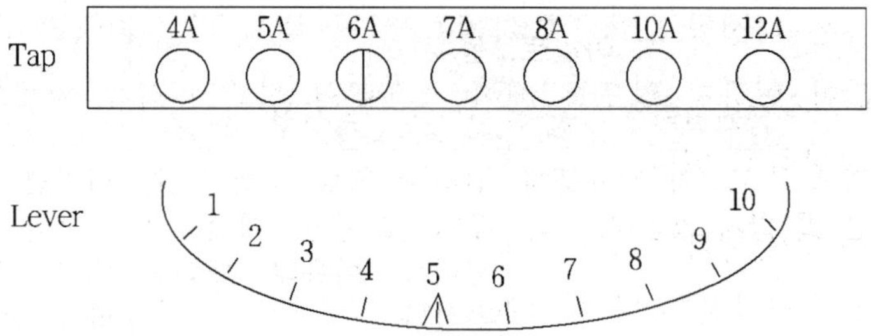

그림 2-29 탭과 레버의 정정

과전류계전기의 동작은 제어스프링 힘을 이겨냈을 때 이루어지면 힘을 이겨내는 회전력 자속(Φ)은 전류(I)와 코일의 권수(N)에 비례한다.

$$\Phi = K \cdot I \cdot N \qquad (2\text{-}38)$$

설계상 I, N을 240암페어턴이라 하면 탭 값과 권수는 그림 2-29와 같다.

4A탭에서는 $\frac{240}{4} = 60[\text{turn}]$, 12A탭에서는 $\frac{240}{12} = 20[\text{turn}]$으로 정정판에 탭 플러그를 삽입하면 그 권수에만 전류가 흘러 동작한다.

2) 유도원판형 과전류계전기의 동작 원리 및 구조

그림 2-29에서 보는 바와 같이 전류 동작값을 정하는 탭을 갖고 있으며 4~12A 사이에 5내지 7개의 탭을 갖고 있다.

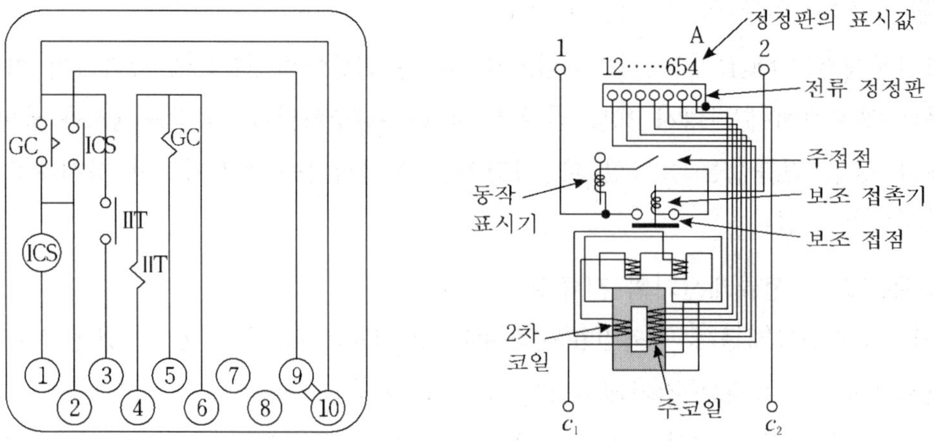

(a) 내부 접속도 (b) 구 조

그림 2-30 유도원판형 과전류계전기 내부접속도 및 구조

원판은 홈 혹은 나선형으로 가장자리를 잘라 내어 타임레버(한시정정레버)위치에 따라 가동값이 변하지 않도록 제어 스프링의 힘의 변화를 원판의 유효면적을 변경하므로서 보상하고 있다.

3) 유도원판형 과전류계전기의 정격

과전류계전기의 정격전류 및 동작특성 설정범위는 다음과 같이 설정가능하다.

표 2-43 과전류계전기의 정격

정격전류	5[A]
설정범위	한시요소 2, 3, 4, 5, 6, 8, 9, 10, 11, 12[A] 순시요소 20, 30, 40, 60, 80[A]
동작특성	· 한시요소 설정치에 대해서 최소동작 시험상태에서 TAP값의 300[%] 전류를 가하여 동작시간이 다음값 이하여야 한다. $\left\lvert \dfrac{tN_{\cdot 3} - \dfrac{N}{10}T10_{\cdot 3}}{T10_{\cdot 3}} \times 100[\%] \right\rvert \leq 17[\%]$ - $T10._3$: 레바위치 10에서 TAP값의 300[%] 전류에서의 공칭동작 시간 - $tN._3$: 레바위치 N에서 TAP값의 300[%] 전류에서의 실측동작 시간오차는 ±10[%] 이내 일 것. · 순시요소 설정치에 한시요소가 동작하지 않도록 로크(Lock)하고 전류를 신속히 증가하여 전류값 시험 레버 1에서 TAP값의 ±15[%] 이내일 것.

예제 22.9[kV-Y] 수전설비의 부하전류가 30[A]이면 CT는 60/5[A]의 변류기를 통하여 과전류계전기를 시설하였다. 120[%]의 과부하에서 차단기를 동작시키자면 과전류계전기의 전류 탭은 몇 [A]로 설정하여야 하는가?

풀이 과전류계전기의 전류 탭을 최대전류의 120[%]로 설정하므로

$$30 \times 1.2 \times \frac{5}{60} = 3[A]$$

(나) 접지계전기(GR : Ground Relay)

변전설비에 사용되는 접지계전기는 비접지계통에서 기기의 내부 또는 회로에 지락사고가 생긴 경우 영상전압과 대지 충전전류에 의하여 검출된 영상전류의 크기가 어떤 일정한 값에 도달하면 차단기를 동작시켜 사고회로를 개방 또는 경보신호를 내도록 하는 계전기이다.

1) 영상전류 특성

영상변류기(ZCT)를 관통하는 1차측 전로에 영상분을 포함하지 않는 정상 3상 전류가 흐를 경우 각상의 1차 전류에 의해 발생되는 자속은 각각 2차 권선을 쇄교하며, 이때 유기되는 2차 전류의 벡터 합은 0이 된다.

즉, 그림 2-31에 있어서 각상 1차 전류 및 그에 의해 발생되는 자속을 각각 I_{11}, I_{12}, I_{13} 및 ϕ_{11}, ϕ_{12}, ϕ_{13}으로 하고, 2차 권선에 흐르는 전류를 I_{21}, I_{22}, I_{23}으로 하면, $I_{11}+I_{12}+I_{13}=0$, $\phi_{11}+\phi_{12}+\phi_{13}=0$, 따라서 $I_{21}+I_{22}+I_{23}=0$이 된다.

한편, 지락사고가 발생하면 그림 2-32와 같이 대지 및 영상변류기를 경로로 하여 지락전류(차전류) 즉, 1차 영상전류 I_{10}가 흐르고, 영상변류기의 2차 권선에 접속된 계전기(Ry)에는 2차 영상전류 I_{20}가 흘러 계전기를 동작시킨다.

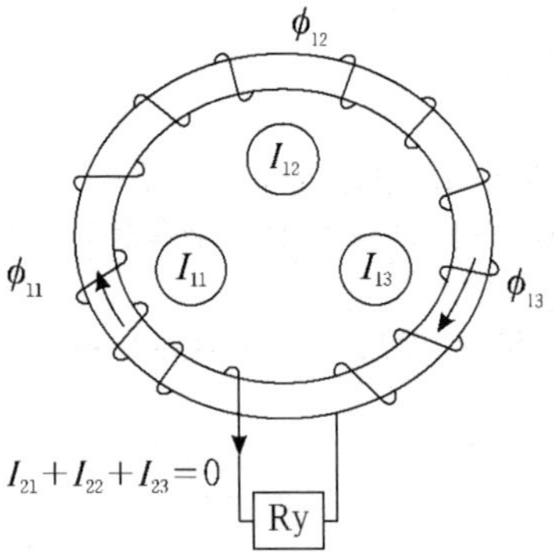

그림 2-31 영상변류기의 원리

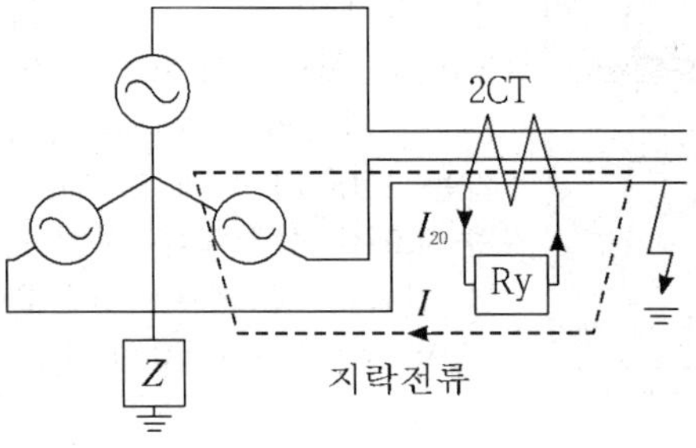

그림 2-32 사고전류의 경로

일반적으로 영상변류기의 변류비 표준은 200 : 1.5[mA]로서 비접지계의 지락방향계전기는 영상 1차 전류 200[mA] 정도를 검출목표로 하고 있으며, 영상 2차 전류 1~2[mA]를 검출한다. 또 영상변류기는 그 사용목적이 계전기를 동작시키는데 필요한 영상 2차 전류를 변성 확보하는데 있으며, 영상 1차 전류에 대한 오차는 문제가 되지 않는다. 영상 2차 전류를 증가시키려면 2차 권수를 적게 하여 권수비를 작게 하면 되지만 너무 작게 하면 여자 임피던스가 작아지고 여자전류가 증가하므로 오히려 영상 2차 전류는 감소하게 된다.

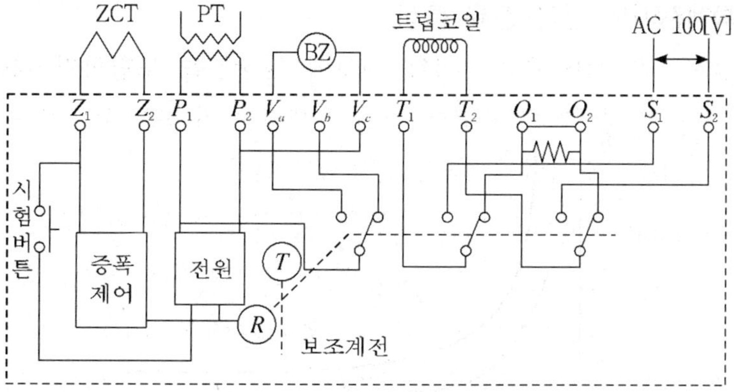

그림 2-33 지락계전기 내부결선도

2) GR시험기준 및 방법

① **최소동작전류시험** : ZCT 1차에 전류를 서서히 가하여 몇 [mA]에서 동작을 하는가를 5회의 시험을 하여 탭값의 ±10[%] 이내인가를 확인한다.

② **동작시간시험**(KSC 4601)

㉠ 탭값의 130[%] 전류를 인가하여 0.1~0.3초에 동작하여야 한다.

㉡ 탭값의 400[%] 전류를 인가하여 0.1~0.2초에 동작하여야 한다.

[접지계전기] 계전기 자체동작 위한 입력전압 : 110[V]
정격동작전류 설정 : 200, 400, 600, 800, 1000[mA] 이하 중에서 정정하여 사용한다.

(다) 방향성 선택 접지계전기

방향성 선택접지계전기(SGR : Selecting Ground Relay)는 비접지방식 선로에서 과전압 지락계전기(OVGR)와 조합하여 지락에 의한 고장 전류를 GPT와 ZCT 등을 통해 검출된 이상 접지전류를 한 방향(선로에서 대지쪽으로 흐르는 전류방향)으로만 동작하도록 한 접지계전기로 건정상의 회로는 계속 운전하고 사고회로만 차단되도록 하는데 사용하는 계전기를 말한다.

1) 방향지락계전기의 전압-전류 특성

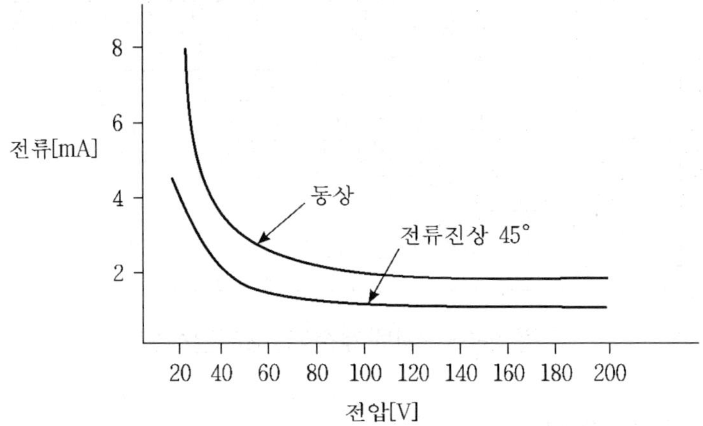

그림 2-34 전압-전류의 특성

그림 2-34는 SGR의 전압코일에 걸리는 전압을 횡축에, 전류코일에 흐르는 전류를 종축에 잡고 이 전압과 전류의 위상각이 동상인 경우와 45°인 경우에 대한 특성을 표시하고 있다. 따라서 전압코일에 100[V]의 전압이 걸리면 위상각이 45°일 경우 1.2[mA] 이상의 전류가 전류코일에 흐르면 동작한다. 그런데 이 특성곡선에서는 다음의 문제가 생각된다.

동작전압은 접지변압기(G.P.T)로 얻어진 영상전압을 사용하고 있는데 접지사고의 정도가 작으면 전압코일에 걸려지는 전압도 작아진다.

또 전류코일에 흐르는 영상전류를 사용하고 있기 때문에 접지사고의 정도가 작으면 전압과 전류도 작아져 동작하기 어렵게 된다.

이에 대한 대책으로서 지락방향계전기에 전압 억제를 부가, 정격전압의 20[%]와 90[%]일 때 동작전류가 거의 동등해지는 특성으로 하여 저전압시의 감도를 높인 것을 사용한다.

2) 방향지락계전기(SGR)의 동작시간-전류 특성

그림 2-35에서 보면 정격전압 190[V], 최고감도 위상각 40°일 때 전류코일에 300[mA] 전류가 흐르면 4.5초에 동작한다는 것을 알 수가 있다.

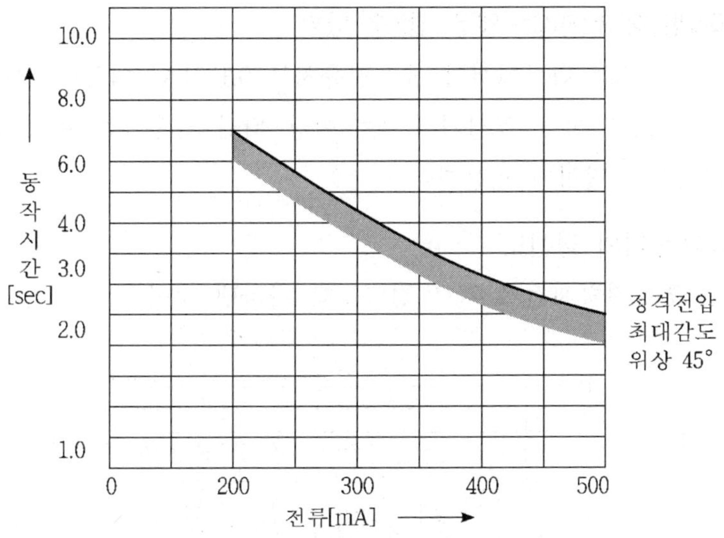

그림 2-35 동작시간 전류특성

3) 방향지락계전기(SGR)의 위상-전류 특성

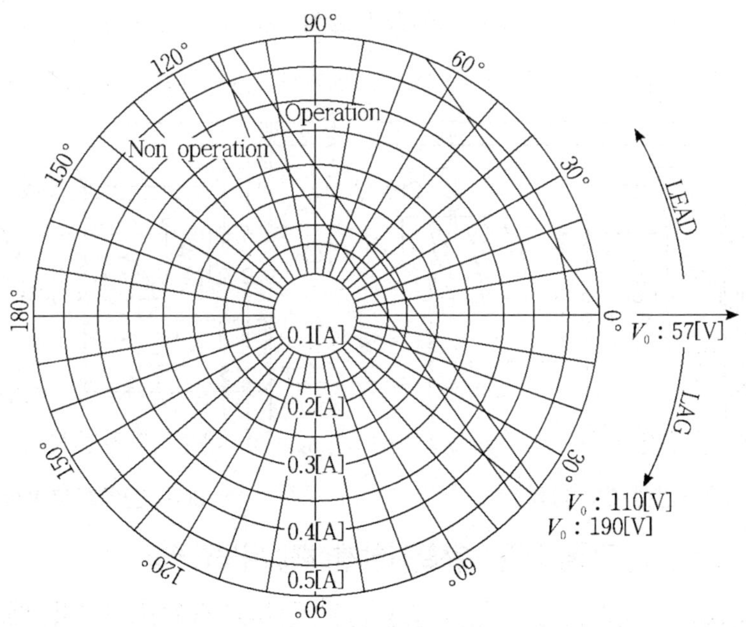

그림 2-36 위상-전류 특성도

그림 2-36의 특성곡선에서 전압과 전류가 동상일때 0°의 선상을 살펴보면 중심에서 0.15[A]의 원주상에 있으므로 동작전압 190[V], 위상각 0°일때 0.15[A] 이상

의 전류가 흐르면 동작한다는 것을 알 수 있다.

마찬가지로 Lead 30° 위상에서의 동작전류치는 0.125[A] 이상이 된다.

따라서 전류가 110° 이상 앞서거나 40° 이상 뒤질 경우에는 이 SGR에 아무리 전류를 흘리더라도 동작하지 않는다.

4) 방향지락계전기의 결선도

그림 2-37은 방향지락계전기 외부 접속도를 나타낸 것이다.

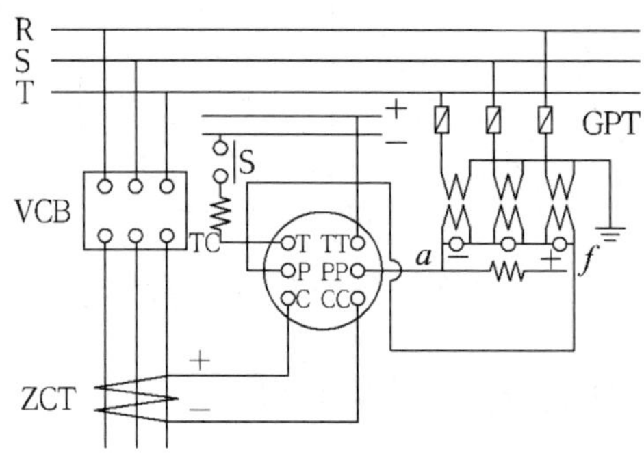

(a) ZCT 방식

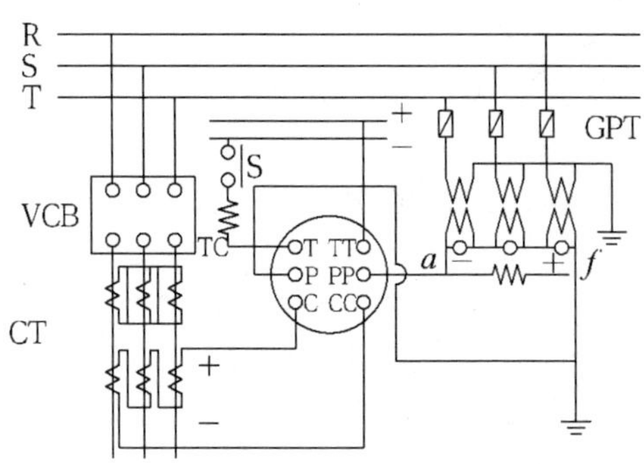

(b) 3권선 CT 방식

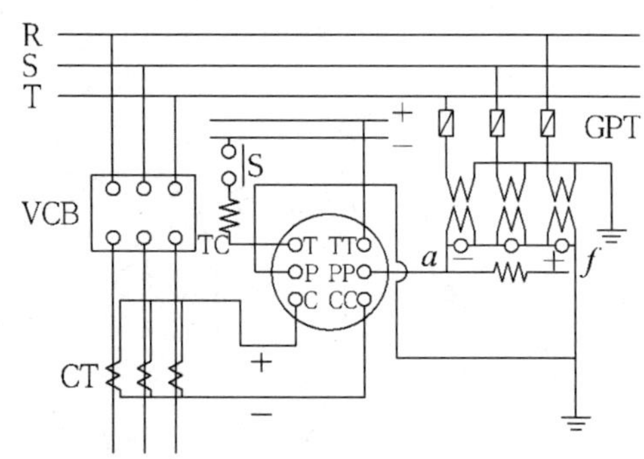

(c) 3CT 잔류회로방식

그림 2-37 방향지락계전기 외부접속도

그림 2-37에서 보는 바와 같이 선택지락계전기는 계기용 접지변압기(GPT)와 영상변류기를 조합하여 계전기 입력으로 사용하고 있다.

한편 차단기의 트립전원은 DC전원을 사용하고 있으며, 그림에 표시된 접점 S는 차단기 주접점과 연동관계를 갖고 있는 차단기 보조접점이다.

한편 계전기 트립단자 T, TT간 내부에는 보조코일 ICS가 있는데 보조코일의 역할은 영상전압과 영상전류에 의하여 계전기 주접점이 폐로하는 순간 주접점을 보호할 목적으로 주접점과 병렬로 되어 있는 보조접점을 폐로하기 위하여 설치된 것이다.

5) 영상전압(V_0) 검출

① 영상전압 검출법 : 1선 지락시 개방 삼각 결선에 의한 영상전압($3V_0$)은 다음과 같은 방법으로 검출할 수 있다.

㉠ 접지형 계기용변압기 이용법 : 그림 2-38과 같이 1차 권선을 Y접속하여 그 중성점을 접지하고, 2차 권선은 Y접속하여 정상전압을 인출하고, 3차 권선은 개방 삼각 결선한다.

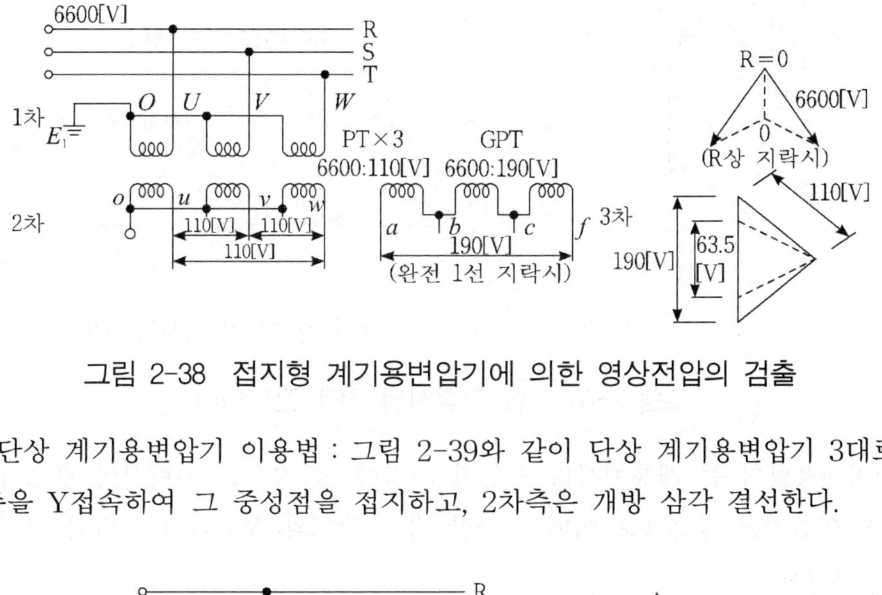

그림 2-38 접지형 계기용변압기에 의한 영상전압의 검출

㉡ 단상 계기용변압기 이용법 : 그림 2-39와 같이 단상 계기용변압기 3대로 1차측을 Y접속하여 그 중성점을 접지하고, 2차측은 개방 삼각 결선한다.

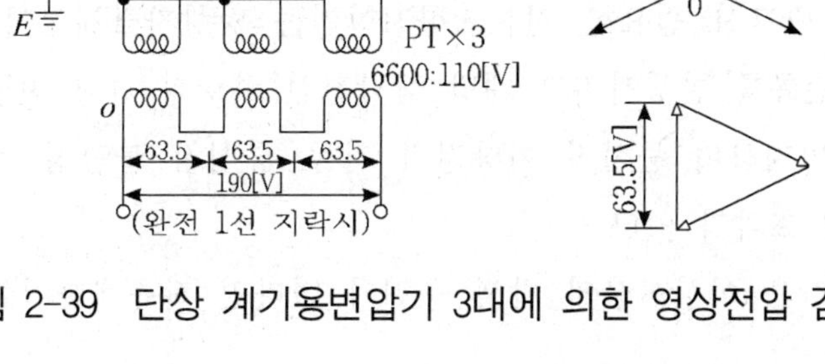

그림 2-39 단상 계기용변압기 3대에 의한 영상전압 검출

② 표시램프에 의한 지락상의 식별방법 : GPT의 정격 영상 3차 전압이 190[V]인 경우에는 110[V] 정격의 투명램프를 그림 2-40과 같이 연결하면 건전시는 각상의 램프에 190/3($V_0 = 63.5$[V])의 전압이 가해져 램프의 필라멘트만이 희미하게 빛나다가 C상이 지락하면 지락상의 전압이 0에 가깝게 되어 그 상의 램프는 꺼지며, $A \cdot B$상은 건전시의 $\sqrt{3}$배(110[V])의 전압이 가해지므로 램프가 밝게 점등되고, 개방 삼각 결선회로에는 건전시 각상 전압의 3배($3V_0 = 190$[V])가 나타난다.

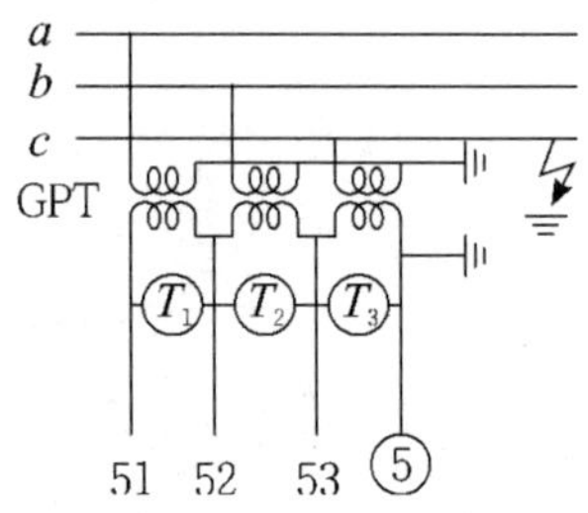

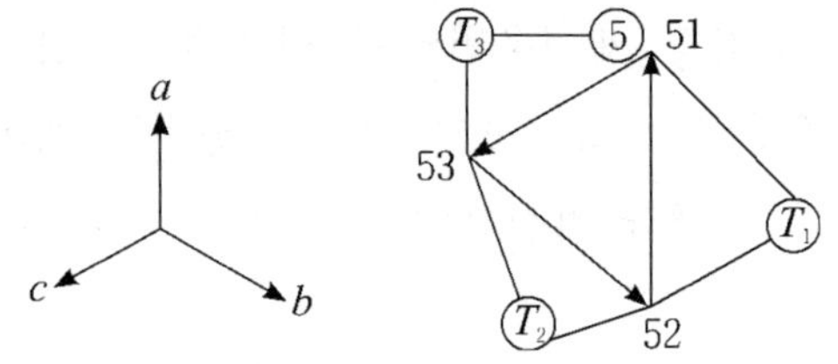

(a) 건전시의 벡터

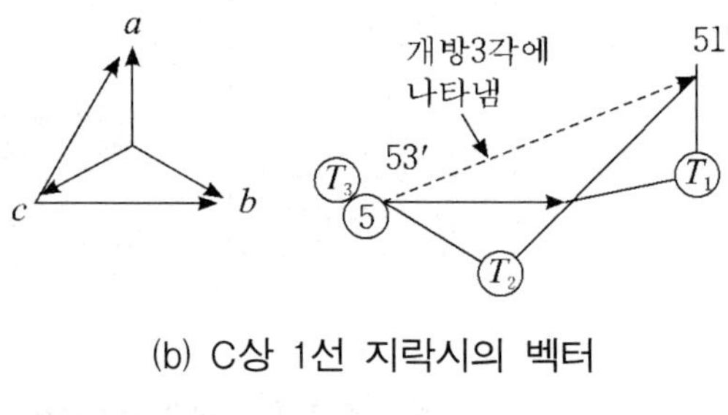

(b) C상 1선 지락시의 벡터

그림 2-40 1선 지락시의 GPT 전압벡터

대지정전용량이 큰 계통에서의 불완전 지락이 될 경우는 지락상의 램프가 반드시 가장 어둡지는 않으므로 이때는 가장 밝은 램프의 상보다 120°뒤진 상을 지락상으로 판정한다.

6) 전류제한저항기(CLR)(한류저항)

비접지계에서 반드시 필요한 전류제한저항기는 방향지락계전기를 동작시키는데 필요한 유효분 전류를 발생시키고 개방 삼각결선 회로의 각상 전압중의 제3고조파 전압의 발생을 방지하며 중성점 이상전위 진동, 중성점 불안정 현상 등의 이상현상을 억제하는데 효과가 있다.

그러나 위와 같은 이상현상의 발생 우려가 없다면 전류제한저항기는 가급적 설치하지 않는 것이 GPT의 부담을 경감시켜 계전기의 동작과 검출감도의 향상에 필요한 충분한 영상전류를 얻을 수 있다.

일반적으로 비접지계에서는 영상 유효분전류 $3I_n$을 0.38[A]로 선정하는 일이 많은데 이것은 과거 규정의 지락전류 0.5[A] 이하에 맞춘 것이며, 지락방향계전기의 감도는 0.38[A] 부근이 고감도로 되어 있다.

전류제한저항기의 정격은 영상 유효분전류값과 접지형 계기용변압기의 정격전압에 따라 정해지고, 정격은 그림 2-41에 나타낸 것과 같이 계산된다.

감도전류를 0.38[A]로 할 때 전류제한저항기는 접지형 계기용변압기의 정격영상 3차 전압이 190[V]인 3.3[kV] 계통은 50[Ω]-1[kW]로 하고, 6.6[kV] 계통용은 이것을 2개 병렬로 하여 25[Ω]-2[kW]로 한다. 또한 정격영상 3차 전압이 110[V]인 경우에는 190[V]인 경우 저항값의 $(110/190)^2=1/3$로 한다.

그리고 전류제한저항기의 시간정격은 30초 또는 1분으로 하는 경우가 많다.

① GPT 한류저항(제한저항)의 1차 환산

㉠ GPT 3차의 1상분 전압을 1차측으로 환산한 다음 전류로 나누면 1상분 저항이 된다.

$$R=\frac{\frac{1}{3}n^2 I_o r}{I_o}=\frac{1}{3}n^2 r \qquad (2\text{-}39)$$

㉡ GPT 1차측 중성점 저항 R로 환산하기 위하여 중성점에는 $3I_o$가 흐르므로 1/3로 나누면 영상회로의 등가저항이 된다.

$$R=\frac{1}{3}\cdot\frac{1}{3}n^2 r=\frac{1}{9}n^2 r \qquad (2\text{-}40)$$

$$3I_N=\frac{9E_1}{\left(\frac{E_1}{E_2}\right)^2\cdot R_n}=\frac{9E_3}{\frac{E_1}{E_3}\cdot R_n} \qquad (2\text{-}41)$$

$$R_n=\frac{3E_1}{\left(\frac{E_1}{E_2}\right)^2\cdot I_n}=\frac{3E_3}{\frac{E_1}{E_3}\cdot I_n} \qquad (2\text{-}42)$$

$$i_n=I_N\times\frac{E_1}{E_3} \qquad (2\text{-}43)$$

$$W = I_n^{\,2} \cdot R = 3I_N \times E_1 \tag{2-44}$$

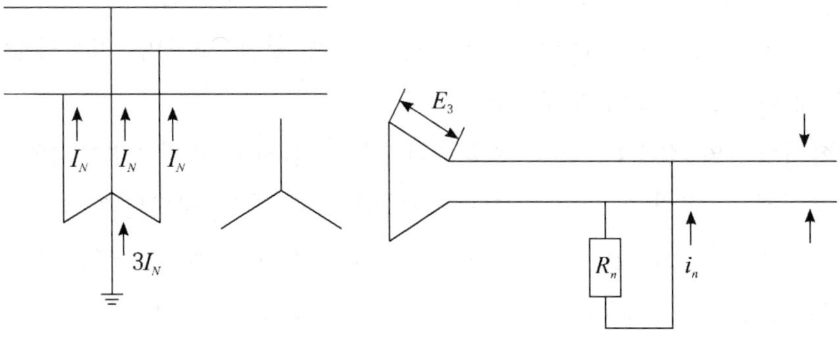

I_N : 1차 영상유효분 전류[A]　　E_3 : 3차 상전압[V]
i_n : 3차 영상전류[A]　　R_n : 전류제한 저항기[Ω]
E_1 : 1차 상전압[V]　　W : 전류제한 저항기 용량[W]

그림 2-41 전류제한저항기의 접속과 정격용량의 계산

예제 GPT 정격 $\dfrac{3{,}300}{\sqrt{3}} / \dfrac{110}{\sqrt{3}} / \dfrac{190}{3}$[V], r은 80[Ω]이라 하면 r을 GPT 1차측으로 환산한 영상회로의 저항은 얼마인가?

풀이 $R_n = \dfrac{1}{9} n^2 r = \dfrac{1}{9}\left(\dfrac{3{,}300/\sqrt{3}}{190/3}\right)^2 \times 80 = 8{,}000$[Ω]

(라) 과전압계전기(OVR : Over Voltage Relay)

지락사고시 전동기와 진상 콘덴서가 동시에 개방될 경우의 이상현상(자기여자현상), 역률의 과보상, 기타 원인에 의해서 지속성 과전압이 생겼을 때 기기(특히 진상 콘덴서 등의 병렬기기)의 소손이나 정상운전의 장해가 되는 사고를 미연에 방지하기 위해서 과전압 계전기를 설치한다.

즉, 배전선로에서 이상전압이나 과전압 내습시 PT에서 검출된 과전압에 의해 동작되며 정격전압(PT의 2차 전압)의 130[%]에서 정정하고 전력회사 규정에서는 PT 2차 전압을 110[V]로 보고 계전기의 전압 탭을 AC 135~150[V] 범위내의 전압을 조정할 수 있는 전압 탭 하나는 반드시 구비하도록 하고 220[V]인 경우는 정정 범위가 120~160[V]이다.

1) 유도원판형 OVR 동작 원리 및 구조

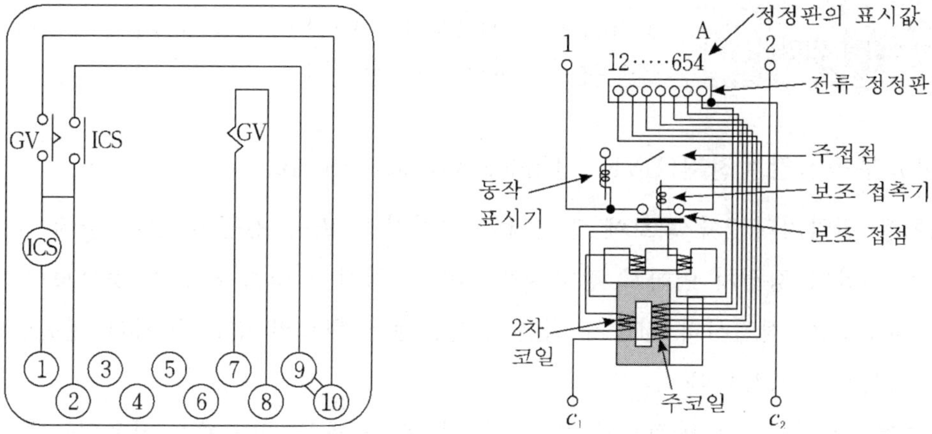

(a) 내부접속도 (b) 구 조

그림 2-42 유도원판형 OVR 내부접속도 및 구조

주 코일은(PT 2차 회로에 접속) 탭을 갖고 있지 않으며 2차 코일과 주 코일간에 정정판을 두고 거기다 온도계수가 작은 망가닌 저항을 연결한 것이다. 즉 코일의 전류가 증가하도록 저항을 줄이면 전압의 동작값이 민감하게 된다. 원판의 재동용으로 영구 자석에 의해 한시 특성이 얻어지도록 되어 있고 동작시간 정정용의 타임 레버가 있어 시간 조정이 가능하다.

2) 과전압계전기의 정정 방법

과전압계전기는 정격전압(계기용변압기 2차 전압)의 130[%]에서 정정한다.

따라서 ESB 규격에서는 계기용변압기 2차 전압을 110[V]로 보고 계전기의 전압 탭은 AC 135~150[V] 범위내의 전압을 조정할 수 있는 전압 탭을 하나는 반드시 구입하도록 하고 있어 이 범위 밖의 전압 조정 탭은 몇 개 있어도 상관없도록 하고 있다.

3) 과전압계전기의 정격

과전압계전기의 정격전압은 표 2-44와 같이 분류 할 수 있고 설정범위는 표와 같이 설정 가능하다.

표 2-44 과전압계전기의 정격

정격 전압	110[V], 220[V]	
설정 범위	90-100-110-120-130-140-150[V] 180-200-220-240-260-280-300[V]	(110[V]) (200[V])

(마) 부족전압계전기(UVR : Under Voltage Relay)

계기용 변압기의 2차 회로에 접속되어 단락사고 또는 전원의 정전 등에 의해서 회로의 전압이 정정치 이하로 강하했을 때에 동작하여 접점을 닫는 것으로서 단락시 후비보호용, 정전시의 전동기 혹은 진상콘덴서 회로의 절리용 자가 발전설비의 시동 지시용에 사용된다.

부족전압계전기는 일반적으로 유도 원판형 또는 유도 원통형이 사용되는데 원통형은 고속도형이기 때문에 계통의 순간적인 전압강하로 동작하는 수가 있으며 다른 보호 계전기와 조합하거나 한시 계전기와 병행해서 사용된다.

1) 유도원판형 UVR 동작 원리 및 구조

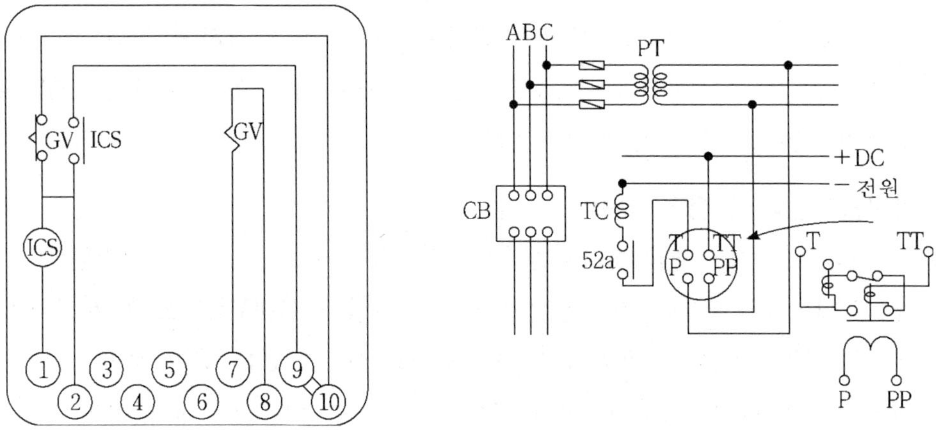

(a) 내부접속도 (b) 결선도

그림 2-43 UVR 내부접속도 및 결선도

2) 부족전압계전기의 정정 방법

부족전압계전기는 정격전압(계기용변압기 2차 전압)의 80[%]에서 정정을 한다. 따라서 계기용변압기 2차 전압을 110[V]로 보고 계전기의 전압 탭은 AC 60~

80[V] 범위 내의 전압을 조정할 수 있는 전압 탭 하나를 구비하도록 하고 있고 이 범위 밖의 전압 조정 탭은 몇 개 있어도 상관없다.

그러나 일반적으로 PT 2차 전압이 110[V]인 경우 정정 범위가 60~80[V]이고 계기용변압기 2차 전압이 220[V]인 경우는 정정 범위가 120~160[V]이다.

3) 부족전압계전기의 정격

부족전압계전기의 정격전압은 표 2-45와 같이 분류 할 수 있고 설정범위는 표와 같이 설정 가능하다.

표 2-45 부족전압계전기의 정격

정격 전압	110[V], 220[V]
설정 범위	90-100-110-120-130-140-150[V] (110[V]) 180-200-220-240-260-280-300[V] (200[V])

(바) 비율차동계전기(RDR : Ratio Differential Relay)

대용량변압기는 용량에 따라 기계적 보호장치와 전기적 보호장치를 시설하도록 전기설비기술기준에 명시되어 있는바 그중에서 전기적 보호장치인 비율차동계전기는 변압기나 조상기의 내부고장시 1차와 2차의 전류비 차이로 동작하는 계전기로 유입전류와 유출전류의 차이 즉 벡터차로 동작하는 계전기로 5,000[kVA] 이상의 대용량 변압기에 채용된다.

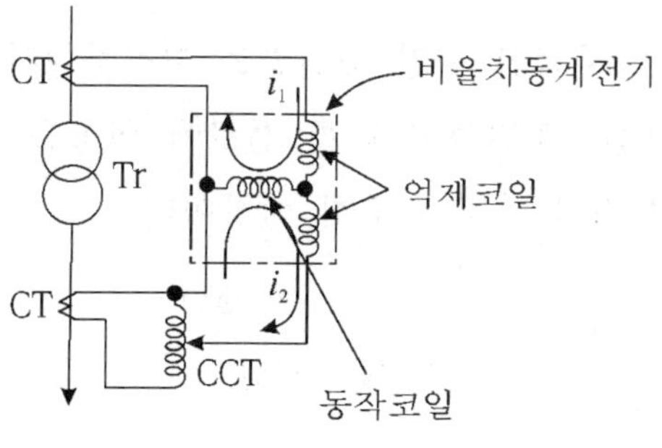

(a) 접속도

(b) 외형

그림 2-44 비율차동계전기의 접속도 및 외형

(사) 보호계전기의 적용방법

1) 적용시 고려사항

① 대상설비의 위치

② 대상설비의 종류

③ 대상설비의 계통에서 중요도

④ 대상설비의 계통적 상호협조

2) 적용의 원칙

① 사고범위의 국한과 공급의 확보(선택성)

② 보호의 중첩과 협조(신뢰성)

③ 후비보호 기능의 구비(후비성)

④ 재폐로에 의한 계통 및 공급의 안정화(안전성)

표 2-46 보호계전기 사용 기준

설비명 사고별	수 전 단	주변압기	배 전 선	전력콘덴서
과 전 류	OCR	OCR	OCR	OCR
과 전 압			OVR	OVR
저 전 압			UVR	UVR
접 지			GR(SGR, DGR)	
변압기내부		Diff. R		

3) 보호계전기의 보호 협조

보호계전기의 선정 · 정정 · 운용은 국부적인 원인 해결만을 고려하여서는 안되며 자기선로의 영향을 최대한으로 줄여 선택차단하고 다른 선로에 영향을 주지 않도록 협조 설치하는 것이 보호계전기 선정시 가장 중요한 사항이다.

2.1.3.9 개폐기

(1) 자동 고장 구분개폐기

우리나라의 배전 전압은 대부분이 22.9[kV-Y]의 3상 4선식 다중접지 방식이며 지락시 지락전류가 너무 커서 단락사고 때와 같이 한국전력공사의 배전선로에 설치된 리클로저나 한국전력공사에 설치된 차단기가 동작하여 한 수용가의 사고가 많은 수용가에 피해를 주는 결과를 가져오고 있다.

따라서 자동 고장 구분개폐기(ASS : automatic section switch)는 수용가 구내에 지락사고, 단락사고시 즉시 회로를 분리하여 사고의 파급을 방지하고 구내설비의 피해를 최소화하기 위하여 사용되며, 수전용량이 300[kVA]를 초과 1,000[kVA] 이하인 경우와 간이 수전설비인 경우 인입구 개폐기로서 자동고장구분 개폐기를 설치하도록 의무화하고 있다.

그림 2-45 옥외형 ASS

(가) ASS의 정격 및 성능

① 정격전압 : 23[kV] 설계전압 : 25.8[kV]

② 정격전류 : 200[A]

③ 정격차단전류 : 900[A]

④ 최대 과전류 LOCK값 : 800[A]±10[%]

⑤ 개폐시간 : 5[Hz]

(나) ASS의 개폐성능

① 정격전압, 정격전류 : 200회 개폐

② 개폐허용횟수 : 200 ×(정격전류/부하전류)^2[회]

③ 무부하 개폐능력 : 1,100[회]

(다) ASS의 특징

① 전력회사 변전소의 차단기나 선로의 리클로저(recloser)와 협조하여 1회 순간 정전 후 고장구간을 자동 분리한다.

② 차단능력은 900[A]이며 800[A] 미만의 과부하 및 이상전류에 대해서도 차단되어 과부하 보호기능도 가지고 있다.

③ 개방 및 투입방식은 자동 및 수동 개방 투입 가능하다.

④ 한전측 차단기(CB)나 리클로저(recloser) 재 투입시 발생되는 돌입전류에 대해 억제 기능이 있다.(1초 혹은 1/2초간)

⑤ 선로 부하전류 만으로 동작 하므로 제어용 외부전원이 불필요하다.

⑥ 고장발생시 선로의 리클로저(recloser)가 1.4~1.70초 후 재투입 되도록 스스로 무전압 상태에서 개방 기능을 가지고 있다.

(2) 부하개폐기(LBS)

부하개폐기(LBS : load breaking switch)는 수변전 설비의 인입구 개폐기로 많이 사용되며 전력퓨즈의 용단시 결상을 방지할 목적으로 채용되고 있다.

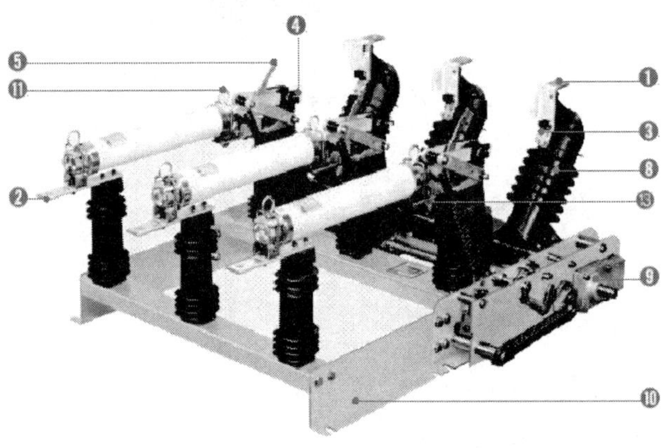

① 전원측 단자	② 부하측 단자	③ 주접점(고정)	④ 주접점(가동)
⑤ 아크접점	⑥ 소호 노즐	⑦ 절연 로드	⑧ 퍼퍼(Puffer)
⑨ 내장 부싱	⑩ 모터 감속기 베이스 프레임		⑪ 퓨즈 클립
⑫ 전압트립장치	⑬ 퓨즈용단 트립장치		

그림 2-46 부하개폐기 구조

이 개폐기는 전력퓨즈가 용단될 때 전력퓨즈에 내장된 동작표시장치가 돌출하면서 트립장치가 작동하여 스프링의 힘에 의하여 가동 부하접점을 자동 개방시키도록 되어 있다.

(3) 선로개폐기

선로개폐기(LS : line switch)는 보안상 책임 분계점에서 보수 점검시 전로 개폐를 위하여 설치하며 반드시 무부하 상태에서 개폐하여야 하며 단로기와 비슷한 용도로 사용한다.

구조는 1개의 수직 파이프에 3개의 선로를 동시에 연동 조작하는 수평 연결봉과 연결되어 지상에서 개폐할 수 있도록 연결시키게 되어 있다.

24[kV] 400[A], 800[A] 정격이 있으나 고장이 많고 사고가 많아 현재는 IS와 LBS로 대체되어 거의 사용치 않고 있다.

(4) 기중부하개폐기

기중부하개폐기(IS : interrupter switch)는 개폐시 아크가 소호통안에서 발생하도록 하여 아크를 소호한다. 이 개폐기에는 더블 방식과 싱글 방식이 있으며 수동 원방으로 조작하는 개폐기이다.

기중부하개폐기의 설치는 주상, 프레임 또는 큐비클에 설치하며 이격거리를 충분히 확보하고 조작시에는 직접 눈으로 확인한 후에 작업을 하여야 한다.

그림 2-47 기중부하개폐기 구조

① 22.9[kV] 선로에 주로 사용(25.8[kV], 600[A], 25[kA]정격)

② 한전재산분기점에 COS 대신 사용(3,000[kVA] 이상~7,000[kVA] 이하)

자가용수전설비에서는 300[kVA] 이하 인입구 개폐기로 많이 사용한다.

(5) 컷아웃스위치

컷아웃스위치(COS : cut out switch)는 주로 변압기의 1차측의 각 상에 설치하여 변압기의 보호와 개폐를 위하여 단극으로 제작되었으며 내부의 퓨즈가 용단되면 스위치의 덮개가 중력에 의하여 스스로 개방되어 멀리서도 퓨즈의 용단 여부를 쉽게 눈으로 식별할 수 있게 한 것이다.

COS내에 동선을 사용시 DS로 사용하며 수전용량 3,000[kVA] 이하 한전 책임 분기점에 설치한다.

① 변압기에 사용할 때 6.6(3.3)[kV]는 150[kVA] 이하, 22.9[kV]에는 300[kVA] 이하에 사용한다.

② 차단용량은 최소 10[kA] 이상을 선정한다.

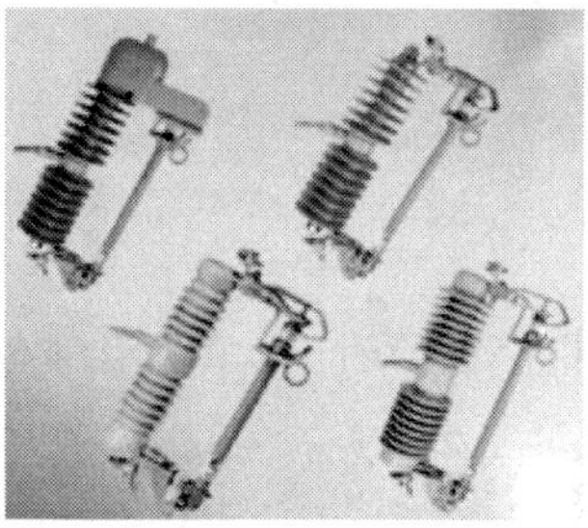

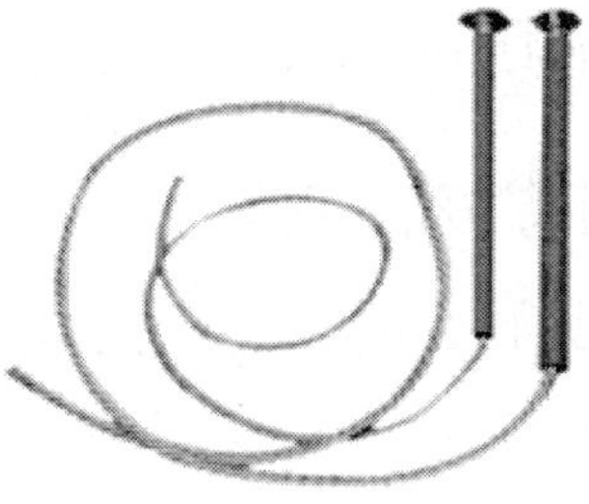

그림 2-48 고압 컷아웃스위치 및 퓨즈

표 2-47 컷아웃스위치용 퓨즈

정격 전압[kV]	7.2, 25
정격 전류[A]	1, 2, 3, 5, 6, 7, 8, 10, 15, 20, 25, 30, 50, 75, 100

표 2-48 특별고압 컷아웃스위치의 정격

정격 전압	정격 전류	정격 차단 전류		정격 주파수
		비대칭 실효값	대칭 실효값	
25[kV]	100[A]	6,000[A]	4,000[A]	60[Hz]
		10,000[A]	7,100[A]	
		12,000[A]	8,000[A]	

표 2-49 차단기, 개폐기, 단로기, 퓨즈의 기능

기구명칭	무부하	정상전류			이상전류		
	개	통전	개	폐	통전	투입	차단
차단기	○	○	○	○	○	○	○
퓨 즈	○	○	×	×	×	×	○
단로기	○	○	△	○	○	×	×
개폐기	○	○	○	○	○	△	×

주 ○ : 동작 × : 부동작 △ : 때에 따라 동작

2.1.3.10 피뢰기

피뢰기(lightning arrester : LA)는 전력설비의 기기를 낙뢰 또는 이상전압으로부터 보호하는 장치이다. 피뢰기의 특성은 단자전압이 이상전압의 침입으로 방전개시 전압 이상으로 상승시 신속히 동작하여 정격(제한)전압 이하로 이상전압을 억제하는 기능과 이상전압을 방전한 후 자동적으로 회복(속류차단)시키는 기능을 가지고 있다.

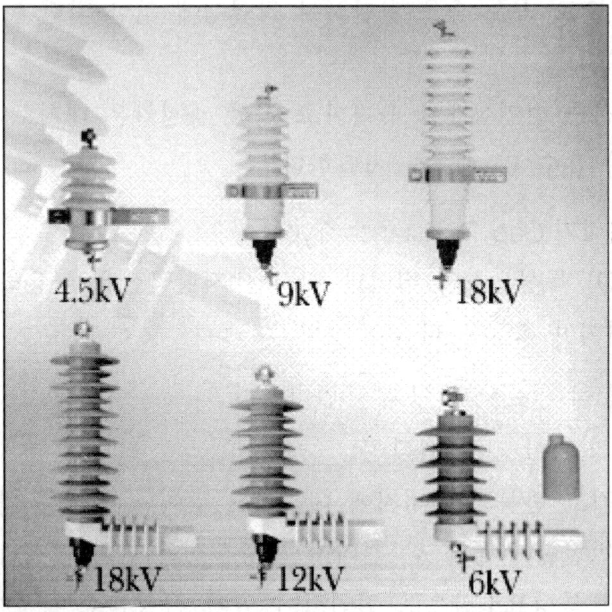

그림 2-49 피뢰기의 정격전압별 종류

(1) 피뢰기의 구비조건

① 이상전압의 침입에 대하여 신속하게 방전특성을 가질 것.
② 방전 후 이상전류 통전시 단자전압을 정격(제한)전압 이하로 억제할 것.
③ 이상전압 처리 후 속류를 차단하여 자동회복하는 능력을 가질 것.
④ 반복동작에 대하여 특성이 변화하지 않을 것 등이다.

(2) 종류 및 동작특성

(가) 피뢰기의 종류

갭저항기, 밸브형(Valve Type), 밸브저항형(Valve Resistance Type), 갭레스형(Gapless type)이 있으며 갭레스형이 많이 사용된다.

1) 갭형 피뢰기

① 특성요소
㉠ SiC(탄산규소입자)를 각종 결합체와 혼합하여 고온 소성하고 비저항 특성을 갖는다.
㉡ 큰 방전전류에서는 저 저항값이 되어 제한전압을 낮게 억제하고, 낮은 전압은 고 저항값으로 속류 등을 차단하여 직렬갭에 의한 차단을 도와준다.

② 직렬갭(주갭)
㉠ 정상전압에서는 절연상태를 유지하고 이상 과전압은 대지로 방전한다.
㉡ 이상 과전압 흡수 및 속류를 차단한다.

2) 갭레스형 피뢰기(Gap Resistance Type)

금속산화물(ZnO) 특성요소의 뛰어난 비직선 저항곡선을 이용하여 특성요소만으로 제작한 피뢰기이며 특징은 다음과 같다.

① 방전갭(직렬갭)이 없으므로 구조가 간단하다.
② 소형경량이며 가격이 가장 싸다.
③ 소손 위험이 적고 반복되는 서지에 대하여도 뛰어난 성능을 기대할 수 있다.
④ 속류가 없어 빈번한 작동에 잘 견디며 특성요소의 변화가 적다.
⑤ 직렬갭이 없이 특성요소만으로 절연되어 있어 특성요소 사고시 지락사고가 된다.

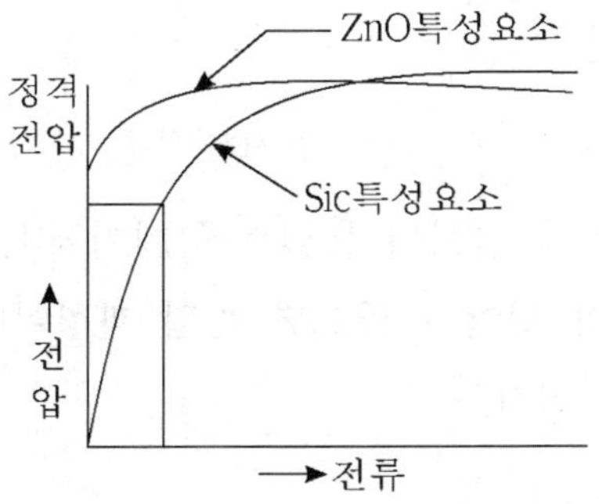

그림 2-50 특성요소별 V-I곡선

(3) 동작특성

① 상용주파전압에 뇌전압이 겹쳐 파고값이 피뢰기의 뇌임펄스 방전개시전압에 도달하면 피뢰기가 방전하여 전압이 내려간다.
② 동시에 피뢰기에는 방전전류가 흐르며 제한전압으로 억제한다.
③ 서지전압이 소멸된 후에도 피뢰기는 도통상태에 있어 속류가 흐르나 처음의 전류영점에서 속류를 차단하고 원상태로 회복한다.
④ 이러한 제반 동작이 반 Cycle이라는 짧은 시간에 이루어진다.

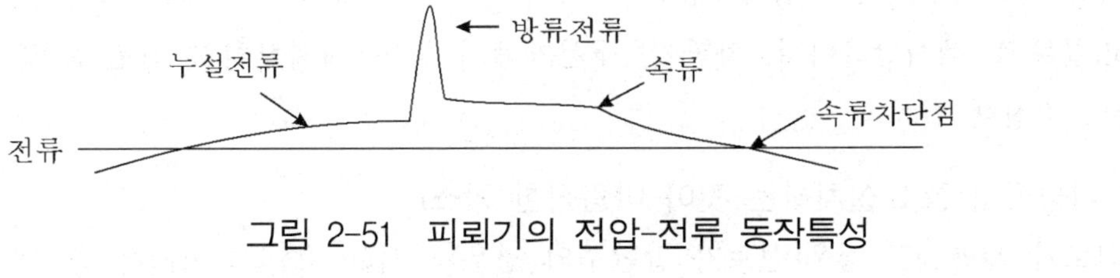

그림 2-51 피뢰기의 전압-전류 동작특성

(4) 설치위치 및 장소

(가) 설치위치

피뢰기가 기기와 같은 곳에 설치되어 있으면 기기에 걸리는 전압은 피뢰기 단자 전압과 같지만 거리가 멀리 떨어져 있으면 침입 파형이나 기기의 배치에 따라 피뢰기의 제한전압보다 크게 된다.

$$V_t = V_p + \frac{2Ul}{V} \qquad (2\text{-}45)$$

여기서, V_t : 기기에 걸리는 전압, V_p : 피뢰기 제한전압, l : 피뢰기와의 거리
U : 침입파의 파두준도(차폐선로 : 500[kV/μs], 일반선로 : 200[kV/μs])
V : 서지의 전파속도(가공선로 : 300[m/μs], 케이블 150[m/μs])

① 22.9[kV]에는 20[m] 이내, 66.0[kV]에는 45[m] 이내, 154[kV]에는 65[m] 이내에 설치한다.
② 가공선로와 케이블 접속점(가공선로말단), PF나 COS 전단에 설치하는 것이 바람직하다.

(나) 설치해야 하는 장소

1) 한국전기설비규정에서 규정하는 설치 의무 장소
① 발전소, 변전소 또는 이에 준하는 장소의 가공전선 인입구 및 인출구
② 고압 · 특고압 가공 전선로로부터 공급을 받는 수용장소의 인입구
③ 특별고압 가공전선로에 접속하는 배전용 변압기의 고압측 및 특별고압측
④ 가공선과 지중선과의 접속 개소
⑤ 리클로저, 섹셔날라이저, 차단기, 구분개폐기 등의 개폐장치의 전원측 및 부하측의 각상에 설치

2) 기능적인 장소(설치하는 것이 바람직한 장소)
① 선로가 개방단인 경우(선로가 말단주의 경우)
② 선로가 단락단의 경우
③ 선로의 임피던스가 다른 선로(가공전선로, 지중전선로, 덕트구간, 케이블트레이 구간이 겹치는 곳)
* 피뢰기는 임피던스 변이점에 설치하여야 한다.

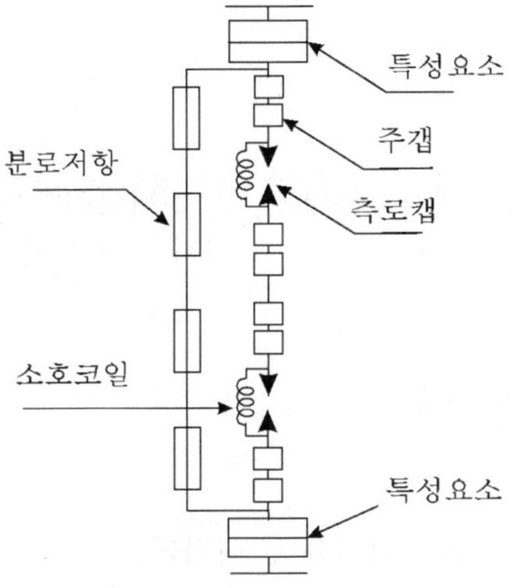

(a) 갭형

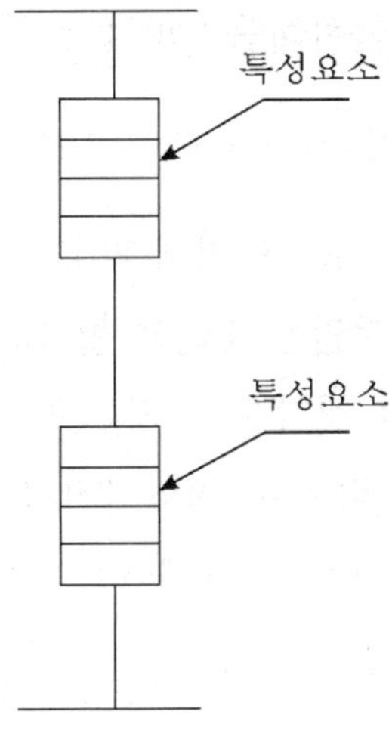

(b) 갭레스형

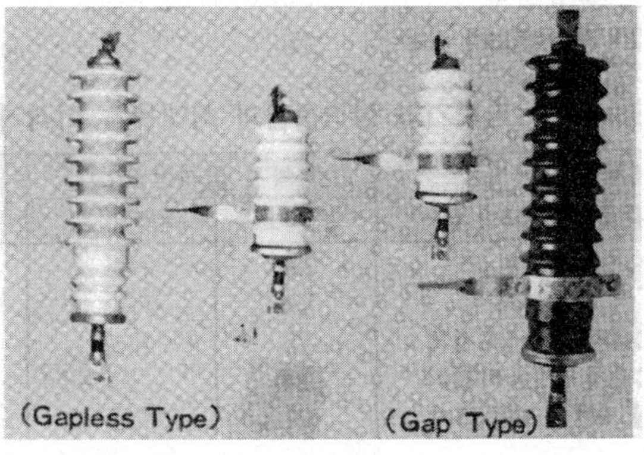

(c) 외형

그림 2-52 피뢰기의 구조 및 외형

(5) 정격전압

피뢰기의 정격전압이란 그 전압을 선로단자와 접지단자에 인가한 상태에서 소정의 단위동작책무를 소정의 횟수로 반복 수행할 수 있는 상용주파 최대허용전압의 최고한도를 말한다.

① 비유효접지계통

$$\text{피뢰기 정격전압} = \text{공칭전압} \times \frac{1.4}{1.1} [\text{kV}] \qquad (2\text{-}46)$$

② 유효접지계통 : 피뢰기 정격전압

$$E_R = \alpha\beta \times V_m = k V_m [\text{kV}] \qquad (2\text{-}47)$$

여기서, α : 접지계수(0.6~0.8), β : 여유도(110~115[%]), V_m : 최고허용전압[kV]

③ 공칭전압을 [kV]라 할 때

· 직접 접지계 : 0.8[kV]~1.0[kV]

· 소호리액터, 저항접지계 : 1.4[kV]~1.6[kV]

예 22.9[kV] ×0.8=18.32[kV]≒18[kV] 사용

표 2-50 피뢰기의 정격전압과 최대유효 이격거리

전력계통		피뢰기 정격전압[kV]		유효 이격 거리[m]
전압[kV]	중성점 접지방식	변전소	배전선로	
345	유효접지	288		85
154	유효접지	138		65
66	PC접지 또는 비접지	75		45
22	PC접지 또는 비접지	24		20
22.9	3상 4선식 다중접지	21	18	20
11.4	3상 4선식 다중접지	12	9	20
5.7	3상 4선식 다중접지	7.5	7.5	20
6.6	비접지	7.5	7.5	—
3.3	비접지	7.5	7.5(4.2)	—

* PC : 소호리액터

(6) 공칭방전전류

표 2-51 설치장소별 피뢰기 공칭방전전류

공칭방전전류	설치장소	적 용 조 건
10,000[A]	발전소	전 발전소
	변전소	· 154[kV] 이상 전력계통 · 66[kV] 이상 변전소, bank용량이 3,000[kVA]를 초과하거나 특히 중요한 곳 · 장거리 송전선 케이블(배전 feeder인출용 단거리 케이블은 제외) 및 정전 축전기 bank를 개폐하는 곳
5,000[A]	변전소	66[kV] 이하 계통, bank용량이 3,000[kVA] 이하인 곳
2,500[A]	선로 변전소	배전선로, 일반수용가

공칭방전전류란 피뢰기의 보호성능 및 회복성능을 표현하기 위해 사용하는 방전전류의 규정치이며 10,000[A], 5,000[A], 2,500[A]의 3종류가 있고 이들의 설치장소별 피뢰기 공칭방전전류는 표 2-51과 같다.

(7) 피뢰기의 접지

피뢰기의 접지공사는 접지저항값을 10[Ω] 이하로 규정하고 있다. 피뢰기가 동작할 때 기기에 가해지는 전압은 피뢰기의 제한전압+접지저항값×방전전류가 되므로 피뢰기의 보호효과를 크게 하기 위하여 피뢰기의 접지 저항값은 가능한 한 낮게 하는 것이 바람직하다. 또한 피뢰기의 접지도체 굵기는 전선의 종류와 고장전류 등을 감안하여 25[mm²] 이상의 전선을 사용하고 식 (2-48)을 이용하여 산정한다.

$$S=\frac{\sqrt{t}}{143}\times I_s[\text{mm}^2] \tag{2-48}$$

여기서, S : 접지선 굵기[mm²], t : 고장계속시간[sec], I_s : 고장 전류[A]

예제 변전소 154[kV]/22.9[kV]의 변압기 표준용량은 60[MVA]이고, %Z는 14.5[%]인 경우 수용가의 피뢰기용 접지도체 및 보호도체의 굵기 구하시오.

풀이 $S=\frac{\sqrt{0.1}}{143}\times\frac{100}{14.5}\times\frac{60\times10^3}{\sqrt{3}\times22.9}=23.07[\text{mm}^2]$

즉, 접지도체 및 보호도체는 25[mm²] 굵기의 전선을 적용한다.

2.1.3.11 계기류

주로 수전반 및 고압용 배전반에 사용되는 계기는 전압계, 전류계, 전력계, 역률계, 주파수계 등이 있으며 각 상의 전압과 전류 지시값을 절환 할 수 있는 전압계용 절환 스위치(VS)와 전류계용 절환 스위치(AS)가 있다.

또, 전원의 상태나 스위치의 개폐 상태를 쉽게 알 수 있도록 하기 위한 표시등 및 신호등이 있다.

(a) 역률계

(b) 레벨계

(c) 온도계

(d) 속도계

그림 2-53 계기류

2.2 예비전원설비

수용가에서 상용전원(常用電源)이 정전되었을 때 최소한의 보안전력을 확보하기 위하여 예비전원으로 자가용 발전설비나 축전지 설비가 사용된다. 또한 소방법, 건축법에 예비전원의 설비를 의무화하고 있으며 예비전원은 다음의 것을 총칭한다.

① 수용장소에 시설하고 상용전원이 정전시 비상용 예비전원, 보안용전원, 업무용 전원을 말한다.

② 소방설비 등의 전원으로 상용전원의 정전시 사용하는 비상전원

③ 비상 조명장치, 배연(排煙)설비, 비상 인입구의 등화, 비상 배수설비, 비상 엘리베이터, 방화 셔터 등의 전원으로 상용 전원의 정전시 사용하는 전원

2.2.1 예비전원설비의 분류

① **자가발전설비** : 사용목적에 따라 상용과 비상용으로 구분하며 상용 자가발전설비는 상용전원과 병렬 운전하며 비상용 자가발전설비는 상용전원이 차단된 경우에만 사용하는 것으로 내연기관 또는 가스터빈에 의하여 발전기를 구동하여 부하에 전력을 공급하는 장치로 원동기, 발전기 및 부속장치로 구성된다.

② **직류전원설비** : 수변전 설비의 조작용 전원, 비상 조명의 예비전원 등으로 사용되며 정류장치 및 축전지 설비로 구성된다.

③ **무정전전원설비** : 일반적으로 UPS(Uninterruptible Power Supply System)라고 부르며 정류기, 인버터(inverter), 축전지, 절체스위치 등으로 구성된다.

(1) 법에 규정하여 설치하여야 하는 예비전원

예비전원설비는 다음과 같이 설치하여 기능을 발휘하여야 한다.

① 소방법에 의한 비상전원
② 건축법에 의한 예비전원

으로 구분할 수 있으며 자가 발전기에 접속된 부하에 따라 각 부하의 설치목적, 사용시간 등을 고려하여 적절한 자가발전설비의 방식, 용량을 선정하여야 한다.

표 2-52 소방법에 따라 설치되는 비상전원

구분	소방용 설비	설치대상	자가발전설비/전기저장장치	수전설비	축전지설비	공급시간
소화설비	옥내(외) 소화전설비	·7층 이상인 연면적 2000[m²] 이상 ·지하층 바닥면적 합계 3000[m²] 이상	○	×	○	20분
		·상기 미만의 대상인 경우 ·옥외소화전은 비상전원 연결 펌프 설치할 경우	○	○	○	

구분	소방용 설비	설치대상	자가발전설비/전기저장장치	수전설비	축전지설비	공급시간
소화설비	S/P 설비 · 미분무	· 차고 주차장으로 스프링클러 설치한 부분의 바닥면적 합계 1000[㎡] 이상	○	○	○	20분
		· 기타 대상인 경우	○	×	○	
	포 소화설비	· Foam head 또는 고정포방출설비가 설치된 부분의 바닥면적 합계가 1000[㎡] 미만	○	○	○	
		· 기타 대상인 경우	○	×	○	
	물 분무설비	· 대상 건축물 전체	○	×	○	
	가스계 · 분말설비	· 대상 건축물 전체(호스릴설비는 제외)	○	×	○	
	화재조기진압용 S/P설비	· 대상 건축물 전체	○	×	○	
	간이 스프링클러 설비	· 대상 근린생활시설 건축물 전체(단, 전원 필요시)	○	○	○	
		· 대상 근린생활시설이 아닌 건축물 전체(단, 전원 필요시)	○	○	○	10분
소화활동설비	제연설비	· 대상 건축물 전체	○	×	○	20분
	연결송수관설비	· 높이 7[m]이상 건물	○	×	○	
	비상콘센트설비	· 7층 이상인 연면적 2000[㎡] 이상 · 지하층 바닥면적의 합계가 3000[㎡] 이상	○	○	×	
	무선통신보조설비	· 증폭기를 설치한 시	○	○	○	30분
기타	도로터널설비	옥내소화전, 물분무, 자동화재탐지, 비상조명등, 제연설비 등	○	×	○	40/60분
	고층건축물	고층 옥내소화전설비, S/P설비	○	×	×	40분
		초고층 옥내소화전설비, S/P설비	○	×	×	60분

표 2-53 건축법에 규정된 예비전원설비

예 비 전 원	자가발전/전기 저장장치	축전지 설비	자가발전설비와 축전지설비 병용	공급시간
비상조명설비(계단실 등)	○	○	○	30분
피난구 조명장치	○	○	○	
비상용 배수설비	○	-	-	
배연설비	○	-	-	
방화셔터/자동방화문	○	○	○	30분 (축전지 필수)
방화댐퍼/가동방연벽	○	○	○	
피난용 승강기	○	-	-	120분
전기적 비상운전발전기	○	○	-	1회 운영시간

(2) 예비전원이 필요한 장소(기능적 필요에 의해 설치하는 예비전원)

① 은행, 사무실, 빌딩 : 전산실, 손님 대기실, 현금취급장소, 엘리베이터, OA기기 등

② 백화점 : 금전출납기, 매장의 조명, 냉동설비, 엘리베이터, OA기기 등

③ 공장 : 정전에 의하여 생산품의 품질 또는 생산설비에 중대한 영향을 미치는 공장

④ 병원 : 수술실 기기 및 조명, 병실, 복도, 주방, 엘리베이터, OA기기

⑤ 대극장 : 복도, 스피커 회로, 관객실

⑥ 무선수신소 및 중계소, 방송국, 신문사

⑦ 지역적으로 상용전원의 공급을 받을 수 없는 장소

⑧ 외부전원의 사고에 의한 정전 또는 계획 정전 경우의 비상전원

⑨ 피크부하 때의 보조발전용으로 사용할 경우

⑩ 전산센터나 사무용 기기(OA)가 집중적으로 설치 운용되는 장소

⑪ 고층빌딩, 초고층빌딩, IBS 등의 대형 건축물

⑫ 기타 건축주가 요구하는 곳

(3) 의료용 비상전원(KS C IEC 60364-7-710)

1) 전원의 절환주기가 0.5초 이내인 장치 또는 기기

병원에서 상용전원의 공급중단은 환자의 생명에 중대한 지장을 초래할 수 있으므로 의료장소의 전기설비에는 비상전원을 공급해야 하며, 0.5초 이내에 전원을 복원해야 하는 대상은 0.5초 이내 전력공급이 필요한 생명 유지장치와 분만실, 마취실, 내시경, 수술실 테이블, 수술실, 수술준비실, 수술 처치실, 중환자실, 미숙아실 및 기타 필수 조명 등이며, 최소 3시간 이상 전원공급을 유지하고 절환주기 내에 전원을 공급해야 한다.

2) 전원의 절환주기가 15초 이내인 장치 또는 기기

비상전원용 선도체의 공칭 전압값이 10[%] 이상 감소할 경우 최소 24시간 동안 기기를 유지할 수 있는 안전전원에 15초 안에 접속해야 하는 대상은 15초 이내 전력공급이 필요한 생명유지장치와 의료장소에 설치하는 탈출로, 비상구 표시등, 필수 서비스를 위한 방 및 각 방의 하나 이상의 조명 등 안전조명은 15초 이내에 전원을 공급받아야 한다.

3) 전원의 절환주기가 15초 이상인 장치 또는 기기

병원의 서비스 기능을 유지하기 위한 소독기기, 냉방, 난방, 조리기기, 축전지 충전기 등 기본 작업에 필요한 조명과 그 밖의 병원기능을 유지하기 위하여 중요한 기기 또는 설비로서 최소 24시간 유지가능한 안전전원에 접속한다.

2.2.2 자가발전설비

발전기의 종류는 디젤 발전기, GAS 터빈발전기 등이 있으며 디젤 발전기가 주로 사용되었으나 최근에는 고품질의 전원을 요구하는 병원, 전산센터, 반도체 공장 등에서 GAS 터빈발전기를 사용하고 있다.

〔1〕 자가발전장치의 분류

(1) 사용 목적에 따른 분류

① 비상용 발전기 : 전력회사로부터 공급되는 상용전원이 정전된 경우 비상용 전원을 필요로 하는 중요시설에 전원을 공급하기 위한 발전장치를 말한다.

② 상용(常用)발전기 : 평상시 및 비상시 전원을 자체 발전설비로 상시전원을 공급하는 발전설비을 말한다.(프랜트설비용)

③ 열병합(Co-Generation)용 발전기 : 전기 에너지와 열 에너지를 함께 사용할 수 있는 발전장치가 있는 발전설비를 말한다.(소규모에서 대용량까지 많이 사용)

④ 피크컷(Peak Cut)용 발전기 : 첨두부하를 대비하여 전력을 분담토록 설치하는 발전기를 말한다.

(2) 엔진의 사용연료에 의한 분류

① 디젤 엔진 : 일반적으로 중규모의 용량에 많이 사용

② 가솔린 엔진 : 소용량으로서 단위 발전기 엔진으로 사용

③ 가스터빈 엔진 : 중요한 부하에 적용하는 엔진이며 가격이 다소 비싸지만 기능이 우수하고 대용량에 적용

(3) 설치하는 방법에 따른 분류

① 고정식 : 발전기실내에 발전장치를 배치하여 빌딩, 공장, 상하수도, 방송통신설비 등의 보안 및 비상용 전력의 공급장치로 사용되며 대부분 냉각수 설비 및 기초설비가 필요하여 고정형으로 설치한다.

② 이동식 : 토목, 건축 도로공사, 방송중계차 등의 임시전력이 필요한 장소의 전원으로 사용되며 200[kVA] 미만의 소용량 발전기에 사용한다.

(4) 회전수에 의한 분류

(가) 고속형

회전수가 1,200[rpm] 이상으로 몸체가 적어 가격, 설치면적이 적어지는 이점이 있으나 소음 · 진동이 커지는 단점이 있다.

(나) 중속형

회전수가 900~1,200[rpm] 이하로 고속형과 저속형의 중간속도를 가지는 발전기로 저속형의 단점을 보완한 발전기이다.

(다) 저속형

회전수가 900[rpm] 이하로 소음, 진동이 적고 전압안정도가 좋으나 가격이 비싸

고 설치면적이 커진다.

(5) 시동방법에 의한 분류

(가) 전기 시동방식

엔진 시동용 전동기(Starter motor)에 의한 방식으로 중소용량에서는 DC 12~24[V] 축전지를 사용한다. 시동용 전동기의 피니언 기어와 엔진의 플라이휠 기어를 맞물리게 하여 기동시키는 방식이며, 고속의 디젤엔진에 많이 채용되고 있다.

(나) 공기 시동방식

공기압축기로 공기 탱크에 10~30[kg/cm^2]의 공기압을 압축시켜 두었다가 시동시에 이 공기를 엔진에 설치된 분배밸브, 시동밸브를 통하여 실린더 내에 보냄으로서 피스톤을 밀어올려 엔진을 시동시키는 방식이다. 공기 탱크의 용량은 통상 6회 이상 연속기동이 가능하여야 한다. 중 · 저속의 직접 분사식 디젤엔진에 이용되고 있으며 특히 설치 면적이나 비용이 전기식 시동형에 비해 불리하므로 특별한 용도(방폭지역 등)에 주로 채용한다.

(6) 냉각방식에 의한 분류

(가) 공냉식

현재 500[kW] 이하의 대부분의 발전기의 냉각방식으로 채용하는 방식으로 라디에타에 냉각수를 넣어 엔진을 냉각하는 방식이다.

(나) 수냉식(열교환방식)(Heat Exchanger)

500[kW] 이상의 중용량 이상의 발전기의 냉각방식에 많이 채용하는 방식으로 모터를 설치하여 물을 순환시켜 엔진을 냉각시키는 방식으로 종류로는 방류식과 수조순환식과 쿨링타워식(Cooling Tower) 등이 있다.

(7) 운전방법에 의한 분류

(가) 단독 운전 방법

단독으로 한대만 운전하는 방식으로 간단한 설비로 채택하여 가장 많이 운전하는 방식이다.

(나) 병렬운전방법

많은 예비전원을 필요로 하는 설비에서 1대의 발전기로는 예비전원을 확보할 수 없는 경우에 2대 이상의 발전기를 이용하여 운전하는 방식으로 병렬운전조건을 만족할 수 있어야 한다.

〔2〕 발전기의 정격 선정방법

① 정격출력
② 정격전압
③ 정격주파수
④ 상수 및 선수
⑤ 역률
⑥ 연속정격
⑦ 회전속도
⑧ 절연종류 등

〔3〕 발전기의 성능

① 발전기의 정격에서 역률은 80[%](지상) 이상으로 한다.
② 과전류 내력은 정격전류의 150[%]를 15초간 흘려도 이상이 없어야 한다.
③ 발전기는 단락전류에 견딘 후 사용에 지장이 없어야 한다.
④ 과속도 내력은 무부하시 정격속도의 120[%]로 2분간 운전하여도 기계적으로 이상이 없어야 한다.
⑤ 발전기 단자간 전압파형의 왜형율은 무부하 정격전압에 있어서 10[%]를 넘지 않는 것으로 한다. 다만, 100[kVA] 이하의 발전기는 그러하지 아니하다.
⑥ 전압변동 특성은 다음의 각 호에 적합하여야 한다.
  ㉠ 종합 전압 변동율은 ±2.5[%]를 넘지 않아야 한다. 다만, 비상용 발전기의 경우에는 변동의 한도를 ±3.5[%]로 하여도 된다.
  ㉡ 최대 전압강하 특성은 최대 전압 강하율 30[%] 이내로 하고, 2초 이내에 최종 정상전압의 3[%] 이내로 복귀하여야 한다.
⑦ 발전기는 역상분 전류 15[%]의 불평형 부하에 견디어야 한다.

⑧ 발전기는 정격회전속도에서 단자전압이 정격값의 5[%] 범위에서 변화하여도 정격출력에 동일한 부하에 사용하여도 실용상 지장이 없어야 한다.

⑨ 발전기 각부의 온도상승한도, 절연저항, 내전압 등의 특성과 여자장치의 특성은 관계 규격 및 특기시방에 의한다.

〔4〕 자가발전설비의 구성

자가용 발전설비는 다음과 같은 장치로 구성되어 있다.

(1) 디젤 기관

기관 본체, 조속기(調速機), 계측장치(회전계, 유압계, 수온계, 유온계 등), 시동장치 및 정지장치, 방진장치가 부착되어 있다.

(2) 배전반

발전기반, 자동제어반, 여자장치반, 보조기기반, 지시계기 등

(3) 기관 시동 관계

① 공기식 : 공기 압축기, 제어반, 공기조(air tank)

② 전기식 : 시동용 축전지, 충전기

(4) 부속장치 관계

① 연료 관계 : 연료 저유 탱크, 연료 이송펌프, 제어반

② 윤활유 관계 : 윤활유 탱크

③ 냉각수 관계 : 감압 수조

④ 배기 관계 : 소음기

⑤ 전기 관계 : 배관, 배선

(5) 계기장치

① 회전계

② 윤활유 압력계

③ 윤활유 온도계

④ 기동 온도계(공냉식 디젤 기관의 경우)

⑤ 냉각수 온도계(무냉식 디젤 기관의 경우)

⑥ 배기 온도계(360[PS]을 넘는 디젤 기관의 경우)

⑦ 전기식 회전계(가스터빈의 경우)

⑧ 배기가스 온도계 또는 터빈 입구 가스온도계(가스터빈의 경우)

⑨ 공기압축기의 토출 압력계(가스터빈의 경우)

(6) 기 타

① 배관 피트 : 급수, 배수, 연료유, 윤활유, 공기 배관용 및 배선용

② 점검용 체인블록 및 I비임

③ 환기설비

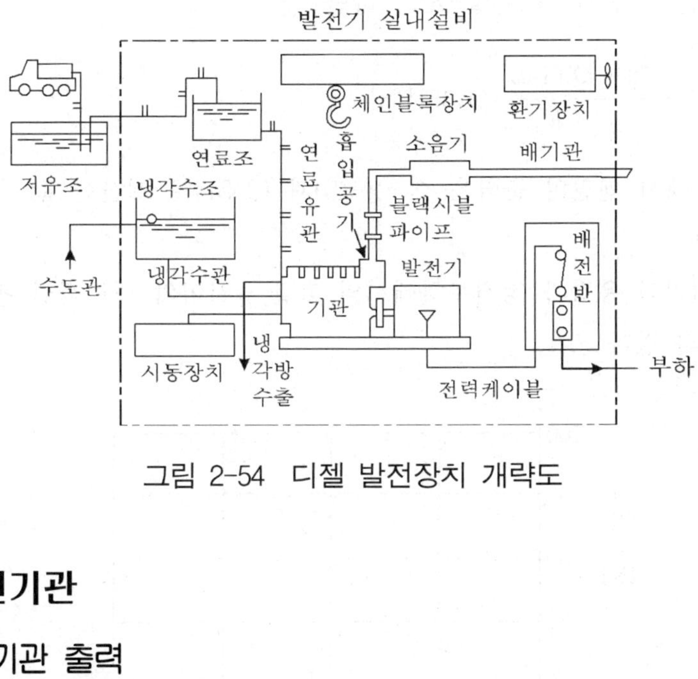

그림 2-54 디젤 발전장치 개략도

〔5〕 내연기관

(1) 내연기관 출력

엔진의 출력을 결정할 때 다음 조건을 충족하여야 한다.

① 전부하에서 운전이 가능할 것.

② 유도전동기가 시동할 때 과부하에 견딜 수 있을 것.

조건 ①은 부하의 운전 입력을 발전기 효율로 나누면 된다. 엔진출력은 보통 마력(PS)으로 표시하며 1[kW]=1.36[PS]이므로 다음과 같다.

$$\text{엔진출력} = \frac{\text{전부하 운전입력[kW]}}{\text{발전기효율}} \times 1.36[\text{PS}] \tag{2-49}$$

조건 ②는 전동기를 기동할 때 엔진에 가해지는 부하 P를 말하며 다음과 같다.

$$P = \frac{P_0 + Q\cos\phi}{\eta'} \times 1.36[\text{PS}] \tag{2-50}$$

여기서, P_0 : 이미 운전 중에 있는 초기 부하[kW], Q : 전동기의 기동[kVA],
$\cos\phi$: 전동기 기동전류의 역률, η' : 전동기 기동시의 발전기 효율

그러나 전동기의 기동전류가 흐르는 시간은 수초~수십초 정도이다. 엔진은 이 정도의 시간이면 110~120[%] 정도의 과부하에 견딜 수 있다. 따라서 이러한 단시간에 대한 엔진의 과부하 내량을 K라 하면

$$\text{엔진출력} > \frac{P_0 + Q\cos\phi}{\eta' \times K} \times 1.36[\text{PS}] \tag{2-51}$$

이상의 설명에서 엔진의 출력은 식 (2-49)과 (2-51)로 계산한 값 중 큰 값을 채택하여야 한다.

참고로 발전기의 용량과 정격부하에서의 효율 η 사이의 대략적인 관계를 표시하면 그림 2-55와 같다.

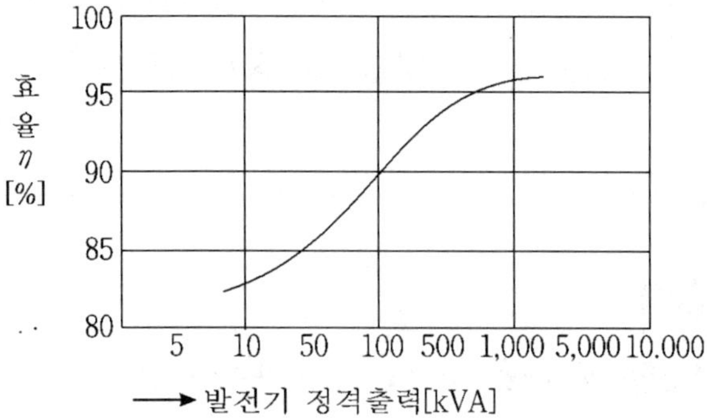

그림 2-55 발전기 출력과 효율과의 관계

예제 발전기용량 2,000[kVA], 효율 95[%], 역률 80[%]일 때 엔진출력[PS]을 구하라.

풀이 엔진출력[PS]$=\dfrac{\text{발전기용량}\times\text{역율}}{\text{발전기효율}}\times 1.36=\dfrac{2000\times 0.8}{0.95}\times 1.36=2{,}290$[PS]

〔6〕 발전기 용량의 산정

발전기 용량의 산정에는 일반부하에 해당되는 식과 소방용 및 비상부하에 해당되는 식으로 분류방법 그리고 출력계수(RG)에 의한 방법이 있다.

(1) 일반 부하의 발전기 용량의 산정방법

소방용과 관계없는 공장이나 창고 등에 적용할 경우 발전기 용량은 다음의 (2), (3)에서 큰값을 선택한다.

(2) 발전기에 걸리는 부하의 합계로부터 계산하는 방법

$$\text{발전기 용량[kVA]} = \text{부하 설비 합계} \times \text{수용률} \times \text{여유율} \qquad (2\text{-}52)$$

① 동력 부하의 수용률

· 용량이 최대인 전동기 1대 100[%]

· 나머지 전동기 용량 합계 80[%]

② 전등부하의 수용률

· 발전기 회로에 접속되는 모든 부하 100[%]

(3) 부하 중 가장 큰 유도전동기의 시동시의 용량으로부터 구하는 방법

$$\text{발전기 용량[kVA]} \geq \left(\frac{1}{\text{허용전압강하}} - 1\right) \times xd'' \times \text{시동[kVA]} \qquad (2\text{-}53)$$

여기서, xd'' : 발전기의 과도 리액턴스(불분명한 경우 0.2~0.25 적용)

허용전압강하 : 0.2~0.25 적용

시동[kVA] : 2대 이상이 동시에 시동할 경우 2대의 기동력[kVA]을 더한 값과 1대의 기동[kVA]의 경우와 비교하여 큰 값을 취한다.

$$\text{시동[kVA]} = \sqrt{3} \times \text{정격전압} \times \text{시동전류} \times \frac{1}{1{,}000} \qquad (2\text{-}54)$$

(4) 소방용 비상부하에 해당되는 발전기 용량의 산정방법

소방 비상부하용 발전기의 출력 용량은 다음과 같이 3가지로 계산한다.

① 정격 운전상태에서 부하설비에 급전하는데 필요한 용량(PG_1)

② 부하 중 최대 기동[kVA]를 가지는 전동기를 기동할 때의 허용전압강하를 고려한 용량(PG_2)

③ 부하 중(기동[kW]－입력[kW])의 값이 최대로 되는 전동기 군을 최후에 기동할 때 용량(PG_3)

이 3가지 방법 중에서 가장 큰 값으로 발전기의 용량을 산정한다.

① PG_1 : 비상부하로 분류된 발전기 부하에 전력을 공급하여 부하설비의 가동에 필요한 발전기 용량[kVA]

$$PG_1 = \frac{\sum P_L}{\eta_L \times P_F} \times \alpha \,[\text{kVA}] \tag{2-55}$$

여기서, $\sum P_L$: 부하의 출력합계[kW], η_L : 부하의 종합효율, P_F : 부하의 종합역률, α : 부하율, 수요율을 고려한 계수이며 전동기 부하인 특성이 불분명할 때는 $\eta_L = 0.85$, $P_F = 0.8$, $\alpha = 1.0$으로 한다.

② PG_2 : 부하 중 최대의 기동[kVA]를 가지는 전동기를 기동할 때 허용전압 강하를 고려한 경우의 발전기 용량 산정식

$$PG_2 = P_m \times \beta \times C \times X_d' \times \frac{100 - \Delta V}{\Delta V} [\text{kVA}] \tag{2-56}$$

여기서, P_m : 부하전동기 또는 전동기군의 기동[kVA](출력[kW] $\times \beta \times C$)의 값이 최대인 전동기 출력[kW], β : 전동기의 출력 1[kW]당의 기동[kVA](불분명한 경우 7.2 적용), C : 기동방식에 따른 계수, X_d' : 발전기 정수(발전기 과도리액턴스이며 불분명한 경우 0.20∼0.25 적용), ΔV : P_m[kW]의 발전기를 투입하였을 때의 허용전압 강하율[%](일반적인 경우 0.25 이하 비상용 승강기인 경우 0.2 이하 적용)

③ PG_3 : 부하 중에서(시동[kW]－입력[kW])의 값이 최대로 되는 전동기군을 최후에 기동할 때 발전기 용량[kW]

$$PG_3 = \left[\frac{(P_L - P_m)\times\alpha}{\eta_L} + P_m \times \beta \times C \times P_{FS}\right] \times \frac{1}{\cos\phi}[\mathrm{kVA}] \qquad (2\text{-}57)$$

여기서, P_L : 부하의 출력합계[kW], P_m : 부하 중에서(기동[kW] − 입력[kW])의 값이 최대로 되는 전동기 또는 전동기군의 출력[kW], P_{FS} : P_m[kW]의 전동기의 기동시 역률(불분명할 경우 0.4 적용), η_L : 부하의 종합역률, $\cos\phi$: 발전기 역률(불분명한 경우 0.8 적용), β : 전동기의 출력 1[kW] 당의 기동[kVA]

예제 다음과 같은 부하를 운전하는 소방비상 부하용에 해당되는 발전기 용량을 산정하시오.

표 2-54 부하표

부하명	용량	비고
승강기	67.0[kW]	
비상콘센트	75.6[kW]	
비상등	4.1[kW]	
유도등	14.1[kW]	
합계	203.7[kW]	

단, η_L:0,85, PF:0.8, α:1, β:7.2, P_{FS}:0.4, C:0.67, Xd':0.23, $\cos\phi$:1이다.

풀이 위와 같은 부하 리스트 및 조건일 때 발전기 용량을 계산하면 아래와 같다.

① $PG_1 = \dfrac{\Sigma P_L}{\eta_L \times PF_L} \times \alpha = \dfrac{203.7}{0.85\times 0.8}\times 1 = 299.56[\mathrm{kW}]$

② $PG_2 = 14.1\times 7.2\times 0.67\times 0.23\times \dfrac{100-25}{25} = 37.5[\mathrm{kW}]$

③ $PG_3 = \left[\dfrac{(203.7-14.1)\times 1}{0.85}\right] + 14.1\times 7.2\times 0.67\times 0.4 = 250[\mathrm{kW}]$

따라서 PG_1, PG_2, PG_3 중 제일 큰 값인 PG_1로 선택하여 300[kW]로 결정한다.

일반적으로 추정부하에 의한 PG_1, PG_2, PG_3를 계산하여 가장 큰 것을 발전기 용량으로 산정하고 실시설계에서의 용량산출은 아래와 같이 한다.

$$PG' = P_1 + P_2 + P_3 + P_4 \tag{2-58}$$

여기서, P_1 : 전동기 부하입력[kVA], P_2 : 조명 부하입력[kVA],
P_3 : 승강기 부하입력[kVA], P_4 : 오수정화 부하입력[kVA]

$$\text{적용 발전기 용량 } PG = \frac{PG' \times \text{역률}}{\text{부등율}} [\text{kW}] \tag{2-59}$$

식 (2-59)에서 역률은 0.9, 부등률은 1.25값을 택한다.

예제 $PG'=900$, $\cos\phi=0.9$, 부등률 : 1.25인 경우 발전기 용량을 구하라.

풀이 $PG = \frac{900 \times 0.9}{1.25} = 648[\text{kW}]$

[답] 발전기용량은 $3\phi 4$[W] 380/220[V] 650[KW]로 정한다.

〔7〕 발전기실 위치선정시 고려할 사항

발전기실을 선정할 때에는 기기의 반입, 반출, 점검, 분해 및 조립 등에 지장을 주지 않고 발전기 운전에 필요한 각종 부속 기기들을 설치할 수 있는 공간을 확보해야 하며 아래의 사항을 고려하여 설치하여야 한다.

(1) 위치적 고려사항

① 전기실에 가장 가까운 위치
② 기기의 반입 반출이 용이한 장소
③ 연료 및 냉각수 공급이 용이한 장소
④ 급, 배기가 용이한 장소
⑤ 소음배출 용이한 장소

(2) 건축적 고려사항

① 내화 구조로 시설
② 방진, 방음구조 일 것.
③ 발전기실의 크기

$$S \geq 1.7\sqrt{P} [\text{m}^2] \tag{2-60}$$

표 2-55 운전시 확인하여야 할 각종 계측기

보안 장치	내 용
엔진과속도	엔진 회전수가 정격회전수의 116[%](2088[rpm]) 이상시 동작 엔진정지, 차단기트립, 경보음발생등 이상표시(정상속도 : 1800[rpm]±5[%] 이내) 비상조속장치는 500[kW] 이하는 제외
엔진윤활유 저유압	엔진윤활유의 0.6[kg/cm^2] 이하이면 동작 엔진정지, 차단기트립, 경보음발생등 이상표시(정상압력 : 3.5~4.5[kg/cm^2])
엔진냉각수 과열	엔진냉각수의 온도가 상승하여 95[℃] 이상이면 동작 엔진정지, 차단기트립, 경보음발생등 이상표시(정상온도 : 75~85[℃] 이하) 냉각수의 온도이상 상승시 또는 냉각수의 공급이 정지된 경우에 연료의 유입을 자동차단장치구비(500[kW] 이하 제외)
엔진시동 실패	시동이 3회 이상 실패하면 동작 차단기트립, 경보음발생등 이상표시
비상정지	발전기운전중 비상버튼을 누르면 즉시 엔진정지 차단기트립, 경보음발생등 이상표시
과전류	부하전류를 검출하여 정정치 이상의 과전류이면 동작 (정격전류의 150[%] 이상시 동작) 차단기트립, 경보음발생등 이상표시
과전압	발전전압을 검출하여 정정치 이상의 과전압이면 동작 (정격전압의 125[%] 이상시 동작) 엔진정지, 차단기트립, 경보음발생등 이상표시
부족전압	발전전압을 검출하여 정정치 이하의 저전압이면 동작 (정격전압의 85[%] 이하시 동작) 차단기트립, 경보음발생등 이상표시
접지 과전압	발전기의 지락전압을 검출하여 정정치 이상시 동작(정격의 30[%] 이상시 동작) 차단기트립, 경보음발생등 이상표시
접지 과전류	지락전류를 N-CT이용 등으로 검출, 정정치 이상시 동작 (정격 지락전류의 120[%] 이상시 동작) 차단기트립, 경보음발생등 이상표시
윤활유 온도	운전중 원동기내의 순환 윤활유 온도를 표시하며 최대출력에서 100~116[℃] 범위에 있을 것. 윤활유 온도가 급상승시에는 즉시 엔진정지
계측장치	내연기관에는 속도, 냉각수온도, 입구에서의 윤활유압력, 출구에서의 윤활유압력(500[kW] 이하 제외)

〔9〕 디젤 발전기와 가스터빈 발전기의 비교

표 2-56 가스터빈 발전기와 디젤 발전기의 특성 비교

항 목 (엔진형태)		가스터빈 발전기	디젤 발전기
일 반 특 성	작동원리	연속연소로 인한 연료가스의 열팽창을 이용한 회전 운동변환	단속연소, 폭발 연소가스의 열팽창률을 이용한 왕복 운동의 변환
	출력특성	흡입공기 온도가 높은 경우 수명에 악영향을 주며, 출력에 치명적인 제한을 받는다.	주위 조건에 별 관계는 없으며 통상 사용조건이 출력감소 현상에 영향을 미치지 않는다.
	경부하운전	특별한 문제점이 없음	연소의 완전연소를 기할 수 없어 엔진내부 고착현상 발생
	진동	회전운동으로 진동이 거의 없다. 진동방지용 별도 기초 불필요	왕복운동기관으로 진동방지 대책 필요
	소음[dB]	회전 고속음, 패킹이 가능	왕복 운동의 충격음
	부피 및 중량	구성 부품의 수가 적어 부피가 작고 중량이 가볍다.	구성 부품이 많고 부피가 크며 중량이 무겁다.
	냉각수	불필요	필요(약 30～40[l/PS・H])
	몸체가격	디젤보다 고가(약 1.5～4배)	-
연 료 특 성	연료소비율	디젤에 비해 크다. (약 2배 이상)	-
	사용연료	등유, 경유, A중유, 천연가스, LNG	경유, A중유(B중유, C중유, 등유)
배기・급기 특성	급기배기장치	급기 및 배기장치 별도 필요	배기시 소음기 부착
	배기단열시공	별도 단열대책 요망	기본 단열로 가능
전기적 특 성	전압변동률 (정지부하)	±1.5[%]	±4[%]
	기동시간	20～40초(대개 40초)	5～40초(대개 8～10초)
	부하투입	100[%] 투입(Single shaft) 70[%] 투입(Two shaft)	단계적 부하투입

〔10〕 발전기의 병렬운전

병렬운전은 단독운전에 비해 운전조건이 까다롭고 복잡하며 기본적으로 다음의 5가지 조건은 반드시 갖추어야 한다.

① 기전력의 크기가 같을 것.
② 기전력의 위상이 같을 것.
③ 기전력의 주파수가 같을 것.
④ 기전력의 파형이 같을 것.
⑤ 상회전 방향이 같을 것.

여기서 ①은 전압계로 ⑤는 상회전 방향 검출기로 확인할 수 있으며 ②, ③은 엔진의 속도를 조정하면 가능하지만 ④는 발전기 제작상의 문제이며 그 영향은 극히 적다. 또한 원동기에서는

① 속도 변동률을 적당히 가질 것.
② 균일한 각속도를 가질 것.

등이다.

표 2-57 단독운전과 병렬운전의 비교

분	단독 운전	병렬 운전	비 고
① ENGINE (엔진)	· 제한속도 범위에서 속도 조정됨. (예 : 1800[rpm] 엔진시 1750~1950까지 조정) · 속도변동의 영향이 적다. · 순간 속도변동이 크다.	· 일정범위의 속도 조정 필요 (1500~2000[rpm]) · 속도변동 영향 크다. 균일한 회전속도 요구됨. · 순간변동이 적다.	
② GENERATOR (발전기)	· 일반 동기발전기	· 일반 동기발전기 (AVR에 횡류 보상회로가 있어야 한다.)	
③ 운전성	· 부하분배 운전불가 · 취급 간편	· 부하분배 운전 · 속도조정, 전압조정, 동기화, 부하투입 등의 순으로 운전→운전성이 복잡	※ 에너지절감 및 소음 저감 효과는 병렬운전이 유리함
④ 정비성	· 일반발전기와 같다.	· 1대 고장시 남은 1대로 운전 · 병렬회로 고장시 운전성과 함께 정비성도 좋지 않다.	

분	단독 운전	병렬 운전	비 고
⑤ 기 타	· 가격은 2대의 병렬발전기를 같은 용량(합한 용량) 1대의 발전기로 구매하므로 싸다. · 설치면적이 작다. · 설치비용이 적다. · 운전비용이 크다.	· 가격이 비싸다. · 설치면적이 크다. · 설치비용이 크다. · 운전비용이 적다.	

2.2.3 축전지설비

축전지는 소방법에 의한 비상전원, 변전기기 및 제어기기의 조작용 릴레이, 감시반 전원으로 사용되고 컴퓨터, 전화교환장치, 비상방송, 전기시계, 화재경보장치 등의 전원으로 사용된다.

〔1〕 축전지의 종류

표 2-58 축전지의 종류

축전지의 분류	종 류	비 고
축전지 형식에 의한 분류	① 1차 전지(1회용) ② 2차 전지 ─ 연축전지 ─ 클래드식(완방전용) 　　　　　　　　　　　　 ─ 페이스트식(급방전용) 　　　　　 ─ 알카리축전지 ─ 포켓식(AM, AMH) 　　　　　　　　　　　　 ─ 소결식(AL)	
축전지 수납방법에 의한 분류	① 가대식-내산(酸) 처리할것 ② 큐비클식-실드형의 경우(밀폐형 채택)	
축전지 밀폐방법에 의한 분류	① 개방형(opened type) ② 밀폐형(sealed type) ③ 통풍형(vented type)	

표 2-59 축전지의 극판 형식과 구조

<table>
<tr><th colspan="2">종 별</th><th colspan="2">납축전지</th><th colspan="2">알칼리 축전지</th></tr>
<tr><th colspan="2">형 식</th><th>클래드식</th><th>페이스트식</th><th>포 켓 식</th><th>소 결 식</th></tr>
<tr><td rowspan="2">극판 구조</td><td>양극판</td><td>납 합금으로 만든 심 금속에 유리섬유 등의 미세한 구멍이 많은 튜브를 삽입하여 그 속에 양극 작용 물질을 채운 것</td><td>납 합금 격자에 양극 작용 물질을 채운 것</td><td>구멍을 뚫은 니켈 도금 강판의 포켓 속에 양극 작용 물질을 채운 것</td><td>니켈을 주성분으로 한 금속 분말을 소결해서 만든 다공성 기판의 가는 구멍 속에 양극 작용 물질을 채운 것</td></tr>
<tr><td>음극판</td><td colspan="2">납 합금으로 된 격자에 음극 작용 물질을 채운 것</td><td>위에서 설명한 포켓 속에 음극 작용 물질을 채운 것</td><td>위에서 설명한 기판 속에 음극작용 물질을 채운 것</td></tr>
<tr><td colspan="2">전지 구조</td><td colspan="2">양, 음극판을 각각 적당한 방수만큼 조합하고, 또한 두 종의 극판사이에 세퍼레이터를 넣어 극판군으로 한다. 그리고 전해액과 함께 전해조 속에 넣는다.</td><td colspan="2">양, 음극판을 각각 적당한 방 수만큼 조합하고, 또한 두 종의 극판 사이에 세퍼레이터를 넣어 극판군으로 한다. 그리고 전해액과 함께 전해조 속에 넣는다.</td></tr>
<tr><td colspan="2">형식 기호</td><td>CS
(완만한 방전형)</td><td>HS
(급방전형)</td><td>AL
(완만한 방전형)
AM
(표준형)
AMH
(급방전형)
AH
(초급방전형)</td><td>AH
(표준형)
AHH
(급방전형)</td></tr>
<tr><td colspan="2">사용시간(min)</td><td>30~600</td><td>100 이하</td><td>100~600</td><td>500 이하</td></tr>
</table>

비고 ① 알칼리 포켓식 AH와 소결식 AH는 방전 특성상 동일하다.

② 형식기호에서 ( )는 특성상 보통 쓰이고 있는 호칭이다.

(1) 구조에 의한 분류

① 밀폐형(sealed type)

② 통풍형(vented type)

③ 개방형(opened type)

표 2-60 축전지 특성 비교

구 분		연 축 전 지	알 칼 리 축 전 지
기 전 력		약 2.05~2.08[V/셀]	1.32[V/셀]
공 칭 전 압		2.0[V/셀]	1.2[V/셀]
셀 수		100[V]에 대해 42~55개	100[V]에 대해 80~85개
최대방전전류		1.5C	포켓 2C, 소결 10C
전기적 강도		과충방전에 약하다.	과충방전에 강하다.
충 전 시 간		길다.	짧다.
온 도 특 성		열등하다.	우수하다.
수 명		10~20년	30년이상
정 격 용 량		10시간 방전	5시간 방전
가 격		싸다.	비싸다.
용 도		장시간, 일정전류 부하에 적당	단시간, 대전류 부하에 적당
작용 물질	양극 음극 전해액	이산화 납 PbO_2 납 Pb 황산 H_2SO_4	수산화 니켈 NiOH 카드뮴 Cd 가성 카리 KOH
반응식	(충전)	$PbO_2+2H_2SO_4+Pb$	$2Ni(OH)_3+2H_2O+Cd$
	(방전)	$PbSO_4+2H_2O+PbSO_4$	$2Ni(OH)_2+Cd(OH)_2$

표 2-61 연 축전지 특성 비교

항 목	고정형 연 축전지	밀폐형 연 축전지
공 칭 전 압	2[V]	2[V], 12[V]
수 량	2[V] : 55[cell]	2[V] : 55[cell] 12[V] : 9[cell]
용 량	15[AH]~4,400[AH]	2[V] : 25[AH]~2,400[AH] 12[V] : 20[AH]~250[AH]
재 질	Pb−Sb	P_b−Ca+Ti+Al
전압변동(방전시)	심하다.	적다.
자 기 방 전 율	7~8[%](1개월)	3[%](1개월)

항 목	고정형 연 축전지	밀폐형 연 축전지
가 스 누 출	가스누출 가능성이 많다. 환기장치 및 내산처리 보완	없음
전 해 액 보 충	4개월~6개월마다 보충	필요 없음
점 검	정기적으로 필요함	필요 없음
수 명	3~4년	3~4년
수 납 공 간	축전지실이 별도로 필요함	Cubicle에 내장하여 배전반과 열반
용 도	· 전화교환기 · 등대용전원 · 컴퓨터 · 데이타통신 · 비상전원 · 발전소전원 · 방재 · 기계장비 · 마이크로 웨이브 · 공장자동화 시스템 · 태양전지등 다용도로 쓰임	· 전화교환기 · 컴퓨터 · 비상전원 · 방재 · 공장 자동화 시스템 · 태양 전지 등

〔2〕 축전지의 용량 산출

축전지의 용량을 산출하기 위하여 다음 사항을 고려하여 선정한다.

① **부하종류의 결정** : 부하의 종류(비상조명용, 차단기투입용, 부하기동용) 등을 고려할 것.

② **방전전류의 결정** : 방전개시부터 종료시까지 부하전류의 크기와 그 경시변화를 명확하게 해야 한다.

$$\text{방전전류[A]} = \frac{\text{부하용량[VA]}}{\text{정격전압[V]}} \qquad (2\text{-}71)$$

③ **방전시간의 산출** : 예상되는 최대 부하시간으로 한다.(건축법, 소방법에 전원 30분, 발전기 설치시 10분)

④ **방전전류와 방전시간에 따른 예상부하 특성 곡선 작성** : 방전말기에 가장 큰 부하가 사용 가능토록 특성곡선 산출

⑤ **축전지 종류의 결정** : 연축전지와 알카리축전지 중에서 장·단점 고려하여 결정

⑥ **셀(Cell)수의 선정** : 셀수는 부하의 최저전압과 최고전압을 고려하여 결정한다. 표준셀수로 연축전지의 경우 54셀, 알칼리 축전지의 경우 86셀로 한다.

이때 정격전압을 보면 2.0 ×54셀=108[V](연 축전지)

1.2 ×86셀=103[V](알칼리 축전지)

⑦ **허용 최저전압의 결정** : 부하측의 각 기기에서 요구하는 1셀의 허용 최저전압 중에서 최고의 값에다 축전지와 부하 사이의 접속선에서 발생하는 전압강하를 합한 것으로 다음과 같다. 예를 들면 간선과 분기 회로에서 전압강하를 5[V]라 하면 축전지전압은 85+5=90[V]가 된다. 이 전압이 허용 최저전압이다.

표 2-62 셀(cell)당의 허용 최저전압

정격전압	100[V]					
허용 최저전압	95[V]		90[V]		85[V]	
종류	납	알칼리	납	알칼리	납	알칼리
셀수	54	86	54	86	54	86
허용 최저전압/셀	1.8	1.10	1.7	1.06	1.6	1.00

$$V = \frac{V_a + V_c}{n} \text{[V/cell]} \tag{2-72}$$

여기서, V : 허용 최저전압[V/cell], V_a : 부하의 허용 최저전압[V],

V_c : 축전지와 부하 사이의 총전압강하[V], n : 축전지 직렬 접속 셀수

⑧ **전지의 최저 온도의 결정** : 설치장소의 온도조건을 추정하고 전지 온도의 최저값을 정한다. 실내에 설치하는 경우는 +5[℃], 특히 한냉지는 ±5[℃]로 한다.

⑨ **용량환산시간 "K"값의 결정** : 축전지의 표준특성곡선에서 축전지가 오래될수록 "K"값이 적어진다.

⑩ **보수율의 결정** : 보수율이란 축전지는 장기간 사용하거나 사용 조건 등이 변경되기 때문에 이용량 변화를 보상하는 보정치(보통 0.8)를 말한다.

⑪ **용량 결정** : 축전지 용량을 산출하기 위하여 다음의 용량 환산 공식을 적용한다.

$$C = \frac{1}{L}\left[K_1 I_1 + K_2(I_2 - I_1) + K_3(I_3 - I_2) + \cdots\cdots + K_n(I_n - I_{n-1})\right] \tag{2-73}$$

여기서, C : 25[℃]에서의 정격방전율 환산용량[Ah/cohr], L : 보수율(0.8을 적용),

I : 방전전류[A], K : 방전시간 T에 따른 전지의 최저온도 및 허용 최저

전압에 의하여 결정되는 용량 환산시간[h], 첨자(Suffix) 1, 2, ⋯, n : 방전전류의 변환순으로 번호를 붙인 것임.

그림 2-57에서 시간경과와 함께 방전전류는 감소하고 있으므로 이때 전류가 감소하기 직전까지의 부하특성마다 잘라서 필요한 축전지용량을 구하도록 한다.

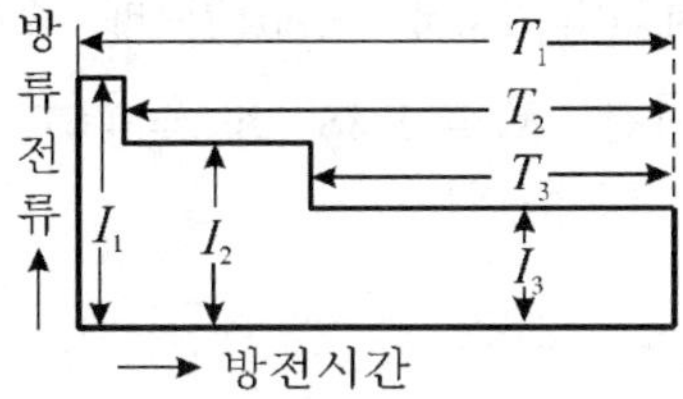

그림 2-57 축전지의 방전패턴 예

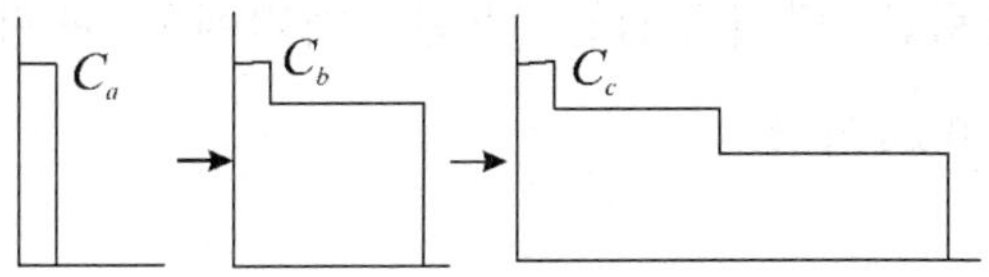

그림 2-58 용량산출순서

그림 2-57을 그림 2-58과 같이 잘라서 구한 용량 C_a, C_b, C_c 중 가장 큰 값의 용량이 전체부하에 필요한 환산용량이 된다. 반대로 전류가 시간이 지날수록 증가하는 경우에는 잘라서 계산하지 않고, 전체를 일괄하여 산출할 수 있다.

예제 그림 2-59와 같은 방전특성을 갖는 부하에 필요한 축전지 용량은 몇 [AH]인가?

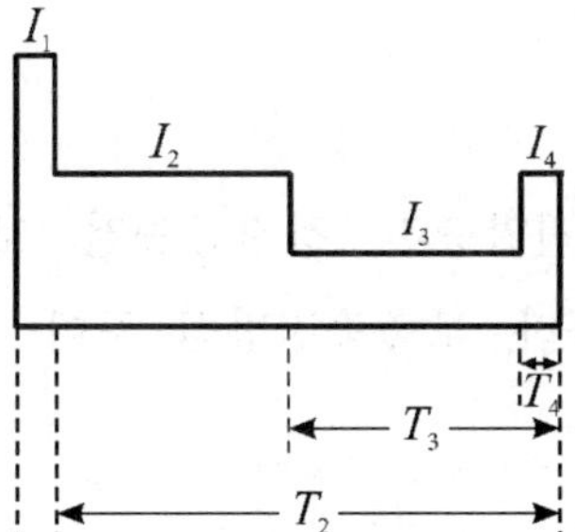

그림 2-59

방전전류[A] : $I_1 = 500$, $I_2 = 300$, $I_3 = 100$, $I_4 = 200$

방전시간[분] : $T_1 = 120$, $T_2 = 119.9$, $T_3 = 60$, $T_4 = 1$

용량환산시간 : $K_1 = 2.19$, $K_2 = 2.49$, $K_3 = 1.46$, $K_4 = 0.57$

보수율은 0.8로 적용한다.

풀이 $C=\frac{1}{L}[K_1I_1+K_2(I_2-I_1)+K_3(I_3-I_2)]$

$=\frac{1}{0.8}[2.49\times500+2.49(300-500)+1.46(100-300)+0.57(200-100)]=640[AH]$

[답] 640[AH]

예제 그림 2-60과 같은 부하특성을 갖는 소결식 알칼리 축전지의 용량 저하율 L은 0.8이고, 최저 축전지 온도가 5[℃], 허용 최저전압 1.06[V/cell]일 때 축전지 용량은 몇 [AH]인가?(단, 여기에서 용량 환산시간 $K_1=1.38$, $K_2=0.67$, $K_3=0.24$이다.)

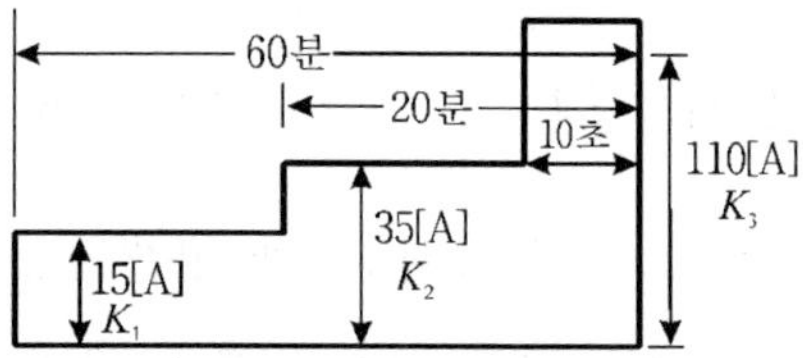

그림 2-60 소결식 알카리축전지 부하특성

풀이 $C=\frac{1}{L}[K_1I_1+K_2(I_2-I_1)+K_3(I_3-I_2)]$에서

$C=\frac{1}{0.8}[1.38\times15+0.67(35-15)+0.24(110-35)]=64.125[Ah]$ [답] 65[AH]

(3) 충전방식

축전지의 충전방식에는 정전압충전, 정전류충전, 보충충전, 부동충전, 균등충전, 전자동 충전, 세류충전, 초 충전, 보충충전방식 등이 있고 각각을 설명하면 다음과 같다.

(1) 초 충전방식

전해액을 주입한 후 활물질을 충분히 활성화되도록 비교적 적은 전류로 장시간 실시하는 최초의 충전방식이다.

(2) 보충 충전방식

주로 자기방전을 보충하기 위해 충전하는 방식으로 납 축전지를 장기간 보존하는 경우에 있어서 여름에는 1개월에 1회, 겨울에는 2~3개월에 1회 정도로 실시하는 것이 보통이다.

(3) 부동충전방식

정류기에 축전지와 부하를 병렬로 접속하여 축전지의 자기방전을 보충함과 동시에 직류부하에 대한 전원공급은 충전기가 부담하고, 충전기가 부담하기 어려운 일시적인 대전류 부하(차단기의 투입전류 등)는 축전지로 하여금 부담하도록 하는 방식이다.

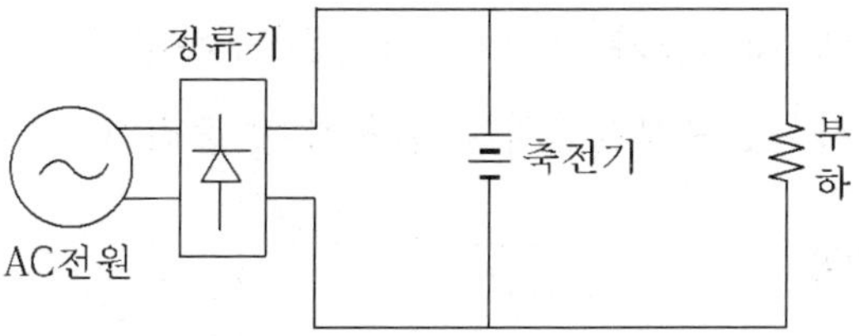

그림 2-61 부동충전회로

일반적으로 거치용 축전지 설비에서 가장 많이 채용되는 방식이며 장점은 다음과 같다.

① 축전지가 항상 완전 충전상태이다.
② 정류기의 용량이 적어도 된다.
③ 축전지의 수명에 좋은 영향을 준다.

(4) 균등 충전방식

부동충전방식에 의하여 사용할 때 각 전해조에서 일어나는 전위차를 보정하기 위하여 1~3개월마다 1회, 정전압(연축전지 2.4~2.5[V]/셀, 알칼리 축전지 1.45~1.5[V]/셀)으로 10~12시간 충전하여 각 전해조의 용량을 균일화하기 위하여 행하는 방식이다.

(5) 세류 충전방식

축전지의 자기 방전을 보충하기 위해 부하를 OFF한 상태에서 미소전류로 충전한다.

(6) 정전류 충전방식

5~10시간 동안 일정전류를 흘려 충전하는 방식이다.

(7) 정전압 충전방식

일정한 전압으로서 충전하는 방식으로 초기의 충전전류가 매우 크게 되어 비경제적인 관계로 일반적 인가전압은 전지 1개당 2.3~2.5[V]이다.

(8) 전자동 충전방식

정전압충전시 초기에 대전류가 흐르는 결점을 보완하기 위해 일정한 전류 이상은 흐르지 못하도록 자동전류제한장치를 설치하여 충전하는 방식이다.

(9) 교호 충전방식

충전지와 축전지를 각각 2대 이상 설치하여 교대로 충전하는 방식이다.

〔4〕 축전지의 설치시 주의사항

표 2-63 축전지 설치시 주의사항

설치 장소	주 의 사 항	비 고
옥내설치	① 축전지에 대한 유해한 가스, 먼지 등이 침입하지 않는 장소이어야 한다. ② 진동이 많고, 온도가 아주 높거나 낮은 곳은 피하여야 한다. ③ 천장 높이는 2.6[m] 이상으로 한다. ④ 납축전지는 충전중에 산소, 수소가스를 발생하므로 통풍이 잘되도록 배기구 또는 환기설비를 필요로 한다. ⑤ 축전지의 배열은 개개의 축전지가 가급적 용이하게 또 충분히 점검할 수 있도록 한다. ⑥ 반입을 위한 통로와 보수면을 고려해서 축전지실의 크기를 결정한다. ⑦ 축전지실의 배선은 비닐전선을 사용한다. ⑧ 기타 법령에 적합하도록 한다.	
옥외 · 옥상설치	① 큐비클 수납방식에 의한다. ② 주위에 유해한 가스 및 분진 등이 발생우려가 없어야 한다. ③ 주위온도는 40[℃] 이하이여야 한다.	

2.2.4 직류전원설비

직류전원장치는 수·변전설비의 조작용, 비상용 조명장치 등의 예비전원으로 사용하며 정류기의 반과 축전지를 별도 시설 한 것. 또는 정류장치와 축전지를 하나의 반에 수납한 큐비클식 직류전원장치가 있다.

〔1〕 정류기

정류기(Rectifier)는 교류전원을 직류전원으로 변환하는 장치이며 정류방식에는 여러 가지가 있으나 가장 좋은 정류효율은 3상 전파정류 방식이다.

정류방식	정류회로	출력파형
단상반파정류	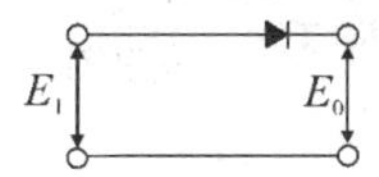	 $E_0=0.45E_1$
단상전파정류	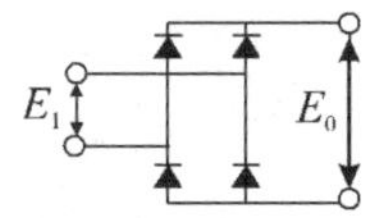	 $E_0=0.9E_1$
3상반파정류	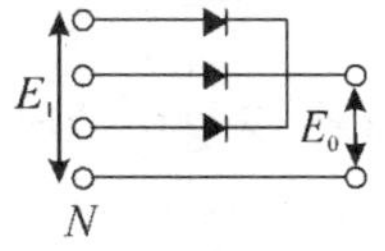	 $E_0=1.17E_1$
3상전파정류	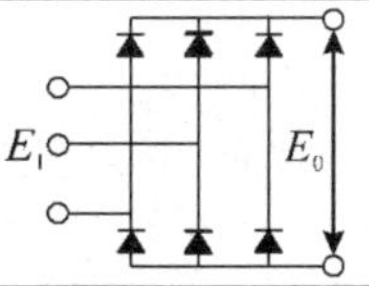	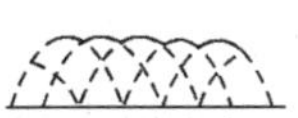 $E_0=1.35E_1$

그림 2-62 정류방식

정류기 용량을 구하는 식은 다음과 같다.

$$P=\frac{(I_L+I_c)\times V}{\cos\theta\times\eta\times10^3}[\text{kVA}] \quad (2\text{-}74)$$

$$I=\frac{(I_L+I_c)\times V}{\sqrt{3}\times E\times cos\theta\times\eta}[\text{A}] \quad (2\text{-}75)$$

여기서, P : 정류기 교류측 입력용량[kVA], I : 정류기 교류측 입력전류[A], I_L : 정류기 직류측 부하전류[A], I_c : 정류기 직류측 축전지 충전전류[A], V : 정류기 직류측 전압[V], E : 정류기 교류측 전압[V], $\cos\theta$: 정류기 역률[%], η : 정류기 효율[%]

(2) 정류기의 차단기 설치

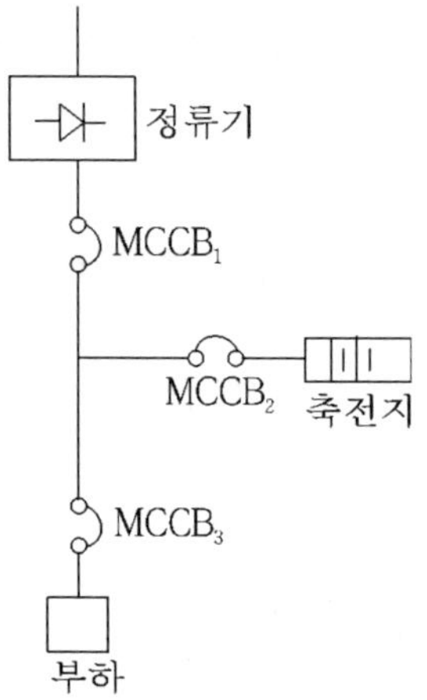

그림 2-63 정류기 차단기 설치방법

· 그림 2-63의 회로에 설치된 MCCB의 용량이 같아야 한다.
· $MCCB_1 = MCCB_2 = MCCB_3$

2.3 무정전 전원설비

무정전 전원장치 또는 무정전 전원시스템(UPS : Uninterruptible Power System)은 교류의 정전 또는 입력전원에서 이상상태가 발생하여도 정상적인 전원을 부하측에 공급하는 설비로서 정류기, 인버터, 축전지, 절환스위치로 구성되며 컴퓨터, 전자교환기, 전력공급의 집중감시제어반, 각종 플랜트 계기 등에 사용되고 있다.

〔1〕 전원장치의 구성

(1) UPS의 기본 구성도

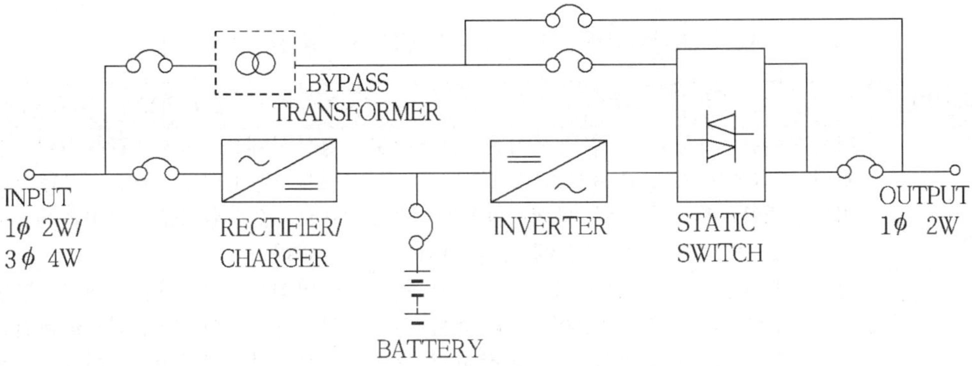

그림 2-64 UPS의 기본 구성도

① 정류기(컨버터, 충전기) : 전력공사의 교류전원이나 발전기의 전원을 공급받아 직류전원으로 바꾸어 주는 동시에 축전지를 충전한다.

② 인버터 : 직류전원을 교류전원으로 바꾸어주는 장치

③ 동기절환 스위치 : 인버터의 과부하 및 이상시 예비 상용전원으로(bypass line) 절체시켜 주는 장치

④ 축전지 : 정전시 인버터에 직류전원을 공급하여 부하에 일정 시간동안 무정전으로 전원을 공급하는데 필요한 장치

〔2〕 전원장치의 분류

(1) CVCF

CVCF(Constant Voltage Constant Frequency)는 일정전압, 일정 주파수를 발생하는 교류전원장치로서 양질의 전력을 부하에 공급할 수 있는 교류전원 시스템이다. 구성요소는 UPS의 기본구성에서 축전지 설비와 전환 스위치를 생략한 것이 된다.

CVCF는 정전에 대한 백업 기능이 없고 사용전원에 전압변동이나 주파수변동이 발생되어도 부하에는 항상 안정된 교류전력을 공급할 수 있는 특징을 갖는다.

(2) VVVF

VVVF(Variable Voltage Variable Frequency)는 CVCF와 마찬가지로 컨버터와 인버터에 의해 가변전압, 가변주파수의 교류전력을 발생하는 교류전원장치이다.

표 2-64 단일 UPS 시스템과 CVCF의 운전 모드 비교

운전모드	UPS	CVCF
상용입력 확립시의 운전모드	평상시에는 사용교류 입력전력은 컨버터로 일단 직류전력으로 순변환하고 인버터는 이 직류전력을 정전압 정주파의 안정된 교류전력으로 역변환하여 부하에 공급한다. 아울러 컨버터는 정전시의 백업용으로서 만들어진 축전지를 상시 충전한다. 따라서 컨버터는 축전지를 일정전압으로 충전하기 위한 정전압 제어기능을 가진다.	평상시에는 사용 교류입력 전력을 컨버터로 일단 직류전력으로 순변환하고 인버터에 공급한다. 인버터는 이 직류전력을 정전압 정주파의 안정된 교류전력으로 역변환하여 부하에 공급한다.
사용입력 정전시의 운전모드	상용 교류입력 전력이 만일 정전되면, 축전지에 축적되어 있던 직류전력을 인버터에서 교류로 역변환함으로써, 부하에는 순단하는 일없이 안정된 교류전력을 계속적으로 공급한다.	CVCF는 축전지를 구성하고 있지 않기 때문에 만일 사용교류 입력전원이 순시 전압강하나 정전이 발생한 경우 CVCF는 트립정지된다. 이 때 부하의 급전은 끊어진다.
UPS 고장시의 운전모드	바이패스 회로 및 인버터의 출력과 바이패스 회로를 전환하기 위한 전환 스위치는 정류기, 인버터 및 축전지의 보수점검 또는 만일의 사태에 대해서도 부하에 급전을 계속하기 위한 회로이며, 시스템의 공급신뢰도를 높이는데 상당히 중요한 회로이다. 전환 스위치는 UPS로부터 바이패스 및 바이패스로부터 UPS의 전환시 어느 경우에도 부하에 영향을 주지 않게(전원을 순단시키지 않게) 한다는 목적에서 상시 상용 동기 무순단 전환방식이 채용되고 있다.	CVCF는 표준적으로는 바이패스 회로를 구성하고 있지 않기 때문에 만일 CVCF가 고장정지된 경우에는 트립정지가 되며 이때 부하로의 급전은 끊어진다. 단 옵션으로서 UPS와 마찬가지로 바이패스회로 및 전환 스위치를 구성하여 같은 기능을 갖게 하는 것은 가능하다.

(3) 각종 전원안정화장치의 비교

전원안정화장치는 목적에 따라 다음의 3종류로 분류된다.

① 정전압 장치(IVR, AVR) : 전압을 일정하게 유지시키는 장치

② 정전압 정주파수 전원장치(CVCF : Constant Voltage Constant Frequency) :

전압 및 주파수를 일정하게 유지하는 장치, 주파수 변환장치(FC : Frequency Changer)도 포함된다.

③ **무정전 전원장치** : CVCF장치에 축전지를 결합한 장치로 CVCF의 기능에 교류입력 정전시에도 전력을 공급할 수 있는 기능을 가진 장치.

정전압장치, 정전압 정주파수장치, 무정전 전원장치의 장단점을 각각 비교하면 표 2-65와 같다.

표 2-65 각종 전원장치의 비교

기 능	방 식	장 점	단 점
정전압 장치	유도전압 조정기 (IVR)	· 가격이 싸다. · 대용량(선로용량 1,000 [kVA])까지 제작 가능하다.	· 기계적 기구가 많아 크다. · 다빈도로 사용하면 수명이 짧다. · 보수가 필요 (30~60초/전범위) · 응답속도 느리다.(30~40초)
	정지형 자동전압 조정기 (AVR)	· 속응속도가 빠르다. (0.1~0.5초) · 마모부품 없이 장수명 · 방수가 불필요	· IVR에 비해 고가이다.
정전압 정주파수장치 (CVCF) 주파수 변환장치 (FC)	회전형 CVCF	· 서지내량(과부하 내량)이 크다. · 입력전원의 순시 정전에 강하다.	· 효율이 낮다. · 주파수 정밀도 저하. · 응답속도가 늦다. · 진동 소음이 크다. · 보수, 분해수리가 필요하다.
	정지형 CVCF	· 효율이 높다. · 주파수 정도가 높다. · 응답속도가 빠르다. · 진동, 소음이 적다. · 보수가 간단하다.	· 서지 내량(과부하 내량)이 적다.
무정전전원 장치(UPS)	회전형 CVCF+축전지	(회전형 CVCF와 같다.)	(회전형 CVCF와 같다.)
	정지형 CVCF+축전지	(정지형 CVCF와 같다.)	(정지형 CVCF와 같다.)

표 2-66 UPS설치시 고려할 사항

구 분	내 용	비 고
설치방법	· 옥내에 설치 원칙 · 옥외 설치시는 특수시설에 설치 · 화재 등의 재해발생의 우려 적은 곳 · 불연성의 장소 · 전기적으로 부하와 가장 가까운 장소에 설치 · 바닥은 타일 처리하여 먼지가 흡입되지 않토록 할 것 · 축전지 설치는 큐비클식이나 가대식으로 할 것	
타 시설물과의 이격거리	· 전면(前面)과는 −1.0~1.5[m] 이상 · 후면(後面)과는 −0.5~1.0[m] 이상	
실온	· 최고 40[℃] 이하 보통 30[℃] 이하에서 사용할 것	
환기	· 연축전지는 충, 방전시 수소가스를 발생시키므로 수소의 위험농도 이하가 유지되도록 환기 필요	

표 2-67 무정전 전원장치-UPS장치의 표준 시방 예

<table>
<tr><th colspan="3">항 목</th><th>표 준 시 방</th></tr>
<tr><td colspan="3">설 치 환 경</td><td>옥내, 1000[m] 이하, 0~40[℃], 85[%] 이하</td></tr>
<tr><td rowspan="5">교류입력</td><td colspan="2">상수</td><td>3상 3선식</td></tr>
<tr><td colspan="2">정격전압</td><td>200[V], 220[V], 400[V], 440[V](3[kV], 6[kV])</td></tr>
<tr><td colspan="2">정격주파수</td><td>50[kz] 또는 60[Hz]</td></tr>
<tr><td colspan="2">전압변동범위</td><td>정격전압(10[%])</td></tr>
<tr><td colspan="2">주파수변동범위</td><td>정격주파수(5[%])</td></tr>
<tr><td rowspan="4">직류입력</td><td colspan="2">전압</td><td>100[V]/200[V], 300[V]/400[V]</td></tr>
<tr><td colspan="2">전압변동범위</td><td>85~140[V]/160~240[V], 223~340[V]/320~480[V]</td></tr>
<tr><td rowspan="2">축전지 직렬수</td><td>납</td><td>52~56셀/98~104셀, 132~140셀/190~200셀</td></tr>
<tr><td>알칼리</td><td>82~88셀/152~160셀, 203~223셀/302~320셀</td></tr>
<tr><td rowspan="6">교류출력</td><td colspan="2">정격출력용량</td><td>3~20[kVA]/20~75[kVA], 20~100[kVA]/125~500[kVA]</td></tr>
<tr><td colspan="2">전기방식</td><td>단상 3상</td></tr>
<tr><td colspan="2">정격전압</td><td>100[V], 200[V], 220[V], 380[V], 400[V], 440[V]</td></tr>
<tr><td colspan="2">전압조정범위</td><td>정격전압(5[%])</td></tr>
<tr><td colspan="2">정격주파수</td><td>50[Hz], 60[Hz], 415[Hz]</td></tr>
<tr><td colspan="2">정격역률</td><td>지연 0.9 또는 0.85</td></tr>
</table>

항 목		표 준 시 방
교류출력	정격의 종류	100[%] 연속
	전압정도(정상)	정격전압(2[%] 1.5[%])
	과도전압변동	정격전압(10[%] 8[%]) ① 50[%]부하급변시 ② 교류입력(10[%] 급변시) ③ 정전-복전시
	전압불평형율	3[%] 이내(불평형부하 30[%]내에서)
	주파수 정밀도	정격주파수(0.5[%] 0.01[%])
	파형 변동율	5[%] 이하(직선성 부하에서)

표 2-68 UPS, CVCF, VVVF 장치의 특성 비교

항 목		UPS	CVCF	VVVF		
영어 명칭		Uninterruptible Power Supply	Constant Voltage Constant Frequency	Variable Voltage Variable Frequency		
명 칭		무정전 전원장치	정전압 정주파 전원장치	가변전압 가변주파수		
주회로 방식		전압형 인버터	전압형 인버터	전류형 인버터	전압형 인버터	
스위칭 방식	컨버터	PWM 제어	PWM 제어	점호 위상제어	제어 하지 않음	제어 하지 않음
	인버터	PWM 제어	PWM 제어	PWM 제어	PWM 제어	고캐리어 주파수 PWM제어
주회로 디바이스	컨버터	IGBT	IGBT	사이리스터	다이오드	다이오드
	인버터	IGBT	IGBT	트랜지스터	트랜지스터	IGBT
출력 전원	무정전	○	×	×		
	정전압 정주파수	○	○	×		
	가변전압 가변주파수	×	×	○		

항 목	UPS	CVCF	VVVF	
특 징	· 상용입력 전원이 정전 또는 순시 전압 강하가 일어나도 부하에는 연속적으로 전력이 공급가능 · 출력전원은 항상 정전압 정주파수의 안정된 전력 · 입력전류를 정현파로 제어 · 입력역률은 1.0으로 제어하고, 최소한의 입력용량 · 100[%] 정류기 부하라도 적은 전압 파형 일그러짐 · 100[%] 불평형 부하라도 높은 전압 정밀도	· 순시전원은 항상 정전압 정주파수의 안정된 전력 · 입력전류를 정현파로 제어 · 입력역률을 1.0으로 제어하고, 최소한의 입력용량 · 100[%] 정류기 부하라도 적은 전압 파형 일그러짐 · 100[%] 불평형 부하라도 높은 전압 정밀도	전류형 인버터 · 전류형이기 때문에 토크 특성에 우수하여 제어응답성이 양호 · 다중화에 의해 용량화가 가능 · 출력전류가 방형파에 가깝기 때문에 토크 맥동이 큼 · 전동기와 인버터의 임피던스 정합필요	전압형 인버터 · 컨버터 · 출력전류가 정현파에 가깝기 때문에 토크맥동이 없이 윤활한 운전특성 · 범용 전동기와의 조합에 최적
주요 부하	전력공급의 연속성이 아래에 기술된 경우 이용된다. · 컨버터 · 방송통신설비 · 제어 관리시스템 · 프랜트계장장비 · 공장	UPS와 마찬가지인 부하가 전력의 질만 요구되어 질(전력공급의 연속성은 요구되어지지 않는) 경우에 이용된다.	75[kW]급 이상의 전동기	300[kW]급 까지의 전기

* IGBT(Insulated Gate Bipolar Transistor) : 고속의 스위칭 능력과 고전압 대전류의 처리 능력을 겸비한 소자이다.

2.4 에너지저장시스템

에너지저장장치 또는 에너지저장시스템(ESS : Energy Storage System)는 전력계통 또는 태양광, 풍력 등과 같은 신재생에너지원으로부터 생산된 전력을 공급받아 저장하고 필요할 경우 전력계통이나 부하에 전기를 공급하는 시스템을 말한다.

저장방식에는 물리적 또는 전기화학적, 전기적 방법 등이 있으며 압축공기, 플라이휠, 이차전지 등이 이용된다.

〔1〕 ESS의 구성

(1) ESS의 기본 구성 및 역할

구성요소로는 전기저장장치, 제어장치, 계측장치 등으로 구성되어 있다.

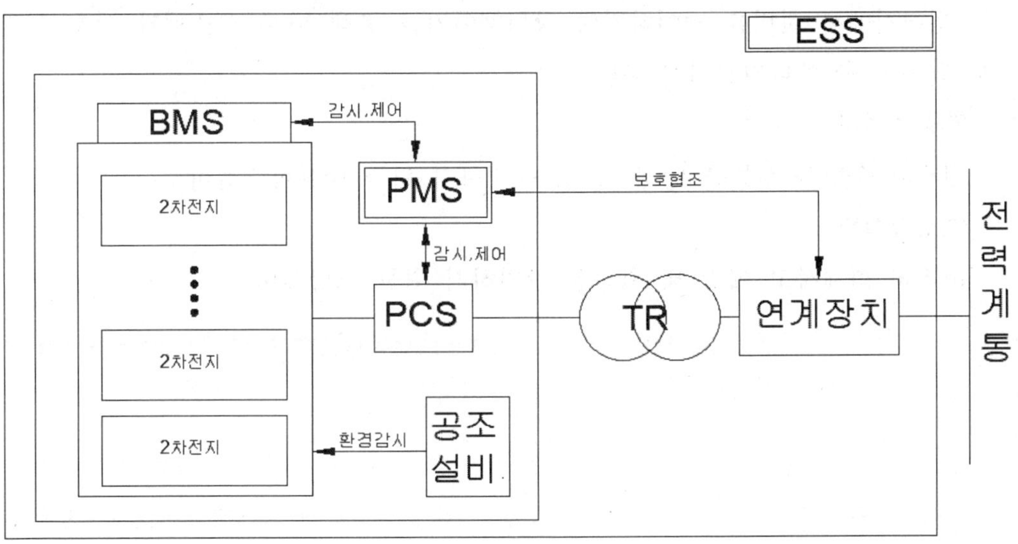

그림. ESS의 구성

①2차전지(Secondary battery)

PCS에 의해 전력을 저장하고 저장된 전력을 공급하는 장치로서 전기에너지(DC)를 화학에너지 형태로 저장하는 역할

구성: 셀(Cell)→모듈(Module)→트레이(Tray)→랙(Rack)

②PCS (Power Conversion System)

전력계통과 연계 운전하는 대용량 전력저장 시스템의 변환장치로 전력계통에서

들어오는 전력을 배터리에 충전하고 필요시 전력을 방전하여 전력계통에 공급하는 전력변환장치(양방향 인버터의 기능구비)

③BMS(Battery Management System)

전지의 상태와 전위차를 안정화하고, 과충전 또는 과방전시 전지를 보호하는 등 전지를 관리하는 시스템

구성: 배터리(전기에너지 저장), BCU((Battery Control Unit:배터리 상태관리)

④PMS(Power Management System)

ESS의 계측장비와 통신 프로토콜을 통해 PCS와 BMS를 직접 통신하여 충•방전 전력량을 제어하고 시스템과 연계된 보호계전기 등과 보호협조 기능을 수행하는 전력관리시스템

⑤EMS (EnergyManagement)

정보통신기술을 이용하여 에너지를 효율적으로 관리하기 위해 다수의 PMS 또는 원격지에서 설비를 제어하거나 상위제어기를 통해 다른 시스템과 상호 동작할 수 있는 통합 에너지관리시스템

⑥공조설비

전지의 수명과 성능을 안정적으로 유지하기 위한 항온항습설비

⑦소방설비

ESS의 화재사고 예방 및 확산을 방지하기 위한 소방설비

[2] ESS의 분류 또는 종류

(1) 화학적 방식

표. 배터리의 종류별 장•단점

배터리 종류	장점	단점
리튬이온전지	매우 높은 에너지 효율과 밀도(300[Wh/L])를 가지고 있어 가장 많이 적용하고 있음	가격이 고가이며 열폭주 발생
납축전지	오랫동안 사용되어 온 축전지로 낮은 비용과 안정성 및 신뢰성 그리고 재활용성 등이 검증	고출력시 용량감소, 낮은 에너지 밀도(70[Wh/L])로 부피와 중량무게 또한 납을 사용
레독스 흐름 전지(RFB)	긴 수명과 대용량화 가능	낮은 에너지 밀도, 낮은 에너지 효율
나트륨 황 전기	전력수요용도와 전력품질에 효과적으로 사용하고 낮은 가격과 높은 에너지 밀도, 대용량화 가능	고온시스템의 구비 필요

(2) 전기적 방식

슈퍼커패시터를 이용하여 배터리는 할 수 없는 낮은 내부저항특성으로 인해 매우 빠른 충전과 방전 가능하다는 특징이 있으며 장점으로는 높은 신뢰성, 안정성, 높은 출력 밀도와 장수명이며 유지보수가 필요없다.

초전도코일(SMES)체는 매우 빠른 응답시간과 전력의 수요에 신속대응이 가능하고 짧은 시간에 매우 높은 전력 출력이 가능하다.

(3) 기계적 방식

표. 기계적 종류별 장•단점

종류	장점	단점
압축공기 저 장 (CAES)	대용량화 용이 및 경제성 확립	높은 초기투자비와 지리적 제약과 낮은 에너지 효율
플라이휠 (FES)	안정성과 긴 수명, 높은 응답성과 에너지 효율, 유지보수비 저렴	높은 초기투자비와 낮은 에너지 밀도
양수발전 (PHS)	매우 긴 수명과 안정성 및 대용량화 용이, 경제성 확립	지형지물에 의한 환경적 제약과 넓은 부지, 낮은 에너지 밀도

공공기관은 공공기관 에너지이용 합리화 추진에 관한 규정(산자부고시 제 2023-176호)에 따라 전력피크 저감 등을 위해 2000[kW] 이상의 계약전력 건물에 계약전력의 5[%] 이상을 에너지저장장치를 설치하도록 했으며, 또한, 공공기관이 건축물을 신축 또는 증축하는 경우 비상용 예비전원으로 에너지저장장치를 우선적으로 적용하도록 권고하고 있다.

〔3〕 ESS의 설치 목적

(1) 용도별 설치 목적

표 ESS의 용도별 설치 목적

용도	목 적
피크전력 저감용	경부하 시간대 충전한 전기를 최대부하 시간대에 방전하여 피크전력을 저감
비상겸용	정전 등 비상상황 발생시 안정적 전력공급을 위한 비상(예비)전원으로 활용
재생에너지 연계용	변동성 재생에너지의 출력안정화
주 파 수 조정용	계통 안정과 전력품질 유지를 위해 주파수 변동시 즉각적으로 충전과 방전용
무정전전원장치 및 비상전(예비)발전기	정전이나 비상시에 설비의 정지가 발생하여 재해나 피해 우려가 있는 장소에 설치하여 비상 전력 공급용

(2) 시설장소 및 설비의 요구사항

① 이차전지, 제어반, 배전반 등의 시설은 기기등의 조작 또는 보수•점검할 수 있는 충분한 공간확보와 조명설비를 설치할 것

② 폭발성가스의 축적을 방지하기 위한 환기시설을 갖추고 제조사가 권장하는 온습도 분진 등 적정 운영환경을 상시 유지할 것.

③ 침수의 우려가 없을 것

④ 전기저장장치 시설장소 표지를 하고 일반인의 출입통제를 위한 잠금장치 설치

⑤ 충전부분을 노출 시설하지 않을 것

⑥ 고장이나 외부 환경요인으로 인하여 비상상황 발생 또는 출력에 문제가 있을 경우 전기저장장치의 비상정지 스위치 등 안전하게 작동하기 위한 안전시스템을 갖출 것

⑦ 모든 부품은 충분한 내열성을 확보할 것

⑧ 이차전지 모듈의 금속제 외함 및 금속제 지지대는 KEC 140(접지시스템)에 따라 접지공사를 할 것

연 습 문 제

1. 변압기 고장을 검출하기 위하여 비율차동계전기를 설치하고자 한다. 변압기는 1차 △, 2차 Y결선이다. CT와 비율차동계전기(DFR)의 결선을 그림에서 완성하시오.

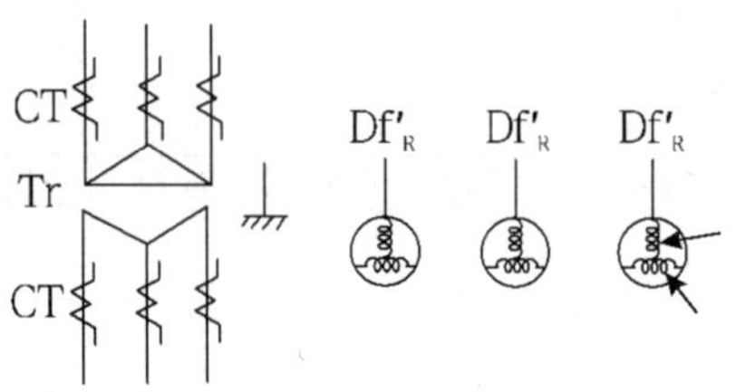

[답]

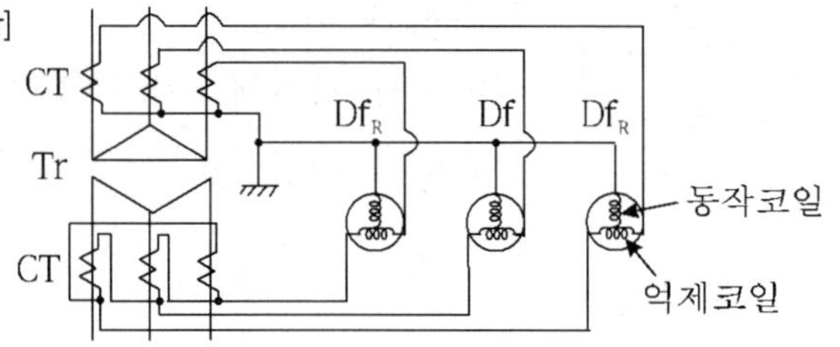

2. 22.9[kV] 특고압 배선전에서 단상 변압기 3개를 사용하여 3상 440[V]의 전동기에 공급하려고 할 때 변압기 2차측 결선방법은 무슨 결선으로 하는가?

[답] △결선

※ 우리나라 모두 주상변압기 2차 권선은 110[V]이므로 직렬 접속하여 2차를 △결선하면 440[V]를 얻을 수 있다.

3. 계기용 변압기와 변류기를 부속하는 3상 3선식 110[V], 5[A] 전력량계를 결선하시오.

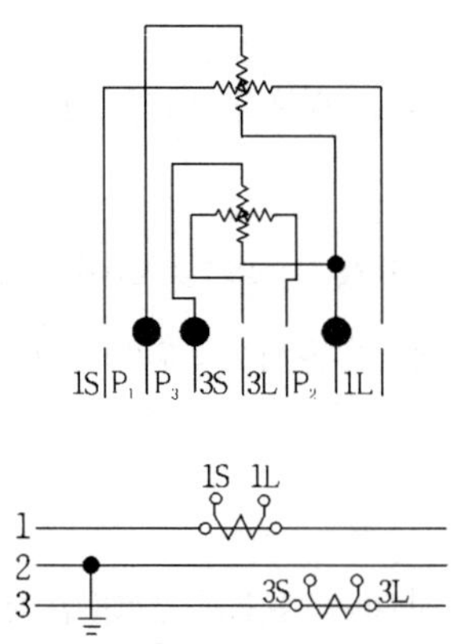

[답]

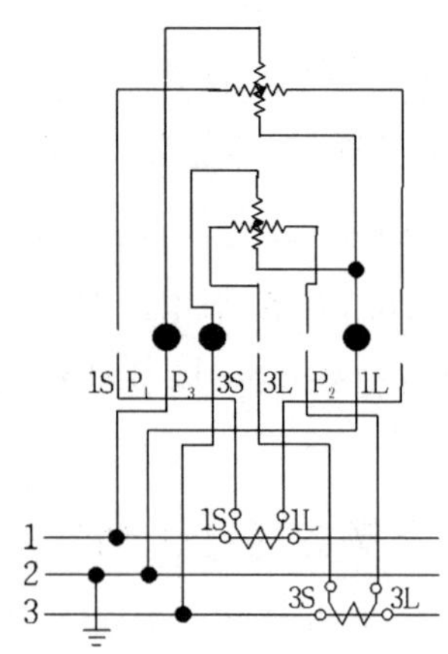

4. 3상 3선식 6[kV] 수전점에서 50/5[A] CT 2대, 6600/110[V] PT 2대를 사용하여 CT 및 2차측에서 측정한 전력이 500[W]라면 수전한 전력은 몇 [kW]인가? (단, CT 및 PT의 전력손실은 무시한다)

[답] 수전전력 $P_0 = \alpha \times \beta \times P$이므로 $P_0 = \frac{6600}{110} \times \frac{50}{5} \times 0.5 = 300$[kW]

5. 13,200/22,900[V] 3상 4선식으로 수전하여 수전용량이 750[kVA]라 할 때 이 인입구에 MOF를 시설하는 경우에 MOF의 적당한 변류비를 산출하여 표준규격을 결정하시오.(단, 변류비는 정격 1차 전류를 구하여 1.5배의 값으로 변류비를 결정한다.)

[답] $I = \frac{750}{\sqrt{3} \times 22.9} = 18.9 \times 1.5 = 28.36$

PT : $\frac{2290}{\sqrt{3}} \Big/ \frac{190}{\sqrt{3}}$, CT : 30/5

6. 평형 3상 회로의 전류를 측정하고자 변류비 100/5인 변류기를 그림과 같이 사용했을 때 전류계의 지시치가 8.66[A]이었다면 변류기 1차측 전류[A]는 얼마인가?

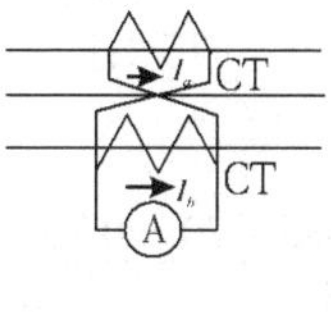

[답] 전류는 $\sqrt{3}$배 더 지시하므로

$I = \frac{100}{5} \times \frac{8.66}{\sqrt{3}} = 100$[A]

7. 그림과 같이 단상 변압기 3대가 있는 미완성 회로도가 있다. 이것을 1차 Y, 2차 Δ결선 하시오.

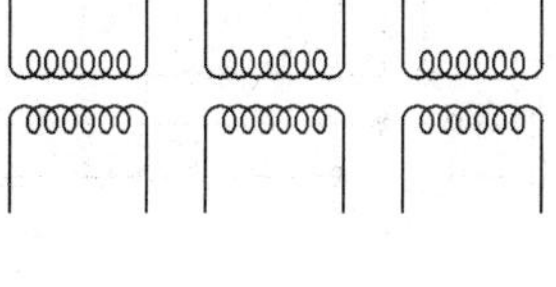

[답]

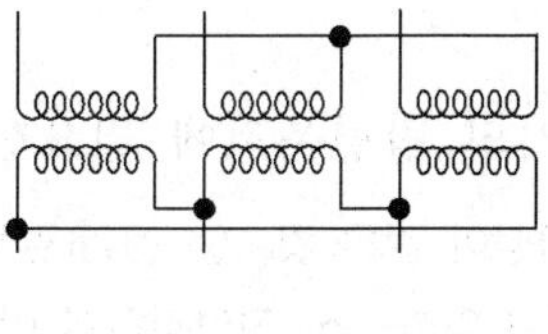

8. 그림과 같이 부하 설비에 공급할 변압기 용량은 몇 [kVA]인가?(단, 부등률 1.1, 종합 부하역률 80[%]이다.)

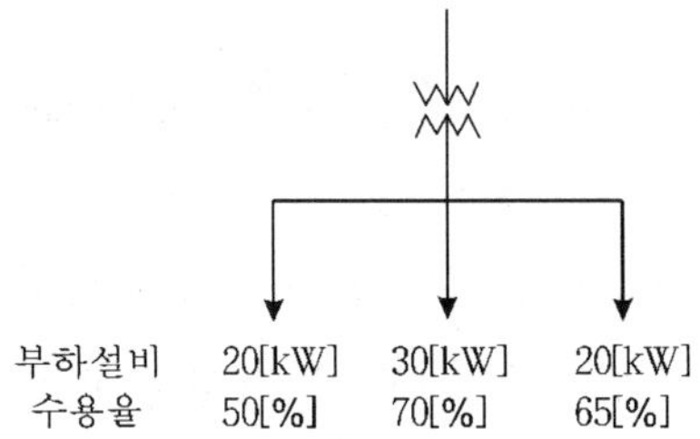

[답] $P_t = \dfrac{20\times0.5+30\times0.7+20\times0.65}{1.1\times0.8}$ =50[kVA]

9. 그림과 같이 부하설비 및 수용률이 각각 A, B, C에 설비될 경우, 이곳에 공급할 변압기 Tr의 용량을 계산하여 표준용량으로 결정하시오.(단, 부등률은 1.1, 종합역률은 80[%]로 한다.)

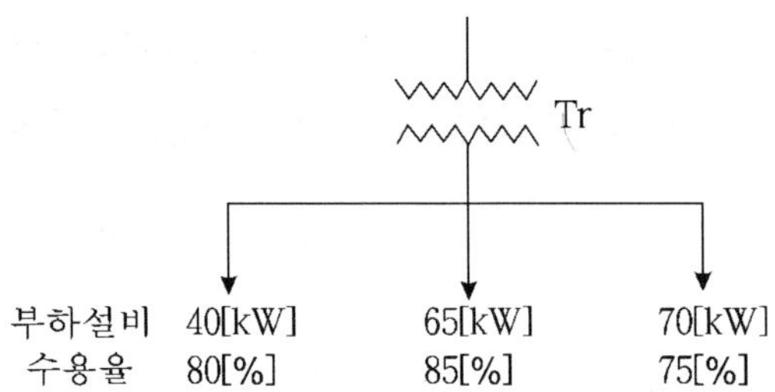

변압기 표준 용량표[kVA]						
50	100	150	200	250	300	500

[답] 변압기 용량 $P_t = \dfrac{40\times0.8+65\times0.85+70\times0.75}{1.1\times0.8} = 158.8$ =200[kVA]

10. 20[kW], 30[kW], 20[kW]인 부하설비의 수용률이 각각 50[%], 75[%], 60[%]이다. 이것에 공급할 변압기의 표준용량을 구하시오.(단, 부등률은 1.1, 총합부하의 역률은 81[%]이다.)

[답] PT$=\dfrac{20\times0.5+30\times0.75+20\times0.6}{0.81\times1.1}=49.9=50$[kVA]

11. 변압기의 병렬운전에 필요한 조건을 3가지 쓰시오.

[답] ① 극성이 같을 것 ② 전압(권선비)이 같을 것
③ [%] 임피던스, 전압강하의 비가 같을 것

12. 수전용량 3상 500[kVA]이고, 전압 22.9[kV], 전원 역률 90[%]인 경우 정격 전류는 최소 어떤 값을 표준으로 선정하는가?

[답] $I = \frac{500}{\sqrt{3} \times 22.9} = 12.63[A]$

13. 보기의 결선 내용들은 어떤 결선방법인가?

비고

- 상전압이 선간전압의 0.577이 되어 고전압의 결선에 적합하다.
- 변압비, 권선 임피던스가 서로 틀려서 순환전류가 흐르지 않는다.
- 제3고조파 전류의 통로가 없으므로 유도기전력이 제3고조파를 함유하며 중성점을 접지하면 통신선에 유도장해를 준다.
- 기전력 파형은 제3고조파를 포함한 왜형파가 된다.
- 중성점을 접지할 수 있으므로 단절연 변압기를 채택할 수 있다.

[답] Y-Y결선

14. 대용량 변압기의 이상이나 고장 등을 확인 또는 감시할 수 있는 변압기 보호장치를 5가지만 쓰시오.

[답] ① 유온계　② 충격압력계전기　③ 브흐홀쯔 계전기　④ 비율차동계전기　⑤ 방압장치

15. 변전설비에서 변압기 사용전 검사항목을 전기설비검사 기준에 의해 아는 대로 쓰시오.

[답] 외관검사, 접지저항측정, 절연저항측정, 절연내력시험, 보호장치설치 및 동작 상태, 절연유 내압시험 및 산가측정

16. 용량 100[kVA], 3,300/115[V]인 3상 변압기의 철손은 1[kW], 전부하 동손은 1.25[kW]이다. 매일 무부하로 18시간, 역률 100[%]의 1/2 부하로 4시간 역률 80[%]의 전부하로 2시간 운전할 때 전일효율은 몇 [%]가 되는가?

[답] $\eta = \frac{\text{출력량}}{(\text{출력} + \text{동손} + \text{철손})\text{량}} \times 100$

출력 $P = (100 \times 1 \times 4) + (100 \times 0.8 \times 2) = 360[kWH]$

동선 $P_C = 1.25[(1/2)2 \times 4 + 2] = 3.75$[kWH]

철손 $P_i = 1 \times 24 = 24$[kWH]

효율 $\eta = \dfrac{360}{360 + 3.75 + 24} \times 100[\%]$

17. 1차 전압 6,600[V], 2차 전압 220[V], 주파수 60[Hz], 1차 권수 1,200[회]의 변압기가 있다. 최대 자속[Wb]은?

[답] $E = 4.44 f N \Phi_m$

$\therefore \ \Phi_m = \dfrac{6600}{4.44 \times 60 \times 1200} = 0.0206$

18. 그림은 3상 4선식 중성점 다중접지방식이 22.9[kV-Y] 배전 선로에서 수전하기 위한 단선결선도이다. 다음 물음에 답하시오.

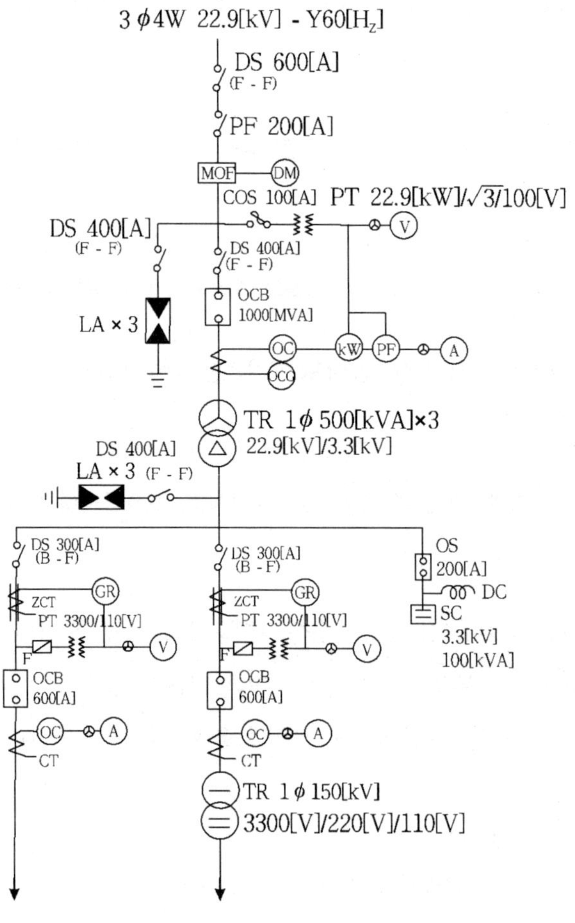

① MOF에 연결되어 있는 DM은 무엇인지 명칭을 정확히 쓰시오.

② DS의 정격전압은 몇 [kV]인가?

③ LA의 정격전압은 몇 [kV]인가?

④ ①의 PF의 퓨즈를 변압기 전부하 전류의 2배로 선정한다면 퓨즈의 용량[A]은?(단, 평균 역률은 90[%]로 가정)

⑤ 계기용 변압 · 변류기 [MOF]의 변류비는?
(단, 평균 역률은 90[%]로 가정한다. 전류의 과전류를 150[%]로 하고 전압 변동은 고려 하지 않는다.)

⑥ OCGR의 정확한 명칭은?

⑦ 변압기와 피뢰기의 최대 유효 이격 거리[m]는?

⑧ 변압기 Y-△접속의 복선도를 그리시오.

⑨ 계기용 변압 · 변류기의 복선도를 그리시오.

⑩ 절환 스위치(AS)의 용도는?

[답] ① 최대 수용 전력계 ② 25.8[kV] ③ 18[kV]

④ $1\phi 3$[W] 변압기 $I_1 = \frac{300}{22.9} = 13.1$[A], $3\phi 3$W변압기 $I_3 = \frac{500 \times 3}{\sqrt{3} \times 22.9} = 37.82$[A]

PF$= (13.1 + 37.82) \times 2 = 101.84 = 100$[A]

⑤ 변류비$= (13.1 + 37.82) \times 1.5 = 76.38$ $\therefore \frac{75}{5}$

⑥ 지락 과전류 계전기

⑦ 20

⑧

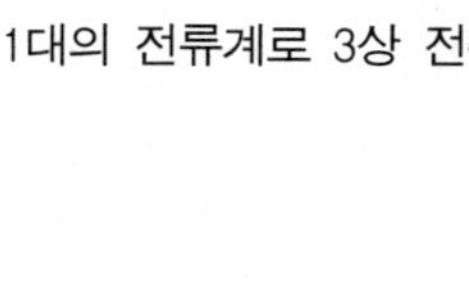

⑨

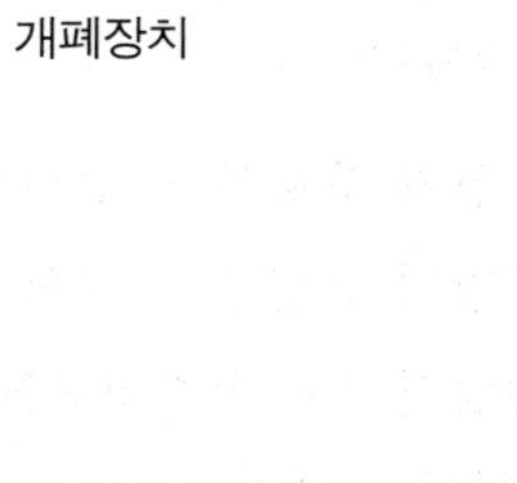

⑩ 1대의 전류계로 3상 전류를 측정하기 위한 절환 개폐장치

19. 다음은 3ϕ4W 22.9[kV] 수전설비 단선결선도이다. 다음 각 물음에 답하시오.

조건

· TR-1, TR-2 변압기의 효율 : 90[%], TR-2의 여유율은 15[%]이다.

· TR-1의 수용률과 역률을 적용한 부하설비용량은 390.42[kW]

· TR-2의 수용률과 역률을 적용한 부하설비용량(일반동력설비)은 110.3[kVA]

· TR-2의 수용률과 역률을 적용한 부하설비용량(비상동력설비)은 75.5[kVA]

· 단 변압기 표준용량은 200[kVA], 300[kVA], 400[kVA], 500[kVA], 600[kVA]임

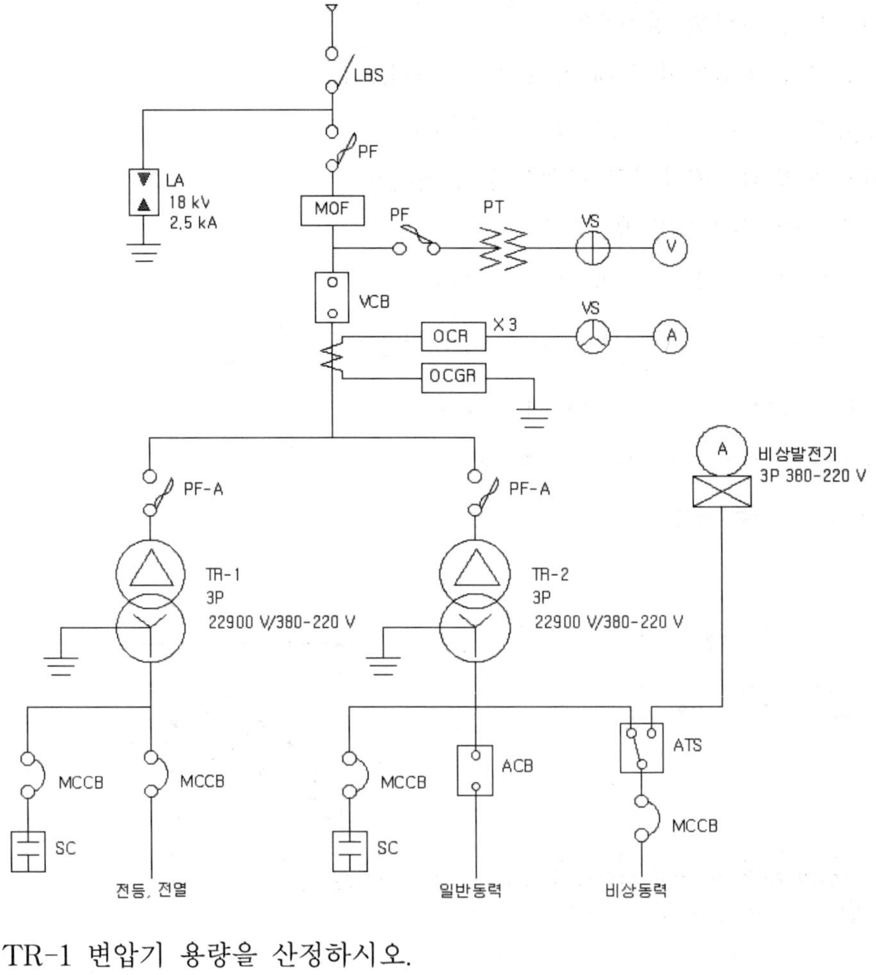

① TR-1 변압기 용량을 산정하시오.

② TR-2 변압기 용량을 산정하시오.

③ TR-1 변압기 2차 정격전류를 구하시오.

④ ATS는 무엇을 위한 목적으로 사용되는지 쓰시오.

⑤ TR-1 변압기의 2차측 중성점을 접지하는 목적이 무엇인지 쓰시오.

[답] ① TR-1 $=\dfrac{390.42}{0.9}$=433.8[kVA], ∴ 500[kVA] 선정

② TR-2 $=\dfrac{110.3+75.5}{0.9}$=237.41[kVA], ∴ 300[kVA] 선정

③ TR-1 2차 정격전류 $I_2=\dfrac{500\times10^3}{\sqrt{3}\times380}$=759.67[A]

④ ATS는 상용전원 정전시 예비전원(발전기)으로 전환하기 위하여 사용된다.

⑤ 변압기의 2차측 중성점 접지목적 : 고저압 혼촉에 의한 저압측 전위상승을 억제한다.

20. 그림의 미완성 도면을 보고 다음 각 물음에 답하시오.

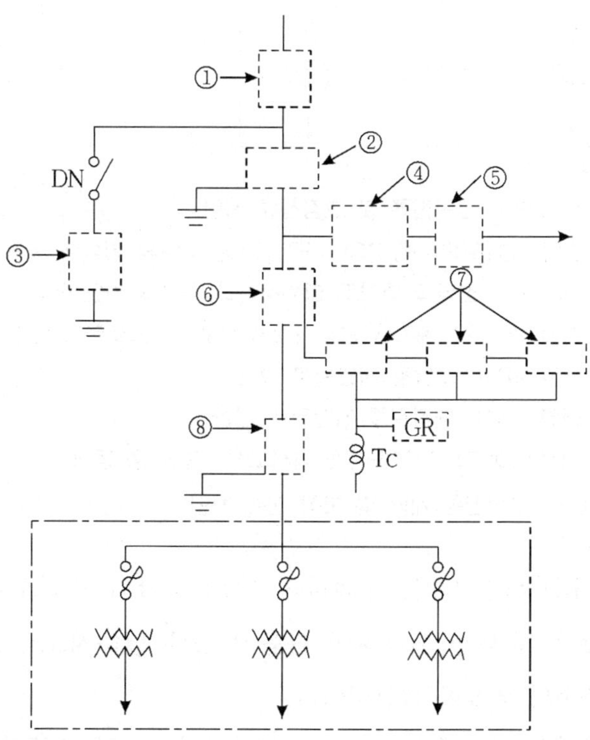

가. 주어진 단선 결선도에서 점선으로 표시한 ①~⑧까지의 기기에 대하여 표준 심벌을 사용하여 단선 결선도를 완성하시오.

나. 주어진 단선도의 ①~⑧까지의 기기의 약호와 명칭의 표를 작성하고 그의 용도 또는 역할에 대하여 간단히 설명하시오.

[답] (가)

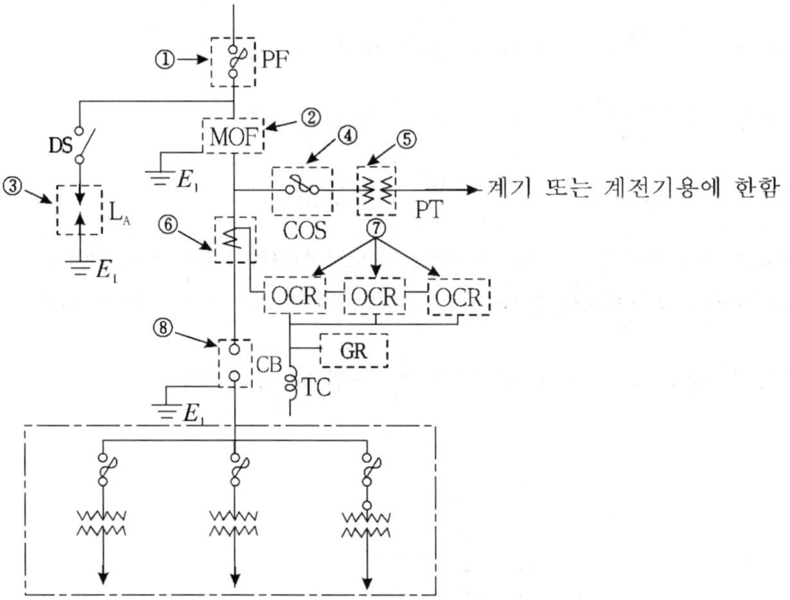

(나) ① 전력용 퓨즈(PF) : 단락전류 및 고장전류 차단

② 계기용 변압 · 변류기(MOF, PCT) : PT, CT를 하나의 함속에 넣어 전력량 측정

③ 피뢰기(LA) : 이상 전압을 대지로 방류시키고 속류를 차단한다.

④ 고압용 개폐기(COS) : 계기용 변압기 2차측의 고장으로부터 방지

⑤ 계기용 변압기(PT) : 고압을 저압으로 변환

⑥ 계기용 변류기(CT) : 대전류를 저전류로 변환

⑦ 과전류 계전기(OCR) : 과부하나 단락사고시 차단기를 동작

⑧ 차단기(CB) : 부하전류 개폐 및 고장 전류 차단.

21. 다음 도면은 154[kV] 2회선 수전하는 어느 공장의 단선도이다. 다음 조건에 따라 주어진 자료를 최대한 이용하여 다음 물음에 답하시오.

[조건]
- 모든 부하의 역률은 80[%]이다.
- 각 부하간의 부등률은 1.2이고, 2차 변압기간의 부등률은 1.1이다.
- 각 부하의 수용률은 No.A, No.B가 80[%], No.C, No.D가 85[%], No.E, No.F가 90[%]이다.

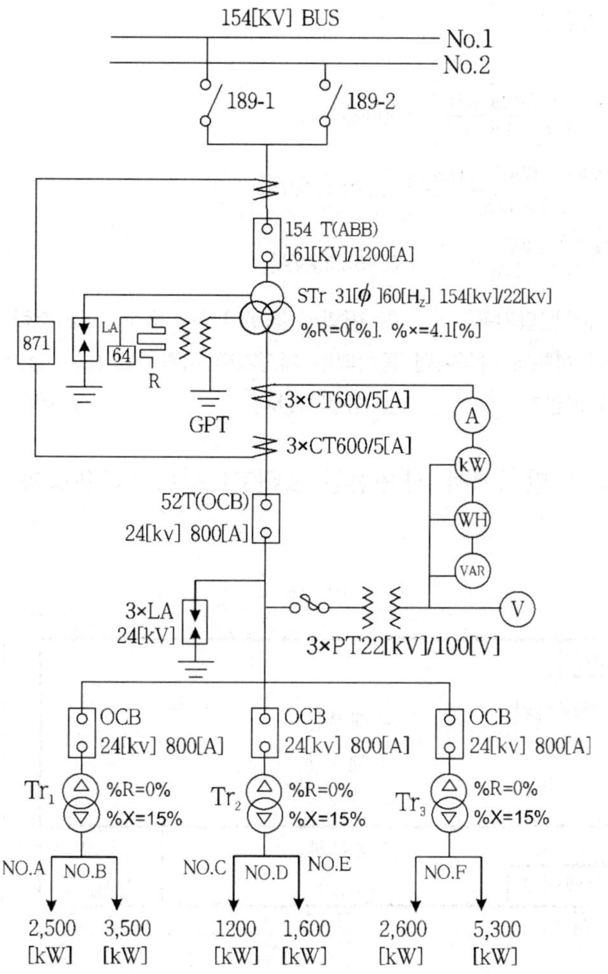

[물음]

① 변압기 Tr_1의 용량[kVA]를 구하시오.

② 변압기 Tr_2의 용량[kVA]를 구하시오.

③ 변압기 Tr_3의 용량[kVA]를 구하시오.

④ 87T의 명칭은?

⑤ 87T의 기능은?

⑥ 64의 명칭은?

⑦ 64의 기능은?

⑧ G.P.T의 명칭은?

⑨ OCB의 명칭은?

⑩ ABB의 명칭은?

[답] ① $Tr_1 = \dfrac{(2500+3500)\times 0.8}{1.2\times 0.8} = 5000[kVA]$

② $Tr_2 = \dfrac{(1200+1600)\times 0.85}{1.2\times 0.8} = 2479.17[kVA]$

③ $Tr_3 = \dfrac{(2600+5300)\times 0.9}{1.2\times 0.8} = 7406.25[kVA]$

④ 차동계전기(주변압기용) ⑤ 변압기 내부고장시 동작 ⑥ 지락 과전압 계전기

⑦ 영상전압이 계통에 나타나면 동작되는 계전기로 지락사고 또는 결상 사고시 동작한다.

⑧ 영상 접지 변압기 ⑨ 유입차단기 ⑩ 공기 차단기

22. 다음의 건축 평면도에서 사용전압 200[V] 설비부하용량과 분기회로수를 산정하시오.

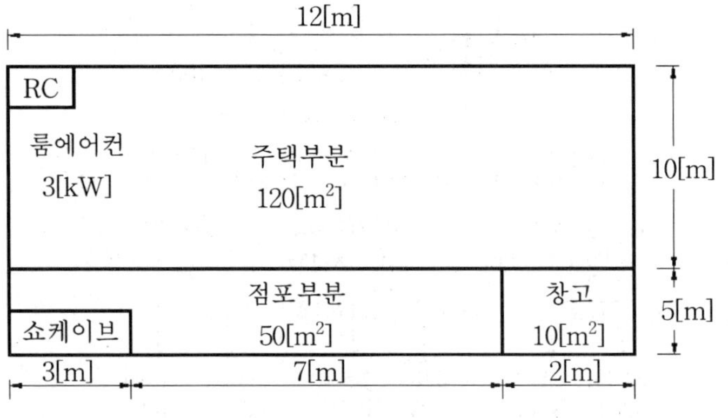

조건 부하설비용량의 산정을 위한 건축면적과 표준부하

P_1 : 주택부분의 바닥면적 : 120[m^2]

P_2 : 점포부분의 바닥면적 : 50[m^2]

Q : 창고의 바닥면적 : 10[m^2]

A_1 : 주택부분의 표준부하 밀도 : 40[VA/m^2]

A_2 : 점포부분의 표준부하 밀도 : 30[VA/m^2]

B : 창고의 표준부하 밀도 : 5[VA/m^2]

C_1 : 주택에 대한 가산 VA수 : 1,000[VA]

C_2 : 쇼 케이스 폭 3[m]에 대한 가산 VA수 : 900[VA]

[답] ① 설비부하용량[VA]

$(P_1 \times A_1) + (P_2 \times A_2) + (Q \times B) + C_1 + C_2$

$= 120[m^2] \times 40[VA/m^2] + 50[m^2] \times 30[VA/m^2] + 10[m^2] \times 5[VA/m^2] + 1{,}000[VA] + 900[VA]$

$= 8{,}250[VA]$

② 분기회로수

사용전압이 220[V]인 경우 설비부하에 3,300[VA]로 나누면 8,250[VA]÷3,300[VA]=2.5[회로],

단수를 절상하면 3회로 3[kW]의 룸 에어컨용 단독회로 별도 1[회로] 분기회로수 합계 : 4[회로]

23. 그림과 같은 방전시설을 갖는 부하에 대한 다음 각 물음에 답하시오.

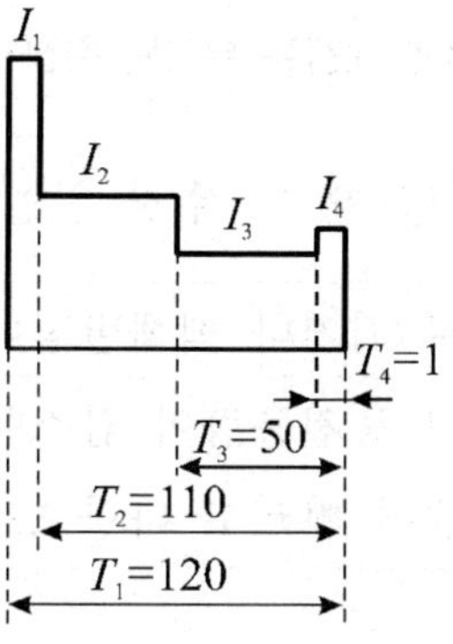

가. 위와 같은 방전특성을 갖는 축전지 용량은 몇 [Ah]인가?

나. 납 축전지의 접지 방전은 몇 시간으로 하는가?

다. 축전지의 전압을 납 축전지에서는 1단위당 몇 [V]인가?

라. 예비비전원으로 시설하는 축전지로부터 부하에 이르는 전로에는 개폐기 및 무엇을 설치하는가? 단, 방전전류는 $I_1 = 500$, $I_2 = 300$, $I_3 = 80$, $I_4 = 100$[A]이고, 용량 환산시간 $K_1 = 2.49$, $K_2 = 2.49$, $K_3 = 1.46$, $K_4 = 0.57$이며, 보수율 0.8을 적용한다.

[답] 가. $C = \frac{1}{0.8}[2.49 \times 500 + 2.49(300-500) + 1.46(80-300) + 0.57(100-80)]$

$= 546.5[Ah]$

나. 10시간

다. 2[V]

라. 과전류 차단기

24. 축전지에 대한 다음 각 물음에 답하시오.

가. 축전기의 과방전 및 설치 상태 설페이션 현상 등이 발생했을 때 기능 회복을 위하여 실시하는 충전방식은?

나. 축전지의 공칭전압은 2.0[V]이다. 알칼리 축전지는 몇 [V]인가?

[답] 가. 회복충전　　나. 1.2[V]

25. 축전기의 부동충전에 대해서 간단히 설명하시오.

[답] 축전지의 자기방전을 보충함과 동시에 사용부하에 대한 전력공급은 충전기가 부담토록 하되 충전기가 부담하기 어려운 일시적인 대전류 부하는 축전지가 부담토록 하는 방식

26. 축전기가 다음과 같은 현상일 때 그 추정 원인을 쓰시오.

· 극판이 백색으로 되거나 백색반점이 생긴다. · 비중이 저하하고 충전용량이 감소한다. · 충전시 전압상승이 빠르고 다량으로 가스가 발생한다.

[답] 설페이션 현상

27. 예비전원설비에 대한 다음 각 물음에 답하시오.

가. 연 축전지의 전해액이 변색되며, 충전하지 않고 방치된 상태에서도 다량으로 가스가 발생되고 있다. 어떤 원인의 고장이라고 추정되는가?

나. 거치용 축전설비에서 가장 많이 사용되는 충전방식으로 자기방전을 보충함과 동시에 상용 부하에 대한 전력공급은 충전기가 부담하도록 하되 충전기가 부담하기 어려운 일시적인 대전류 부하는 축전지가 부담하게 하는 충전방식은?

다. 연 축전지와 알칼리 축전지의 공칭전압은 몇 [V]인가?

라. 축전지용량을 구하는 식

$C = \frac{1}{L}[K_1 I_1 + K_2(I_2 - I_1) + K_3(I_3 - I_2) \cdots\cdots]$ 에서 L은 보통 0.8을 적용한다.

이 L을 무엇이라고 하는가?

[답] 가. 불순물의 혼입 또는 비중과다로 인한 극판의 만곡으로 단락
나. 부동 충전방식
다. 연 축전지 2[V/cell], 알칼리 축전지 : 1.2[V/cell]
라. 보수율

28. 축전지의 충전방식 4가지를 쓰시오.

[답] ① 초기충전 방식 ② 부동충전 방식 ③ 균등충전 방식 ④ 회복충전 방식

29. 건축법과 소방법에 따라서 시설하는 예비전원이 자가용 발전장치인 경우에 정전 후 몇 초 이내에 전압을 확립하여 부하에 전력을 공급하여야 하는가?

[답] 10초

30. 충전기를 갖춘 축전지와 자가용 발전장치를 병용하는 경우에 자가용 발전설비가 비상시에 몇 초 이내에 기동하여 30분 이상 안정된 전원을 공급할 수 있어야 하는가?

[답] 45초

31. 빌딩에서 예비용 자가발전용량은 수전설비용량의 약 몇 [%]정도가 적당한가?

[답] 20[%]

32. 1,000[kVA]의 디젤 발전기가 엔진 정격출력 P=1,200[P.S], 연료소비율 $b=$ 175[gr/PS · h], 과급기의 과잉률 $E=2.5$, 공기밀도 $\rho=1,165$[kg/m^3], 실내온도 30[℃]라 할 때에 환기량 Q[m^3/min]을 구하여라. 단, 소수점 둘째 자리에서 반올림 할 것.

[답] 105.2[m^2/min]

33. 자동화재탐지설비, 비상경보설비 유도등의 비상전원에 사용하는 축전지는 몇 분 이상의 방전 능력이 있어야 하는가?

[답] 20분

34. 부하의 허용 최저전압이 95[V], 축전지와 부하 사이 접속선의 전압강하가 3[V]일 때 직렬로 접속한 축전지의 개수가 50개라면 축전지 한 개의 허용 최저 전압은 몇 [V]인가?

[답] 1.96[V]

35. 예비전원으로 시설하는 저압의 발전기에서 부하에 이르는 전로에서는 발전기에 가까운(쉽게 점검하고 개폐할 수 있는) 곳에 설치해야 하는 기기 4가지를 들어라.

[답] ① 개폐기 ② 과전류 차단기 ③ 전압계 ④ 전류계

36. 다음은 UPS 설비의 블록 다이아그램이다. 도면을 보고 물음에 답하시오.

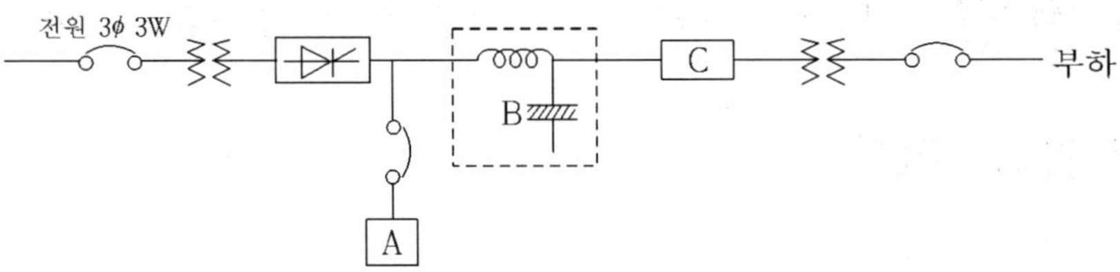

가. UPS의 기능을 2가지로 요약하여 설명하시오.

나. A는 무슨 부분인가?

다. B는 무슨 역할을 하는 회로인가?

라. C 부분은 무슨 회로 부분이며, 역할은 무엇인가?

[답] 가. ① 무정전 전원 공급 기능
② 정전압 정주파수 공급 기능
나. 축전지
다. 필터(Filiter)회로로써 고조파 방지 및 정류 평활화를 도와준다.
라. 인버터(Inverter)회로로써 직류를 교류로 다시 변환시킨다.

제 3 장 배전설비

3.1 배전의 개요

3.1.1 전 압

〔1〕 전압의 종류

전압은 다음과 같이 저압, 고압 및 특별 고압의 3가지로 구분하고 있다.

① 저압 : 직류 1,500[V] 이하의 전압, 교류 1,000[V] 이하의 전압

② 고압 : 직류 1,500[V]를 넘고 7,000[V] 이하의 전압, 교류 1,000[V]를 넘고 7,000[V] 이하의 전압

③ 특별고압 : 직류, 교류 모두 7,000[V]를 넘는 전압

표 3-1 배전 방식과 공칭전압

구 분	공칭 전압[V]	배전방식별 전압[V]			
		단상 2선식	단상 3선식	3상 3선식	3상 4선식
저 압	220 ㈜380 480	220 220 –	220/110 – –	220 380 ㈜440	208/120 380/220 480/277
고 압	3,300 6,600	–	–	3,300 6,600	–
특고압	22,900	13,200	–	–	22,900/13,200

㈜ 우리나라에서 조명 또는 동력용으로 사용하는 전압임.

공칭전압에 대하여 유지하여야 하는 전압은 220[V]±13[V] 이내, 380[V]±38[V] 이내이며 주파수는 60[Hz]±0.2[Hz]이다.

〔2〕 전압강하

전기회로에 전류가 흐르면 직류회로인 경우 전선의 저항과 전류의 곱에 상당하는 전압강하가 나타나고, 교류회로인 경우 저항 이외에 리액턴스에 의한 전압강하(voltage drop)를 고려하여야 한다.

(1) 전압강하 기본식

그림 3-1과 같은 1상분의 기본회로에서 전선의 길이가 짧은 단거리 선로이고 선로정수가 집중 임피던스로 되어 있다고 보면 그림 3-2에서 실제로는 $\phi_r \fallingdotseq \phi_s$라 하면 전선 1가닥의 전압 강하율을 나타내는 식은 다음과 같다.

$$e = E_s - E_r = I(R\cos\phi_r + X\sin\phi_r)[\text{V}] \tag{3-1}$$

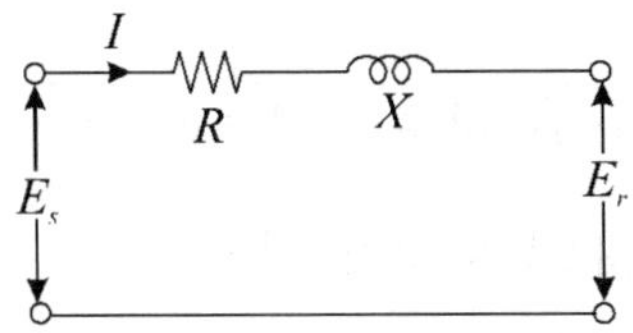

그림 3-1 기본회로

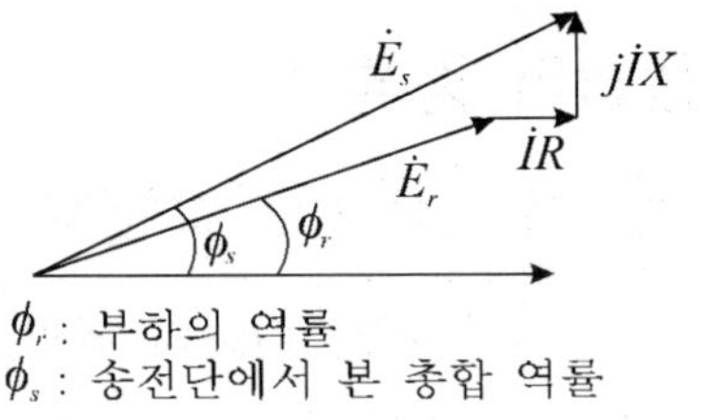

그림 3-2 벡터도

그림 3-1에서 E_s는 송전단 전압, R은 전선 1가닥의 저항, E_r은 수전단 전압, X는 전선 1가닥의 리액턴스, I는 선전류를 나타낸다.

(가) 단상 2선식

단상 2선식의 경우 전압강하는 다음과 같이 표현한다.

$$e = E_s - E_r = (R \cdot I) \times 2 = \frac{1}{58} \times \frac{100}{97} \times \frac{L}{A} \times I \times 2 \fallingdotseq \frac{35.6 \times L \times I}{1{,}000A} \ [\text{V}] \tag{3-2}$$

여기서, e : 전압강하[V], A : 도체 단면적[mm²], L : 선로길이[m], 표준연동의 고유저항은 20[℃]에서 1/58[Ω/m-mm²], 동선의 도전율은 97[%]로 본다.

(나) 3상 3선식

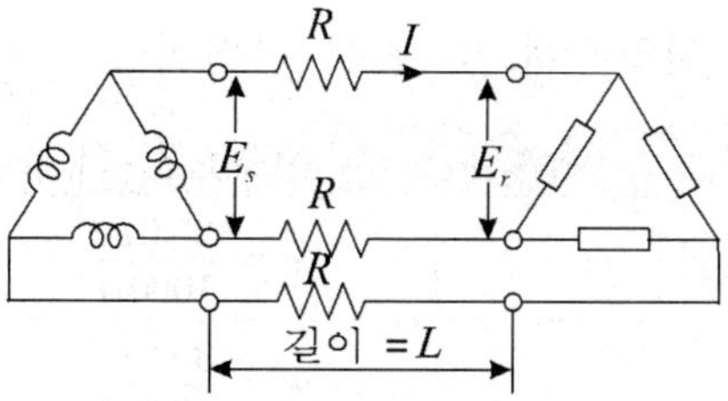

그림 3-3 3상 3선식 회로

3상 3선식의 경우 전압강하는 다음과 같이 표현한다.

$$e = E_s - E_r = (R \cdot I) \times \sqrt{3} = \frac{1}{58} \times \frac{100}{97} \times \frac{L}{A} \times I \times \sqrt{3} \fallingdotseq \frac{30.8 \times L \times I}{1{,}000A} \text{ [V]} \tag{3-3}$$

(다) 단상 3선식 또는 3상 4선식

그림 3-4와 같이 부하가 평형되어 중성선에는 전류가 흐르지 않는다고 가정하여 계산하면 다음과 같다.

$$e' = E_s - E_r = (R \cdot I) \fallingdotseq \frac{17.8 \times L \times I}{1{,}000A} \text{ [V]} \tag{3-4}$$

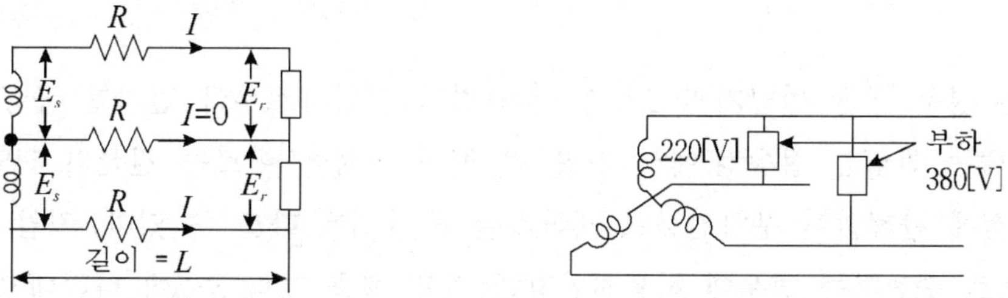

(a) 단상 3선식

(b) 3상 4선식

그림 3-4 단상 3선식 및 3상 4선식 회로

식 (3-4)에서 e'는 중성선과 외측선 또는 각 상의 1선과의 전압강하이며 지금까지의 계산한 경우의 전압강하 및 전선의 단면적을 구하는 식을 하나의 표로 표현하면 표 3-2와 같다.

표 3-2 전압강하 및 전선 단면적을 구하는 공식

전 기 방 식	전 압 강 하	전선 단면적
단상 2선식 및 직류 2선식	$e=\dfrac{35.6LI}{1000A}$	$A=\dfrac{35.6LI}{1000e}$
3상 3선식	$e=\dfrac{30.8LI}{1000A}$	$A=\dfrac{30.8LI}{1000e}$
단상 3선식, 직류 3선식, 3상 4선식	$e'=\dfrac{17.8LI}{1000A}$	$A=\dfrac{17.8LI}{1000e'}$

(2) 허용 전압강하

전압강하와 수전단 전압의 비를 백분율로 표시한 것을 전압강하율이라 하며 E_s : 송전단 전압[V], E_r : 수전단 전압[V]이라고 하면 전압강하율은 다음과 같다.

$$\text{전압강하율}=\frac{E_s-E_r}{E_r}\times 100[\%]=\frac{\text{전압 강하}}{\text{수전단 전압}}\times 100[\%] \qquad (3\text{-}5)$$

전기설비규정에 따르면 조명설비의 경우 저압배선 중의 전압강하는 수용가 설비의 인입구에서 기기까지의 전압강하는 저압으로 수전시 3[%], 고압이상으로 수전받는 경우는 6[%] 이하로 하는 것을 원칙으로 하며 100[m]를 넘는 수용가 배선설비의 전압강하는 0.5[%]를 넘지 않아야 한다. 이때 미터당 0.005[%]를 증가할 수 있다.

이러한 경우 공급 변압기의 2차측 단자(전기 사업자로부터 전기를 공급받고 있을 경우에는 인입선 접속점)에서 가장 먼 곳의 부하에 이르는 전선의 전압강하는 위의 규정에 관계없이 부하전류로 계산하여 표 3-3에 따를 수 있다. 저압 또는 고압이상으로 수전하는 경우에 허용전압강하 적용 예를 그림 3-5에 나타내고 있다.

표 3-3에 포함되지 않는 기동시간 중의 전동기 또는 돌입전류가 큰 기타 기기는 더 큰 전압강하를 허용할 수 있다. 다만, 일시적인 과도과전압 또는 비정상적인 사용으로 인한 전압변동은 고려하지 않는다.

표 3-3 수용가 설비의 인입구로부터 기기까지의 전압강하

설비의 유형	조명 (%)	기타 (%)
A - 저압으로 수전하는 경우	3	5
B - 고압 이상으로 수전하는 경우	6	8
B유형은 최종회로 내의 전압강하가 A유형의 값을 초과하지 않는 것이 바람직하다.		

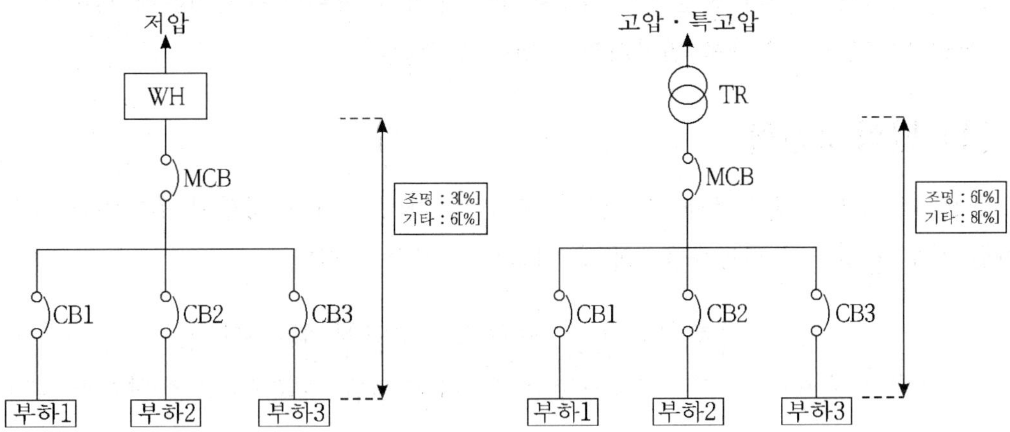

(a) 저압으로 수전하는 경우　　　(b) 고압・특고압으로 수전하는 경우

그림 3-5 허용 전압강하 적용 예

예제 단상 2선식 교류 배전선에서 전선 1조의 저항은 0.15[Ω], 리액턴스는 0.25[Ω]이다. 부하가 100[V], 3[kW], 역률 1.0일 때에 공급점의 전압은 얼마인가?

풀이 식 (3-1)에 의하여

$$E_s = E_r + 2I(R\cos\phi_r + X\sin\phi_r) = 100 + 2 \times \frac{3000}{100} \times (0.15 \times 1 + 0.25 \times 0) = 109[\text{V}]$$

[답] 109[V]

예제 3상 3선식 저압 배전선로에서 전원으로부터 부하점까지의 거리가 45[m]이고, 부하의 최대 사용전류는 150[A]이다. 부하점의 전압강하를 4[V]로 하자면 전선의 최소 굵기[mm^2]는?

풀이 식 (3-3)에 의하여

$$A = \frac{30.8 \times L \times I}{1000 \times e} = \frac{30.8 \times 45 \times 150}{1000 \times 4} = 51.975[\text{mm}^2]$$

[답] 계산 단면적이 51.975[mm²]이므로 51.975[mm²] 이상의 규격전선으로는 70[mm²]를 적용한다.

3.1.2 설비의 불평형률

전기설비에서 부하의 불평형이 이루어지면 변압기 내부의 순환전류에 의하여 온도 상승 및 열화로 인하여 변압기의 수명이 단축된다.

(1) 단상 3선식

단상 3선식에서 중성선과 각 전압측 전선 사이의 부하는 평형이 원칙이나 부득이한 경우는 설비 불평형률을 40[%] 이하로 제한하고 있다.

$$\text{설비 불평형률} = \frac{\left(\begin{array}{c}\text{중성선과 각 전압측 전선간에 접속되는} \\ \text{부하설비용량[kVA]의 차}\end{array}\right)}{\text{총 부하설비용량[kVA]의 } 1/2} \times 100[\%] \tag{3-6}$$

그러나 5[kW] 정도 이하의 수용가에 있어서 소수의 전열 기구류를 사용하는 경우는 위 제한을 초과할 수 있다.

예제 그림 3-6과 같은 단상 3선식 100/200[V] 수전인 경우 설비 불평형률을 구하고 설비가 양호하게 되었는지 여부를 판단하시오. 단, Ⓗ는 전열기 부하이고, Ⓜ은 전동기 부하임.

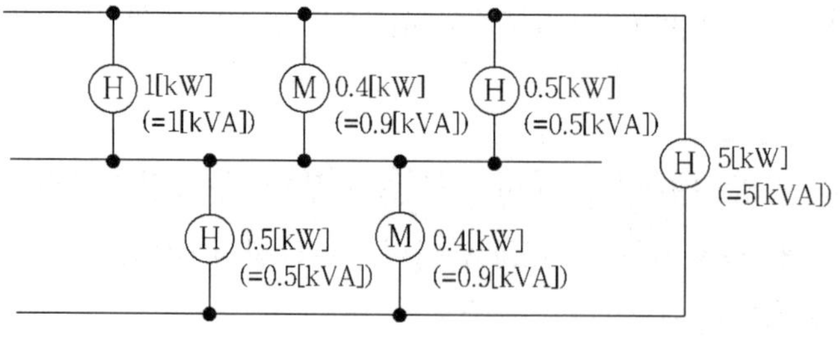

그림 3-6 단상 3선식 수전의 예

풀이 식 (3-6)을 대입하면

$$설비\ 불평형율 = \frac{\{(1+0.9+0.5)-(0.9+0.5)\}}{\{(1/2)\times(1+0.9+0.5+0.5+0.9+5)\}} \times 100 = 22.73[\%]$$

[답] 22.73[%]이므로 양호

〔2〕 3상 3선식 또는 3상 4선식

저압, 고압 및 특별 고압 수전의 3상 3선식 또는 3상 4선식에서 불평형 부하의 제한은 단상 접속 부하로 계산하여 설비 불평형률을 30[%] 이하로 하는 것을 원칙으로 한다. 다만, 다음과 같은 경우에는 이 제한을 따르지 않을 수 있다.

① 저압 수전에서 전용 변압기 등으로 수전하는 경우
② 고압 및 특별고압 수전에서 100[kVA] 이하의 단상 부하인 경우
③ 특별고압 및 고압 수전에서 단상부하 용량의 최대와 최소의 차가 100[kVA] 이하인 경우
④ 특별고압 수전에서 100[kVA] 이하의 단상 변압기 2대로 역 V결선하는 경우

$$설비\ 불평형률 = \frac{\left(\begin{array}{c}각\ 전선간에\ 접속되는\ 단상부하\\ 총설비용량[kVA]의\ 최대와\ 최소의\ 차\end{array}\right)}{총\ 부하설비용량[kVA]의\ 1/3} \times 100[\%] \tag{3-7}$$

예제 그림 3-7과 같은 3상 3선식 200[V] 수전의 경우 설비 불평형률을 구하여라.

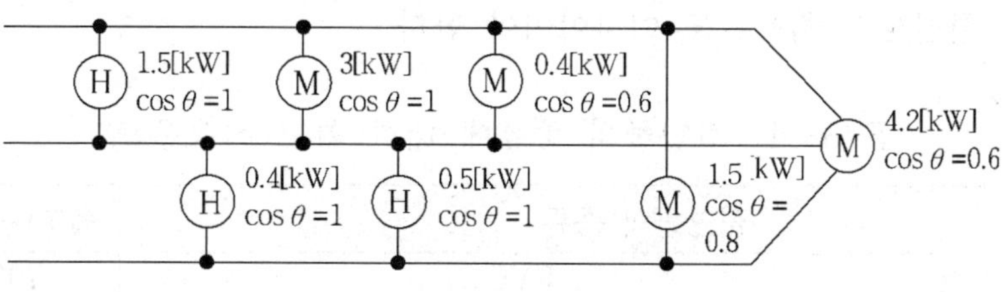

그림 3-7 3상 3선식 수전의 예

풀이 식 (3-7)에 대입하면

$$설비\ 불평형률 = \frac{\left(1.5+3+\dfrac{0.4}{0.6}\right)-(0.4+0.5)}{\left(1.5+3+\dfrac{0.4}{0.6}+0.4+0.5+\dfrac{1.5}{0.8}+\dfrac{4.2}{0.6}\right)\div 3} \times 100 = 85.7[\%]$$

[답] 85.7[%]이므로 불량

3.1.3 전선의 허용전류

전선 및 케이블의 허용전류는 그 종류, 도체의 굵기, 사용조건 등에 의하여 결정되며 전선의 온도가 어느 일정한 값 이상 상승하면 절연체의 열화(劣化) 및 화재의 원인이 되고 전선의 수명을 단축시킴으로 국제전선 규격인 KS C IEC전선규격이 도입됨에 따라 전선의 허용전류를 규제하여 사용한다.

〔1〕 전선의 허용전류 선정시 고려사항

(1) 선도체 허용전류에 의한 단면적 선정

(가) 주위온도 및 토양의 열저항

전선 또는 케이블이 시설되는 장소의 주위온도는 절연전선 또는 케이블이 무부하일 때의 주위매체 온도로서 공기 중 30[℃], 지중매설 20[℃]를 기준으로 하고 토양의 열저항률의 기본값은 건조상태에서 2.5[k·m/W](토양이 매우 건조한 토양 조건인 경우)를 기준으로 하고 있으므로 토양의 열저항(KS C IEC 60364-5-52 표. B.52.16의 열저항율에 따른 보정계수)률에 따라 보정계수를 적용해야 한다.

(나) 절연물의 허용온도

전선은 정상적인 사용 상태에서 수명 중에 흘러야 할 부하전류는 통상적으로 표 3-4에 따른 절연물의 허용온도 이하이어야 한다.

표 3-4 절연물의 종류에 대한 최고 허용온도

절연물의 종류		최고허용온도[℃]
열가소성 물질	PVC	70(도체)
열경화성 물질	XLPE, EPR	90(도체)
무기물	열가소성 물질 피복 또는 나도체로 사람이 접촉할 우려가 있는 것	70(시스)
	사람의 접촉에 노출되지 않고, 가연성 물질과 접촉할 우려가 없는 나도체	105(시스)

(다) 복수회로로 포설된 그룹

단일회로에서 2개의 절연전선 혹은 2개의 단심케이블 또한 한 개의 2심 케이블과 3개의 절연전선 혹은 3개의 단심케이블 또한 한 개의 3심 케이블 이외 동일한 최고 사용온도를 가진 절연전선 또는 케이블은 복수회로 설치하는 경우 그룹저감계수를 적용하고 최고 허용온도가 서로 다른 전선 또는 케이블 중 가장 낮은 값을 기준으로 적절한 그룹저감계수를 적용한다.

(라) 다른 크기를 포함한 그룹

전선관, 케이블트렁킹 또는 케이블덕트의 그룹은 그룹 저감 계수를 다음의 식에 따라 적용한다.

$$F = \frac{1}{\sqrt{n}}$$

여기서, F : 그룹 저감 계수

n : 그룹 내의 다심케이블 또는 회로수

그룹저감계수는 크기가 더 작은 쪽의 부하전류에 주의하여 절연전선이나 케이블이 과부하의 위험에 대비하여야 한다.

(마) 배선경로 중 설치조건의 변화

배선경로 중의 일부에서 다른 부분과 방열조건이 다른 경우 배선경로 중 가장 나쁜 조건의 부분을 기준으로 허용전류를 결정할 것.

(바) 전선 허용전류 계산에 대한 공사 방법의 구분

일반적으로 많이 사용되는 공사방법에 대해 표 3-5와 같이 상정하여 구분 사용한다.

표 3-5 공사방법의 구분

공사방법			표의 세로줄						
			단일 회로에 대한 허용전류용량					주위 온도 계수	집합 감소 계수
			PVC 절연		XLPE/EPR		무기절연		
			심선의 개수						
			2	3	2	3	2, 3		
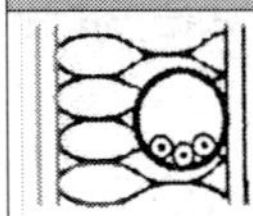 방	단열이 된 벽내의 전선관에 공사한 절연도체	A1	B.52.2. C2	B.52.4. C2	B.52.3. C2	B.52.5. C2		B.52. 14	B.52. 17
 방	단열이 된 벽내의 전선관에 공사한 다심케이블	A2	B.52.2. C3	B.52.4. C3	B.52.3. C3	B.52.5. C3		B.52. 14	B.52. 17, D제외
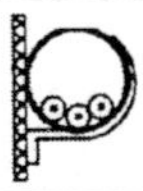	목재 벽면의 전선관에 공사한 절연도체	B1	B.52.2. C4	B.52.4. C4	B.52.3. C4	B.52.5. C4		B.52. 14	B.52. 17
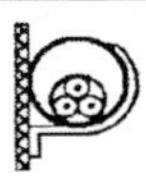	목재 벽면의 전선관에 공사한 다심케이블	B2	B.52.2. C5	B.52.4. C5	B.52.3. C5	B.52.5. C5		B.52. 14	B.52. 17
	목재 벽면의 단심 또는 다심케이블	C	B.52.2. C6	B.52.4. C6	B.52.3. C6	B.52.5. C6	70℃시스 B.52.6	B.52. 14	B.52. 17
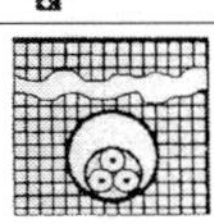	지중의 덕트내에 공사한 다심케이블	D	B.52.2. C7	B.52.4. C7	B.52.3. C7	B.52.5. C7		B.52. 15	B.52. 19
 벽과의 이격거리는 케이블 지름의 0.3배 이상이어야 함.	기중의 다심케이블	E	구리 B.52.10		구리 B.52.12		70℃외장 B.52.8 105℃외장 B.52.9	B.52. 14	B.52. 20
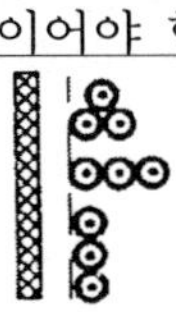 벽과의 이격거리는 케이블 하나 지름 이상이어야 함.	단심 케이블로 자유공기와 접촉	F	구리 B.52.10		구리 B.52.12		70℃외장 B.52.8 105℃외장 B.52.9	B.52. 14	B.52. 21

비고 이 표는 KS C IEC 60364-5-52(2009) 표 B.52.1 허용전류 표의 기초가 되는 참조 설치방법에서 발췌한 것임

(사) 도체의 허용전류

허용전류는 PVC절연 또는 XLPE절연 도체의 단일 회로에서는 표3-6 허용전류 계산 기준표를 적용할 수 있으나 회로가 복수회로 또는 복수 다심케이블의 조수가 증가할 경우에는 여기에 저감계수와 보정계수를 곱하여 허용전류를 산정한다.

표 3-6 허용전류계산 기준표(구리 도체)

공사방법	절연체의 종류와 부하 도체의 수																
A1	PVC 2본	PVC 3본	XLPE 2본	XLPE 3본													
A2					XLPE 2본	XLPE 3본											
B1							PVC 2본	PVC 3본	XLPE 2본	XLPE 3본							
B2											XLPE 2본	XLPE 3본					
E													XLPE 2C (다심)	XLPE 3C (다심)			
F															XLPE 2본 (단심)	XLPE3 본 (단심 3각형)	XLPE 3본 (단심 밀착)
단면적																	
2.5	19.5	18	26	23	25	22	24	21	31	28	30	26	36	32			
4	26	24	35	31	33	30	32	28	42	37	40	35	49	42			
6	34	31	45	40	42	38	41	36	54	48	51	44	63	54			
10	46	42	61	54	57	51	57	50	75	66	69	60	86	75			
16	61	56	81	73	76	68	76	68	100	88	91	80	115	100			
25	80	73	106	95	99	89	101	89	133	117	119	105	149	127	161	135	141

공사방법	절연체의 종류와 부하 도체의 수																
35	99	89	131	117	121	109	125	110	164	144	146	128	185	158	200	169	176
50	119	108	158	141	145	130	151	134	198	175	175	154	225	192	242	207	216
70	151	136	200	179	183	164	192	171	253	222	221	194	289	246	310	268	279
95	182	164	241	216	220	197	232	207	306	269	265	233	352	298	377	328	342
120	210	188	278	249	253	227	269	239	354	312	305	268	410	346	437	383	400
150	240	216	318	285	290	259	300	262	393	342	334	300	473	399	504	444	464
185	273	245	362	324	329	295	341	296	449	384	384	340	542	456	575	510	533
240	321	286	424	380	386	346	400	346	528	450	459	398	641	538	679	607	634
300	367	328	486	435	442	396	458	394	603	514	532	455	741	621	783	703	736
400															940	823	868
500															1083	946	998
630															1254	1088	1151

비고 1. 이 표는 KS C IEC60364-5-52 의 표B.52.2, B.52.3, B.52.4, B.52.5, B.52.12 "허용전류(A)" 에서 발췌한 것이다.

2. 이 표의 도체온도는 PVC는 70[℃], XLPE는 90[℃]이고, 기준 주위온도는 30[℃]이다.

표 3-7 공사방법(F,G)의 허용전류계산 기준표(구리 도체)

도체의 공칭 단면적 (㎟)	F 공사방법			G 공사방법	
	XLPE 또는 EPR절연(단심케이블)			XLPE 또는 EPR절연(단심케이블)	
	2개 부하 도체접촉	3개 부하도체삼각배치	수평 3개 도체 밀착	수평 3개도체 수평이격	수평 3개도체 수직이격
				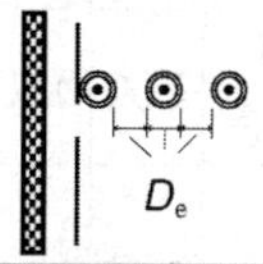	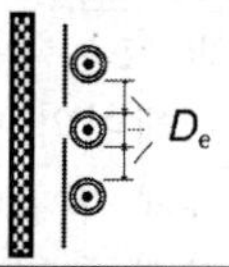
25	161	135	141	182	161
35	200	169	176	226	201
50	242	207	216	275	246
70	310	268	279	353	318
95	377	328	342	430	389
120	437	383	400	500	454
150	504	444	464	577	527
185	575	510	533	661	605
240	679	607	634	781	716
300	783	703	736	902	833
400	940	823	868	1,085	1,008
500	1,083	946	998	1,253	1,169
630	1,254	1,088	1,151	1,454	1,362

비고 이 표의 도체온도는 XLPE 또는 EPR절연(단심케이블) 도체온도 90[℃]이고, 기준 주위온도는 30[℃]이다.

(다) 케이블의 집합 저감계수

하나의 전선관, 트레이 등에 다수의 전선(절연전선 및 케이블)이 설치된 경우에는 표 3-8를 참조하여 회로수 또는 다심케이블의 조수를 상정하여 적용한다.

다만, 여기서 접지도체는 회로에 포함하지 않는다.

표 3-8 케이블의 집합 저감계수

<table>
<tr><th rowspan="2">항</th><th>배치</th><th colspan="12">회로 또는 다심 케이블의 수</th><th>허용전류</th></tr>
<tr><th>(케이블 밀착)</th><th>1</th><th>2</th><th>3</th><th>4</th><th>5</th><th>6</th><th>7</th><th>8</th><th>9</th><th>12</th><th>16</th><th>20</th><th>를 이용</th></tr>
<tr><td>1</td><td>기중이나 벽면에 묶거나 매설 또는 수납</td><td>1.00</td><td>0.80</td><td>0.70</td><td>0.65</td><td>0.60</td><td>0.57</td><td>0.54</td><td>0.52</td><td>0.50</td><td>0.45</td><td>0.41</td><td>0.38</td><td>B.52.2~B.52.13 방법 A~F</td></tr>
<tr><td>2</td><td>벽 또는 막힘형 트레이의 단일층</td><td>1.00</td><td>0.85</td><td>0.79</td><td>0.75</td><td>0.73</td><td>0.72</td><td>0.72</td><td>0.71</td><td>0.70</td><td colspan="3" rowspan="4">9개 이상의 회로 또는 다심케이블인 경우는 이 이상의 감소 계수는 없음.</td><td rowspan="2">B.52.2~B.52.7 방법 C</td></tr>
<tr><td>3</td><td>목재 천장면 아래에 직접 고정한 단일층</td><td>0.95</td><td>0.81</td><td>0.72</td><td>0.68</td><td>0.66</td><td>0.64</td><td>0.63</td><td>0.62</td><td>0.61</td></tr>
<tr><td>4</td><td>천공형 수평 또는 수직 트레이의 단일층</td><td>1.00</td><td>0.88</td><td>0.82</td><td>0.77</td><td>0.75</td><td>0.73</td><td>0.73</td><td>0.72</td><td>0.72</td><td rowspan="2">B.52.8~B.52.13 방법 E, F</td></tr>
<tr><td>5</td><td>케이블래더 단일층 또는 클리트의 지지</td><td>1.00</td><td>0.87</td><td>0.82</td><td>0.80</td><td>0.80</td><td>0.79</td><td>0.79</td><td>0.78</td><td>0.78</td></tr>
</table>

비고 1. 이러한 계수는 동일 부하가 걸린 동일 집합에 속한 케이블에 적용할 수 있다.
2. 인접 케이블간의 수평간격이 그 외경의 2배를 초과할 경우, 감소계수를 적용하지 않는다.
3. 같은 회로의 단심 케이블 2개 또는 3개의 집합체, 다심 케이블은 동일한 계수를 적용
4. 하나의 계통이 2심과 3심 케이블로 구성된 경우에 전체 케이블 수는 회로수와 같은 것으로 간주하고, 그 보정계수를 2심 케이블에는 2개의 부하도체에 대한 표를, 3심 케이블에는 3개의 부하도체에 대한 표로 적용
5. 집합체가 n개 단심 케이블로 구성된 경우에는 2개 부하도체는 $n/2$회로로 하고, 3개 부하도체는 $n/3$회로로 간주한다.
6. 이 표에 나타낸 값은 표 B.52.2~B.52.13에 제시된 도체의 굵기와 공사 형태 범위에 대한 평균값이다. 보정계수의 정확도는 ±5[%] 오차 범위 내에 있다.
7. 특수 공사 및 이 표에 나타내지 않은 다른 공사방법인 경우에는 특수한 경우에 대비해 계산한 계수를 사용하는 것이 바람직하며 표 B52.20~52.21을 참조한다.

비고 이 표는 KS C IEC60364-5-52의 "표 B.52.17 단일회로 또는 단일 다심케이블 또는 복수회로 또는 복수 다심케이블에 대한 저감계수"를 발췌 한 것이다.

(라) 케이블의 보정계수

케이블의 허용전류를 선정할 경우 공사사방법에 따라 허용전류를 선정하고 허용전류 값에 주위온도가 기준온도보다 낮은 경우에는 허용전류가 증가하고 기준온도보다 높은 경우에는 허용전류가 작아지는데 이를 보정하기 위해 표 3-9을 참조하여 케이블의 보정계수를 적용한다.

표 3-9. 케이블의 보정계수

주위온도	기중		지중	
	절연체		절연체	
	XLPE	PVC	XLPE	PVC
10	1.15	1.22	1.07	1.10
15	1.12	1.17	10.4	1.05
20	1.08	1.12	1.00	1.00
25	1.04	1.06	0.96	0.95
30	1.00	1.00	0.93	0.89
35	0.96	0.94	0.89	0.84
40	0.91	0.87	0.85	0.77
45	0.87	0.79	0.80	0.71
50	0.82	0.71	0.76	0.63
55	0.76	0.61	0.71	0.55
60	0.71	0.50	0.65	0.45
65	0.65	-	0.60	-
70	0.58	-	0.53	-
75	0.50	-	0.46	-
80	0.41	-	0.38	-
85	-	-	-	-
90	-	-	-	-
95	-	-	-	-
비고: 1. KS C IEC 60364-5-52, 표 B.52.14, B.52.15 내용발췌 2.기준온도는 기중-주위온도 30[℃], 지중- 20[℃]임				

(2) 중성선의 단면적 선정

(가) 선도체와 동등 이상의 단면적 선정

중성선이 선도체 이상의 단면적을 선정해야 하는 경우는 다음과 같다.

① 단상 2선식 회로

② 다상회로의 선도체가 연동선 16[㎟], 알루미늄전선 25[㎟] 이하인 경우

③ 3상 회로에서 제3고조파의 홀수배수의 고조파 전류가 흐를 가능성이 높고, 총 고조파 왜형률이 15[%] 이상의 THDi(전류종합고조파왜형률)가 존재하는 경우

(나) 선도체를 초과하는 단면적 선정

IT전용회로에서 발생하는 제3고조파 및 제3고조파 전류의 홀수배수 총 고조파 왜형률이 33[%]를 초과하여 선도체를 초과하는 단면적을 선정하는 경우는 다음과 같다

① 다심케이블은 선도체와 중성선의 단면적이 같아야 하며, 이 단면적은 선도체의 $1.45 \times I_B$가 중성점에 흐르는 경우

② 단심케이블은 선도체의 단면적이 중성선 단면적 보다 작을 수 있다.

단, 선은 선도체 회로 설계전류(I_B), 중성점의 선이 $1.45 \times I_B$와 같은 전류인 경우

(다) 선도체 이하의 단면걱 선정

각 선도체 단면걱이 연동선 16[㎟], 알루미늄전선 25[㎟]를 초과하는 경우에 한하여 작게 선정할 수 있다.

① 통상 회로 부하가 균형을 이루고 제3고조파 전류의 홀수배수 전류가 선도체 전류의 15[%] 이하일 경우(단, 선도체 단면적의 50[%] 이상 중성선을 선정할 것)

② 중성선에 과전류검출기를 설치하여 선도체를 차단 과전류로부터 보호되는 경우(중성선은 차단하지 않아도 됨)

③ 중성선은 연동선 16[㎟], 알루미늄전선 25[㎟] 이상일 것

(라) 기타의 경우

중성선겸용 보호도체(PEN)도체의 경우는 상기 "(가)~(다)"항을 고려해야 하며, 보호도체로(PE)만 사용되는 경우는 "(가)~(다)"항을 고려하지 않는다.

〔2〕 전선관 굵기 선정

(1) 금속관(후강전선관) 배관

(가) 선정방법

여러 개의 전선을 동일 관내에 넣어 공사하는 경우 전선의 피복절연물을 포함한 완성 단면적의 총 합계는 전선관 내부 단면적의 1/3 이내가 되도록 하며, 표 3-10 및 3-11을 참조하여 전선관 굵기를 선정한다.

표 3-10 전선의 완성 단면적 적용

전선 도체의 공칭단면적[mm^2]	절연체 두께 [mm]	평균 완성 바깥지름[mm]	완성 단면적 기준[mm^2]	비 고
1.5	0.7	3.3	8.6	1. 단면적으로 기준된 것을 직경으로 환산한 것임. 2. 단면적은 (KSC IEC 60227-3:정격 전압 450/750 V 이하 염화 비닐 절연 케이블 - 제3부: 배선용 비닐 절연 전선)에 의한 상한값을 기준하여 소숫점 둘째자리에서 절상함.
2.5	0.8	4.0	14.6	
4	0.8	4.6	22.1	
6	0.8	45.0	31.2	
10	1.0	6.7	41.9	
16	1.0	7.8	54.1	
25	1.2	8.1	67.9	
35	1.2	10.9	83.3	
50	1.4	12.8	100.3	
70	1.4	14.6	118.8	
95	1.6	17.1	138.9	
120	1.6	18.8	160.6	
150	1.8	20.3	183.8	
185	2.0	23.3	208.6	
240	2.2	26.6	235.0	
300	2.4	29.6	262.9	
400	2.6	33.2	292.5	

표 3-11 후강전선관 내경 및 전선의 내부 단면적(1/3)

후강전선관		
호칭	내경 [mm]	관 내단면적의 1/3[㎟]
G16	16.4	70
G22	21.9	125
G28	28.3	209
G36	36.9	356
G42	42.8	479
G54	54	762
G70	69.6	1,268
G82	82.3	1770
G92	93.7	2,295
G104	106.4	2,959

(나) 전선의 규격과 본수에 따른 전선관 굵기

동일 전선관 내에 같은 굵기의 전선을 넣는 경우에는 (가) "선정방법"에 따라 계산하면 표 3-12와 같다.

표 3-12 후강전선관의 경우 굵기

전선의 굵기	전선 본수									
단면적 [mm^2]	1	2	3	4	5	6	7	8	9	10
	전선관의 최소 굵기[mm]									
2.5	16	16	16	16	22	22	22	28	28	28
4	16	16	16	22	22	22	28	28	28	36
6	16	16	22	22	22	28	28	28	36	36
10	16	22	22	28	28	36	36	36	42	42
16	16	22	28	28	36	36	36	42	42	54
25	22	28	36	36	42	42	54	54	54	54
35	22	28	36	42	54	54	54	70	70	70
50	28	36	42	54	54	70	70	70	70	82
70	28	42	54	54	70	70	70	82	82	82
95	36	54	54	70	70	82	82	92	92	104
120	36	54	70	70	82	82	92	104		
150	36	70	70	82	92	92	104	104		
185	42	70	82	92	92	104				
240	54	82	82	104	104					

비고 전선 수량의 값은 보호도체도 포함된다.

(2) 금속제 가요전선관 배관

(가) 선정방법

여러개의 전선을 동일 관내에 넣어 공사하는 경우 전선의 피복절연물을 포함한 완성 단면적의 총 합계는 전선관 내부 단면적의 1/3 이내가 되도록 하며, 표 3-13을 참조한다.

표 3-13. 2종 금속제 가요전선관의 내부 단면적 기준

제1종 금속제 가요전선관			제2종 금속제 가요전선관		
호칭	내경 [mm]	관 내단면적의 1/3[㎟]	호칭	내경 [mm]	관 내단면적의 1/3[㎟]
10	9.7	24.6	10	9.2	22.1
12	12.2	38.9	12	11.4	34.0
16	15.8	65.3	15	14.1	52.0
22	20.8	113.2	17	16.6	72.1
28	26.4	182.3	24	23.8	148.2
36	35.0	320.5	30	29.3	224.6
42	40.0	418.6	38	37.1	360.1
54	51.3	688.6	50	49.1	630.8
70	62.9	1,035.2	63	62.6	1,025.4
82	77.9	1,587.9	76	76.0	1,511.3
92	88.9	2,068.0	83	81.0	1,716.7
104	101.6	2,701.0	101	100.2	2,627.1

(나) 동일 굵기의 전선을 동일한 전선관에 넣는 경우의 굵기

동일 전선관 내에 같은 굵기의 전선을 넣는 경우에는 (가) "선정방법"에 따라 계산하면 표 3-14와 같다.

표 3-14 2종 금속제 가요전선관의 경우 굵기

전선의 굵기	전선 본수									
도체단면적 $[mm^2]$	1	2	3	4	5	6	7	8	9	10
	제2종 금속제 가요전선관의 최소 굵기(관의 호칭)									
2.5	10	15	17	17	24	24	24	24	30	30
4	10	15	17	24	24	24	24	30	30	30
6	12	15	17	24	24	24	30	30	30	38
10	15	24	24	30	38	38	38	38	38	50
16	15	24	24	30	38	38	38	50	50	50
25	24	30	38	38	50	50	50	50	63	63
35	24	38	38	50	50	50	63	63	63	63
50	24	38	50	50	63	63	63	76	76	76
70	30	50	50	63	63	76	76	76	83	101
95	38	50	63	63	76	76	83	101	101	101
120	38	63	63	76	76	83	101	101		
150	38	63	76	101	101	101				
185	50	70	76	101	101	101				
240	50	76	101	101						

비고 전선 수량의 값은 보호도체도 포함된다.

(3) 합성수지제 전선관 배관

(가) 선정방법

여러개의 전선을 동일 관내에 넣어 공사하는 경우 전선의 피복절연물을 포함한 완성 단면적의 총 합계는 전선관 내부 단면적의 1/3 이내가 되도록 하며, 표 3-15를 참조한다.

표 3-15 경질비닐 전선관의 내부 단면적 기준(HI-PVC)

전선의 굵기	전선 본수									
단면적[mm²]	1	2	3	4	5	6	7	8	9	10
	전선관의 최소 굵기[mm]									
2.5	14	14	16	16	22	22	22	28	28	28
4	14	16	16	16	22	22	28	28	28	28
6	14	16	22	22	22	28	28	28	36	36
10	14	16	22	28	28	36	36	36	42	42
16	14	22	28	28	36	36	42	42	54	54
25	16	28	42	36	42	54	54	54	70	70
35	22	28	42	42	54	54	54	70	70	70
50	28	36	54	54	54	70	70	70	82	82
70	28	42	54	70	70	70	82	82		
95	36	54	70	70	82	82				
120	36	54	70	70	82					
150	42	70	70	82						
185	42	70	82							

비고 전선 수량의 값은 보호도체도 포함된다.

(4) 합성수지제가요관 및 CD관 배관

(가) 선정방법

합성수지제 가요전선관의 지지점간 거리는 1[m]이하로 설치하고, 습기난 물기가 있는 장소에 시설하는 경우에는 접속부에서 습기나 물기 및 먼지가 침입하여 절연손상을 입지 않도록 하여야 한다. 단 불연성 전선관이 아닌 CD관은 콘크리트에 매설하여 시설하여야 한다.

여러개의 전선을 동일 관내에 넣어 공사하는 경우 전선의 피복절연물을 포함한 완성 단면적의 총 합계는 전선관 내부 단면적의 1/3 이내가 되도록 하며, 표 3-16을 참조한다.

표 3-16 합성수지제 전선관(HI-PVC) 및 CD관 내부 단면적 기준

전선관의 굵기[mm]	HI-PVC 내 단면적의 1/3	CD관 내 단면적의 1/3	전선관의 굵기[mm]	HI-PVC 내 단면적의 1/3	CD관 내 단면적의 1/3
14	51	51	42	418	461
16	85	67	54	680	-
18	-	85	70	1,173	-
22	127	127	82	1,550	-
28	205	205	100	2,667	-
36	320	339	-	-	-

(나) 동일 굵기의 전선을 동일한 전선관에 넣는 경우의 굵기

동일 전선관내에 같은 굵기의 전선을 넣는 경우에는 (가) "선정방법"에 따라 계산하면 표 3-17과 같다.

표 3-17 합성수지제가요관 및 CD관의 경우 굵기

전선의 굵기		전선의 수량[본]									
단선 [mm]	연선 [mm²]	1	2	3	4	5	6	7	8	9	10
		전선관의 최소 굵기[mm]									
1.38	1.5	14	14	14	14	16	16	22	22	22	22
1.78	2.5	14	14	14	16	22	22	22	22	28	28
2.26	4	14	14	16	22	22	22	28	28	28	28
2.76	6	14	16	16	22	22	22	28	28	28	36
	10	14	22	22	28	28	36	36	36	36	42
	16	16	22	28	28	36	36	42	42		
	25	22	28	36	36	42					
	35	22	36	36							
	50	28	42								
	70	28	42								
	95	36									

비고 전선 수량의 값은 보호도체도 포함된다.

3.1.4 전로의 절연

〔1〕 전로의 절연 목적

전로의 전선 상호간 및 전로와 대지가 충분히 절연되어 있지 않으면 누설전류에 의한 화재발생 또는 감전 사고, 전력손실의 장해가 발생하므로 전로는 대지로부터 절연하여 사용하는 것이 원칙이다.

그러나 전로의 절연 목적과는 달리 보안상, 구조상 절연할 수 없는 경우 그림 3-8과 같이 전로의 절연원칙에서 제외하고 있다.

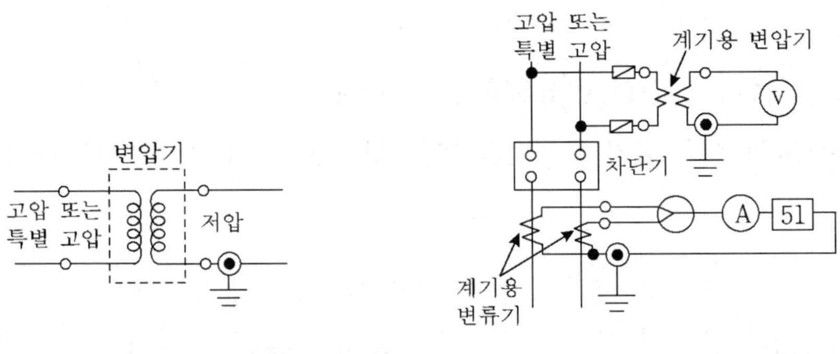

(a) 변압기 2차측 접지점 (b) 계기용 변성기의 접지점

(c) 다중접지 중성선의 접지점 (d) 중성점의 접지점

그림 3-8 전로 절연 원칙 예외 장소의 보기

〔2〕 전로의 절연저항 및 절연내력

전기설비기술기준에서는 정상적인 전로의 절연유지를 위하여 절연내력(絶緣耐力)시험과 절연저항 측정 두 가지 방법이 있다.

(1) 전로의 절연저항

옥내배선의 저압 전로의 전선 상호간 및 전로와 대지간의 절연저항은 인입구 장치, 간선용 또는 분기용으로 시설하는 개폐기 또는 과전류 차단기로 구분할 수 있는 전로마다 표 3-18에 나타내는 값 이상이어야 한다.

표 3-18 전로의 절연저항값

전로의 사용전압[V]	DC시험전압[V]	절연저항[MΩ]
SELV 및 PELV	250	0.5
FELV, 500[V] 이하	500	1.0
500[V] 초과	1000	1.0

주 특별저압(2차 전압이 AC 50[V], DC 120[V] 이하)으로
① SELV(비접지회로 구성) 및 PELV(접지회로 구성)은 1차와 2차가 전기적으로 절연된 회로
② FELV는 1차와 2차가 전기적으로 절연되지 않은 회로

① 측정시 영향을 주거나 손상을 받을 수 있는 SPD, 기타 기기 등이 분리가 어려운 경우 250[V]로 시험가능(1[MΩ] 이상)
② 전기욕기용 전원장치로부터 욕기안의 전극까지의 전선 상호간 및 전선과 대지 사이의 절연저항은 0.1[MΩ] 이상
③ 전로 및 기계기구의 절연내력 : 10분간 시험전압을 가하였을 때 견디는 것(절연내력시험 전압규정)
④ 케이블은 교류 시험전압의 2배의 직류전압, 회전기(회전변류기 제외)는 교류시험전압의 1.6배의 직류전압으로 시험가능
⑤ 고압이상 케이블 절연내력 기계기구의 절연내력, 5000[V] 절연시험 등의 기준은 없으며, 안전공사 자체 권장값 활용
⑥ 저압전로에서 정전이 어려운 경우 저항성분의 누설전류 1[mA] 이하
⑦ 저압전선로는 사용전압에 대한 누설전류가 최대 공급전류의 1/2000 이하, 단상 2선식의 경우 1/1000 이하

(가) 전선과 대지간의 절연저항

저압전선로 중 절연부분의 전선과 대지간의 절연저항은 사용전압에 대한 누설전류가 최대 공급전류의 1/2000을 넘지 않도록 유지하여야 한다. 이것을 식으로 표시하면 식 (3-8)과 같이 된다.

$$절연저항 \geq \frac{사용전압 \times 2000}{최대공급전류}[\Omega] \qquad (3\text{-}8)$$

(나) 고압 혹은 특고압용 기기의 절연 저항값

· 정지기

$$R = \frac{수전전압[V]}{수전용량[kW] + 1000}[M\Omega] \qquad (3\text{-}9)$$

· 회전기

$$R = \frac{수전전압[V]}{수전용량[kW] + 2000} + 0.5[M\Omega] \qquad (3\text{-}10)$$

예제 사용 전압 380[V]의 3상 3선식 전선로(최대공급 전류 500[A]의 1선과 대지 간에 필요한 절연 저항값)의 최소값을 구하여라.

풀이 $절연저항 \geq \frac{380 \times 2000}{500} = 1{,}520[\Omega]$

예제 사용전압 220[V] 최대 공급 전류가 50[A]인 단상 2선식 가공 전선로에서 2선을 합한 것과 대지간의 절연 저항은 얼마인가?

풀이 $누설전류 = \frac{최대공급전류}{2{,}000}[A]$

$$절연\ 저항 = \frac{사용전압}{2 \times I_l} = \frac{220}{2 \times \frac{50}{2{,}000}} = 4{,}400[\Omega]$$

(2) 절연내력

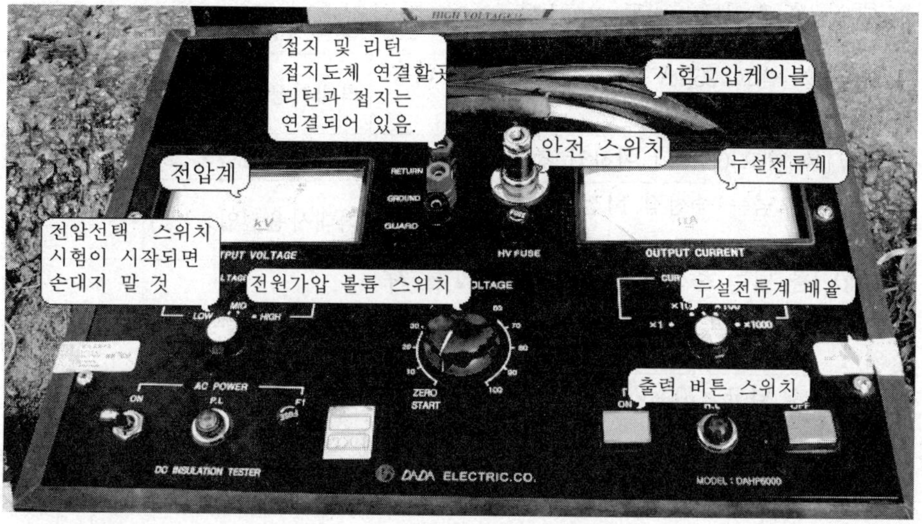

그림 3-9 절연내력 시험장치

전기공작물의 절연성을 판정하는 방법으로 절연내력시험이 사용되고 있다. 일반적으로 고압 또는 특별고압의 전로, 회전기 및 정류기, 변압기의 절연내력 시험은 정해진 시험전압을 10분간 가했을 때 이상 여부를 확인하는 방법이다.

(가) 고압 및 특별고압 전로의 절연내력 시험전압

절연내력 시험은 표 3-19에서 정한 시험전압을 전로와 대지간에 10분간 연속적으로 인가하여 이에 견디어야 한다. 다만, 전선에 케이블을 사용할 때 표에서 정한 시험전압 2배의 직류전압을 연속적으로 10분간 가하여 절연내력을 시험한다.

표 3-19 고압 및 특별고압 전로기기 등의 절연내력 시험전압

구분	전로의 종류(최대 사용 전압으로 구분)	시험 전압	최저 시험 전압
1	7[kV] 이하의 전로	최대사용전압×1.5	500[V]
2	7[kV]를 넘고 25[kV] 이하의 중성선 다중 접지식 전로	최대사용전압×0.92	
3	7[kV]를 넘고 60[kV] 이하인 전로(2란 제외)	최대사용전압×1.25	10.5[kV]
4	60[kV]를 넘는 중성점 비접지식 전로(PT 접속포함)	최대사용전압×1.25	
5	60[kV]를 넘는 중성점 접지식 전로(PT를 사용하여 접지하는 것 및 6란과 7란의 것은 제외)	최대사용전압×1.1	75[kV]
6	60[kV]를 넘고 170[kV] 이하의 중성점 직접 접지식 전로	최대사용전압×0.72	
7	170[kV]를 넘는 중성점 직접 접지식 전로	최대사용전압×0.64	

표 3-20 계통공칭전압과 설비 최고전압

계통공칭전압[kV]	설비의 최고전압[kV]
	KS 및 IEC 기준
3.3	3.6
6.6	7.2
㈜22.9	㈜25.8
㈜154	㈜170
345	360
765	800

㈜ 송배전계통에서 전압을 표준화하여 정한 것을 표준화전압이라 하고 계통에서 사용하는 표준전압에는 공칭전압과 최고전압으로 구분

① 공칭전압 : 계통을 대표하는 선간전압

② 최고전압(최대사용전압) : 계통에서 발생하는 최고의 선간전압으로 염해 대책 1선지락 등으로 인한 내부이상전압, 코로나장애, 정전유도 등을 고려할 때 표준이 되는 전압이며 500[kV] 미만일 때 최고전압(최대사용전압)은 다음과 같다.

$$최고전압 = 공칭전압 \times \frac{1.15}{1.1}$$

예제 22.9[kV] 전로의 교류와 직류 전압을 인가할 때의 절연내력시험전압을 구하시오.

풀이 22.9[kV]의 최대사용전압은 24.2[kV]이므로

① 교류 전압을 인가하는 경우

$24.2 \times 0.92 = 22.264$[kV]

② 케이블의 경우 직류전압을 가할 때

$24.2 \times 0.92 \times 2 = 44.528$[kV]

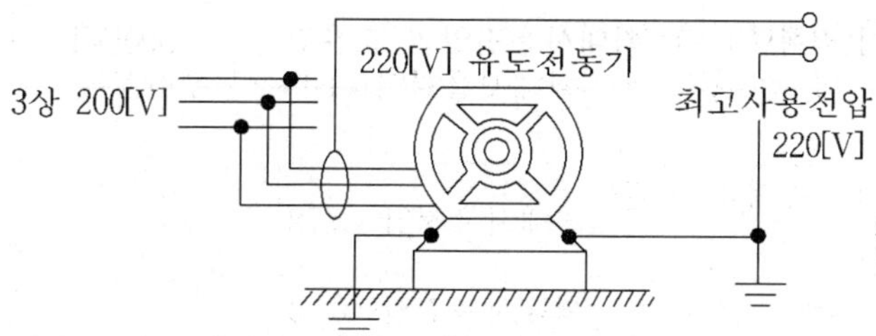

시험전압 500[V]

230[V]×1.5[배]=345[V]

345[V]는 500[V] 미만이므로

500[V]내압 시험을 한다.

공칭 전압[V]	최고 전압[V]	시험 전압[V]
100,200	115,230	500
415	477.3	716

그림 3-10 저압기기의 절연 내력 시험

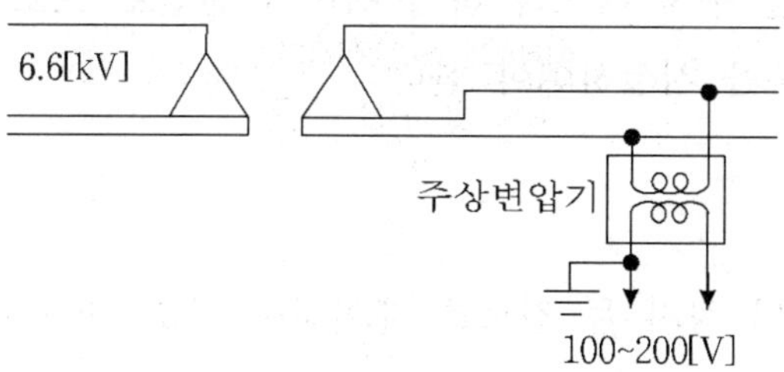

시험전압

6,600[V]의 최고사용전압이

6,900[V]이므로

6,900[V]×1.5[배]=10,350[V]

그림 3-11 고압전로의 절연 내력 시험

(나) 회전기 및 정류기의 절연내력

회전기 및 정류기 등의 절연 내력은 표 3-21와 같은 시험 전압과 시험 방법으로 연속 10분간 가하여 절연 내력 시험을 하였을 때 견디는 것이어야 한다.

표 3-21 회전기 및 정류기의 내압시험 전압

기구의 종류	시 험 할 곳		시 험 전 압	최저시험전압
발전기, 전동기 등의 회전기	권선과 대지 사이	7,000[V] 이하의 것	1.5×최대사용전압	500[V]
		7,000[V]를 넘는 것	1.25×최대사용전압	10,500[V]
회전 변류기	권선과 대지 사이(직류측)		1×최대사용전압의 교류전압	500[V]
수은 정류기	주 양극과 외함 사이(직류측)		2×최대사용전압의 교류전압	500[V]
	음극 및 외함과 대지 사이(직류측)		1×최대사용전압의 교류전압	
기타의 정류기	충전부분과 외함 사이(직류측)		1×최대사용전압의 교류전압	500[V]

3.1.5 전로의 보호장치

저압전로에 접속되는 조명, 동력, 전열 등에 전기를 공급하는 경우 사람과 가축에 대한 감전이나 기계기구에 손상을 주지 않도록 하기 위하여 전선로 보호용으로 개폐기, 과전류차단기, 누전차단기 등을 시설하여야 한다.

〔1〕 저압개폐기

수용가의 인입구, 전동기의 기동 및 정지 등 전로를 제어하는 장소, 고장이나 수리 점검 등 전로를 차단할 필요가 있는 곳에 사용되는 것으로 퓨즈, 전자개폐기, 배선차단기, 누전차단기 등이 있다.

(1) 개폐기를 필요로 하는 장소

저압개폐기는 저압전로 중 다음 각호에 명시하는 개소 또는 별도로 정하는 개소에 시설하여야 한다.

① 부하전류를 개폐할 필요가 있는 개소

② 인입구 기타 고장, 점검, 측정, 수리 등에 있어서 개로할 필요가 있는 개소

③ 퓨즈의 전원측(이 경우 개폐기는 퓨즈에 근접하여 설치할 것) 다만, 분기회로용 과전류차단기 이후의 퓨즈가 플러그퓨즈와 같이 퓨즈 교환시에 충전부에 접촉될 우려가 없을 경우에는 이 개폐기를 생략해도 무방하다.

㊟ 분전반의 주개폐기(인입구 장치가 되는 것은 제외한다)는 특히 필요한 경우 이외에는 시설하지 아니하여도 된다.

㊟ 상기 내용을 도시하면 그림 3-12와 같다.

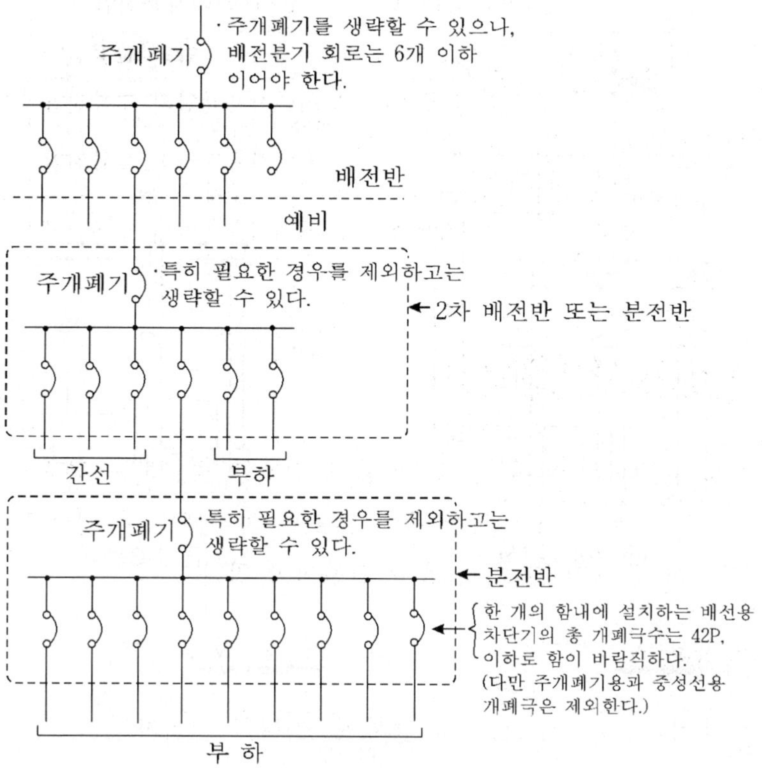

그림 3-12 개폐기를 필요로 하는 경우

(2) 개폐기를 생략할 수 있는 장소

저압전로 중에 개폐기를 시설하는 경우에는 부하의 종별 및 용량에 적합한 크기의 것을 각 극(제어회로 등에 시설하는 조작용 개폐기는 제외)에 설치하며 전원공급계통으로 부터 모든 비접지 전선을 동시에 개폐할 수 있도록 시설하여야 한다. 다만, 중선선 등 접지된 전선의 개폐를 다음에 의하는 경우에는 그러하지 아니한다.

① 전원공급계통으로부터 중성선 등 접지된 전선을 동시에 개폐하지 아니하는 경우에는 모든 접지된 전선을 압착단자 등을 사용하여 단자판 또는 버스(Bus)에 전기적으로 완전하게 접속하고 중선선 등의 접지측 전선을 필요시 쉽게 분리할

수 있도록 시설하는 경우[이하 이를 중성선 접속단자(SN : Solid Neutral)라 한다.]

㊟ 상기 내용을 도시하면 그림 3-13과 같다.

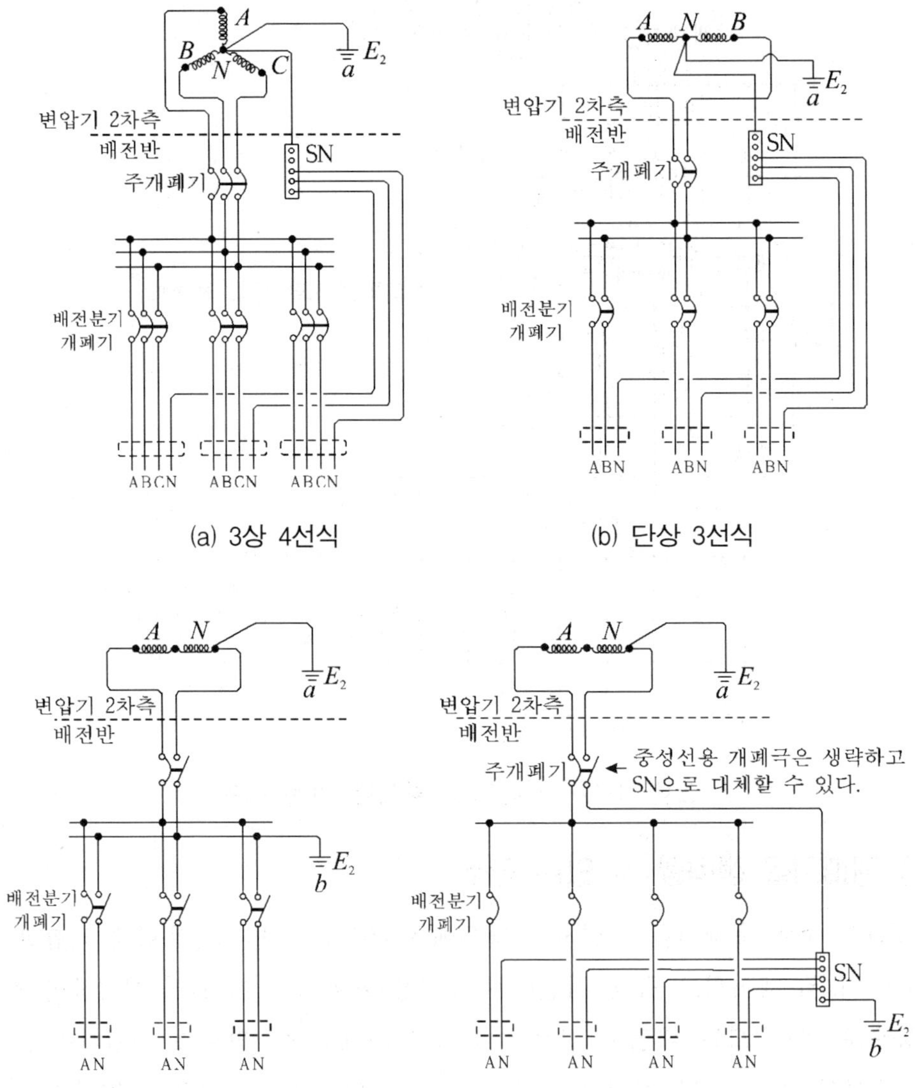

그림 3-13 개폐기를 생략할 수 있는 경우의 설명도(고압수전의 경우)

㊟ ① 배전반에서 주개폐기를 생략할 수 있으나, 배전분기 개폐기는 6개회로 이하로 시설하여야 한다.

② 주개폐기로 누전 차단기를 사용하는 경우 누전 검지장치에 중성선도 함께 관통시켜야 한다.

③ 중성선 접속단자(SN)에 접속하는 모든 전선은 개별로 접속하여야 하고 쉽게 분리할 수 있어야 한다.

④ 중성선 등 접지측 전선에 개폐기를 시설하는 경우에는 다른극과 동시에 개폐가 되어야 하고 어떠한 과전류장치도 시설하여서는 아니된다.

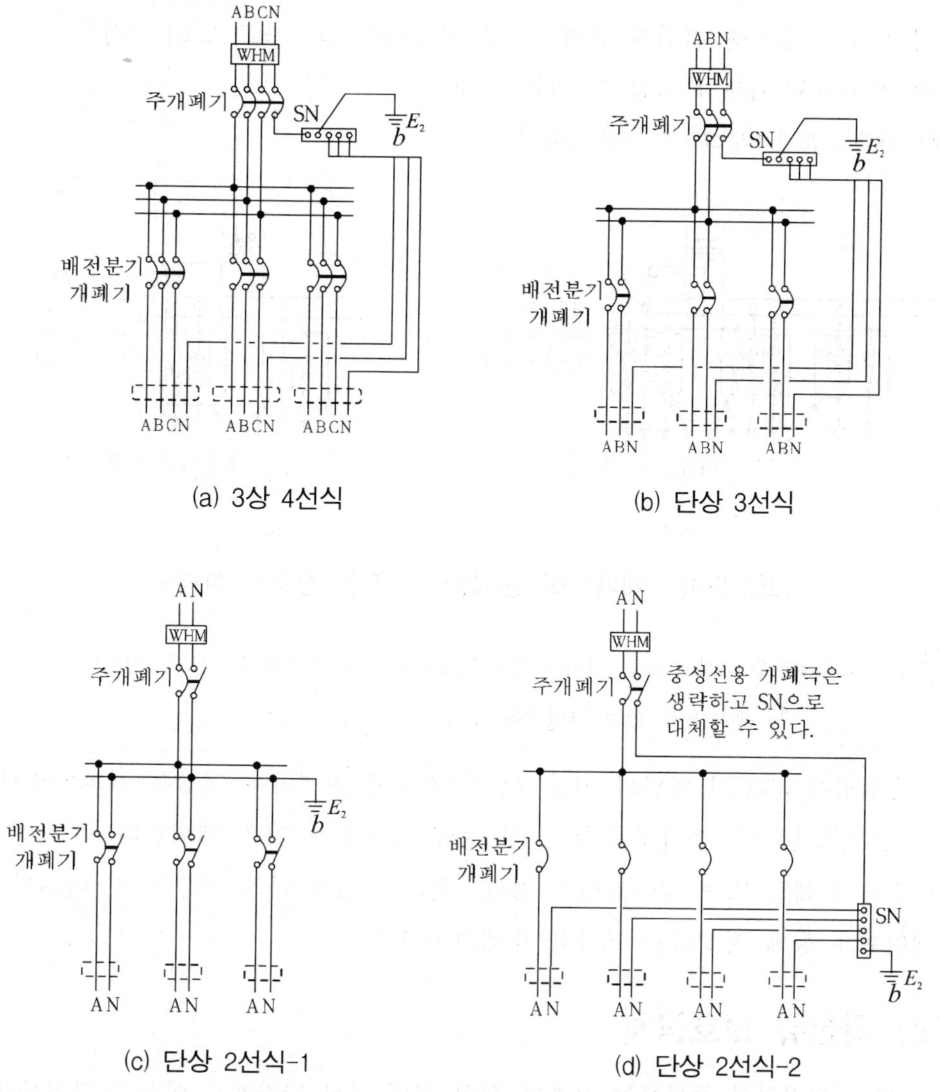

그림 3-14 개폐기를 생략할 수 있는 경우의 설명도(저압수전의 경우)

주 ① 주개폐기로 누전 차단기를 사용하는 경우 누전 검지장치에 중성선도 함께 관통시켜야 한다.

② 중성선 접속단자(SN)에 접속하는 모든 전선은 개별로 접속하여야 하고 쉽게 분리할 수 있어

야 한다.

② 수용장소의 인입구에서 접지공사를 시행한 저압전로 또는 변압기의 중성점 또는 그의 중성선상의 1단자에 접지공사를 시행한 저압전로(누전 차단기를 시설하지 아니한 경우는 접지저항치가 3[Ω] 이하의 것을 한한다)에 접속하는 옥내배선의 중성선 또는 접지측 전선에 접속하는 분기회로로써 개폐기의 시설개소에서 중성선 또는 접지측 전선에 전기적으로 완전하게 접속하고 또는 중성선 또는 접지측 전선에서 쉽게 분리할 수 있는 경우

주 상기 내용을 도시하면 그림 3-15와 같다.

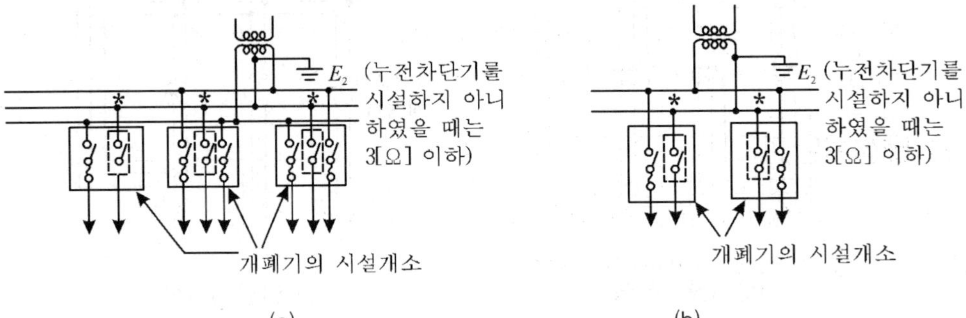

그림 3-15 개폐기를 생략할 수 있는 경우의 설명도

비고 ① * 표시부분을 중성선 또는 접지측 전선으로부터 쉽게 분리할 수 있도록 시설할 것.
② [그림 기호] 는 생략할 수 있는 계폐기를 표시함.

③ 사용전압이 400[V] 미만의 저압 2선식 전로에 시설하는 저압용 개폐기로서 간선에 시설하는 것. 분기개폐기(① 및 ②에 해당하는 것은 제외한다)에 시설하는 것 또는 크레인 또는 호이스트의 접촉전선의 규정에 따라 시설한 것 이외의 것.

④ 제어회로 등에 시설하는 조작용 개폐기의 1극

(2) 과전류 보호장치

과전류 보호장치의 종류에는 보호기 설치 점의 예상 단락전류 이상의 과전류를 차단할 수 있는 KS C 또는 KS C IEC 표준에 적합한 다음의 것을 선정할 수 있다.

① 과부하전류 및 단락 전류를 모두 보호하는 장치

㉠ 과부하 분리 기능을 내장한 차단기

ⓛ 퓨즈와 결합한 차단기

② 과부하만을 보호하는 장치는 반한시형 및 그 차단용량은 보호장치 설치점의 예상 단락전류보다 작아도 됨.

(1) 과전류차단기의 시설

전선 및 기계기구를 보호하기 위한 목적으로 전로 중 필요한 개소에는 과전류차단기를 시설하여야 한다.

주 ① "필요한 개소"라 함은 인입구, 간선의 전원측, 분기점 등의 보호상 또는 보안상 필요가 있는개소를 말한다.

② 개폐기와 과전류차단기를 겸하는 배선용차단기를 시설하는 경우에는 절연저항을 쉽게 측정할 수 있도록 시설할 것. 다만, 배선용차단기의 구조에는 측정구멍을 설치하는 등 절연저항을 쉽게 측정할 수 있도록 되어 있는 경우에는 그러하지 아니하다.

(2) 배선차단기

과전류차단기 시설의 규정에 따라 과전류차단기로서 저압전로에 사용되는 배선차단기는 다음 각호에 적합하여야 한다.

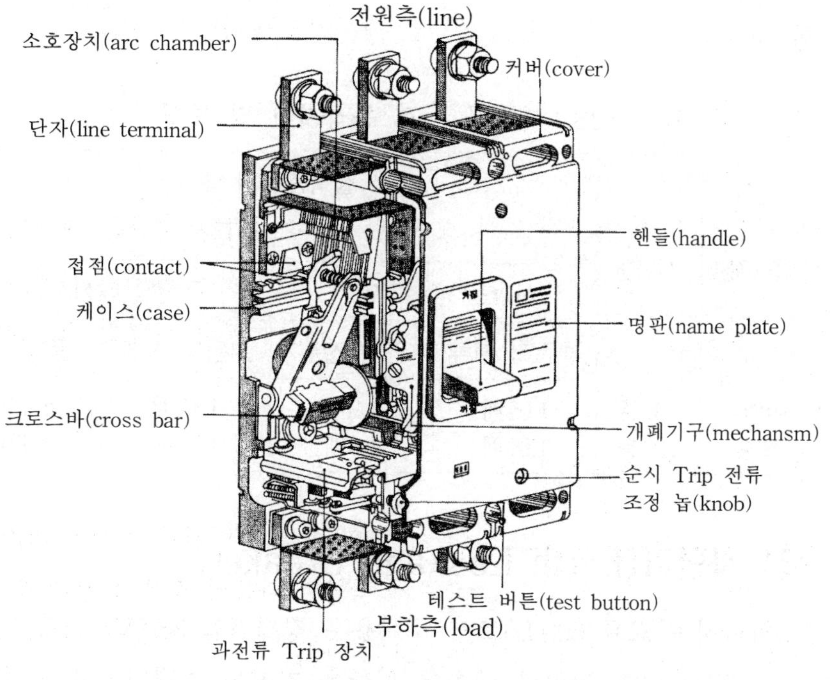

그림 3-16 MCCB의 구조

① 정격전류의 구분에 따라 부동작 전류에서는 자동적으로 동작하지 아니할 것.

② 일반인이 접촉할 우려가 있는 장소(세대내 분전반 등)에는 주택용 배선차단기는 표 3-22에서 정한 형별 정격전류(I_n) 배수의 순시트립범위에서 자동적으로 동작할 것.

표 3-22 주택용 배선용 차단기의 순시 트립에 따른 구분

Type(형)	순시 트립 범위	적 용
Type B	$3I_n$초과~$5I_n$ 이하	정격전류의 3~5배의 범위에서 동작하며, 연결부하는 조명설비, 저항성 부하(전열기기) 등 기동전류가 작은 부하에 적용
Type C	$5I_n$초과~$10I_n$ 이하	정격전류의 5~10배의 범위에서 동작하며, 기동전류가 있는 유도전동기 부하에 적용
Type D	$10I_n$초과~$20I_n$ 이하	정격전류의 10~20배의 범위에서 동작하며, 돌입전류가 매우 큰 부하에 적용변압기, X선 발생장치, 기동전류가 큰 유도 전동기
I_n : 차단기 정격전류[A]		

③ 정격전류의 구분에 따라 표 3-23에 명시한 동작전류에서는 시간내에 자동적으로 동작할 것.

표 3-23 과전류 트립 동작시간 및 특성

정격전류의 구분	시 간	정격전류의 배수 (모든극에 통전)			
		산업용 배선차단기		주택용 배선차단기	
		부동작 전류	동작 전류	부동작 전류	동작 전류
63[A] 이하	60분	1.05배	1.3배	1.13배	1.45배
63[A] 초과	120분	1.05배	1.3배	1.13배	1.45배

〔3〕 누전 차단기(Earth Leakage Breaker)

누전(漏電)차단기는 교류 60[Hz]로서 주택용은 정격전압 380[V] 이하, 산업용은 정격전압이 1000[V] 이하 저압의 금속제 외함을 가지는 기계기구에 전기를 공급

하는 전로에 누전으로 인한 감전사고와 전기화재 등을 방지하기 위하여 사용되는 차단기로서 누전이 예상되는 전로에서는 필수적으로 설치하여야 한다.

(1) 설치 필요성

그림 3-17에서 전동기 M의 절연이 열화되어 전동기 외함에 전위가 생겼다면 그 대지전압 V_g는 다음과 같이 구할 수 있다.

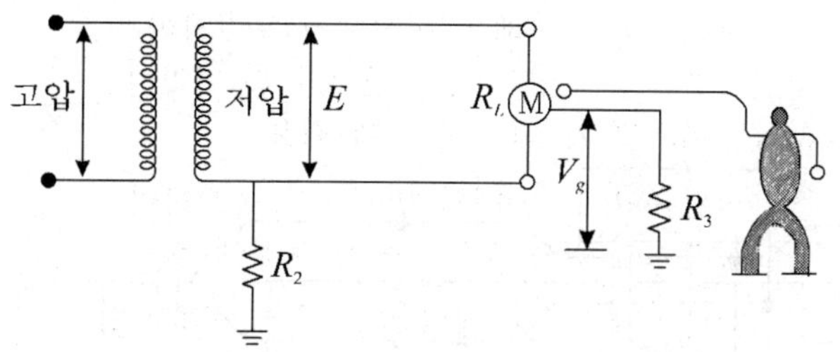

R_2 : 계통접지저항[Ω]
R_3 : 보호접지저항[Ω]
R_L : 전로의 저항[Ω]
E : 2차 전압[V]
V_g : 지락사고점의 대지전압[V]

그림 3-17 동력선로의 지락시 등가회로

$$V_g = \frac{R_3}{R_2 + R_3 + R_L} \times E \qquad (3\text{-}11)$$

R_L은 극히 적은 값이며 R_2, R_3에 비하여 무시할 수 있는 정도로 적으므로

$$V_g = \frac{R_3}{R_2 + R_3} \times E \qquad (3\text{-}12)$$

악조건의 인체저항은 1,000[Ω](접촉전압 300[V] 점의 인체저항 최저값)으로서 허용 인체통과전류를 30[mA]라고 가정하면 V_g의 허용 접촉전압이 30[mA]× 1,000[Ω]=30[V]를 넘으면 안된다.

저압의 최대 대지전압으로서 $E = 300$[V]라고 한다면 식 (3-13)이 성립된다.

$$\frac{R_2}{R_3} = 9 \qquad (3\text{-}13)$$

여기서 식 (3-13)을 보면 $R_2 > R_3$로 되어야 할 필요가 있으며 R_2와 R_3의 관계가 통상의 경우와 역으로 되어 있다.

$R_3 = \frac{R_2}{9}$[Ω]의 접지저항값이 필요하며 실질적으로 $R_3 = \frac{R_2}{9}$의 값을 얻기가 어려우므로 R_3의 값을 100[Ω]으로 제한하는 반면에 전로에 지기가 발생하였을 경우 0.05초 이내에 차단할 수 있는 누전차단기를 설치하여 감전재해 및 누전에 따른 전기화재 방지를 목적으로 설치한다.

(2) 구조 및 종류

(가) 누전차단기의 구조

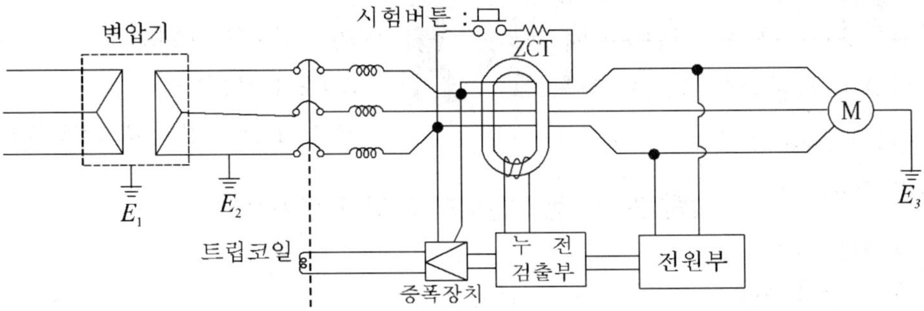

그림 3-18 누전차단기의 구조

① **소호장치** : 전류를 차단할 때 아크를 소호하는 장치

② **과전류 트립장치** : 회로에 과전류가 흐를 경우 검출하여 차단하는 장치

③ **누전 트립장치** : 지락이 발생한 경우 지락전류가 흘러 ZCT를 통과하는 불평형 부하 전류를 검출하여 트립코일을 여자시켜 차단하는 장치

④ **개폐기구** : 개폐를 행하는 레버 기계장치

⑤ **시험버튼** : 누전차단기의 차단 성능을 확인, 점검할 수 있는 시험장치

(3) 설치하여야 하는 장소

① 사용전압 50[V]를 초과하는 저압의 금속제 외함을 갖는 전기기계기구에 전기를 공급하는 전로에서 사고가 발생했을 때 선로를 자동으로 차단하는 장치를 시설해야 한다.

② 반드시 설치해야 하는 장소

㉠ 특고압, 고압선로 변압기에 결합되는 대지전압 400[V]를 초과하는 저압전로

㉡ 주택의 인입구 등 누전차단기 설치를 요구하는 전로의 경우

㉢ 일반인이 접촉할 우려가 있는 장소에 IEC 표준을 도입한 누전차단기를 저압 전로에 사용하는 경우 주택용 누전차단기 시설

㉣ 전로의 대지전압이 150[V]를 넘고 300[V] 이하인 저압전로

㉤ 저압의 전기간판을 옥측, 옥외에 시설하여 전기를 공급하는 전로

㉥ 150[V]를 넘는 가로등, 보안등, 조경 등에 전원을 공급하는 전로

㉦ 풀장, 수중조명 등 기타 이에 준하는 시설에 절연변압기를 시설하여 전기를 공급하는 경우 절연 변압기의 2차측 선로의 전압이 30[V]를 초과하는 경우

㉧ 사용전압 150[V]를 넘는 교통신호등 회로

㉨ 파이프라인 등의 전열장치에 전기를 공급하는 전로

㉩ 비상조명 이외의 조명용 분기회로

㉪ 의료장소의 전로

③ 권장되는 장소

㉠ 습기가 많은 장소

㉡ 옥외 시설 선로를 사람이 닿기 쉬운장소에 시설하는 경우

㉢ 건축공사 등에 사용되는 가설전기

㉣ 아케이트의 조명설비

㉤ 가공 전식에 전기를 공급하는 경우

④ 누전차단기를 누전 경보기로 대치하는 장소

고압, 저압 선로의 정지가 공공의 안전 확보에 지장을 초래하는 경우로서 비상용 조명장치, 비상용승강기, 유도등, 철도용 신호장치 비접지 저압전로에 지락이 발생했을 경우 이를 기술원 감시소에 경보하는 장치를 설치한때.

⑤ 자동복구 기능을 갖는 누전차단기 설치 장소

㉠ 독립적으로 운용되는 통신 중계소 및 기지국

㉡ 법령에 의한 일반인 출입이 금지 되는 곳

㉢ 무인으로 운전되는 옥외 장소의 통신 중계기 또는 단위기기 전용회로

(4) 시설방법

① 누전차단기는 다음 각 호에 의하여 시설하여야 한다.

㉠ 누전차단기 등의 시설장소는 당해 기계기구에 내장되는 경우를 제외하고는,

배전반 또는 분전반내에 설치하는 것을 원칙으로 한다.

다만, 당해 전로가 보호되는 경우에 한하여 다음 그림에 따를 수 있다.

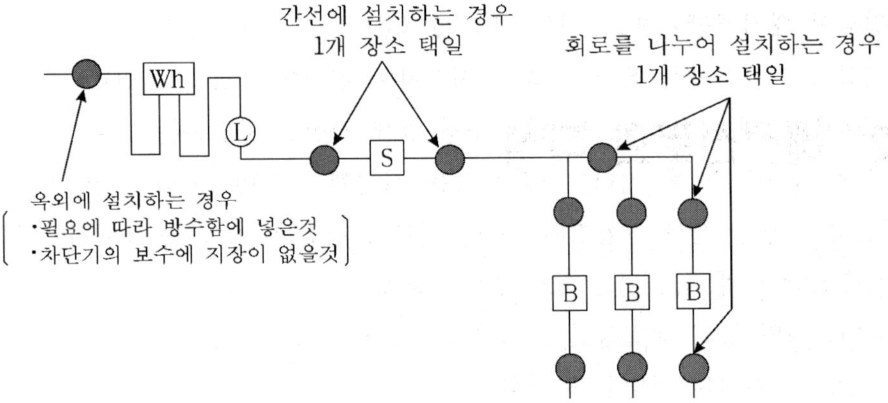

그림 3-19 누전차단기의 설치장소 예시

비고 ① ─●─는 누전차단기 설치장소를 표시함.

② 분전반의 분기회로수가 7회로 이상의 경우에, 누전차단기를 인입개폐기로 겸용할 경우에는 과전류차단기가 붙은 것이어야 한다.

㉡ 누전차단기 등의 정격전류 용량은 당해 전로의 부하전류치 이상의 전류치를 가지는 것일 것.

㉢ 누전차단기 등의 정격감도전류는 정상의 사용상태에서 불필요하게 동작하지 아니하도록 설정할 것.

㉣ 전류동작형에 사용하는 영상변류기를 옥외전로에 설치할 경우는 방수형 변류기를 사용하거나 또는 방수함 등의 속에 넣어 시설할 것.

㉤ 차단장치 또는 경보장치에 조작전원을 필요로 하는 경우에는 전용회로를 두고 또한 이것에 설치하는 개폐기(15[A] 퓨즈를 장치한 것 또는 20[A] 이하의 배전용차단기를 사용하는 것)는 『누전차단기용』 『누전경보기용』 이라고 적색으로 기재하여 표시할 것.

② 누전차단기 등은 기계기구에 내장되는 경우를 제외하고, 다음 각 호의 1에 해당하는 장소에는 시설해서는 아니된다.

다만, 해당 장소에 대한 대책이 충분히 시행된 경우에는 그러하지 아니하다.

㉠ 온도가 높은 장소

㉡ 습기가 많은 장소
㉢ 물기가 있는 장소
㉣ 특히 진동이 많은 장소
㉤ 점검이 쉽지 않은 장소

3.2 배전선로의 구성

배전선로는 발전 변전소 또는 송전선로와 수용설비 사이 또는 수용설비 상호간의 전선로 및 이것에 부속하는 개폐소, 그 밖의 전기설비를 말하며 일반적으로 배전용 변전소에서 수용가 인입구에 이르기까지의 부분을 말한다.

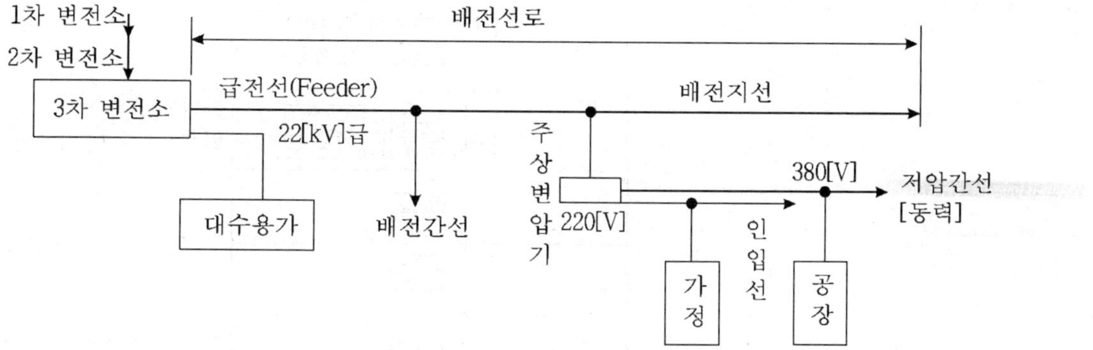

그림 3-20 배전계통 구성도

3.2.1 배전방식의 종류

일반 건축물에서 사용되는 저압 간선의 배전방식을 어떤 방식으로 채용하는가는 대상 건물의 규모, 사용설비, 경제성 등을 충분히 고려하여 결정한다.

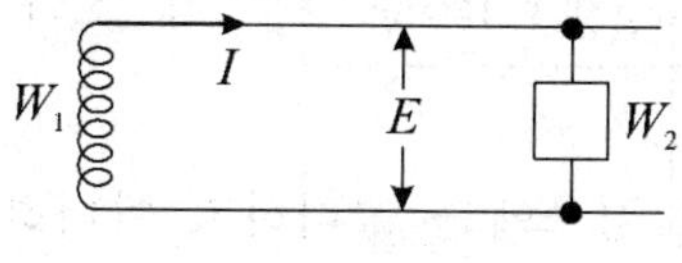

(a) 단상 2선식

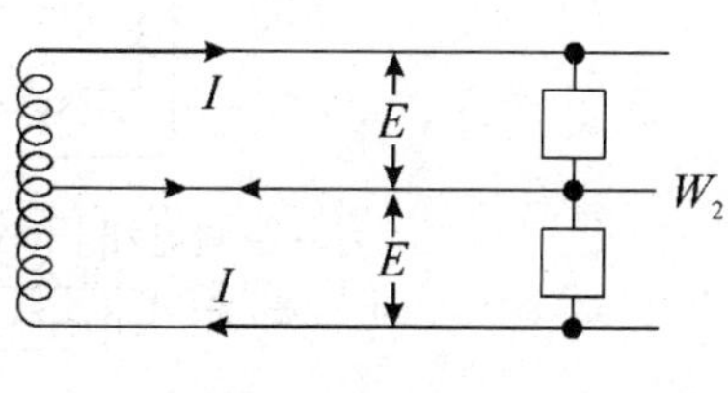

(b) 단상 3선식

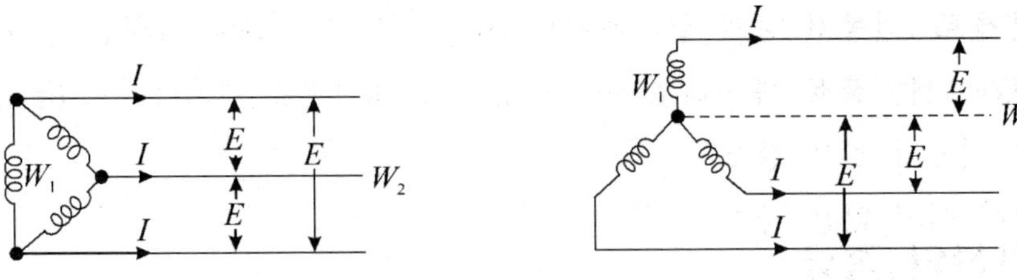

그림 3-21 배전방식의 종류

배전방식은 그림 3-21과 같이 단상 2선식, 단상 3선식, 3상 3선식, 3상 4선식이 사용되고 있다.

3.2.2 간 선

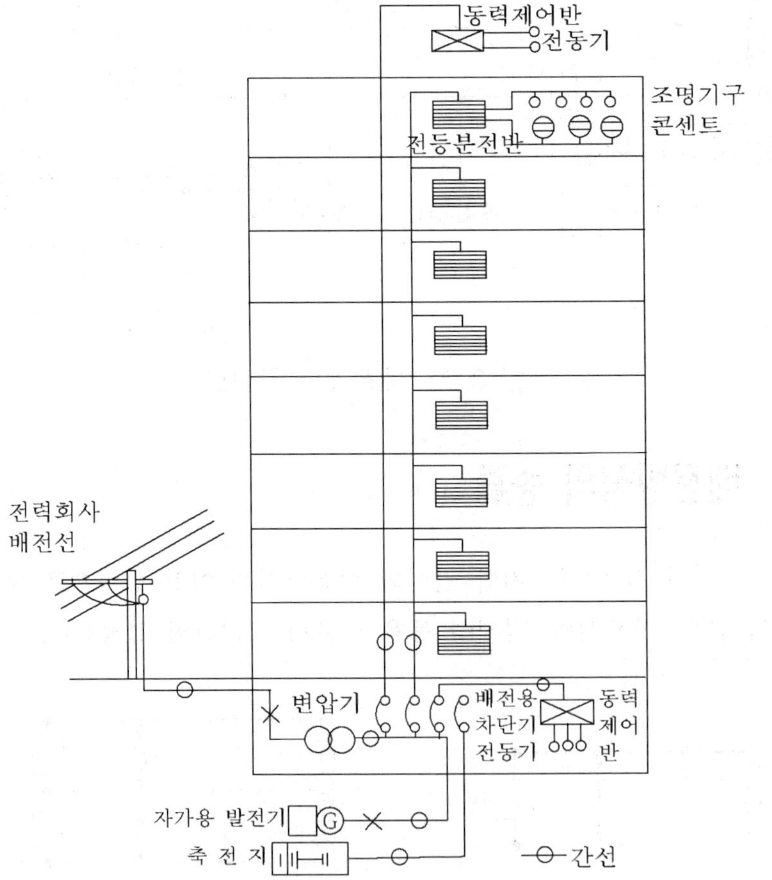

그림 3-22 간선의 구조

전등, 콘센트, 전동기 등의 설비에 전기를 공급하기 위하여 일정한 구역으로 묶어 큰 용량의 배선으로 배전하고 이 큰 용량의 배전선을 간선(幹線 : Feeder)이라고 한다.

[1] 간선의 종류

간선은 사용목적과 배선방식에 따라 분류한다.

(1) 사용 목적에 따른 분류

- 간선
  - 전등간선
    - 상용 전등간선 : 일반 전등
    - 비상용 전등간선 : 화재시 또는 정전시 점등되는 전등
  - 동력간선
    - 상용 동력간선 : 오·배수 펌프, 반송설비 등의 일반동력
    - 비상용 동력간선 : 정전시나 화재시 운전되는 비상동력
  - 특수간선
    - 전산 기기용 간선
    - 기타 특수용 간선

(2) 배전방식에 의한 분류

- 간선
  - 저압 간선
    - 단상 2선식(110[V], 220[V]) : 전등간선
    - 단상 3선식(110/220[V]) : 전등간선
    - 3상 3선식(220[V], 380[V], 440[V]) : 동력간선
    - 3상 4선식(120/208[V], 220/380[V], 254/440[V]) : 전등동력 공용간선
    - 직류(100[V]) : 비상등에 주로 사용
  - 고압 간선
    - 3상 3선식(3.3[kV], 6.6[kV]비접지식) : 한 건물내에 2개소 이상의 변전소를 접속하는 1차측 간선으로 사용
    - 대용량 전동기의 전원으로 사용.
  - 특별고압간선
    - 3상 4선식(11.4[kV], 22.9[kV]다중 접지식) : 대규모 건물과 초고층 빌딩의 경우 채택
    - 3상 3선식 : 22[kV]급(비접지 방식)

(가) 간선의 재료

- 간선
  - 저압 간선
    - 절연 전선(금속관, 금속덕트)
    - 케이블(금속덕트, 케이블 래크)
    - 버스덕트
    - 나도체(동관, 알루미늄)
  - 고압, 특별 고압 간선
    - 케이블
    - 버스덕트

(3) 배선방식에 의한 분류

분전반이 2개소 이상 있는 곳에서는 배선방식에 따라 그림 3-23에서와 같이 (a), (b)나무가지식, (c), (d)는 나무가지식과 평행식 병용, (e)는 평행식이 있다.

(가) 나무가지식

1개의 간선이 각각의 분전반을 거치며 부하가 감소됨에 따라 간선의 굵기도 감소되므로 굵기가 변경되는 접속점에는 보안장치가 필요하다. 이 방식은 소규모 건물에 적당하다.

(나) 나무가지식과 평행식의 병용식

부하가 집중되어 있는 중심 부근에 분전반을 설치하고 분전반에서 각 부하에 배선하며 일반적으로 병용식이 많이 사용되고 있다.

(다) 평행식

큰 용량의 부하 또는 분산되어 있는 부하에 대하여 단독회선으로 배선하는 것이다. 배전반으로부터 각 분전반마다 단독으로 배선되므로 전압강하가 평균화되고, 사고의 경우 파급되는 범위는 적지만 배선의 혼잡과 설비비가 많아지며 일반적으로 대규모 건물에 적합하다.

전압강하만을 생각하면 평행식이 유리하고 공장 등에서 종합 부하의 수용률을 생각할 경우에는 평행식보다 병용식이 유리하다. 일반적으로 (c)의 방식이 경제적이다.

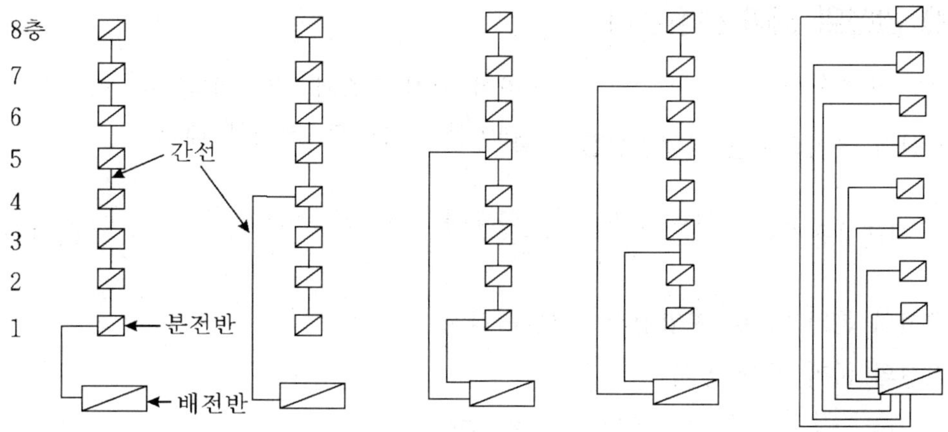

(a) 나무가지식 (b) 나무가지식 (c) 나무가지평행식 (d) 나무가지평행식 (e) 평행식

그림 3-23 간선의 배선방식

〔2〕 간선의 굵기와 수용률

(1) 간선의 수용률

(가) 일반적인 경우

간선의 굵기는 전압강하 조건과 저압옥내간선에서 사용되는 전기기계기구의 정격전류의 합계 이상의 허용전류값을 비교하여 큰값을 선택한다.

전등 및 소형 전기기계기구의 용량합계가 10[kVA]를 넘는 것은 그 넘는 용량에 대하여 표 3-24의 수용률을 적용할 수 있다.

표 3-24 간선의 수용률

건물의 종류	수용률[%]
주택, 기숙사, 여관, 호텔, 병원, 창고	50
학교, 사무실, 은행	70

예제 전등 및 소형 전기기구의 설비용량이 30[kVA], 대형 전기기구 5[kVA]를 설비한 여관인 경우에 최대 사용부하를 구하시오.

풀이 건물의 종류가 여관이므로 적용 수용률은 50[%]이다.

최대 사용부하 $P = 10 + (30[kVA] - 10[kVA]) \times 0.5[kVA] + 5[kVA] = 25[kVA]$

즉, 설비용량은 35[kVA]이지만 최대 사용부하는 25[kVA]로 할 수 있다.

(2) 간선의 굵기 선정순서

(가) 선정순서

① 간선의 분기회로별 최대전류를 산출

$$최대사용전류 = \frac{최대사용전력 \times 부하율}{전압 \times 역률} \tag{3-14}$$

② 간선의 분기회로별 전압강하 한도를 결정

③ 전선의 굵기 계산 공식

표 3-25

배전 방식	전선 단면적		비 고
단상 2선식	$S=\frac{2IL}{Ke}$	$A=\frac{35.6IL}{1000e}$	K : 도전율 e : 전압강하 L : 전선길이 I : 전류 e' : 대지간 전압강하
3상 3선식	$S=\frac{\sqrt{3}\,IL}{Ke'}$	$A=\frac{30.8IL}{1000e'}$	
3상 4선식	$S=\frac{IL}{Ke}$	$A=\frac{17.8IL}{1000e}$	

④ 경제적 굵기를 고려.

(나) 전선의 최소 굵기

① **저압간선** : 최소 2.5[mm^2] 이상 연동선 사용

② **고압간선** : 35[mm^2] 이상(6.6[kV]), 95[mm^2] 이상(22.9[kV] 이상)

(3) 간선 계통수의 결정

전등 또는 동력부하를 얼마의 간선으로 하느냐 또는 건물 전체를 몇 회로의 간선으로 하느냐 하는 것은 건물의 규모나 용도, 간선방식에 따라 검토할 기본적 사항은 다음과 같다.

표 3-26

구 분	검 토 사 항
전등간선	① 하나의 간선전류가 400[A] 이상인 대용량 저압간선은 버스덕트와 절연전선과의 경제성 및 향후 부하증설을 상호 비교한다. ② 간선전류는 300[A] 정도(전선의 굵기 240[mm^2]) 이하로 분할한다. ③ 네온전원 또는 비교적 대용량의 옥외 광고용 전원은 옥내용 조명전원과 구별한다. ④ 발전기설비가 있을 때에는 상용과 비상용으로 구분한다.
동력간선	① 동력의 용도(건물에 부대하는 동력, 위생용 동력, 공기조화 및 환기용 동력, 공장 기계용 동력)에 따라 나눈다. ② 간선전류는 300[A] 정도(전선의 굵기 240[mm^2]) 이하로 분할한다. ③ 승강기용 동력(엘리베이터, 에스컬레이터 등)에는 다른 용도의 부하를 접속시키지 않는다. ④ 발전기 설비가 있을 때에는 상용동력과 비상용동력(엘리베이터의 일부, 소방용펌프, 환기용 송풍기의 일부 등)으로 나눈다.
공동주택간선	① 룸 쿨러 등 전기 사용기기를 사용할 수 있도록 3상 4선식으로 한다. ② 전선관 등은 장래에 증설을 대비하여 여유를 둔다.

〔3〕 간선의 보호

간선의 사고를 미연에 방지하기 위하여 과부하전류, 지락전류, 단락전류 등에 대한 보호장치를 설치하도록 전기설비기술기준에서는 규제하고 있다.

(1) 과전류에 대한 보호

회로의 도체를 과전류로부터 보호하기 위한 요구사항으로서 과부하 및 단락고장이 발생 할 때 하나 이상의 장치에 의해 전원을 자동으로 차단하여 회로 도체(플러그 및 소켓은 제외)를 보호하기 위한 방법을 적용하여야 한다.

과전류로 인하여 회로의 도체, 절연체, 접속부, 단자부 또는 도체를 감싸는 물체 등에 유해한 열적 및 기계적인 위험이 발생되지 않도록, 그 회로의 과전류를 차단하는 보호장치를 설치해야 한다.

(2) 지락보호

간선에 지락 발생시 자동적으로 전로를 차단하기 위하여 지락차단장치를 설치하여야 한다. 지락차단장치는 보통 지락계전기를 사용하여 수전용 차단기 또는 각 변압기용 차단기를 차단하도록 하고 있다.

(3) 단락보호

간선으로 사용하는 절연전선, 케이블 또는 버스덕트 자체가 단락된 경우에 단락 전류를 차단하기 위한 과전류 차단기를 설치하여야 하며 일반적으로 변압기의 1차측과 2차측에 각각 설치하고 있다.

3.2.3 간선의 고조파 전류

간선에는 고조파의 발생원이 많이 존재하는데 이 중 고조파의 발생량이 크고 계통에 악 영향을 주는 것으로는 대형아크로, 대용량 전력변환장치 등이 있다.

이러한 고조파는 전원의 질을 저하시키고 과열 및 이상상태를 발생시키는 원인이 되며, 고조파의 영향은 심각한 상태로 선로나 배선에는 부하의 정상 전류 이외에도 반드시 고조파 전류를 고려해야 한다.

〔1〕 고조파 전류의 발생 원인

고조파 전류의 발생은 대부분 전력전자소자(Power Electronics : Diode, SCR 등)를 사용하는 전기기기에서 발생된다. 그 종류를 살펴보면 다음과 같다.

① 전력변환장치(인버터, 컨버터, UPS, CVCF, VVVF 등)
② 아크로, 전기로 등
③ 형광등
④ 회전기기
⑤ 변압기
⑥ 과도현상에 의한 것 등이다.

③~⑥은 발생 고조파 크기가 적고 순간적인 것이 많아 크게 문제가 되지 않으나 ①~②의 고조파 발생원인은 지속적이고 고조파 전류 성분이 크기 때문에 다른 기기나 선로에 미치는 영향이 대단히 크다.

〔2〕 고조파 전류의 형태

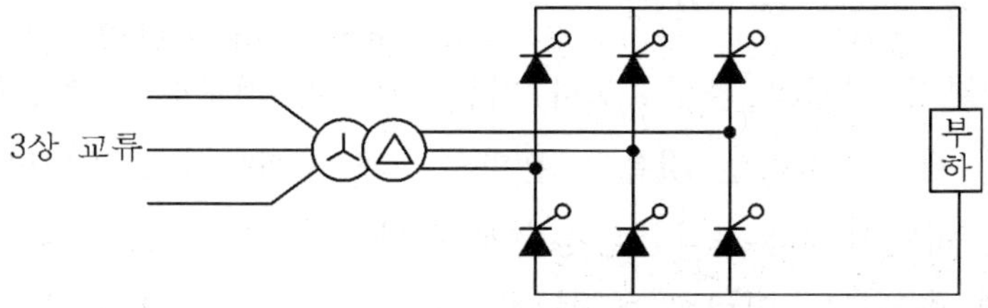

그림 3-24 정류기의 결선 예

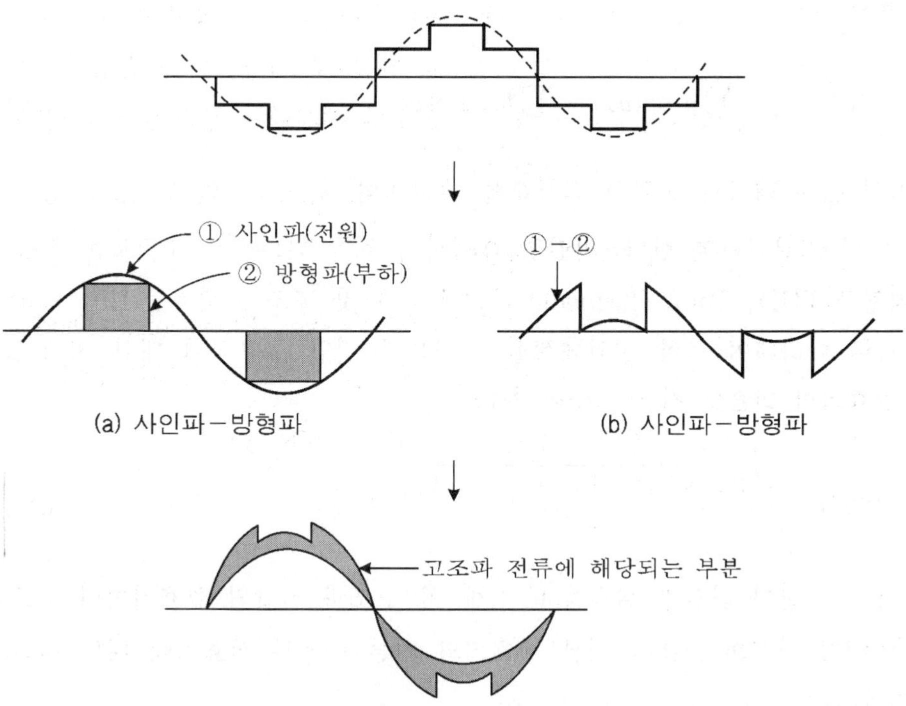

그림 3-25 사이리스터 부하전류 파형의 예

가장 일반적으로 사용되는 3상 순브리지(6펄스 변환기)의 정류회로를 예를 들면, 그림 3-25에서 보는 바와 같이 상용 주파수인 정현파(sin파) 전류를 전원계통에 흘리려는 것에 대하여 부하(사이리스터 부하)가 방형파 전류가 필요한 경우, 그림 3-25 (a)와 같이 사인파에 방형파의 차이에 상당하는 전류는 (b)에 가서 전원측으로 흘러들어 (c)와 같이 전원측 정현파와 합성이 되어 고조파 전류의 형태를 이루게 된다.

〔3〕 고조파 정의 및 이론

고조파란 기본파 이외의 파형으로서 기본주파수의 정수배 주파수를 갖는 전압, 전류를 말하며 제 n조파라는 것은 기본파의 n배 주파수라고 정의할 수 있다. 따라서 왜형파는 하나의 기본파와 그 정수배 주파수를 갖는 고조파로 분해할 수 있고, 주기적으로 반복하는 임의의 왜형파를 Sine 및 Cosine 항을 갖는 기본파와 그의 충분한 수의 고조파의 합으로 표현할 수 있다. 이러한 고조파는 다음의 식과 같이 표현된다.

$$f(t) = a_0 + \sum_{n=1}^{\infty} a_n \sin n\omega t + \sum_{n=1}^{\infty} b_n \cos n\omega t \qquad (3\text{-}15)$$

여기서 a_0는 왜형파 교류의 직류분을 나타내며, $a_1 \sin\omega t$ 및 $b_1 \cos\omega t$ 항은 왜형파 $f(t)$의 기본파라고 한다. 이러한 왜형파의 질을 나타내는 수치로는 보통 종합전압왜형율(THD : Total Harmonic Distortion) 및 고조파 함유율(HF : Harmonic Factor)로 나타내며 종합 전압왜형율은 기본파 전압 실효치에 대한 전체 고조파 전압 실효치의 비율로 식 (3-16)과 같다.

$$THD = \frac{\sqrt{{V_2}^2 + {V_3}^2 + {V_4}^2 + \cdots + {V_n}^2}}{V_1} \qquad (3\text{-}16)$$

단, V_1 : 기본파 전압의 실효치, V_n : 제n차 고조파 전압의 실효치이며 고조파 함유율은 어떤 차수의 고조파 성분 실효치와 기본파 성분 실효치에 대한 비율로 식 (3-17)과 같다.

$$HF = \frac{V_n}{V_1} \times 100[\%] \qquad (3\text{-}17)$$

전력변환장치 중 가장 대표적인 고조파 주 발생원은 위상제어 정류기, 인버터 전력변환기기가 있다.

일반적으로 6펄스 변환장치를 기준으로 교류전압을 가한 경우 발생하는 고조파는 퓨리에 급수에 의하여 다음과 같이 표현된다.

$$I = \frac{2\sqrt{3}}{\pi} I_d \left[\sin\omega t - \frac{1}{5}\sin 5\omega t + \frac{1}{7}\sin 7\omega t - \frac{1}{11}\sin 11\omega t + \frac{1}{13}\sin 13\omega t \cdots \right] \quad (3\text{-}18)$$

식 (3-18)에서 I_d : 직류측 부하전류이고 ω : 교류측 전원 각주파수이며, 식 (3-18)에서 보는 바와 같이 6펄스 변환장치에서는 5, 7, 11, 13…차수의 고조파가 발생됨을 알 수 있다.

즉 브리지 회로의 고조파 발생차수 n은 다음과 같다.

$$n = kp \pm 1 \, (k = 1, 2, 3 \cdots) \quad (3\text{-}19)$$

여기서 p는 펄스의 수이고 k는 양의 정수이다. p를 6으로 하면 5, 7, 11, 13, 17, 19차 …의 고조파가 발생된다.

〔4〕 고조파에 의한 영향 및 대책

(1) 고조파 영향

① 통신선에 미치는 유도장해 및 잡음
② 전력용 콘덴서 회로의 과전류에 의한 콘덴서, 직렬 리액터의 과열 및 파괴, 이상 음의 발생
③ 발전기, 변압기의 손실 증가에 따른 잡음, 진동, 과열
④ 지중 송전선의 송전용량의 저하
⑤ 형광등의 잡음 방지용 커패시터 또는 안정기의 과열, 소손
⑥ 정지형 보호계전기의 오동작 및 계기류의 오차 증대
⑦ 싸이리스터 장치의 제어 불안정
⑧ 고차 고조파에 기인하는 유도잡음으로 인한 라디오, 텔레비젼 시청 곤란.

(2) 고조파 저감대책

고조파 장해의 대책은 고조파 장해를 발생시키는 측에서의 대책(고조파 저감 대책)과 고조파 장해를 받는 측에서의 대책으로 크게 분류할 수 있다. 고조파 문제는 고조파 발생원의 크기와 전원 계통의 고조파 내량을 고려하게 되는데 고조파 발생량의 저감과 전원계통 고조파 내량의 증가(임피던스 변경)가 기본적인 방지대책이며, 고조파 저감대책으로는 다음과 같다.

① 변환기의 다수 펄스화
② 교류 리액터 설치
③ 전원단락 용량의 증대
④ 고조파 부하용 변압기 및 배전선의 분리 전용화
⑤ 필터설치

(3) 간선 설계시 유의사항

간선이나 선로에 고조파 전류를 발생시키는 부하 종류 및 특징을 갖는 경우 설계시 다음과 같은 사항을 고려하여야 한다.

① 간선의 굵기 선정시 고조파 전류분을 고려하여 충분한 굵기를 선정하여야 한다.
② 간선의 1차 차단기나 변압기 등의 용량 등을 선정하는 경우에도 고조파 전류분을 추가 적용시켜야 한다.
③ 전원의 파형이 고조파 전류에 의하여 변형되어 정확히 규명할 수 없는 과열, 진동원인이 될 수 있으므로 이점을 고려하여야 한다.

3.2.4 분전반

분전반(Pannel Board)은 배전반(Switch Board)으로부터 각 간선에서 배선을 분기하는 개소에 설치하여 분기회로용 개폐기와 자동차단기를 조합한 것이다.

분전반을 설치할 경우 고려하여야 할 사항은 다음과 같다.

① 분전반의 설치는 가능한 한 부하의 중심부에 설치한다.
미관을 고려하여 복도 등에 위치를 정하고 대형 빌딩의 경우 각 층의 전기샤프트에 설치한다.
② 분전반 1면으로 전력을 공급하는 범위는 1,000[m^2] 정도로 하고 1개의 분전반에 넣을 수 있는 분기개폐기의 수는 예비회로를 포함하여 40회로(단 2P의 것은 20회로로 계산한다), 예비 회로는 당초 사용회로의 30[%] 정도로 한다.
③ 일반적으로 1층에 분전반을 적어도 1개씩 설치하고 가능하면 분기회로의 길이는 20～30[m] 이하가 되도록 위치를 선정하는 것이 바람직하다.
④ 매입형 분전반일 때는 분전반이 벽속에 충분히 매입되도록 벽 두께를 잘 검토

하며 벽에 잘 지지되도록 적당한 조영재를 설치하여야 한다.

⑤ 분전반은 보수 점검이 용이하도록 노출된 장소(신발, 옷장 등 은폐된 장소 시설할 수 없음)에 설치하여야 한다.

⑥ 분전반을 설치하는 예는 그림 3-27과 같으나 대부분 (a) 방식을 택하며 분전반을 1개 이상 나란히 설치할 경우 간격을 약 60[mm] 이상 띄운다.

⑦ 하나의 분전반 내에 한가지 전원만 사용하고 사용전압이 각기 다른 개폐기를 시설할 경우 오접속에 의한 사고를 방지하기 위하여 반드시 주 개폐기(과전류차단기 포함)의 사용전압을 표시하고 중간에 칸막이를 설치하여야 한다.

⑧ 옥내에 설치할 경우는 불연성 또는 난연성이 있는 것을 설치하여야 한다.

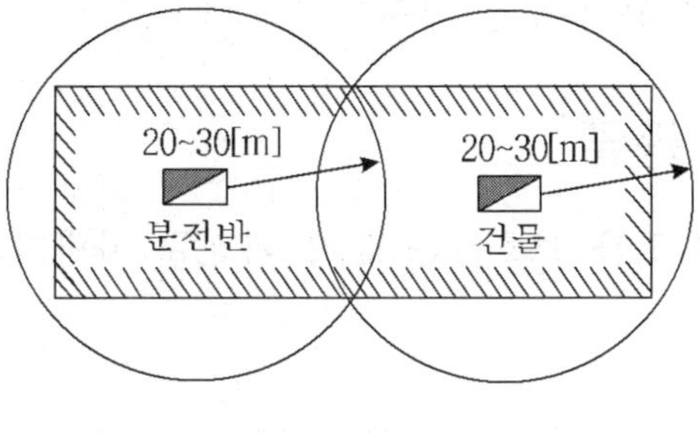

그림 3-26 분전반의 적정 공급범위

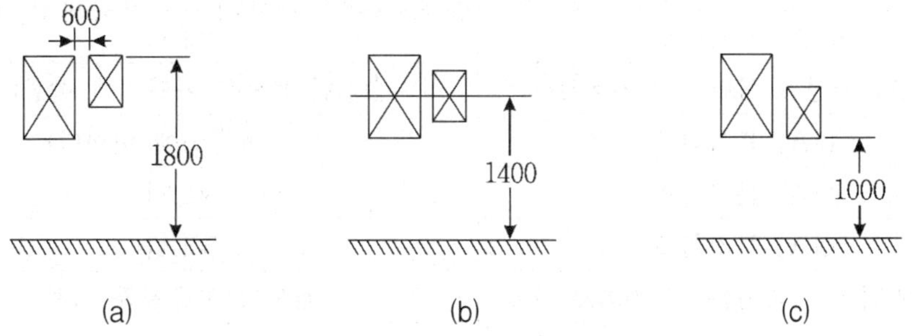

그림 3-27 분전반 및 설치높이

3.2.5 분기회로

저압 옥내간선으로부터 분기(分岐)하여 분기 과전류보호기를 거쳐 전등 또는 콘센트와 같은 전기기기에 이르는 배선을 분기회로(Branch Circuit)라 한다.

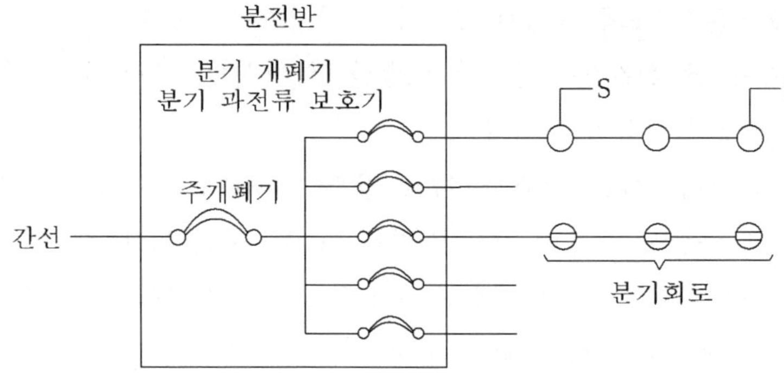

그림 3-28 분기회로

전기기기를 안전하게 사용하고 또한 고장 발생시 파급되는 범위를 가능한 한 축소하고 신속한 복귀를 위하여 모든 부하는 분기회로에서 사용되어야 한다.

(1) 분기회로의 종류

분기회로의 종류는 회로를 보호하는 분기 과전류 차단기의 정격전류에 따라 분류된다.

표 3-27 분기회로의 종류

분기회로의 종류	분기 과전류 차단기의 정격 전류
15[A] 분기회로	15[A]
20[A] 배선용 차단기 분기회로	20[A](배선용 차단기에 한한다)
20[A] 분기회로	20[A](퓨즈에 한한다)
30[A] 분기회로	30[A]
50[A] 분기회로	50[A]
50[A]를 초과하는 분기회로	배선의 허용전류 이하

표 3-28

부하의 종류 I_h : 전동기 이외 I_m : 전동기		간선의 허용전류(I_Z)	MCCB의 정격전류(I_N)
전동기 부하	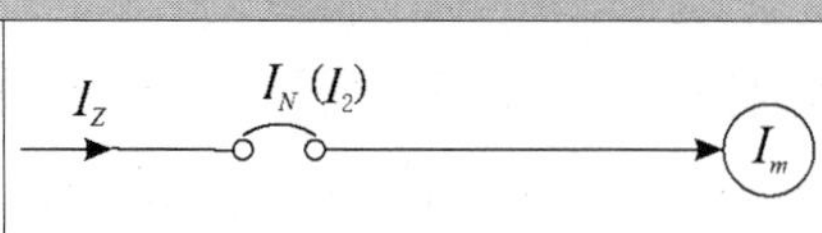	$I_Z \le I_2 \le 1.45 \times I_Z$	$I_2 \le 1.45 \times I_Z$

부하의 종류 I_h : 전동기 이외 I_m : 전동기		간선의 허용전류(I_Z)	MCCB의 정격전류(I_N)
기타부하		$I_h \le I_Z$	$I_h \le I_N \le I_Z$
전동기와 기타부하	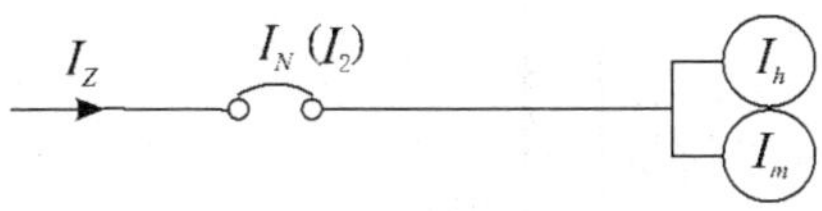	$I_Z \le I_2 \le 1.45 \times I_Z$	$I_2 \leqq 1.45 \times I_Z$

(2) 전선 및 보호장치

(1) 분기회로의 전선 굵기

조명기구 15[A]나 콘센트의 회로(15[A] 또는 20[A])에서 사용하는 전선의 최소 굵기는 2.5[mm^2]로 되어 있으나 전선의 단면적을 결정할 경우에는 안전의 확보와 경제적인 운영을 위하여 다음사항을 고려하여야 결정한다.

① 절연물의 최고허용온도

② 허용전압강하

③ 지락전류 및 단락전류 등에 의한 전기적, 기계적 응력

④ 고장시 최대 임피던스

⑤ 전선의 설치방법

(2) 분기회로수

사용전압 220[V]의 15[A], 20[A](배선용 차단기에 한함) 분기 회로수는 부하용량의 산정에 따른 설비 부하용량(전등 및 소형 전기기계기구에 한함)을 3,300[VA]로 나눈값(사용전압이 110[V]인 경우에는 1,650[VA]로 나눈 값)을 원칙으로 한다. 이때 계산상의 결과가 소수점 이하값을 갖는 경우는 절상한다.

예제 다음과 같은 점포와 주택이 같이 있고 내부설치 조건을 가진 건물의 분기회

로수를 100[V]와 220[V]로 나누어 계산하여라.

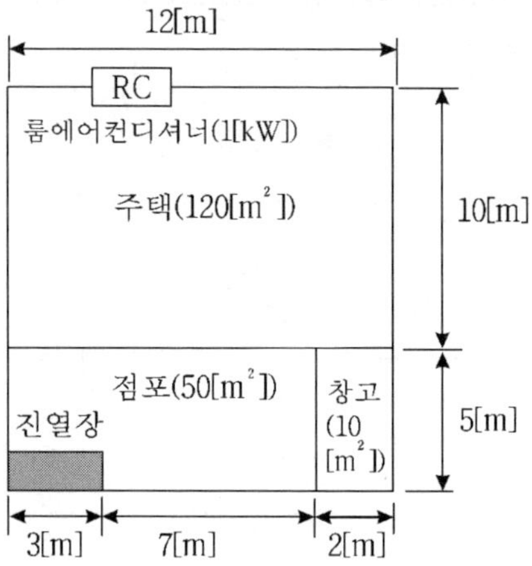

그림 3-29 주택의 면적구성 예

· 진열장 폭 3[m]에 대한 가산 [VA] : 900[VA]로 본다.

· 주택에 대한 가산 [VA] : 1000[VA]로 본다.

풀이 먼저 부하설비용량을 구한다.

$P_1A_1 + P_2A_2 + QB + C_1 + C_2$에서

$=120[m^2]\times 40[VA/m^2]+50[m^2]\times 30[VA/m^2]+10[m^2]\times 5[VA/m^2]+1000[VA]+900[VA]$

$=8250[VA]$

룸에어컨디셔너 용량 1[kW] ∴ 합계 9250[VA]

① 사용전압 100[V]를 사용하는 경우 : 분기회로 총 설비부하 8250[VA]를 1500[VA]로 나누어 회로수를 구하면 8250/1500=5.5, 소수점을 절상하여 6회로로 한다.
여기에 1[kW] 룸에어컨디셔너가 설치되어 있으므로 별도의 1회로를 추가하면 합계 7회로로 산정한다.

② 사용전압 220[V]를 사용하는 경우 : 룸에어컨디셔너를 포함한 분기회로 총 설비부하 9250[VA]를 3300[VA]로 나누어 회로수를 구하면 9250/3300=2.8, 소수점을 절상하여 3회로로 한다.

(3) 분기회로의 최대 수구수

분기회로 최대 수구수는 표 3-29과 같으나 전등회로의 경우 접속개수에 제한이 없으나 부하전류 합계가 15[A]의 경우 80[%] 정도로 하고 일반 콘센트 전용회로는 일반 사무실 빌딩의 경우 7~8개에 1회로를 선정한다.

표 3-29 분기회로의 최대 수구수

<table>
<tr><th>분기 회로의 종류</th><th>수구의 종류</th><th colspan="2">최대 수구수</th></tr>
<tr><td rowspan="4">15[A] 분기 회로
20[A] 배선용
차단기 분기 회로</td><td>전등 수구 전용</td><td colspan="2">제한하지 않음</td></tr>
<tr><td rowspan="2">콘센트 전용</td><td>주택 및 아파트</td><td>제한하지 않음. 다만, 정격 소비 전력 2[kW](110[V]는 1[kW])를 넘는 대형 전기기계기구를 사용하는 콘센트는 1개로 함</td></tr>
<tr><td>기타</td><td>10개 이하, 미장원, 세탁소 등에서 사무용 기계기구를 사용하는 콘센트는 1개를 원칙으로 하고 동일 실내에 시설하는 경우에 한하여 2개까지로 함</td></tr>
<tr><td>전등 수구와 콘센트 전용</td><td colspan="2">전등수구는 제한하지 않음. 콘센트는 콘센트 전용에 따른다.</td></tr>
<tr><td rowspan="2">20[A] 분기 회로
30[A] 분기 회로
40[A] 분기 회로
50[A] 분기 회로</td><td>대형 전등 수구 전용</td><td colspan="2">제한하지 않음</td></tr>
<tr><td>콘센트 전용</td><td colspan="2">2개 이하</td></tr>
</table>

〔3〕 분기회로 구성시 고려사항

① 전등과 콘센트는 별개의 분기회로로 구분하는 것을 원칙으로 한다.
(단, 규모가 아주 작은 주택의 경우는 예외)

② 분기회로는 별도의 분기 개폐기를 시설하여 사고를 축소시킨다.

③ 임대건물이나 정확한 부하산정의 예상이 안될 경우 사무실, 상점, 큰 건물에서는 보통 36[m^2](6[m]×6[m])마다 1회로로 구분하고 복도나 계단은 70[m^2]마다 1회로로 적용시킨다.

④ 같은 스위치로서 점멸되는 전등은 같은 회로로 한다.

⑤ 같은 방, 같은 방향의 수구는 될 수 있는 대로 같은 회로로 한다.

⑥ 복도, 계단 등은 가능한 한 같은 회로로 한다.

⑦ 습기가 있는 장소의 수구는 될 수 있는 대로 별도의 회로로 한다.

(1) 최대전류의 산출

간선의 굵기 및 분기회로수를 결정하려면 수용가의 최대전류를 산출하여야 한다. 교류에서는 전력=전압×전류×역률이므로 수용가의 시설전력 및 역률을 알아야

비로서 최대사용전류를 산출할 수 있다.

즉, 전류=전력/(전압×역률)이며 같은 전력이라도 역률이 적은 것은 많은 전류가 흐르게 되며 발전기, 변압기, 개폐기 등에 용량이 큰 것을 사용하며, 송배전선과 옥내배선도 굵은 것으로 설계하여야 한다. 각종 부하의 역률을 표 3-30에 표시하였다.

표 3-30 부하의 역률

부하의 종류	역률[%]	부하의 종류	역률[%]
백열전구 및 전열기	100	유도전동기 (7.7~25HP)	86
형광등 및 수은등	50~95	유도전동기 (30~50HP)	89
유도전동기 (1HP)	67	유도전동기 (60~125HP)	92
유도전동기 (3HP)	80	유도전동기 (150~200HP)	93
유도전동기 (5HP)	83	동기전동기	80~100

연 습 문 제

1. 그림과 같은 단상 3선식 수전인 경우 다음 각 물음에 답하시오.

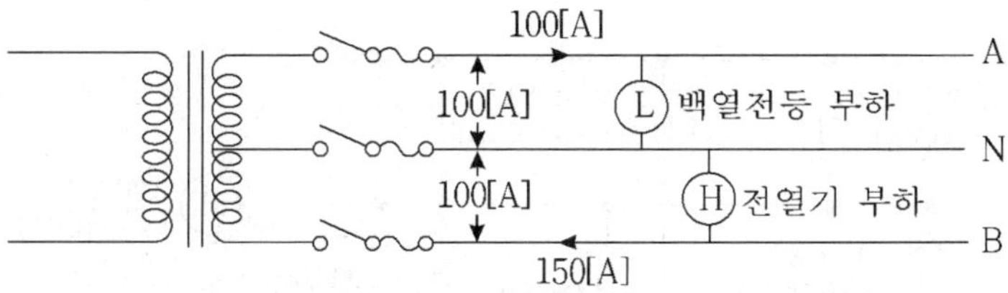

가. 2차측이 폐로되어 있다고 할 때 설비불평형율은 몇 [%]인가?

나. 변압기 2차측에서 부하전단까지 누락되거나 잘못된 부분이 3가지 있다. 이것을 지적하고 옳은 방법을 설명하시오.(누락은 접지에 대한 것임)

[답] 가. $\%U = \dfrac{150-100}{\dfrac{1}{2}(100+150)} \times 100 = 40[\%]$

나. ① 변압기 접지공사를 하여야 함.

② 중성선 과전류 차단기는 생략하고 동선으로 직결.

③ 개폐기는 3극 동시 개폐

2. 분전반에서 50[m]의 거리에 4[kW]의 교류단상 200[V] 전열기를 설치하여 전압강하를 2[%] 이내가 되도록 하기 위한 적합한 전선의 굵기를 계산하시오.

[답] 부하전류 : $I = \dfrac{4 \times 10^3}{200} = 20[\text{A}]$

전선의 단면적 $A = \dfrac{35.6LI}{1000e} = \dfrac{35.6 \times 50 \times 20}{1000 \times (200 \times 0.02)} = 8.9[\text{mm}^2]$

따라서 공칭단면적은 10[mm²]가 적당하다.

3. 기계기구 및 전선을 보호하기 위하여 필요한 곳에는 과전류차단기를 시설하여야 하는데 과전류차단기의 시설을 제한하고 있는 곳이 있다. 이 과전류차단기의 시설제한 개소를 3가지 쓰시오.

[답] ① 접지공사의 접지도체
② 다선식 전로의 중성선
③ 저압 가공 전선로의 접지측 전선

4. 다음 그림과 같이 3상 3선식 200[V] 수전인 경우 설비불평형율은 얼마인가?(단, 여기서 전동기의 수치가 괄호내와 다른 것을 출력[kW]을 입력[kVA]으로 환산하였기 때문이다.)

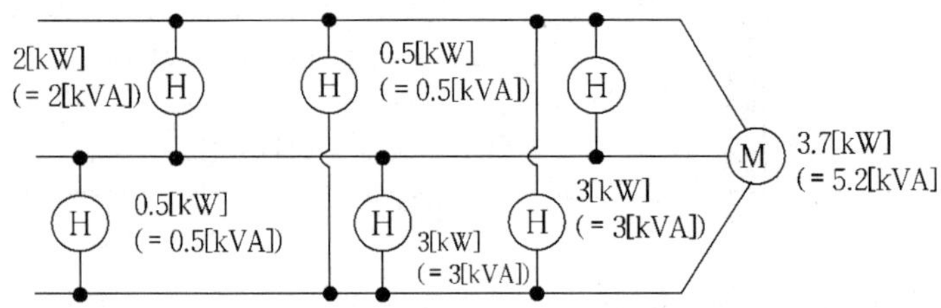

[답] $P_{AB} = 2 + 0.5 = 2.5$, $P_{BC} = 0.5 + 3 = 3.5$, $P_{CA} = 0.5 + 3 = 3.5$

$$\therefore \ \%U = \frac{3.5 - 2.5}{\frac{1}{3}(2.5 + 3.5 + 3.5 + 5.2)} \times 100 = 20.408 = 20.41[\%]$$

5. 3상 3선식 중성점 비접지식 6600[V] 가공전선로가 있다. 이 전선로의 전선 연장이 350[km]이다. 이 전로에 접속된 주상변압기 100[V]측 그 1단자에 제2종 접지공사를 할 때 접지저항값은 얼마 이하로 유지하여야 하는가?(단, 이 전선로는 고저압 혼촉시 2초 이내에 자동차단하는 장치가 없다.)

[답] $I_g = 1 + \dfrac{\frac{V}{3}L - 100}{150} = 1 + \dfrac{\frac{1}{3} \times \frac{66}{1.1} \times 350 - 100}{150} = 5[\mathrm{A}]$

$R_2 = \dfrac{150}{5} = 30[\Omega]$

6. 6600[V] 고압가공전선로의 전선연장이 500[km]로 되어 있고 이 전로는 케이블을 사용한 부분이 없으며, 고저압 혼촌시 자동차단 장치가 없다. 이 전로의 저압측에 시설한 제2종접지 저항값은 얼마인가?

[답] $I_g = 1 + \dfrac{\frac{1}{3} \times \frac{6.6}{1.1} \times 500 - 100}{150} = 6.33 = 7[\mathrm{A}]$

$$\therefore\ R_2 = \frac{150}{I_g} = \frac{150}{7} = 21.43[\Omega]$$

7. 그림과 같은 100/220[V] 단상 3선식 회로에 있어서 중성선 N에 흐르는 전류는 몇 [A]인가? 또, 배선 설계에 있어서 중선선의 굵기를 결정할 때는 전류를 몇 [A]로 기준하여야 하는가?

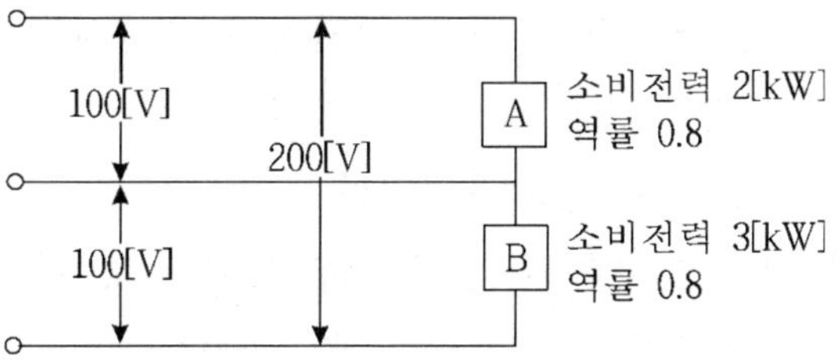

[답] $I_A = \frac{2000}{100 \times 0.8} = 25[A]$, $I_B = \frac{3000}{100 \times 0.8} = 37.5[A]$

$I_N = 37.5 - 25 = 1.25[A]$

∴ 중성선의 굵기 : 37.5[A]

8. 다음 ( ) 안에 적당한 답을 기입하라.

저압은 직류에 있어서는 (①)[V] 이하, 교류에 있어서는 (②)[V] 이하인 것을 말하며 고압은 직류에 있어서는 (③)[V]를 교류에 있어서는 (④)[V]를 넘고 (⑤)[V] 이하인 것을 말한다. 또 특별고압은 (⑥)[V]를 초과한 것을 말한다.

[답] ① 750 ② 600 ③ 750 ④ 600 ⑤ 7000 ⑥ 7000

9. 가정용 100[V] 전압을 220[V]로 승압할 경우 저압전선에 나타나는 효과로서 다음 각 물음에 답하시오.

① 공급능력 증대는 몇 배인가?
② 손실전력의 감소는 몇 [%]인가?
③ 전압강하율의 감소는 몇 [%]인가?

[답] ① 2.2배 ② 79.33[%] ③ 79.33[%]

10. 다음 문제를 읽고 답하시오.

① 제 2차 접근상태라 함은 가공전선이 시설물의 접근하는 경우에 당해 가공전선이 다른 시설물의 위쪽 또는 옆쪽에서 수평거리로 몇 [m] 미만인 곳에 시설하는 상태를 말하는가?

② 특별고압용의 변전용 변압기를 시가지 저압측에 설치하는 것은?

③ 배전선로의 보안장치로서 주상 변압기의 저압측에 설치하는 것은?

④ 변압기 2차(전압)의 중성점 또는 그 1단자 접지공사는 제 몇종 접지공사로 하여야 하는가?

⑤ 전기배선용 도식기호중 방수용 스위치의 기호는?

⑥ 수천 옴의 가는 전선의 저항을 측정할 때 적당한 측정방법은?

⑦ 바닥 밑으로 매입 배선할 때 사용하는 박스는?

[답] ① 3[m] ② 1000[KVA] ③ 캣치홀더 ④ 제2종 접지공사 ⑤ wp ⑥ 휘이스톤 브리지 ⑦ 플로우 복스

11. 그림과 같은 평형 3상회로로 운전하는 유도전동기가 있다. 이 회로에 그림과 같이 2개의 전력계 W_1, W_2, 전압계 Ⓥ, 전류계 Ⓐ를 접속한 후 지시값은 $W_1 = 6.4$[kW], $W_2 = 2.5$[kW], $V = 200$[V], $I = 30$[A]이었다.

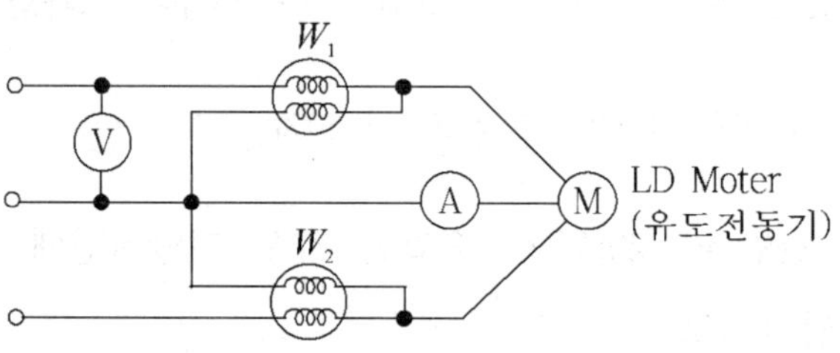

① 이 유도 전동기의 역률은 몇[%]인가?

② 역률을 90[%]로 개선시키려면 콘덴서는 몇 [kVA]가 필요한가?

③ 이 전동기로 만일 매분 20[m]의 속도로 물체를 권상한다면 몇 [ton]까지 작동할까? (단, 종합효율은 80[%]로 한다.)

[답] ① 역률$= \dfrac{W_1 + W_2}{\sqrt{3}\,VI} \times 100[\%] = \dfrac{6.4+2.5}{\sqrt{3200} \times 30 \times 10^{-3}} \times 100[\%] = 85.642[\%]$

② $Q_0 = P\left(\frac{\sqrt{1-\cos^2\theta_1}}{\cos\theta_1} - \frac{\sqrt{1-\cos^2\theta_2}}{\cos\theta_2}\right)$[kVA]$=8.9\left(\frac{0.516}{0.856} - \frac{0.435}{0.9}\right)=1.063$[kVA]

③ 전동기 출력 $P=\frac{WV}{6.12\eta}$[kW]식에서

$W=\frac{6.12\eta P}{V}=\frac{6.12\times0.8\times8.9}{20}=2.178$[ton]

12. 다음 물음에 답하시오.

가. 저압옥내배선에 사용되는 연동선의 최소 굵기는?

나. 저압의 범위를 쓰시오.

다. 전선을 금속관공사로 하였을 경우 전류감소계수는?

라. 분기회로 전압강하는 보통 얼마 이하로 하는가?

마. 제3종 접지공사의 접지도체 최소 굵기는?

바. 누전사고 방지를 위한 접지공사의 종류는?

사. 수중조명 회로의 대지전압은?

아. 저압 전로에 사용하는 A종 퓨즈는 정격의 몇 배에서 견디어야 하는가?

자. 고감도 누전차단기의 정격감도 전류의 최대값은?

차. 지반이 약한 도로에서 전장 15[m]의 철근콘크리트주를 건주할 때 근입길이는?

카. 주택에 있어서 단위면적(1[m^2])당 표준부하는?

타. 소형 전등수구 또는 콘센트 1개의 예상부하는?

[답] 가. 2.5[mm^2] 나. 직류 : 750[V] 이하, 교류 : 600[V] 이하

다.

전선수	3 이하	4	5~6	7~15	16~40	41~60	61 이상
전류감소계수	0.7	0.63	0.56	0.49	0.43	0.39	0.34

라. 2[%] 마. 2.5[mm^2] 바. 제3종 접지공사 사. 150[V] 아. 1.1배

자. 30[mA] 차. 2.5[m] 카. 30[VA/m^2] 타. 150[VA]

13. 저압전로중에 개폐기를 시설하는 경우에는 부하용량에 적합한 크기의 개폐기를 각 극에 설치하여야 한다. 그러나 분기개폐기에는 생략하여도 되는 경우가 있다. 다음 도면에서 생략하여도 되는 부분은 어느 개소인지를 모두 지적(영문 표기)하시오.

가.

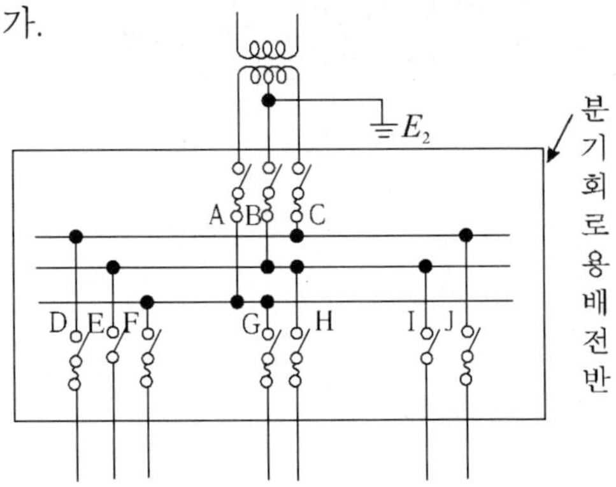

나.

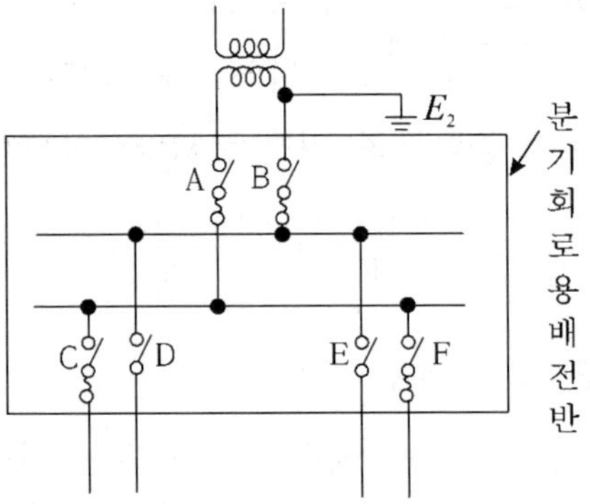

[답] 가. E, H, I 나. D, E

14. 그림과 같이 변압기가 설치되어 있다. 도면의 조건을 이용하여 다음 각 물음에 답하시오.

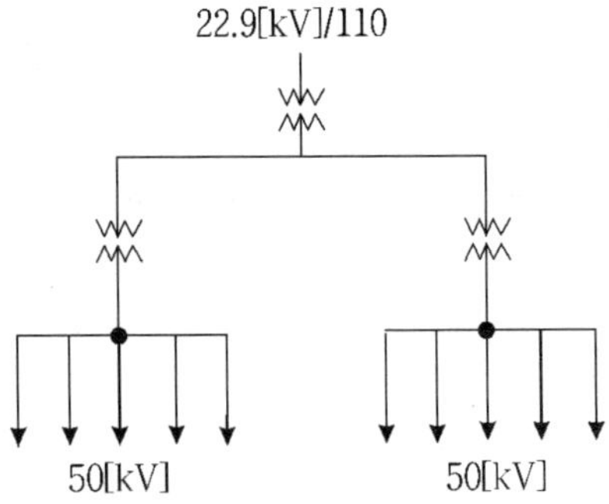

[조건]

① 각수용가의 수용률 0.6

② 수용가 상호간의 부등률 1.2

③ 변압기의 상호간의 부등률 1.2

④ 부하의 역률은 1로 한다.

⑤ 변압기 표준용량

TR 표준용량[kVA]							
5	10	15	20	25	50	75	100

가. A군에 필요한 변압기 용량을 계산하여 구하시오.

나. B군에 필요한 변압기 용량을 계산하여 구하시오.

다. 고압전선에 걸리는 최대부하를 표준변압기 용량을 이용하여 구하시오.

[답] 가. $P_A = \dfrac{40 \times 0.6}{1.2} = 20$[kVA]

나. $P_B = \dfrac{50 \times 0.6}{1.2} = 25$[kVA]

다. $P = \dfrac{20 + 25}{1.2} = 37.5$[kVA]

15. 그림과 같이 50[kW], 30[kW], 15[kW], 25[kW]의 부하설비에 수용률이 각각 50[%], 65[%], 75[%], 60[%]라 할 경우 변압기 용량을 결정하시오.(단, 부등률은 1.2, 종합부하 역률은 80[%]로 한다.)

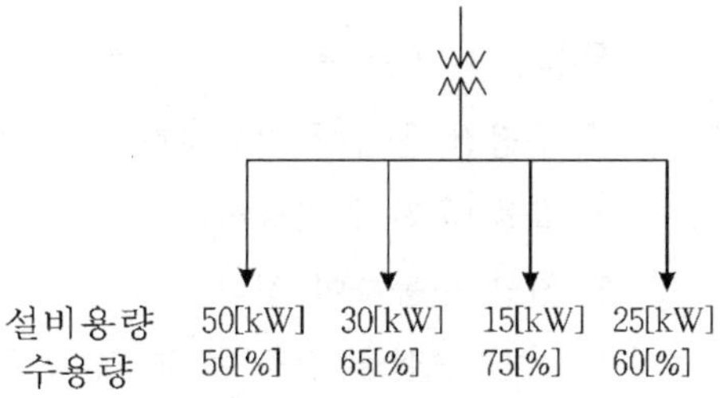

변압기 표준용량표[kVA]					
25	30	50	100	150	200

[답] 변압기 용량 $P_T = \dfrac{\sum (P_s \times F_{de})}{F_{di} \times cos\theta}$[kVA]

여기서 P_s : 설비용량, F_{de} : 수용률, F_{di} : 부등률, $\cos\theta$: 부하역률

$$P_T = \frac{50 \times 5.0 + 30 \times 0.65 + 15 \times 0.75 + 25 \times 0.6}{1.2 \times 0.8} = 73.69\text{[kVA]}$$

표에서 75[kVA]가 적당하다.

16. 다음 그림과 같은 변전설비에서 주변압기 용량을 구하고, 수용률, 부등률, 부하률의 적용장소를 쓰시오.

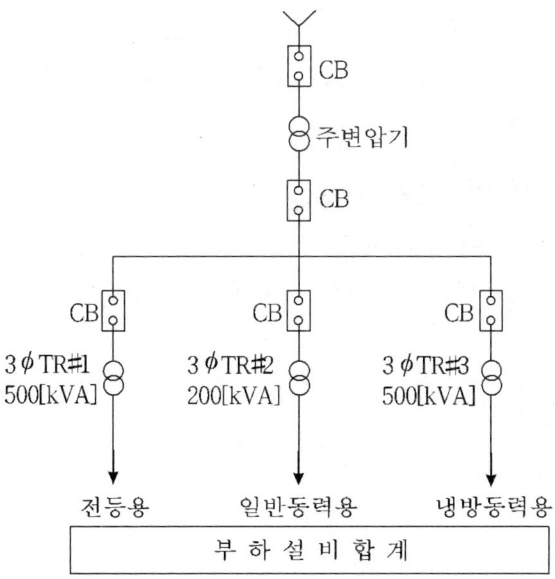

① 주변압기 용량[kVA]은?
② 주변압기 : 적용
③ TR #1 : 적용
④ TR #2 : 적용
⑤ TR #3 : 적용
⑥ 부하설비합계 : 적용

[답] ① $P_T = \dfrac{\sum \text{설비용량} \times \text{수용률}}{\text{부등률} \times \text{부하역률}} = \dfrac{500+200+500}{1.2} = 1000[\text{kVA}]$

② 부등률 ③ 수용률 ④ 수용률 ⑤ 수용률 ⑥ 부하률

17. 수전방식에서 다음 그림 및 특징을 보고 무슨 수전방식인지 기입하시오.

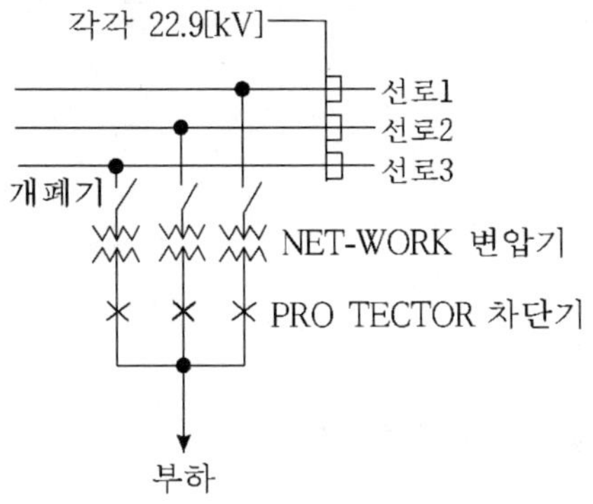

[특징]

① 무정전 공급이 가능하다.
② 효율 운전이 가능하다.
③ 전압 변동률이 적다.
④ 전력 손실을 감소할 수 있다.
⑤ 부하 증가에 대한 적응성이 크다.

[답] 스포트 네트워크 배전방식

18. 3상 3선식 380[V]로 수전하는 수용가의 부하전력이 75[kW], 부하역률이 85[%], 구내 배전선의 길이가 200[m]이며, 배선에서 전압 강하를 6[V]까지 허용하는 경우 구내 배선의 굵기를 구하시오.(단, 이때 배선의 굵기는 전선의 공칭단면적으로 표시하시오.)

[답] 3상 전류 $I = \dfrac{75}{\sqrt{3} \times 0.38 \times 0.85} = 134.06[\text{A}]$

∴ 전선굵기 $A = \dfrac{30.8LI}{1000e} = \dfrac{30.8 \times 200 \times 134.06}{1000 \times 6} = 137.64 = 150[\text{mm}^2]$

19. 그림과 같은 100/200[V] 단상 3선식 회로를 보고 다음 각 물음에 답하시오.

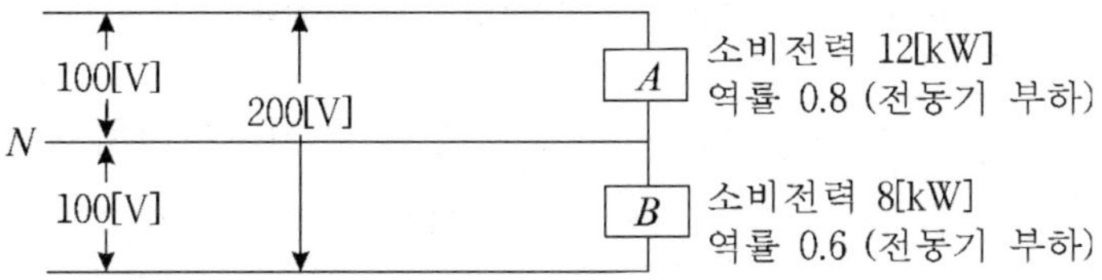

가. 중성선 N에 흐르는 전류는 몇 [A]인가?

나. 중성선의 굵기를 정하는 전류는 몇 [A]인가?

다. 부하는 전압 전동기이다. 이 전동기는 제 몇 종 절연을 하는가?
(단, 이 전동기의 허용온도는 105[℃]라고 한다.)

라. A전동기의 용량으로 양수를 한다면 양정 10[m], 펌프 효율 80[%] 정도에서 매분당 양수량은 몇 [m^3]이 될까?(단, 여유계수는 1.1로 한다.)

[답] 가. $I_A = \dfrac{12 \times 10^3}{0.8 \times 100} = 150$[A], $I_B = \dfrac{8 \times 10^3}{100 \times 0.8} = 100$[A], $I_N = 150 - 100 = 50$[A]

나. 150[A] 다. A종 절연

라. $P = \dfrac{9.8HQ}{\eta}$에서 $Q = \dfrac{P\eta}{9.8H} = \dfrac{12 \times 0.8}{9.8 \times 10} \times \dfrac{1}{11} \times 60 = 5.34$[m^3/min]

20. 부하율(load factor)을 간단히 설명하시오.

[답] 부하율 $= \dfrac{\text{평균전력}}{\text{최대수용전력}} \times 100$

제 4 장 부하설비

4.1 조명설비

4.1.1 조명설비의 개요

그림 4-1에서 볼 수 있는 바와 같이 태양이나 전구의 방사는 여러 가지 빛이 연속으로 되어 있는 **연속스펙트럼**(continuous spectrum)이고, 수은등, 네온사인, 나트륨 등의 방전등으로부터 발산하는 빛은 **선스펙트럼**(line spectrum)이며, 형광등의 스펙트럼은 다수의 휘선(輝線)이 모여서 띠모양을 이루는 **밴드스펙트럼**(band spectrum)으로 되어 있다. 이것은 원자가 자유로운 상태인 기체상태에서는 선스펙트럼, 약간 부자유로운 상태인 고온가스에서는 밴드스펙트럼, 더욱 부자유로운 상태인 고체상태에서는 연속스펙트럼을 발산한다고 볼 수 있다.

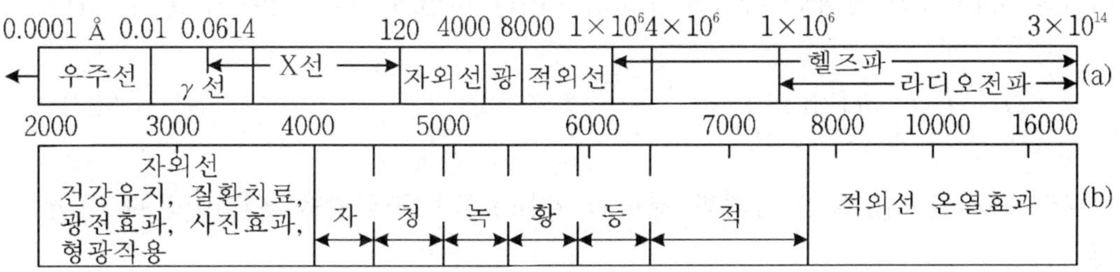

그림 4-1 전자파의 파장과 그의 효과

[1] 조명용어

(1) 방사속

전자파로 전달되는 에너지를 방사(放射)라 하고 단위시간에 어떤 면을 통과하는 방사에너지의 양을 방사속(radiant flux)이라 하며 단위는 와트[Watt]이고 기호는 Φ로 표시한다.

(2) 광 속

광속(luminous flux)은 광량이 어느 면을 단위 시간내에 통과하는 비율이며 방사속 중에서 가시범위의 방사속을 눈의 감도를 기준으로 하여 측정한 것을 말하고 단위는 루멘(lumen)이고 기호는 F로 표시한다.

$$F = \frac{dQ}{dt},\ dQ = F \cdot dt \tag{4-1}$$

표 4-1 각종 광원의 광속

광 원	광 속[lm]	광 원	광 속[lm]
태양	4.3×10^{28}	형광등 40[W]	3,000
달	8×10^{16}	형광등 110[W]	8,700
백열전구	1,520	수은등 400[W]	21,000

(3) 광 량

광량은 광속의 시간적분이며, 단위는 루멘-시[lumen-hour]로 나타낸다. 이 때 시간을 dt[h]동안 통과한 광량을 dQ[lm · h]라 하면 다음과 같이 구할 수 있다.

$$Q = \int_0^t F \cdot dt\ [\text{lm} \cdot \text{h}] \tag{4-2}$$

따라서 시간 t[h]동안 통과한 광량이 Q[lm · h], 평균광속 F[lm]일 때 평균 광량 Q는

$$Q = F \cdot t\ [\text{lm} \cdot \text{h}] \tag{4-3}$$

이 광량은 전구가 전 수명 중에 방사한 빛의 총량이며, 조명경제 등의 계산에 사용된다.

(4) 광 도

광원이 갖는 빛의 강도를 **광도**(luminous intensity)라고 하며 단위는 칸델라(candela, cd)로 표시하며, 점 광원에서 어떤 방향의 광도를 구하려면 미소 입체각 $d\omega$ 내에 포함되는 광속 dF가 있으면 그 광원의 화살표로 표시된 방향의 광도 I는 다음과 같이 구할 수 있다.

$$I = \frac{dF}{d\omega}[\text{cd}],\ dF = I \cdot d\omega \tag{4-4}$$

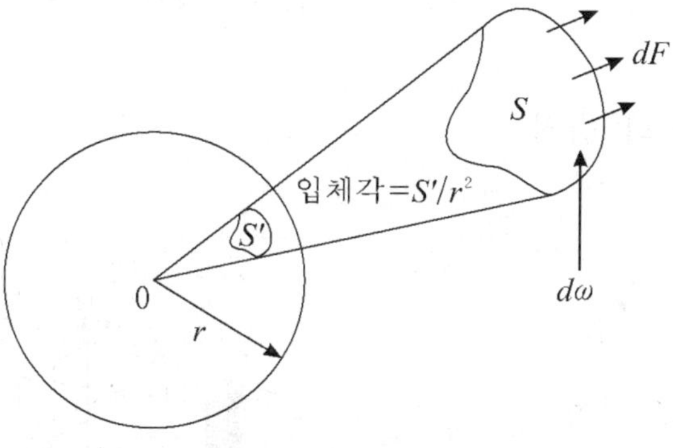

그림 4-2 입체각 밀도

만약 점광원으로부터 모든 방향으로 균등하게 광속이 발산될 때 광도는 다음과 같이 구할 수 있다.

$$I = \frac{F}{4\pi}[\text{cd}] \tag{4-5}$$

(5) 조 도

광원이 어떤 장소를 비추면 그 장소는 어떤 밝기를 갖게 되며 어떤 면에 투사되는 입사광속의 면적당 밀도를 **조도**(Intensity of Illumination)라 한다.

만약 면적 $A\,[\text{m}^2]$에 투사되는 광속이 $F[\text{lm}]$가 균등하게 투사된다면 그 면의 평균조도 E는

$$E = \frac{F}{A}[\text{lm/m}^2 = \text{lux}] \qquad (4\text{-}6)$$

조도의 단위를 정리하면

1[lx]=1[lm/m²]이고, 1[lm/cm²]로 표시되는 단위를 포트(phot : ph)라 하며 1[ph]=100×100[lux]이다.

표 4-2 조도표

장 소	조 도[lx]	장 소	조 도[lx]
직사일광의 지면 위(여름)	100,000	맑은 날의 북쪽 창가	2,000
약간 흐린 날의 지면 위	30,000~50,000	밝은 방(맑은 날)	200~500
몹시 흐린 날 지면위	10,000~20,000	독서에 적당한 밝음	200~500
청공광 지면위	10,000	1[cd] 점광원으로부터 1[m]	1.0
만월의 지면위	0.2	1[cd] 점광원으로부터 1[km]	10^{-6}

(가) 거리 역제곱의 법칙

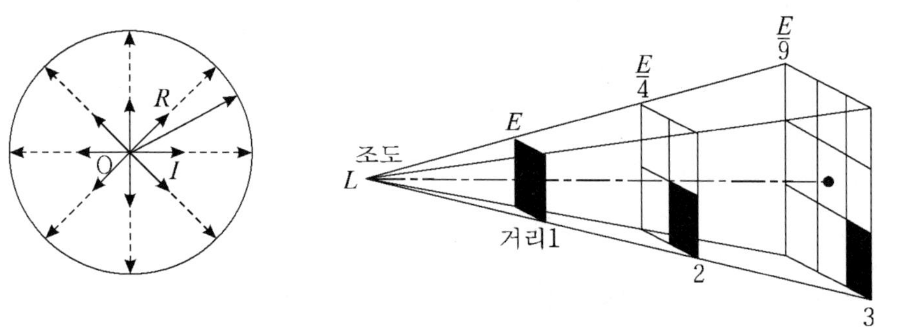

(a) 광속의 발산 (b) 조도와 거리와의 관계

그림 4-3 조도와 거리의 관계

그림 4-3의 (a)와 같이 광도 I[cd]인 균등한 점광원을 반지름 R[m]의 구의 중심에 놓았을 때, 광원은 광속을 고르게 발산하므로 구면상의 입사광속은 고르고, 조도도 균일하다. 표면적 A, 구면내의 모든 점의 조도 E[lx]는 다음과 같다.

$$E = \frac{F}{A} = \frac{4\pi I}{4\pi R^2} = \frac{I}{R^2}[\text{lx}] \qquad (4\text{-}7)$$

이와 같은 관계식을 거리의 역 제곱의 법칙(inverse square law)이라 하며 광원이 점광원이 아니거나 R이 너무 작으면 이 법칙이 적용되지 않으며 광원에 가까우면 밝고 멀어지면 어두워진다.

(나) 입사각 코사인의 법칙

점광원과 피조면은 그림 4-4와 같이 광속이 어떤 각도를 가지고 피조면에 입사하고 있을 때 그 피조면의 조도를 구하여 보자.

광속 F와 직교하는 피조면의 면적을 $A[\mathrm{m}^2]$라고 할 때 그 피조면의 조도 E_n [lx]는

$$E_n = \frac{F}{A}[\mathrm{lx}] \tag{4-8}$$

이다. 여기서, $A\,[\mathrm{m}^2]$는 광선에 대해 수직인 면이다.

광선의 방향에 대하여 피조면이 법선의 방향과 θ의 각을 이루는 평면 A'를 생각하면 그 면적은 $A' = \dfrac{A}{\cos\theta}[\mathrm{m}^2]$이며, 이 피조면의 전면에 균등하게 F[lm]인 광속이 투사되므로 A'면 위의 조도 E'[lx]는 다음과 같다.

$$E' = \frac{F}{A'} = \frac{F}{A}\cos\theta = \mathrm{E_n}\cos\theta \tag{4-9}$$

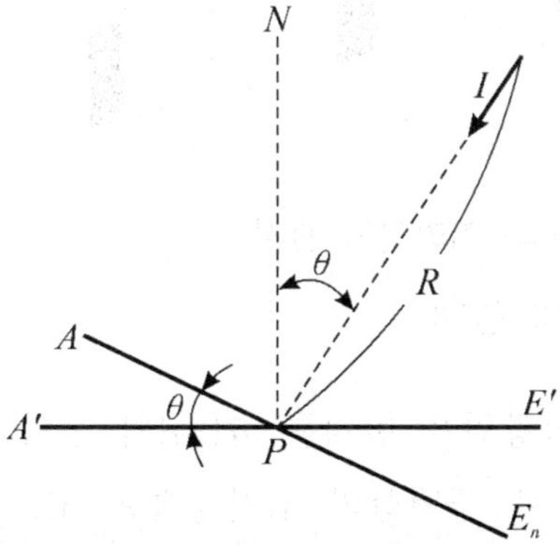

(a) 점광원과 피조면의 관계

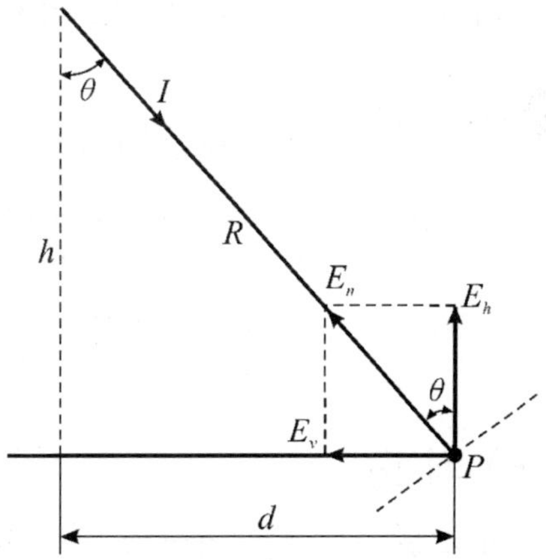

(b) 벡터도

그림 4-4 조도

즉 광속과 θ의 각도를 가지고 교차하는 피조면의 조도는 직교하는 피조면의 조

도의 $\cos\theta$ 배이다. 이 법칙을 **입사각의 코사인 법칙**(cosine law of incident angle)이라고 한다.

그림 4-4의 (a)와 같이 피조면에 따라 조도는 법선조도 E_n(normal illumination), 수평면 조도 E_h(horizontal illumination), 수직면 조도 E_v(vertical illumination) 등이 있다. 이들의 관계식은 다음과 같다.

$$\text{법선조도 } E_n = \frac{I}{R^2} \tag{4-10}$$

$$\text{수평면 조도 } E_h = E_n \cos\theta = \frac{I}{R^2}\cos\theta \tag{4-11}$$

$$\text{수직면 조도 } E_v = E_n \sin\theta = \frac{I}{R^2}\sin\theta \tag{4-12}$$

(다) 조도 균일도

조도 균일도란 작업면상의 최소조도 $E_{\min}$과 평균조도 E_{av}와의 비 $E_{\min}/E_{av}$ 또는 최소조도와 최대조도와의 비 $E_{\min}/E_{\max}$로 표현된다.

예제 최대 광도(광측광도)가 1,500[cd]이고 연직 배광곡선이 원형인 점광원이 있다. 이 광원은 바닥면에서 6[m] 높이에 설치할 경우 등 직하에서 4.5[m] 되는 점의 법선조도, 수평조도 및 연직선 조도를 구하여라.

풀이 법선조도 $E_n = \frac{I}{l^2} = \frac{I}{h^2 + d^2} = \frac{1500}{6^2 + 4.5^2} = 26.67[\text{lx}]$

수평 조도 $E_h = E_n \cos\theta = 26.67 \times \frac{6}{\sqrt{6^2 + 4.5^2}} = 21.34[\text{lx}]$

연직선 조도 $E_v = E_n \sin\theta = 26.67 \times \frac{4.5}{\sqrt{6^2 + 4.5^2}} = 16[\text{lx}]$

(6) 휘 도

광원을 볼 때 같은 광도를 가진 광원에서도 그 광도가 큰 면적에서 나오는 경우보다도 작은 면적에서 나오는 경우가 더 밝게 보인다. 이유는 광원이 빛나는 정도가 크기 때문이다. 광원이 빛나는 정도를 **휘도**(輝度 : brightness)라 한다. 광원의 어떤 방향의 휘도는 그 방향의 광도를 그 방향에서 본 광원의 외관상 면적으로 나눈 값이 되고, 단위는 니트(nit ; nt) 및 스틸브(stilb ; sb)를 사용하며 I[nt]=

1[cd/m²]이고, 1[sb]=1[cd/ cm²]이다.

광원의 어느 방향의 광도를 I, 그 방향의 보임의 면적을 A라 하면 휘도 B는

$$B = \frac{I}{A}[\text{nt}] \tag{4-13}$$

휘도가 높은 광원이 눈에 들어오면 눈부심이 일어나고, 시선에 가까울수록 보는 데 지장을 준다.

눈부심은 주위의 밝음에도 관계가 있으며, 비교적 낮은 휘도라도 주위가 어두우면 눈부심을 일으킨다. 일반적인 경우, 광원을 보는 시간이 짧으면 0.5[Sb] 이하, 장시간 주시하는 경우는 0.2[Sb] 이하이면 눈부심은 그다지 문제가 되지 않는다.

어느 방향에서 보아도 휘도가 같은 표면을 **완전확산면**(perfect diffusion surface)이라 하며 유백색 산화마그네슘, 양질의 젖빛 유리면, 맑은 청공 등이 이에 가깝다. 각종 광원의 휘도의 예는 표 4-3과 같다.

표 4-3 각종 광원의 최대 휘도

광 원	휘 도	광 원	휘 도
태양 달 맑은 하늘 무광전구	1.6×10^9 3,400 8,000 280,000	우유 빛 글로브 형광등 수은등 나트륨등 200[W]	 1,000~3,000 6,000~10,000 80,000

(7) 광속발산도

물건이 보이는 것은 그 물건으로부터 방사된 광속이 눈에 들어오기 때문이며 밝기는 그 물체가 눈의 방향으로 방사되는 광속밀도의 크기에 따라 다르다. 어떤 물체의 표면에서 방사된 광속밀도를 그 점의 **광속발산도**(Illuminance emittance)라 하고, 단위는 래드럭스(radlux ; rlx) 또는 아포스틸브(apostilb ; asb)로 표시하고 1[rlx]=1[asb]=1[lm/m²]이다.

임의의 점의 둘레의 면적이 S[m²]이고, 발산 광속의 분포가 균일할 때 그 점의 광속발산도 M는

$$M = \frac{F}{S}[\text{lm/m}^2] \tag{4-14}$$

(8) 발광효율

광원으로부터 어느 방향의 방사속 Φ[W]가 발산되면 이 중에서 F[lm]의 광속만을 육안으로 느끼게 된다. **발광효율**이라 함은 방사속에 대한 광속의 비율을 말한다.

$$\varepsilon = \frac{F}{\Phi}[\text{lm/W}] \tag{4-15}$$

예로서 2,200[°K]의 텅스텐의 발광효율은 6[lm/W]이고, 최대시감도를 갖는 파장 555[nm]는 680[lm/W]이다.

(9) 전등효율

전등효율이라 함은 전 소비전력 P에 대한 전 발산광속 F의 비율을 말한다.

$$\eta = \frac{F}{P}[\text{lm/W}] \tag{4-16}$$

일반적으로 전등효율은 발광효율보다 적다.

표 4-4 조명단위

측 정 량	기 호	정 의	단 위	단위의 읽기
광 속	F	$680\int \Phi e(\lambda)V(\lambda)d\lambda$	[lm]	루멘
광 도	I	$\frac{dF}{d\omega}$	[lm/sr]=[cd]	캔들
조 도	E	$\frac{dF}{dA}$	[lm/m²]=[lx]	룩스
휘 도	L	$\frac{dI}{dS'}$	[cd/m²]=[nit] [cd/cm²]=[stib]	니트, 스틸브
광속발산도	M	$\frac{dF}{dS}, \rho E$	[lm/m²]=[rlx]	래드럭스

(10) 연색성

빛의 분광 특성이 가장 정확한 색깔을 보게 하는데 미치는 효과를 **연색성**(演色性 : color rendition)이라 하며 같은 색상이라도 태양 빛 아래서 본 것보다 형광등 밑에서 본 색상이 조금 다르게 보인다. 이런 것을 연색성이 떨어진다고 말한다.

표 4-5 램프의 연색성과 용도(CIE)와의 관계

연색성 그룹	연색평가수 R_a의 범위	광원색의 느낌	사 용 예
1	$R_a \geq 85$	서늘하다	직물공장, 인쇄공장, 도장공장
		중간	병원, 점포
		따뜻하다	주택, 호텔, 레스토랑
2	$70 \leq R_a \leq 85$	서늘하다	학교, 사무실, 미세한 작업공장
		중간	(온난한 기후에서)학교, 사무실, 백화점
		따뜻하다	(추운 기후에서)학교, 사무실, 백화점
3	$R_a < 70$ 일반 옥내의 작업에 충분한 연색성 램프	—	연색성이 별로 중요하지 않은 옥내
S(특별)	특수한 연색성	—	특별한 용도

(가) 평균 연색 평가수(R_a)

연색성의 평가 방법에서는 KSA 007-80(광원의 연색성 평가방법)이 있고 적, 황, 녹, 청 등의 8가지 색에 대해서 표준광과 물체색깔의 평균적인 색상차이를 평균 연색 평가수(R_a)라 한다.

일반적으로 이 R_a값이 100에 가까운 정도를 연색성이 좋다고 한다.

(나) 특수 연색 평가수

높은 채도 색, 나뭇잎의 녹색, 사람의 피부색 등 7가지 색상에 대해서 각각 색 차이를 표시한 것을 특수 연색 평가수(R_9~R_{15})라 한다.

(11) 색온도

색온도(color temperature)란 표준 흑체를 가열 했을 때 흑체의 광색이 광원의 광색과 같을 때 그 흑체의 온도를 그 광원의 **색온도**라 한다. 흑체(백금)를 고온으로 가열하면 빛의 색깔은 적색→분홍색→백색→청백색→청색→백색의 상태로 변화한다.

표 4-6 각종 광원의 색온도

광원의 종류	색온도[K]	광원의 종류	색온도[K]
지표상에서 본 태양	5,450	할로겐 전구(500[W])	3,060
지표상에서 본 만월	4,125	형광램프(온백색)	3,500
푸른 하늘(오전 9시)	12,000	형광램프(백색)	4,500
구름이 낀 하늘	7,000	형광램프(주광색)	6,500
촛 불	1,930	고압수은램프(400[W])	5,600
백열전구(60[W])	2,830	형광수은램프(400[W])	4,600
백열전구(100[W])	3,080		

각종 광원의 광색은 색온도로 표시하며 그 단위는 켈빈 절대온도[°K]이며, 여기서 켈빈은 열역학적 온도의 단위로 물의 삼중점의 열역학적 온도의 1/273.16이다. 섭씨 0[℃]는 273.16[K]이며, 온도 차이를 나타낼 때는 1[℃]와 1[K]가 같다.

(12) 시감도

인간의 눈에 보이는 가시광선의 파장 범위는 380~760[nm]이고 그 파장 대역중 사람의 눈으로 잘 볼 수 있는 빛의 파장범위를 시감도라 말하고 파장대역 중 가장 잘 보이는 대역인 555[nm] 일때 감도를 1로 하고 다른 파장과 비교한 시감도의 비를 비시감도라 하며, 이것을 곡선으로 표시한 것이 비시감도 곡선이다.

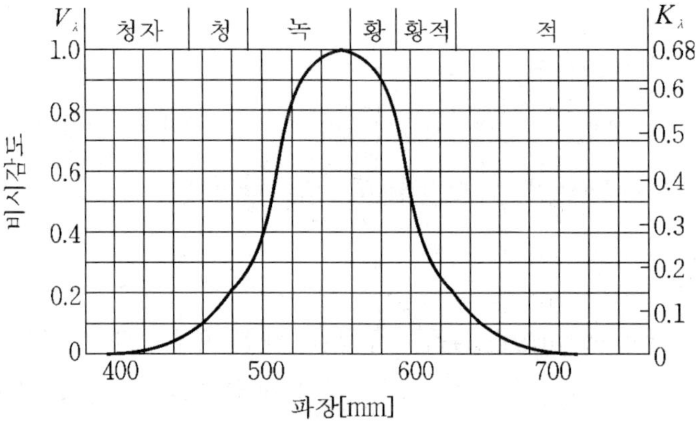

그림 4-5 비시감도 곡선

(13) 순 응

눈에 들어오는 빛이 소량의 경우, 눈의 감도는 대단히 커지고 반대의 경우 감광도는 떨어진다. 이 현상을 눈의 **순응**(Adaptation)이라 하며, 밝은 곳으로 나갔을 경우의 순응을 **명순응**, 어두운 곳에서의 순응을 **암순응**이라 한다.

그림 4-6에서와 같이 명순응으로 되는 시간은 1~2분 정도이고, 암순응으로 되는 시간은 약 30분 정도 걸린다.

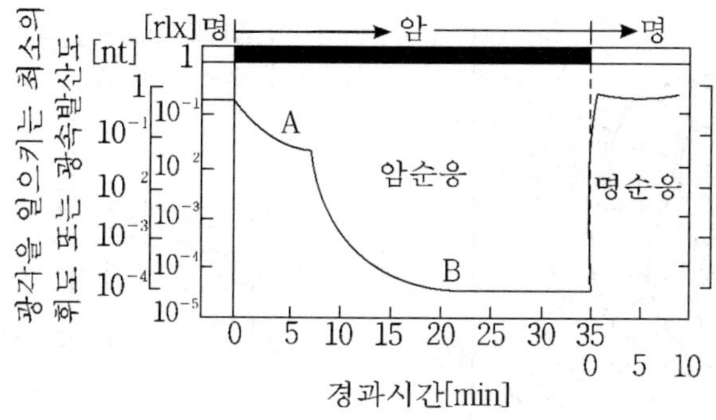

그림 4-6 명순응과 암순응

또한 밝은 곳에서 같은 밝음으로 보이고 있는 적색이나 청색은 조도를 점차 떨어뜨리면 적색은 어둡게, 청색은 밝게 보인다. 그림 4-7에서 나타내는 바와 같이 명순응된 눈의 최대 비시감도는 555[nm]이고, 암순응된 눈의 최대시감도는 510 [nm]이며, 짧은 파장쪽으로 다가선다. 이 현상은 **퍼킨제효과**(Purkinje-effect)라 한다.

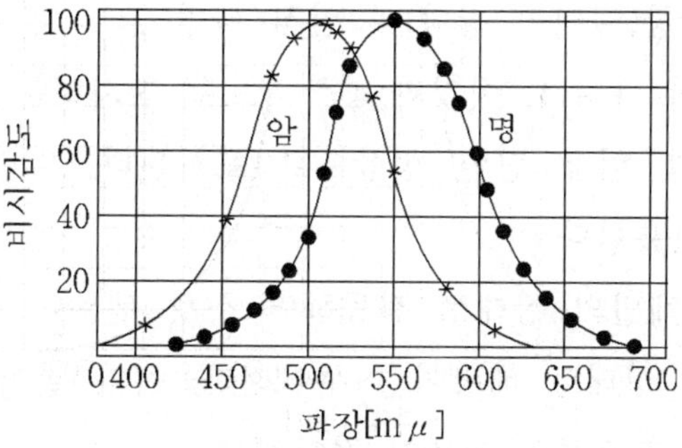

그림 4-7 퍼킨제 효과

(14) 배광곡선

배광곡선이란 광원 또는 조명기구를 중심으로 각 방향의 광도 변화의 분포 상태를 함수로 표시한 것을 배광곡선이라 하고 배광곡선에는 두 가지가 있다. 백열전등이나 수은등과 같은 점광원에 대한 것이고, 또 하나는 형광등과 같은 발광 면적이 큰 것에 대한 것이다.

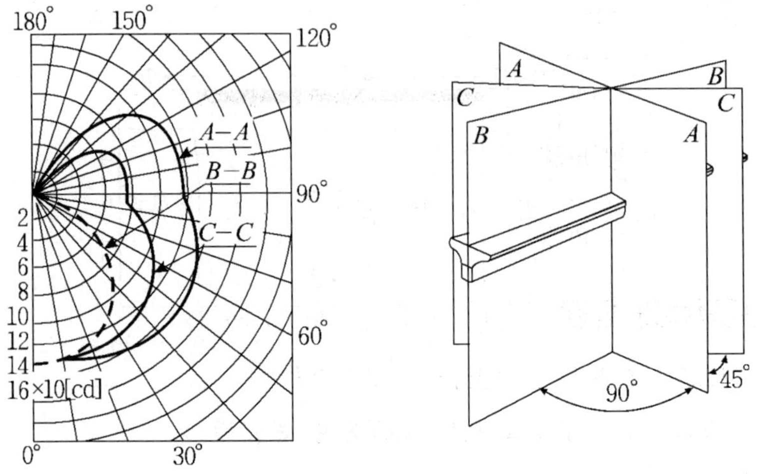

(a) 형광등에 대한 3개면의 배광 곡선　　(b) 형광등의 배광면

그림 4-8 형광등의 배광 곡선

수평 배광 곡선은 수평면상의 각 방향의 광도 분포를 표시한 것이고, 연직 배광 곡선은 연직면상의 각 방향의 광도 분포를 표시한 것이다.

점광원의 경우에는 중심에 대해서 대칭적인 배광이 되지만, 형광등에서는 그림 4-8에서와 같이 축 방향(길이의 방향)과 연직 평면 $B-B$, 램프의 중앙점을 지나 이에 직각인 연직 평면 $A-A$, 이것과 45° 각도로 교차하는 연직 평면 $C-C$ 등의 3평면에 의한 배광 입체 단면 형상으로 표시된다. 일반적으로 배광 곡선은 $A-A$ 배광 곡선을 사용한다.

백열전구를 전구 자체만의 상태로 점등하면 소켓 부분을 제외하고는 광속이 거의 전공간에 발산하는 상태로 배광이 이루어진다. 이와 같이 빛이 사방으로 분포한 상태하에서는 빛의 효과적인 이용이 적어진다.

따라서, 작업에 필요한 부분에 대해서 빛이 집중적으로 모이도록 조명기구를 만들면 빛은 기구에 반사되어 그 기구에 특유한 빛의 분포곡선이 된다. 그림 4-9는 점광원의 배광곡선을 나타낸 그림이다.

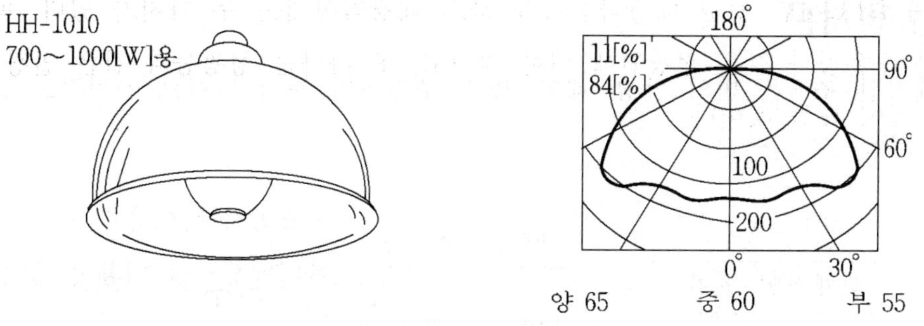

(a) 점광원 (b) 배광 곡선

그림 4-9 점광원의 배광 곡선

(15) 램프광속과 효율

램프에서 나오는 전광속을 **램프광속**이라 한다. 램프효율은 램프광속을 램프가 소비하는 전력으로 나눈 값으로 나타내고, 단위는 [lm/W]를 이용한다. 예를 들면 400[W] 형광 수은램프는 램프광속이 22,000[lm] 이어서 램프 효율은 22,000/400=55[lm/W]가 된다.

(16) 기구광속과 기구효율

조명기구 속에 들어있던 램프광속내에서 반사경과 유리구 등에서 흡수되지 않아 외부로 나오는 광속을 **기구광속**이라 하고 그 비율을 **기구효율**이라 한다.

$$기구효율=\frac{기구광속}{램프광속}\times 100[\%] \tag{4-17}$$

(17) 반사율 · 투과율 · 흡수율

$$반사율\ \rho=\frac{반사광속}{입사광속}\times 100[\%] \tag{4-18}$$

$$투과율\ \tau=\frac{투과광속}{입사광속}\times 100[\%] \tag{4-19}$$

$$흡수율\ \alpha=\frac{흡수광속}{입사광속}\times 100[\%] \tag{4-20}$$

$$\rho+\tau+\alpha=1 \tag{4-21}$$

(2) 명시론

실제적인 조명은 빛의 발생, 제어, 빛과 조명과의 특성이 서로 유기적으로 연관되어 있다.

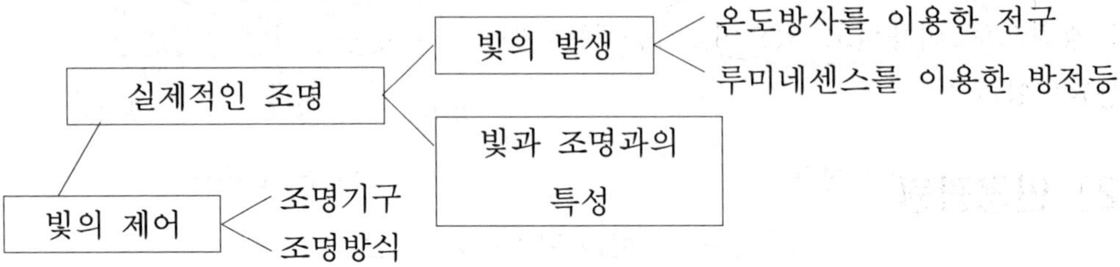

빛의 발생은 계속 발전하고 연구중에 있으며 빛의 제어부분 또한 조명기구의 개선과 조명방식의 개선으로 그 발전 한계에 달해 있다.

빛과 조명과의 특성은 인간과 조명과의 관계을 연구하는 학문으로 시각, 명시, 심리 생리적인 특성을 이해하고 활용해야만이 비로서 그 기능을 발휘하는 분야이다.

명시론은 크게 (물체의 보임 / 눈부심 / 광속의 분포 / 편한시각의 평가) 라는 측면에서 고찰해야 한다.

4.1.2 광 원(light sourcess)

광원은 자연광원과 인공광원으로 분류할 수 있다.

(1) 자연광원

태양에 의한 주광(晝光)은 자연계에서의 적응으로 가장 자연스러우며 건강한 빛이다. 주광은 태양의 직사광선뿐만 아니라 청공광 즉, 대기중의 공기나 수증기 등에 의하여 산란된 빛이 더해진 것으로 그의 양은 직사광의 25[%] 정도이다.

태양으로부터 지구에 도달하는 파장은 290~35,000[nm]이며, 자외선 5[%], 가시광선 50[%], 적외선 45[%]정도로 구성되어 있다. 따라서 태양이 방사하는 광속은

4.3×10^{28}[lm], 광도는 3.4×10^{27}[cd], 휘도는 2.24×10^{9}[nit]이다.

조명에 있어서의 궁극적인 목표는 밝기를 조금이라도 태양광선에 가깝게 하는데 있으며 또한 빛의 성질도 가급적 태양광에 흡사한 광원을 얻는데 있다.

태양광선 중 가시광선 부분인 3,800~7,600[Å]의 파장의 빛을 인공적으로 만든 것이 광원으로 이용되고 있으며, 이중에는 백열등, 방전등(형광등, 수은등, 나트륨등 등)이 있다.

〔2〕 인공광원

표 4-7 발광원리에 따른 광원의 분류

<table>
<tr><th>구 분</th><th colspan="3">등의 종류</th></tr>
<tr><td>온도복사에 의한 백열발광</td><td colspan="3">백열등, 특수등, 할로겐등</td></tr>
<tr><td>온도방사에 의한 연소발광</td><td colspan="3">섬광전구</td></tr>
<tr><td rowspan="4">루미네센스에 의한 방전 발광</td><td>저압방전등</td><td colspan="2">형광등(저압수은등), 저압나트륨등</td></tr>
<tr><td rowspan="2">고압방전등</td><td>고압수은등</td><td>수은등, 형광수은등, 메탈할라이드등</td></tr>
<tr><td>고압나트륨등</td><td></td></tr>
<tr><td>초고압 방전등</td><td>크세논등, 초고압 수은등</td><td></td></tr>
<tr><td>일렉트로 루미네센스에 의한 전계발광</td><td colspan="3">EL램프</td></tr>
<tr><td>유도방사에 의한 레이져 발광</td><td colspan="3">레이져</td></tr>
</table>

〔3〕 발광 현상

(1) 발광의 종류

조명에 필요한 빛을 발생시키는 방법에는 온도복사(temperature radiation)와 루미네선스(luminescense)에 의한 방법이 있다.

(2) 온도복사

물체에 열을 가하여 온도를 높이면 빛을 발산하여 복사현상을 일으킨다. 처음에는 적외선을 복사하고, 400~450[℃]에서 암적색(dull red)을 볼 수 있으며, 더욱

온도를 높여 500[℃] 이상으로 하면 빛을 발산하기 시작하고, 더욱더 온도를 높이면 등색, 황색을 거쳐 백색으로 된다. 이 상태를 백열(incandescence)상태라고 하며, 여러 가지 파장의 전파가 복사된다. 이것을 온도복사라고 부른다.

(3) 루미네선스

백열전구와 같이 물체의 온도를 높여서 빛을 발생시키는 온도복사 이외의 모든 발광을 루미네선스(luminescence)라고 한다. 루미네선스는 자극을 받은 원자, 분자 또는 이온이 그 에너지를 방출함에 따라 발광하는 현상을 말하고, 냉광(cold light)이라고도 한다.

루미네선스는 발광의 지속시간에 따라 형광(fluorescence)과 인광(phosphoresce-nce)으로 분류된다. 형광은 자극이 작용하는 동안만 발광을 계속하고 자극이 사라지면 곧 발광을 멈추는 것을 말하며, 인광은 자극이 없어진 후에도 수분 이상 수일 또는 그 이상 에너지를 축적하여 발광을 지속하는 것을 말한다.

[4] 온도복사에 관한 법칙

(1) 스테판 볼츠만의 법칙

온도 T[°K]의 흑체의 단위 표면적으로부터 단위시간에 복사되는 전복사에너지 W는 그 절대온도 T의 4제곱에 비례한다. 이것을 스테판 볼츠만의 법칙(Stefan-Boltzmann's law)이라 한다.

$$W = \alpha T^4 [\mathrm{W/m^2}] \qquad (4\text{-}22)$$

여기서, α는 스테판 볼츠만의 상수로서 $\alpha = 5.6696 \times 10^{-8} [\mathrm{W/m^2 \cdot {}^\circ K^4}]$이다.

예제 온도가 2000[°K]가 되는 흑체의 전복사에너지는 1,000[°K]일 때 값의 몇 배가 되는가?

풀이 흑체의 단위 표면적으로부터 단위 시간에 복사되는 에너지 W는 그 절대 온도 T[°K]의 4승에 비례한다.(스테판 볼츠만의 법칙)

따라서 온도가 2배인 경우에 전복사에너지는 $2^4 = 16$배가 된다.

(2) 윈의 변위법칙

흑체의 온도복사는 그 온도에 따라 복사스펙트럼의 상태가 달라진다. 즉, 흑체에서 최대 복사에너지의 파장 λ_m은 절대온도 T[°K]에 반비례한다. 이것을 윈의 변위법칙(Wien′s displacement law)이라고 한다.

(3) 플랑크의 복사법칙

절대온도 T[°K], 임의의 파장 $\lambda[\mu]$에 있어서의 스펙트럼 복사속의 발산도 P_λ는 다음과 같다.

$$P_\lambda = \frac{c_1}{\lambda^5} \cdot \frac{1}{e^{c_2/\lambda T} - 1} [\mathrm{W/m^2 \cdot \mu}] \tag{4-23}$$

이것을 플랑크의 복사법칙(plank′s radiation law)이라고 한다.

여기서 c_1 및 c_2는 플랑크의 정수로서 $c_1 = 2\pi hc^2 = 3.7415 \times 10^{-16}[\mathrm{W \cdot m^2}]$, $c_2 = 14388 \times 10^{-2}[\mu \cdot {}^\circ\mathrm{K}]$이며, e는 자연대수의 밑으로 $e = 2.71828$이다.

4.1.3 조명기구 및 조명방식

[1] 조명기구

(1) 조명기구의 목적

① 배광의 변경
② 눈부심의 방지
③ 광원의 보호
④ 장식 등

조명기구의 본래의 목적은 ①, ②이지만 실제로 조명기구를 선정하는데는 ④가 중요시되는 경우가 많다.

조명기구를 배광에 따라 분류하면 직접, 반직접, 전반확산, 반간접 및 간접형의 5가지로 분류된다.

조명	직 접	반 직 접	전 반 확 산	반 간 접	간 접
백열등 기구배광	상방 0~10[%] 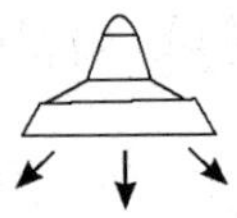 하방 100~90[%]	10~40[%] 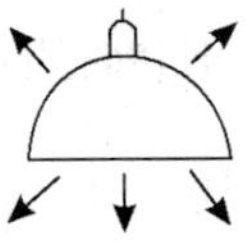 90~60[%]	40~60[%] 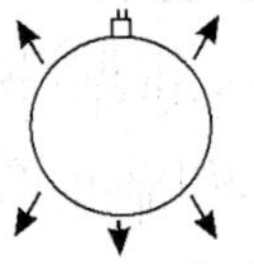 40~60[%]	60~90[%] 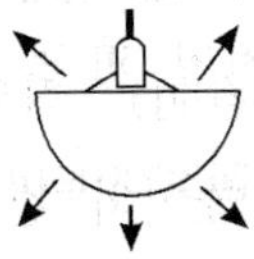 40~10[%]	90~100[%] 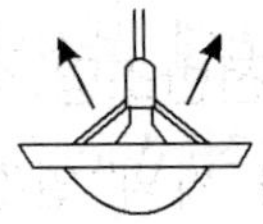 10~0[%]
형광등 기구배광	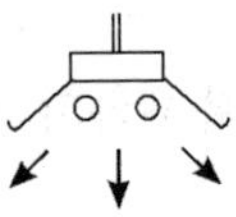	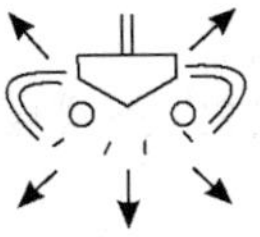	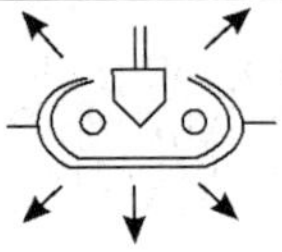	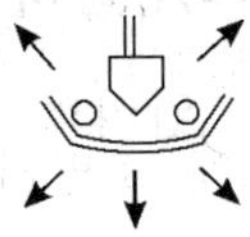	
적응장소	공 장 다운라이트 천장매입	사 무 실 학 교 상 점	사 무 실 학 교 상 점	병 실 침 실 다방 · 바	병 실 침 실 다방 · 바

그림 4-10 조명기구의 배광과 분류

직접형은 공장, 다운라이트로, 반직접형은 사무실, 학교, 상점 등에, 전반 확산형은 고급사무실, 학교, 상점 등에, 반간접형과 간접형은 각각 병실과 침실에 널리 사용되고 있다.

그림 4-10은 각 조명기구의 배광 상태를 표시한 것이다.

(2) 조명기구를 용도에 따라서 분류

① 방수형과 방습형

② 방폭형

③ 내산 · 내알칼리형

(3) 조명기구를 가설방법에 의한 분류

① 직부형 기구

② 팬던트형 기구

③ 반 매입형 기구

④ 매입형 기구

⑤ 벽부형 기구

〔2〕 조명방식

(1) 조명기구의 배치에 의한 분류

① **전반조명**(全般照明) : 작업면 전반에 균등한 조도를 갖게 하는 방식으로 램프가 거의 일정한 높이와 간격으로 배치되며, 일반적으로 명시조명을 요구하는 사무실, 학교, 공장 등에 채용된다.

② **국부조명**(局部照明) : 작업면의 필요한 개소만을 높은 조도로 조명하는 방식이며 특히 그 장소에 조명기구를 밀집하여 가설 또는 스탠드 등을 사용하는 방식이다.

이 방식은 국소만을 조명하고 다른 부분은 어두우므로 밝고 어두움의 차이가 크기 때문에 눈부심을 일으키고 눈이 피로하기 쉬운 결점이 있다.

③ **전반·국부 병용조명** : 일반적으로 정밀작업을 하는 장소에서 전반조명에 의하여 시각환경을 좋게 하고, 국부조명을 병용하여 필요한 장소에 높은 조도를 경제적으로 얻는 방식이다. 정밀공장, 타이프실 등에서 채택한다.

④ **TAL 조명방식**(Task Ambient Lighting 조명방식) : 대형 사무용 등, OA기기용

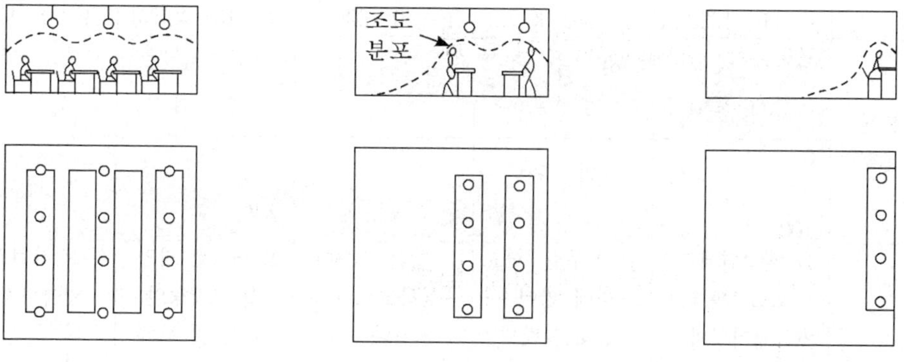

(a) 전반조명 (b) 국부 전반조명 (c) 국부조명

그림 4-11 기구의 배치에 의한 분류

(2) 조명기구의 배광에 의한 분류

① **직접조명** : 이 조명방식은 간단하고, 또한 작은 전력으로 고조도를 얻을 수 있는 특징이 있으나 밝고 어두운 차이가 심하여 눈부심을 일으켜서 눈이 피로하기

쉬운 결점이 있다.

② 간접조명 : 이 조명방법은 그늘이 없고 균등한 조도가 얻어져 차분한 분위기를 얻을 수 있는 특징이 있으나 조명율이 대단히 나쁘고 비경제적인 조명이며 건축화 조명에 많이 채택하고 있다.

③ 반간접조명 : 확산조도가 직사조도에 비하여 비교적 많은 조명방식이며 반투명 유리접시형 기구에 전구를 설치한 것이다. 직접조명과 간접조명의 장점을 갖고 결점을 보완한 방식이다.

④ 전반확산조명

비교항목	직접	반직접	전반확산	반간접	간접
① 형태	上 : 0~10[%] 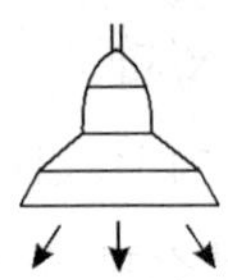 下 : 100~90[%]	上 : 10~40[%] 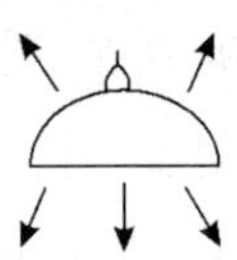 下 : 90~60[%]	上 : 40~60[%] 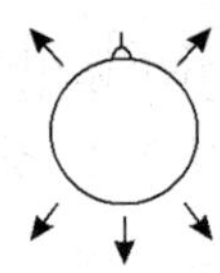 下 : 60~40[%]	上 : 60~90[%] 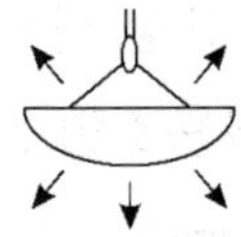 下 : 40~10[%]	上 : 90~100[%] 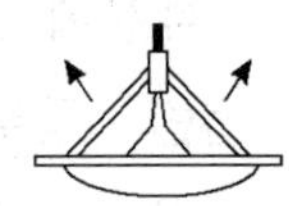 下 : 10~0[%]
② 배광곡선	上 : 0~10[%] 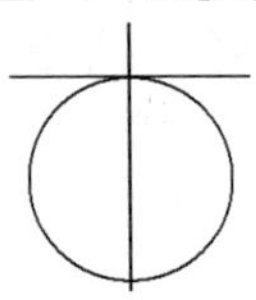 下 : 90~100[%]	上 : 10~40[%] 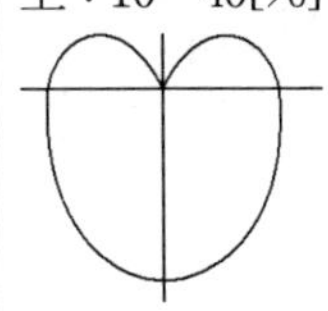 下 : 60~90[%]	上 : 40~60[%] 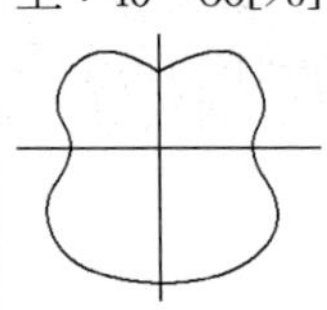 下 : 40~60[%]	上 : 60~90[%] 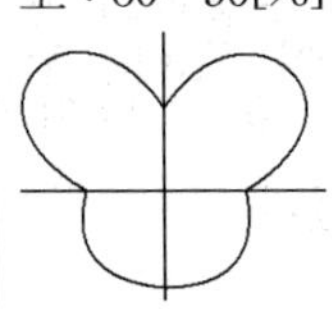 下 : 10~40[%]	上 : 90~100[%] 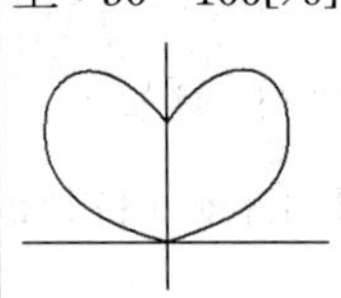 下 : 0~10[%]
③ 분광분포					
④ 장점	① 작업면에 고조도 얻는다. ② 조명기구의 설치높이가 높은 곳에 유리	① 사무실, 학교 등에 많이 사용하는 방법	① 발산 광속이 상하고르게 분포된다. (눈부심이 느끼지 않는다.)	① 세밀한 작업을 오랫동안 하는 곳에 적당	① 직사현위가 일어나지 않는다. ② 확산성이 좋다. ③ 낮은 휘도를 얻을 수 있다.

비교항목	직접	반직접	전반확산	반간접	간접
⑤ 단점	① 휘도차가 심하다. ② 그림자와 눈부심이 크다.	① 하면 개방형이므로 갓을 사용해야 한다.	① 외구에 온도상승을 가져온다.	① 휘도를 0.5[Sb]가 초과하지 않도록 설치해야 한다.	① 설치비, 공사비가 많이 든다.
⑥ 용도	공장, Down Light	사무실, 학교, 상점, 주택조명	고급 사무실, 상점, 주택가, 공장, 역 대합실	임원실, 병실, 침실, 회의실	병실, 침실
⑦ 기타	눈부심이 작업과 눈에 들어오지 않도록 15~25[%]의 차광함	하면 개방형 주로 사용			

그림 4-12 조명방식

(3) 건축화 조명

건축디자인과 조명과의 협조, 조화를 도모하고 있는 건축화 조명을 현대 건축물에서 빼놓을 수 없는 방식으로 매입방법에 따라 여러 가지 방식이 있으며 그림 4-13에 나타내었다.

천장에 매입한 것	천장면을 광원으로 한 것	벽면을 광원으로 하는 것
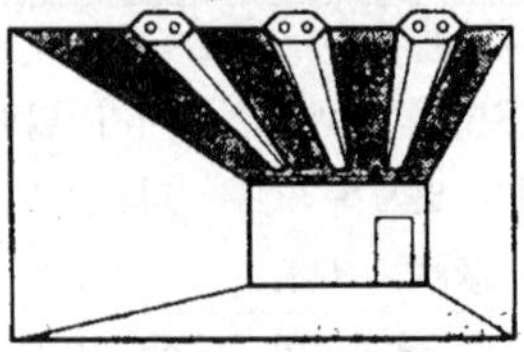 광량(光梁)조명 (반매입 라인라이트) 일종의 라인라이트조명이고, 건축화 조명의 간단한 방법이며, 반매입 하면은 확산플라스틱을 사용하여 천장조명도 밝게 할 수 있어 전반 조명으로 추장된다.	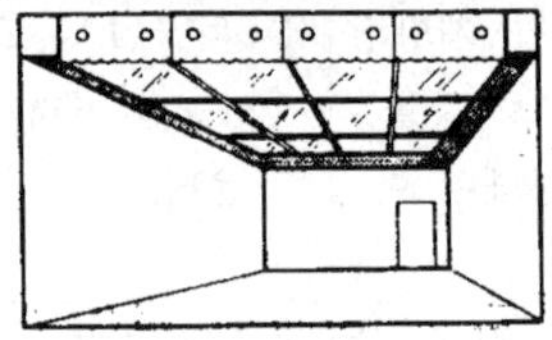 광천장 조명 구름이 낀 날에 가까운 상태로 실내를 재현할 수 있는 천장면 광원 중에서는 가장 조명률이 높다. 보수가 비교적 용이하므로 많이 채용되고 있다.	 코니스조명 (벽면조명) 형광등기구를 벽면 상방 모서리에 숨겨 취부하는 방식으로 기구로부터의 빛이 직접 벽면을 조명한다.
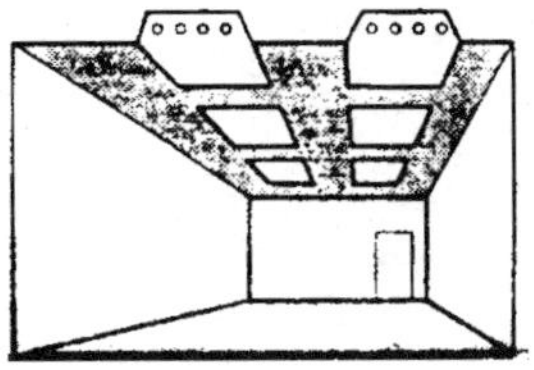 코퍼(coffer)조명 (천장 매입) 천장면에 환형·사각형·기타형상의 기구를 매입할 수 있도록 공작한 후 매입기구를 취부하여 단조함을 깨는 방법이다. 완전매입이면 천장면이 어두워진다.	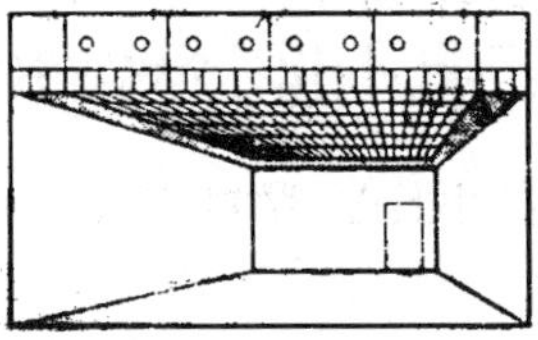 루버(louver)조명 쾌청한 낮과 근사한 주광 상태를 재현한다. 아주 직하로부터 올려다 보지 않는한 광원이 보이지 않는다. 루버가 오손되기 쉽고 보수에 있어 힘이 든다.	 밸런스(balance)조명 형광등 기구를 취부한 후 광원을 나무·금속판 또는 투과율이 낮은 재료로 보이지 않게 한다. 광원으로부터의 직접광은 하방벽의 커튼을, 상방은 천장을 조명하므로 분위기조성에 효과적인 방식이다.
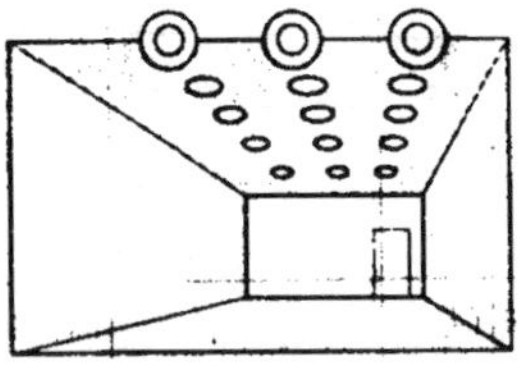 다운라이트(down-light)조명 [핀홀 라이트(pin hole light)] 확산광이 없으며 집광성의 빛을 조사면에 준다. 구름 사이에서 새어 나오는 태양 직사광 또는 밤하늘의 별과 같은 느낌을 준다.	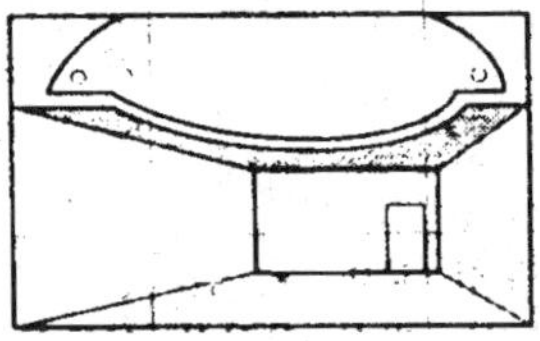 코브(cove)조명 (간접조명) 눈부심이 없고, 조도분포가 균일하며, 그림자가 없다. 고조도를 얻기가 곤란하다.	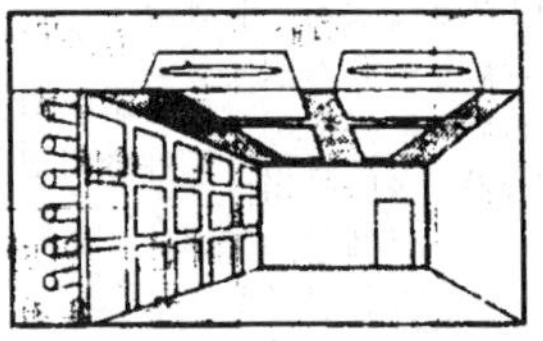 광벽(light window)조명 지하실 또는 자연광이 들어오지 않는 실내의 조명으로 이용해서 주간에 창으로부터 채광하는 것과 같은 느낌을 주는 조명방식이다.

그림 4-13 건축화 조명의 예

4.1.4 조명계획

[1] 조명의 목적

(1) 명시 조명의 요건

물건이 잘 보이고 장시간에 걸친 시작업(視作業)에 있어 눈의 피로를 느끼지 않게 하는 것이 주목적이다.

(가) 적당한 조도

밝을수록 잘 보이고 조도가 높을수록 시력이 올라가는 것을 알 수 있다. 즉, 시작업에 있어서 필요로 하는 밝음이 있으나, 그 이상은 밝을수록 좋다. 그러나 경제적인 여건 때문에 한계가 있어 국가기술표준원에서는 조도기준(KS A 3011 조도기준, KS A 3701 도로조명기준, KSA 3703 터널조명기준)을 정하고 있다.

표 4-8 조도기준

작업단계	공장	사무실	병원	학교	주택	호텔·여관	경기장	비고
초정밀 작업 1500-2000-3000	정밀검색, 정밀용접, 봉재, 검사, 재봉, 절단, 검단, 검포	정밀제도	분만실, 외과수술실, 구급처치실, (응급실)부검				공식경기, 프로경기 야구 내야, 씨름	I~K
정밀작업 600-1000-1500	권선, 직물 색상검사, 검사, 수제화작업, 목공예, 마무리, 제분, 담배 등급분류	설계·제도, 도서열람, 타이핑	검사실, 주사, 조제, 간호원실, 연구실, 원장실, 회의실, 도서실, 응급실, 진찰실, 처치실, 사무실	흑판면, 도서열람, 재봉, 미술, 설계, 제도, 실험실, 정밀, 공작, 정밀제도, 정밀실험, 재봉	공부, 독서 (장시간), 재봉	조리실 회계계산대, 프론트	공식경기 태권도, 야구외야, 농구, 체조, 배드민턴, 일반경기	H
보통작업 300-450-600	배선, 일반도장, 용접, 볼링, 압면, 제본, 공구상	일반사무실, 회의실, 서고, 응접실, 강당, 식당, 컴퓨터실	로비, 홀, 진찰실, 처치실	일반교실, 연구실, 서고, 교직원실, 회의실, 실내체육관, 일반제도	조리 (부엌), 독서, 세탁, 화장실	세탁, 사무실, 화물접수대, 주방, 주차장, 연회장, 탁자 현관	레크레이션	G
단순작업 150-200-300	절연처리, 목공예, 일반유리제조, 일반직물	욕실, 강의실, 로비, 홀, 엘리베이터	입원실, 물리치료실, 소독실, 보도, 암실	관리실, 강당, 보건실, 교직원 사무실, 실내체육관	거실, 응접실, 욕실, 서재	로비, 식당, 홀, 세면장, 엘리베이터, 객실, 응접실, 화장실		F

작업단계	공장	사무실	병원	학교	주택	호텔 · 여관	경기장	비고
거친작업 60-100-150	건조	차고, 창고	심양의 병실, 복도	옥외운동장, 화장실, 계단, 복도, 엘리베이터, 세면장, 화장실	현관, 복도, 계단, 침실, 차고	통로, 비상계단, 목욕탕, 탈의실, 오락실	관람석	A~E

㊟ 조도 기준표에 해당하는 작업 항목이 없을 경우에는 작업의 보기의 난이도, 작업계속시간 등으로부터 유사한 것을 찾아서 적용한다.

(나) 시야 내의 조도차

① 조명방식과 기구의 선정, 취부 위치를 검토한다.

㉠ 전반조명으로 설계하고 등구의 간격은 작업면에서 광원까지의 높이의 1.5배 이내로 한다.

$$L \leqq 1.5(H-h) \quad (4\text{-}24)$$

또한 벽에 가장 가까운 위치에 있는 등구는 벽과의 거리를 L_0라고 하면

$$L_0 \leqq H/2 \quad (4\text{-}25)$$

㉡ 전반조명과 국부조명과의 조도차를 가급적 작게 하고 전반조명의 조도는 국부조명에 의한 조도의 1/10 이상이 되게 한다.

㉢ 수평면의 조도와 연직면의 조도의 차가 일어나지 않도록 천장면에 확산성이 있는 부드러운 느낌의 광원을 사용하든가 또는 측면으로부터의 조명을 병용한다.

② 천장이나 벽을 밝게 한다.

③ 실내의 색채 조절을 잘 한다.

(다) 글레어가 일어나지 않을 것.

높은 조도를 얻기 위해서 휘도가 높은 광원을 사용하는 관계로 글레어(glare ; 눈부심)가 일어나면 오히려 조명효과를 저하시키게 된다.

① 글레어는 다음과 같다.

㉠ 밝은 광원을 직시함으로서 일어나는 직접 글레어(direct glare)

㉡ 휘도 대비가 원인이 되는 대비 글레어(contrast glare) : 야간에 자동차 헤드라이트를 보면 눈부심을 크게 느끼지만 주간에는 그다지 심하게 느끼지 않는

다. 이와 같은 현상은 야간에는 헤드라이트의 휘도와 주위의 어둠이 심하게 대비를 이루고 있기 때문이다.

㉢ 빛을 잘 반사하는 면으로부터 반사된 빛이 눈에 직접 들어오는 관계로 일어나는 반사 글레어(reflected glare)

② 글레어의 방지대책

㉠ 조명기구에의 방지대책

- 보호각 조절
- 아크릴루버, 파라보릭 루버 설치
- 시선 부근에 광도가 적은 광원을 설치할 것

㉡ 조명방식에의 대책

- 반간접이나 간접조명 채택
- 건축화 조명 설치

㉢ 광원에의 대책

- 저휘도 광원설치

(라) 적당한 그림자

작업하는데 있어 어둠을 주는 그림자는 불필요하지만, 물체 표면상의 요철부에 생기는 그림자는 입체감을 주는 관계로 오히려 필요하다. 따라서 그림자를 잘 이용하면 오히려 좋은 조명을 얻을 수 있다.

작업하는데 지장을 주는 그림자를 방지하려면 다음과 같다.

① 광원수를 늘인다.

② 형광램프와 같은 넓은 발광면적을 가지는 광원을 사용한다.

③ 그림자가 없을 때의 밝음에 대해서 10[%] 이상 어두워지면 좋지 않다고 한다. 명암의 대비는 3 : 1 정도가 좋다.

(마) 분광분포

물체의 보임을 좌우하는 요소 중의 하나로 광색을 들 수 있다. 일반적으로 백열전구에서 나오는 빛 중에는 적색부가 많은 관계로 낮은 조도에서 쾌적감을 느낄 수 있는 반면에 청색광이 많은 형광램프에서는 높은 조도에서 쾌적감을 느낀다. 빛의 색온도가 높을수록 밝고 쾌적한 조명이 얻어진다.

(바) 기분이 좋을 것.

명쾌한 기분으로 작업할 수 있는 분위기를 조성하여야 한다. 이러한 분위기는 조명을 포함한 건축 전체의 구성이 크게 영향을 준다. 또한 그 지방의 기후, 풍토, 계절을 인공적으로 쾌적한 환경으로 제어하고, 경우에 따라서는 설계상의 일조 조정이나 광원의 제어 등을 반영시킨 근대적인 건물일 때 완전하고도 쾌적한 조명이라고 할 수 있을 것이다.(맑은 날의 옥외의 감각이 좋다)

(사) 광원, 기구의 위치 및 디자인

조명기구의 디자인이나 배치는 분위기에 크게 영향을 준다. 특히, 점등 중에 있는 조명기구는 눈에 잘 띄는 관계로 디자인이나 색을 보아서 기분이 좋은 것이어야 하고, 건축 디자인과 조화를 잘 이루도록 함이 필요하다.

기구의 디자인은 단순하고 불필요한 장식이 없는 것이 좋다. 또한 기구의 배치는 간단한 기하도형 배열이 좋다.

(아) 경제적이고 보수가 용이할 것.

1[W]당 광속이 많은 기구인 동시에 정기적인 청소나 점검, 램프 교환 등이 필요 할 때 손쉽게 작업할 수 있을 것인가를 검토한다.

① 경제적일 것.

㉠ 광원, 기구, 배선 및 공사비(조명설비비)의 금리, 상각비, 제반 세금 등

㉡ 광원의 유지비(보수비)

㉢ 전력 사용대금

② 다른 설비, 배선과의 관련성이 좋을 것.

선정된 기구의 취부작업이 용이하고 공기조화 설비의 흡입, 흡출구, 화재경보기의 감지기, 스피커 등의 다른 설비와의 관계가 적절하여야 한다. 또한 배선하기가 쉽고 점멸이나 조광 등의 제어가 쉬워야 한다.

(2) 분위기를 중요시하는 조명의 조건

심리적인 분야의 경우 단시간의 작업, 레크레이션 등이 포함된다.

(가) 적당한 조도

경제성이나 조명효과 등을 고려해서 적절한 조도를 결정한다. 기구의 디자인, 배치와 관계가 있으며, 조광, 점멸방법에 따라 빛의 제어를 필요로 할 때가 있다.

(나) 시야 내의 조도차

계획에 따라 명암의 조도배분을 고려한다.

(다) 글레어

때에 따라서는 사람의 주의를 끌 수 있도록 글레어를 필요로 한다. 그러나 불쾌감을 주지 않을 정도에서 명암의 고저를 잘 조합하여야 한다.

(라) 그림자

그림자는 분위기를 만드는데 필요하다. 입체감이나 원근감을 살리려면 때에 따라 2 : 1이나 7 : 1 또는 그 이상도 사용한다.

(마) 분광분포

광원의 선택에 따라 장소나 시기에 알맞은 심리적 효과를 노릴 수 있다. 이것은 실내의 색체, 광원의 색 등을 고려해서 결정하여야 한다.

(바) 기분

목적에 따라 다른 감각을 필요로 한다.

(사) 광원, 기구의 위치 및 디자인

계획된 미의 배치 및 조합을 필요로 한다.

(아) 경제성

경제성의 한도는 있을 것이나, lux/원 보다는 조명효과의 달성도에 주안점을 두는 경우가 많다.

〔2〕 조명계획의 순서

건물의 규모, 실의 상태(넓이, 천장높이, 벽의 마무리 공사상황) 건축적 구조, 그 건물에서 하게 될 작업의 성질, 배선이나 기구취부 등의 난이성 등을 조사, 검토함과 동시에 건물주의 의견 등을 수렴하여야 한다. 그리고 다음의 순서에 따라 계획한다.

① 조도의 결정
② 조명방식의 검토
③ 광원의 선정
④ 조명기구의 선정(메이커의 카탈로그, 조명공학의 데이터 북 등)
⑤ ①~④에서 결정된 요소를 토대로 해서 조명계산(광속법)을 하고 등수를 산출한다.
⑥ 등수가 결정되면 기구의 배열, 배치를 결정한다.
⑦ 조도분포, 휘도 등의 재검토
⑧ 점멸방법의 검토
⑨ 스위치, 콘센트류의 배치
⑩ 배선설계

〔3〕 조도계산

실내 전체를 일정한 밝기로 하는 전반조명은 광속법, 국부조명은 축점법을 이용하여 계산한다. 사무실이나 공장 등에는 전반조명이 보편화되어 있으므로 광속법을 이용한 계산방법에 대하여 살펴보기로 하자.

(1) 조도계산에 필요한 요소

조도계산을 하기 전에 건축도면을 입수하여 다음 사항을 검토한다.

(가) 조사사항

① 방의 크기(가로, 세로, 천장의 높이) 및 방의 형상
② 방의 마감상태(천장과 벽, 방바닥 등의 반사율)
③ 보와 기둥의 간격 공조 덕트와 천장 내부의 상태
④ 방의 사용목적과 작업내용 : 영업실, 설계실 등

(나) 결정사항

① 조도(조도기준을 참고)

② 조명방식, 광원, 조명기구 등

(2) 광속법에 의한 조도계산

조도, 전등의 종류 및 조명기구의 형식이 결정된 후 그 실내에서 필요한 총 광속을 광속법에 따라 결정된다.

$$\text{소요램프수} : N = \frac{E \times A}{F \times U \times M}[\text{개}] \tag{4-26}$$

$$\text{소요광속} : N \times F = \frac{E \times A}{M \times U} = \frac{E \times A \times D}{U}[\text{lm}] \tag{4-27}$$

$$\text{소요평균조도} : E = \frac{N \times F \times U \times M}{A}[\text{lx}] \tag{4-28}$$

여기서, N : 램프의 개수, F : 램프 1개당 광속[lm], E : 평균 수평면 조도[lx],
A : 실면적[m^2], D : 감광보상율, U : 조명율, M : 보수율(유지율),
감광 보상율과 유지율과 관계 : $D \times M = 1$

예제 방의 넓이가 100[m^2]이며, 이 방에서 천장의 높이 4.5[m], 조명율 50[%], 감광 보상율 1.3이라 하고, 작업면의 평균 조도를 150[lx]로 할 때 소요 광속은 몇 [lm]인가?

풀이 $NF = \frac{EAD}{U} = \frac{150 \times 100 \times 1.3}{0.5} = 39000[\text{lm}]$

(가) 조명율의 결정

조명율(effisiency of illumination)은 광원에서 방사되는 총 광속 중 실제로 작업 면에 도달하는 광속의 비율[%]을 말하는데 이는 실내면(천장, 벽, 방바닥 등)의 반사율 등 기구의 배광 및 방의 크기에 따라 결정된다.

조명율은 조명기구의 형태에 따라 다르므로 표 4-10에 의하여 결정된다.

$$\text{조명율} = \frac{\text{유효광속}}{\text{전광속}} \times 100[\%] \tag{4-29}$$

(나) 감광보상율(보수율)의 결정

보수율은 램프의 광속은 점등시간이 경과함에 따라서 감광되므로 이를 참작하고, 또한 먼지 등으로 조명기구의 효율이 낮아지는 것을 고려한 정수를 말한다.

감광의 원인으로는 다음과 같은 것이 있다.

① 점등 중의 광원의 노후화로 인한 광속이 감소(필라멘트 증발, 흑화 등)
② 조명기구에 붙은 먼지, 오물, 반사 면의 화학적 변질에 의한 광속의 흡수율이 증가한다.
③ 공급전압과 광원의 정격 전압의 차이에서 오는 광속이 감소한다.

조명설계를 할 때 이러한 감소를 예상하여 소요광속에 여유를 두는데 그 정도를 **감광보상** 또한 소요 평균조도를 유지하기 위한 조도 저하에 대응하는 계수를 **보수율**(M : maintenance factor)이라 한다.

이들의 관계식은 역수 ($D=1/M$)인 관계가 있다.

① 직접조명에서는 D=1.3(보통장소), D=1.5~2.0(먼지, 오물 등이 많은 장소)
② 간접조명에서는 D=1.5~2.0

(다) 실지수의 결정

방의 크기와 형태는 빛의 이용에 많은 영향을 끼치고 있다. 큰 방은 바닥면에 비하여 빛을 흡수하는 벽면이 적으므로 적은 방보다 효율이 높고, 천장의 높이도 낮은 쪽이 효율이 좋다.

이와 같이 방의 크기, 모양, 광원의 위치 등에 의하여 결정되는 계수를 **실지수**(room index)라고 한다. 실지수(室指數)는 K, 방의 가로 X와 세로 Y 및 광원의 높이 H, Z는 바닥으로부터 천장까지의 거리를 나타낸다.

$$K=\frac{XY}{H(X+Y)} \tag{4-30}$$

실지수를 계산하여 표 4-9에서 그 기호를 결정하던가 또는 X/H와 Y/H를 구분하여 실지수 기호를 그림 4-14에서 결정할 수 있다.

표 4-9 실지수 기호표

기 호	A	B	C	D	E	F	G	H	I	J
실지수	5.0	4.0	3.0	2.5	2.0	1.5	1.25	1.0	0.8	0.6

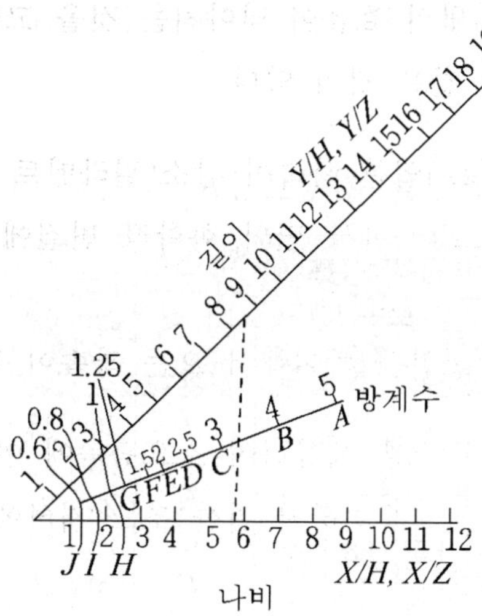

그림 4-14 실지수를 구하는 도표

예제 가로 20[m], 세로 30[m], 층고 2.5[m]인 실내의 조도를 계산하기 위한 실지수는 얼마인가?(단, 작업면의 높이는 1[m]임.)

풀이 실지수 $G=\dfrac{X\cdot Y}{H(X+Y)}=\dfrac{20\times 30}{(2.5-1)(20+30)}=8$

예제 폭 20[m], 길이 30[m], 천장높이 5[m]인 실내에 있는 작업면의 평균조도를 200[lx]로 한 초기 소요 전등수를 구하시오.
(단, 조명율 50[%], 유지율 70[%], 전구 광속 8,000[lm]이다.)

풀이 $N=\dfrac{200\times 20\times 30}{0.5\times 8000\times 0.7}=42.85 \quad \therefore$ 43[등]

(3) 광속발산도의 비(比) 계산

보통 작업 대상물인 책, 신문 등의 반사율은 거의 $\rho=0.65$인 것을 표준으로 보고 있다. 따라서 작업 대상물의 광속 발산도는 $M_o=E\times\rho$이다. E는 평균 조도로 주어진다.

천장, 벽, 방바닥의 광속발산도를 구하려면, 조도대비표의 조도비표에 평균조도 E를 곱하면 각면의 조도 E_c, E_w, E_f가 구하여 진다. 이 값에 각 면의 반사율 ρ_c, ρ_w, ρ_f을 곱하여 천장, 벽, 방바닥의 광속발산도 M_c, M_w, M_f를 구한다. 이러한 값이 작업대상물의 광속 발산도 M_0에 대하여 3~1/3의 범위내에 있으면 좋은 명시조명으로 볼 수 있다.

표 4-10 조명율, 감광보상율 및 등의 가설 간격

배광 / 곡선에 의한분류	등기의 예	감광보상률(D) 보수상태 상	중	하	반사율 천장 / 벽 / 방지수	0.75 / 0.5	0.75 / 0.3	0.75 / 0.1	0.50 / 0.5	0.50 / 0.3	0.50 / 0.1	0.30 / 0.3	0.30 / 0.1
간 접	1.	전 구			J	16	13	11	12	10	8	06	05
					I	20	16	15	15	13	11	08	07
					H	23	20	17	17	14	13	10	08
	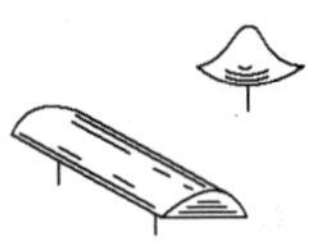	1.5	1.8	2.0	G	28	23	20	20	17	15	11	10
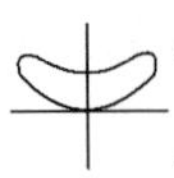 ↑0.8 ↓0					F	29	26	22	22	19	17	12	11
		형 광 등			E	32	29	26	25	21	19	13	12
					D	36	32	30	26	24	22	15	14
					C	38	35	32	28	25	24	16	15
$S \leqq 1.2H$		1.6	2.0	2.4	B	42	39	36	30	29	27	18	17
					A	44	41	39	33	30	29	19	18
반간접	2.	전 구			J	18	14	12	14	11	09	08	07
					I	22	19	17	17	15	13	10	09
					H	26	22	19	20	17	15	12	10
		1.4	1.5	1.8	G	29	25	22	22	19	17	14	12
	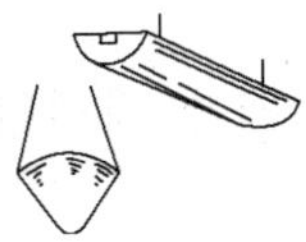				F	32	28	25	24	21	19	15	14
 ↑0.70 ↓0.10		형 광 등			E	35	32	29	27	24	21	17	15
					D	39	35	32	29	26	24	19	18
					C	42	38	35	31	28	27	20	19
$S \leqq 1.2H$		1.6	1.8	2.0	B	46	42	39	34	31	29	22	21
					A	48	44	42	36	33	31	23	22
전반확산	3.	전 구			J	24	19	16	22	18	15	16	14
					I	29	25	22	27	23	20	21	19
					H	33	28	26	30	26	24	24	21
		1.4	1.5	1.7	G	37	32	29	33	29	26	26	24
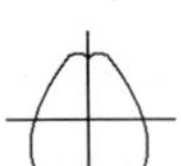 ↑0.10 ↓0.40	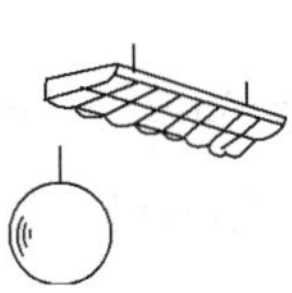				F	40	36	31	36	32	29	29	26
		형 광 등			E	45	40	36	40	36	33	32	29
					D	48	43	39	43	39	36	34	33
					C	51	46	42	45	41	39	37	34
$S \leqq 1.2H$		1.4	1.5	1.7	B	55	50	47	49	45	42	40	38
					A	57	53	49	51	47	44	41	40

(조 명 률 U [%])

배광 / 곡선에 의한분류	등기의 예	감광보상률(D) 보수상태			반사율 천장	0.75			0.50			0.30	
					벽	0.5	0.3	0.1	0.5	0.3	0.1	0.3	0.1
		상	중	하	방지수	조명률 U [%]							
반직접	4.	전 구			*J*	26	22	19	24	21	18	19	17
					I	33	28	26	30	26	24	25	23
					H	46	32	30	33	30	28	28	26
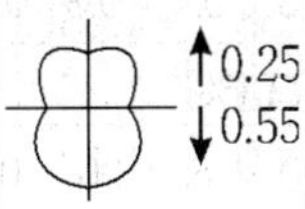	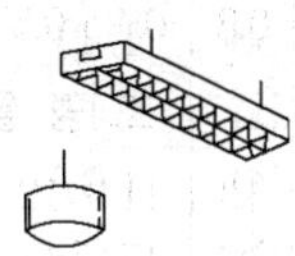	1.3	1.5	1.7	*G*	30	36	33	36	33	30	30	29
					F	43	39	35	39	35	33	33	31
		형 광 등			*E*	47	44	40	43	39	36	36	34
					D	51	47	43	46	42	40	37	37
					C	54	49	45	48	44	42	42	38
$S \leqq H$		1.3	1.5	1.8	*B*	57	53	50	51	47	45	43	41
					A	59	55	52	53	49	47	47	43
직 접	5.	전 구			*J*	34	29	26	34	29	26	29	26
					I	43	38	35	42	37	35	37	34
					H	47	43	40	46	43	40	42	40
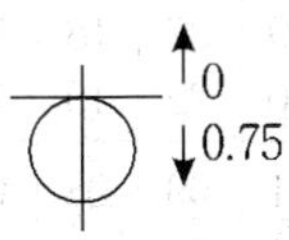	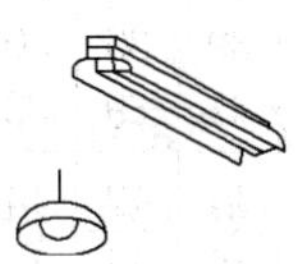	1.3	1.5	1.7	*G*	50	47	44	49	46	43	45	43
					F	52	50	47	51	49	46	48	46
		형 광 등			*E*	58	55	52	57	54	51	53	51
					D	62	58	56	60	59	56	57	56
					C	64	61	58	62	60	58	59	58
$S \leqq 1.3H$		1.5	1.7	2.0	*B*	67	64	62	65	63	61	62	60
					A	68	66	64	66	64	64	64	63
직 접	6.	전 구			*J*	32	29	27	32	29	27	29	27
					I	39	37	35	39	36	35	36	34
					H	42	40	39	41	40	38	40	38
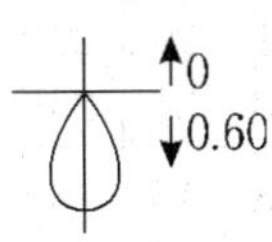		1.4	1.5	1.7	*G*	45	44	42	44	43	41	42	41
					F	48	46	44	46	44	43	44	43
		형 광 등			*E*	50	49	47	49	48	46	47	46
					D	54	51	50	52	51	49	50	49
					C	55	53	51	54	52	51	51	50
$S \leqq 0.9H$		1.4	1.6	1.8	*B*	56	54	54	55	53	52	52	52
					A	58	55	54	56	54	53	54	52

표 4-11 조도비

(a) 천장 E_c/E 천장의 반사율 0.5~0.8

조 명 방 식		직 접		간 접			전 반 확 산		
벽의 반사율		0.1~0.3		0.5	0.3	0.1	0.5	0.3	0.1
방바닥의 반사율		0.3	0.1	0.1~0.3			0.1~0.3		
방계수	J	0.26	0.24	3.58	4.35	5.18	1.52	1.71	2.12
	I	0.28	0.23	2.60	2.98	3.38	1.29	1.38	1.63
	H	0.26	0.18	2.11	2.32	2.54	1.14	1.18	1.35
	G	0.25	0.16	1.89	2.05	2.20	1.07	1.09	1.12
	F	0.26	0.14	1.70	1.81	1.91	0.99	1.00	1.09
	E	0.26	0.13	1.61	1.70	1.79	0.75	0.96	1.00
	D	0.27	0.13	1.53	1.60	1.66	0.92	0.92	0.92
	C	0.28	0.12	1.48	1.53	1.59	0.89	0.98	0.89
	B	0.28	0.12	1.41	1.49	1.49	0.86	0.86	0.86
	A	0.29	0.11	1.38	1.44	1.44	0.84	0.84	0.84

(b) 벽 Ew/E 천장의 반사율 0.5~0.8
벽의 반사율 0.5~0.8

조 명 방 식		직접 및 간접		전반 확산	
방바닥의 반사율		0.3	0.1	0.3	0.1
방계수	J	0.85	0.83	1.33	1.30
	I	0.76	0.73	1.19	1.15
	H	0.71	0.67	1.10	1.05
	G	0.69	0.64	1.05	1.00
	F	0.68	0.62	1.01	0.96
	E	0.67	0.60	0.99	0.93
	D	0.66	0.59	0.97	0.91
	C	0.66	0.58	0.95	0.89
	B	0.65	0.57	0.93	0.88
	A	0.65	0.57	0.92	0.87

(c) 방바닥 E_f/E 천장의 반사율 0.5~0.8
방바닥의 반사율 0.1~0.3
벽의 반사율 0.1~0.5

조 명 방 식		직접 및 간 접	전반 확산
방계수	J	0.66	0.91
	I	0.75	0.92
	H	0.81	0.94
	G	0.85	0.95
	F	0.88	0.96
	E	0.90	0.97
	D	0.92	0.98
	C	0.93	0.98
	B	0.95	0.99
	A	0.96	0.99

예제 12[m]×18[m]인 일반 사무실의 조명 설계를 실시한다. 단, 천장의 높이는 밑바닥으로 부터 3.8[m], 그리고 6[m]마다 기둥이 서고, 그 사이에 0.3[m]의 보가 있으며 천장은 6[m]×6[m]의 소간 6개로 나뉘어져 있다. 반사율은 75[%], 벽이

50[%], 밑바닥이 10[%]이다.

풀이 ① 방의 특징

크기 : $X=12$[m], $Y=18$[m], $A=12\times18$[m]$=216$[m²], $Z=3.8$[m]

반사율 : 천장 75[%], 벽 50[%], 방바닥 10[%]

② 수평면 조도

$E=400$[lx](조도 기준으로부터 500[lx]의 80[%])

③ 등기구

백열 전구로 하면 젖빛 유리 외구(반직접), 형광등으로 하면 40[W], 4등식 반사갓 붙임(반직접)

④ 광원의 높이

천장이 낮으므로 본 예에서는 천장에 바로 붙이기도 한다. 작업면 밑(바닥 위 0.85[m])으로부터 3.8−0.85=2.95[m], $H=2.95$[m]≒3[m]

⑤ 광원의 최대 간격

$S\leq H$(반직접) $S\leq 3$[m] $S_0\leq 1.5$[m]

⑥ 실지수

$$\text{실지수}=\frac{XY}{H(X+Y)}=\frac{12\times18}{3(12+18)}=2.4$$

이므로 실지수는 표 4-9로 부터 D를 얻는다.

⑦ 조명율

표 4-10에서 $P_c=75$[%], $P_w=50$[%], $P_f=10$[%]

실지수 D로 부터 조명률 U는 $U=0.51$

⑧ 감광보상율은 표 4-10에서 $D=1.3$

⑨ 소요광속의 계산

$NF=EAD/U=400\times126\times1.3/0.51=220{,}000$[lm]

⑩ 전등의 위치, 등수, 크기의 결정

$S=3$[m], $S_0=1.5$[m], 등수 $N=4\times6=24$[개],

$F=220{,}000/24=9{,}166$[lm], $F-40W=2{,}750$[lm]

기구당 램프수=9,166÷2,750=4[개]

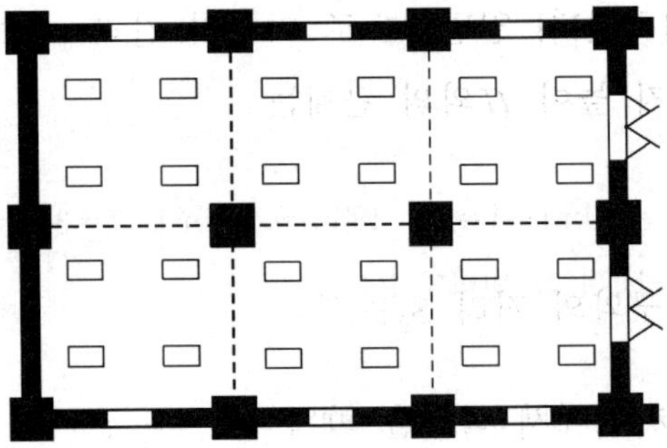

그림 4-15 형광등의 배치

〔4〕 조명기구의 배치

(1) 광원의 높이

광원의 높이가 너무 높으면 조명율이 나빠지고 너무 낮으면 조도의 분포가 불균일하게 된다. 그림 4-16은 조명방식에 따른 광원의 높이이다.

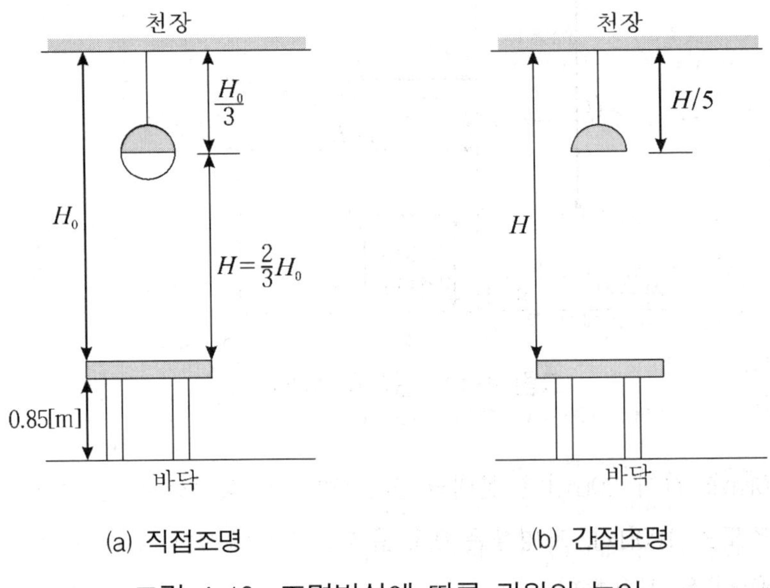

(a) 직접조명 (b) 간접조명

그림 4-16 조명방식에 따른 광원의 높이

(2) 등기구 배치 간격

조명계산에서 구한 등의 수를 적절히 배치하여 실내 전체가 명도 차가 없는 조명이 되도록 기구를 배치한다. 일반적으로 기구의 간격 S, 벽과 기구 사이의 간격 S_0, 작업면에서 광원까지 높이 H와의 관계는

$$S \leqq 1.5H \qquad (4\text{-}31)$$

벽과 가장 가까운 기구와의 거리 S_0는

$$S_0 \leqq H/2 \text{(벽 가까이에서 작업을 하지 않는 경우)} \qquad (4\text{-}32)$$

$$S_0 \leqq H/3 \text{(벽 가까이에서 작업하는 경우)} \qquad (4\text{-}33)$$

벽 가까이에 있는 기구로부터 벽까지의 거리 S_0와 기구까지의 거리 S와 관계는

$$S_0 = S/2 \qquad (4\text{-}34)$$

가 되도록 한다. 그림 4-17은 이러한 관계를 표시한 것이다.

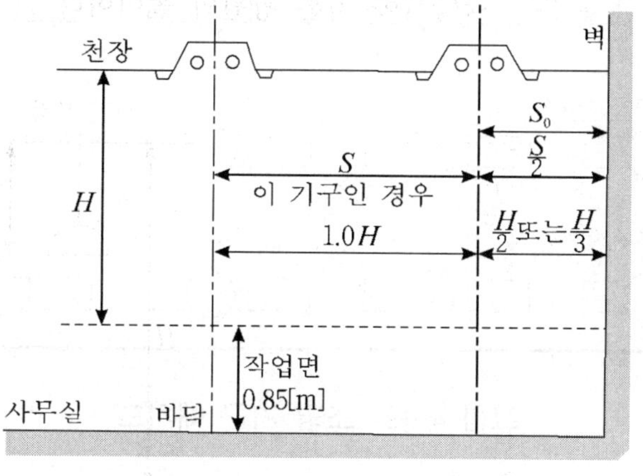

그림 4-17 등기구 배치 관계

예제 폭 10[m], 길이 20[m]인 실내의 작업 면에서 광원까지의 높이는 2.8[m], 실내 평균조도는 100[lx], 조명률은 0.5, 유지율은 0.67이며, 40[W] 백색 형광등(광속 2,500[lm])을 사용한다.

조명기구의 적절한 배치도를 그려라.(단, 설계시 등 기구의 표시는 KS 심벌을 사용하고, F40[W] 2등을 사용하도록 하며, 배치시 등 기구의 중심과 중심간 및 등기구 중심과 벽면간의 치수를 기입하도록 한다.)

풀이 광원 상호간의 간격 : $S \leq 1.5H$ (H : 등기구의 높이)

$$\therefore S \leq 1.5H \leq 1.5 \times 2.8 \leq 4.2[\mathrm{m}]$$

벽과 광원 사이의 간격

① 벽측을 사용하지 않을 때 : $S_0 \leq \dfrac{H}{2} \leq \dfrac{2.8}{2} \leq 1.4[\mathrm{m}]$

② 벽측을 사용할 때 : $S_0 \leq \dfrac{H}{3}$

$$N = \frac{AED}{FU} = \frac{EA}{FUM} = \frac{10 \times 20 \times 100}{2500 \times 0.5 \times 0.67} = 23.88[\text{등}]$$

$\therefore N = 24[\text{등}]$

(40[W] 형광등 24등의 시설은 F 40[W] 2등용 12등을 시설한다.)

조명 기구 배치도는 그림 4-18과 같다.

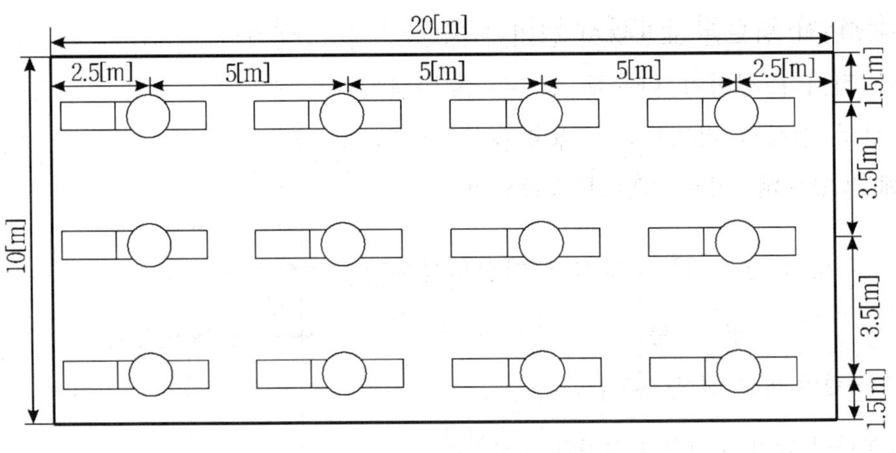

그림 4-18 조명 기구 배치도

4.1.5 도로조명

도로조명은 도로변과 그 부근에 존재하는 물체에 충분한 빛을 주어 보행자나 차량운전자의 보임을 확실하게 하고 사고·범죄 등에 대한 위험이 없으며 안전하고 쾌적하게 통행하도록 하는 조명설비이며 부수적으로 도로미관향상 및 상업활동에 도움이 되는 조명으로서 도로조명은 운전자와 보행자를 고려한 다음과 같은 조건을 갖추어야 한다.

① 운전자 및 보행자에게 조명기구에 의한 눈부심으로 인한 의한 불쾌감을 없도록 제한하고 보임의 조건이 좋아야 한다.
② 고른 노면 휘도가 충분히 높고 일정해야 한다.
③ 차량의 속도에 따른 기구의 배치와 배열이 도로 선형의 변화, 교차점, 합류점 등 운전자에게 착오가 없도록 전달해야 한다.
④ 조명 시설이 도로 및 주변 경관을 해치지 않아야 한다.
⑤ 보행자 통행을 위한 노면조도가 충분히 밝으면서 일정해야 한다.
⑥ 연직면 조도가 충분히 밝으면서 보행자 상호 알아볼 수 있어야 한다.
⑦ 광원색이 환경과 조화를 이루고 연색성이 좋아야 한다.

(1) 노면휘도의 선정

도로조명의 휘도는 교통량이 많거나 선형이 복잡할수록 노면휘도가 증가하고 교통량이 적거나 선형이 단순할 경우는 노면휘도를 감소시킬 수 있는데 이와 같이 각 도로의 선형의 복잡도와 교통량을 기준으로 KSA 3701에서 도로 등급별로 잘 분류해 놓았으며, 이를 간단히 요약하면 각 도로별 노면휘도는 표 4-12와 같다.

표 4-12 각 도로별 노면휘도의 선정(평균 노면휘도 최소값)

구 분	평균 노면휘도[cd/m^2]
교통량이 많고 선형이 복잡한 도로	2.0
교통량이 많거나 선형이 복잡한 도로	1.5
교통량이 적고 선형이 단순한 도로	1.0
중요도가 낮은 연결도로, 주택가지역 주접근도로	0.75

(2) 광원의 선정

도로조명에 사용되는 광원은 램프 및 안정기를 포함한 종합효율, 광원의 종류, 크기, 효율, 광원색, 연색성, 휘도, 수명, 광속 유지율 등을 고려하여 선정한다.

① **고압수은램프** : 효율 30~55[lm/W]로 청백색의 빛을 띠며 투광조명으로 사용한다.

② 메탈할라이드램프 : 효율 75~105[lm/W]로 연색성이 좋아 연색성을 필요로 하는 부분에 많이 적용하며 특히 칼라 TV, 비디오 카메라와 매칭이 잘되는 특성이 있어 TV 중계가 많은 장소에 적용한다.

③ 나트륨램프 : 효율 80~150[lm/W]로 뛰어나나 연색성이 나쁘고 광질의 특성상 안개 다발지역의 도로조명용으로 주로 사용되며 공항조명, 터널조명, 악센트 조명에 적용한다.

(3) 조명기구의 선정 및 종류

도로의 조명방식은 폴 조명방식을 원칙으로 하며 조명기구는 옥내조명기구와는 달리 좁고 긴 면적을 조명하므로 특히 배광에 대한 고려가 필요하여 램프에서 나오는 빛을 도로면에 균일하게 분포시키고 효율이 좋아야 한다. 조명기구 선정시 검토사항으로 기계적 강도 및 미적 디자인을 고려하여 결정한다.

(가) 주두형(Pole Head)

① 등주 상단에 직접 조명기구를 설치하는 것으로 조명률이 나쁘다.

② 상점가, 빌딩가, 녹지대, 공원 등에 주로 적용한다.

(나) 현수형

등주에 아암(Arm)을 내어 매달리게 하는 것으로 기구 바로 아래가 가장 밝게 된다.(글로브는 주로 플라스틱 제품 사용)

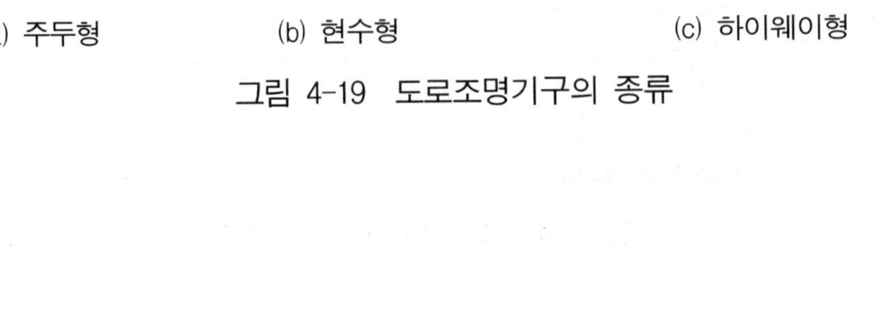

(a) 주두형 (b) 현수형 (c) 하이웨이형

그림 4-19 도로조명기구의 종류

(다) 하이웨이형

등주에 아암(Arm)을 내어 기구를 설치하는 것으로 글로브는 주로 유리제를 사용하며 배광은 가늘고 긴 도로에 적합하고 효율이 좋다.

(4) 조명기구의 배치방법

(가) 직선도로

편측식, 지그재그식, 마주보기식, 중앙배열식이 있다.

① **편측식** : 폭이 넓은 도로에서는 밝고 어둠의 편차가 심하기 때문에 간이도로나 폭이 좁은 도로(6~8[m] 이하)에 주로 적용한다.

② **지그재그식** : 8~20[m] 정도의 시가지 도로에 적용한다.

③ **마주보기식** : 중요한 도로, 차량의 통행이 많거나 속도가 빠른 도로, 밝게 할 필요가 있는 도로에 적용한다.

④ **중앙배열식** : 중앙분리대가 있는 중요한 도로 차량통행이 많고 속도가 빠른 도로에 적용한다.

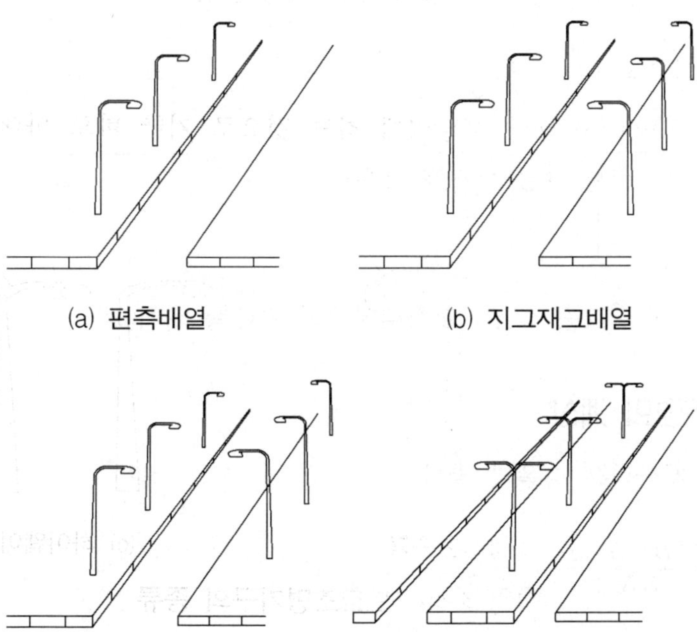

(a) 편측배열 (b) 지그재그배열

(c) 마주보기배열 (d) 중앙배열

그림 4-20 도로조명기구의 종류

(나) 곡선도로

곡선도로의 곡선부는 굴곡부의 존재와 도로의 선모양의 변화 상태를 판단 착오 없이 운전할 수 있도록 곡선부에서는 곡률 반경이 작을수록 조명기구 간격이 좁아지도록 배치하고 직선배치의 경우보다 설치 등수가 많다.

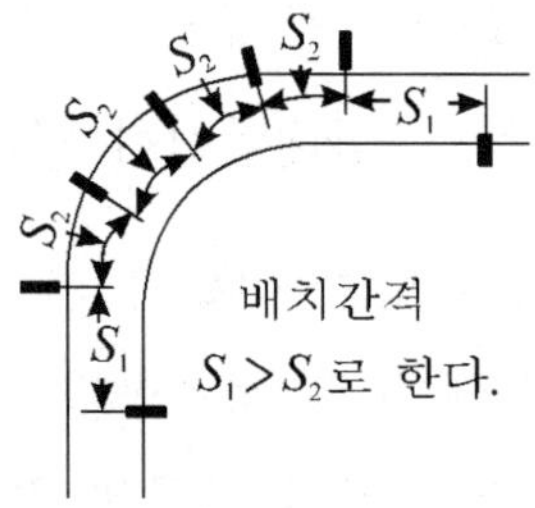

그림 4-21 곡선도로의 가로등 배치간격

(다) 교차로

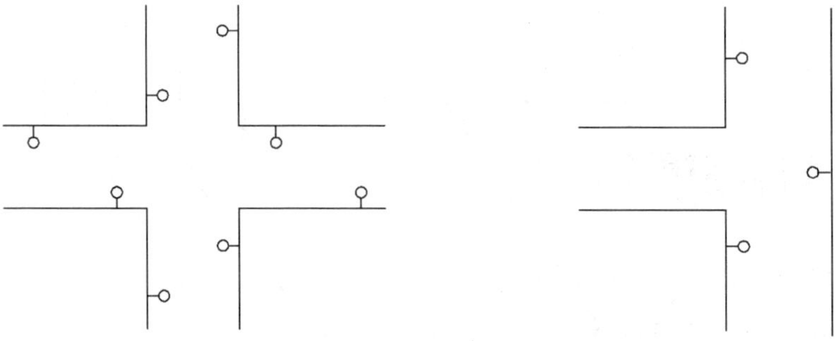

그림 4-22 교차로부근의 가로등 배치(예)

(5) 도로조명의 계산

도로조명의 계산식은 다음과 같다.

$$F = \frac{E \times B \times S \times D}{UN} \qquad (4\text{-}35)$$

여기서, F : 광원 1개의 광속[lm], U : 조명률, N : 광원의 개수, B : 도로의 폭 [m], S : 경간[m], E : 도로의 평균조도[lx], D : 감광보상율

그리고 광원의 크기[F]와 경간[S]과의 관계는 광원을 크게 하면 경간이 길어져 기구수가 감소하므로 경제적이나 조도의 얼룩짐이 커지고 균제도가 나쁘며 광원의 용량을 적게 하면 조명의 얼룩짐은 적어지나 기구수의 증가로 건설비가 많이 드는 결점이 있다.

표 4-13 도로별 균제도

구 분	최소조도/평균조도	최소조도/최대조도
고속도로	$\frac{1}{5}$ 이상	$\frac{1}{10}$ 이상
교통량이 많은 일반도로	$\frac{1}{7}$ 이상	$\frac{1}{14}$ 이상
교통량이 적은 일반도로	$\frac{1}{10}$ 이상	$\frac{1}{20}$ 이상

보행자와 차량의 안전과 원활한 소통을 위하고 쾌적한 도시미관향상을 위하여 설치하는 도로조명은 도로의 형태, 도로의 종류, 중요도 등을 감안하여 광원 등기구, 배열방법을 결정하고 조도계산을 정확히 하여 균제도를 높여 조명으로 인한 도로의 얼룩짐(밝고 어둠의 차이)이 없도록 특히 주의하여야 한다.

4.1.6 터널조명

터널조명의 설치기준은 터널의 길이가 25[m] 미만인 경우는 필요로 하지 않으며 25~50[m] 미만은 야간조명만 필요하고 50[m] 이상인 경우에는 주간조명과 야간조명을 모두 실시하여야 한다. 터널조명은 도로조명의 일부분으로 도로조명의 원칙과 동일하지만 터널만이 가지고 있는 특이한 문제가 있으므로 터널조명설계시에는 이러한 문제들을 해결하여야 한다.

〔1〕 터널에서 발생하는 특이한 문제

(1) 터널입구

① Black Hall 효과 : 낮에 조명이 불완전한 터널의 입구에 자동차가 접근하면 터널이 검은 굴, 검은 테두리로 보이는 현상으로 터널의 길이가 긴 경우에 생기는

현상이다.

② **Black Frame 효과** : 터널 내의 노면이 상세하게 보이지 않는 현상으로 터널길이가 짧은 터널에서 생기는 현상을 말한다.

③ **Black Hall, Black Frame이 생기는 원인** : 터널내부의 휘도가 극단적으로 낮기 때문이다.

④ **휘도 순응의 지연** : 운전자가 터널안에 있는 장애물을 식별하기까지에는 약간의 시간경과가 필요하다.

(2) 터널내부

① **자동차 배기가스에 의한 관찰자의 시계저하** : 터널이 긴 경우 배기가스 축적에 의하여 관찰자의 시계가 저하된다.

② **명암** : 자동차의 유리, 차체, 본네트 등의 명도가 차의 진행과 함께 주기적으로 변동하여 명암을 운전자에게 준다.

③ **플리커** : 터널내부에 설치된 연속된 광원으로부터 짧은 주기로 빛이 시야에 들어오는 비정상적인 자극으로 인한 불쾌감이 발생한다.

④ **눈부심** : 지나친 과잉휘도 대비로 인한 불쾌감과 시각기능의 저하를 일으킨다.

(3) 터널출구

① **출구 White Hall 효과** : 낮에 자동차가 터널출구에 접근시 출구가 흰 굴처럼 보이는 현상을 말한다.

② **출구 Black Hall 효과** : 야간에 자동차가 터널출구에 접근시 출구가 검은 굴로 보이는 현상을 말한다.

③ **순응의 지연** : 밝은 터널내부에서 어두운 출구부 접속도로 진출하는 경우 터널밖의 장애물을 식별하기까지에는 약간의 시간경과가 필요하다.

〔2〕 터널조명설계

(1) 사전조사사항

① 터널의 단면, 선형, 차량속도, 환기설비의 유무, 교통량 조사

② 운전자의 위치에서 본 터널입구, 출구 부근의 야외휘도

③ 접속도로의 단면, 차량속도, 노면의 종류, 입구의 시계거리

(2) 터널의 길이와 조명설비의 종류

표 4-14와 같이 터널의 길이에 따라 시행하여야 할 조명설비가 다르다.

표 4-14 터널 길이별 조명설비의 종류

용 도	종 류	터 널 길 이[m]			
		20미만	20~50 미만	50~200 미만	200 이상
주 간 용	입구조명 내부조명 출구조명	—	○	○ ○ ○	○ ○ ○
야 간 용	내부조명 출구조명	○	○	○ ○	○ ○
비 상 용	내부조명	—	—	○	○

(3) 터널입구 조명설계

① Black Hall 효과의 방지 : 터널입구의 어느 정도 길이에는 충분히 높은 휘도 부여

② 휘도 순응의 지연 완화 : Black Hall 효과를 방지하는 조명에 계속하여 서서히 휘도를 감소시켜 터널내부의 조명과 연결

③ 입구조명곡선 : 터널출구가 보이지 않는 경우 명순응에서 암순응으로 급격한 변화가 일어나므로 입구조명은 경계부, 이행부, 완화부, 기본부로 나누어 이에 맞는 조도를 선정한다.

(4) 주간의 터널내부 조명설계

입구부를 통과하여 정상적인 시각상태에 도달한 후 기본부 조명구간에서의 조명으로 설계속도 60[km/h]의 도로에서는 교통량이 적고 많음에 따라 최소 3.0[cd/m^2], 최대 6.0[cd/m^2]을 적용하고 또 설계속도 100[km/h]의 도로에서는 교통량이 적고 많음에 따라 최소 7.0[cd/m^2], 최대 11.0[cd/m^2]을 최소 기준으로 하고 있다. 또한 운전자가 터널내부를 주행할 때 주기적으로 휘도가 변화하면 플리커현상이 나타나므로 플리커현상이 발생하지 않도록 등기구 배치를 조절하여 운전자가 안전하고 쾌적하게 터널을 통과하도록 설계가 되어져야 한다.

표 4-15 플리커 주파수와 대책의 필요성

플리커 주파수	대책의 필요성	비 고
2.5[Hz] 이하	고려하지 않아도 된다.	플리커는 터널 설계속도와 등기구의 설치간격에 영향을 받는다.
4~11[Hz]	플리커 대책이 필요하다.	
15[Hz] 이상	고려하지 않아도 된다.	

$$\text{플리커 주파수} = \frac{\text{차량의 주행속도}[m/s]}{\text{등기구 간격}[m]}[Hz]$$

(5) 야간의 내부 조명설계

주간의 터널 내부 조명설계와 동일하나 운전자가 어두운 야간 도로에 눈이 순응되어 진입하므로 노면이나 벽면의 휘도를 낮출 수 있는데 그 최소한의 평균노면휘도는 1.0[cd/m^2] 이하가 되지 않도록 고려해야 한다.

(6) 출구 조명설계

출구부 조명은 기본부가 끝나는 지점에서 단계적으로 증가시켜 출구부에서 터널 안쪽으로 20[m] 되는 지점의 노면휘도는 기본부 노면휘도의 5배가 되도록 하고, 출구부 조명에 의한 주간휘도를 정지거리 이상의 구간에 걸쳐 점차 증가시킨다.

(7) 비상용 조명설계

정전 또는 비상시를 대비하여 전원을 2계통이나 무정전 전원을 설치하여 운영하는 것이 비상시 대처가 용이하며 터널길이가 200[m] 이상인 경우는 비상조명을 설치하여 터널내 평균조도는 각 부분에서 평균 10[lux] 이상이 바람직하다.

4.1.7 경관조명

경관조명은 연출방법으로는 수목연출, 물 및 분수의 연출, 산책로 연출, 휴식공간의 연출, 건축물 투광조명, 랜드마크 창출, 도로교량 연출 등으로 구분한다.

(1) 설계절차

프로세스	내 용
경관계획 수립	야관경관 기본계획 수립
▼	
경관조명 계획 확정	사업배경, 목적 명확화 및 사업비 확비
▼	
자료 조사	사업계획의 이해, 주변 빛 환경조사
▼	
빛의 컨셉 결정	빛의 이미지 스케치
▼	
조명방식 디자인	빛의 분위기 결정, 조도, 색온도, 휘도 계획
▼	
조명기구 개략 배치	조명기구, 제어기 개략 배치 및 사양결정
▼	
조명기구 최종 배치	조명기구 최종 배치, 설치상세도 작성
▼	
배선도 등 작성	배선도, 조명기구 상세도, 시방서 작성
▼	
공사비 예산내역서 작성	수량산출서 및 공사비 예산내역서 작성

(2) 설계시 고려사항

① 조명기구 설치시 조명기구 설치 공간 확보와 주변환경 조건, 주간 경관의 미관, 대상물의 표면과 색 등을 고려하기 위하여 건축, 토목 등 관련 공정과 협의

② 조명광원 및 조명기구는 고회도 LED등기구, 콜드캐소드 기구, 지중 등기구, 투광 등기구, 특수 조명기구, 광섬유 조명 등을 사용한다.

③ 옥외용 조명기구는 IP65 이상의 방수 및 방습구조이어야 한다.

4.2 동력설비

4.2.1 동력설비의 개요

(1) 동력설비의 종류

동력설비의 종류는 용도에 따른 분류, 운전 기간에 따른 분류, 비상부하에 따른 분류, 공급 전압에 따른 분류 등으로 나눌 수 있다.

표 4-16 동력설비 부하의 종류

분 류	항 목	부하의 종류
용도별	급배수, 소화 동력	급·배수펌프, 양수펌프, 소화펌프, 스프링 쿨러 펌프 등
	공기조화용 동력	냉동기, 냉각수 펌프, 쿨링 타워 팬, 공기 조화기 팬, 급·배기 팬, 방열 팬 등
	건축부대 동력	엘리베이터, 에스컬레이터, 카 리프트, 턴 테이블, 셔터 등
	주방용 동력	고속 믹서, 케이크 오븐, 냉동기, 냉장고, 에어콘
	통신기기용 동력	인버터, 직류발전기
	기타	공장동력(크레인 등 각종 동력설비), 의료용 동력(X-선, 전기연료 등), 사무기기용(컴퓨터 등의 전원설비)
운전 기간별	상시 부하	급·배수 소화용 동력, 건축부대 동력, 공조동력용 환풍기, 급·배기팬 등 사무기계용 동력, 의료용 동력 등
	하기동력 부하	냉동기, 냉동펌프, 냉동수 펌프, 쿨링타워 팬 등 단, 이 부하들도 하기 이외에 운전 할 수 있다.
비상 부하별	상용시 부하	비상시 부하 이외의 부하
	비상시 부하	배연 팬, 소화펌프, 비상 엘리베이터, 배수펌프, 용수펌프 등

〔2〕 동력설비의 설계순서

① 각종 동력의 위치, 용량, 치수, 제어방법

② 전원의 종별(간선계통 구분에 따른다)

③ 감시제어 방법의 결정

④ 제어반의 결정

⑤ 분기회로의 결정

⑥ 제어반 일람표, 동력배선도, 제어선 배선도

〔3〕 설계에 필요한 사전의 협의사항

(1) 사업주와의 사전 협의사항

① 건물의 관리방법을 확인한다.

② 동력부하의 감시·제어방법 및 감시반 등을 확인한다.

(2) 건축 설계자의 사전 협의사항

① 동력설비 기기의 용량, 위치, 용도를 확인한다.

건축물에 시설된 동력설비(엘리베이터, 에스컬레이터, 자동문, 공기조화동력 등)를 건축설비업자 및 기기 제조회사와 그 용도, 규모, 용량 등을 사전 협의한다.

② 기기의 제어 및 보호방식을 결정한다.

(3) 급·배수, 공기조화설비 설계자와 협의사항

① 급·배수, 소화설비, 공기조화설비의 방식 및 설비의 동작기능에 대한 협의를 한다.

㉠ 수조의 유무

㉡ 옥상 수조의 유무

㉢ 소화전 및 소화 펌프의 유무

㉣ 환기 설비의 유무

㉤ 난방 설비의 유무와 방식

㉥ 냉방 설비의 유무와 방식

㉦ 기타 특수 설비의 유무

② **기기의 배치와 특수설비의 유무** : 기계실에 설치할 각 기기의 배치가 결정되면 전동기의 설치위치를 확인하여 제어반 및 동력 분전반의 위치를 검토한다. 또, 설비공사의 범위에 사용되는 기기류를 확인한다. 냉·난방 설비의 자동제어장치의 위치와 설계 구분에 관해서 설비 설계자와 충분한 사전 협의를 해야 한다.

(4) 공장 동력, 기타 동력 설비 설계자와의 사전 협의사항

① **기기의 용도, 설치 위치, 부하의 확인** : 건물이 공장 시설물인 경우 전압, 주파수, 소요 전력 용량의 내역이나 공급 신뢰도, 각종 제어 신호의 수급 조건 등에 대한 검토가 필요하다.

② **기기의 제어 및 보호 방식의 결정** : 공장 동력기기 및 사무용기기에는 각각 제어기기 및 보호기기가 부속되어 있으나, 없을 때는 서로 협의하여 전기설비로 설계한다.

③ **기기의 동시 사용률의 확인** : 동시에 사용하지 않는 기기를 체크하여 보다 경제적인 설비를 한다.

4.2.2 동력용 전동기

〔1〕 직류전동기

직류전동기는 직류전원이 필요하고 정류자의 보수 점검은 복잡하나 속도제어 등 자동제어를 쉽게 할 수 있는 이점이 있어 각종 산업의 동력용 전동기, 전기철도 등에 널리 사용된다. 직류전동기를 분류해 보면 다음과 같다.

- 직류전동기
  - 타여자전동기
  - 자여자전동기
    - 직권전동기
    - 분권전동기
    - 복권전동기
      - 화동복권전동기
      - 차동복권전동기

(1) 구조와 원리

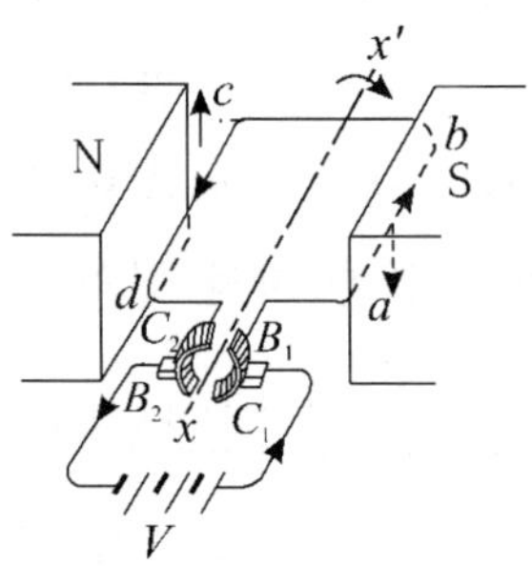

(a) 구조

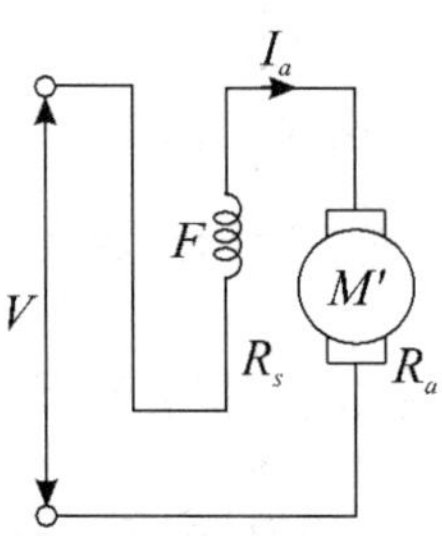

(b) 회로도

그림 4-23

① 자계내의 전기자 권선에 직류전압을 인가하면 전기자 도체에 전류가 흘러 자속이 발생하고 발생된 자속은 고정자속을 자르게 되므로 전기자 도체가 회전한다.(플래밍의 왼손법칙)

② 전기자 도체가 회전하면 역기전력이 발생하고(플레밍의 오른손 법칙) 단자전압 V을 계속 공급하면 전기자는 계속 회전한다.

③ 인가전압 $V = E + I_a(R_a + R_s)$ ($R_a \gg R_s$이므로)

$= E + I_a R_a$

④ 계자전류 $I_a = \dfrac{V - E}{R_a}$

⑤ 역기전력 $E = K_1 \phi N$

⑥ 전기자 속도 $N = \dfrac{E}{K_1 \phi} = \dfrac{V - I_a R_a}{K_1 \phi}$

⑦ 회전자 토크 $T = K_2 \phi I_a (N)$

(2) 종류와 특성

표 4-17

	구 조	특 성	용 도
직 권	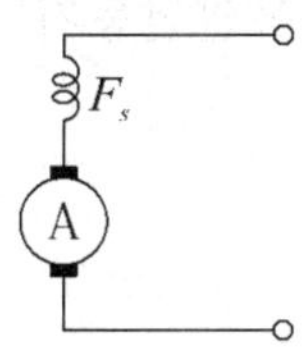	· 기동 토크가 가장 크다. · 정출력형 $\phi = 2\pi n T$	· 전차, 자동차 · 크레인
분 권	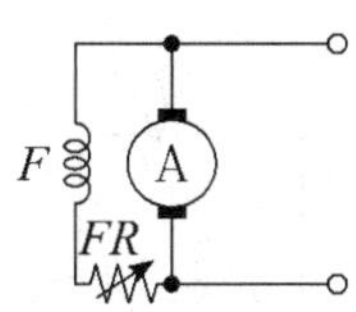	· 기동저항으로 토크를 제한 · 정속도 특성	· 공작기계, 콘베이어 · 재제기
복 권	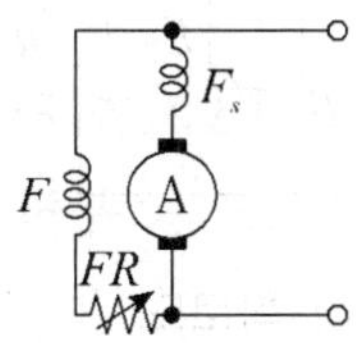	· 정속도 및 속도 변동이 큰곳	· 분쇄기, 절단기 · 권상기 왕복용 펌프
타여자	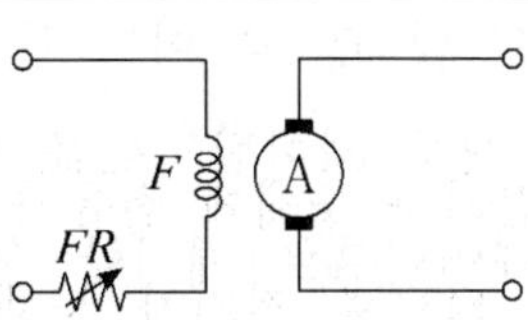	· 세밀하고 광범위한 속도제어	· 대형 압연기 · 고급 승강기

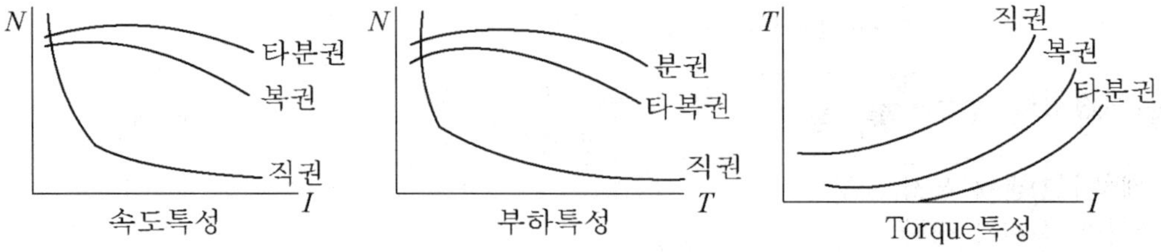

(a) 속도 특성 (b) 부하 특성 (c) 토크 특성

그림 4-24 특성곡선

① 장점

㉠ 속도제어가 간단하다.

㉡ 기동 토크가 크다.

② 단점

㉠ 전원변환 장치가 필요하다.

㉡ 가격이 비싸다.

(3) 속도제어

$$N = \frac{K(V - I_a R_a)}{\phi}\,[\mathrm{rpm}] \tag{4-36}$$

$$T = K\phi I_a\,[\mathrm{N \cdot m}] \tag{4-37}$$

식 (4-37)에서 토크는 부하전류에 비례하며 직류 직권전동기는 자속이 부하전류에 비례하는 것으로 회전수는 부하전류에 반비례하고 토크는 부하전류의 제곱에 비례한다.

식 (4-36)에서 속도를 변화시키기 위해서는 ϕ, V 및 R_a 중 어느 한 사항만 변화시키면 된다. 이 중에서 ϕ(자속)을 변화시키는 계자 제어법, R_a를 변화시키는 저항 제어법, V(단자 전압)를 변화시키는 전압 제어법으로 제어할 수 있다. 표 4-18은 직류전동기의 속도제어방식의 비교이다.

표 4-18 직류전동기의 속도 제어 방식

방 식	특 징	속도제어 범위	제어 정밀도	적용 예
계자 제어법	정출력 특성 설비가 싸다.	1 : 4	±3[%]	권추기, 카르노 원심 분리기, 콘크리트 제조기
전압 제어법	정토크 특성 4상한 운전이 가능 속응성이 좋고 설비비가 싸다.	1 : 100	±100[%]	초지기, 압연기 공작 기계 인쇄 기계 압출기
저항 제어법	운전효율이 떨어지고 속도가 불안정하다.			직권전동기에 이용

〔2〕 동기전동기

동기전동기(synchronous motor)는 회전속도가 일정하고 역률이 좋으나 자극을 여자하기 위해 직류전원이 필요하다. 그리고 구조가 복잡하고 보수·점검이 불편하며 가격도 비싸지만 대출력용으로 적합하다.

(1) 구조 및 원리

구조는 3상권선인 고정자와 자극 NS로 구성된 회전자로 되어 있다. 고정자코일에 3상교류가 흐르면 그림 4-25가 회전하는 것과 같은 회전자계가 생긴다.

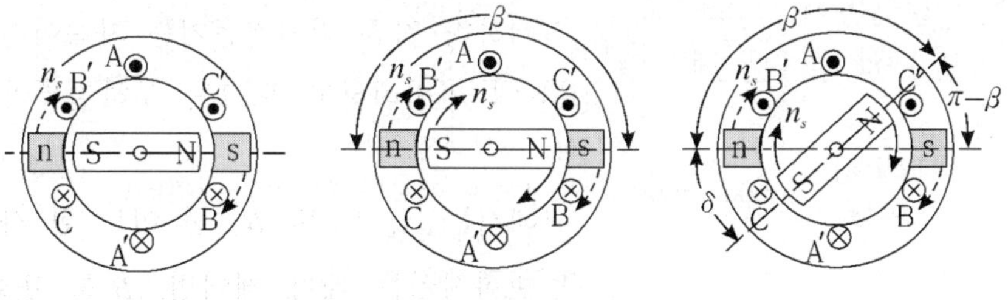

(a) 정지시 (b) 무부하시 (c) 부하시

그림 4-25 동기전동기의 원리

회전자인 자극 NS는 이 회전자계에 흡인된 회전자계를 따라서 돌게 된다. 고정자에 대해서는 유도전동기와 다름이 없으나, 회전자는 돌극형 회전자가 많이 사용되며, 자극을 여자하기 위한 여자코일이 감겨져 있다. 또한 코일에 직류(계자전류)를 흘려 넣기 위해 (+) 및 (−) 2개의 슬립링이 있다.

〔3〕 유도전동기

유도전동기는 전동기 중에서 가격이 싸고 또한 구조가 간단하여 보수와 점검이 용이한 장점이 있는 반면에 회전자계를 만드는 여자전류가 전원측으로부터 흐르는 관계로 역률이 나쁜 결점이 있으나 건축설비에서는 특별한 경우를 제외하고는 가장 많이 사용되고 있으며 유도전동기를 분류하여 보면 다음과 같다.

- 유도전동기
  - 3상 유도전동기
    - 농형유도전동기
      - 보통농형
      - 특수농형
        - 2중농형
        - 심구형
    - 권선형유도전동기
  - 단상 유도전동기
    - 분상기동형 전동기
    - 콘덴서 기동형 전동기
    - 반발기동형 전동기
    - 세이딩코일형 전동기
    - 모노사이클형 전동기

(1) 유도전동기의 특성과 용도

표 4-19 3상 유도전동기의 특성과 용도

회전자 종류	기동 토크의 전부하 토크에 대한 [%]	기동 전류의 전부하 전류에 대한 [%]	운전특성	정격출력	주요용도
보통 농형	125[%] 이상	500~800[%]	속도는 거의 일정함. 전부하일 때는 무부하일 때보다 약 5~10[%] 늦다. 속도 조정은 불가능	0.2~3.7[kW]	소용량, 일반적인 용도
특수 농형 1종	100[%] 이상	600[%] 전후	상 동	5.5~37[kW], 11[kW] 이상은 기동기 사용	펌프 · 송풍기, 콤프레셔 등
특수 농형 2종	150[%] 이상	600[%] 전후	상 동	상 동	권상기 · 공작기계 · 엘리베이터 등

회전자 종류	기동 토크의 전부하 토크에 대한 [%]	기동 전류의 전부하 전류에 대한 [%]	운전특성	정격출력	주요용도
권선형	기동 전류가 전부하 전류의 150[%]일 때(기동 저항기 등 1노치에서) 전부하 토크의 약 150[%]		회전자 회로에 저항을 삽입함으로써 속도 조정이 가능함	5.5~37[kW], 5.5[kW] 이상은 기동기 사용	송풍기 · 크레인 · 압연기 · 분쇄기 등

일반적으로, 빌딩용에 사용되는 유도전동기는 엘리베이터의 일부(고속용의 직류 전동기 채용)를 제외하고는 대부분이 유도전동기(특수 농형 유도전동기)가 채용되고 있다.

표 4-20 단상 유도전동기의 특성과 용도

종류	기동 토크의 전부하 토크에 대한 [%]	정동 토크의 전부하 토크에 대한 [%]	기동 전류의 전부하 전류에 대한 [%]	운전특성	정격출력	주요용도
분상 기동형	125[%] 이상	175~300 [%]	500[%] 전후	역률 · 효율은 다른 전동기보다 약간 적음	0.1~0.4 [kW]	팬 · 세탁기 등
반발 기동형	300[%] 이상	175~300 [%]	300[%] 전후	기동토크 큼	0.1~0.75 [kW]	펌프 · 콤프레셔 등
콘덴서 기동형	250[%] 이상 0.4[kW]의 것은 200[%] 이상	175~300 [%]	400~500[%]	운전 중 콘덴서가 계속 접속되는 것은 역률이 양호함	0.1~0.75 [kW]	냉장고용 콤프레셔 · 펌프 등

(2) 유도전동기의 속도제어

유도전동기는 부하로 인한 회전속도가 저하되나 일반 특성은 정속도 전동기로서 가격이 저렴하고 보수가 용이하다.

최근 우수한 성능의 반도체 소자가 개발되어 제어기술의 진보와 더불어 직류기와 동등한 정밀도와 제어성능을 가진 유도전동기의 속도제어 방식이 개발되어 실용화되고 있다.

유도전동기의 회전속도 N은

$$N = (1 - s) \cdot N_s = (1 - s) \cdot \frac{120f}{P} [\text{rpm}] \qquad (4\text{-}38)$$

로서 나타낸다. N_s는 동기속도, P는 극수, f는 주파수[Hz], s는 슬립이다.

따라서, 속도를 변화시키기 위해서는 슬립 S를 바꾸는 방법과, 극수 또는 주파수를 바꾸어 회전속도를 변화하는 방법 등을 생각할 수 있다. 표 4-21은 3상 유도전동기의 속도제어 방식의 비교이다.

표 4-21 3상 유도전동기의 속도제어 방식의 비교

방식		특성	속도 제어 범위	제어 정밀도	적 용 예
2차 저항 제어법		정토크 특성 감속시 효율이 저렴하고 속도 변동률이 커진다. 설비가 싸다.	1 : 15	-	펌프 송풍기
2차 여자법	셀비우스법	정토크 특성, 효율이 좋다. 설비가 고가	1 : 5	±1[%]	펌프 송풍기 콤프레셔
	크래머법	정토크 특성, 효율이 좋다. 설비가 고가	1 : 2	±1[%]	압연기 준설용 펌프
1차 전압 제어법		정토크 특성, 효율이 좋다. 설비가 고가 대용량기에는 적용 곤란	1 : 10	±2[%]	엘리베이터 컨베이어 피더 권취기
극수 절환법		연속 제어에는 불가능 설비가 싸다.	-	-	송풍기의 동력, 절약형 운전등
주파수 제어법		효율 제어 정밀도가 양호 4상한 운전이 가능 설비가 고가	1 : 100	±0.5[%]	펌프, 송풍기 공작 기계 원심 분리기 압출기, 교반기

(가) VVVF 속도제어 방식

① **속도제어 방식의 원리** : VVVF(Variable Voltage Variable Frequency)란 가변전압 가변주파수 변환장치로 상용전원으로부터 공급된 전압과 주파수를 변환시켜 모터에 공급함으로서 모터의 속도를 제어할 수 있는 정지형 모터 속도제어 장치이다.

② **VVVF 속도제어 방식의 종류** : 전압형 인버터와 전류형 인버터가 있으며 전압형 인버터를 많이 적용한다.

③ 변환원리 : $N = \frac{120f}{P}(1-S)$ (4-39)

위 식에서 극수와 슬립을 일정하게 하면 주파수의 변화에 따라 속도가 변한다.

④ 회로도

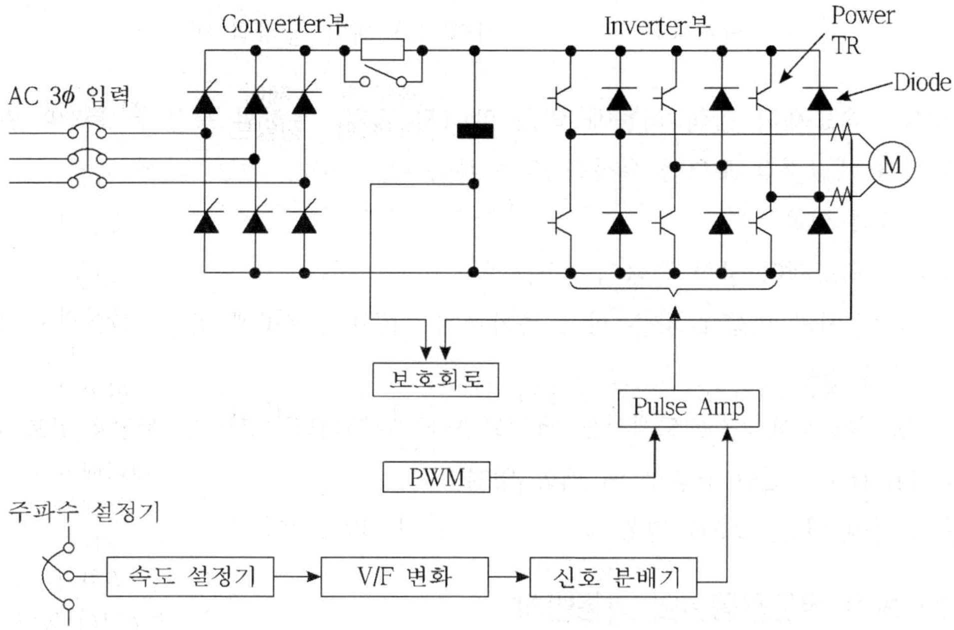

그림 4-26 VVVF 장치 회로도

⑤ VVVF 속도제어 방식 적용의 필요성 : 범용 모터를 그대로 사용할 수 있고 자동제어가 용이할 뿐 아니라 효율이 높고 고속운전이 용이하다.

⑥ 일반 속도제어장치와의 비교

표 4-22 속도제어 장치의 비교

구 분	직류레오너드 방식	VS Motor	VVVF 방식
성 능	· 가장 우수하고 고급 · 높은 정밀도용으로 사용	· 효율이 낮음 · 소용량에만 사용	· 가장 효율이 높음 · 제어성이 뛰어나 직류모터의 영역까지 향후 확대 가능
에너지절약	· 절약효과가 높으나 가격이 비싸 투자시 종합적인 검토가 필요	· 극히 불리	· 절약효과가 높고 특히 제곱 저감 토크 부하에 적용하면 효과적

구 분	직류레오너드 방식	VS Motor	VVVF 방식
유 지 보 수	· 브러쉬 등의 보수가 어렵다.	· 용이	· 가장 용이
경 제 성	· 고가	· 저렴	· 고가(점차 저렴화)
기 타	· 소형화, 고급화에 주력하는제품	· 소용량에만 한정하여 사용	· 높은 제어성과 에너지절약 측면에서 가장 기대되는 방식

⑦ **VVVF 속도제어 방식 적용에 의한 에너지 절약** : 부하의 특성이 유량의 변화에 따라 제곱저감 토크의 특성을 갖는 부하(팬, 송풍기, 펌프 등)에 특히 에너지 절약 효과 있음

⑧ **VVVF 속도제어 방식 적용시 고려사항**

㉠ 원심응력의 반복에 따른 피로 증가문제 : 전속도 변화에 따른 샤프트의 기계 적응력 검토

㉡ 온도상승문제 : 저속도에서는 냉각효과가 저하되므로 별도의 냉각장치 고려

㉢ Thyristor 전원 사용할 때 맥동 영향

㉣ 전원에 대한 고조파 영향

(3) 농형 유도전동기의 기동방식

(가) 전전압기동(직입기동) 방식

정지 상태에 있는 전동기에 직접 전원전압을 인가하여 기동하는 방법으로서 가장 간단한 방식이다. 그러나 기동 전류가 5~7배까지 흐르므로 기동시간이 오래 걸린다든지 또는 빈번한 기동일 때는 기동 전류로 인해서 기동코일이 과열되는 수가 있다.

이 방식은 5[kW] 이하의 소용량 농형전동기에 채용되고 전원용량이 적은 경우는 전원의 전압강하가 커지고 배전선에 악영향을 준다. 그림 4-27은 직입기동 방식을 나타낸 그림이다.

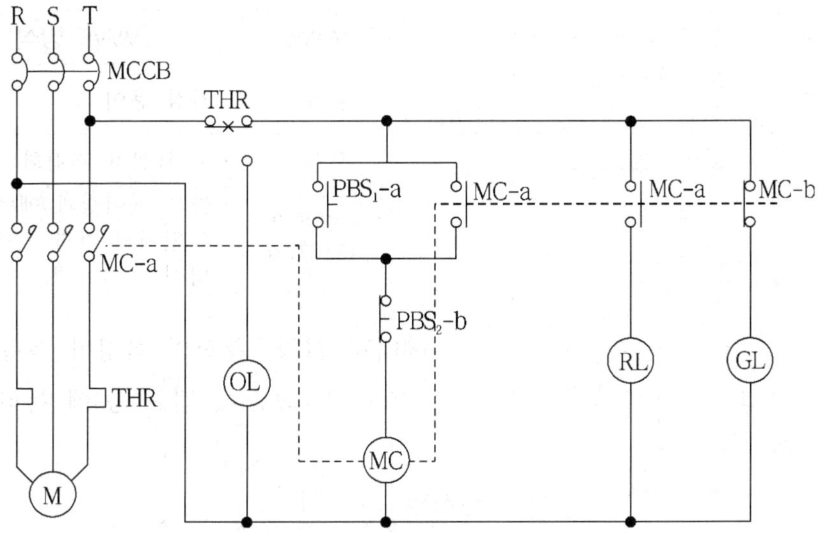

그림 4-27 직입기동 방식

(나) Y-Δ기동 방식

기동전류를 줄이기 위해서 운전 상태에서 권선접속이 △접속인 전동기를 기동시만 Y접속으로 하여 상전압을 $1/\sqrt{3}$로 감압하여 기동하고 속도가 상승되어 운전속도에 가깝게 도달하였을 때 Δ접속으로 바꾸어 큰 기동전류를 흘리지 않고서도 기동할 수 있는 방법이다.

일반적으로 이 기동방식은 5.5~37[kW] 정도에서 채용되고 기동전류는 직입기동에 대하여 1/3로 되고 조작이 매우 간단하다.

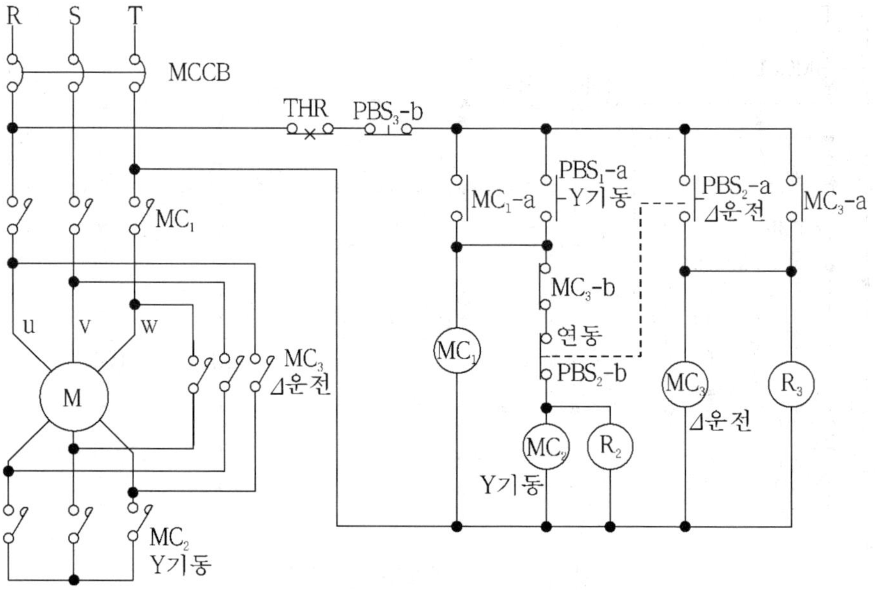

그림 4-28 Y-Δ 기동회로

(다) 기동보상기에 의한 기동

그림 4-29에서와 같은 3상 단권변압기로 정격전압 50~80[%]의 전압에서 기동하고 전부하 속도에 이르면 스위치로 단권 변압기를 떼어놓고 전원전압을 가한다. 이 방법은 기동전류를 0.52~0.82로 저감시킬 수 있으며 중용량(30[kW]) 이상의 전동기에 사용된다.

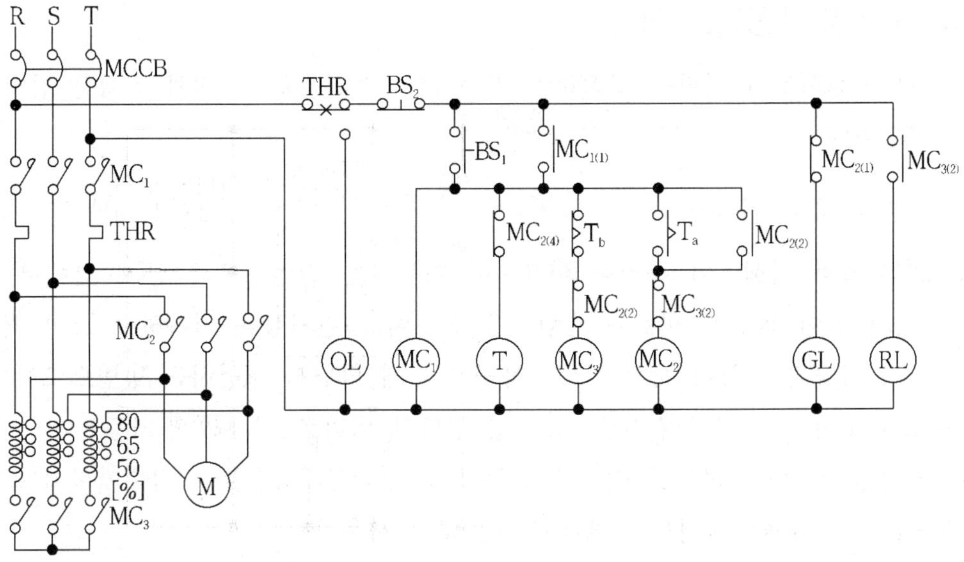

그림 4-29 기동보상기에 의한 기동회로

(라) 리액터 기동

리액터(reactor) 기동방식은 전동기의 전원측에 직렬로 리액터를 삽입하고 리액터에서 발생하는 전압강하를 이용하여 낮은 전압으로 기동하는 방식으로 회전수 상승과 더불어 전동기에 인가전압이 상승하므로 속도 변환할 때의 충격이 적어 방적기계 등에 적합한 기동방식이며 그림 4-30에 나타내었다.

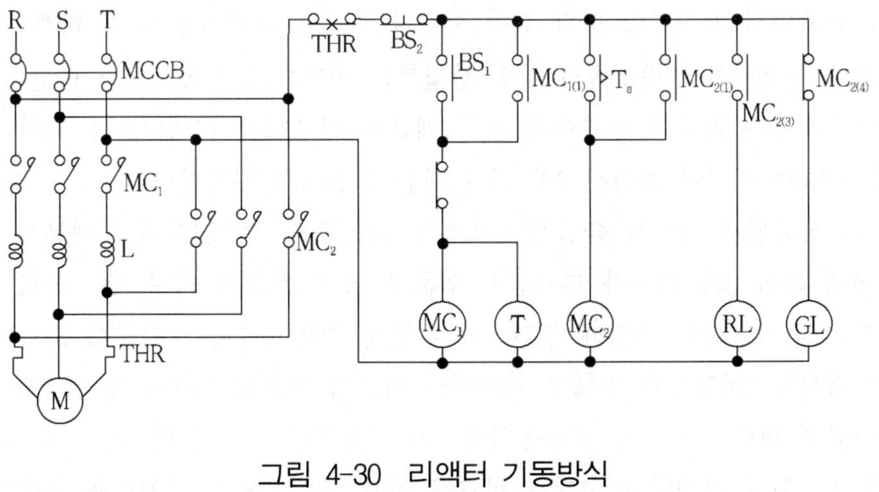

그림 4-30 리액터 기동방식

(4) 권선형 전동기의 기동

회전자 권선회로에 저항을 접속하여 기동하고, 속도상승 후 점차 저항을 감하여 가는 방법이다.

(가) 2차 저항 기동법

유도전동기의 비례추이 특성을 이용하여 기동하는 방법으로 그림 4-31에서 표시하는바와 같이 회전자 회로에 슬립링을 통하여 가변저항을 접속하고 그의 저항을 속도의 상승과 더불어 순차적으로 바꾸어 적게 하면서 기동하는 방법으로서 보통 토크와 전류는 정격값의 100~150[%] 정도의 범위로 억제하여 기동한다. 이와 같은 기동법을 **2차 저항 기동법**이라고 한다. 2차 삽입저항으로는 금속저항기가 많이 사용되지만 대형기에서는 액체저항기를 많이 사용한다.

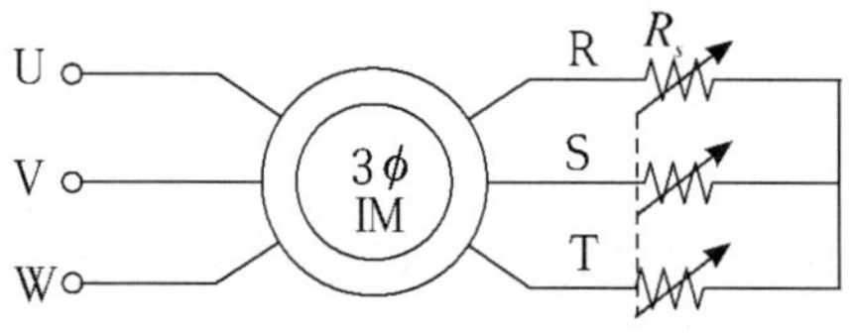

그림 4-31 2차 저항 기동방식

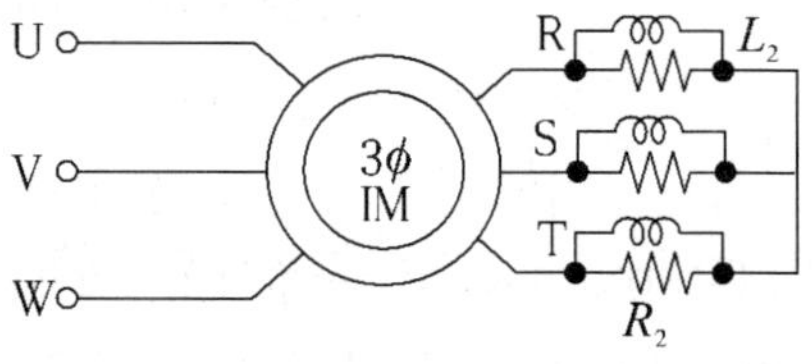

그림 4-32 2차 임피던스 기동방법

(나) 2차 임피던스 기동법

그림 4-32에서 표시하는 바와 같이 회전자 회로에 고정저항 R_2와 리액터 L_2 또는 가포화 리액터의 병렬접속한 것을 삽입하는 방법으로 기동초기의 슬립이 큰 범위에서는 회전자 회로의 주파수가 높기 때문에 리액터의 리액턴스가 크며 대부분의 2차 전류는 저항에 흘러서 2차 저항 기동의 상태로 기동한다.

속도가 상승됨에 따라서 슬립이 감소하고 2차 주파수가 낮아지기 때문에 리액턴스가 적게 되어 2차 전류가 리액턴스 쪽으로 많이 흐르게 되며, 동기속도 근처에서는 거의 단락상태에 가깝게 된다. 이 때문에 기동초기에는 저전류 고토크로 기동하고 서서히 2차단락의 상태로 이행하여 비교적 양호한 기동을 할 수 있다.

이 방법에 의한 기동특성은 전동기의 2차 회로정수와 삽입 임피던스의 리액턴스 특성에 의존하고 리액터의 선택이 비교적 어려우며 가포화 리액터를 사용하는 방법도 있으나 비교적 대형으로 된다.

(5) 콘돌퍼(kondorfer system)기동 방식

이 방식은 기동 보상기의 결점을 보완 및 Y-△기동 방식의 기동전류와 토크가 고정되어 있어 조정할 수 없는 점을 개선한 것으로 전원측에 단권 변압기를 설치하여 낮은 전압으로 기동하고, 가속 후 전원 전압으로 변환하는 방식이다. 대용량의 냉동기용 콤퓨레셔 등의 기동 방식에 이용되고 있다.

그림 4-33은 콘돌퍼 기동 방식을 나타낸 그림이다.

	C	S	M
기동보상기	ON	ON	OFF
리액터	ON	OFF	OFF
운전	OFF	OFF	ON

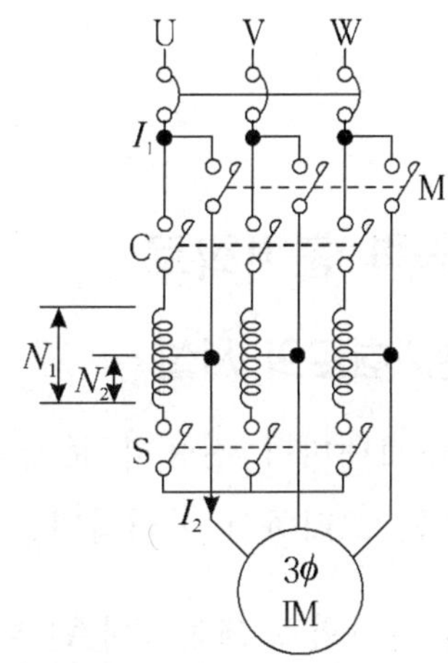

그림 4-33 콘돌퍼 기동 방식

4.2.3 동력설비의 구성

고압동력에는 보통 3[kV]의 고압전동기를 사용하므로 수전전압이 6[kV]이면 6[kV]/3[kV]의 변압기로 강압한다. 저압 동력은 220[V], 380[V], 440[V]의 전동기가 사용되고 수·변전실에 설치된 중앙제어센터에서 운전되는 것과 분전반으로부터 직접 전동기 근처의 동력제어반으로 운전되는 것이 있다.

그림 4-34는 동력설비의 구성을 나타낸 그림이다.

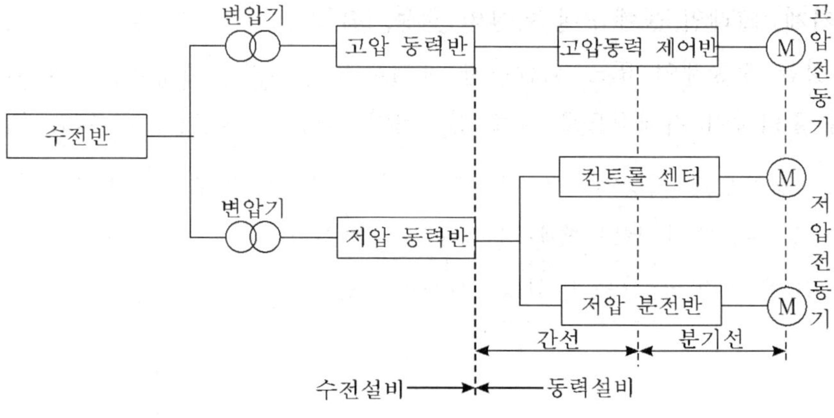

그림 4-34 동력설비의 구성

〔1〕 동력 분기회로

(1) 분기회로의 시설

전동기는 1대마다 전용의 분기회로를 시설하여야 한다. 다만, 다음 각호에 해당할 경우에는 그러하지 아니하다.

① 15[A] 분기회로 또는 20[A] 배선용차단기 분기회로에서 사용하는 경우

주 15[V] 분기회로 또는 20[A] 배선용차단기 분기회로에 시설하는 전동기 정격전류의 합계는 4[kW] 이하(200[V]급인 경우는 2[kW] 이하)로 하는 것이 바람직하다.

② 2대 이상의 전동기로서 각각 과부하보호장치를 설치하였을 경우

주 이 호의 적용은 가급적 단일제조장치의 유니트 등에 한정하는 것이 바람직하다.

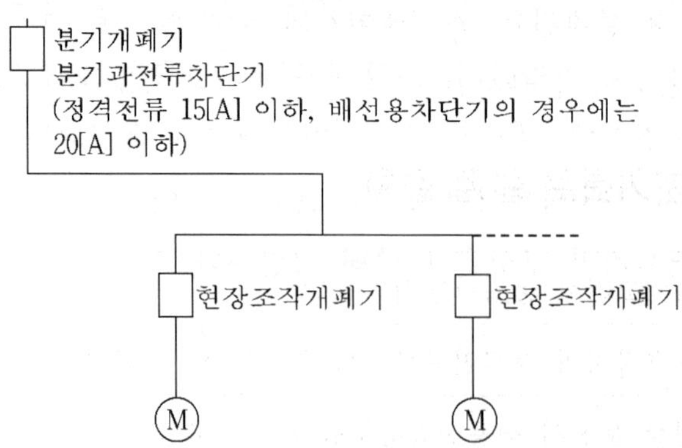

그림 4-35 과전류차단기의 정격전류가 15[A](배선용차단기의 경우에는 20[A])인 분기회로의 예

③ 공작기계, 크레인 등에 2대 이상의 전동기를 일조(一組)의 장치로 하여 시설하고, 이것을 자동제어 또는 취급자가 제어하여 운전할 경우 또는 2대 이상의 전동기의 출력축이 기계적으로 상호 접속되어 단독으로 운전할 수 없는 경우

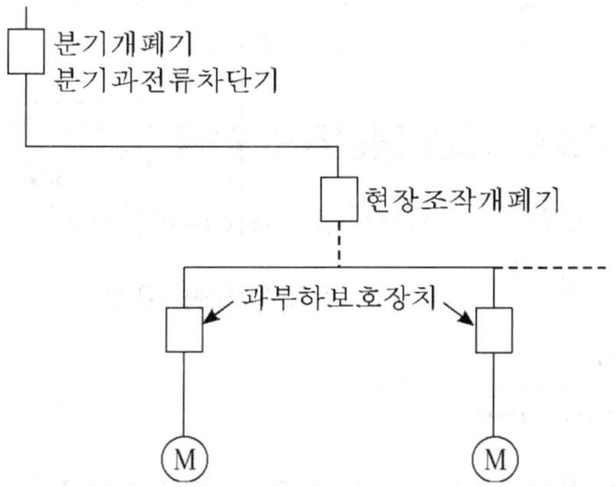

그림 4-36 2대 이상의 전동기에 각각 과부하보호장치를 설치하였을 경우의 예

〔2〕 동력설비의 배선

(1) 저압배선의 과전류 보호 협조 검토

$$I_B \le I_n \le I_Z$$
$$I_2 \le 1.45 \times I_Z$$

여기서, I_B : 회로의 설계전류, I_Z : 케이블의 허용전류, I_n : 보호장치의 정격전류,
I_2 : 보호장치가 규약시간 이내에 유효하게 동작하는 것을 보장하는 전류

(2) 동력부하 분기회로 설계 절차

Step 1	설계전류를 고려한 공칭단면적의 선정
Step 2	과전류 보호장치의 정격전류를 고려한 도체의 단면적을 선정
Step 3	부하의 정상 운전시 허용전압강하율을 고려한 단면적을 선정
Step 4	전동기의 기동시 허용전압강하율을 고려한 단면적을 선정

Step 5	전동기의 기동전류에 의한 도체의 온도상승을 고려한 단면적 선정
Step 6	회로 내에서 발생한 단락고장전류에 의한 도체의 온도상승을 고려한 단면적 선정
Step 7	Step 1~Step 6의 단면적 중 가장 큰 단면적을 선정

(3) 설계전류를 고려한 공칭 단면적의 선정

전동기의 정격전류 확인은 제조사의 Data Sheet나 전동기 명판의 정격전류를 기준으로 설계에 적용 할 것.

$$I_m = \frac{P}{\sqrt{3} \times V \times \eta \times cos\theta}$$

여기서, I_m : 전동기 정격전류[A], V : 부하의 정격전압[V],

P : 전동기의 출력[kW], η : 효율, $\cos\theta$: 역율

(4) 과전류 보호장치의 정격전류를 고려한 도체의 단면적

① 과전류 차단기의 정격전류(I_n)는 전동기 정격전류($I_m = I_B$)보다 크고 도체의 허용전류(I_z)보다 작아야 한다.

② 전동기와 같이 기동전류가 큰 부하의 경우에는 전동기의 기동전류에 의해 과전류 보호장치가 오동작 되지 않도록 선정하여야 할 필요가 있다.

③ $I_m \leq I_n \leq I_Z$ 만족 할 것.

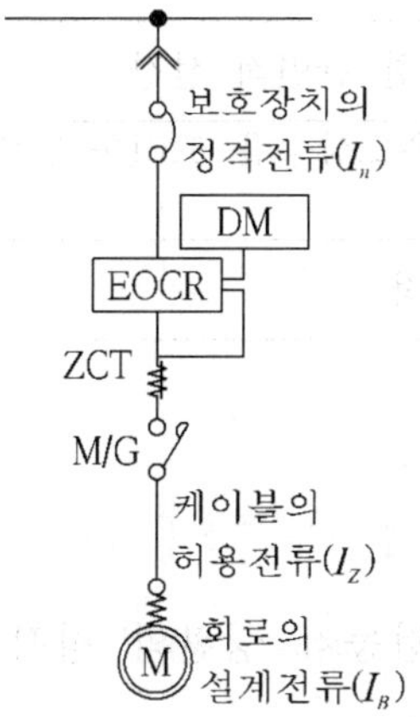

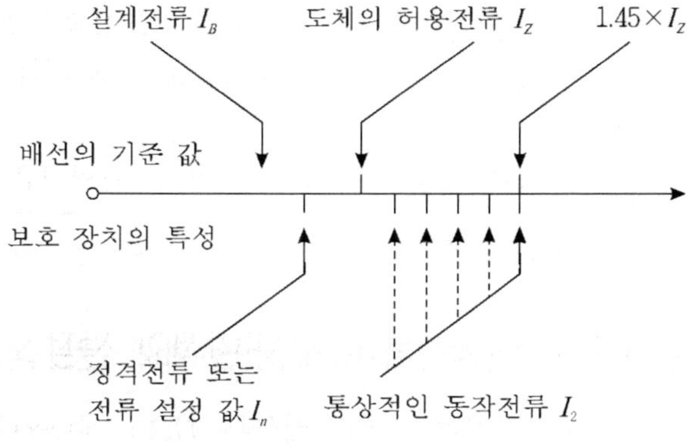

그림 4-37 동력 분기회로의 구성 그림 4-38 과부하 보호 협조의 예

(5) 정상 운전시 허용전압강하율을 고려한 단면적

전동기의 정상 운전시 계통의 임피던스에 의한 전압강하는 전동기의 운전전류를 증가시켜 온도상승에 영향을 주며, 운전토크가 변화하여 전동기의 운전이 불안정해질 우려가 있다. 전동기의 정상 운전시 허용전압강하율은 다음의 식으로 계산하여 적용한다.

$$\varepsilon[\%] = \frac{\Delta V}{V} \times 100 = \frac{K \times I_B \times L(R\cos\theta_L + X\sin\theta_L)}{V} = 100$$

여기서,

ΔV : 전압강하[V], V : 선간전압[V],

K : 전기방식에 따른 계수(3상 : $\sqrt{3}$, 단상 : $\sqrt{2}$), I_B : 회로의 설계전류[A],

L : 선도체의 길이[m], R : 회로의 단위길이당 저항[Ω/m],

X : 회로의 단위길이당 리액턴스[Ω/m],

$\cos\theta$: 부하의 역률, $\sin\theta$: 부하의 무효율

전동기의 기동시 기동전류와 계통의 임피던스에 의해 발생하는 전압강하에 의하여 전동기의 기동토크가 감소하여 기동실패가 발생할 수 있으며, 기동시 전압강하가 크게 발생하는 경우 기동전류가 전동기의 열적내량을 초과하여 전동기의 권선이 소손될 우려가 있다. 전동기의 운전시 허용전압강하율은 다음의 식으로 계산하여 적용한다.

$$\varepsilon[\%]= \frac{\Delta V}{V} \times 100 = \frac{K \times I_{ms} \times L(R\cos\theta_s + X\sin\theta_s)}{V} \times 100$$

여기서,

I_{ms} : 전동기의 기동전류[A],

$\cos\theta_s$: 전동기의 기동시 역률, $\sin\theta_s$: 전동기의 기동시 무효율.

(6) 전동기의 기동전류에 의한 도체의 온도상승을 고려한 단면적

전동기 기동시 정격전류의 수배(일반적으로 6~8배)의 전류가 전원측에 흐르게 되며, 케이블은 전동기 기동전류에 의해 발생하는 온도에 견딜 수 있는 열적내량을 가져야 한다. 전동기의 기동전류에 의한 도체의 온도상승을 고려한 케이블의 단면적은 다음의 식으로 계산하여 적용한다.

$$S = \frac{I_m \times \beta \times \sqrt{t_m}}{K \times n} \times \alpha$$

여기서, I_m : 전동기의 정격전류[A], β : 전동기의 전전압 기동배율,

t_m : 전동기의 전전압 기동시간[s],

K : 절연물의 종류, 주위온도에 따라 정해지는 상수

(PVC : 115, XLPE : 143),

n : 병렬도체수, α : 설계여유

(7) 회로내 단락고장전류에 의한 도체의 온도상승 고려한 단면적

전동기 회로의 고장에 의해 발생하는 단락고장전류는 기기의 열적, 기계적 손상을 일으킬 수 있어 단락보호장치에 의해 신속하게 차단해야 한다. 이때, 단락고장전류에 의해 케이블의 온도상승이 발생하며, 온도상승은 단락보호장치에 의해 고장이 해소되는 동안 발생한다. 단락고장전류에 의한 케이블의 온도상승을 고려한 단면적은 다음의 식으로 계산하여 적용한다.

$$S = \frac{I_s \times \sqrt{t_n}}{K \times n} \times \alpha$$

여기서, I_s : 단락고장전류, t_n : 단락고장전류에 의한 보호장치의 동작시간[s],
K: 절연물의 종류, 주위온도에 따라 정해지는 상수(PVC : 115, XLPE : 143), n : 병렬도체수, α : 설계여유

〔3〕 동력설비의 배관

① 전동기의 배관은 개별 배관한다.

② 배관이 전동기 2대를 고용하는 경우는 조인트 박스를 설치하여 가요 전선관으로 기기접속함까지 배관한다.

③ 급배기 팬 등이 1/4[HP] 이상은 노출 배관하고 기타 소형기계 기구는 콘센트 마감토록 매입 배관한다.

④ 노출 배관의 지지간격은 금속관공사 2[m] 이상, 합성수지관공사는 1.5[m] 간격으로 행거로 지지한다.

〔4〕 전동기의 선정 방법

전동기를 선정하는데 있어서 될 수 있는 한 전동력을 합리적으로 이용하기 위해서는 용도에 적합한 전동기를 선정하여야 한다.

(1) 전동기 선정시 고려사항

전동기는 산업현장에서 중요한 기기이므로, 부하의 특성, 부하의 운전조건에 따라서 다음과 같은 사항을 고려하여야 한다.

① 부하기기의 특성에 적합할 것.

② 사용조건을 고려할 것.

③ 환경조건을 고려할 것.

④ 신뢰도 및 유지, 보수의 난이도에 따라 고려할 것.

(2) 전동기의 선정

① 부하의 토크-속도 특성에 적당할 것.

② 용도에 알맞은 기계적 형식일 것.

③ 운전형식에 적당한 정격 및 냉각방식일 것.

④ 사용장소의 상황에 알맞은 보호방식일 것.

⑤ 고장이 적고 신뢰도가 높으며 운전비가 싼 것일 것.

⑥ 표준 규격품이고 신뢰성이 있을 것.

〔5〕 전동기의 용량 산정

전동기에 대한 배선을 하려면 먼저 전동기의 용량[kW]을 알 필요가 있다. 이 용량의 산정은 일반적인 경우 기계설비를 담당하는 측에서 산정하는 것이 관례이다. 그러나 그 산정의 기준은 다음의 근거에 의해서 산정한다.

(1) 펌프용 전동기

$$P = \frac{0.163 \times Q \times H \times r(1+\alpha)}{\eta} [\mathrm{kW}] \tag{4-40}$$

여기서, P : 전동기의 용량[kW], Q : 양수량[m^3/min], H : 전 양정[m], r : 물의 비중(상온에서 1), α : 여유도(0.05~0.2), η : 펌프 효율(0.3~0.8)

(2) 송풍기용 전동기

$$P = \frac{Q \times H \times (1+\alpha)}{6120 \times \eta} [\mathrm{kW}] \tag{4-41}$$

여기서, P : 전동기의 용량[kW], Q : 풍량[m/min], H : 풍압[mmHg], α : 여유도(0.1~0.5), η : 송풍기의 효율(0.3~0.7)

(3) 엘리베이터용 전동기

$$P = \frac{L \times V \times \beta}{6120 \times \eta} [\mathrm{kW}] \tag{4-42}$$

여기서, P : 전동기의 용량[kW], L : 적재 하중[kg], V : 엘리베이터의 정격속도[m/min], β : 추의 계수(0.4~0.6), η : 권상기의 효율(0.3~0.6)

(4) 권상기용 전동기

$$P = \frac{9.8L \times V}{\eta}[\mathrm{kW}] \tag{4-43}$$

여기서, P : 전동기의 용량[kW], L : 권상 하중[T], V : 권상 속도[m/s], η : 권상기 효율

〔6〕 사용 환경에 따른 보호

전동기는 사용목적에 따라 각각 다른 장소에 사용되므로 장소와 조건에 맞는 동시에 안전하고 합리적인 구조이어야 한다.

그리고 폭발성 가스 속에서 사용되어도 충분한 특수 구조로 된 방폭형(기호는 E), 부식성 가스 또는 증기 속에서의 사용에 견딜 수 있도록 가스 또는 증기의 종류 농도 등에 따라서 적절한 처치를 한 방식형(기호는 C), 또한 옥외형의 경우는 W를 JP와 숫자 기호 사이에 삽입한다.

〔7〕 과부하 보호

과전류 차단기는 전로의 단락 보호장치이므로 기동 전류에서는 동작하지 않는 여유를 가지고 있기 때문에 전동기의 과부하, 결상 등의 보호는 할 수 없다.

전동기 보호에 관해서는 전기설비기술기준에서는 다음과 같이 규정되어 있다.

전동기의 소손을 방지하기 위하여 다음의 경우를 제외하고는 전동기용 퓨즈, 열동 계전기, 전동기 보호용 배선용 차단기, 유도형 계전기, 정지형 계전기 등의 전동기용 과부하 보호 장치를 사용하여 자동적으로 회로를 차단하거나 경보를 내는 장치를 사용하여야 한다.

(1) 일반사항

① 전동기 자체에 유효한 과부하 소손 방지 장치가 있는 경우

② 전동기 권선의 임피던스가 높고 기동 불능시에도 전동기가 소손될 우려가 없는 경우(일반적으로 35[W] 정도 이하의 교류 전동기가 이에 상당한다.)

③ 전동기의 출력이 4[kW] 이하이고 그 운전상태를 취급자가 전류계 등으로 항상 감시할 수 있을 경우

④ 일반 공작 기계용 전동기 또는 호이스트 등과 같이 취급자가 상주하여 운전할 경우
⑤ 부하의 성질상 전동기가 과부하로 될 우려가 없을 경우
⑥ 단상 전동기로서 15[A] 분기회로(배선용 차단기는 20[A])에서 사용할 경우
⑦ 전동기의 출력이 0.2[kW] 이하일 경우

또 3상 4선식 저압 전로에 연결되어 사용하는 3상 전동기의 과부하 보호용으로는 전자개폐기의 저압측 단자극에 과부하 보호용 열동계전기가 설치되어 있는 것을 사용하는 것이 바람직하다.

(2) 전동기 보호용 과전류 보호장치 선정절차

Step 1	설계전류를 고려한 과전류 보호장치의 정격전류 선정
Step 2	$I_2 \leq 1.45 \times I_Z$를 고려한 보호장치의 정격전류 선정
Step 3	전동기의 기동전류를 고려한 보호장치의 정격전류 선정
Step 4	Step 1~Step 3의 보호장치의 정격전류 중 가장 큰 용량을 선정

(3) 설계전류를 고려한 과전류 보호장치의 정격전류 선정

과전류 차단기의 정격전류(I_n)는 회로의 설계전류(I_B)보다 크고 도체의 허용전류(I_Z)보다 작아야 한다. 과전류 차단기의 과부하 보호 동작전류를 조정(가조정형)할 수 있는 제품을 적용하는 경우 과전류 차단기의 정격전류(I_n)는 설정된 값을 기준으로 적용한다.

$$I_B \leq I_n \leq I_Z$$

여기서, I_B : 회로의 설계전류[A], I_n : 과전류차단기의 정격전류 또는 설정값[A],
I_Z : 케이블의 허용전류[A]

(4) $I_2 \leq 1.45 \times I_Z$를 고려한 보호장치의 정격전류 선정

케이블 허용전류의 1.45배의 전류가 60분 이상 흐르면 케이블은 열적 손상을 입을 수 있어 케이블의 과부하 보호점 $1.45 \times I_Z$은 보호장치의 규약동작전류(I_2) 이상이 되도록 케이블의 굵기를 선정하여야 한다.

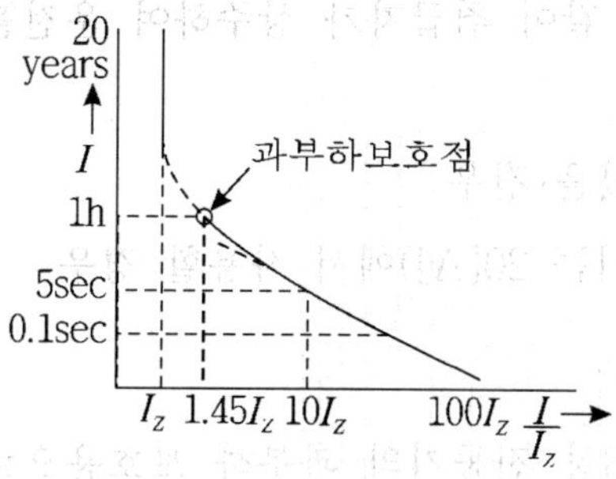

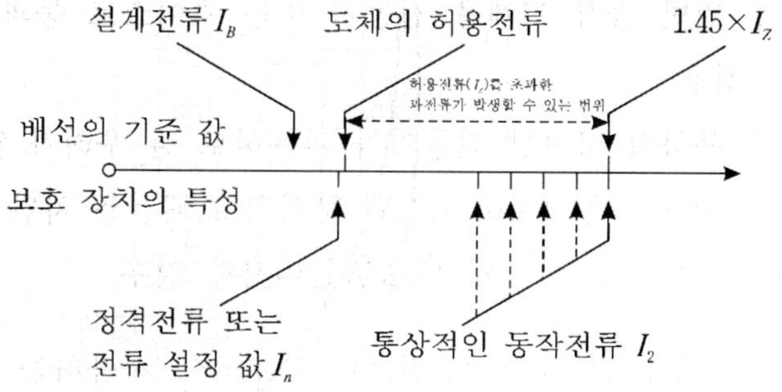

그림 4-39 케이블의 과부하 내열특성 그림 4-40 과부하 보호 설계 조건

구 분	63[A] 이하	63[A] 초과
주택용	$I_2 = I_n \times 1.45$	$I_2 = I_n \times 1.52$
산업용	$I_2 = I_n \times 1.3$	$I_2 = I_n \times 1.37$

(5) 전동기의 기동전류를 고려한 보호장치의 정격전류 선정

전동기는 전전압 기동시 정격전류의 수배(일반적으로 6~8배)의 기동전류가 회로에 흐르기 때문에 기동전류에 의해 보호장치가 오동작하지 않도록 선정해야 한다. 전동기의 기동특성을 고려한 전동기 분기회로의 보호장치의 정격전류 및 설정값(I_n)을 다음의 방법으로 선정한다.

① **보호장치의 최소동작시간(t_b)선정** : 보호장치의 최소동작시간(t_b)은 전동기의 전전압 기동시간(t_m)을 기준으로 하여 50~100[%]의 범위에서 가산하며, 가산시간은 5초를 초과하지 않도록 선정한다.

② **보호장치의 규약동작 배율(δ)** : 과부하 보호장치의 제조사가 제시한 동작특성곡선에서 최소동작시간(t_b)과 특성곡선의 교점에 해당하는 동작전류가 보호장치의 규약동작배율(δ)이 된다. 과부하 보호장치의 동작특성은 제조사와 제품에 따라 차이가 있어 선정하고자 하는 제품의 카다로그 등을 참고하여 보호장치의 규약동작배율(δ)을 결정해야 한다. 그림 4-41은 과부하 보호장치의 동작특성을 나타낸 것으로, 보호장치의 최소동작 시간(t_b)은 전동기 기동시간인 4초에 여유율을 고려하여 6초로 선정한 경우, 보호장치의 규약동작배율(δ)은 5.2배로 결정된다.

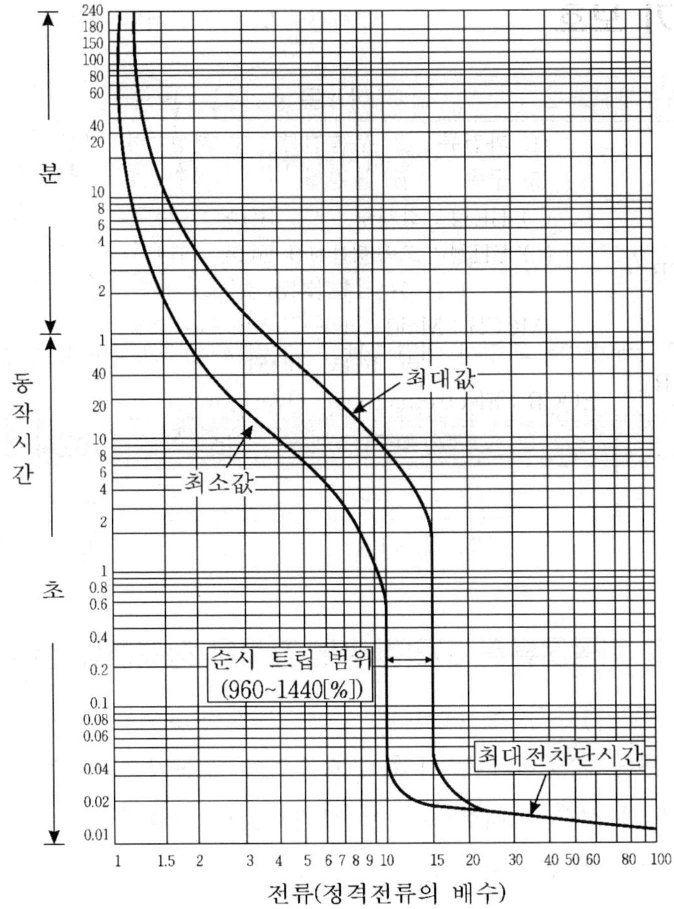

그림 4-41 과전류 보호장치의 동작특성 곡선

③ 과부하 보호장치의 정격전류(I_n) 선정 : 과부하 보호장치의 정격전류(I_n)는 다음과 같이 계산하여 적용하며, 계산값보다 큰 표준 정격전류의 보호장치를 선정한다.

$$I_n \geq \frac{I_m \times \beta}{\delta}$$

여기서, I_m : 전동기 회로의 설계전류, β : 전동기의 전 전압 기동배율,

δ : 보호장치의 규약동작배율

〔8〕 전동기 보호

<table>
<tr><th colspan="2">구 분</th><th>내 용</th><th>비 고</th></tr>
<tr><td colspan="2">전동기
고장</td><td>① 과전류 ② 부족전류 ③ 결상 ④ 역상
⑤ 구속 ⑥ 불평형 ⑦ 지락 ⑧ 단락</td><td>고장의 종류</td></tr>
<tr><td rowspan="2">보호
장치</td><td>MCCB</td><td>( ) BE형 : 경제형, ( ) BS형 : 표준형
( ) BH형 : 고속형, ( ) BL형 : 한류형
* ( )는 제작회사 기호
MCCB : Mold Case Circuit Breaker</td><td>과전류, 지락,
단락에 이용</td></tr>
<tr><td>EOCR</td><td>4F, FDM, 3DM
EOCR : Electromagnetic Over Current Relay</td><td>이용범위
확대가능</td></tr>
</table>

연 습 문 제

1. 다음 사무실에 대한 조명을 설계하시오.

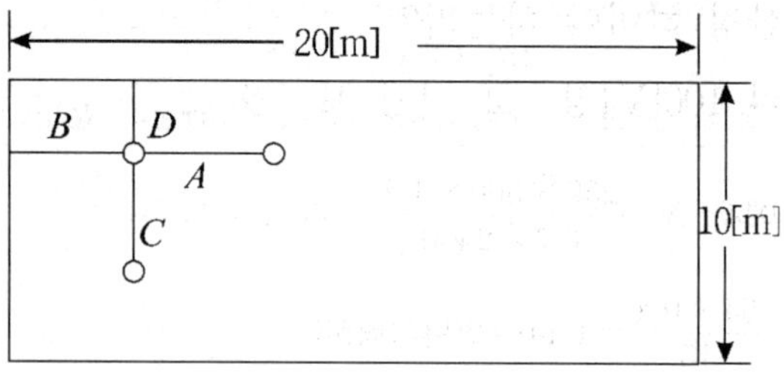

· 조도는 100[lx]로 한다.

· 광속은 형광등 40[W] 사용할 때 2,500[lm]으로 한다.

· 조명률은 0.6으로 한다.

· 감광보상률은 1.2로 한다.

· 건물 천장높이는 3.85[m], 작업면은 0.85[m]로 한다.

· 등기구는 ○로 표시한다.

· 가장 경제적으로 할 것

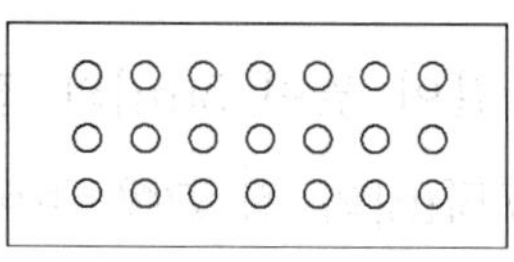

가. 형광등 등 기구 수량은?

나. 등 기구를 답안지에 배치하시오.

다. 등 기구와 건물 벽간의 간격 (A, B, C, D)은 몇 [m]인가?

라. 60[Hz] 형광 방전등을 50[Hz]에서 사용한다면 광속과 점등시간은 어떻게 되는가?(감소, 증가, 빠름, 늦음으로 표현할 것)

마. 등 간격은 등 높이의 몇 배 이하로 해야 하는가?

[답] 가. $N = \dfrac{EAD}{UF} = \dfrac{100 \times 20 \times 10 \times 1.2}{0.6 \times 2500} = 16$[등]

나. 등고 $H = 3.85 - 0.85 = 3.0$[m]

등-등 : $S_1 \leqq 1.5 \times 3 = 4.5$m]

등-벽 : $S_2 \leqq 0.5H = 0.5 \times 3 = 4.5$[m]

'나'의 제한 등-등 : $S_1 = 4$[m], 등-벽 : $S_2 = 2$[m]

다. A : 3.6[m] B : 1.0[m] C : 3.5[m] D : 1.5[m]

라. 광속 : 증가, 점등시간 : 늦음

마. 1.5배

2. 바닥면적이 300[m²]인 사무실의 조도를 250[lx]로 할 경우 광속 2,400[lm], 램프전류 0.4[A], 40[W]인 형광 램프를 사용할 경우 이 사무실에 대한 최소 분기 회로는 몇 회로로 산정 하여야 하는가?

조건 : ① 단상 2선식 100[V]임 ② 감광 보상율 : 1.2 ③ 조명율 : 70[%]

[답] 전등수 $N = \frac{EAD}{UF}$ 에서 $N = \frac{250 \times 300 \times 1.2}{0.7 \times 2400} = 53.57 = 54$[등]

∴ 분기 회로수 $N = \frac{54 \times 0.4}{15} = 1.44 = 2$[분기회로]

3. HID Lamp의 뜻을 표기하시오. 그 종류를 가장 많이 쓰이는 것 몇 개를 쓰시오.

[답] 대형 방전램프 또는 고휘도 방전램프(High Intensity Discharge Lamp).

종류 : 수은등, 메탈할라이트, 나트륨 방전등, 형광 수은램프

4. 그림과 같이 높이 5[m]의 점에 있는 백열 전등에서 광도 12,500[cd]의 빛이 수평거리 7.5[m]의 점 P에 주어지고 있다. 표 1, 표 2를 이용하여 다음 각 물음에 답하시오.

가. P점의 수평면 조도를 구하시오.

나. P점의 수직면 조도를 구하시오.

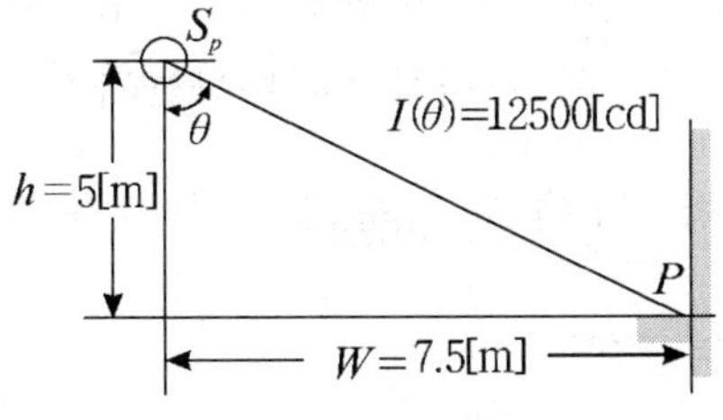

표 1 w/h에서 구한 $\cos^2\theta$의 값

w	0.1h	0.2h	0.3h	0.4h	0.5h	0.6h	0.7h	0.8h	0.9h	1.0h	1.5h	2.0h	3.0h	4.0h	5.0h
$\cos^2\theta\sin\theta$	0.99	.189	.264	.320	.358	.378	.385	.381	.370	.354	.256	.179	.095	.057	.038

표 2 w/h에서 구한 $\cos^3\theta$의 값

w	0.1h	0.2h	0.3h	0.4h	0.5h	0.6h	0.7h	0.8h	0.9h	1.0h	1.5h	2.0h	3.0h	4.0h	5.0h
$\cos^3\theta$	.985	.943	.879	.800	.716	.631	.550	.476	.411	.354	.171	.089	.032	.014	.008

[답] 가. 수평면 조도 $E_h = \frac{I}{r^2}\cos\theta = \frac{\mathrm{I}}{\mathrm{h}^2}\cos^3\theta$ 이므로 표 2에서

$W = 1.5h$ 이므로 $E_h = \frac{12500}{5^2} \times 0.71 = 85.5[\mathrm{lx}]$

나. 수직면 조도 $E_v = \frac{I}{r^2}\sin\theta = \frac{\mathrm{I}}{\mathrm{h}^2}\sin\theta \cdot \cos^2\theta$이므로 표 1에서

$E_v = \frac{12500}{5^2} \times 0.256 = 128[\mathrm{lx}]$

5. 폭 5[m], 길이 7.5[m], 천장높이 3.5[m]의 방에 형광등 40[W] 4등을 설치하니 평균조도가 100[lx]가 되었다. 조명률 0.5, 40[W] 형광등 1등의 광속이 3,000[lm]일 때 감광보상률 D를 구하시오.

[답] 전등수 $N = \frac{EAD}{UF}$에서 감광 보상율 $D = \frac{NFU}{EA} = \frac{4 \times 3000 \times 0.5}{5 \times 7.5 \times 100} = 1.6$

6. 모든 작업대(방바닥에서 0.75[m]의 높이)에서 행하여지는 작업장의 가로가 6[m], 세로가 10[m], 방바닥에서 천장까지의 높이가 3.6[m]인 방에서 조명기구를 천장에 설치하고자 한다. 이 방의 실지수는?

[답] 등고 $H = 3.6 - 0.75 = 2.85$, 실지수$= \frac{XY}{H(X+Y)} = \frac{6 \times 10}{2.85 \times (6+10)} = 1.32$

7. 일반용 조명기구의 그림기호에 문자와 숫자가 다음과 같이 방기되어 있다. 그 의미를 쓰시오.

가. H500　　나. N200　　다. F40　　라. X200　　마. M200

[답] 가. 500[W] 수은등　나. 200[W] 나트륨등　다. 40[W] 형광등　라. 200[W] 크세논 램프

마. 200[W] 메탈 할라이트등

8. 수은등, 저압 나트륨등, 메탈할라이드등, 형광등 중 가장 효율이 좋은 전구는 어느 것인가?

[답] 저압 나트륨 등

9. 바닥면적 200[m²]의 교실에 전 광속 2,500[lm]의 40[W] 형광등을 시설하여 평균조도를 150[lx]로 하자면 설치할 등수는 몇인가?
(단, 조명율 50[%], 감광보상율 1.25로 하고 기타 사항은 생략한다.)

[답] $N = \dfrac{EAD}{UF} = \dfrac{150 \times 200 \times 1.25}{0.5 \times 2500} = 30$[등]

10. 형광등이 백열전구에 비하여 우수한 점을 4가지만 쓰시오.

[답] ① 효율이 높다. ② 광속이 크다. ③ 수명이 길다.
④ 열을 거의 발산하지 않는다.

11. 바닥면적 30[m²]인 방에 전 광속 2,400[lm]의 40[W] 형광등을 4등 시설하면 평균조도는 얼마나 되는가?(단, 조명률 65[%], 유지율 0.84로 계산한다.)

[답] $E = \dfrac{NFU}{AD} = \dfrac{4 \times 2400 \times 0.65}{30 \times \dfrac{1}{0.84}} = 174.72$[lx]

12. 대형 방전램프(HID Lamp)의 종류를 5가지 쓰시오.

[답] ① 수은램프 ② 형광 수은램프 ③ 메탈 할라이드램프
④ 고압 나트륨램프 ⑤ 저압 나트륨램프

13. 가로가 12[m], 세로가 18[m], 방바닥에서 천장까지의 높이가 3.8[m]인 방에서 조명기구를 천장에 직접 설치 하고자 한다. 이방의 실지수를 구하시오.
(단, 작업이 책상 위에서 행하여지며, 작업 면은 방바닥에서 0.85[m]이다.)

[답] 실지수 $G = \dfrac{X \cdot Y}{H(X+Y)} = \dfrac{12 \times 18}{(3.8 - 0.85)(12 + 18)} = 2.44$

14. 바닥면적 16[m²]의 방에 전 광속 2,400[lm]의 400[W] 형광등을 2등 설치하면 평균조도는 몇 [lx]가 되는가?(단, 조명율 65[%], 유지율 0.84로 계산한다.)

[답] $E=\dfrac{FUN}{AD}=\dfrac{2\times 2400\times 0.65\times 0.84}{16}=163.8[\text{lx}]$

15. 수은등, 저압 나트륨등, 메탈할라이드등, 형광등 중 가장 효율이 좋은 것부터 나열하시오.

[답] 저압 나트륨등 → 메탈할라이드등 → 형광등 → 수은등

16. 가로 20[m], 세로 30[m], 천장높이 4.5[m]인 사무실에 전등설비를 하고자 한다. 사무실의 실지수를 구하시오. 사무실의 가구 및 전등의 위치는 그림과 같다.

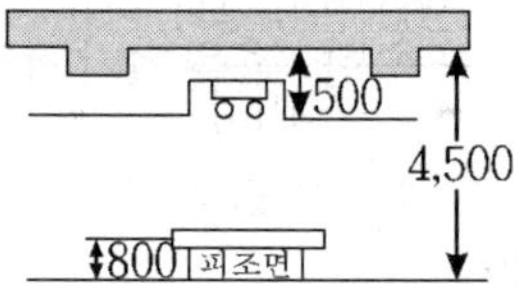

[답] 실지수 $G=\dfrac{X\cdot Y}{H(X+Y)}$에서 등고 $H=4.5-(0.8+0.5)=3.2[\text{m}]$

$$G=\frac{20\times 30}{3.2(20+30)}=3.75$$

17. 균일한 배광을 갖는 광원을 실내 조명에 사용할 경우 그 최대 간격을 결정하시오.(단, S는 등기구 간격, H는 천장높이)

가. 기구와 기구 사이 $S\leq($ $\quad)H$

나. 기구와 벽 사이 $S\leq($ $\quad)H$(단, 벽을 사용하지 않을 때)

[답] 가. 1.5 나. 0.5

18. 어느 공장의 구내도로의 폭이 15[m]이며 양쪽에 전등전주를 지그재그로 배치하고 6,300[lm]의 광속을 갖는 300[W]의 백열전구로 도로면의 평균조도가 7[lx]가 되게 하려면 전등전주간의 거리[m]는 얼마로 하여야 하는가?(단, 감광보상률은 1.25, 보수율은 0.8 그리고 조명률은 15[%]로 본다.)

[답] 총광속 $NF=\dfrac{EAD}{U}$ 이므로

피조면의 면적 $A = \frac{NFU}{ED} = \frac{NFUM}{E} = \frac{6300 \times 0.15 \times 0.8}{7} = 108[\text{m}^2]$

그러므로 전등을 지그재그로 배열하였을 때 피조면의 면적 $A = \frac{1}{2}LB$에서 전등간의 거리를 L[m]라 하면

$$L = \frac{2A}{B} = \frac{2 \times 108}{15} = 14.4[\text{m}]$$

19. 16[mm] 영사기에 75[V], 750[W], 2,100[lm]의 전구를 사용했을 때 영사면의 조도분포(단위[lx])가 그림과 같았다.

(세로 75[m], 가로 1[m])

200	240	240	200
230	200	230	230
200	240	240	200

가. 이 전구의 효율은 얼마인가?

나. 이 전구의 광속은 몇 [%]가 영사면에 이용되고 있는가?

[답] 가. 효율 $\eta = \frac{2100}{750} = 2.8[\text{lm/W}]$

나. 영사면에 조사된 총 광속 N는

$$N = 0.5 \times 0.25 \times 200 \times 5 + 0.25 \times 0.15 \times 230 \times 3 + 0.25 \times 0.15 \times 240 \times 4 = 165.625[\text{lm}]$$

따라서 영사면에 이용된 광속은

$$\%F = \frac{165.625}{2100} \times 100 = 7.886 \fallingdotseq 7.89[\%]$$

20. 도면은 농형 전동기의 직류여자방식 제어기기의 접속도이다. 그림 및 동작설명을 참고하여 다음 물음에 답하시오.

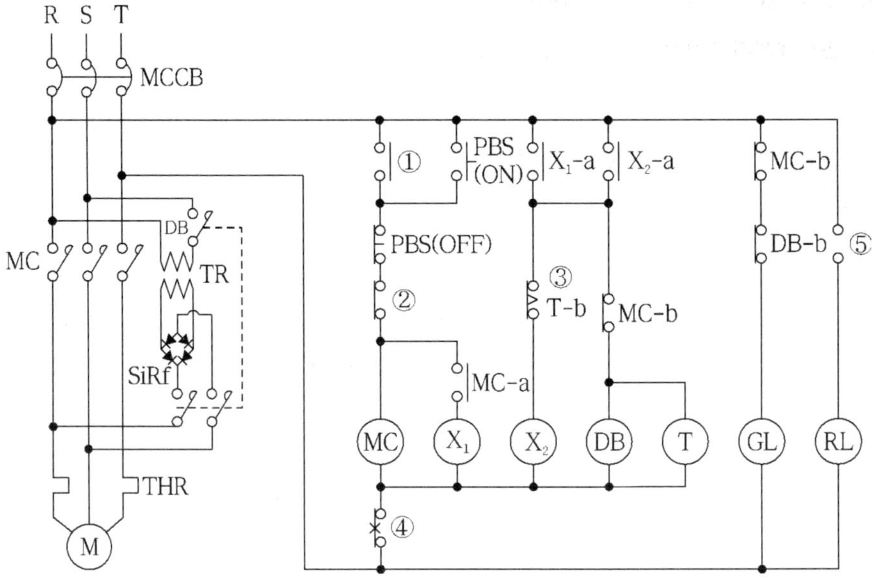

【동작 설명】

운전용 푸시버튼 스위치 PBS(ON)을 눌렀다 놓으면 각 접점이 동작하여 주 전자접촉기 MC가 투입되어 전동기는 기동하기 시작하며 운전을 계속한다. 운전을 마치기 위하여 정지용 푸시버튼 스위치 PBS(OFF)를 누르면 각 접점이 동작하여 주 전자접촉기 MC가 끊어지고 직류제동용 전자접촉기 DB가 투입되어 전동기에는 직류가 흐른다. 타이머 T에 세트한 시간만큼 직류 제동전류가 흐른 후, 직류가 차단되고 각 접점은 운전전의 상태로 복귀되고 전동기는 정지하게 된다.

가. ① ② ④에 해당하는 접점의 기호를 쓰시오.

나. ③에 대한 접점의 심벌 명칭은 무엇인가?

다. 정지용 푸시버튼을 누르면 타이머 T에 통전되어 설정한 시간만큼 타이머 T가 동작하여 직류 제어용 직류전원을 차단하게 된다. 타이머 T에 의해 조작 받는 계전기나 전자접촉기는 어느 것인가 조작 받는 순서대로 2가지를 기호로 쓰시오.

라. RL 운전 중 점등되는 램프이다. 어느 보조계전기를 사용하는지 ⑤에 대한 접점의 심벌을 그리고 그 기호를 쓰시오.

[답] 가. ① X1-a ② DB-b ④ THR

나. 한시계전기 *b*접점 다. (X_2), (DB) 라.  X_1-a

제 5 장 반송설비

건축물 내에 엘리베이터, 에스컬레이터, 전동덤웨이터, 컨베이어, 에어슈터, 크레인, 움직이는 보도 등과 같이 사람이나 물품을 운반하는 설비를 반송(搬送)설비라 한다. 최근 건축물의 대형화, 초고층화 및 지하공간의 대형화 등으로 운송의 대량화, 고속화에 수반하여 운송설비의 문제가 부각되고 있으며 이들의 설비가 적용되는 법률은 다음과 같다.

① 건축법이 적용되는 것 : 엘리베이터, 에스컬레이터, 회전목마, 전동덤웨이터, 움직이는 보행기

② 산업안전보건법이 적용되는 것 : 곤도라, 간이리프트 등

③ 주차장법이 적용되는 것 : 입체주차장

표 5-1 반송설비의 개요

반송설비 명칭	용 도
엘리베이터	일정한 수직로 또는 경사로를 따라 위·아래로 움직이는 운반구(運搬具)를 통해 사람이나 화물을 승강장으로 운송시키는 설비
에스컬레이터	일정한 경사로 또는 수평로를 따라 위·아래 또는 옆으로 움직이는 디딤판을 통해 사람이나 화물을 승강장으로 운송시키는 설비
휠체어리프트	일정한 수직로 또는 경사로를 따라 위·아래로 움직이는 운반구를 통해 휠체어에 탑승한 장애인 또는 그 밖의 장애인·노인·임산부 등 거동이 불편한 사람을 승강장으로 운송시키는 설비
덤웨이터	사람은 타지않고 물건만을 수직 수송하는 소형 엘리베이터
입체주차설비	자동차 주차를 위한 빌딩

반송설비 명칭	용 도
모노레일	대용량 물건의 수평이동
컨베이어	각종 물건을 수직, 수평방향으로 수송하는 시스템
움직이는 보도설비	사람의 수평이동 보도설비

5.1 엘리베이터

엘리베이터는 전동력을 사용하여 높은 건축물의 수직방향으로 사람과 화물을 안전하게 운송하기 위하여 승강로 내에 설치된 레일에 따라 매달려 있는 카(car)를 동력으로 승강시키는 장치이다. 엘리베이터는 사람을 운반하는 기능이 있으므로 안전에 주의하여야 한다.

5.1.1 엘리베이터의 구조

엘리베이터는 구동방식에 따라 로프식과 유압식으로 크게 구분되고 대부분의 엘리베이터는 카와 균형추가 있는 로프식을 많이 사용한다.

(1) 로프식 엘리베이터

로프식 엘리베이터는 케이지와 균형추를 로프로 달아매고 두레박식으로 권상기의 풀리에 걸고 권상모터를 구동시킴으로써 로프와의 사이의 마찰력에 의해 케이지를 승강시키는 방식의 엘리베이터이다.

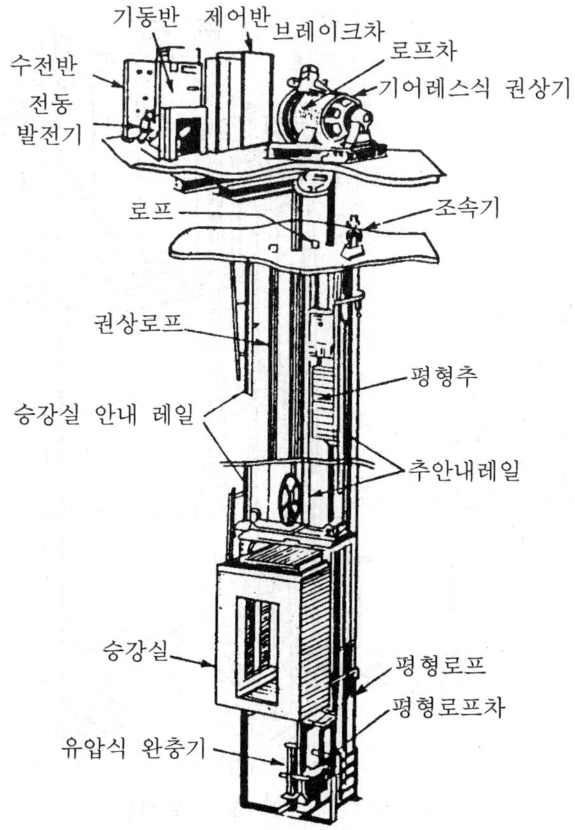

그림 5-1 엘리베이터의 구조

(2) 유압식 엘리베이터

유압식 엘리베이터(hydraulic elevator)는 펌프로 탱크내의 기름을 실린더 내에 압축하여 플런저를 밀어 올림으로서 케이지를 상승시키고, 자동으로 하강시키는 방식의 엘리베이터이다. 종류에는 직접 유압식과 간접 유압식 엘리베이터가 있다.

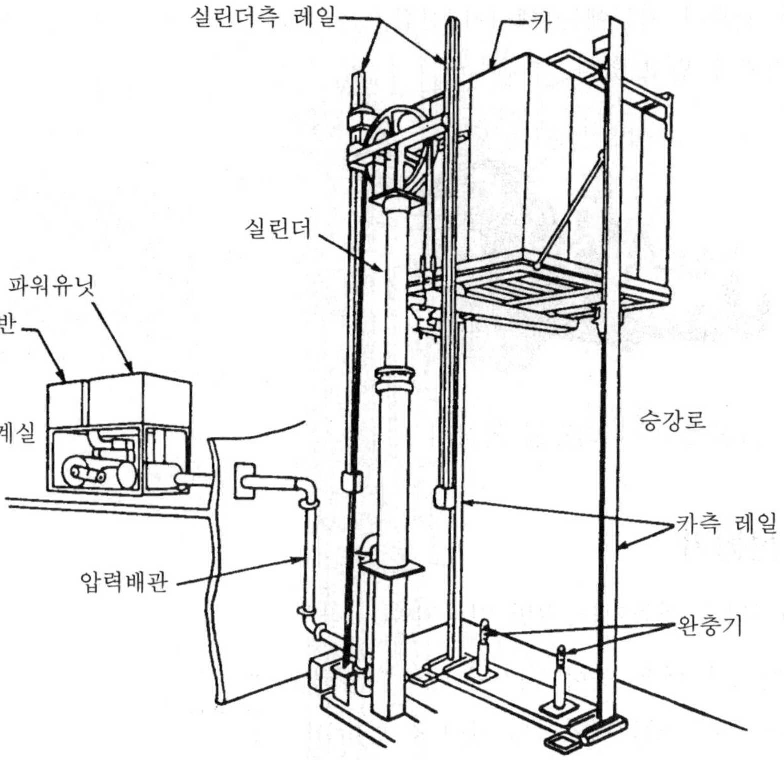

그림 5-2 유압식 엘리베이터

5.1.2 엘리베이터의 안전장치

〔1〕 권상기(traction machine)

권상기는 전동기 축의 회전력을 로프 차에 전달하는 장치를 말하며 기어를 부착시킨 기어드(geared) 방식과 기어를 사용하지 않는 기어레스(gearless) 방식이 있다.

① **기어드 방식** : 기어드 방식은 유도전동기를 사용하고 웜기어(worm gear)를 사용하여 주로 속도 105[m/min]에 사용하였으나 최근에는 헬리컬기어(helical gear)를 사용하여 속도 240[m/min]까지 적용하고 있다.

② **기어레스 방식** : 기어레스 방식은 영구 자석형 동기전동기를 사용하고 주로 속도 120[m/min] 이상 고속엘리베이터에 적용되며 동력원은 주로 직류방식이 사

용되어 왔으나 최근에는 에너지 절감(약 20%) 및 유지보수가 용이한 VVVF방식이 각광을 받고 있다.

그림 5-3 기어드형 권상기

그림 5-4 기어레스형 권상기

〔2〕 전동기

엘리베이터용 전동기는 일반 전동기에 비하여 다음과 같은 차이점이 있다.

① 가동빈도가 매우 높아 시간당 중·저속형은 보통 180회 정도이나 300회까지 요구되는 고속 엘리베이터도 있어 전동기 설계시 발열량에 관한 고려를 해야 한다.

② 전동기의 최소 필요 회전력은 +100[%]에서 −70[%] 이상이어야 한다.
즉 역구동(braking)하는 경우도 많기 때문에 충분한 제동력을 갖고 있어야 한다.

③ ②항의 회전력 범위에서 회전속도 오차는 +5[%]~−10[%] 이내이어야 한다.

④ 회전력에 따른 속도변동이 없어야 한다.

〔3〕 전자(電磁) 브레이크

일반적으로 제동장치라 하며 엘리베이터에 사용되는 전자브레이크(magnetic brake)는 전동기의 관성 및 균형추 등 엘리베이터 전 장치의 관성을 제동할 수 있어야 하며 정지시에도 정지제동 능력이 필요하다.

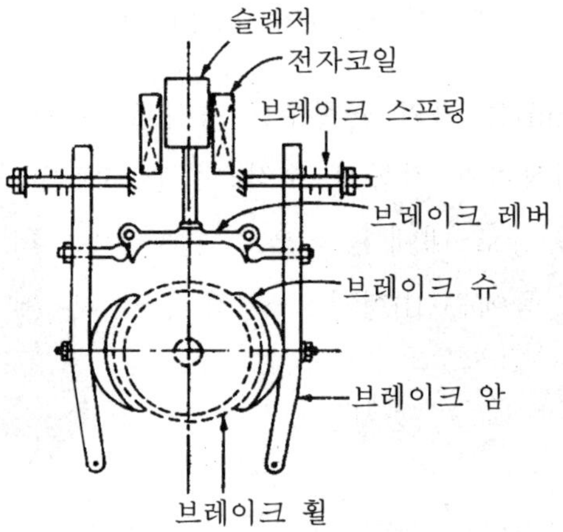

그림 5-5 전자브레이크의 구조

승용의 경우는 125[%]의 부하, 화물용의 경우는 120[%]의 부하로 정격속도 하강 중에도 안전하게 감속, 정지해야 한다.

① 브레이크 제동시간

$$t = \frac{120\,d}{v}[\text{sec}]$$

단, t : 브레이크 제동시간[sec], d : 제동을 가한 후 이동한 거리[m], v : 정격속도[/sec]

② 브레이크 제동토크

$$\tau = k\frac{974 \times P}{n}[\text{kg/m}]$$

단, τ : 브레이크 제동토크 k : 부하계수(교류전동기 1.5, 직류전동기 1.0), P : 전동기 출력[kW], n : 전동기 회전수[rpm]

[4] 제어장치

전자릴레이, 전자접촉기, 반도체장치 등을 강제 케이스에 수용한 것을 기계실에 설치하며 최근에는 전동기의 기동, 주행, 정지 및 도어 등을 제어하는 장치로 반도체를 사용하며, 전기제어장치에는 수전반, 제어반, 신호반, 플로어 컨트롤 등이 있다.

[5] 가이드 레일

가이드 레일(Guide Rail)은 카와 균형추를 승강로 평면내에서 일정 궤도상에 위치를 규제하고 비상정지장치가 작동시 수직하중을 지탱하기 위하여 설치한다. 일반적으로 T형 레일을 승강로 내에 수직으로 설치하며 비상정지장치가 필요 없는 덤웨이터나 간이 리프트 등에는 山형강, 구형강 등이 사용된다.

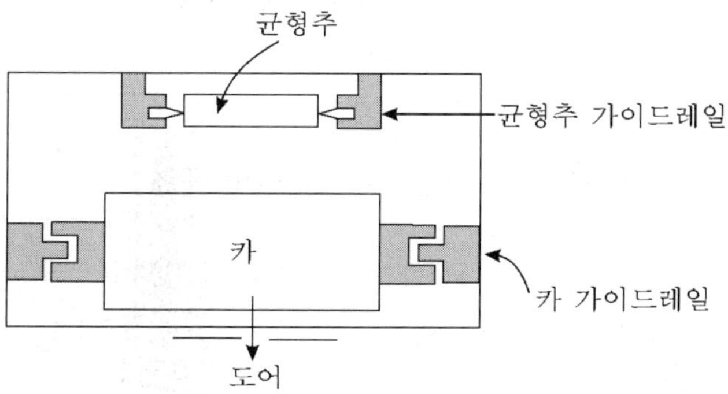

그림 5-6 가이드 레일 설치 평면도

[6] 비상정지장치

로프식 엘리베이터는 만일 로프가 끊어지거나 고장 등으로 엘리베이터 속도가 규정속도 이상 초과하는 경우에 대비하여 비상정지장치를 설치한다.

비상정지장치는 승강기의 하강속도가 정격속도의 1.4배를 넘지 않는 가운데 작동하여 정지하여야 한다.

[7] 조속기

조속기(governor)는 카의 움직이는 속도를 감지하는데 조속기 로프에 의해 회전되어 항상 카의 속도를 검출하는 장치로서 제1동작은 카의 속도가 정격속도의 130[%]를 넘으면 스위치가 작동하여 전원을 차단하고 전자브레이크를 작동시킨다. 제2동작은 정격속도의 140[%]를 넘지 않는 범위내에서 기계적인 장치를 작동시켜 조속기 로프를 잡아 비상정지장치를 작동시킨다. 이때는 하강방향만 작동한다.

〔8〕 완충기

카가 어떠한 원인으로 최하층을 통과하여 피트에 급속 하강할 때 그 충격을 완화시키기 위하여 설치하는 장치를 **완충기**(Buffer)라 하며 완충기의 종류에는 스프링 완충기와 유입 완충기의 2가지 종류가 있다.

승강기가 추락할 경우 충격 완화용으로 유압식(60[m/min] 이상) 및 스프링식(60[m/min] 이하)이 사용된다.

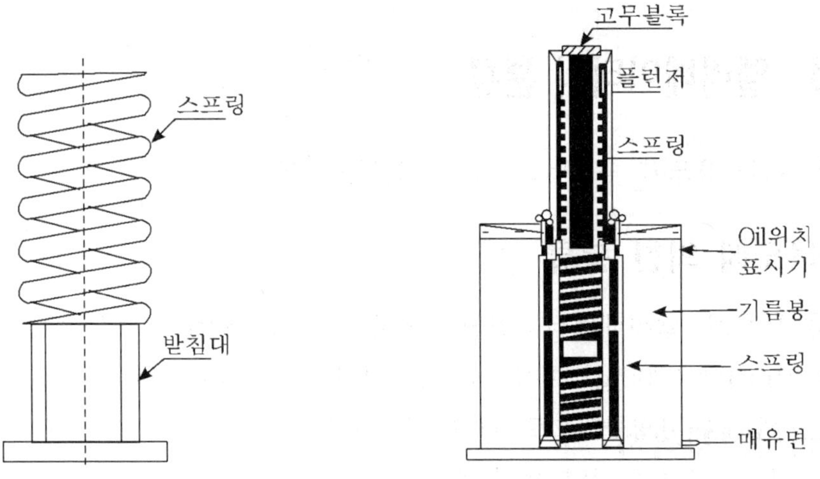

(a) 스프링 완충기 (b) 유입식 완충기

그림 5-7 완충기

〔9〕 케이지실과 케이지 틀

① **케이지실** : 케이지(cage)실은 출입도어와 케이지 바닥 그리고 바닥에 고정된 벽과 천정 및 비상구로 구성되어 있으며 카 내의 사람과 물건을 보호하는 것이 주목적이며 승용 엘리베이터에서는 장식적인 면도 고려하여야 한다.

② **케이지 틀** : 카 바닥의 하부 중앙에 2개의 기둥이 하중을 지탱하고 상부 빔(top beam)은 카의 하중을 로프에 전달하는 중요한 기능을 갖고 있다.

〔10〕 균형추

균형추(counter weight)의 틀은 보통 구형 강으로 제작되어 상부에 부착된 가이드에 의해 레일을 따라 이동하며 웨이트가 파손되어도 이탈되지 않는 구조로 설계

되어야 한다. 균형추는 보통 주철이나 콘크리트로 제작되며 이것은 충격에 견딜 수 있는 구조이어야 한다.

$$\text{균형추의 중량} = \text{카 중량} + \text{최대 적재량} \times (0.4 \sim 0.6) \qquad (5\text{-}1)$$

〔11〕 승강기의 안전장치

연속적인 기동, 정지 및 승강을 반복하는 수직 교통수단으로서 엘리베이터의 각 부는 기계적, 전기적으로 충분한 내구성과 안전성을 갖추어야 한다.

5.1.3 엘리베이터의 분류

엘리베이터는 용도와 속도별로 크게 구분하여 나누어 볼 수 있다.

〔1〕 용도에 의한 분류

① 승객용(乘客用) 엘리베이터 : 인원 수송을 목적으로 하며 적재하중은 케이지 바닥면적 1[m^2]당 370[kg] 이상, 정원은 적재하중을 65[kg]로 나눈값으로 한다. 케이지 출입구는 1방향만으로 하고 정원초과 방지장치 등을 설치하고 일반용, 주택용, 전망용 등으로 분류할 수 있다.

② 화물용 엘리베이터 : 화물운반 전용으로서 적재하중은 케이지 바닥면적 1[m^2]당 250[kg] 이상으로 계산하며, 케이지 출입구는 2방향이 허용된다.

③ 인ㆍ화공용 엘리베이터 : 사람과 화물의 수송에 병용하며 법령상 승용엘리베이터와 동일하게 취급한다.

④ 병원(침대)용 엘리베이터 : 병원에서 환자이동 등의 수송을 주목적으로 하며 법령상 승용에 준하나 적재하중의 계산과 케이지 출입구는 화물용으로 취급한다.

⑤ 자동차용 엘리베이터 : 자동차 운반 전용의 엘리베이터이고, 적재하중은 케이지 바닥면적 1[m^2]당 150[kg]으로 계산하고, 기타는 화물용 엘리베이터와 같다.

⑥ 비상용 엘리베이터 : 화재시 등에 거주자의 구출, 소방활동에 쓰는 것을 주목적으로 하며 높이 31[m]를 넘는 건물에는 의무적으로 설치하여야 한다. 비상용 엘리베이터는 평상시에는 승용 또는 인화공용으로 사용하나, 화재 등 비상시에도 지장 없이 운전할 수 있도록 설치환경, 구조, 특별한 장치 등이 법령으로 규정되

어 있다.

⑦ 전망용 엘리베이터 : 타워 등의 전망을 보기 위해 설치하는 엘리베이터이다.

표 5-2 용도별 승용 엘리베이터 선정기준

건축물의 종류		적재하중(정원)[kg]	속도[m/min]	대 수
사무실 빌딩	중소형규모	450(6), 600(9), 750(11)	45, 60	300명당 1대
	중규모	600(9), 750(11), 900(13)	60, 90, 105	
	중고층	1000(15), 1150(17), 1350(20), 1600(24)	90, 105, 120, 150, 180, 210, 240	
	고층	1150(17), 1350(20), 1600(24)	210, 240, 300, 450, 540	
호텔	중소형규모	600(9), 750(11), 900(13)	45, 60, 90, 105	130～140룸당 1대
	대중형규모	1000(15), 1150(17), 1350(20), 1600(24)	120, 150, 180, 210, 240, 300	
점포	중소형규모	600(9), 750(11), 900(13)	60, 90, 105	
	대중형규모	1000(15), 1150(17), 1350(20), 1600(24), 1800(27), 2000(30)	90, 105, 120, 150	5000～6000[m^2]당 1대
병원		750(11), 900(13), 1000(15)	30, 45, 60, 90, 105	100～150베드당 1대
집합주택		450(6), 600(9)	30, 45, 60, 90	80～100호당 1대

(2) 속도에 의한 분류

① 저속도 엘리베이터 : 매분 45[m] 이하의 속도로 승강하는 엘리베이터

② 중속도 엘리베이터 : 매분 60～105[m]의 속도로 승강하는 엘리베이터

③ 고속도 엘리베이터 : 매분 120～180[m]의 속도로 승강하는 엘리베이터

④ 초고속 엘리베이터 : 매분 240[m]의 속도로 승강하는 엘리베이터

표 5-3 승강속도에 따른 분류

승강속도[m/min]	저속도 엘리베이터			중속도 엘리베이터			고속도 엘리베이터		
	20	30	45	60	90	105	120	150	180 이상
대형 사무실 빌딩								○	○
대형호텔					○	○	○	○	○
대형병원				○	○	○			

승강속도[m/min]	저속도 엘리베이터			중속도 엘리베이터			고속도 엘리베이터		
	20	30	45	60	90	105	120	150	180 이상
대형백화점							○	○	
중소형 사무실, 백화점, 슈퍼마켓			○	○	○	○			
중소형 호텔, 아파트			○	○	○				
병원침대차용		○	○	○					
입체주차빌딩				○	○				
자동차용		○	○	○	○				
일반소형 하물용	○	○	○	○	○				
일반대형 하물용		○	○	○	○				
저층용 은행, 사무실, 빌딩			○	○					

5.1.4 엘리베이터의 구동방식

〔1〕 교류 엘리베이터

(1) 교류1단 속도제어 방식

권상 전동기에 교류 농형유도전동기를 사용하여 운전은 전원투입 후 전동기의 특성에 따라 가속하고 목적으로 하는 층의 일정거리 전에서 전류를 끊어 그 다음은 전자브레이크를 걸어서 정지시키는 가장 단순한 방식이다.

역전은 3상중 2상을 바꾸어 실행하며 이 방식은 속도 30[m/min], 하중 1,000[kg] 이하의 부하에 적당하고 보수가 간단한 반면 착상오차가 큰 특징이 있으며, 전동기의 회전속도는 720~1,200[rpm] 정도이다.

(2) 교류2단 속도제어 방식

권상전동기의 고정자에 고속용과 저속용의 두 권선을 가지며, 극수변환으로 2단 속도 조정을 하며 기동 및 전속도에는 고속용 권선으로 구동하고 감속시는 일단 저속용 권선으로 전환하여 착상시 속도를 줄여서 착상 오차를 적게 하는 방식이다. 주로 60[m/분] 이상의 저속 인화공용, 화물용 엘리베이터에 사용된다.

특징으로는 착상오차가 적어 승강기분이 좋으며 속도 60[m/min], 하중 1,500

[kg] 이하에 적당하고 가격이 비교적 저렴하여 널리 사용되고 있다.

(3) 교류궤환제어방식

구동용 전동기는 특수 3상 유도전동기를 사용하고 1200~1800[rpm] 정도이며 중속 엘리베이터에 많이 사용하고 있는 제어방식이다. 제동은 피드백 제어에 의하여 실시됨으로서 승차감이 우수하고 시설면이나 가격면에서 직류엘리베이터보다 유리하여 고층 빌딩용으로 폭 넓게 사용되고 있다.

(2) 직류 엘리베이터

직류발전기로 권상용 전동기를 운전하는 워드레오너드(Ward-Leonard) 방식이 사용되며 다음과 같은 특징이 있다.

① 속도를 광범위하게 조절할 수 있다.
② 기어드식에서 90~105[m/min], 기어레스식에서는 120~540[m/min]으로 하중은 1,000[kg] 이상에 사용한다.
③ 승강 기분이 좋고 착상 오차가 작다.
④ 설비비가 비싸다.

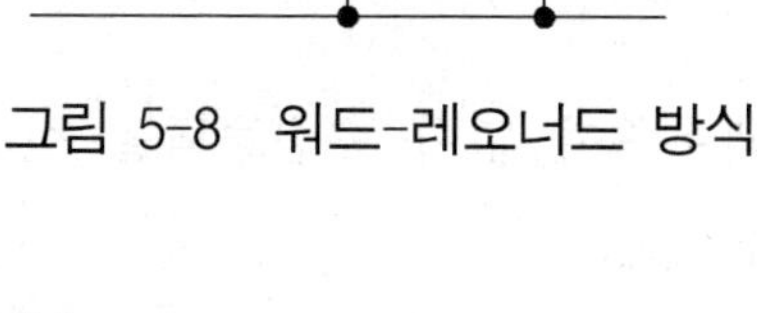

그림 5-8 워드-레오너드 방식

(3) 인버터 제어방식

최근에는 워드레오너드 방식의 단점인 기계적 결합에 의한 손실증가 등으로 종합효율이 떨어지는 점을 개선하여 MG(교류전동기+직류발전기)를 생략하고 사이리스터를 사용하여 직류전원을 직류전동기에 공급하여 속도를 제어하고 종합효율을 상승시키면서 초고층빌딩에 적용하는 사이리스터 레오너드(Thyristor-Leonard)

방식을 사용한다.

이 방식은 에너지 절약 측면에서는 우수하나 선로의 고조파 등 장해에 대한 대책을 고려하여야 한다.

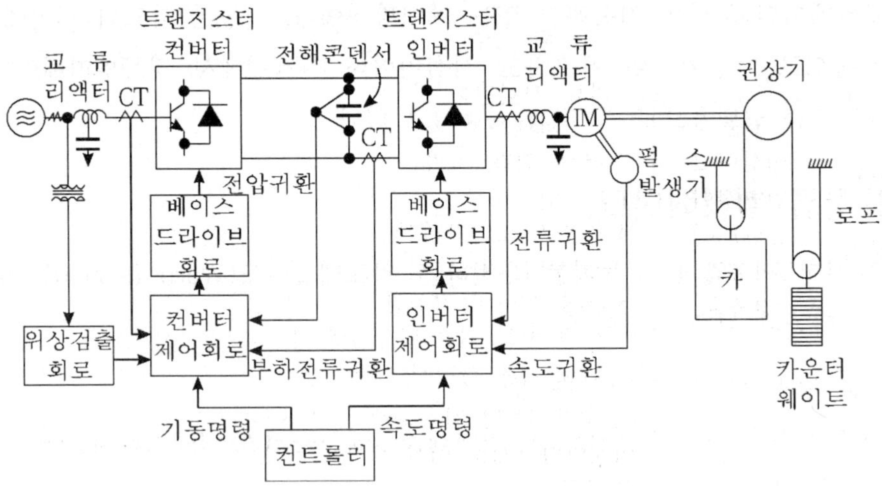

그림 5-9 고속, 초고속 엘리베이터용 인버터 제어방식

5.1.5 엘리베이터의 선정

건물의 규모나 사용목적에 따라 비용이나 면적을 고려하여 적재량과 정격속도 및 설치대수를 구하고 정원이나 평균일주 시간을 구한다. 또한 전동기 용량, 구동방식, 배치, 균형추의 위치, 승강로 및 기계실의 크기를 결정한다.

〔1〕 설치대수

예상되는 교통 수요에 과부족이 없이 수송능력을 산정하고 대기시간이 소정의 목표치 이내가 되도록 한다.

$$\text{설치대수 } N = \frac{Q}{P} = \frac{\Phi M}{60 \times 5 \times 0.8 \times C/T} \tag{5-2}$$

여기서, P : 5분간 수송인원수, C : 정원, T : 평균일주시간(초), Q : 피크대 5분간 수송인원수, Φ : 피크대 이용율, M : 거주인구

표 5-4 승강기 설치대상 및 설치기준

<table>
<tr><th>승강기 종류</th><th>설치 대상</th><th>설치 기준</th></tr>
<tr><td>일반 승용 승강기</td><td>6층 이상이고 연면적이 2,000[㎡] 이상인 건축물</td><td>· 건축물의 설비기준 등에 관한 규칙에 의한 대수 산정
<table>
<tr><th>용 도</th><th>3,000[m²] ≤ S 일 때 대수</th><th>3,000[m²] > S 일 때 대수</th></tr>
<tr><td>의료, 관람집회 및 판매시설</td><td>2</td><td>$2+\frac{S-3000}{2000}$</td></tr>
<tr><td>전시, 위락, 숙박, 업무시설</td><td>1</td><td>$1+\frac{S-3000}{2000}$</td></tr>
<tr><td>교육연구, 노약자시설, 공동주택, 기타시설</td><td>1</td><td>$1+\frac{S-3000}{2000}$</td></tr>
<tr><td colspan="3">S : 6층 이상의 거실면적의 합계, 대수기준 : 8인승 이상 15인승 이하 위표에 준하여 대수를 정하고 16인승 이상은 위표 기준 상정시 2대로 본다.</td></tr>
</table>
(층수가 6층인 건축물로서 각 층 거실의 바닥면적 300[㎡] 이내마다 1개소 이상의 직통계단을 설치한 경우 제외.)</td></tr>
<tr><td>비상용 승강기</td><td>높이 31[m]를 초과하는 건축물</td><td>· 높이 31[m]를 넘는 각 층의 바닥면적 중 최대 바닥면적
-1,500[㎡] 이하 건축물 : 1대 이상
-1,500[㎡] 넘는 건축물 : 1대에 1,500[㎡]를 넘는 3,000[㎡] 이내마다 1대씩 더한 대수 이상
· 2대 이상의 비상용 승강기를 설치하는 경우 : 화재발생시 소화에 지장이 없도록 일정한 간격을 두고 설치</td></tr>
<tr><td>피난용 승강기</td><td>고층 건축물에 설치하는 승용 승강기 중 1대 이상설치</td><td>· 승강장의 바닥면적은 승강기 1대당 6,000[㎡] 이상
· 각 층으로부터 피난층까지의 승강로는 단일구조로 연결하여 설치
· 예비전원으로 작동하는 조명설비를 설치
· 승강장의 출입구 부근의 잘 보이는 곳에 해당 승강기가 피난용 승강기임을 알리는 표지를 설치
· 기타 화재예방 및 피해경감을 위하여 국토교통부령으로 정하는 구조 및 설비 등의 기준에 맞을 것</td></tr>
</table>

(1) 5분간 수송간격

5분간의 수송능력은 교통수요의 피크시에 5분간 같은 그룹의 모든 엘리베이터로 운반할 수 있는 사람수의 엘리베이터, 이용대상자 총수에 대한 비율로서 다음과 같은 식으로 표현된다.

$$5\text{분간 수송능력} = \frac{1\text{대당 5분간 수송인 수} \times \text{대수}}{\text{이용대상자 총수}} \times 100[\%] \qquad (5\text{-}3)$$

(2) 평균운전간격

평균운전간격은 일주 시간을 같은 그룹의 전체 대수로 나눈 값으로 다음과 같은 식으로 계산된다.

$$\text{평균운전간격} = \frac{\text{일주 시간(RTT)}}{\text{운전중인 대수}}[\text{초}] \qquad (5\text{-}4)$$

표 5-5 5분간 운송능력과 평균운전간격의 표준치

용 도	건축물의 종류	5분간 운송능력(%)	평균운전간격(초)
사무실 빌딩	일반전용빌딩	20～25	30초 이하로 되는 것이 바람직함.
	준전용 빌딩	16～20	
	공공빌딩	14～18	
	임대사무실 빌딩	11～15	
호텔	로비, 객실	5	40초 이하로 되는 것이 바람직함.
	식당	3	
집합주택	공공주택	3.5	· 1대인 경우 : 150초 이하로 되는 것이 바람직함. · 2대인 경우 : 60～90초 이하로 되는 것이 바람직함.
	민간분양주택	3.5～5.0	
병원		2.0	40초 이하로 하는 것이 바람직함.

〔2〕 권상(捲上) 전동기의 용량

권상전동기의 소요용량 P[kW]는 다음 식으로 구해진다.

$$P = \frac{W \times V \times F}{6120\eta} + P_0[\text{kW}] \qquad (5\text{-}5)$$

① 로프식 엘리베이터의 경우

여기서, W : 정격적재하중[kg], V : 정격속도[m/분], F : 균형추의 계수=0.5,

η : 엘리베이터의 계수=0.45~0.6(기어드권상기의 경우), 0.75~0.8(기어레스 권상기의 경우), P_0 : 무부하 운전동력[kW]=2~4(기어드권상기의 경우에만 적용)

② 유압 엘리베이터의 경우

W : 정격적재하중+케이지 자중[kg] (5-6)

여기서, V : 정격속도[m/분], F : 균형추의 계수=1, η : 엘리베이터의 계수=0.5~0.6, P_0 : 무부하 운전동력[kW]

〔3〕 엘리베이터 기계실의 높이

엘리베이터 기계실의 바닥면에서 천장 또는 버팀대 하단까지의 수직거리는 케이지의 정격속도에 따라 표 5-6에 정하는 수치 이상으로 한다.

표 5-6 엘리베이터 기계실의 높이

정격속도	수직거리(단위 : m)
60[m] 이하인 경우	2.0
60[m] 초과 150[m] 이하인 경우	2.2
150[m] 초과 210[m] 이하인 경우	2.5
210[m]를 초과하는 경우	2.8

5.1.6 엘리베이터 계획시 고려사항

건물종류	고려사항
오피스 빌딩	① 엘리베이터 이용자는 3층 이상으로 한다. ② 출근시의 승객수는 출발층에서 최대정원의 80[%]의 인수가 승차하는 것으로 한다. ③ 일반적으로 하나의 서비스 존은 7~10층으로 한다. ④ 식당 등의 음식시설의 설치장소에 따라서는 중식시에 교통수용의 피크가 발생하는 수도 있으므로 체크가 필요하다. ⑤ 일반적으로 임대유효면적에서 약 8[m^2]/사람으로 하여 산출한다.

건물종류	고려사항
집합주택	① 피크의 크기는 5분당, 3층 이상인 거주인구의 대략 3.5~5[%]로 한다. ② 방향별로는 저녁때의 피크시에 오름 2대 내림 1대의 비율이다. ③ 동시승차인 수는 케이지의 크기에 관계없이 최대 4~5명으로 한다. ④ 평균운전간격은 엘리베이터 1대 단독 설치인 경우는 90초 이하, 2대인 경우는 60초 이하로 하는 것이 바람직하다.
병원	① 도심부에 위치한 종합병원에서의 사람의 교통량은 승강합계에서 5분간 한 침대당 0.2명, 올림 3대 내림 2대의 비율로 검토한다. ② 중규모 이상인 병원의 엘리베이터 계획은 승용 침대용 엘리베이터를 각각 독립시켜 계획하는 것이 바람직하다. ③ 평균운전간격은 40초 이하로 하는 것이 바람직하다. ④ 병원용 엘리베이터는 대수에 따라 · 1대 설치인 경우는 침대용 · 2대 설치인 경우는 침대용 1대, 승용 또는 인하용 1대 · 3대 설치인 경우는 침대용 2대, 승용 또는 인하용 1대 또는 침대용, 승용, 인하용 각 1대
쇼핑센터	① 쇼핑객의 엘리베이터와 에스컬레이터의 이용 비율은 엘리베이터 10[%], 에스컬레이터 80[%] 이상, 나머지는 계단 이용으로 상정한다. ② 종업원이나 하물의 운반을 위한 인하용 엘리베이터는 고객용과 거의 같은 수로 하는 것이 바람직하다. ③ 일반적으로 백화점의 승강기설비의 1시간 수송소요인 수(엘리베이터의 합계)는 2층 이상의 매장 총면적에 대해 1[m^2]당 0.5~0.8명의 비율로 산출한다.
호텔	① 사람의 교통수용의 피크는 아침시간의 체크아웃 고객에 의한 다운피크와 저녁시간의 체크인 고객으로 결정되는 경우가 많다. ② 시가지 호텔에서 피크의 크기는 5분당 승강 합계로 숙박객 수(호텔정원의 80[%])의 약 8~10[%]이며 타고 내리는 것은 동일 교통량으로 한다. ③ 평균운전간격은 40초 이하로 하는 것이 바람직하다. ④ 인하용 엘리베이터의 대수는 고객용 엘리베이터의 2/3내지 같은 수로 하는 것이 바람직하다.

5.2 에스컬레이터

에스컬레이터는 경사를 갖는 계단식으로 된 컨베이어로서 30°이하의 기울기로 트러스에 여러 개의 발판을 체인으로 연결하고 위쪽에 구동쇄차와 아랫쪽의 종속용 쇄차간에 체인을 걸어 감속기어로 구동시키는 계단을 말한다.

에스컬레이터는 백화점, 은행, 지하철 역, 호텔, 공항 등과 같이 같은 방향으로 향하는 사람이 많은 장소에 이용되므로 이용효율이나 혼잡에 주의할 필요가 있다. 에스컬레이터는 매시 5,000~8,000명의 수송능력에 대하여 엘리베이터는 400~500명 정도이다. 그러므로 에스컬레이터는 짧은 거리, 대량수송에 적당하고 엘리베이터는 장거리 고속 수송에 적당하다.

에스컬레이터의 특징은 다음과 같다.

① 대기시간이 없다.
② 수송능력이 승강기보다 7~10배로서 대량 수송이 가능하다.
③ 승강 중 주위를 볼 수 있다.
④ 승강기보다 사용전력량이 적다.

5.2.1 에스컬레이터의 구조

에스컬레이터의 구조는 철골구조의 트러스(truss)를 상하층에 걸쳐 설치하고 그 가운데에 좌우 2본의 무단연속 스텝 체인(step chain)에 일정간격으로 스텝을 설치하여 체인의 구동으로 스탭이 구동되어 사람을 운반한다.

에스컬레이터는 구조상 다음과 같은 규제를 받고 있다.

① 사람 또는 물건이 끼거나 장애물에 충돌하는 일이 없을 것.
② 구배는 30° 이하로 할 것.
③ 디딤 바닥의 양측에 난간을 설치하고 난간은 디딤 바닥과 동일방향, 동일속도로 연동할 것.
④ 디딤 바닥 면에서 60[cm] 높이에서의 측판간 거리는 1.2[m] 이하로 할 것.
⑤ 디딤 바닥 면에서 정격속도는 30[m/분] 이하로 할 것.
⑥ 비상시에 운전을 정지시키는 비상정지버튼, 사람 또는 물건이 디딤 바닥 부분, 난간부분에 끼었을 때나, 디딤 바닥의 사슬이 끊어졌을 때 등에 운전을 정지시키는 안전장치를 설치할 것.

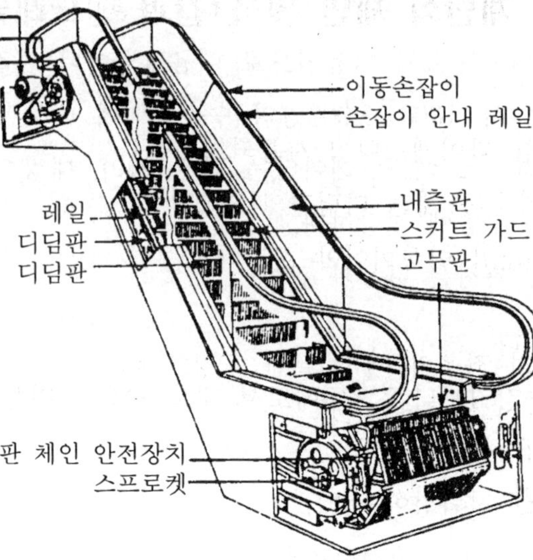

그림 5-10 에스컬레이터의 구조

[1] 구동장치

에스컬레이터의 구동장치는 본체, 즉 스탭을 구동시키는 메인 구동장치와 핸드레일을 구동시키는 핸드레일 구동장치가 있으며 서로 연동되어 같은 속도로 이동하여야 한다. 기계실은 일반적으로 상부승강 바닥하부에 설치되어 있다. 트러스의 하부에는 스탭체인의 파단감지장치가 설치되어 있어 체인이 끊어지거나 이완된 경우에 전력을 차단시킨다.

에스컬레이터의 구동기는 로프식 승강기의 권상기와 유사하며 감속기는 웜 기어(worm gear)가 사용되어 왔으나 에너지 절약측면에서 헬리컬 기어를 대부분 사용하고 있다.

모터 축에는 브레이크 장치가 부착되어야 하며 그 형식은 로프식 엘리베이터와 같은 드럼식으로 운전 중에는 전자코일에 의해 개방된다. 브레이크의 제동력은 사람이 타지 않는 경우는 상승시와 하강시가 동일하지만 승객이 탑승한 경우는 상승시에는 제동거리가 짧고 하강시는 길어지는데 정격하중으로 하강시 감속도 0.91 [m/s^2] 이하로 감속 정지해야 한다.

〔2〕 계단과 계단식 체인 및 난간과 핸드레일

(1) 계 단

계단은 알루미늄 다이케스팅이 사용되며 계단 디딤판은 수평이어야 한다.

계단(step)의 치수는 계단 디딤판의 진행방향 깊이는 400[mm] 이상, 발판 사이의 높이는 1100[mm] 이상이어야 한다. 계단 디딤판의 폭은 560[mm] 이상 1200[mm] 이하이다.

최근에는 계단의 좌우와 전방 끝에는 경고색인 노란색으로 도장을 하거나 플라스틱을 끼워 테두리를 하고 있다.

(2) 계단 체인

계단 체인은 일종의 롤러체인으로 에스컬레이터의 폭이 넓을수록, 양정이 높을수록 높은 강도의 체인이 필요하다. 좌우 체인의 링 간격을 일정하게 유지하기 위하여 일정 간격으로 롤러를 연결해야 한다.

하부의 톱니바퀴 축에 계단체인이 이완되거나 끊어졌을 때 감지하여 동력을 차단하는 장치를 설치해야 한다.

(3) 난간과 핸드레일

에스컬레이터의 계단이 움직임에 따라 승객이 추락하지 않도록 설치한 측면벽을 난간이라고 하며 난간 상부의 이동 손잡이를 핸드레일이라고 한다.

판넬형 에스컬레이터는 내측 판넬은 스테인리스로 제작하며 하부의 계단과 접하는 부분을 스커트 판넬이라고 하고 난간의 상부는 데크보드라 한다. 투명형은 내외측 판넬 모두 강화유리로 설치하며 특히 외측 판넬은 지주역할을 하므로 그 두께를 충분히 고려해야 한다. 외측판은 에스컬레이터장치와 직접적인 관계는 적지만 건물의 주변환경과 조화가 되어야 하며 내열 방화재료가 요구된다.

5.2.2 에스컬레이터의 분류 및 배열

〔1〕 수송능력상의 분류

에스컬레이터의 수송능력은 디딤판의 유효 폭에 따라 결정되고 현재 많이 쓰이고 있는 것은 다음의 2종이다.

표 5-7 수송능력

형 식	난간폭[mm]	수송능력	경사도	속도 [m/min]	전동기용량 [kW]	비 고
1,200형	1,200	9,000 [인/h]	30°	30	7.5	대인 2인 병렬 승차가능
800형	800	6,000 [인/h]		30	7.5~11	대인 1인 소인 1인 가능

〔2〕 난간의 의장에 따른 종류

① **불투명식** : 난간을 합성수지, 스테인레스판 등을 패널재료로 사용(역 등 교통기관용)

② **조명형** : 강화 또는 투명아크릴을 패널재료로 사용

③ **전투명형** : 투명 강화유리(난간기둥이 있는 것과 없는 것이 있다.)

②, ③은 백화점 등의 일반빌딩용이다.

〔3〕 에스컬레이터의 배열

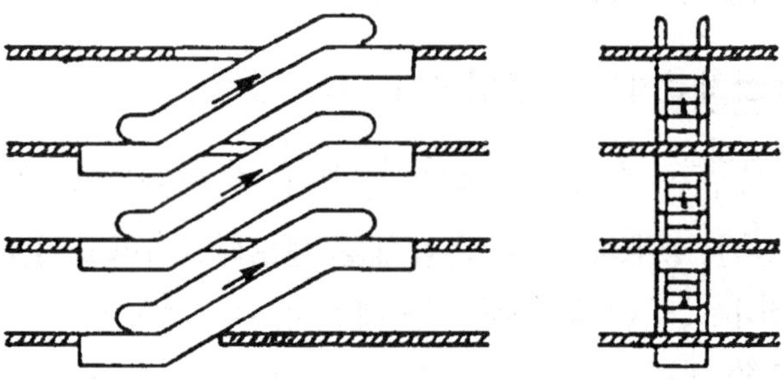

(a) 단열겹치형 배열

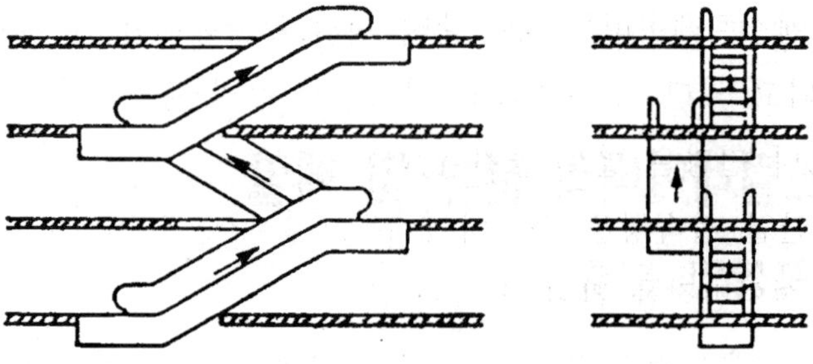

(b) 단열접속형 배열

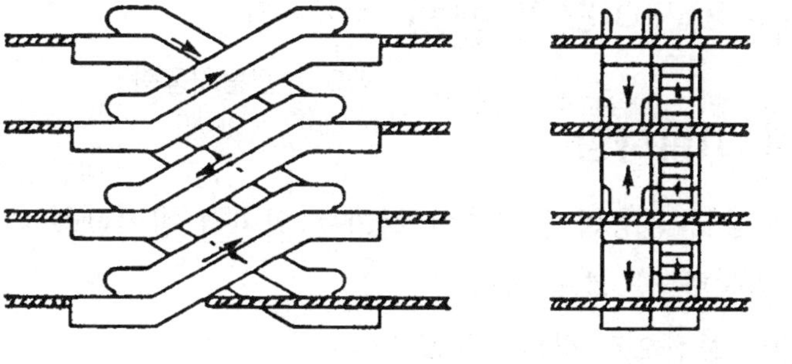

(c) 교차접속형 배열

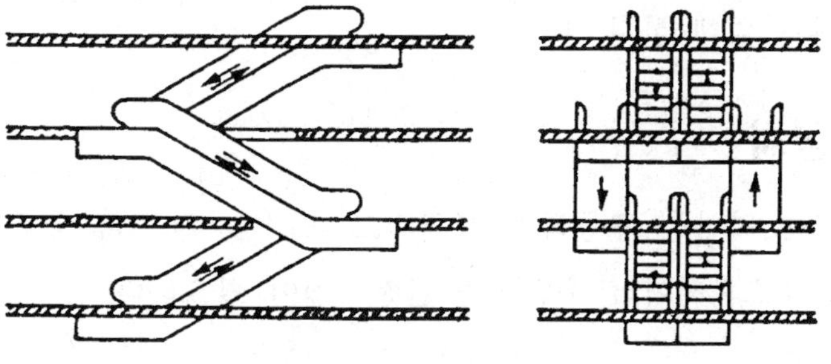

(d) 복수접속형 배열

그림 5-11 에스컬레이터의 배열

에스컬레이터의 설치위치는 건물입구에 따라 정해지는 교통 동선상에 두고 윗층에서 갈아타기 편리하고 승객의 연속된 흐름이 되도록 배려하고 에스컬레이터의 배열은 다음과 같다.

① **단열접속형** : 가장 많이 채택되는 배열방식이며 연속적으로 갈아 탈 수 있고 설치면적도 비교적 적다.

② **단열(單列)겹침형** : 승객을 각층에 유도하는 방식이며 설치면적이 적고 전망도 좋지만 갈아타기가 불편하다.

③ **교차접속형** : 에스컬레이터를 승 · 강의 복열로 설치하는 경우에는 거의 이 배열방식이 채택되고 있다. 설치면적도 적고 승 · 강의 승강구가 떨어져 있어 승객의 혼잡도 없으나 전망은 별로 좋지 않다.

④ **복수접속형** : 단열 접속형을 승강의 2계통으로 병설한 것이며 외관이 호화롭고 전망이 좋지만 설치면적을 많이 필요로 한다.

5.2.3 에스컬레이터의 설치

(1) 배치시 고려사항

① 지지보, 기둥 등에 균등하게 하중이 걸리는 위치에 설치한다.

② 주행거리를 가능한 한 짧게 한다.

③ 사람의 흐름을 중심으로 한다.

④ 에스컬레이터의 단면적을 적게 한다.

⑤ 승객의 시야가 넓게 한다.

(2) 안전장치

에스컬레이터는 바닥을 관통하여 설치되고, 또 이동하는 승객의 안전을 위할 필요가 있으므로 에스컬레이터 주변에는 안전시설이 필요하다.

(1) 삼각부 가드판

에스컬레이터와 교차하는 천장 하단부가 이동 난간과 근접하는 경우에는 가드판을 설치하여 난간에 바깥쪽으로 머리 등을 내밀어 끼게 되는것을 방지한다.

그림 5-12 에스컬레이터 주변 개구부의 안전시설

(2) 추락방지책

에스컬레이터의 개구부 주변에 높이 110[cm] 이상의 방책을 설치하여 추락을 방지하고 특히 2대의 에스컬레이터 사이에는 유아가 빠져나갈 수 없게 칸막이판을 설치한다.

(3) 낙하방지망

에스컬레이터 상호간 또는 건물의 바닥 사이에 20[cm] 이상의 간극이 있을 때는 낙화물에 의한 위해를 방지하기 위해 망 등을 격층에 설치한다.

〔3〕 에스컬레이터의 대수산정

사람의 흐름이나 혼잡비율에 중점을 두어 설비대수를 결정하며 에스컬레이터의 설비대수는 밀도율에 의해 결정된다.

$$\text{밀도율(Density Ratio) } R = \frac{10 \times 2\text{층 이상 유효면적}[\mathrm{m}^2]}{1\text{시간 수송능력}} \tag{5-7}$$

단, R의 값이 20~25는 양호, 25 이상은 불량으로 설치대수를 증가하거나 다른 방법을 강구한다.

5.3 전동 덤웨이터

전동 덤웨이터(electric dumb waiter)는 사람은 타지 않고 호텔과 레스토랑, 병원 또는 소규모 창고 등에서 음식과 소화물 운반용으로 설치되는 소형 전동승강기이다.

전동 덤웨이터는 바닥면적이 1[m^2] 이하, 천장 높이 1.2[m] 이하로 크기를 제한하고 있으며, 적재량은 500[kg]까지, 속도는 15, 20, 30[m/분], 전동기 용량은 최대가 3마력이며, 대용량의 것은 저속이다.

〔1〕 덤웨이터의 종류

전동 덤웨이터는 출입구의 모양에 따라 플로어형(floor type)과 테이블형(table type)으로 구분한다.

① 테이블형 덤웨이터 : 출입구의 수화 테이블을 허리높이로 설치한 덤웨이터로서 주로 음식용, 서류운반용에 이용된다.

② 플로어형 덤웨이터 : 바닥 면에서 화물의 출입이 가능한 덤웨이터 소화물과 음식, 차 운반에 이용된다. 출입문의 개폐형태는 한 방향개폐, 관통 두 방향개폐, 직각 두 방향개폐 형태가 있다.

〔2〕 조작방식

① 상호층 제어방식 : 어느 층에서든지 자유롭게 카를 보내고, 또한 부를 수 있는 방식.

② 복귀제어방식 : 기준층에서 엘리베이터 행선층을 선택해 보내고, 기준층을 기점으로 각층 사이를 왕복시키는 제어방식을 말한다.

〔3〕 덤웨이터의 일반적인 장치

① 안전장치 : 전동 덤웨이터에 관한 구조규정은 승강기 검사기준에는 규정하고 있지 않지만 안전장치에 대해서는 승강로의 모든 출입구의 문이 닫혀져 있지 않으면 카를 승강시킬 수가 없는 장치로 되어 있어야 한다. 따라서 출입구 문의 도어록, 기타의 안전장치 또는 적재화물, 사람의 탑승금지 등의 주의 사항을 명시한 표시판 등의 각종 안전대책을 강구하여야 한다.

② 조작장치 : 전동 덤웨이터의 조작방식은 사람이 승차하지 않는 것을 전제로 하고 있으므로 엘리베이터와 같이 일반적인 승합방식을 사용하는 예는 거의 없다. 가장 많이 사용되는 방식에는 각 출입구에서 정지스위치를 포함하여 모든 출입구층에 전달토록 한 다수버튼방식이 있다. 이 방식에 의하면 어느 곳 어디서나 호출이 가능하므로 거의 이 방식이 채택되고 있다.

음식운반용으로 사용하는 전동 덤웨이터의 경우 모든 출입구 층으로 음식을 운반하고 다른 층에서는 빈 그릇 등을 조리실에 되돌리는 것이 필요하다. 이 목적에 맞도록 조리실 층에는 다수버튼, 다른 층에는 되돌림 버튼과 다수버튼으로 하는 것이 비용이 절약되고, 또 오동작의 염려가 적음으로 다수버튼방식이 사용된다. 기준층 방식은 일반층에서 기준층으로 되돌리는 것이므로 송부버튼을 폐지하고, 문을 닫으면 자동적으로 기준층에 되돌아오도록 하게 한 것도 있다. 이런 방식을 홈스테이션식이라 부른다.

③ 구동방식 : 일반적으로 엘리베이터와 같게 권상기에 의한 로프식과 권동식이 있으며 주로 권상기에 의한 로프식이 많이 채용된다. 쉬브지름과 로프지름과의 비는 법적인 규제는 없지만 일반적으로 30 이상이어야 하며, 메인로프의 쉬브에 접하는 부분이 원주 1/4 이하인 경우에는 25 이상이 되어도 가능하다. 적재하중은 테이블형에서는 50~100[kg] 전후이고, 플로어형은 200~300[kg] 정도이며, 속도는 15~40[m/min]이다.

④ 출입구 : 출입구의 문은 승강로의 평면치수에서의 제약과 조작상의 편의 때문에 일반적으로 2문짝 상하로 여는 것과 1문짝 올림방식이 사용된다. 플로어타입의 전동 덤웨이터의 경우에는 손수레의 출입을 고려하여 상하열림 1문짝 올림문이 사용된다. 전동 덤웨이터의 출입구 문의 도어록은 모든 전동 덤웨이터의 출입구의 문에 설치하도록 검사기준에 정하고 있다. 또 1개층에 있어서 출입구는 원칙적으로 1개의 카에 대해 1개 설치한다. 단 2개 방향의 출입구 문이 동시에 개방되어 통로로서 사용될 수 없도록 경보를 하여 필요한 조치를 강구하여야 한다.

5.4 움직이는 보도

엘리베이터의 경사각을 없애고 수평으로 계단의 연결수를 늘려서 타고 있으면 동일 평면상의 목적점으로 도착하도록 만든 장치를 움직이는 보도라고 한다. 움직이는 보도는 벨트 컨베어를 대형화한 것이라고 할 수 있다.

움직이는 보도는 승강객이 많은 지하철역의 광장, 공항의 개찰구에서 비행기의 발착지점까지로 수평 또는 경사면의 경사가 0~10°인 수평에 가까운 평평한 장소로 특정구간, 직선적 방향으로 수많은 사람이 효율적으로 이동 가능하도록 설치되는 것이다.

〔1〕 구조 및 원리

구조 및 원리는 에스컬레이터와 거의 동일하며 바닥 면의 양쪽에 난간을 설치해 그 위에 이동 손잡이를 설치하는 것으로 에스컬레이터의 계단과 동일한 역할을 하는 발판(디딤판)의 이동속도는 27~40[m/min]으로, 난간 폭은 900[mm], 120

[mm], 1600[mm]가 있으며, 길이는 250[m] 정도까지로 수송능력은 시간당 10,000명을 넘는 경우도 있다.

(1) 바닥면에 의한 분류

움직이는 보도는 사람이 타는 부분의 바닥면으로 분류하면 다음과 같다.

① **벨트식** : 합성 고무제 시트를 강대(鋼帶) 와이어 등을 넣어 보강한 엔드레스 벨트를 발판으로 구성해 벨트의 하측면 모든 길이에 롤러를 달아 벨트를 지탱하는 방식을 벨트식이라고 한다.
벨트식은 구조는 간단하지만 벨트가 롤러 위를 굴러 갈때 흔들리는 느낌이 있어 승차감은 그다지 좋지 않다.

② **파레트식** : 에스컬레이터 계단의 발판과 동일한 파레트를 구동체인으로 연결하는 방식을 파레트식이라고 한다. 파레트식은 내구성이 뛰어나며, 승차감이 좋은 특징이 있다.

움직이는 보도는 에스컬레이터처럼 선채로 이동하기 때문에 급한 사람은 움직이는 보도 위를 걸으면 된다.

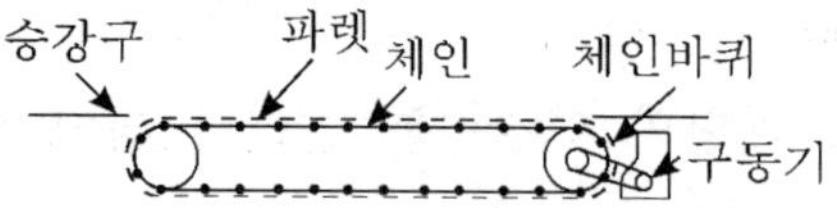

(a) 파렛식 체인 구동형

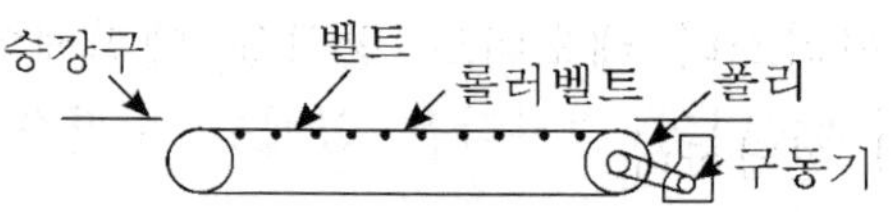

(b) 벨트식 롤러 베드형

그림 5-13 이동보도의 종류

연 습 문 제

1. 엘리베이터의 안전장치를 들고 설명하여라.

2. 엘리베이터의 구동방식에 있어서 전기회로를 그리고 설명하시오.

3. 에스컬레이터의 안전장치를 설명하라.

4. 대형 병원 및 빌딩에서 이용되는 엘리베이터의 운전 방식에 대하여 설명하라.

5. 전동 덤웨이터의 종류와 사용 용도를 설명하라.

6. 전동 덤웨이터의 전기설계를 하라.

7. 초고층 빌딩의 엘리베이터 설치시 유의하여야 할 사항을 설명하여라.

8. 사이리스터-레오너드 방식을 엘리베이터 구동방식으로 채용할 경우 장단점을 들어 설명하라.

9. 엘리베이터와 에스컬레이터, 전동 덤웨이터의 전원용량을 산정하는 방법을 들어 설명하라.

10. 다음 물음에 답하시오.

가. 엘리베이터용 직류모터의 기본제어 방식은 어떤 방식인가?

나. Y-△결선방식의 주변압기 보호에 차동전류계전기를 사용하였다. 이 때 CT의 결선방식은 어느 것인가?

다. 수용가는 수용장소의 전체 부하 역률을 몇 [%]이상으로 유지하여야 하는가?

라. 단상 유도전동기의 기동방식을 4가지 쓰시오.

[답] 가. 워어드 레어너드 방식　　나. △-Y　　다. 90[%]

라. 반발기동형, 콘덴서기동형, 분상기동형, 쉐이딩코일형

제 6 장 정보통신설비

6.1 정보통신설비의 개요

건축물에서 사용되는 정보통신설비에는 전화설비, 인터폰설비, 신호설비, 확성설비, 텔레비전 공청 안테나설비, 방범설비, CATV, 주차관제설비, 각종 표시설비 등이 있다.

특히 뉴미디어 사회에서의 인텔리전트 빌딩의 출현을 비롯하여 데이터 통신망, 종합정보통신망(ISDN ; Integrated Service Digital Network), 가정정보통신망(HA ; Home Automation System), 공장자동화(FA ; Factory Automation) 등의 새로운 시스템이 출현하여 정보통신설비가 다양화되고 있다.

6.1.1 정보통신의 개념

〔1〕 정보통신의 정의

정보통신이란 전기통신 기술과 컴퓨터 기술을 혼합해서 정보의 내용을 변경하지 않고 발신지에서 수신지로 정보를 전달하는 것을 말한다.

〔2〕 정보통신의 원리

정보통신의 기본 요소는 송신원, 수신원 및 전송 매체의 세 가지로 구성된다.

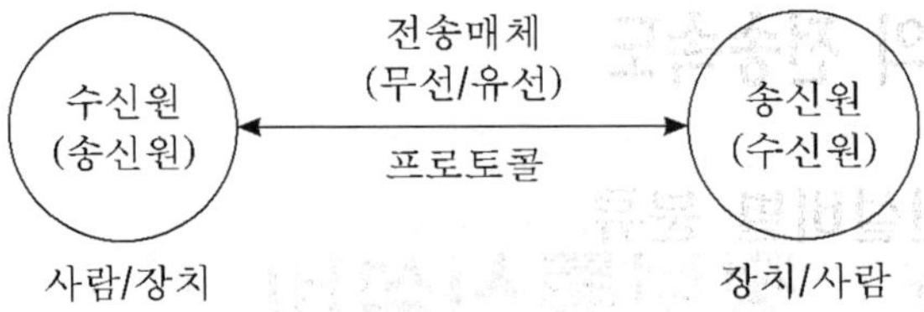

그림 6-1

〔3〕 전기 정보통신의 분류

(1) 정보의 성질에 따른 분류

① 음성통신

② 부호통신

③ 영상통신

④ 종합통신

⑤ 종합 디지털통신

(2) 정보 신호의 종류 및 변환

① 신호의 종류 : 신호의 종류로서는 연속적으로 변하는 전자파를 가지고 데이터를 표시하는 아날로그 신호가 있고, 연속된 전압펄스("0", "1")를 가지고 데이터를 표시하는 디지털 신호가 있다.

② 변복조의 개념 : 아날로그 변조법은 정보 신호파에 다른 일정한 신호를 작용시켜서 전송에 유리한 높은 주파수 순으로 변환시키는 방식으로, 진폭을 변환시키는 진폭변조(AM : Amplitude Modulation), 주파수를 변환시키는 주파수변조(FM : Frequency Modulation) 및 위상을 변환시키는 위상변조(PM : Phase shift Modulation)가 있다.

(3) 교환처리에 의한 방법

① 회선교환방식

② 축적교환방식

6.1.2 정보의 전송속도

〔1〕 정보통신설비별 분류

(1) 전화설비

전화설비는 음성통신을 주체로 구성된 통신망으로 전기 통신망 중에서 가장 규모가 큰 통신망이다.

① 기능별로 분류

㉠ 공중통신망 : 공중통신 서비스를 목적으로 하는 공중통신망

㉡ 지역전화망

㉢ 전용전화망 : 철도, 경찰전용, 군용전화 등으로 사용.

② 규모별로 분류

㉠ 구내전화망

㉡ 시내전화망

㉢ 시외전화망

㉣ 국제전화망

(2) 부호통신 설비

문자나 기호, 숫자 등의 정보를 부호화하여 전달하는 통신망을 말한다.

- 부호통신설비
  - 전신망
    - 공중정보망
    - 가입전신망(텔렉스망)
  - 데이터 통신망(예 : 은행의 On-Line)

① 전신망 : 전신망은 문자나 숫자정보의 기록통신을 목적으로 한 통신망을 말한다.

㉠ 공중 정보망 : 전보 등의 중계교환을 하는 공중 정보망을 말한다.

㉡ 가입 전신망 : 가입자가 다이얼 조작으로 교환기를 통해 상대 가입자에게 직접 통신하는 가입 전신망이 있다. 가입 전신망은 텔렉스 망이라고도 불리며 국제와 국내 가입망이 있다.

② 데이터 통신망 : 정보처리센터(주 컴퓨터실)와 데이터 전송 말단설비를 통신회선으로 결합하여 정보의 전달 및 처리를 주목적으로 하는 통신망을 말한다.

(3) 영상통신설비

영상통신망은 영상정보 등을 전달하는 목적으로 하는 통신망으로 취급하는 영상화면 성질이나 기록방볍에 따라서 다음과 같이 분류할 수 있다.

① TV 전화망
② CATV 망
③ TV 방송중계망

(4) 종합통신설비

정보통신망의 음성, 데이터, 영상 등 그 기능이 다양화함에 따라 어느 시스템에나 적응할 수 있는 융통성이 필요하고, 통합운영의 각 기능을 하나로 묶어 많은 목적의 통신서비스를 종합적으로 계획한 통신망을 종합통신망이라 한다. 이를 종합서비스망(ISN ; Integrated Service Network)이라고도 한다.

(5) 종합디지털설비

정보의 전달을 위하여 디지털 전송방식을 이용한 통신망을 디지털 통신망이라 하며 대부분 디지털 교환기를 사용하여 전송과 교환을 디지털 기술로 일체화시킨 통신망을 말한다.

종합정보통신망(ISDN : Integrated Service Digital Network)이 이에 속한다.

(6) 교환기설비

통신망의 구성요소 중 교환기가 차지하는 비중은 정보설비의 핵심이라 할만큼 크다.

① 회선교환방식 : 송수신 단말간의 정보전달을 위하여 접속경로를 직접 설정하고 단말은 통신 중에 이것을 전용적으로 사용할 수 있으므로 같은 시간에 정보전달이나 대화통신이 가능하다.
② 축적교환방식 : 보통정보는 교환기에 일단 축적된 후 보내고 축적, 적산이나 검증확인 등이 필요한 정보는 교환기에 일단 수록된 후 오류제어 등의 전송제어를

받아 축적된 정보가 교환서비스나 정보처리 서비스의 형태를 취하는 방식을 말한다.(예 : Data통신)

(7) 이동통신설비

이동대상 상호간이나 이동체나 지상의 고정 단말기의 통신을 목적으로 하는 통신망으로 용도별로 분류하면 선박전화방식, 열차전화방식, 자동차전화방식, 휴대전화방식, 무선호출방식 등이 있다.

(8) 위성통신설비

이동통신 시스템의 많은 시스템 변수들이 각 시스템의 궤도와 위성의 배치에 따라 결정된다.

① 정지궤도위성
② 저궤도위성
③ 중궤도위성

(9) IMT-2000

(가) 개인 휴대 통신 시스템의 개요

제3세대 이동통신인 FPLMTS(Future Public Land Telecommunications Syste-ms)는 시간적 의미와 주파수 대역을 강조하기 위해 IMT-2000이라 부른다.

IMT-2000(International Mobile Telecommunications 2000)의 직접적인 개발동기는 전 세계 어디서나 하나의 단말기로 통신이 가능하도록 하자는데 있다. 따라서 이동통신의 최종목표라는 의미에서 현재 이동통신에서 제공하는 모든 서비스는 물론, 유선에서 제공되는 서비스 및 앞으로 도래할 수 있는 모든 서비스를 수용할 수 있어야 한다.

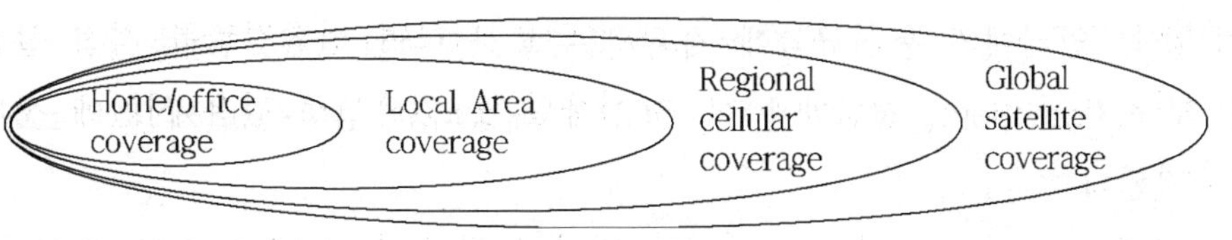

그림 6-2 IMT-2000 개념도

(10) 인터넷(Internet)

(가) 클라이언트(Client)/서버(Server)

통신망의 가장 기본적인 것이 자원의 공유이다. 최근 시스템은 분산된 구조를 사용함으로서 클라이언트 프로그램도 서버와는 전혀 별개의 기계에서 동작하며 다큐멘테이션의 저장은 서버에 맡겨져 있고 프리젠테이션은 클라이언트에게 맡겨져 있기 때문에 각각의 프로그램은 독립적으로 발전되어 갈 수 있다. 이러한 자원 공유는 별개의 두 프로그램에 의해 구현되는 경우가 많다. 하나는 자원을 제공하는 서버이고 또 다른 하나는 제공되는 자원을 사용하는 클라이언트이다.

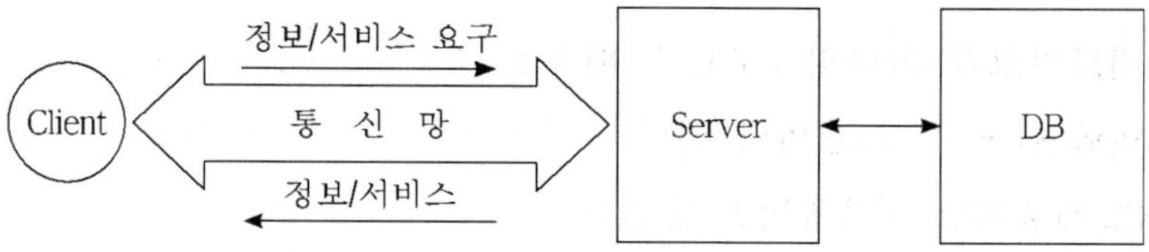

그림 6-3 클라이언트와 서버의 관계

(나) 인터넷에서의 OSI(Open System Interconnection) 7계층(Layer)

① 계층1 (물리 계층) : 전기적 신호 전송

② 계층2 (데이터링크 계층) : 인접장치간의 정보 전송

③ 계층3 (네트워크 계층) : 정보교환과 중계

④ 계층4 (전달 계층) : 송수신 시스템 간에 신뢰성 있는 데이터 전송 계층

⑤ 계층5 (세션 계층) : 응용 프로세스간의 회선형성 및 동기화

⑥ 계층6 (표현 계층) : 데이터의 형식 설정 및 코드 변환

⑦ 계층7 (응용 계층) : 응용프로세스간의 정보 교환

(다) TCP/IP와 인터넷

TCP/IP는 인터넷의 통신규약에 사용하는 통신망이다. OSI 7계층에서 살펴보면 4번째 계층(Transport : 전달계층)이 TCP에 해당되고, IP는 3번째인 네트워크 계층에 해당된다.

(라) IP(Internet Protocol) Address

TCP/IP에 의한 네트워크에서 한 호스트가 다른 호스트에 액세스하기 위해선 상대 호스트의 IP 어드레스를 알아야 하며, 따라서 네트워크 상의 모든 컴퓨터들에는 고유 IP 어드레스가 할당되어 있어야 한다. 또한, LAN 카드에도 고유한 피지컬 어드레스가 부여되어 있으며 컴퓨터도 이에 대응하는 고유 ID 즉, 어드레스가 부여된다.

그 이유는 현재 사용 중인 LAN 카드를 교체해도 컴퓨터는 변경 없이 정상 작동토록 하기 위한 것이다.

(마) Subnet Mask

거대한 네트워크를 하나의 cable로 배분할 수 없으므로 접속된 컴퓨터들을 몇개의 그룹으로 나눈 후 그룹마다 하나의 케이블로 연결하고 이들 복수개의 케이블을 종합하는 계층적인 구축방법을 말한다.

(바) DNS(Domain Name System)

네트워크 상에서 호스트를 인식하기 위해 IP Address를 사용하고 있으며, 실제 사용에 있어 숫자는 불편함이 있다.

그래서 IP Address 외에 이와 기능적으로 거의 같은 영어 이름을 사용하는데 이를 Domain Name라고 한다.

DNS는 TCP/IP 네트워크 상에서 IP 주소로 구분되어 있는 호스트들을 Domain Name으로 대응해주는 전 세계적인 분산 데이터베이스라고 할 수 있다.

DNS는 완벽한 클라이언트/서버 환경에서 동작하는데 네임서버 프로그램을 가지고 있는 쪽이 서버가 되며, 질의를 보내는 쪽이 클라이언트가 된다.

클라이언트의 질의에 대해 서버는 호스트의 IP 주소를 매핑시켜 주고 만일 서버가 가지고 있지 않은 도메인에 대한 요청이 오면 상위 레벨의 서버로부터 정보를 가져오게 된다.

⊙ 도메인 이름(Domain Name)

① 도메인의 각 부분은 서브 도메인이라고 하고 점으로 구분한다.
② WWW.chosun.ac.kr에서 서브 도메인은 WWW, chosun, ac, kr 이다.
③ 도메인의 이해는 오른쪽에서 왼쪽으로 읽어가면서 국가, 기관, 네트워크, 컴퓨

터로 해석한다.

④ 도메인 구성은 보통 4개 이지만 3개인 것도 있으며 2개인 경우는 드물다.

⑤ 최상위 도메인은 서브 도메인이 4개일 경우는 국가, 3개인 것은 기관을 나타낸다.

<기관별 Top Level Domain>

com : 회사, edu : 교육기관, gov : 정부기관, mil : 군사기관, net : 네트워크관리기관

<국가별 Top Level Domain>

kr : 한국, kp : 북한, ca : 캐나다, tw : 대만

<국내 Second Level Domain>

ac : 교육기관, re : 연구기관, go : 정부기관, or : 비영리단체, co : 기업체, mm : 네트워크관리기관

6.1.3 정보통신 및 약전설비의 구성

<table>
<tr><td rowspan="19">정보통신
및
약전설비</td><td colspan="2" rowspan="5">약전설비</td><td>표시설비</td></tr>
<tr><td>주차관제설비</td></tr>
<tr><td>전기음향설비</td></tr>
<tr><td>전기방재설비</td></tr>
<tr><td>감시제어설비</td></tr>
<tr><td rowspan="8">통신설비</td><td rowspan="5">음성통신
설비</td><td>전화설비</td></tr>
<tr><td>인터폰설비</td></tr>
<tr><td>구내방송(PA)설비</td></tr>
<tr><td>무선통신설비</td></tr>
<tr><td>기타</td></tr>
<tr><td rowspan="3">영상통신
설비</td><td>TV공청설비(CATV포함)</td></tr>
<tr><td>화상회의설비</td></tr>
<tr><td>기타</td></tr>
<tr><td rowspan="4">정보설비</td><td>시간정보설비</td><td>전기시계설비</td></tr>
<tr><td rowspan="2">데이터통신
설비</td><td>근거리통신망(LAN)설비</td></tr>
<tr><td>홈네트워크설비</td></tr>
<tr><td>계측설비</td><td>원격검침설비</td></tr>
<tr><td rowspan="2">기타</td><td colspan="2">유비쿼터스도시(U-city)시스템</td></tr>
<tr><td colspan="2">뉴미디어시스템 선로구성 등</td></tr>
</table>

6.2 정보통신설비

6.2.1 전화설비

전화설비는 구내교환설비에서 전화기에 이르는 배관, 배선 및 전화교환기를 총칭하여 말한다.

〔1〕 전자식 교환기

전자식교환기(DPBX : Digital Private Branch Exchange)는 사업소간의 정보통신 노드로써 음성, data, 영상 등의 교환이 가능하며 PBX에 전자 메일 장치나 컴퓨터 장치를 추가함으로써 정보의 축적 처리가 가능하다.

(1) 구 성

중앙처리장치(CPU), 주변장치(CRT, 프린터, 키보드 등), 전원공급장치(UPS), 항온항습장치 등의 주변설비로 구성된다.

(2) 기 능

근본적인 교환기능 이외에 부가적인 기능이 있고 다른 정보기기와의 공동운영이 가능하며 전화교환기 개념보다는 종합적인 컴퓨터 개념이다.

(3) 전자식 교환기의 계통 구성도

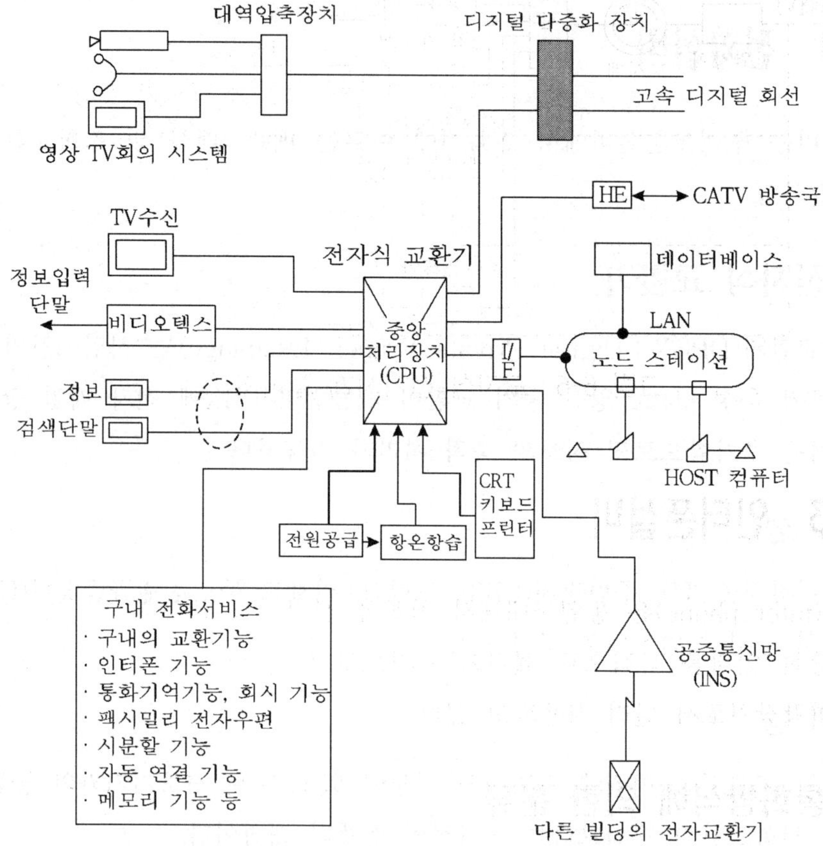

그림 6-4 전자식 교환기 계통도

6.2.2 전기시계설비

(1) 구 성

전기시계설비(Electrical Time Indication Facilities)란 일반적으로 모시계(母時計) 1대와 그 펄스에 의해서 운침(運針)되는 여러 개의 자시계(子時計) 및 그 사이의 배선을 말한다.

빌딩에서 주로 사용되는 모자식 전기시계의 구성을 그림 6-5에 나타내었다.

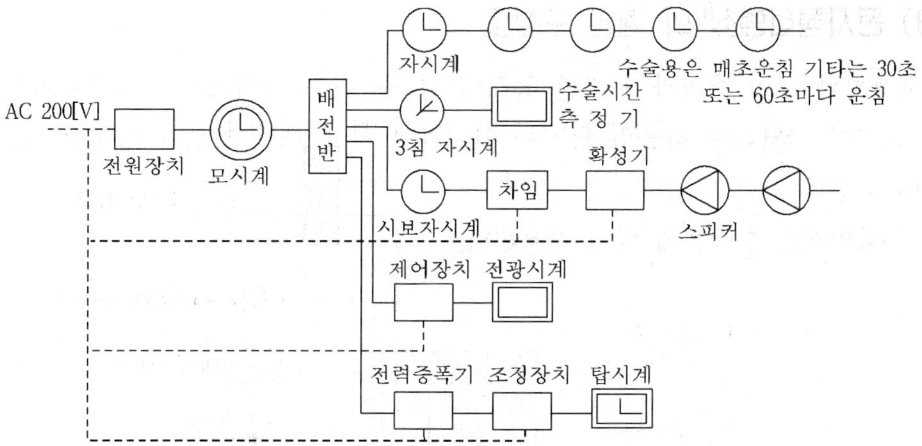

그림 6-5 모자식 전기시계 설비의 구성

6.2.3 인터폰설비

인터폰(inter phone)은 동일구내에서 전화국 선에 접속되지 않고 건물내의 구내 전용의 통화 연결을 목적으로 설치되는 것으로서 사무실, 병원, 빌딩, 공장, 가정 등에서 연락장치로서 널리 사용되고 있다.

〔1〕 통화방식에 의한 분류

(1) 교호통화방식(press talk식)

한쪽 통화방식이라고도 하며 송화시에는 스위치 또는 누름버튼을 누르고 수화시에는 스위치나 누름버튼을 떼어서 통화하는 방식으로 구조가 간단하며 감도가 좋고 하울링을 일으킬 염려는 없으나 통화에 있어서 번거로운 것이 단점이다.

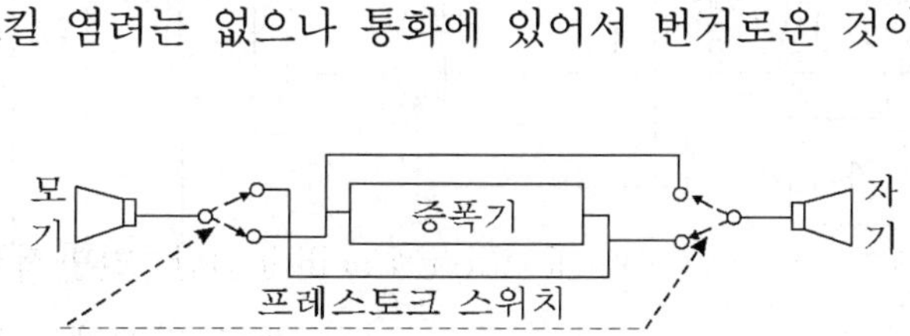

그림 6-6 프레스 토크식 인터폰

(2) 동시통화방식

전화통화와 같이 송화와 수화를 동시에 할 수 있는 방식으로서 교호통화방식에 비해 조작이 간단하나 하울링 방지를 완전하게 하고 또한 감도가 양호한 것을 선택하여야 한다.

이 통화방식은 도어폰에 많이 사용된다.

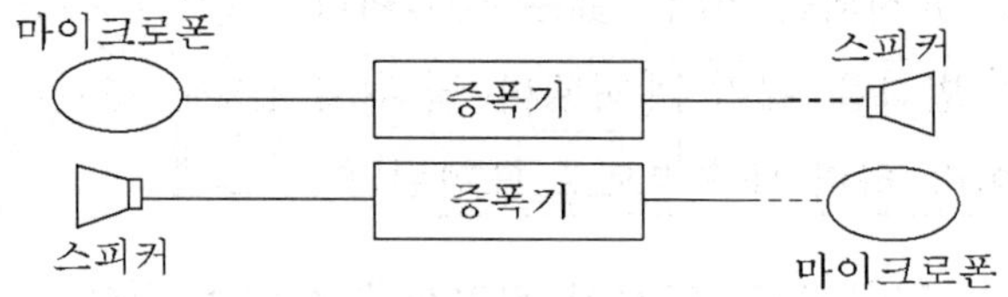

그림 6-7 동시통화 인터폰

6.2.4 확성설비

확성장치(Public Address and Broad Casting Facilities)는 아파트, 일반의 빌딩, 공장, 병원, 학교, 체육관, 주차장 등에 설치하여 각 개소별 또는 전체를 확성전달함으로서 동일한 정보를 한번에 많은 사람에게 전달하는 것을 목적으로 설치하고 최근에는 건축물의 대형화, 고층화에 따라 재해시의 피난유도를 목적으로 한 비상용 방송이 소방법에 규정되어 있다.

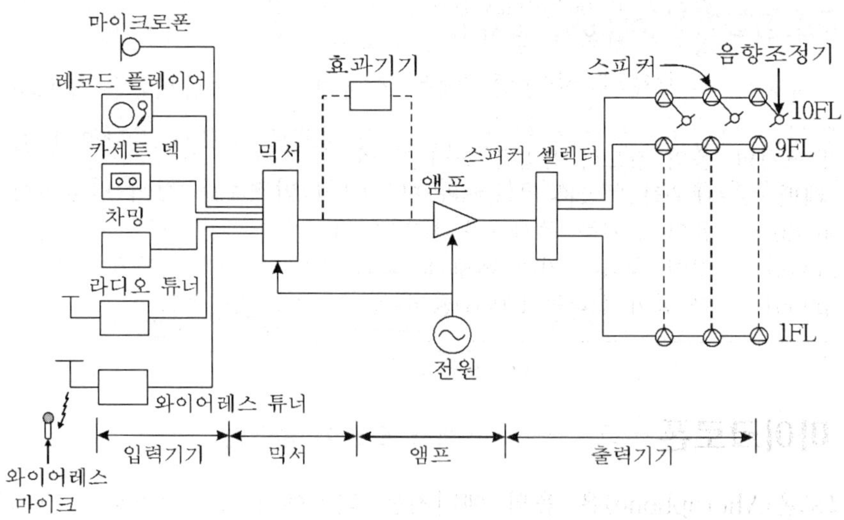

그림 6-8 확성설비의 구성

〔1〕 음

(1) 음의 크기

음에 따라서 매질 내에 발생하는 압력 진폭을 음압이라 하며 대기압에 비해 매우 미소한 것이다. 건전한 청각의 최소 가청치에 대응하는 음압 0.0002[μbar]에서 귀에 고통을 안 느끼는 최대 가청치에 대응하는 음압 200[μbar]까지 인간의 청각은 7자리의 숫자로 표시되는 매우 넓은 범위이다. 이처럼 넓은 범위를 취급하며 음으로서 지각하는 법칙을 웨버 패히넬의 법칙(감각량의 변화는 자극량의 변환의 비율에 비례한다.)이라 하며 대수적으로 표현된다.

표 6-1 음의 크기

명 칭		정 의
물리량	음압 레벨 (SPL) [dB]	음의 강도는 음압의 제곱에 비례한다. 즉 음의 강도에 실효치 I와 음압 P와의 관계는 다음과 같다. $I=\frac{P^2}{\rho C^2}$ 다만 ρ : 공기의 밀도=1.29[kg/m²], C : 음속 이 관계에서 음압 레벨은 음의 강도의 레벨과 마찬가지로 표준치 P_0를 취하고 아래의 식과 같이 정의한다. $\mathrm{SPL}=20\log\frac{P}{P_0}$[dB] 다만 P : 음압[μbar] 기준치 P_0는 평면파의 음장에서 음의 강도의 기준치 I_0와 근사적으로 같은 P_0=0.0002[μbar](실효치)로 되어 있다. 이 때문에 같은 음파를 대상으로 하는 한 음의 강도의 레벨과 음압 레벨은 실용상, 동일한 값을 표시한다고 생각하면 된다.
감각량	음의 크기의 레벨 (Loundness Level) [phon]	음의 강도나 음압은 물리량이며 우리가 느끼는 음의 크기와는 반드시 대응하고 있지 않다. 물리적으로 같은 강도의 음일지라도 귀로 느끼는 음의 크기는 주파수가 틀리면 다르게 들린다. 음의 크기를 기준화한 것이 음의 크기의 레벨이라고 불리는 것이다. 이것은 어떤 음의 크기가 같이 들리는 1000[Hz]의 음압레벨로 표시한 것이다.

〔2〕 마이크로폰

마이크로폰(Microphone)은 음의 에너지를 전기에너지로 변환하는 장치로서 여러가지 종류가 있는데 각각 사용 용도에 맞는 것을 선택토록 한다.

(1) 마이크로폰의 종류와 용도

표 6-2 마이크로폰의 종류와 용도

종 류	지향성	특 징	용 도
콘덴서형 (condenser type)	무지향 단일지향 양지향	① 주파수특성은 최고급이며 고유소음이 적다. 단, 고온·다습한 곳에 사용하면 잡음이 발생할 경우가 있다. ② 출력감도는 낮다. ③ 고가이며, 부속전원을 필요로 한다.	고성능을 필요로 할 때 측정용 방송용 녹음취입용
리본형 (ribbon type)	단일지향 양지향	① 주파수특성이 매우 좋다. ② 출력감도가 낮고, 고가이다. ③ 쇼크·진동에 약하다. ④ 옥외나 바람이 부는 장소에서는 사용할 수 없다.	스테이지용 마이크의 주력 방송용
동전형 (dynamic type)	무지향 단일지향	① 특성이나 가격에 있어서 보급품에서 고급품까지 있다. ② 동작이 안정되어 있다. ③ 온도나 습도의 영향이 작다. ④ 옥외에서의 사용이 가능하다. ⑤ 취급이 간단·견고하다.	보통 일반적으로 널리 사용되고 있음 방송용 일반확성용 테이프레코더용
크리스탈형 (crystal type)	무지향	① 출력감도가 높고, 소형경량이고 가격이 싸다. ② 취급이 간단하다. ③ 주파수특성이 나쁘며, 잡음이 많다. ④ 습도에 약하다.	보급형으로 음성만을 목적으로 할때 간단한 아나운서

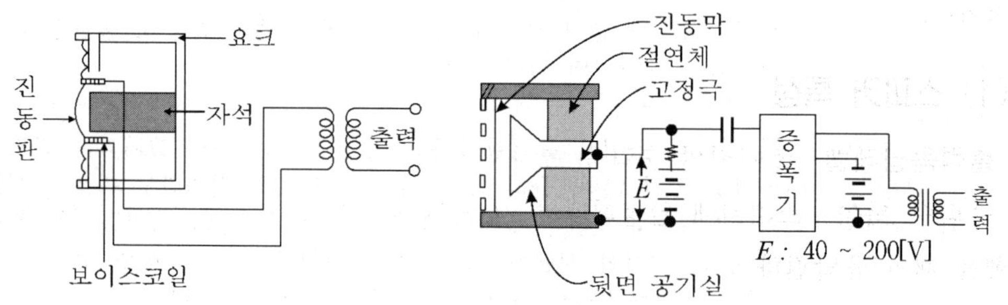

(a) 동전형 마이크로폰 (b) 콘덴서형 마이크로폰

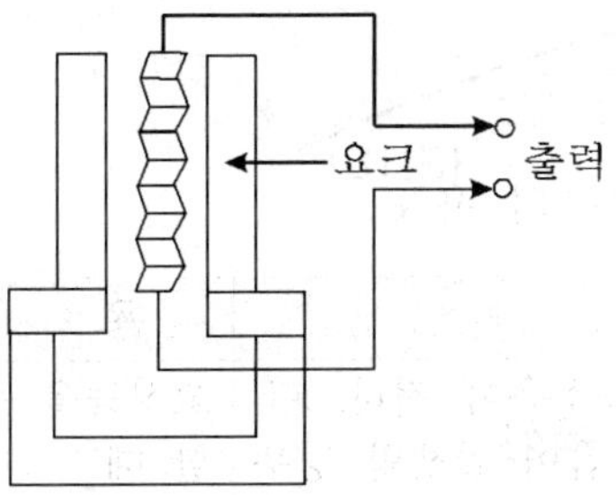

(c) 리본형 마이크로폰

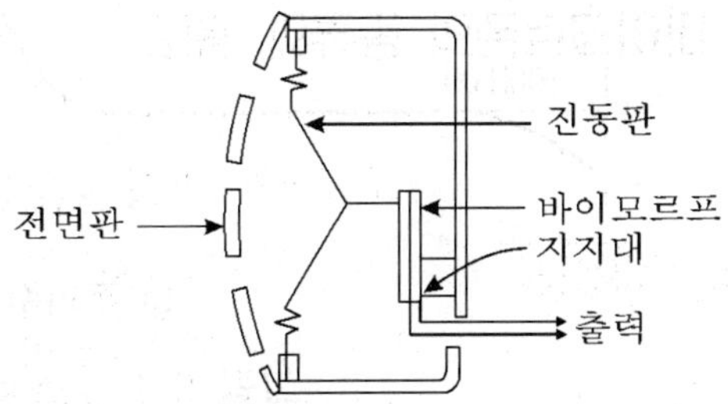

(d) 압전형 마이크로폰

그림 6-9 마이크로폰의 종류

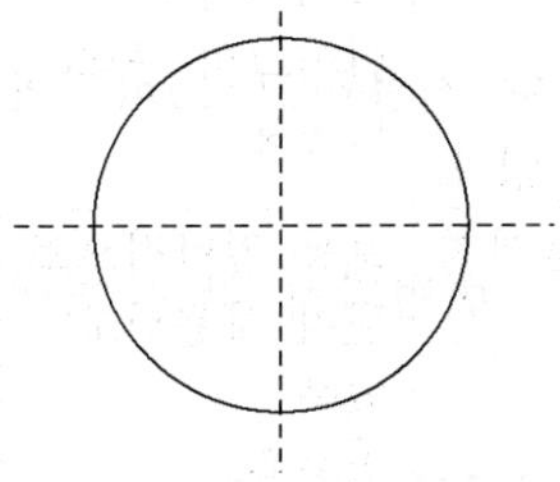

(a) 무지향성

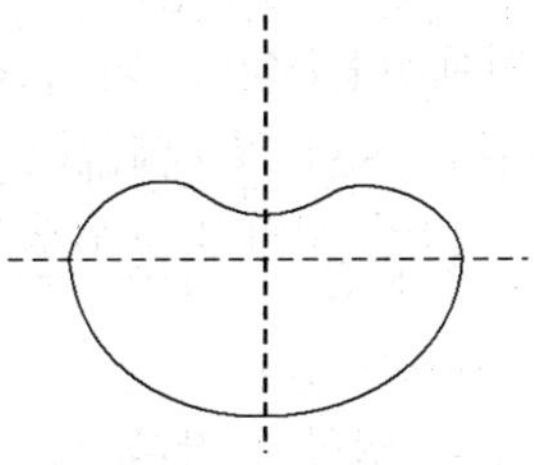

(b) 단일지향성

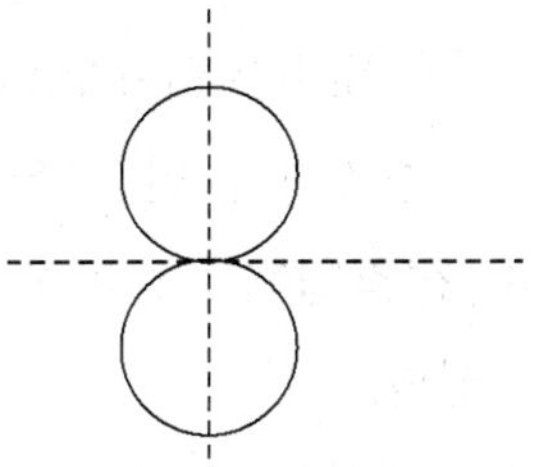

(c) 양지향성

그림 6-10 지향성에 따른 특성

〔3〕 스피커

스피커(speaker)는 마이크로폰과 반대로 전기에너지를 음의 에너지로 변환하는 장치이다.

(1) 스피커 특성

① 출력음압레벨 : 스피커의 출력음 크기를 나타내는 것.

② 주파수 특성 : 스피커에 일정레벨의 저음(저주파수)에서 고음(고주파수)까지 가했을 때의 응답편차.

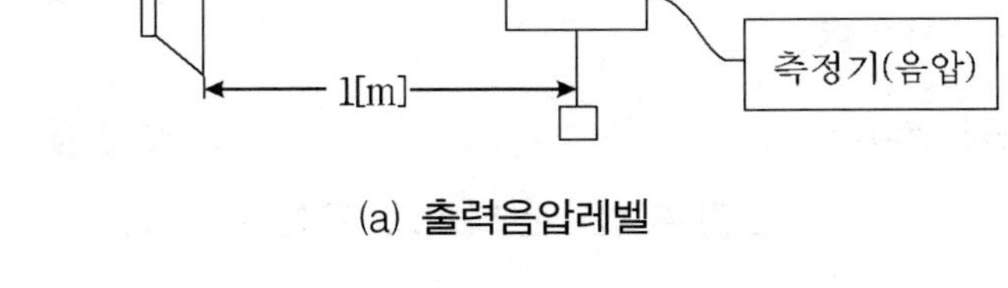

(a) 출력음압레벨

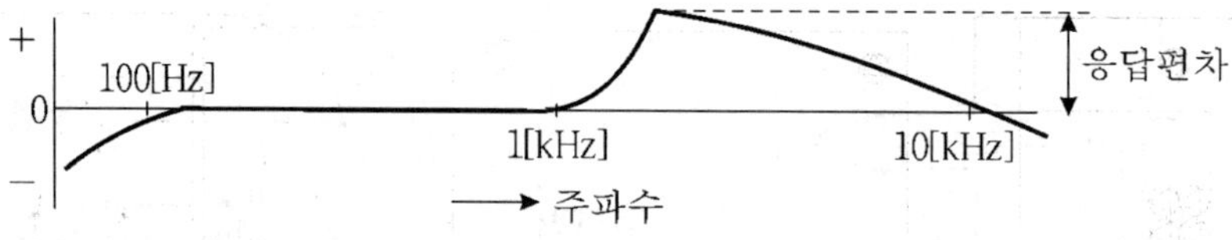

(b) 주파수 특성

그림 6-11 스피커의 특성

③ **임피던스** : 10000[Hz]에서의 스피커 입력 임피던스를 의미한다.

㉠ Low Impedance : 증폭기에 소수의 스피커를 연결할 때 사용하고 스피커와 증폭기 사이가 가까울 경우에 적합하다.

㉡ High Impedance : 증폭기에 다수의 스피커를 연결할 때 사용하고 스피커와 증폭기가 먼 경우에 적합하다. PA 시스템에 적합하다.

④ **정격입력** : 스피커에 연속적 신호를 가하여 파손되지 않고 변형되지 않는 최대 입력.

⑤ **지향성** : 스피커 정면과 수음점 각도에 의한 음압레벨의 변화를 나타내는 것. 스피커 정면축 상이 음압 레벨이 높고 고주파수에서 지향성이 향상된다.

(2) 스피커 종류

① **콘형**(corn type) : 진동판이 직접 진동하여 음파를 방사하는 것으로 무지향성이며 주로 옥내용이다. 또한 16~20[cm] 구경의 고층실도용에 복수의 개수를 사용한 프로시니엄 스피커(proscenium speaker)로서 사용되고 있다.

② **혼형**(horn type) : 진동판과 공간파를 중개하는 기구로서 혼을 갖는 것으로서 콘형보다 능률이 높고 유지향성이며 일반 확성용으로 사용한다. 1,000[Hz]에 임피던스가 8[Ω], 16[Ω] 2종류가 있다.

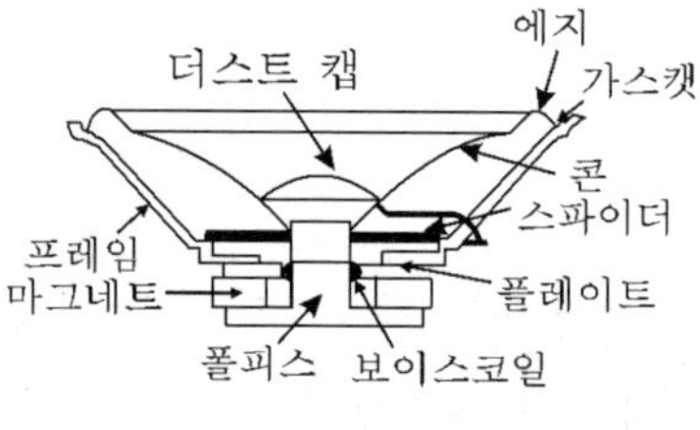

(a) 콘형 스피커

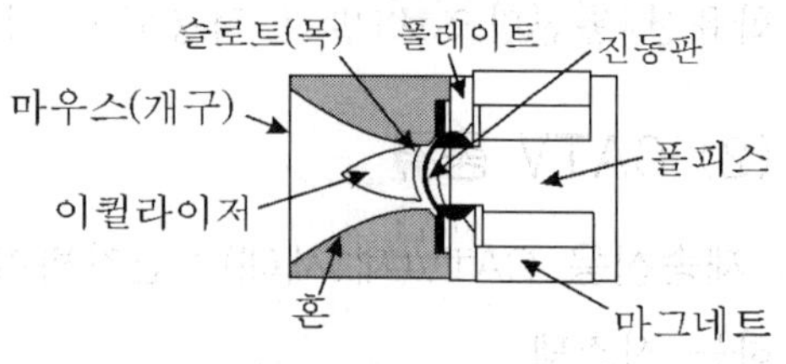

(b) 혼형 스피커

그림 6-12 스피커의 구조도

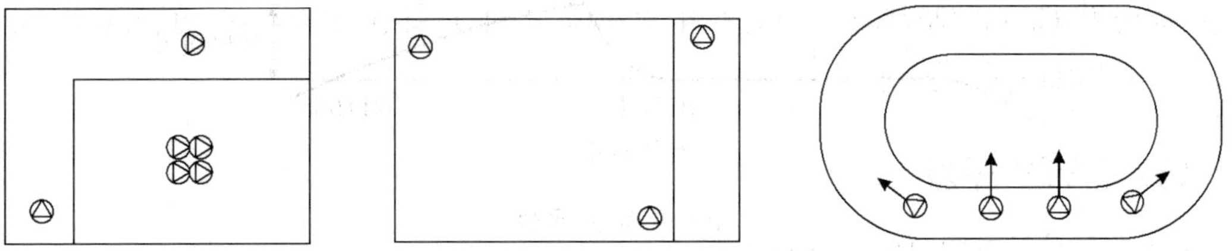

(a) 체육관 (b) 사무실 (c) 옥외 경기장

그림 6-13 스피커의 배치

6.2.5 TV공동수신설비

[1] CATV

지역재방송, 자주방송설비용 공청수신설비로서 일반적으로 규모가 큰 자주방송을 위한 공청수신설비이며 유선TV개념으로서 다음과 같은 특성이 있다.

(1) CATV 특성

난시청 해소를 위한 MATV(Master Antenna Television)(지역공청수신설비)로부터 시작된 CATV(community antenna television)는 난시청해소뿐만 아니라 재방송·자주방송의 특성을 살려

① 다양한 프로선택
② 전문적인 프로선택
③ 깨끗한 화면제공
④ 시간대 특성에 맞는 프로선택 및 제작
⑤ 자주방송 프로송신 등의 기능으로 특정한 시청자간의 유선도시를 구성하여 종합유선 통신망으로 발전 적용되고 있다.

(2) CATV 종류

① 재송신용 CATV(제1세대) : 산간벽지나 도시의 난시청 해소를 목적으로 재송신하는 시스템
② 자주방송 CATV(제2세대) : 공중전송 및 동축케이블로 재송신 및 자주방송을 송신하는 시스템

③ 쌍방향 CATV(제3세대) : 가입자의 요구에 의해 다양한 프로그램 및 자료를 상호 송수신하는 시스템

(3) CATV 구성

(가) 수신점장치(Head End)

① TV 프로세서 장치 : TV 안테나 출력과 영상레벨을 제어하는 장치
② 채널변환기(Converter) : UHF채널을 VHF채널로 변환하는 장치
③ 수신증폭기 : 수신방송파를 적정레벨로 증폭하는 장치
④ 혼합장치(Mixer) : 여러 출력을 혼합하여 간선에 신호를 전송하는 장치

(나) 중계전송망(주간선, 간선)

수신점장치의 송출신호를 각 가입자의 댁내설비로 분배하는 선로로써 주로 75[Ω] 동축케이블이 사용된다.

(다) 분기선 및 가입자 댁내 설비

가입자의 효율적인 신호 분배를 위한 분기분배선로와 인입선, 보안기, 정합기로 구성한다.

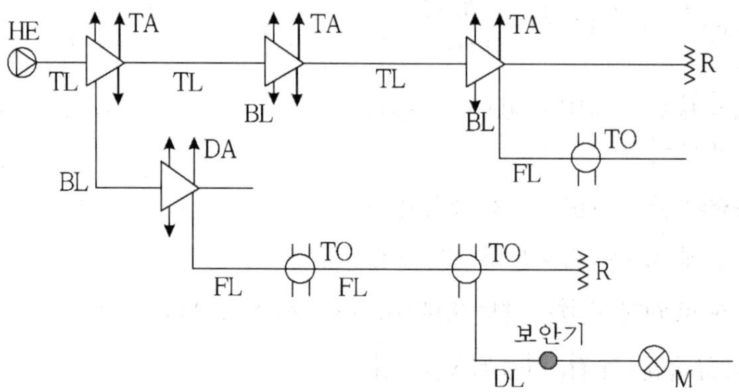

그림 6-14 CATV 구성

HE : 수신점장치(Head End), DA : 분배증폭기(Distribution Amplifier), TL : 간선(Trunk Line), R : 종단저항(Resister), TA : 간선증폭기(Trunk Amplifier), M : 정합기(Mixer), BL : 분기선로(Branch Line), DL : 인입선(Drop Line), FL : 분배선로(Feeder Line), TO : Tap Off

(4) 설계시 고려사항

① 지역직접파의 전계강도 및 수신점의 전압강도를 고려한다.

② 입지조건이 맞아야 한다.

㉠ 지형조건(평지, 산악, 지형형태 등)

㉡ 기후조건(기온, 적설 등)

㉢ 사회조건(세대수, 세대밀도, 집단부락 분포 등)

③ 목적에 부합된 기능을 발휘하도록 하여야 한다.

(벽지, 도시의 난시청 개선, 구역의 재송신, 자주방송 등의 목적)

④ 시청자 취향에 맞는 적합한 프로 제작여부가 검토되어야 한다.

⑤ 가입자의 단자전압은 직접파의 방해가 없으면 60[dB] 이상이 좋고 직접파의 방해가 있는 경우 70~80[dB] 정도가 필요하다.

(가) 주파수에 따른 전파의 분류

표 6-3 주파수에 따른 전파의 분류

명 칭	기호	주 파 수	주파수 대 번호	주 용도
Very Low Frequency	VLF	30[kHz] 이하	4	장거리 대전력 통신
Low Frequency	LF	30~300 [kHz] 이하	5	장거리 고정국 간의 통신, 선박통신, 항행보조
Medium Frequency	MF	300~3000[kHz]	6	방송, 선박통신, 항행보조, 항공통신, 경찰통신, 항만통신
High Frequency	HF	3~30[MHz]	7	표준전파(5[MHz]), 중거리 또는 장거리의 국내 또는 국외 각종 통신
Very High Frequency	VHF	30~300[MHz]	8	텔레비젼, FM방송, 레이더, 항공보조 등
Ultra High Frequency	UHF	300~3000[MHz]	9	텔레비젼, 다중통신, 레이더, 위성통신
Super High Frequency	SHF	3~30[GHz]	10	
Extreme High Frequency	EHF	30~300[GHz]	11	

(나) 동축 케이블

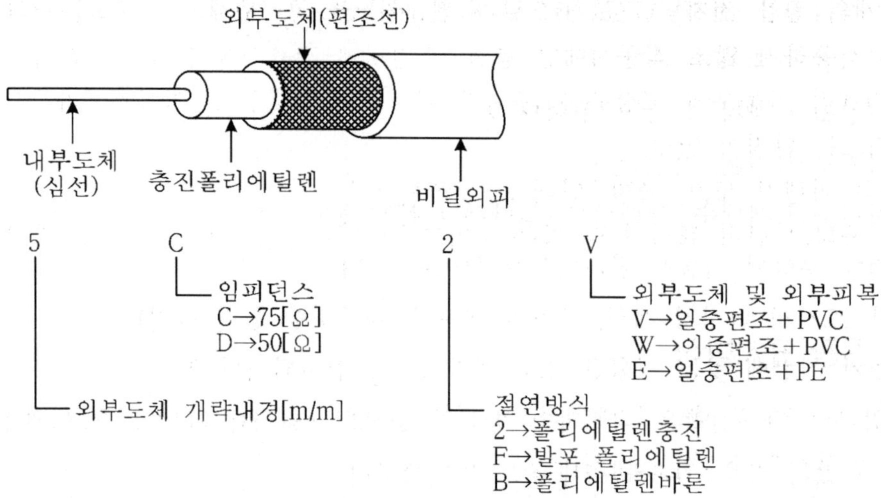

그림 6-15 동축케이블의 단면도 예

6.2.6 표시설비

표시설비는 보기 위한 설비로서 표시내용은 매우 다양하고 광범위하여 사용자의 희망에 의해 제작 설치되며 일반적으로 표시설비의 설치대상건축물은 병원, 회사, 호텔, 공장, 학교, 공항, 역, 터미널 등이 있다.

(1) 램프 표시방식

부백색 아크릴 판, 불투명 유리 표면에 문자를 기입하고 뒷면에서 점등하여 문자를 표시하는 방법이며 소등시 문자가 보이지 않다가 점등시 문자만 표시되는 방식과 점등시 아크릴판 전체가 밝아지는 방식 등이 있다.

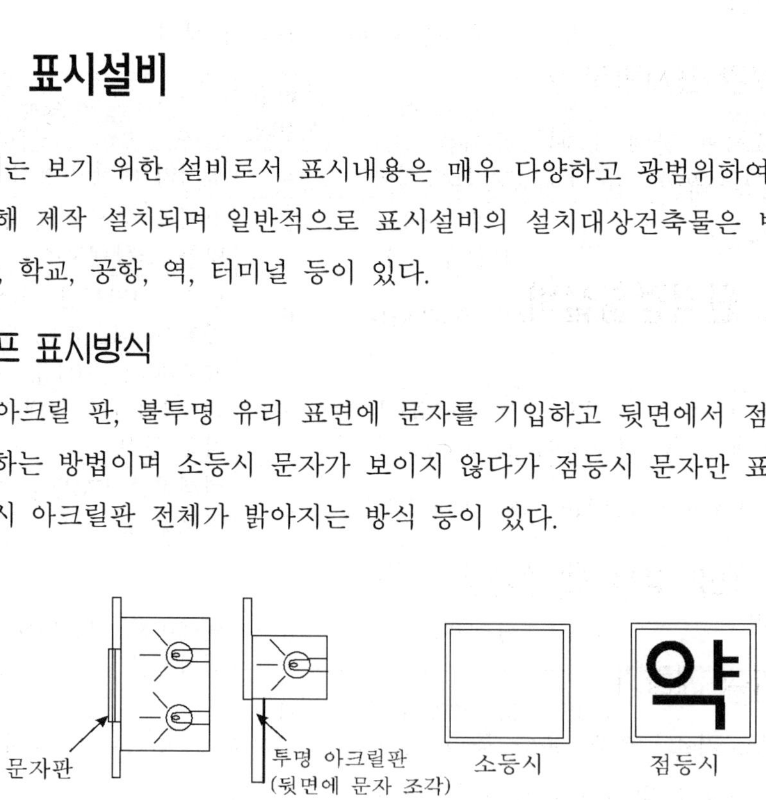

그림 6-16 램프 표시설비

(2) 반전판 표시방식

여러개의 판을 전자력(電磁力)으로 회전시켜 필요한 문자를 표시하는 설비로서 램프를 사용하지 않고 작동시에만 통전, 정전시에도 표시유지, 램프교환이 불필요하고 기계적 가동부에 고장우려, 주위가 어두우면 식별불가, 작동전류가 크고, 형태가 커지는 단점이 있다.

공항의 비행기 도착, 출발, 안내표시, 역에서의 열차 도착출발 안내표시 등으로 많이 사용되고 단위 표시기 당 많은 문자를 내장할 수 있으나 문자판 교환이 어렵다.

(3) 전광 표시방식

표시면을 다수의 램프로 배열하고 점등시킨 램프의 형상에 의해 숫자나 문자를 표현하는 표시방식으로서 숫자나 로마자의 경우 1문자 당 6열 9단 54개 또는 5열 7단 35개 램프를 보통 사용하며 램프의 조도에 의해 원거리에서도 쉽게 식별되므로 대형으로 제작되어 안내판, 득점판, 옥외광고판, 전광시계탑의 시간표시 등으로 많이 사용한다.

(4) 표시관 표시방식

하나의 표시관 안에 숫자나 문자를 형성하는 전극을 설치하고 필요전극을 방전시켜 표시하는 방식으로 소형으로 탁상형 표시반, 표시모니터용으로 사용된다.

6.2.7 원격검침설비

원격검침설비는 전기 및 수도와 같이 검침이 필요한 설비의 사용량을 전기와 통신선로를 이용 자동 검침하여 요금정산 및 청구서 발행업무 등을 자동으로 전산한다.

〔1〕 기기의 구성 및 기능

(1) 원격식 계량기

전기, 수도, 가스, 열량, 온수 등의 사용량을 표시하고, 일반적으로 사용량에 비례하는 펄스신호를 발생하여 세대원격장치로 송출한다.

(2) 세대 원격검침장치(Home Control Unit)

각 계량기(전기, 가스, 수도, 온수, 난방)의 모든 데이터 값을 디지털 또는 펄스 신호로 받아 적산하여 사용량을 표시하고, 일반적으로 사용량 데이터를 저장하여 중앙관제장치에 전송하여 다음과 같은 기능을 갖는 기기로 구성된다.

① **단독형 구성기기** : 원격검침장치 단독으로 구성되어 원격검침장치의 기능을 수행하며, 분전반, 전기계량기함, 통신 단자함, 전용 단자함 등에 설치한다.

② **전력량계와 일체형 구성기기** : 전자식 전력량계와 일체로 구성되어 원격검침장치의 기능을 수행하며, 전력량계함에 설치한다.

③ **비디오폰 겸용기기** : 홈 오토메이션설비, 비디오폰 등과 일체로 구성되어 원격검침장치의 기능을 수행한다.

(3) 중계장치(Distribution Control Unit)

각 세대 원격장치로부터 중앙관제장치에 송출되는 사용량 데이터신호를 받아서 중계한다.

(4) 주 제어장치(Master Control Unit)

세대 각 유닛으로부터 전송된 데이터신호를 종합 처리하여 중앙관제장치로 송출한다.

(5) 원격자동검침서버

세대 각 유닛으로부터 전송된 데이터를 분석 연산하여 사용량의 적산, 청구서 발행 등의 업무를 자동 전산처리하고, 데이터를 분석하여 검침 오류, 계통 이상 등 관련설비 이상 유 · 무를 확인하며, 시설물 관리에 필요한 각종 데이터를 기록 보관하는 역할을 수행할 수 있도록 일반적으로 다음과 같이 구성한다.

① 중앙처리장치(CPU)

② 모니터

③ 프린터

④ 소프트웨어

㉠ 시간대별 사용량 데이터 수신 · 데이터베이스 처리 및 저장

㉡ 요금계산 및 내역 조회

㉢ 청구서 발행

㉣ 기타

⑤ 무정전전원장치(UPS)

〔2〕 전송선로 구성 및 배선

(1) 전송선로 구성

전송선로는 구내통신망으로 구성된 근거리통신망(LAN)을 이용, 기존의 전기선로 이용 및 전용선 포설방식이 있으며, 표 6-4를 참고한다.

표 6－4

구 분	시스템 개요	비 고
통신망 이용방식	건축물 내 근거리통신망(LAN)을 이용 세대원격장치부터 중앙관제장치까지 신호를 전송	LAN의 구성
전기선 이용방식	기존 전기선을 이용하여 신호전송의 일부구간 또는 전부를 담당	
전용선 사용방식	원격검침 전용 전송선로를 구성	전용회로 구성

(2) 배 선

① 전기 배선과는 가능한 한 이격하고 별도의 루트로 한다.

② 사용 전선은 전자유도장해 발생을 억제하기 위해 쌍꼬임케이블이나 광케이블을 사용한다.

6.2.8 홈네트워크설비

홈서비스 제공을 위하여 가정 내 독립적으로 존재하는 디지털 기기(제품)들을 유·무선 네트워크로 게이트웨이 또는 세대 단말기(월패드)와 접속하여 기기 상호간 정보를 공유하고 단지 네트워크와 단지서버를 통해 외부망과 연결한다. 또 한 가정과 연결된 각종 단지 관리시스템도 서버에 연계되어 인터넷, 핸드폰, 전화로 제어서비스가 가능한 종합시스템을 말한다. 더불어 멀티미디어 광대역 통신을 이용하고 방송·통신이 융합된 셋톱박스와 디지털 TV 연계서비스도 홈네트워크에 포함된다.

〔1〕 기기의 구성 및 기능

(1) 공동주택 홈네트워크

① 홈네트워크망 : 단자망, 세대망

② 홈네트워크장비

㉠ 홈게이트웨이

㉡ 월패드

㉢ 단지네트워크장비

㉣ 단지서버

㉤ 폐쇄회로 텔레비전장비

㉥ 예비전원장치

③ 원격제어기 : 가스밸브제어기, 조명제어기, 난방제어기

④ 감지기 : 가스감지기, 개폐감지기

⑤ 단지공용시스템 : 자동출입시스템, 원격검침시스템

⑥ 홈네트워크 설비 설치공간

㉠ 세대단자함 또는 세대통합관리반

㉡ 통신배관실(TPS)

㉢ 집중구내통신실(MDF실)

㉣ 단지서버실

㉤ 방재실

(2) 단지서버 및 홈게이트웨이의 설치장소

① 단지서버실을 위하여 독립된 공간을 확보할 수 없을 때에는 별도로 단지서버실을 설치하지 않고, 단지서버를 집중구내통신실이나 방재실 내에 설치할 수 있다.

② 홈게이트웨이는 세대단자함 또는 세대통합관리반에 설치할 수 있다. 세대단자함 또는 세대통합관리반에 설치되는 홈게이트웨이는 벽에 부착할 수 있어야 하며 동작에 필요한 전원이 공급되어야 한다. 또한, 홈게이트웨이는 이상전원 발생시 제품을 보호할 수 있는 기능을 내장하여야 하며, 동작상태와 케이블의 연결상태를 쉽게 확인할 수 있는 구조로 설치하여야 한다.

(2) 배관 • 배선

구내의 배관, 배선, 종단장치 등은 "전기통신설비의 기술기준에 관한 규정"에 따라 설치한다.

6.2.9 화상회의 시스템 설비

화상회의 시스템은 영상 · 음성 신호를 받아 원격지 화상회의기기로 신호를 전송하는 시스템이다.

(1) 구 성

다자간 화상회의서버, 코덱, 화상회의 저장장치 및 재생장치, 개인용 화상회의기기, 웹카메라, PDP 및 PDP스템드 등의 기타 구성기기 등이다.

(2) 배관 · 배선

① 전력선과 제어케이블 및 신호 케이블은 반드시 별도의 전선관 또는 트레이를 설치하고, 모든 기기들을 알맞은 회로로 연결하도록 한다.

② 화상회의 시스템의 각종 설비 간에 사용하는 케이블은 다음과 같다.

㉠ MCU 및 코덱케이블 : Shied Cable

㉡ 화상회의기기간 통신케이블 : UTP Gategoty 5

6.3 인텔리젼트 빌딩

6.3.1 인텔리젼트 빌딩의 개요

(1) 정 의

인텔리젼트 빌딩(Intelligent Building)이란 총명한 두뇌를 가진 빌딩과 같아서 고도화 정보 빌딩 또는 스마트 빌딩(Smart Building)이라고도 한다.

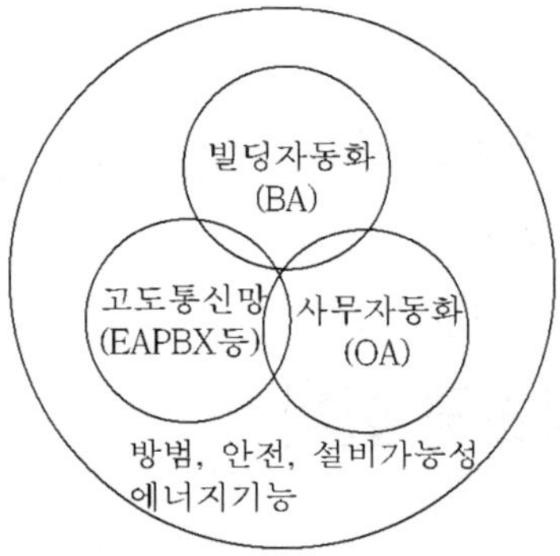

그림 6-17 인텔리젼트 빌딩의 개요

인텔리젼트 빌딩은 컴퓨터, 정보통신 등의 최첨단기술을 조합하여 빌딩의 전력, 공조, 조명, 방재, 방범, 운송설비의 빌딩 자동화(BA : Building Automation) 기능과 이른바 종합정보통신망(ISDN : Integrated Service Digital Network)인 텔리컴뮤니케이션(TC : Tele Communications) 기능 및 사무자동화(OA : Office Automa -tion) 기능을 각각 단독설비가 아니라 전체로서 효율을 발휘하는 빌딩이다.

〔2〕 기 능

(1) 쾌적한 환경 조성

① 시각 환경 : 기존의 사무실 개념을 탈피하여 사무자동화를 사용하는데 눈부심, 조도의 불균일 등으로 인한 불쾌감이 없도록 시작업 대상인 타스크(Task)와 시환경인 엠비언트(Ambient)의 양쪽을 적절히 조명하기 위해 실시하는 조명방식을 채택하여야 한다.

② 적정한 온도·습도 유지

③ 건축물 마감의 색상과 조명과의 조화

(2) 정보통신기반 서비스

① 각종 통신방식, 기기의 변화에 대응할 수 있는 유연성이 있는 기능을 확보하여야 한다.

② Free Access Floor, Floor Duct, 무정전 전원장치, 컴퓨터 설치가 가능한 건축 구조, 분산공조방식, 광 Cable포설 등이다.

(3) 기본 통신 서비스

① 전화를 통한 기본적인 음성통신 제공
② 데이터 자료 전송, Fax 전송
③ 공중 비디오 텍스망(Video Tex)
④ 영상회의 통신망

(4) 고도 통신 서비스

빌딩 상호간, 기업상호간, 지역상호간의 종합정보 서비스 기능이다.

(5) 사무자동화 서비스

빌딩 내에 근거리 통신망(LAN)을 구성하여 빌딩전체 입주자가 상호 사무에 관한 정보교환이 원활하도록 하는 기능이다.

(6) 빌딩 자동화 서비스

① 전기, 위생, 공조의 중앙제어 및 방재설비, 엘리베이터 설비, 방범설비 등을 다른 사무 자동화 기능과 연결하여 통합 운영하는 기능이다.
② 통합운영에 따른 인건비 절약, Energy Saving을 이룰 수 있으며, 쾌적하고 신뢰성 있는 설비의 가동을 수행할 수 있는 기능이다.

6.3.2 인텔리젼트 빌딩의 구성

〔1〕 통신정보체계

디지털 개인자동교환기(DPABX) 등을 이용하여 내・외부와의 통신을 가능케 하는 고도의 통신정보체계(TC : Telecommunication)이다.

통신회선을 이용하여 사무실내, 빌딩 내에서의 네트워크화(Network)와 외부와도 통신망을 접속시키는 것이 첨단 정보화의 필수조건이며 고기능 전화 이용이나 FAX, VIDEOTEX 및 화상통신 등이 가능한 전송, 교환서비스, 음성 Mail, 문서 Mail등 전자 Mail 서비스, 정보 TV, 영상 회의를 비롯한 통신회의 서비스를 제공한다.

(2) 사무자동화체계

근거리통신망을 중심으로 고도의 정보처리, 통신처리를 가능케 하는 사무 자동화체계로서 종래에는 사람의 수작업에 의해 행하던 업무처리를 사무 자동화기기를 이용하여 작업을 하는 것을 말하며 정보 및 사무처리된 내용을 통합화, 고도화 할 수 있다.

서비스 내용은 문서처리 서비스와 의사 결정지원, 스케줄관리 등 다양하고 소프트웨어를 개발 적용시켜 최적의 서비스를 제공할 수 있다.

(3) 건물자동화체계

전기설비, 조명설비, 건물의 냉・난방 설비를 효율적으로 관리 운전 상태를 감시 및 조명설비를 자동화함으로서 쾌적한 근무 환경을 제공하는 시스템이다.

(4) 방범체계

건물내의 중요 지역의 보안 및 안전을 관리하며 화재감시, 주차관제 등을 통제하는 통합 방범체계(IS : Integrated Security)로서 방범(침입감시, 순찰), 방재시설, 엘리베이터 등에 CCTV나 각종 감지 기술을 응용하여 자동감시, 자동경보, 자동운전을 통해 적절하게 제어하는 체계를 말한다.

6.3.3 정보화 빌딩의 특성

(1) 생산성(Productivity)

정보통신과 OA의 결합으로 각종 업무의 자동화, 전산화를 통하여 24시간 업무가 가능해지고 사람과 기계가 공존하는 공간을 모듈화하여 운용함으로써 지적 생산을 제고시킬 수 있다.

(2) 융통성(Flexibility)

조직, 업무 및 정보통신기기 변화에 적응할 수 있어야 한다.

〔3〕 경제성(Economization)

첨단 시설이 적용된 정보화 빌딩은 냉·난방, 전기, 수도 등 에너지 분야에서 약 20[%] 이상 절감, 시설유지, 운용 인력면에서 20~30[%] 절감되며 사무 생산성에서는 30~40[%]의 향상이 예상되므로 경제적으로도 투자 효과가 있다.

〔4〕 독창성(Originality)

건물은 기업문화의 창출, 도시문화 형성에 기여하여 독창적인 건축 예술성이 함축된 첨단 정보 빌딩이 요구된다.

6.4 감시제어설비

6.4.1 통합자동제어설비

통합자동제어설비는 건축물의 구내에 설비된 각종 시스템을 자동적으로 운전하여 건축물 내부의 쾌적성을 유지 관리하기 위한 것으로 검토한다.

(1) 자동제어 동작방법

① 자동제어 동작방법은 온/오프동작, 비례(P)동작, 적분(I)동작, 미분(D)동작 등을 선정한다.

② 온/오프동작은 목표값과 측정값의 차이값(제어편차)에 따라 조작량을 온/오프하는 것으로 2위치제어라 한다. 다만, 주기적 사이클링으로 응답속도가 빨라야하는 경우에는 사용하지 않는다.

③ 비례동작(P동작 : Proportional Action)은 목표값과 측정값의 차이값(제어편차) 크기에 따라 조작부를 제어한다. 다만, 정상 오차를 수반한다.

④ 적분동작(I동작 : Integral Action)은 목표값과 측정값의 차이값(제어편차) 때문에 생긴 면적(적분값)의 크기에 비례하여 조작부를 제어하는 것으로 잔류편차가 없는 제어방식이다.

⑤ 미분동작(D동작 : Derivation Action)은 목표값과 측정값의 차이값(제어편차)이 검출될 때 편차가 변화하는 속도에 비례하여 조작부를 제어하는 것으로 잔류

편차가 커지는 것을 방지하는 제어방식이다.

(2) 수변전설비 자동제어

① 수변전설비의 제어 대상기기(차단기류), 계측 대상기기(변압기, 각종 계기류)를 선정하고 이를 중앙시스템으로 연결하여 프로그램에 의한 자동제어가 되도록 한다.

② 계측 대상기기(입력값)에는 센서 및 변환기를 설치하여 DDC(Direct Digital Controller)로 연결하고, DDC는 중앙장치에 연결하여 입력값의 분석으로 제어 및 관리가 가능토록 한다.

③ 수변전설비 자동제어의 주요 내용은 다음과 같다.

㉠ 현장 제어 및 중앙의 프로그램 제어 : 최대 수요전력제어, 부하제어, 역률제어, 정전 및 복전제어 등

㉡ 설비의 상태감시 : 수요전력, 전력량, 역률, 전압, 전류, 사고, 정전, 복전 등

㉢ 경보 관리 : 온도, 사고 등

㉣ 제어 예약

㉤ 경향 감시 : 유지관리 및 사고예방

㉥ 기타 추가기능 수행

(3) 조명설비 자동제어

① 조명설비의 제어 대상을 선정하고 이를 중앙시스템으로 연결하여 현장제어 및 프로그램에 의한 자동제어가 되도록 한다.

② 단말 제어기는 회로제어인 경우에는 분전반 또는 주변에 설치하고, 개별 설치인 경우에는 조명기구에 부설하며 이것을 중앙장치에 연결한다.

③ 조명설비 자동제어는 센서, 프로그램, 현장제어 등의 기능으로 하며 각각의 주요 내용은 다음과 같다.

㉠ 타임스케쥴 제어 : 주차장 제어, 전기·기계설비실 제어, 공용부 제어, 업무공간 제어, 회의실 제어, 옥외 조명제어

㉡ 센서 제어 : 조도 센서제어, 조광 제어, 인체감지 제어 등

㉢ 기타 추가제어 : 무선(리모컨스위치)제어, 초기조도 제어, 다른 시스템과 연동 제어 등

(4) 중앙 시스템

① 중앙 시스템은 수변전설비 자동제어 DDC 또는 단말기와 연결하고, 조명설비 자동제어 단말제어기 또는 단말기기와 연결한다.

② 중앙시스템은 BAS(Building Automation System)의 종합설비로 각각의 자동제어의 기능을 수행하고, 이에 대한 데이터관리 및 분석을 시행한다.

③ 중앙시스템은 일반적으로 수·변전설비, 조명설비, 방재설비, 기계설비 등이 통합되는 것을 원칙으로 한다.

④ 중앙시스템의 구성은 일반적으로 중앙감시반(PC, 모니터, 대형 디스플레이 등), 출력장치와 데이터 보관장치 등으로 한다.

6.4.2 계장제어설비

계장제어설비는 플랜트, 환경(수처리, 폐기물처리)설비 등에서 PFD(Process Flow Diagram)를 기반으로 한 P&ID(Piping Instrument Diagram)의 작성 및 이에 따른 계기, 계기용 패널, 프로세스에 의한 기기, 계기용 전원장치 등을 설계한다.

〔1〕 계장제어설비의 설계

계장제어설비의 설계는 플랜트, 환경설비 등에서 공정의 흐름에 따른 시설을 하는 것이다.

(1) 일반적 도면 구성

① 계장시스템 계획도(Instrument Scheudle)

② 계장시스템 단선도 : 계장시스템 계획도에 의한 발신장치, 수신장치, 조정장치 등의 계장시스템을 단선도로 표시한다.

③ 계장시스템 전원도(Instrument Power Supply & Grounding diagram) : 계장시스템의 사용전원(AC, DC, 전압, 상용, 비상용 등)을 구분하여 전원의 공급을 단선도로 나타낸다. 또한, 시스템의 안전용 접지, 신호용 접지, 실드 접지 등을 함께 표시하거나 별도의 도서를 작성한다.

④ PPH(Processing Piping Hook-Up) : 공정 내에 기기, 장비의 설치, 접속, 시

공방법, 재료, 배관의 정보 등을 나타낸다.

⑤ APH(Anlyzer Piping Hook-Up) : 공정 내에 유체와 분석기기 설치, 접속, 시공방법, 재료, 배관의 정보 등을 나타낸다.

⑥ 계장배선 및 배관 연결표 : 공정 내에 계기와 계기, 계기와 계기 패널 사이의 연결 배선이나 배관 모두를 쌍방에서의 접속 터미널, 배선, 배관을 나타낸다.

⑦ 제어실내 장비 배치도 : 제어실 내에 계기 패널, 조작 패널 및 조작 탁, 전원설비, 계장기기 등의 배치, 제어실의 구조, 제어실의 건축적 크기 등을 나타낸다.

⑧ 제어실내 계장 배선 및 배관도 : 제어실 내에 계장용 배선의 단자 처리 및 배관 처리 등을 나타낸다.

⑨ 계장용 케이블 배치도 : 제어실까지 계장용 주 케이블의 경로, 포설 공법 등이 표시된 것으로 건축 및 배관과의 관련성을 나타낸다.

⑩ 계장용 전선 배치도 : 계장 기기에서 주 케이블 연결부까지 배선의 경로 등을 나타낸 것으로 공정 배관도를 기반으로 작성한다.

⑪ 계장용 공기 배치도 : 공기 공급이 필요한 계장 기기와 배관 등을 나타낸 것으로 공정 배관도 및 공정기기 조립도를 기반으로 작성한다.

⑫ 계장용 주 케이블 배치도 : 계장용 주 케이블의 경로, 포설상태, 케이블의 종류 등을 나타낸 것으로 신호, 경보, 방폭 설비, 유도 방지대책 등을 포함하여 작성한다.

⑬ 현장 계기의 배치도 : 공정 배관도, 공정 기기도를 기반으로 현장 계기를 배치한다.

(2) 특별 도면 구성

① 계장 패널 외장도 : 계장 패널의 외부 크기 및 외부에 설치된 계장 기기(계기, 램프 등)의 배치를 나타낸 것으로 일반적으로는 제조업자가 제공한다.

② 인터록도 : 공정에서 조건에 의한 경로, 신호에 의한 By-Pass 등에 대하여 작성한다.

③ 계기 신호접속도 : 계기 사이의 배선 및 배관에 관한 사항을 회로로 구성하고 접속 단자를 기입한 것으로 일반적으로 제조업자가 제공한다.

④ 그래픽도 : 공정의 흐름, 계기 등을 그래픽으로 도시화 한 것으로 일반적으로는 제조업자가 제공한다.

⑤ 기타사항 : 공정에 의한 설계를 진행하는 경우에 P&ID에 나타나는 모든 기기, 장비 등의 누락이 없도록 하고, 현장에서의 위치, 유지 보수시의 편리성 등을 검토한다.

〔2〕 전기 배관

① 계장제어설비의 전기 배관은 해당 공정의 운전 상태(온도, 습도, 폭발성 증기 생성 등)에 따라 시설한다.
② 계장제어설비의 배선이 폭발성 위험 지역을 지나는 경우 내압방폭구조 또는 본질안전방폭구조를 적용한다.
③ 계장제어설비의 배선이 습기가 체류하는 장소를 지나는 경우 방수구조의 자재 또는 공사방법을 적용한다.

6.4.3 호텔 객실관리설비

호텔 객실관리설비는 객실의 서비스, 도난방지, 에너지절약 및 합리적인 경영을 위한 설비로서 일반적으로 객실 설비, 중간서비스 설비, 중앙 및 프론트 설비로 구성된다.

〔1〕 객실설비

(1) 객실제어기(Control Box)

① 객실제어기는 판넬 형태로 내부의 현관 입구주변(예, 옷장, 창고 등)에 설치
② 객실제어기의 기능은 객실 내 설치기기의 기능에 대한 사항을 중앙 설비로 전달하고, 또한 객실 내 설치기기의 기능을 제어한다.

(2) 객실 온도제어기

① 객실 내 온도를 제어하는 기능으로 객실 내 가구 및 내장 재료에 영향이 없는 곳에 설치한다.
② 객실 온도제어기는 객실제어기를 통해 중앙 및 프론트 설비에 연결한다.
③ 기본적으로 제어는 설정 온도값에 의한 자동제어 외출시 제어 및 공실시 제어로 한다.

④ 중앙제어는 예열 및 예냉 운전, 체크인시 강제운전, 이상 온도시 경보 및 운전 정지 기능으로 한다.

(3) 객실 전기에너지 제어 장치

① 객실 내 전기에너지 제어는 키 센서를 사용하고 객실제어기를 통해 중앙 및 프론트 설비에 연결한다.
② 객실 내 키 센서에서의 감지 여부에 따라 재실시에만 전기 에너지가 소비 되도록 한다.
③ 객실 내에 설치되는 전기식 금고, 전기냉장고 등 상시 전원이 필요한 시설은 전기 에너지 제어설비에서 제외한다.
④ 키 센서와 도어록 시스템을 일치시키는 경우에는 건축설계자와 협조

(4) 객실 내 상황 표시설비

① 객실 입구에는 해당 실의 상태를 알 수 있도록 입구 인디케이터를 설치한다.
② 객실 입구에는 실내를 호출할 수 있는 차임벨 스위치를 설치한다.
③ 차임벨 스위치에는 입구 인디케이터 또는 방해금지 표시를 함께 설치되도록 검토한다.
④ 객실 내에는 프론트데스크에서 보낸 메시지 표시를 받을 수 있어야 하며, 독립설치, 전화기 내장설치, 나이트테이블 내장설치 등으로 한다.
⑤ 객실 내에는 비상시 프론트에 연락 가능한 비상호출 스위치를 설치한다.

(5) 기타 설비

① 객실 내에는 나이트테이블 또는 리모콘을 통하여 객실 내에 설치된 기기를 동작 또는 정지시키는 설비를 검토한다.
② 입구등은 타임스위치로서 제어한다.

〔2〕 중간 서비스 설비

중간 서비스설비는 각 층의 서비스실에서 객실을 관리(청소, 비품 등)하기 위한 FIP(Floor Indicator Panel)이다.

〔3〕 중앙 및 프론트 설비

중앙 프론트설비는 각 층 객실의 상태를 파악하고, 각 실에 대한 서비스를 시행하며 객실에 대한 영업 및 에너지 분석을 수행하는 시스템을 설치한다.

(1) 키 랙 설비

① 키 랙은 객실의 키를 수납하는 것으로 공실상태를 표시하고, 키의 수납 상태에 따라 CIP 및 FIP에 객실의 재실 유무를 표시토록 하는 호텔관리의 기본설비이다.

② 메시지 표시 기능 및 비상호출 표시등의 부가를 검토

(2) CIP(Centeral Indicator Panel)

① CIP는 각층에 설치하는 FIP와 연결되고, 입력된 신호를 상호 공유하며, 프론트데스크에서 객실의 상태(공실여부)를 판단하게 한다.

② CIP는 각 층 객실의 서비스 상태를 알 수 있도록 하는 것으로 일반적으로 프론트데스크 또는 사무실에 설치한다.

(3) 중앙처리설비

① 중앙처리설비는 일반적으로 컴퓨터 시스템으로 구성되며 키 랙, CIP 및 예약관리 시스템으로부터의 정보를 종합하여 호텔 객실관리 업무를 수행토록 한다.

② 중앙처리설비의 하드웨어로는 중앙처리장치, 기억장치, 키보드 등의 입력장치, 프린터 등의 출력장치를 설치한다.

③ 중앙처리설비의 소프트웨어는 일반적으로 서비스관리시스템, 에너지관리시스템 및 경영(예약)관리시스템을 도입한다.

〔4〕 배선설비

① 객실관리시스템의 간선은 ES내부에 설치하고, 객실까지의 지선은 배선 변경이 용이한 공법을 검토하여 유지보수, 증설에 대비토록 한다.

② 배선은 통신 장애의 우려가 없는 공사방법과 배선의 종류를 선정한다.

6.4.4 주차관제설비

주차장을 이용하는 차량을 안전하고 효율적으로 유도함과 동시에 주차장 운영에 필요한 설비를 자동화하여 관리를 최적화하는데 있다.

〔1〕 주차관제 장치

① 자동차 출입표시 : 입・출고의 관제
② 재고 계수표시 : 주차대수의 표시
③ 재고표시 : 주차의 만차와 공차표시
④ 유도신호 관제장치 : 통행의 안전, 안내 및 유도

〔2〕 차량검출 방식

① 디딤판식 : 차량이 디딤판을 타면 스위치가 동작하여 검출하는 방식으로 현재는 거의 사용하지 않는다.
② 광전자식 : 광전자를 응용하고 주차장내의 조명을 이용한 것으로 자동차의 출입시 광선을 차광함으로서 그 때의 신호를 검출하여 이용하는 방식이다.
③ 초음파식 : 발음기와 수음기를 설치하여 자동차의 출입시 음파를 반사시켜 그 반사 신호를 이용하는 방식이다.
④ Loop Coil 방식 : 차로에 포설한 루프코일의 인덕턴스가 차량의 접근으로 변화하는 것을 이용한 방식이다.
⑤ 적외선 비임 방식 : 투광기와 수광기를 이용하여 차량 통과시 적외선을 차단함으로써 그 때의 신호를 이용한 방식이다.

(1) 적외선 비임 방식

보이지 않는 적외선 비임을 물체가 차광함으로써 검출신호를 출력하여 2대 2조로 사용하고 사람과 차를 구별한다. 발광체에는 칼슘비소 반도체 발광다이오드가 사용되고 구부러지고 절단 염려가 없고 태양광의 직류 외란광에 대한 발광을 변조광(약 100[펄스/sec])으로 옥외에서도 충분히 실용 가능하며 신뢰도가 높다.

(가) 회로동작 블록선도

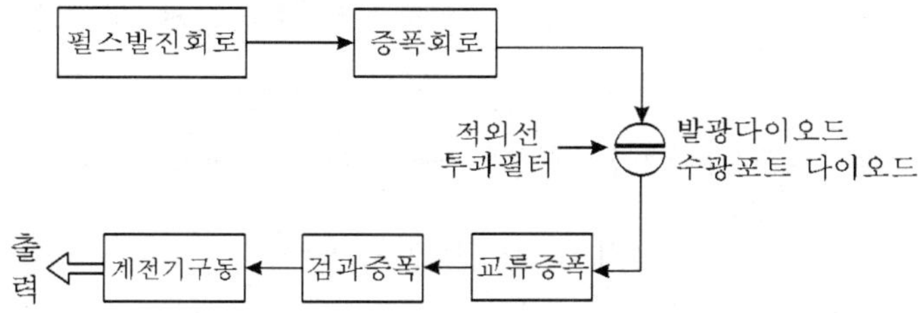

그림 6-18 적외선 비임 방식

(나) 설계 • 시공상 유의점

① 많은 비, 안개, 눈, 결로 등을 통과시 투과 또는 반사손실이 생기므로 적설이 많은 지역, 옆으로 들이치는 옥상에서는 이러한 조건을 배제할 필요가 있다.

② 사람의 왕래가 심한 곳에서는 사람과 차가 판별이 안되므로 출구 부근의 카운터에는 부적당하다.

(2) Loop Coil 방식

차로에 매설한 루프코일의 인덕턴스가 차량의 접근으로 인해 변화하는 것을 이용하여 검지하는 것으로 미약한 변화분을 증폭하여 릴레이를 동작하는 것으로 변주 방식, 위상차 방식, 브리지 방식이 있다.

① **변주 방식** : LC발진기의 코일 L을 루프코일형으로 구성하여 이 때 차량이 진입하면 인덕턴스가 저하하는 관계로 발진 주파수가 커짐으로서 검출한다.

② **위상차 방식** : 루프코일에 교류전압을 공급하고 차량진입시 코일에 흐르는 전류의 위상차 변화를 이용하여 검출한다.

③ **브리지 방식** : 루프코일을 교류브리지의 1변으로 하여 차량진입시 인덕턴스가 감소되므로 브리지 평형이 흐트러져 출력을 발생하여 검출한다.

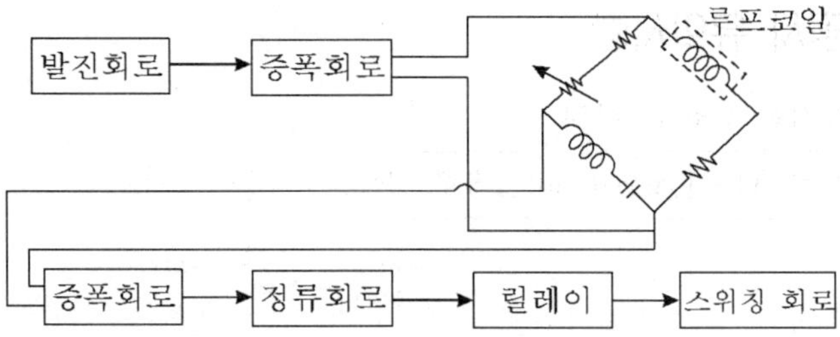

그림 6-19 브리지 방식

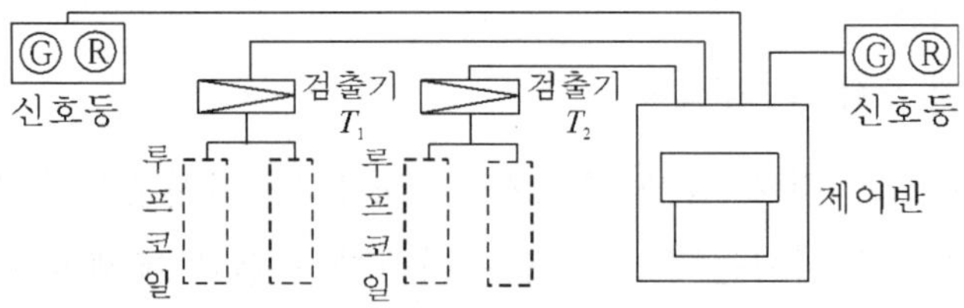

그림 6-20 구성 기기간의 배선

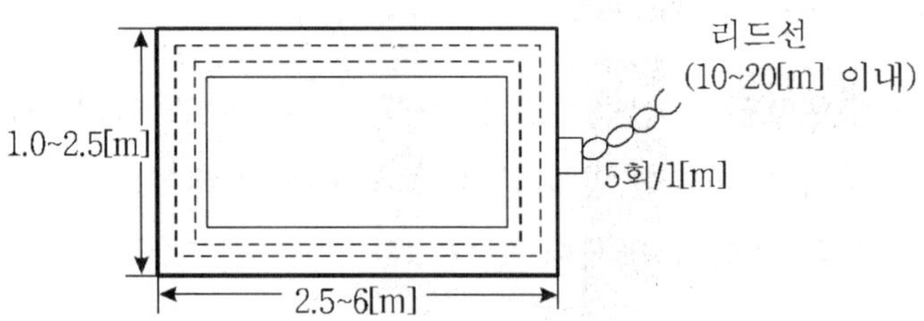

그림 6-21 루프코일 매설의 임시틀

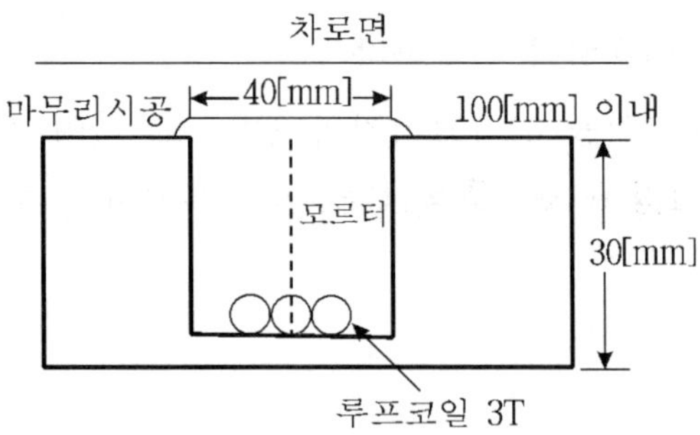

그림 6-22 루프코일 매설 상세도

(3) 설계 시공시 유의사항

① 방향성별 감지기는 2조로 한다.

② 양방향 통행차로에는 Loop Coil 2개로 방향선별을 하기보다는 각 방향 1개씩이 바람직하다.

③ 전기배관 급수배관 금속관을 Loop Coil 직상 또는 통과는 원칙적으로 제한한다.

④ Loop Coil은 금속관내에 넣지 않는다.

⑤ Coil 리드선은 10~20[m] 이내로 하고 일방향 연선(5회/1[m])으로 금속관내에 배선한다.

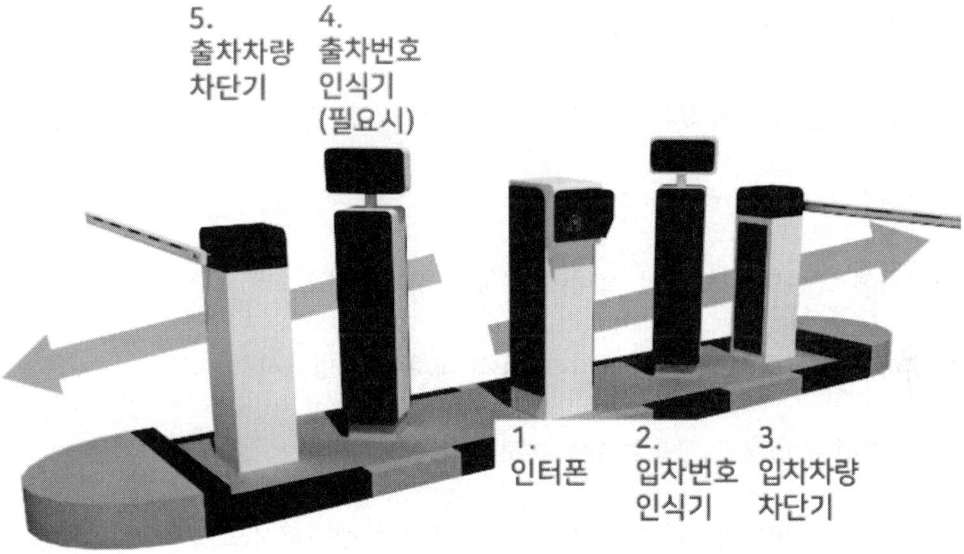

그림 6-23 주차장 출차 시스템 구성 예

연 습 문 제

1. 부호통신에 대하여 설명하시오.

2. 정보통신의 발달사에 대하여 설명하시오.

3. 인터폰의 종류와 특성을 설명하시오.

4. 전화설비의 구성에 대하여 설명하시오.

5. CATV의 종류를 들고 설명하시오.

6. 주차관제설비의 요금정산 구성도를 그리시오.

7. 인텔리젼트 빌딩의 구성요소를 설명하시오.

8. 인텔리젼트 빌딩의 수변전 설비에 대하여 설명하시오.

9. 인텔리젼트 빌딩의 에너지 절약 방법에 대하여 설명하시오.

10. 인텔리젼트 빌딩의 구축효과에 대하여 설명하시오.

11. 인텔리젼트 빌딩의 OA 서비스 기능에 대하여 설명하시오.

12. 국내 인텔리젼트 빌딩의 현황과 문제점을 설명하시오.

13. 고도의 통신 서비스 기능을 설명하시오.

14. 정보통신 기반 서비스 기능에 대해 설명하시오.

15. 인텔리젼트 빌딩의 설계방침을 설명하시오.

16. SCADA 시스템의 구성과 특징에 대해 설명하시오.

제 7 장 방재설비

방재설비(防災設備)는 재해로부터 인명과 재산을 보호하기 위한 설비로서 재해에는 인재(人災)와 천재(天災)가 있으며 인재는 도난, 화재사고 등이 있고 천재는 수해, 지진, 뇌해, 풍해 등을 말한다.

7.1 소방방재설비

화재설비는 소방법, 건축법에 의해 건물의 용도, 규모 등에 따른 제 설비의 의무가 부과되고 있다.

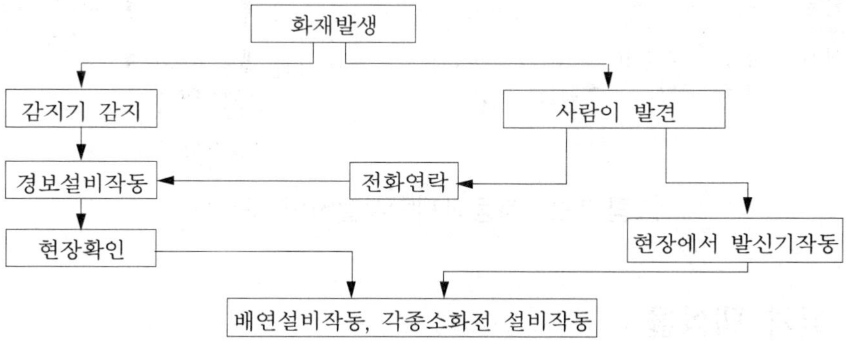

그림 7-1 화재발생의 감지, 메카니즘

7.1.1 자동화재탐지설비

자동화재탐지설비(自動火災探知設備 : automatic fire alarm system)는 화재 발생시 초기에 연기 및 열 등을 자동적으로 탐지하여 이를 건축물내의 관계자에게 표시등, 벨, 사이렌 등으로 화재의 발생을 통보해 주는 설비이다.

(1) 구 성

화재탐지설비의 구성은 수신기, 감지기, 중계기, 발신기, 경보장치, 배선 등으로 구성되며 이 자동화재탐지설비는 감지→통보→소화의 기능을 갖는다.

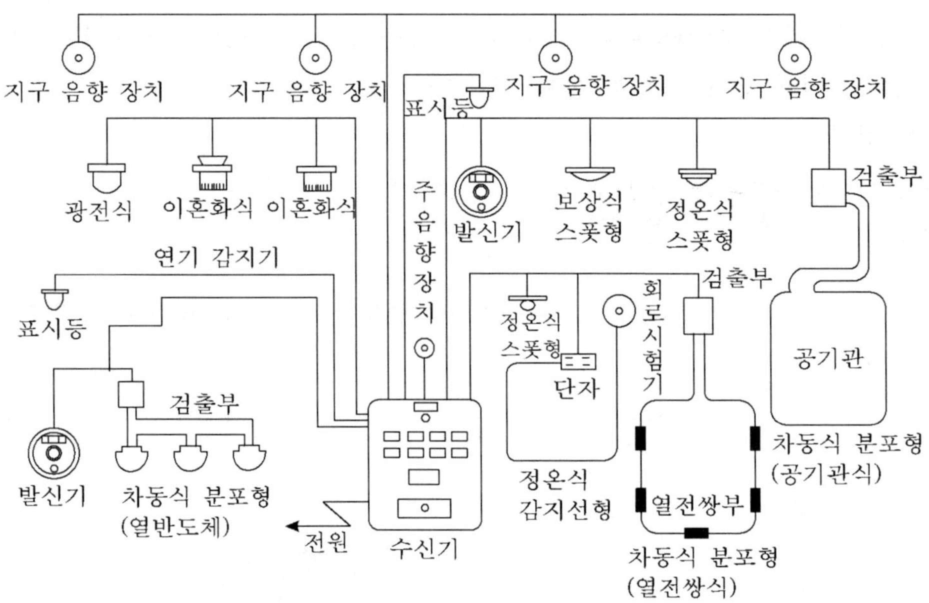

그림 7-2 자동화재탐지설비의 구성도

(2) 설치 대상물

① 근린생활시설, 위락시설(일반 목욕탕은 제외), 관람, 집회 및 운동시설, 숙박시설, 의료시설, 노인복지시설, 아동복지시설, 장애인복지시설, 유치원, 관광휴게실, 복합 건축물로서 연면적 600[m^2] 이상인 것.

② 일반 목욕장, 판매시설, 아파트 및 기숙사, 전시시설, 공장 및 창고시설로서 연면적 1000[m²] 이상인 것.

③ 업무시설, 운수자동차 관련시설, 종교시설, 동식물 관련시설, 위생관련시설 및 교정시설로서 연면적 2000[m²] 이상인 것.

④ 제 ②호에 해당하지 아니하는 소방 대상물로서 지정수량의 500배 이상의 준위험물 또는 지정수량의 500배 이상의 특수가연물을 저장, 취급하는 곳.

⑤ 자동화재 속보설비는 판매시설, 숙박시설, 의료시설, 통신, 촬영시설, 전시시설, 공장 및 창고시설로서 바닥면적이 1500[m²] 이상인 층이 있는 것에 설치하여야 한다.

〔3〕 감지기

감지기(感知器 : fire detector)는 화재로 인하여 발생되는 열이나 연기를 자동적으로 감지하여 수신기에 화재신호를 보내주는 장치로서 화재탐지설비의 눈과 귀의 역할을 한다.

화재감지에 이용되는 가장 공통적인 요소들은 열, 연기(에어로졸 입자), 불꽃 등이 있다.

(1) 감지기의 분류

검출원리 / 구분 / 이용상분류 / 용도별분류 / 감도종별 / 열 감응부의 예

- 감지기
  - 열 감지기
    - 차동식
      - 스폿형
        - 공기식 — 1종, 2종 — 다이어램프
        - 전기식 — 1종, 2종 — 열전기식
          - 열대전식
          - 열반도체식
      - 분포형
        - 공기관식 — 1종, 2종, 3종 — 공기관
        - 열전대식 — 1종, 2종, 3종 — 열전대
        - 열반도체식 — 1종, 2종, 3종 — 서보 모듈
    - 정온식
      - 스폿형 — 특종, 1종, 2종 — 바이메탈, 반도체
      - 감지선형 — 특종, 1종, 2종 — 바이메탈, 반도체, 가용절연물
    - 보상식 — 스폿형 — 1종, 2종 — 다이어프램, 바이메탈
    - 감지헤드
  - 연기감지기
    - 광전식
      - 스폿형 — 산란광식
        - 비축적형 — 1종, 2종, 3종 — 발광 다이오드
        - 축적형 — 1종, 2종 — 발광 다이오드
      - 분리형 — 감광식 — 2종
    - 이온화식
      - 비축적형 — 1종, 2종, 3종 — 아메리슘 95번 원소
      - 축적형 — 1종, 2종 — 아메리슘 95번 원소
  - 복합감지기
    - 열복합형
    - 연기복합형
    - 열 · 연기복합형
  - 다신호감지기
  - 불꽃감지기
    - 자외선식
    - 적외선식
    - 자외선 · 적외선복합형
  - 아날로그식 감지기

(2) 구조 및 동작 원리

① **차동식 스포트형 감지기** : 감지기의 외부온도가 일정한 온도상승률 이상이 되었을 때 작동하는 것으로 한 국소(1局所)의 열 효과에 의해 작동하는 것이다.

㉠ 공기팽창을 이용한 것.

㉡ 열기전력을 이용한 것.

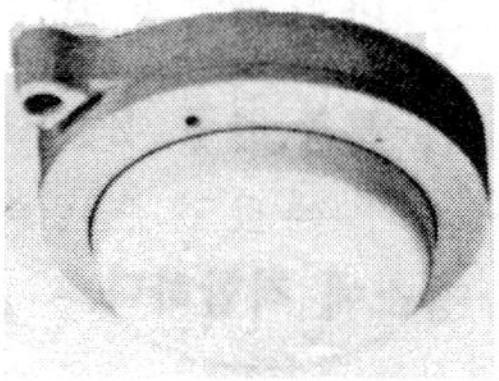

(a) 외형

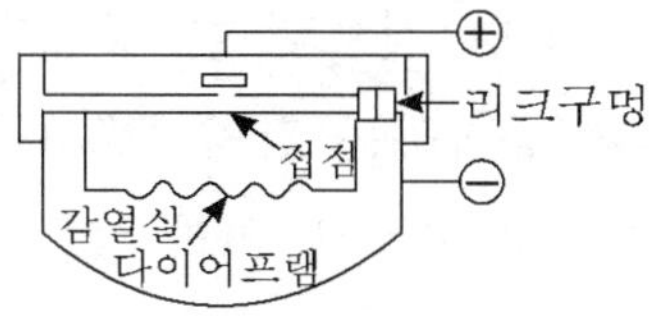

(b) 다이어프램형

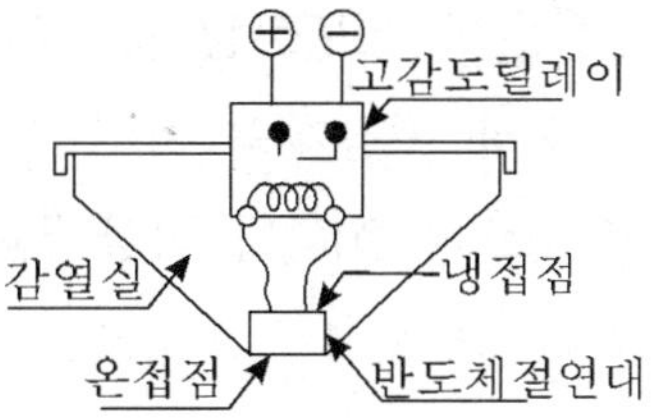

(c) 반도체형

그림 7-3 차동식 스포트형 감지기

② **차동식 분포형 감지기** : 감지기의 주위온도가 일정한 온도상승률 이상이 되었을 때 작동하는 것으로 광범위한 열 효과의 누적에 의하여 작동되며 수열부와 검출부로 구성되고 수열부에 따라 분류하면 공기관식, 열반도체식, 열전대식이 있다.

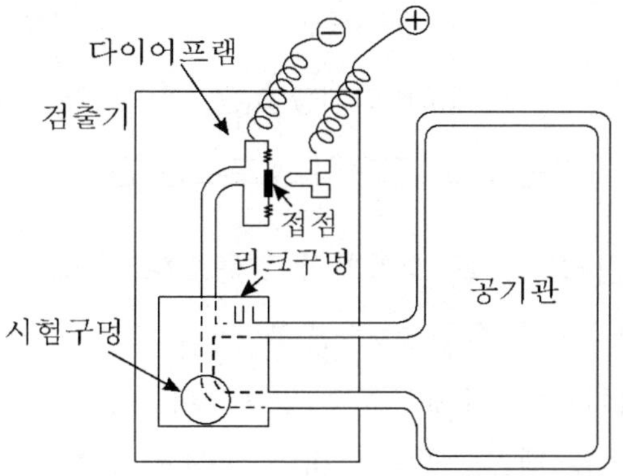

(a) 공기관식

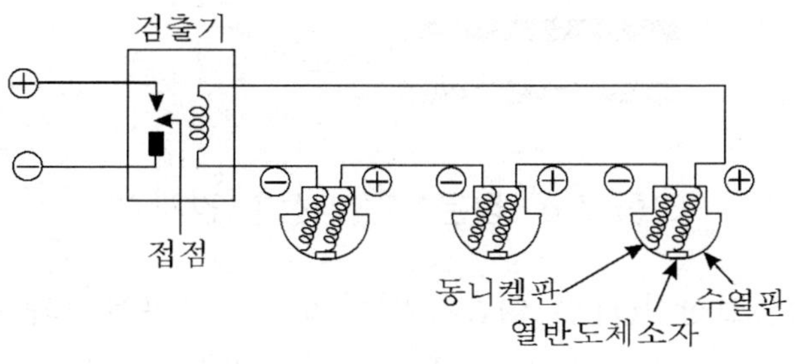

(b) 열반도체식

그림 7-4 차동식 분포형 감지기

③ 정온식 스포트형 감지기 : 정온식(定溫式) 스포트형 감지기는 바이메탈의 변위, 금속의 팽창계수 차이 등을 이용한 것으로 한 장소의 주위온도가 평상시 최고 온도보다 20[℃] 이상 높을 때 동작하는 감지기로서 작동시간의 빠르고 느림에 따라 특종, 1종, 2종으로 구분되고 온도에 따라 65[℃], 70[℃], 90[℃]의 3종류가 있다.

이 감지기는 주방이나 보일러실 등과 같이 항상 화기를 취급하는 장소에 적합하다.

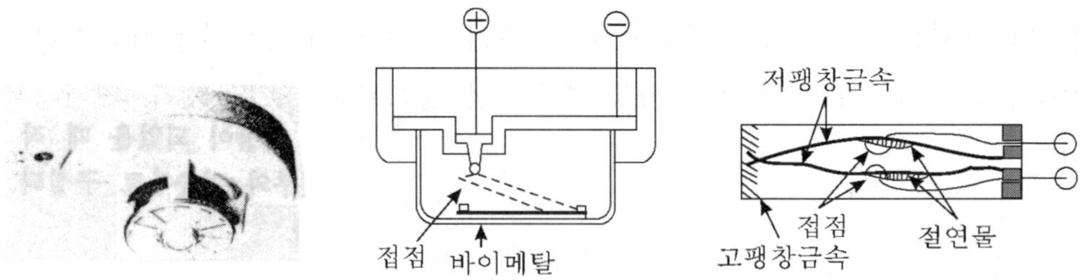

(a) 외형 (b) 바이메탈 이용 (c) 금속의 팽창계수차 이용

그림 7-5 정온식 스포트형 감지기

④ 정온식 감지선형 감지기 : 열 감지기의 일종으로 화재로 인하여 온도가 상승하면 그림 7-6과 같이 전기 절연물로 된 꼬은 선으로 설정온도에 도달하면 절연물이 녹아 2줄이 접촉하여 화재신호를 발생한다. 특징으로는 재사용이 불가능하며 프랜트 설비의 기름 탱크, 공동 구내의 케이블 위에 설치하여 사용한다.

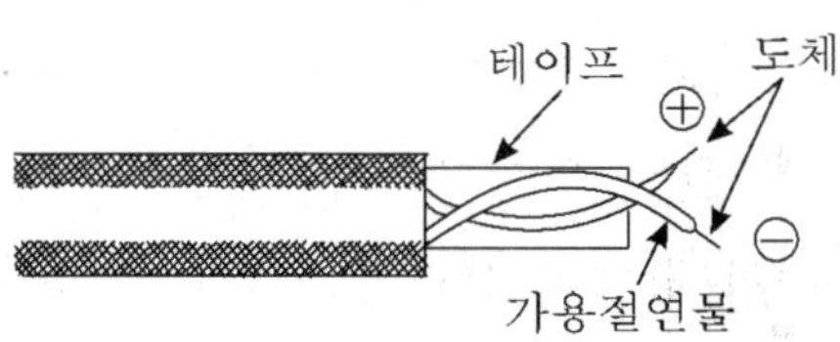

그림 7-6 정온식 감지선형 감지기

⑤ 보상식 감지기 : 보상식(補償式)감지기는 차동식 스포트형의 특성과 정온식 스포트형의 특성을 동시에 갖춘 감지기로서 차동식과 정온식 감지특성 중 하나가가 작동할 때 화재신호를 발생하고 구조는 그림 7-7과 같다.

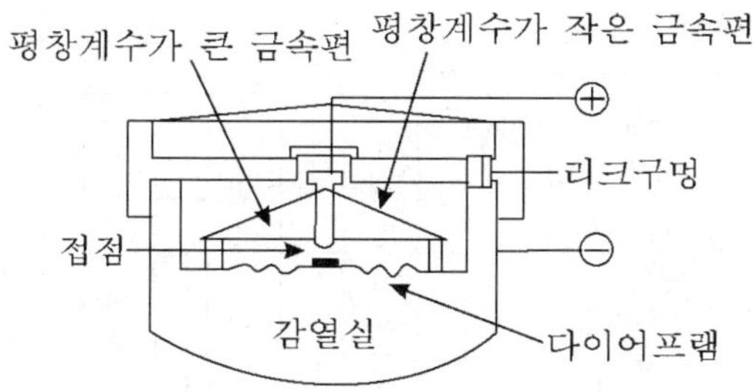

그림 7-7 보상식 스포트형 감지기

⑥ **이온화식 스포트형 연기감지기** : 검지부에 연기가 들어오면 이온전류가 감소하는 것을 전기적으로 포착하여 일정치 이상이면 화재신호를 발생하는 감지기이다.

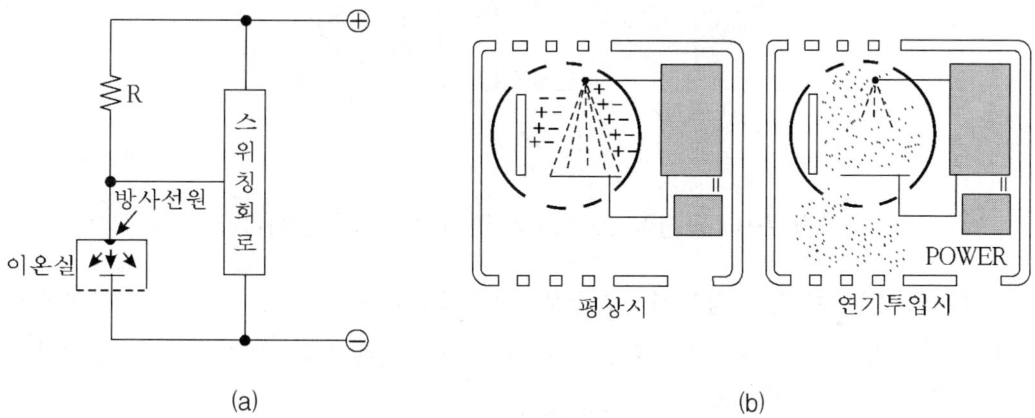

그림 7-8 이온화식 감지기

⑦ **광전식 스포트형 연기감지기** : 구조는 그림 7-9와 같이 주위의 빛을 완전히 차단시키고 연기만 진입하도록 한 암상자내의 한쪽에서 발광소자(Diode)의 광속을 한 방향으로 조사시키고 이 광속의 산란광을 받는 방향에 수광 소자가 설치되어 있다.

화재시 연기가 암상자에 유입되면 연기 입자가 광속에 의하여 산란반사를 일으키고 수광소자는 산란광의 일부를 받아 수광량의 변화를 검출하여 설정치 이상이면 화재신호를 발한다.

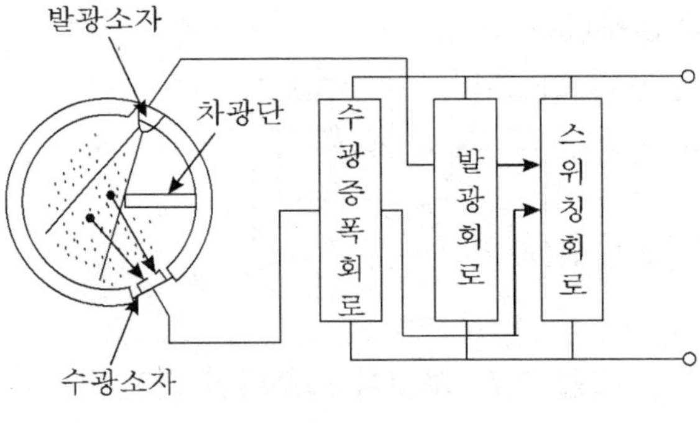

(a)

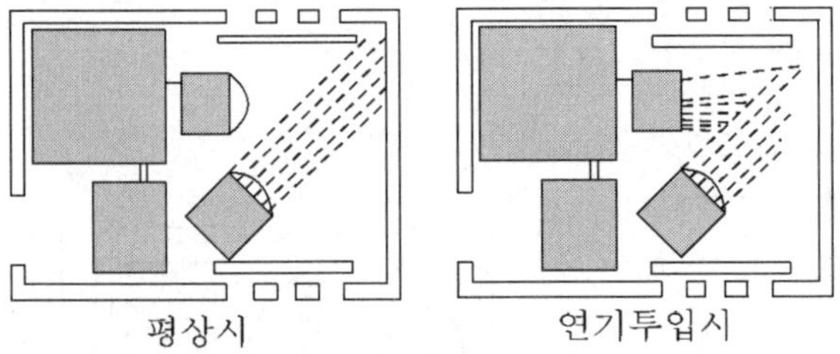

(b)

그림 7-9 광전식 스포트형 연기감지기의 감지 원리

⑧ 광전식 분리형 연기감지기 : 발광부와 수광부로 구성되어 있으며 발광부에서 항상 수광부로 빛을 보내어 이들 사이에 연기가 유입되면 광로의 축을 방해하게 되어 수광량이 감소한다.

수광량의 감소가 설정치 이상이 되면 화재신호를 발한다. 이 구조의 감지기는 그림 7-10과 같다.

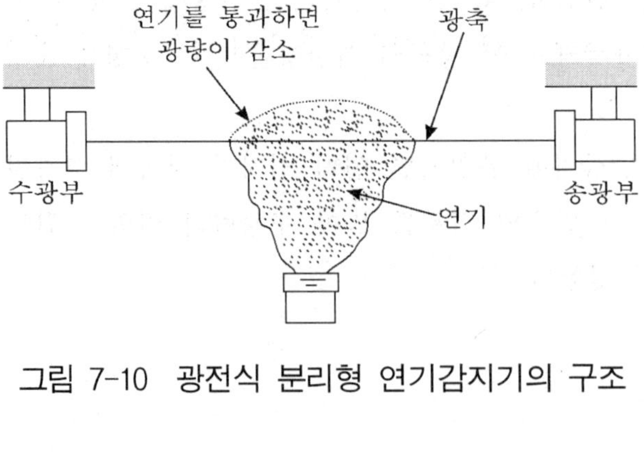

그림 7-10 광전식 분리형 연기감지기의 구조

⑨ 복합식 스포트형 감지기

㉠ 연기복합식 스포트형 감지기

㉡ 열, 연기복합식 스포트형 감지기

(3) 부착높이에 따른 감지기 선정

표 7-1 감지기의 종류에 따른 부착 높이

부착 높이	감지기의 종류
4[m] 미만	차동식 스포트형, 차동식 분포형, 보상식 스포트형, 정온식, 이온화식 또는 광전식
4[m] 이상 8[m] 미만	차동식 스포트형, 차동식 분포형, 보상식 스포트형, 정온식 스포트형 특종 또는 1종 이온화식 1종 또는 2종, 광전식 1종 또는 2종
8[m] 이상 15[m] 미만	차동식 분포형, 이온화식 1종 또는 2종, 광전식 1종 또는 2종
15[m] 이상 20[m] 미만	이온화식 1종 또는 광전식 1종

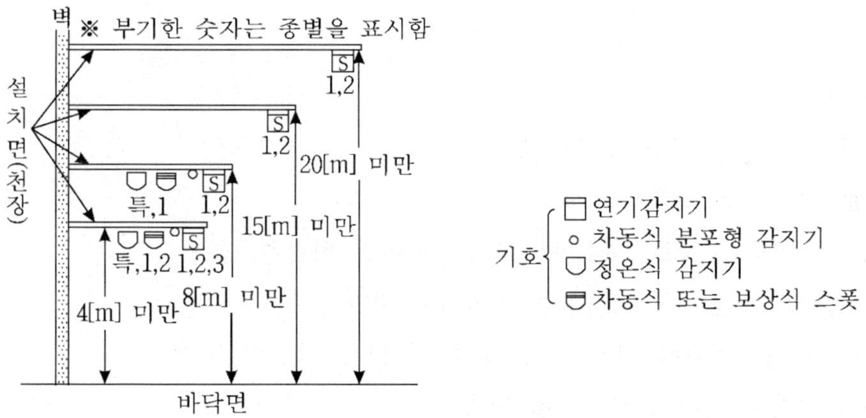

그림 7-11 감지기의 종별에 따른 설치높이

(4) 바닥면적에 따른 설치기준

(가) 열감지기

표 7-2 감지기별 면적표

<table>
<tr><th colspan="2" rowspan="3">부착높이 및
소방대상물의 구분</th><th colspan="7">감지기의 종류 단위[m²]</th></tr>
<tr><th colspan="2">차동식
스포트형</th><th colspan="2">보상식
스포트형</th><th colspan="3">정온식
스포트형</th></tr>
<tr><th>1종</th><th>2종</th><th>1종</th><th>2종</th><th>특종</th><th>1종</th><th>2종</th></tr>
<tr><td rowspan="2">4[m]
미만</td><td>주요구조부를 내화구조로 한 소방대상물 또는 그 부분</td><td>90</td><td>70</td><td>90</td><td>70</td><td>70</td><td>60</td><td>20</td></tr>
<tr><td>기타구조의 소방대상물 또는 그 부분</td><td>50</td><td>40</td><td>50</td><td>40</td><td>40</td><td>30</td><td>15</td></tr>
<tr><td rowspan="2">4[m]
이상
8[m]
미만</td><td>주요구조부를 내화구조로 한 소방대상물 또는 그 부분</td><td>45</td><td>35</td><td>45</td><td>35</td><td>35</td><td>30</td><td></td></tr>
<tr><td>기타구조의 소방대상물 또는 그 부분</td><td>30</td><td>25</td><td>30</td><td>25</td><td>25</td><td>15</td><td></td></tr>
</table>

(나) 연기감지기

① 연기감지기 설치장소

㉠ 15[m]가 넘는 계단 및 경사로

㉡ 30[m]가 넘는 복도 및 통로

㉢ 엘리베이터 승강로, 파이프덕트, 기타 이와 비슷한 장소

㉣ 천장, 반자 높이가 15[m] 이상 20[m] 미만의 곳

㉤ ㉠, ㉡, ㉣ 이외에 지하층, 무 창층 및 11층 이상의 장소

② 연기감지기를 설치해서는 안될 장소

㉠ 부식성가스가 발생할 염려가 있는 장소

㉡ 먼지, 분진, 수증기가 다량으로 체류하는 장소

㉢ 주방 등과 같이 정상시 연기가 체류하는 장소

㉣ 극히 고온이 되는 장소

㉤ 유지관리가 충분히 기대되지 못하는 장소

(4) 발신기

발신기는 사람이 감지기보다 먼저 화재를 발견하여 화재의 발생을 알리기 위한 장치를 말한다. 이 때 화재신호를 수동으로 발신하는 것으로서 누름식의 P형과 전화식의 T형 및 M형이 있으며 방수성의 유무에 따라 옥내형과 옥외형으로 나누어진다. 또한, P형 발신기는 그 기능에 따라 1급과 2급으로 다시 분류된다.

(1) 발신기의 종류

① P형 1급 발신기 : P형 1급 수신기(다만 1회선의 것을 제외) 또는 R형 수신기에 접속하여 사용하는 것으로서 발신자가 발신한 것을 확인할 수 있는 응답램프가 있고 수신기와 발신기가 상호간 연락할 수 있는 전화장치를 지니고 있다.

② P형 2급 발신기 : P형 2급 수신기에 연결해서 사용하며 누름단추 기능만 있고 전화연락이 불가능하고 응답표시등이 없다.

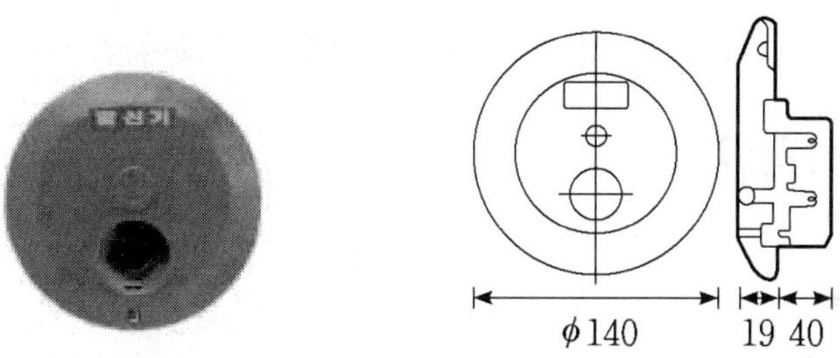

(a) 외형 (b) T형 발신기

그림 7-12 발신기

③ T형 발신기 : T형 발신기는 수동으로 공통의 신호를 수신기로 발신하고 발신과 동시에 통화가 가능하고, 그 기능은 송수화기를 들면 수신기로 화재신호가 발신되면서 수신기와 서로 동시 통화가 가능토록 되어 있다.

④ M형 발신기 : 누름단추 작동시 발신기 고유의 신호가 소방관서에 설치된 M형 수신기에 전달되는 것이다. 모든 발신기는 하나의 배선에 의하여 직렬로 접속된다. 접속할 수 있는 발신기의 수는 100개 이하이다. 발신기에서 수신 완료까지의 소요시간은 약 10초~20초 정도이다.

(2) 발신기의 설치 기준

① 조작이 쉬운 장소에 설치하고 그 누름스위치는 바닥으로부터 0.8[m]~1.5[m]의 높이에 설치할 것.

② 감지기회로의 끝 부분에 설치할 것.

③ 소방대상물의 층마다 설치하되 당해 소방대상물의 각 부분으로부터 하나의 발신기까지의 보행거리가 50[m] 이하가 되도록 할 것.

④ 발신기의 위치표시는 발신기의 상부에 설치하되 부착면과 15°이상의 각도로 10[m] 거리에서 쉽게 식별할 수 있는 적색등이나 발광식 또는 축광식 표지로 하여야 한다.

[5] 수신기

수신기(受信機)는 감지기나 발신기에서 발신된 화재신호를 수신하여 화재의 발생을 해당 건물의 관계자에게 램프 및 음향장치 등을 사용하여 통보하는 장치로서 수위실 등 항상 사람이 있는 장소(방재 센터)에 설치하여야 한다.

(1) 수신기의 종류

- 수신기
  - 화재경보전용
    - P형
      - 1급
      - 2급
      - 3급
    - R형
  - 화재경보 및 누설 가스 겸용
    - GP형
      - 1급
      - 2급
      - 3급
    - GR형

여기서, P형(proprietary type : 소유자형) 수신기, R형(record type : 기록형) 수신기, GR형(gas-record type), GP형(gas-proprietary type), M형(municipal type : 공유형)을 의미한다.

표 7-3 P형 수신기와 R형 수신기의 특성 비교

항목	P형 수신기	R형 수신기
시스템구성	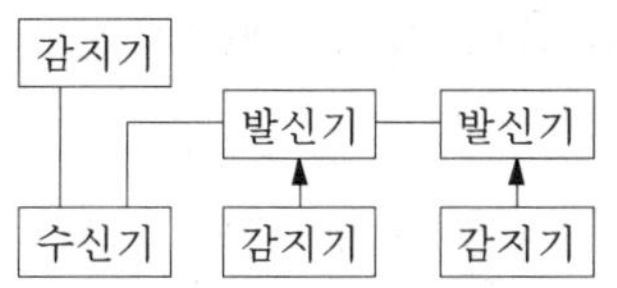	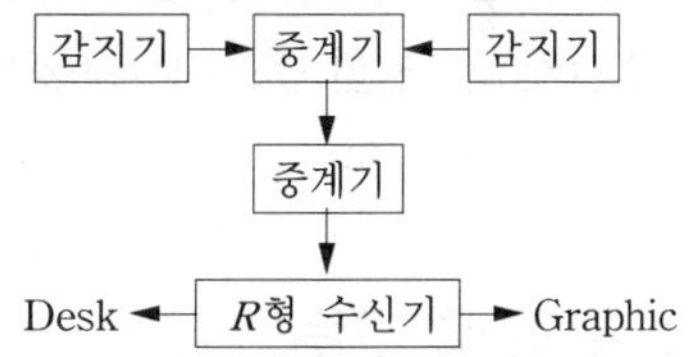
시스템신뢰성	· 수신반에 고장이 발생할 경우 시스템이 전체 마비됨.	· 고장중계기를 수신반에 표시 · 타중계기 정상 작동 · 시스템 정상 동작
화재표시방법	· 램프, 점등	· Digital 숫자표시 · 램프, 전등, CRT표시
배선방법	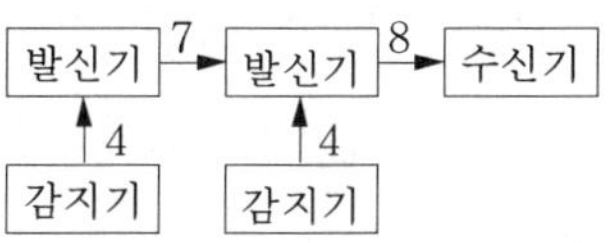	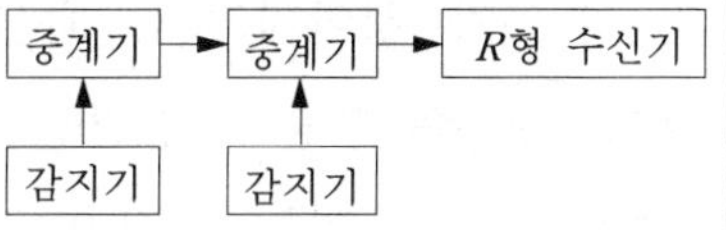
회로증설변경	복잡하고 공사비가 많다.	용이함, 경제적임
경제성	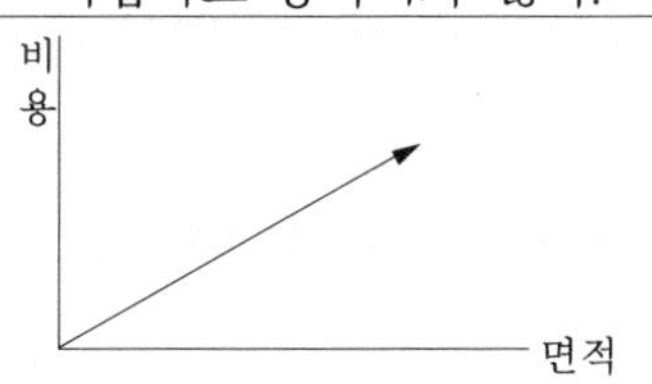	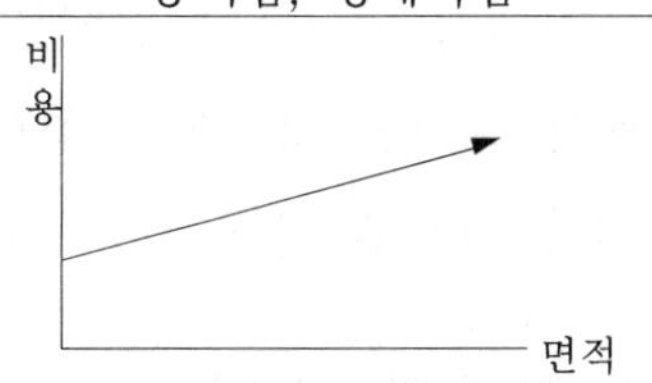
신호전달방식 신호의 종류 유지보수	개별 신호선(전기적 신호) 전회선 공통(전기적 신호) 어렵다	다중전송방식(Digital신호) 회선끼리 공유(Digital신호사용) 용이

(a) 수신기

(b) 중계기

그림 7-13 수신기 및 중계기

〔6〕 중계기

중계기란 감지기 또는 발신기로부터 신호를 받아 이를 수신기 및 제어반으로 신호를 발신하며 소화설비나 배연(排煙)설비 등에 제어신호를 발신하는 장치를 말한다.

(1) 구조 및 기능

① 수신기에서 전력이 공급되는 방식의 중계기는 유사시 퓨즈가 끊어지거나 배선용 차단기의 차단 등이 생길 경우 자동적으로 수신기에 신호를 보낸다.

② 수신기에서 전력이 공급되지 않는 방식의 중계기는 전원 입력회로와 주 전원의 정전, 퓨즈가 끊어지거나, 배선용 차단기 등이 생길 경우 자동적으로 수신기에 보낸다. 또 주 전원이 정전된 경우 즉시 예비전원으로 전환되고 예비전원의 양부를 시험할 수 있는 장치가 필요하다.

③ 중계기에서 지구음향 장치를 가동시킬 때 수신기에서 조작하지 않는 한 계속하여 벨을 울리는 것이어야 한다.

④ 중계기(中繼器)의 설치는 바닥으로부터 0.8～1.5[m] 높이에 설치한다.

〔7〕 경종과 표시등

화재의 발생을 내부 사람들에게도 알리고 소화 활동 및 피난을 재촉하기 위하여 수신기와 함께 동작하도록 하는 것으로 종류에는 수신기 부근에 설치하는 주경종과 각 층에 설치하는 지구 경종이 있다.

(1) 경종과 표시등

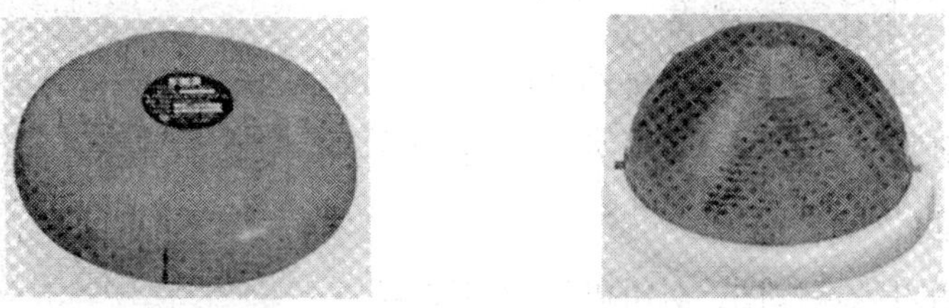

(a) 경종 (b) 표시등

그림 7-14 경종과 표시등

(2) 음향장치의 구조 및 성능의 기준

① 정격전압의 80[%]에서 음향을 발할 수 있을 것.

② 음향은 부착된 음향장치의 중심으로부터 1[m] 떨어진 위치에서 90폰 이상일 것.

③ 감지기의 작동과 연동하여 작동할 것.

7.1.2 비상경보설비

비상경보설비는 자동화재 탐지설비 등에 의해서 감지된 화재를 신속하게 소방대상물 안에 있는 사람에게 경보하여 피난시키며 또한 초기 소화활동을 용이하게 하기 위한 설비이다.

(1) 비상경보설비의 종류

① 비상벨

② 자동식 싸이렌

③ 방송설비

비상벨이나 자동식 싸이렌은 각 층의 보행거리 50[m] 이내에 있는 기동장치(누름단추스위치)를 동작시킴으로서 수평거리 25[m] 이내에 설치된 비상벨 또는 자동식 싸이렌에 의해 비상사태를 알리는 것이다.

(2) 특 징

① 자동화재 탐지설비 이외에 사람이 인위적으로 행하는 설비이다.

② 지구 음향장치가 들리지 않는 곳까지 대피 및 화재발생을 전달할 수 있다.

③ 업무용 방송설비와 겸용할 수 있다.

④ 방송에 의한 비상경보설비는 화재의 양상에 따라 필요한 층을 임의로 선택하면서 화재를 알릴 수가 있다.

⑤ 비교적 설비가 간단하고 설비비가 저렴하다.

7.1.3 피난 유도설비

전기분야에서 피난 설비라 함은 화재 발생시 인명의 안전을 위하여 비상탈출구 또는 피난을 위한 설비와 안전하게 대피할 수 있도록 등화나 표지 등을 이용한 피난구 유도등, 통로 유도등, 객석 유도등 등을 말한다.

〔1〕 유도등 설비

유도등은 극장, 나이트 클럽 등의 많은 사람들이 모이는 시설에서 화재 등 비상시에 피난을 용이하게 하기 위한 설비이다.

유도등의 설비기구는 정전시에 유효한 피난구를 확보하기 위하여 비상전원을 부가 설치한 것으로서 보통 상용전원으로 상시 점등하고 정전되었을 때 자동적으로 비상용으로 전환되어서 20분 이상 점등되는 것이다.

(1) 피난구 유도등

① 옥내로부터 직접 지상으로 통하는 출입구 및 그 부속실의 출입구.

② 직통계단, 직통계단의 계단실 및 그 부속실의 출입구.

③ ①, ②에서 정한 출입구에 이르는 복도 또는 통로로 통하는 출입구(각 부분으로부터 쉽게 당해 출입구에 도달할 수 있는 경우는 제외한다.)

④ 피난구 유도등은 피난구의 바닥으로부터 높이 1.5[m] 이상의 곳에 설치하여야 한다.

⑤ 피난구 유도등의 조명도는 피난구로부터 30[m]의 거리에서 문자 및 색채를 쉽게 식별 수 있는 것으로 하여야 한다.

그림 7-15 피난구 유도등

(2) 통로 유도등

① 복도, 계단, 통로 기타 피난설비가 있는 장소에 설치하되 피난상 유효한 조명으로 할 것.

② 계단에 있어서는 각 계단 층마다, 기타의 것에 있어서는 각층의 복도, 통로, 경사로의 부분으로부터 하나의 통로 유도등까지의 보행거리가 20[m] 이하가 되는 곳과 구부러진 모퉁이에 설치하고 소방대상물에 있어서는 당해 지하층·무창층에 설치되는 통로유도등 전후에 유도안내표지를 설치할 것.

③ 통행에 지장이 없도록 할 것.

④ 바닥으로부터 높이 1[m] 이하의 위치에 설치할 것.

⑤ 주위에 이와 유사한 등화 광고물, 게시물 등을 설치하지 아니할 것.

⑥ 조명도는 통로유도등의 바로 밑으로부터 0.5[m] 떨어진 바닥에서 측정하여 1[lx] 이상(바닥에 매설한 것에 있어서는 통로유도등의 직상부 1[m]의 높이에서 측정하여 1[lx] 이상)이어야 한다.

⑦ 통로 유도등은 피난의 방향을 표시한 녹색의 등으로 하여야 한다.

(a) 통로 유도등

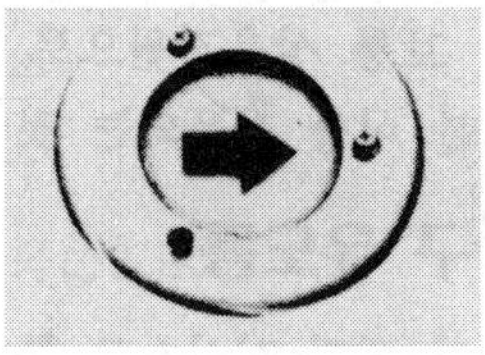

(b) 객석 유도등

그림 7-16 통로 유도등과 객석 유도등

(3) 객석 유도등

① 객석 통로의 바닥면에 유효하게 조명하는 것이다.

② 객석의 통로바닥, 벽면, 시트 측면 등에 설치하고 객석 통로의 바닥면 조도가 0.2[lux] 이상이 되도록 한다.

③ 설치개수$=\dfrac{\text{객석 통로부분의 길이[m]}}{4}-1$

(4) 유도등의 전원

① 유도등의 전원은 축전지 또는 교류전압의 옥내간선으로 하고 전원까지의 배선은 전용으로 하여야 한다.

② 비상전원은 축전지로 하고 그 용량은 해당 유도등을 유효하게 20분 이상 동작시킬 수 있어야 하며 대규모·초고층 등의 빌딩에는 유효하게 60분 이상 점등하도록 설치해야 한다.

③ 배선은 전기설비기술기준령에서 정한 것 외에 다음 각 호의 기준에 의하여 한다.

㉠ 유도등의 인입선과 옥내배선은 직접 연결할 것.

㉡ 유도등의 전기회로에는 점멸기(소방 대상물 그 부분에 사람이 없거나 또는 3선식 배선에 의하여 상시 충전되어 있는 것은 제외)를 설치하지 아니할 것.

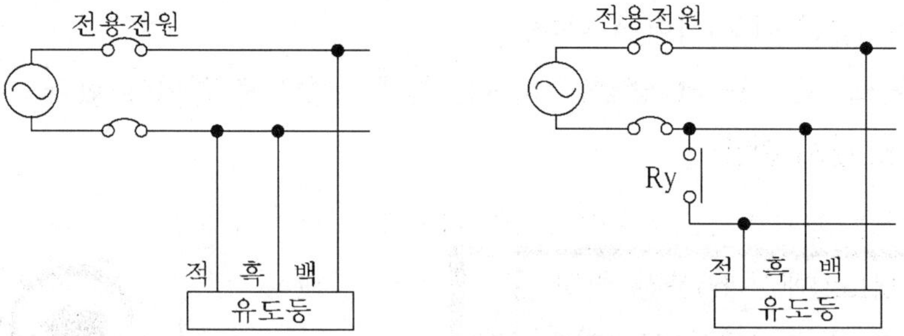

(a) 2선식 배선방법 (b) 3선식 배선방법

그림 7-17 배선방법

유도등 회로에는 점멸기를 설치하지 말고 상시 점등상태를 유지하여 평상시 유도등의 위치를 무의식적으로 거실내의 자가 알 수 있도록 하고, 또한 점등되어 있으므로 인해 평상시 고장유무를 확인할 수 있고 점검보수가 가능하다. 이렇게 함으로서 비상시에 유도등이 점등되지 않아 피난 유도에 실패하는 것을 방지할 수 있다.

(5) 유도등의 휘도기준

표 7-4 유도등의 종류별 평균휘도

종 별		평균휘도[cd/m²]		비 고
		상시	비상시	
피난구 유도등	대형	320~800 미만	100 이상	바탕 : 녹색, 문자 : 백색
	중형	250~800 미만		
	소형	150~800 미만		
통로 유도등	대형	500~1000 미만	150 이상	바탕 : 백색, 문자 : 녹색
	중형	350~1000 미만		
	소형	300~1000 미만		
객석 유도등				바탕 : 백색, 문자 : 녹색 유도등 바로 위 높이 1[m]에서 1[lux] 이상

(6) 유도표지설비

유도표지는 통로바닥으로부터 1[m] 이하로 보행거리 15[m] 이내마다 설치하고 주위조도 0[lux]에서 60분간 발광 후 직선거리 20[m] 떨어진 위치에서 쉽게 식별 가능하고 3[m] 거리에서 표시면의 문자 또는 화살표 등을 쉽게 식별할 수 있어야 한다.

7.1.4 비상용 조명설비

지진, 화재, 그 밖의 예상하지 못한 재해가 일어난 경우 비상전원을 확보하여 조명하는 것을 비상용 조명이라고 한다. 건축법에도 비상용 조명의 설치가 의무화되어 있고 유도등에 대한 기준이 정해져 있다.

〔1〕 비상조명설비

(1) 설치대상

① 5층 이상의 연면적 3,000[m^2] 이상인 소방대상물의 거실과 그로부터 지상에

이르는 복도·계단 및 기타의 통로.

② ①항에 해당되지 아니하는 소방대상물의 지하층 또는 무창층으로서 그 바닥면적이 450[m^2] 이상인 것은 해당 층의 거실과 그로부터 지상에 이르는 복도·계단 및 통로.

(2) 설치기준

① 조도는 비상 조명등이 설치된 장소의 각 부분의 바닥에서 1[lx] 이상이 되도록 할 것.

② 예비전원을 내장한 경우 조명등을 20분 이상 유효하게 작동시킬 수 있는 용량의 축전지와 예비전원 충전장치를 내장할 것.

③ 예비전원을 내장하지 않은 비상조명등의 비상전원은 다음 각 호의 기준을 적용할 것.

㉠ 비상전원은 당해 설비를 유효하게 20분 이상 작동할 수 있는 용량의 것으로 할 것.

㉡ 상용전원이 정전된 경우 자동적으로 비상전원으로 전환되는 것으로 할 것.

㉢ 축전지 설비를 설치할 경우 축전지실의 벽과의 거리가 0.1[m] 이상이 되게 하고, 침수의 우려가 없도록 할 것.

㉣ 비상전원을 설치하는 장소에는 점검 및 조작에 필요한 조명설비와 비상전원의 표시를 할 것.

㉤ 비상전원 전용 수전설비는 다른 전기회로 등의 개폐기 또는 차단기에 의하여 차단되지 아니하도록 할 것.

㉥ 배선은 전기설비기술기준령에서 정한 것 외에 600[V] 2종 비닐절연전선 또는 이와 동등 이상의 내열성을 가진 전선을 사용하고 내화구로된 중요부에 매설하거나 이와 동등 이상의 내열효과가 있는 방법에 의하여 보호하도록 할 것.

☆ 설치제외장소

① 하나의 출입구에 이르는 보행거리가 15[m] 이내인 경우.

② 경기장 기숙사 및 의료기관의 거실.

③ 학교 및 아파트의 거실.

(3) 전원장치

(가) 전원의 종류

비상용 전원은 상용전원과 예비전원의 2종류가 있고 상용전원은 교류전압 옥내간선 또는 축전지에 의한 것이 있으며 예비전원으로는 다음과 같은 것이 있다.

① 충전기를 지닌 축전지.
② 자가 발전장치.
③ ①과 ②의 병용에 의한 것.

(나) 자가발전설비

비상용 조명장치에 사용하는 것은 정전 후 10초 이내에 예비전원측으로 확실히 전환되어 30분 이상 비상용 조명장치에 안정된 전원을 공급할 수 있어야 한다.

(다) 자가발전장치와 축전지 및 충전기의 병용

① **축전지 및 충전기** : 축전지는 정전 후 충전하지 않고 10분 이상의 방전에 견딜 수 있는 용량을 지니고 정전 후 10분 이내(7~8분)에 자가발전장치로 변환되는 것으로 한다.
② **자가발전장치** : 정전 후 45초 이내에 기동되어야 하며 축전지와 변환하여 30분 이상 비상용 조명에 안정된 전원을 공급할 수 있는 것이어야 한다.

7.1.5 비상용 콘센트설비

비상콘센트 설비는 화재시에 소화 또는 인명구조 등의 소화 활동을 원활하게 행할 수 있도록 소방대가 조명용 또는 피난기구의 전원으로 사용할 수 있도록 11층 이상의 각 층에 설치하는 전원설비로서 특징은 다음과 같다.

① 단상 및 3상의 2개의 회로로 구성된다.
② 11층 이상의 층에만 설치한다.
③ 아무리 높은 층이라도 소화활동이 가능하다.
④ 소화에 신속을 기할 수 있다.

(1) 설치대상

① 11층 이상 또는 31[m] 이상의 건축물 각층에 설치한다.

② 지하가 지하상가 1,000[m^2] 이상 건축물

③ 지하층 연면적 3,000[m^2] 이상 또는 지하층 3층 이상 건축물

(2) 설치기준

(가) 바닥으로부터 1~1.5[m]에 설치

(나) 배치

① 아파트 또는 1,000[m^2] 미만인 층에서는 계단에서 5[m] 이내 설치

② 1,000[m^2] 이상인 층(아파트 제외)에서는 각 계단에서 5[m] 이내에 설치하되 그 비상콘센트로부터 그 층의 각 부분까지의 수평거리가 아래 기준을 초과하는 경우에는 추가로 설치해야 한다.

㉠ 지하층의 바닥면적의 합계 3,000[m^2] 이상인 것은 25[m]

㉡ 위 항에 해당하지 아니하는 것은 50[m]

(3) 전 원

① 3상 380[V], 3[kVA] 이상과 단상 220[V]인 것으로 1.5[kVA] 이상이어야 한다.

② 전원회로는 각 층에 있어서 전압별로 2이상이 되도록 설치할 것.

③ 콘센트마다 배선용차단기를 설치한다.

④ 하나의 전용회로에 설치하는 비상콘센트는 10개 이하로 할 것.
이 경우 배선은 각 비상콘센트(3개 이상인 경우 3개)의 공급용량을 합한 용량 이상의 것으로 하여야 한다.

7.1.6 방재센터

방재센터 및 중앙 관리실은 방재관련설비 등을 총합적으로 감시, 제어하는 기능을 갖고 있기 때문에 화재의 발생부터 진화까지의 일련의 방재 활동을 적절하게 하고 나아가서 효과적으로 하게 하는 역할을 가지고 있다.

평상시는 방재설비 및 일반설비의 감시를 하는 장소로 사용되나 화재 등의 재해 시에는 피해 상황을 파악하여 소화, 피난 등의 초기 활동에 필요한 지시를 하는 것과 더불어 건물 내부에 대한 정보를 전달하는데 이용된다.

화재발생 초기에 있어서는 자위 소방활동으로 총괄기능을 가지는 활동 거점으로 되며 소방대 도착 후에는 소방활동의 지휘본부로 사용하여 중추적 역할을 수행하도록 설계된다.

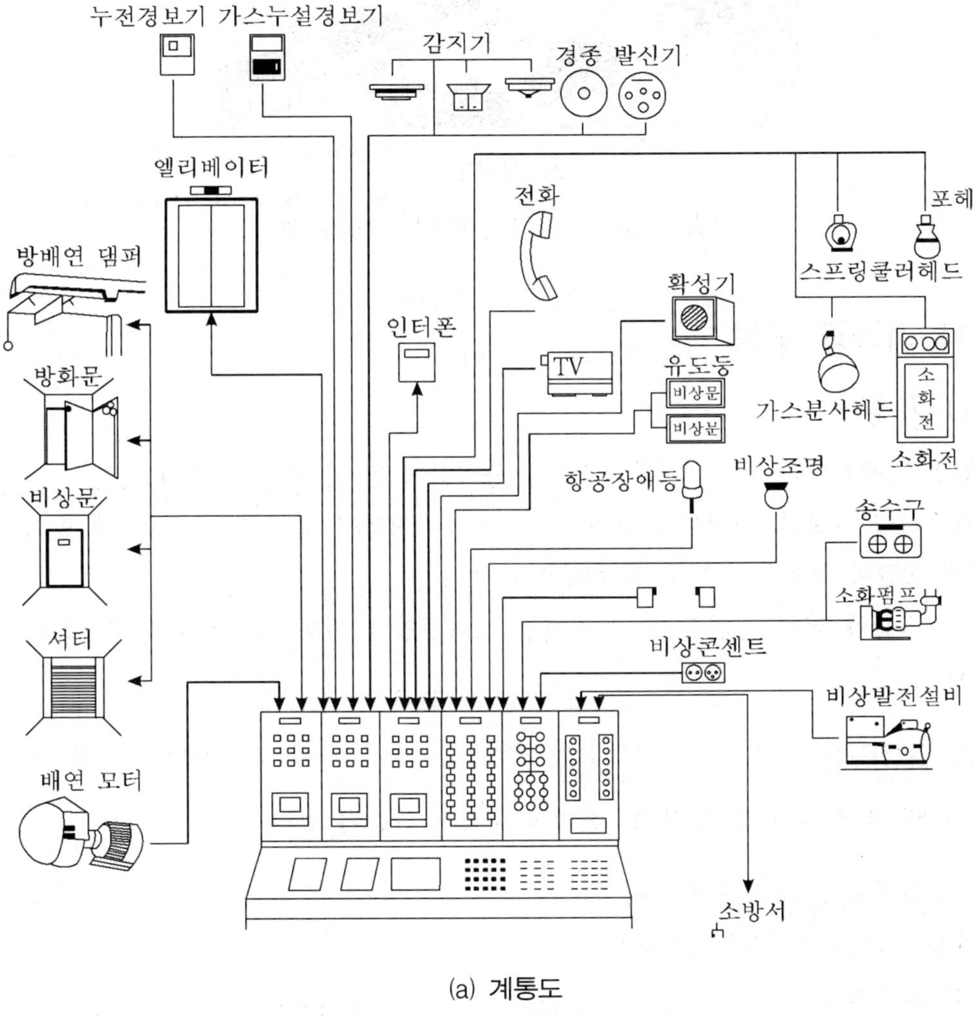

(a) 계통도

(b) 실체도

그림 7-18 중앙감시제어시스템의 예

[1] 기능과 구성

(1) 기 능

① 일반 방재설비의 관리 및 방재활동을 용이하게 할 수 있어야 한다.

② 화재의 조기발견, 안전한 피난유도, 초기 소화작업이 용이하고 비상사태 발생시 사태 진압이 용이한 기능을 갖추어야 한다.

③ 소방기관에 신속한 연락 및 본격적인 소화진압을 위한 지휘통제가 용이하여야 한다.

(2) 설비구성

방재센터에서 제어 및 감시 할 설비의 구성은 다음과 같다.

① 자동화재탐지 설비, 방송설비

② 각종 소화설비의 상황 감시반

③ 기계환기설비

④ 중앙관리 방식의 공조설비

⑤ 배연설비의 감시반

⑥ 비상용 엘리베이터의 감시반

7.2 뇌 보호설비 및 항공방재설비

이 규격은 IEC 62305-1, Protection against lightning - Part1 : General principl-es를 번역하여 기술적인 내용과 규격의 양식을 변경하지 않고 한국산업규격으로 제정한 것이다.

7.2.1 적용범위 및 구성

(1) 적용범위

낙뢰의 영향으로부터 보호를 필요로 하는 건축물과 구조물은 물론 이의 장소 내의 사람, 설비 및 내용물을 보호하기 위해 다음의 장소와 설비에 대하여 적용한다.

① 전기전자설비가 설치된 건축물 · 구조물로서 낙뢰로부터 보호가 필요한 것.
② 지상으로부터 높이가 20[m] 이상인 것.
③ 전기설비 중 낙뢰로부터 보호가 필요한 설비.
④ 전기전자설비 중 낙뢰로부터 보호가 필요한 설비.

(2) 구 성

① 외부 피뢰시스템 : 직격뢰로부터 대상물을 보호.
② 내부 피뢰시스템 : 간접뢰 유도뢰로부터 대상물 보호.

(3) 용어 및 정의

이 규격에서 다음의 용어 정의가 적용된다.

① **낙뢰**(Lightning flash to earth) : 뇌운과 대지 사이에 발생하는 방전으로 1회 이상의 뇌격을 포함한다.
② **뇌격**(Lightning stroke) : 낙뢰에 있어서 단일 방전.
③ **뇌격점**(Point of strike) : 뇌격이 대지, 건축물 또는 LPS와 접촉하는 점.

주 하나의 낙뢰에 하나 이상의 뇌격점이 있을 수도 있다.

④ **보호범위**(Space to be protected) : 이 규격에 따라 뇌의 영향으로부터 보호가 필요한 건축물 또는 지역의 부분.

⑤ **뇌보호 시스템**(LPS : Lightning protection systems) : 뇌의 영향에 대하여 공간을 보호하기 위해 사용되는 시스템의 전체. 이 시스템은 외부와 내부 뇌보호 시스템으로 구성된다.

㈜ 특수한 경우 LPS는 외부 LPS 또는 내부 LPS 하나만으로 구성될 수도 있다.

⑥ **외부 뇌보호 시스템**(External lightning protection system) : 이 시스템은 수뢰부(air-termination system), 인하도선 시스템과 접지 시스템(earth terminati-on system)으로 구성된다.

⑦ **내부 뇌보호 시스템**(Internal lightning protection system) : 보호범위 내에서 뇌전류의 전자적 영향을 감소시키기 위하여 ⑥항에 규정한 것에 추가하는 모든 조치.

⑧ **등전위본딩**(EB : Equipotential bonding) : 뇌전류에 의한 전위차를 감소시키기 위한 내부 뇌보호 시스템의 일부.

⑨ **수뢰부 시스템**(Air-termination system) : 뇌격을 포착하기 위한 외부 뇌보호 시스템의 일부.

⑩ **인하도선**(Down-conductor) : 뇌전류를 수뢰부 시스템으로부터 접지 시스템으로 흐르게 하기 위한 외부 뇌보호 시스템의 일부.

⑪ **접지 시스템**(Earth-termination system) : 뇌전류를 대지로 흘려 방류시키기 위한 외부 뇌보호 시스템의 일부.

㈜ 저항률이 큰 토양에 매설된 접지 시스템은 근처 대지로 흐르는 뇌전류를 가로막을 수도 있다.

⑫ **접지극**(Earth electrode) : 대지와 직접 전기적으로 접촉하고 뇌전류를 대지로 방류시키기 위한 접지 시스템의 한 부분 또는 그 집합.

⑬ **환상 접지극**(Ring earth electrode) : 건축물 등 주위의 대지면 아래 또는 위에 폐루프를 구성하는 접지극.

⑭ **기초 접지극**(Foundation earth electrode) : 건축물의 콘크리트 기초에 매설된 접지극.

⑮ **등가접지저항**(Equivalent earth resistance) : 접지전압과 접지전류의 피크값의 비. 일반적으로 동시에 일어나지 않는다. 접지 시스템의 효율을 나타내기 위해 이 비를 관례적으로 사용한다.

⑯ **접지전압**(Earth-termination voltage) : 접지 시스템과 대지 사이의 전위차.

⑰ **뇌보호 시스템의 "자연적" 구성부재**("Natural" component of an LPS) : 뇌보

호 목적을 위하여 특별히 설치하지는 않았으나 뇌보호기능을 수행하는 구성부재.

주 - "자연적" 수뢰부(air-termination)
- "자연적" 인하도선
- "자연적" 접지극

⑱ **금속제 설비**(Metal installations) : 보호범위 내에서 금속제 부분으로 배관구조물, 계단, 엘리베이터 가이드레일, 환기용, 난방용 및 공조용 덕트 등을 상호 접속한 보강용 철근 등과 같이 뇌전류의 경로를 구성 할 수 있는 금속제 부분.

⑲ **본딩용 바**(Bonding bar) : 금속제 설비, 계통외 도전부, 전력선, 통신선 및 기타 케이블을 뇌보호 시스템에 본드 할 수 있는 바.

⑳ **본딩용 도체**(Bonding conductor) : 등전위용 도체.

㉑ **상호 접속한 철근**(Interconnected reinforcing steel) : 전기적 연속성이 있다고 간주되는 건축물내의 철근구조.

㉒ **위험한 불꽃방전**(Dangerous sparking) : 보호범위 내에서 뇌전류가 발생되는 위험한 방전.

㉓ **안전이격 거리**(Safety distance) : 위험한 불꽃방전이 발생하지 않는 보호범위 내의 두 도전성 부분간의 최소거리.

㉔ **서지 서프레서**(Surge suppressor) : 방전갭, 서지변환장치, 반도체장치 등 보호범위내의 두 부분 사이의 서지전압을 제한하는 장치.

㉕ **시험용 접속점**(Test joint) : 뇌보호 시스템 구성부분의 전기적인 시험 및 측정을 쉽게 할 수 있도록 설계하고 설치한 접속점.

㉖ **보호범위에서 독립된 외부 뇌보호 시스템**(External LPS isolated from the space to be protected) : 뇌전류의 경로와 보호범위가 접촉되지 않도록 수뢰부와 인하도선 시스템을 배치한 뇌보호 시스템.

㉗ **보호범위에서 분리되지 않은 외부 뇌보호 시스템**(External LPS not isolated from the space to be protected) : 뇌전류의 경로와 보호범위가 적용될 수 있도록 수뢰부와 인하도선 시스템을 배치한 뇌보호 시스템.

㉘ **일반 건축물 등**(Common structures) : 일반 건축물은 상업용, 공업용, 농업용, 공공용 또는 주거용 등 일반용도로 사용되는 건축물이다.

㉙ **보호레벨**(Protection level) : 그 효율에 따라서 뇌보호 시스템을 분류하는 용어.

주 보호레벨이란 뇌보호 시스템이 뇌 영향으로부터 공간을 보호하는 확률을 나타낸다.

(4) 철근콘크리트 건축물 등(Reinforced concrete structures)

다음 조건을 만족하는 경우, 철근콘크리트 건축물내의 철근구조는 전기적으로 연속이 있다고 간주한다.

① 수직 및 수평 바의 상호접속부분 약 50[%]가 용접되거나 견고하게 결속될 것.
② 수직 바는 용접되거나 직경의 최소 20배 이상 중첩되고 견고하게 결속될 것.
③ 철근의 전기적 연속성은 개개의 프리캐스트 콘크리트유닛과 인접한 프리캐스트 콘크리트 유닛간에 확립되어 있을 것.

7.2.2 외부 피뢰시스템

(1) 수뢰부시스템

(1) 구 성

뇌격이 피보호범위 내로 침입할 확률은 수뢰부 시스템을 적절하게 설계함으로써 상당히 감소된다. 수뢰부 시스템은 다음의 요소들의 조합으로 구성된다.

① 돌침
② 수평도체
③ 메시(mesh)도체

(2) 배 치

수뢰부 시스템의 배치는 표 7-5의 요구사항에 적합해야 한다. 수뢰부 시스템 설계시 다음의 방법을 개별 또는 조합하여 사용할 수 있다.

① 보호각 방법
② 회전구체(rolling sphere)법
③ 메쉬 크기(mesh size)법

㈜ 이들 방법에 관한 자세한 내용, 수뢰부의 배치와 보호레벨과의 관계에 관해서는 뇌보호 시스템의 구조를 KS C IEC 62305-3을 참조한다.

표 7-5 보호레벨에 따른 회전구체 반경, 메시치수와 보호각

보호레벨	뇌 보호법		
	회전구체 반경 R[m]	메시치수 W[m]	보호각 α[°]
Ⅰ	20	5×5	그림 7-19참조
Ⅱ	30	10×10	
Ⅲ	45	15×15	
Ⅳ	60	20×20	

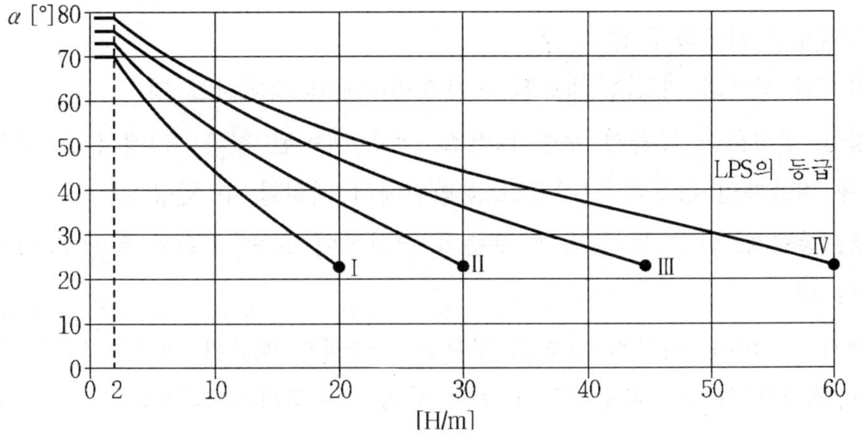

비고 1. • 표시를 넘는 범위에는 적용할 수 없다. 단, 회전구체법과 메시법만 적용가능.

2. H는 보호대상 지역 기준평면으로부터의 높이이다.

3. 높이 H가 2[m] 이하인 경우 보호각은 불변이다.

그림 7-19 수뢰부시스템 배치에 의한 보호각

(3) 구 조

독립된 뇌보호 시스템의 경우에 수뢰부 시스템과 보호범위 내의 금속제 설비 사이의 거리는 뇌보호 시스템의 근접설비와의 이격 안전거리보다 커야 한다.

보호범위에서 독립되지 않는 뇌보호 시스템의 경우에 뇌전류에 의한 손상이 없는 한, 수뢰부 시스템을 지붕 위에 직접 또는 좁은 간격을 두고 설치할 수도 있다.

뇌격에 대한 보호범위를 계산할 때는 금속제 수뢰부의 실제 크기만을 고려한다.

(4) "자연적" 구성부재

건축물의 다음 부분은 수뢰부 시스템의 "자연적" 구성부재로 간주할 수 있다.

① 다음에 적합한 보호범위를 덮는 금속판.

㉠ 각부분 사이의 전기적 연속성에 내구성이 있을 것.

㉡ 천공에 대한 예방조치나 고온점의 문제를 고려할 필요가 있는 경우 금속판의 두께는 표 7-6에서 나타낸 t값 이상일 것.

㉢ 판의 천공을 방지하거나 판의 하부에 있는 가연성물질의 발화를 고려할 필요가 없는 경우 금속판 두께는 0.5[mm] 이상일 것.

㉣ 절연재로 피복하지 않을 것.

㉤ 금속판 상부의 비금속 재료를 피보호범위에서 제외시킬 것.

② 지붕을 구성하는 금속제 부품(트러스, 상호 접속된 철근 등)에서 그 상부가 비금속제 지붕재인 경우에 그것을 보호범위에서 제외할 수 있을 것.

③ 홈통, 장식재, 난간 등 금속제 부분의 단면적이 표준 수뢰부 부재로 규정된 값 이상의 것.

④ 두께가 2.5[mm] 이상의 재료로 제작된 금속제의 배관과 탱크로 천공이 생긴다 하더라도 위험하거나 바람직하지 못한 상황이 발생하지 않는것.

⑤ 두께가 표 7-6에 주어진 t값 이상의 재료로 제작된 일반적인 금속제의 배관이나 탱크로 뇌격점의 내표면 온도상승이 위험의 원인이 되지 않는것.

주 1. 보호페인트에 의한 경피복 또는 0.5[mm] 아스팔트 또는 1[mm] PVC는 절연물로 간주하지 않는다.

2. 배관을 수뢰부 구성 성분으로 사용하는 것은 특수 경우에 한정한다.(검토중)

표 7-6 수뢰부 시스템에 있어서 금속판이나 금속관의 최소 두께

보호레벨	재 료	두 께 t[mm]
I~IV	Fe	4
	Cu	5
	Al	7

(2) 인하도선 시스템

위험한 불꽃방전의 발생확률을 감소시키기 위하여 뇌격점과 대지 사이의 인하도선은 다음과 같이 설치한다.

① 다수의 병렬 전류통로를 형성할 것.

② 전류통로의 길이는 최소로 유지할 것.

인하도선은 가능한 한 수뢰부 도체에서 직접 연결되도록 배치한다.

(1) 독립된 뇌보호 시스템의 설치

수뢰부가 이격된 복수의 지주(또는 하나의 지주)상의 돌침으로 구성된 경우 각 지주에는 1조 이상의 인하도선이 필요하다. 지주가 금속이나 상호 접속된 철골인 경우에는 인하도선을 추가할 필요가 없다.

수뢰부가 이격된 복수의 수평도선(또는 1조의 도선)으로 되어 있는 경우 도체의 각 말단에 1조 이상의 인하도선이 필요하다.

수뢰부가 도체망인 경우 각 지지물에 1조 이상의 인하도선이 필요하다.

(2) 독립되지 않은 뇌보호 시스템의 설치

인하도선은 보호범위의 주위에 상호 평균간격이 표 7-7에 표시된 값 이하가 되도록 배치한다. 어떤 경우도 2조 이상의 인하도선이 필요하다.

주 1. 인하도선 간의 평균간격은 뇌보호 시스템의 근접설비와의 이격과 관련이 있다. 이 값이 표 7-7에 규정된값 보다 큰 경우에는 안전이격거리는 증가된다.

2. 인하도선은 건축물 둘레에 등간격으로 하는 것이 바람직하다. 인하도선은 가능한 건축물의 각 코너에 가깝게 배치한다.

인하도선은 지표면 가까이에 수직거리 20[m] 간격마다 수평환상 도체로 상호 접속하여야 한다.

표 7-7 보호레벨에 따른 인하도선 사이의 간격과 환상 도체 사이의 간격

보호레벨	간격[m]
I	10
II	10
III	15
IV	20

(3) 구 조

독립된 뇌보호 시스템의 경우 인하도선 시스템과 보호범위의 금속제 설비와의 거리는 뇌보호 시스템의 근접설비와의 이격에 의한 안전거리보다 커야 한다. 보호범위와 독립되지 않은 뇌보호 시스템의 경우에 인하도선은 다음과 같이 설치하여도 된다.

① 벽이 불연성 재료로 된 경우에 인하도선을 벽의 표면이나 내부에 설치하여도 된다.

② 벽이 가연성 재료로 된 경우에 뇌전류의 통과에 의한 온도상승이 벽 재료에 위험을 주지 않다면 인하도선을 벽면에 설치할 수 있다.

③ 벽이 가연성 재료로 되어 있고 인하도선의 온도상승이 위험을 주는 경우 보호범위와의 거리가 항상 0.1[m]보다 크도록 인하도선을 설치한다. 금속제로 만들어진 지지금구를 벽과 접촉하여도 된다.

㊟ 인하도선이 절연재료로 피복되었더라도 처마 또는 수직의 홈통 안에 설치하지 않는다. 처마 홈통 안의 습기가 인하도선에 강한 부식을 일으킨다. 인하도선은 문이나 창문과 간격을 두어 설치하도록 한다.

인하도선은 최단으로 대지에 가장 직접적인 경로를 구성하도록 곧게 수직으로 설치하여야 하고 루프를 구성하는 것은 피하여야 한다. 이것이 불가능하면 도선의 두 점간의 간격을 측정한 거리 s와 이 두점간의 도선의 길이 l은 뇌보호 시스템의 근접설비와의 이격(그림 7-20 참조)에 적합하여야 한다.

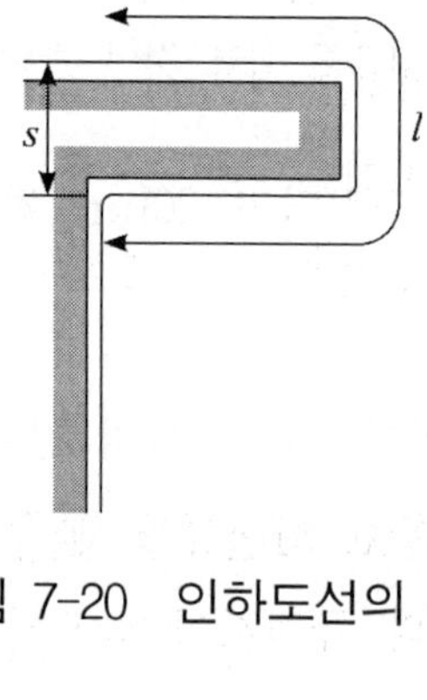

그림 7-20 인하도선의 루프

(4) "자연적" 구성부재

건축물 등의 다음 부분은 "자연적" 인하도선으로 보아도 된다.

① 다음에 적합한 금속제설비.

㉠ 각 부분간의 전기적 연속성은 접속부의 요구사항에 적합한 내구성이 있을 것.

㉡ 크기가 표준인하도선으로 규정된 값 이상일 것.

주 1. 금속제 설비는 절연재료로 피복하여도 된다.
2. 배관을 인하도선으로 사용하는 것은 특수 경우에 한정한다.

② 건축물 등의 금속제 구조체.

③ 건축물 등의 상호 접속한 강재.

주 프리스트레스드 콘크리트인 경우, 뇌보호 시스템에 접속한 결과 뇌전류에 의해 바람직하지 못한 기계적 영향받을 우려가 있음에 주의한다.

④ 다음에 적합한 정면 부재, 측면 레일 및 금속제 정면 벽의 보조 구조재.

㉠ 크기가 인하도선에 대한 요구사항과 같고 또한 두께가 0.5[mm] 이상의 것.

㉡ 수직방향의 전기적 연속성이 접속부의 요구사항에 적합하거나 금속제 부분간의 간격이 1[mm] 이하이거나 또한 두 부재의 접지는 부분이 100[cm^2] 이상.

철골구조의 금속구조체나 건축물 등의 상호 접속한 철근을 인하도선으로 사용할 때에는 수평환상 도체는 불필요하다.

(5) 시험용 접속점

자연적 인하도선인 경우를 제외하고 별도의 인하도선을 사용하는 경우, 접지 시스템과의 접속점에서 시험용 접속점을 설치하여야 한다. 시험용 접속점은 측정을 위하여 공구 등으로 개방될 수 있어야 하나 평상시 폐로되어야 한다.

〔3〕 접지시스템

위험한 과전압을 발생시키지 않고 뇌전류를 대지로 방류하기 위해서는 접지 시스템의 형상과 크기가 접지저항의 규정값이 중요하다. 그러나 일반적으로는 낮은 접지저항을 권장한다.

뇌보호의 관점에서 구조체를 사용한 통합 단일의 접지 시스템이 바람직하며, 모든 접지목적(즉, 뇌보호, 저압전력시스템, 통신시스템)에도 적합하다.

다른 이유로 해야하는 접지 시스템은 등전위본딩에 적합한 등전위본딩을 이용해 통합한 한점에 접속해야 한다.

주 1. 다른 접지 시스템과의 분리와 본딩의 조건은 일반적으로 각국의 관련기관이 결정한다.
2. 다른 재료를 사용한 접지 시스템을 서로 접속하는 경우 심각한 부식문제가 발생될 수 있다.

(1) 접지극

다음 종류의 접지극들이 사용되어야 한다 : 1개 또는 복수의 환상접지극, 수직(또는 경사) 접지극, 방사형 접지극 또는 기초 접지극 판형 및 소형 접지격자매트(메시)를 사용할 수는 있으나, 특히 접속부가 부식될 우려가 있으므로 가능하면 피한다.

단독의 긴 접지도체를 설치하는 것보다 여러 조의 도체를 적당히 배치하는 쪽이 바람직하다. 보호레벨에 따른 접지극의 최소 길이와 대지저항률을 그림 7-21에 나타내었다.

그러나 깊이가 깊으면 깊을수록 대지저항률이 감소되는 곳과 일반적으로 접지봉을 매설하는 깊이보다 깊은 지하에서 저 저항률이 나타나는 장소는 심타 접지극이 효과적이다.

(2) 일반조건에서의 접지설비

접지시스템에서 접지극은 기본적으로 두 종류가 사용된다.

① **A형 접지극** : 이 형은 방사상 또는 수직 접지극으로 구성된다. 각 인하도선은 방사상 또는 수직(또는 경사) 접지극으로 구성된 한 개 이상의 독립된 접지극에 접속한다. 접지극의 수는 최소 두 개 이상이다.

접지극의 최소 길이는 다음과 같다.

그림 7-21에 표시된 방사상 수평접지극의 최소 길이를 l_1로 하면 방사상 접지극의 최소 길이 l_p수직(또는 경사) 접지극은 $0.5l_1$로 한다.

이 형태의 접지극의 경우 사람이나 동물에 위험을 미치는 구역은 특별한 조치를 취한다.

대지 저항률이 낮아 접지저항이 10[Ω] 미만인 경우 그림 7-21에 표시한 최소 길이로 하지 않아도 무방하다.

주 1. 조합된 접지극이라면 전체길이를 고려한다.
2. A형 접지극은 대지 저항률이 낮은 소규모 건축물 등에 적합하다.

② **B형 접지극** : 환상접지극(또는 기초 접지극)의 경우, 환상접지극(또는 기초접지극)에 의해서 둘러싸인 면적의 평균반지름 r은 l_1의 값 이상이어야 한다.

$$r \geq l_1$$

보호레벨 I~IV에 대응하는 l_1은 그림 7-21에 나타내었다.
규정값 l_1이 r값보다 클 때는 방사상 또는 수직(또는 경사)접지극을 추가 설치하고, 각각의 길이 l_r(수평)와 l_v(수직)은 다음과 같이 구한다.

$$l_r = l_1 - r,\ l_v = \frac{l_1 - r}{2}$$

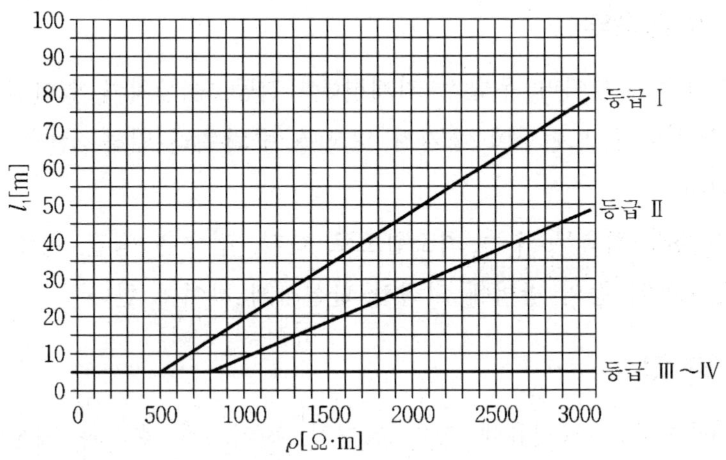

그림 7-21 보호레벨에 따른 접지극의 최소 길이 l_1

③ **특수조건에서의 접지시설** : 내부 뇌보호 시스템에 따라 등전위본딩은 필요하나, 외부 뇌보호 시스템은 필요없는 경우 길이 l_1의 수평전극 또는 길이 $0.5l_1$의 수직(또는 경사) 전극을 접지로 사용할 수 있다. 접지극의 전체길이가 l_1의 수평으로 l_1이거나 수직(또는 경사)으로 $0.5l_1$ 이상이면, 저압 전기설비의 접지 시스템을 이와 같은 목적으로 사용할 수 있다.

④ **접지극의 시공** : 외부환상접지극은 최소 깊이 0.5[m]에 벽과 1[m] 이상 떨어져 매설하는 것이 좋다. 접지극은 피보호범위의 외측에 깊이 0.5[m] 이상으로 매설하고, 지중에서 상호의 전기적 결합효과가 최소가 되도록 균등하게 배치한다. 매설접지극 시공 중에 검사가 가능하도록 설치한다. 접지극의 종류 및 매설 깊이는 부식, 토지의 건조와 동결의 영향을 최소한으로 억제하여 등가대지저항을 안정시켜야 한다. 토지가 결빙상태로 있는 경우에 수직전극의 최소 1[m]는 그 효과를 무시할 수 있다. 견고한 암반이 노출한 경우에 B형 접지극만을 설치할 것을 권장한다.

⑤ **자연적 접지전극** : 상호 접속한 콘크리트의 철근이나 기타 적당한 금속제 지하구조물이 시스템의 재료조건에 적합한 특성을 가진 경우 이들을 접지극으로서 사용할 수 있다. 콘크리트의 철근을 접지극으로서 사용하는 경우에 콘크리트의 파괴 방지를 위해 상호 접속에 특별히 주의를 기울인다.

(3) 조임 및 접속부

① **조 임** : 전기적 응력이나 우발적 기계력(예 진동, 눈뭉치의 떨어짐 등)에 의해서 도체의 단선이나 느슨함이 생기지 않도록 수뢰부와 인하도선을 견고하게 고정하여야 한다.

② **접속부** : 도체의 접속부 수는 최소한으로 한다. 접속은 땜질, 용접, 압착, 나사조임이나 볼트조임 등의 방법에 의해서 확실하게 하여야 한다.

(4) 재료 및 치수

① **재 료** : 사용재료는 뇌전류에 의한 전기적, 전자기적 효과와 예상되는 우발적 스트레스 손상을 받지 않고 견뎌야 한다. 피보호 건축물이나 뇌보호 시스템에 부식이 발생할 것을 고려하여 재료와 크기를 선정한다. 재료가 충분한 도전성과 내식성이 있으면, 뇌보호 시스템의 부재를 표 7-8에 열거한 재료로 제작할 수도 있다. 다른 재료는 이들과 동등한 기계적, 전기적과 화학적(부식) 특성을 가진 경우에 사용할 수 있다.

② **치 수** : 최소치수는 표 7-9에 나타내었다.

표 7-8 뇌보호 시스템의 재료와 사용조건

재 료	사 용			부 식		
	기중	지중	콘크리트중	내성	진행성	전해대상
구리	단선 연선	피복된 단선 연선	피복된 단선 연선	대부분의 물질에 견딘다.	-고농축염화물 -황화합물 -유기물	-
용융 아연도금강	단선 연선	단선 연선	단선 연선	산성 토양중에서도 양호	염화물 수용액	구리
스테인리스강	단선 연선	단선 연선	단선 연선	대부분의 물질에 견딘다.	염화물의 수용액	-
알루미늄	단선 연선	-	-	저농도 유황에 양호	염기성 물질	구리
납	피복된 단선	피복된 단선	-	고농축황화물	산성토양	구리 스테인레스강

표 7-9 뇌보호 시스템의 재료별 최소 치수

보호레벨	재료	수뢰부[mm²]	인하도선[mm²]	접지극[mm²]
I~IV	Cu	50	50	50
	Al	50	50	-
	Fe	50	50	80(아연도금강 10[mm])

비고 재료별 치수는 많은 재료들중 연선을 기준으로 표시한 것이며 접지극의 Fe는 아연도금 원형 단선을 기준으로 한 것임.

③ **부식에 대한 보호** : 부식의 위험이 있는 경우 표 7-8에 따라서 재료의 종류와 치수를 선정한다.

7.2.3 내부 피뢰시스템

[1] 전기전자설비 보호

(1) 일반사항

① 뇌서지에 대한 보호는 다음에 따른다.

㉠ 피뢰구역의 구분은 KS C IEC 62305-4(피뢰시스템-제4부 : 구조물 내부의

전기전자시스템)의"4.3 피뢰구역(LPZ)"에 의한다.

㉡ 피뢰구역 경계부분에서는 접지 또는 본딩을 하여야 한다.

㉢ 직접 본딩 불가시 서지보호장치를 설치.

㉣ 자기차폐.

㉤ 선로의 포설경로.

㉥ 절연 인터페이스.

② 전기전자기기의 선정시 정격 임펄스내전압은 KS C IEC 60364-4-44(저압설비 제4-44부 : 안전을 위한 보호-전압 및 전기자기 방행에 대한 보호)의 표 44.B (기기에 요구되는 정격 임펄스 내전압)에서 제시한 값 이상이어야 한다.

(2) 전기적 절연

수뢰부 또는 인하도선과 건축물 · 구조물의 금속부분, 내부시스템 사이의 전기적인 절연은 KS C IEC 62305-3(피뢰시스템-제3부 : 구조물의 물리적 손상 및 인명위험)의"6.3 외부 피뢰시스템의 전기적 절연"에 의한 이격거리로 한다.

(3) 접지와 본딩

① 전기전자설비 보호용

㉠ 뇌서지 전류를 대지로 방류시키기 위한 접지를 시설

㉡ 전위차를 해소하고 자계를 감소시키기 위한 본딩을 구성

② 접지극

㉠ 전자 · 통신설비(또는 이와 유사한 것)의 접지는 환상도체접지극 또는 기초접지극으로 한다.

㉡ 개별 접지시스템으로 된 복수의 건축물 · 구조물 등을 연결하는 콘크리트덕트 · 금속제 배관의 내부에 케이블(또는 같은 경로로 배치된 복수의 케이블)이 있는 경우 각각의 접지 상호간은 병행 설치된 도체로 연결하여야 한다.

③ 전자 · 통신설비(또는 이와 유사한 것)에서 위험한 전위차를 해소하고 자계를 감소시킬 필요가 있는 경우 등전위본딩망을 시설하여야 한다.

(4) 서지보호장치 시설

① 전기전자설비 등에 연결된 전선로를 통하여 서지가 유입되는 경우, 해당 선로

에는 서지보호장치를 설치하여 한다.

② 서지보호장치 선정

㉠ 전기설비의 보호는 KS C IEC 61643-12(저전압 서지보호장치-제12부 : 저전압 배전 계통에 접속한 서지보호장치-선정 및 적용 지침)와 KS C IEC 60364-5-53(건축전기설비-제5-53부 : 전기 기기의 선정 및 시공－절연, 개폐 및 제어)에 따르며, KS C IEC 61643-11(저압 서지보호장치-제11부 : 저압전력 계통의 저압 서지보호장치-요구사항 및 시험방법)에 의한 제품을 사용하여야 한다.

㉡ 전자 · 통신설비(또는 이와 유사한 것)의 보호는 KS C IEC 61643-22(저전압 서지보호장치-제22부 : 통신망과 신호망 접속용 서지보호장치－선정 및 적용지침)에 따른다.

③ 지중 저압수전의 경우, 내부에 설치하는 전기전자기기의 과전압범주별 임펄스 내전압이 규정값에 충족하는 경우는 서지보호장치를 생략할 수 있다.

〔2〕 피뢰 등전위본딩

(1) 일반사항

① 피뢰시스템의 등전위화는 다음과 같은 설비들을 서로 접속한다.

㉠ 금속제 설비

㉡ 구조물에 접속된 외부 도전성 부분

㉢ 내부시스템

② 등전위본딩의 상호 접속

㉠ 자연적 구성부재로 인한 본딩으로 전기적 연속성을 확보할 수 없는 장소는 본딩도체로 연결

㉡ 본딩도체로 직접 접속할 수 없는 장소의 경우에는 서지보호장치를 이용한다.

㉢ 본딩도체로 직접 접속이 허용되지 않는 장소의 경우에는 절연방전갭(ISG)을 이용한다.

(2) 금속제 설비의 등전위본딩

① 건축물 · 구조물과 분리된 외부 피뢰시스템의 경우, 등전위본딩은 지표면 부근

에서 시행하여야 한다.

② 건축물 · 구조물과 접속된 외부 피뢰시스템의 경우

㉠ 기초부분 또는 지표면 부근 위치에서 하여야 하며, 등전위본딩 도체는 등전위본딩 바에 접속하고, 등전위본딩 바는 접지시스템에 접속하여야 한다. 또한 쉽게 점검할 수 있도록 하여야 한다.

㉡ 전기적 절연 요구조건에 따른 안전이격거리를 확보할 수 없는 경우에는 피뢰시스템과 건축물 · 구조물 또는 내부설비의 도전성 부분은 등전위본딩 하여야 하며, 직접 접속하거나 충전부인 경우는 서지보호장치를 경유하여 접속하여야 한다.

㉢ 건축물 · 구조물에는 지하 0.5[m]와 높이 20[m] 마다 환상도체를 설치한다. 다만 철근콘크리트, 철골구조물의 구조체에 인하도선을 등전위본딩하는 경우 환상도체는 설치하지 않아도 된다.

(3) 인입설비의 등전위본딩

① 건축물 · 구조물의 외부에서 내부로 인입되는 설비의 도전부에 대한 등전위본딩

㉠ 인입구 부근에서 등전위본딩 한다.

㉡ 전원선은 서지보호장치를 사용하여 등전위본딩 한다.

㉢ 통신 및 제어선은 내부와의 위험한 전위차 발생을 방지하기 위해 직접 또는 서지보호장치를 통해 등전위본딩 한다.

② 가스관 또는 수도관의 연결부가 절연체인 경우, 해당설비 공급사업자의 동의를 받아 적절한 공법(절연방전갭 등 사용)으로 등전위본딩 한다.

(4) 등전위본딩 바

① 설치위치는 짧은 도전성경로로 접지시스템에 접속할 수 있는 위치이어야 한다.

② 접지시스템(환상접지전극, 기초접지전극, 구조물의 접지보강재 등)에 짧은 경로로 접속하여야 한다.

③ 외부 도전성 부분, 전원선과 통신선의 인입점이 다른 경우 여러 개의 등전위본딩 바를 설치할 수 있다.

7.2.4 SPD 시설기준

직격뢰에 의한 피해는 기본적으로 건물 및 인체의 보호를 주 목적으로 외부 피뢰시스템을 설치하여 보호한다. 즉, 접근하는 뇌운을 수뢰부시스템에서 확실히 포착하여 그 뇌전류를 인하도선을 통하여 접지시스템으로 안전하게 대지로 방류하여야 한다. 과전압에 특히 약한 전자기기를 포함한 전기, 전자설비를 매우 큰 뇌전자기 임펄스 에너지를 합리적, 경제적으로 저감시켜 그로 인한 피해를 입지 않도록 하기 위해서는 기본적으로 다음의 대책을 적용한다.

① 피뢰구역(LPZ)의 도입
② 접지와 등전위본딩
③ 자기차폐와 배선의 경로
④ SPD를 적용한 과전압에 대한 보호

〔1〕 SPD 일반사항

(1) 피뢰구역(LPZ) 검토

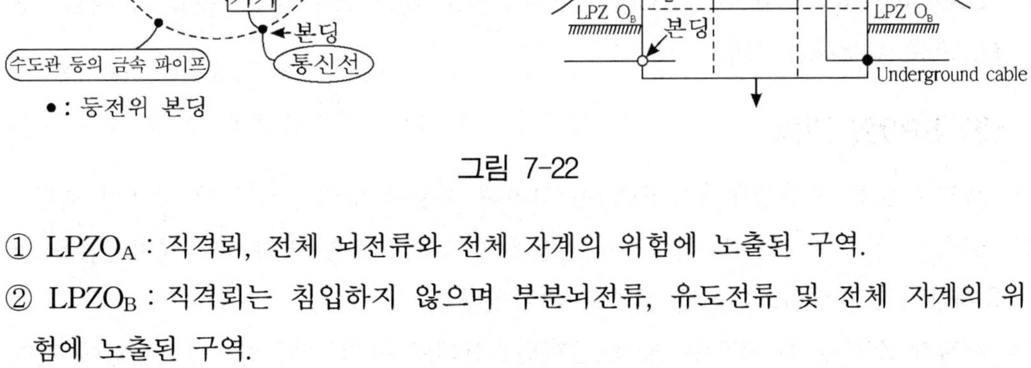

그림 7-22

① $LPZO_A$: 직격뢰, 전체 뇌전류와 전체 자계의 위험에 노출된 구역.
② $LPZO_B$: 직격뢰는 침입하지 않으며 부분뇌전류, 유도전류 및 전체 자계의 위험에 노출된 구역.
③ LPZ_1 : 직격뢰는 침입하지 않으며 SPD의 설치로 제한된 뇌전류, 유도전류 및

감쇠된 자계의 구역.

④ LPZ_2 : 직격뢰는 침입하지 않으며 유도전류 및 훨씬 감쇠된 자계의 구역.

(2) LPZ별 대상 설비

피뢰구역	구체적인 대상설비의 예
$LPZO_A$	외등(가로등, 보안등), 감시카메라 등
$LPZO_B$	옥상수전(큐비클)설비, 공조옥외기, 항공장애등, 안테나 등
LPZ_1	건축물 인입부분의 설비 : 수변전설비, MDF, 전화교환기 등
LPZ_2	방재센터, 중앙감시실, 컴퓨터센터 등

[2] SPD 규격

(1) SPD의 등급시험에 따른 분류

SPD 종류	시험의 종류	방전매개변수	비고
Type Ⅰ	Class Ⅰ	I_{imp}, I_n	I_{imp} : 10/350[μs]임펄스전류
Type Ⅱ	Class Ⅱ	I_{max}, I_n	I_{max}, I_n : 8/20[μs]임펄스전류
Type Ⅲ	Class Ⅲ	U_{oc}	U_{oc} : 개방회로 전압

① Class Ⅰ 시험 : 직격로에 대해 대응하기 위한 SPD 선정을 위한 시험, 공칭방전전류 I_n 및 임펄스전류 I_{imp}로 실행하는 시험

② Class Ⅱ시험 : 유도뢰에 대해 대응하기 위한 SPD 선정을 위한 시험, 공칭방전전류 I_n 및 최대 방전전류 I_{max}로 실행하는 시험

③ Class Ⅲ시험 : 조합파(1.2/50[μs] 임펄스전압, 8/20[μs] 임펄스전류)의 시험전압 U_{oc}으로 실행하는 시험

(2) SPD의 기능

① 서지가 없는 정상상태에서 SPD는 설치된 계통에 영향을 미치지 말아야 한다.

② SPD는 침입한 서지에 신속하게 응답하여 임피던스를 저하시켜 서지전압을 보호대상기기의 임펄스내전압 이하로 제한한다.

③ 서지가 소멸된 후 SPD는 높은 임피던스상태로 복귀하며, 연속사용전압에 견디어야 한다.

(3) SPD의 동작기능 분류

① 전압스위치형 SPD

② 전압제한형 SPD

③ 조합형 SPD

(4) SPD의 구조에 따른 분류

① 1포트 SPD : 서지 분류용

② 2포트 SPD : 통신, 신호계에 사용(전원 회로에 사용)

[3] SPD 선정절차

(1) SPD의 선정절차 및 검토사항

SPD의 설치장소 확인 ↓	SPD의 형식을 선정 · 인입구 : 타입 I 또는 II · 부하측 : 타입 II 또는 III
SPD의 설치환경 확인 ↓	SPD를 설치할 계통의 전압을 고려하여 U_c를 선정 · 최대연속동작전압(U_c) · 일시적과전압(U)
고장모드의 추정 ↓	SPD에 흐르는 최대방전전류를 고려하여 보조장치 고려 · 개방모드 : 동작표시기 · 단락모드 : SPD 분리기
SPD와 다른 기기와 상호관계 ↓	피보호기기 내전압, 과전류보호장치와 동작협조를 고려 · 전압보호수준(U_p) · 최대연속동작전류(I_c)
선정한 SPD와 다른 SPD와 협조 ↓	SPD간 에너지 협조를 고려
SPD의 규격 선정 ↓	전압보호수준(U_p) : 1.5, 2.5, 4.0[kV] · 최대연속동작전압(U_c) : 110, 130, 230, 240, 420, 440[V] · 임펄스 전류(I_{imp}) : 5, 10, 20[kA] · 공칭방전전류(I_n) : 1, 2, 5, 10, 20[kA]

(2) SPD의 선정

① 뇌 예방 여부 결정

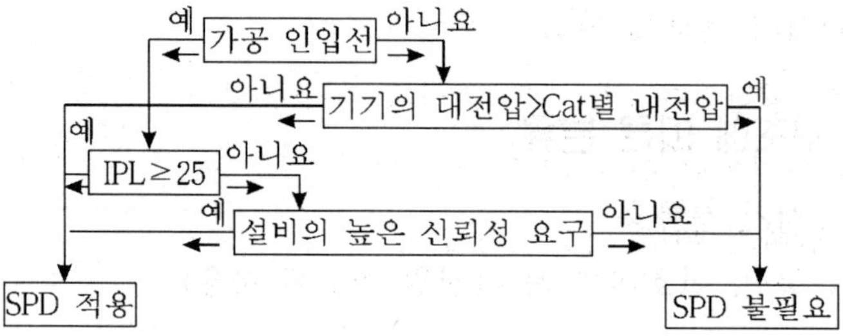

그림 7-23

② SPD 형식 및 전압보호레벨(U_P)[kV]

㉠ 설비의 인입구 근방 또는 주배전반 등에 설치하는 SPD는 LPS가 있는 건축물에는 타입Ⅰ, LPS가 없는 건축물에는 타입Ⅱ의 것일 것.

㉡ 기기에 접근하여 시설하는 SPD 타입Ⅱ 또는 타입Ⅲ일 것.

구 분		카테고리 Ⅳ	카테고리 Ⅲ	카테고리 Ⅱ	카테고리 Ⅰ
공칭전압	단상 120[V]~240[V]	4.0[kV]	2.5[kV]	1.5[kV]	0.8[kV]
	삼상 220/380[V]	6.0[kV]	4.0[kV]	2.5[kV]	1.5[kV]
설치 위치		인입구	간선/분기선	일반부하	전자기기 내부
해당 설비		수배전반 전력량계 누전차단기 인입 전선	분전반 콘센트 스위치 실내 배선	조명기구 TV 컴퓨터 에어컨	정밀 기기
SPD 형식		타입Ⅰ 타입Ⅱ	타입Ⅱ 또는 Ⅲ		

③ SPD 최대 연속 사용전압(U_C)선정

㉠ SPD를 설치할 계통의 각 전압을 고려하여 U_C의 전류값을 선정한다.

㉡ 최대연속 사용전압 : U_C

㉢ 일시적 과전압 : U

㉣ $U > U_C$ 를 만족하도록 검토한다.

④ 고장 모드의 추정

㉠ 종류 : 단락회로, 개방회로

㉡ 서지와 과전압의 형태에 따라 좌우된다.

㉢ SPD의 최대 방전전류 (I_{max})를 고려하여, 보조장치의 필요성을 검토한다.

⑤ SPD와 다른 기기와의 상호 관계 : 에너지 내력에 따라 두 개의 SPD간에 허용 스트레스를 분담하기 위해 협조가 필요하다.

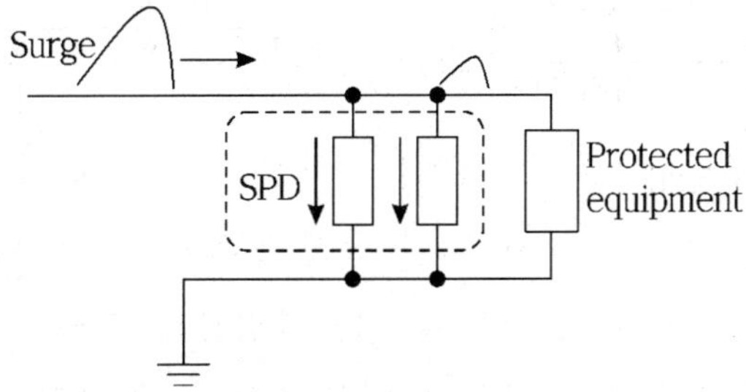

그림 7-24

⑥ SPD 규격 선정

㉠ U_P : 1.5[kV], 2.5[kV], 4[kV]

㉡ U_C : 110[V], 130[V], 230[V], 240[V], 420[V], 440[V]

㉢ I_{imp} : 5[kA], 10[kA], 20[kA]

㉣ I_n : 1[kA], 2[kA], 5[kA], 10[kA], 20[kA]

㉤ U_{oc} : 2[kV], 4[kV], 10[kV], 20[kV]

⑦ 선정 완료

(4) SPD 선정시 고려사항

(1) SPD의 설치 조건

① SPD를 누전차단기 부하에 설치하는 경우는 임펄스 부동작형 누전차단기 사용.

② SPD를 누전차단기 전원측에 설치하는 경우의 외부분리기는 제조사가 보증하는 것으로 검토할 것.

(2) SPD 접속 도체 최소 길이

SPD 접속 도체는 상도체에서 SPD까지 그리고 SPD에서 주 접지단자 또는 보호도체까지이다. SPD 접속 도체의 길이가 길어지면 과전압보호의 효용성이 낮아지므로 SPD를 접속하는 모든 도체는 가능한 한 짧고 루프가 형성되지 않도록 설치한다.

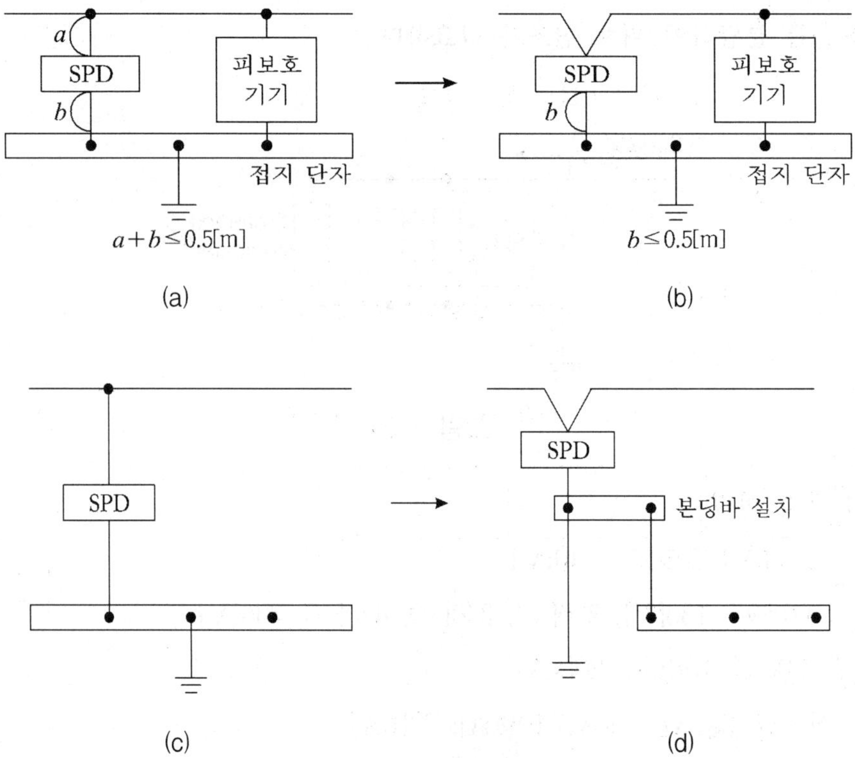

그림 7-25

7.2.5 항공장애등 설비

항공장애등(航空 障碍燈)은 야간비행, 저공비행 등 항공기가 안전하게 운항할 수 있도록 설치하는 설비로서 항공의 장애가 되는 물건의 존재를 시각적으로 인식시키기 위한 등기구이다.

지표면 또는 수면으로부터 60[m] 이상 높이의 초고층 건축물이나 공작물은 항공 장애등과 주간장애 표시등을 설치하여야 한다.

(1) 항공장애표시등의 종류

항공장애표시등의 종류로는 저광도 항공장애표시등은 4종(A형태, B형태, C형태, D형태)의 형태가 중광도 항공장애표시등은 3종(A형태, B형태, C형태)의 형태가 고광도 항공장애표시등은 2종(A형태, B형태)의 형태가 있으며 종류별 성능은 다음 표 7-10과 같다.

표 7-10 항공장애등의 종류와 성능

<table>
<tr><th colspan="2" rowspan="2">항목</th><th colspan="4">저광도</th><th colspan="3">중광도</th><th colspan="2">고광도</th></tr>
<tr><th>A</th><th>B</th><th>C</th><th>D</th><th>A</th><th>B</th><th>C</th><th>A</th><th>B</th></tr>
<tr><td colspan="2">설치
형태</td><td colspan="2">적색고정등</td><td>황색
또는
청색
섬광등</td><td>황색
섬광등</td><td>흰색
섬광등</td><td>적색
섬광등</td><td>적색
고정등</td><td colspan="2">흰색 섬광등</td></tr>
<tr><td colspan="2">점멸
회수
[회/min]</td><td colspan="2">-</td><td colspan="2">60~90</td><td colspan="2">20~60</td><td>-</td><td colspan="2">40~60</td></tr>
<tr><td rowspan="3">배경
휘도
[cd]</td><td>주
간</td><td>-</td><td>-</td><td>-</td><td>-</td><td rowspan="2">20,000</td><td>-</td><td>-</td><td>200,000</td><td>100,000</td></tr>
<tr><td>박
명</td><td rowspan="2">10</td><td rowspan="2">32</td><td rowspan="2">40</td><td rowspan="2">200~
400</td><td>-</td><td>-</td><td colspan="2">20,000</td></tr>
<tr><td>야
간</td><td colspan="3">2,000</td><td colspan="2">2,000</td></tr>
<tr><td colspan="2">광원
중심
식별
방향</td><td colspan="2">수평면 아래
10°상방 모든 방향</td><td colspan="2">수평면 아래
12°상방 모든
방향</td><td colspan="3">수평면 아래 3°상방 모든
방향</td><td colspan="2">수평면 아래
3°~7°상방 모든
방향</td></tr>
<tr><td colspan="2">수직빔
확산
각도
[°]</td><td colspan="2">10°</td><td colspan="2">12°</td><td colspan="3">3°</td><td colspan="2">3°~7°</td></tr>
</table>

비고 상기 표의 최대 배경휘도치의 허용오차는 ±25[%] 이하이다.

항공장애표시등의 설치위치에 따른 배경휘도의 기준은 표 7-11과 같다.

표 7-11 설치위치에 따른 배경휘도

배경의 구분	배경휘도[cd/m²]	비 고
주간	500 이상	항공장애등이 설치되는 장소에서의 배경의 밝기
박명	50~500	
야간	50 미만	

〔2〕 항공장애표시등의 설치 대상

(1) 장애물 제한구역 안에 있는 물체

① 지표 또는 수면으로부터 60[m] 이상 높이의 물체

② 물체의 높이가 진입표면 또는 전이표면 보다 높을 경우

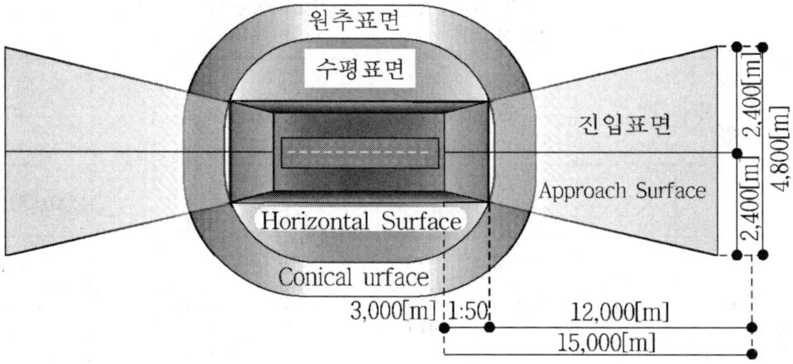

그림 7-26 장애물 제한구역

③ 수평표면 또는 원추표면 보다 높을 경우

(2) 장애물 제한구역 밖에 있는 물체

① 높이가 지표 또는 수면으로부터 150[m] 이상인 물체.

② 지표 또는 수면으로부터의 높이가 60[m] 이상인 다음 각 호의 물체.

㉠ 굴뚝, 철탑, 기둥, 기타 높이에 비하여 그 폭이 좁은 물체.

㉡ 골조 형태의 구조물.

㉢ 건축물, 구조물 위에 추가 설치한 철탑, 송전탑 등.

㉣ 가공선을 지지하는 탑.

ⓜ 계류기구(주간에 시정이 5,000[m] 미만인 경우와 야간에 계류하는 것에 한함).

ⓗ 풍력터빈.

③ 강, 계곡(가공선 또는 케이블 등의 높이가 지표 또는 수면으로부터 90[m] 미만인 계곡은 제외) 또는 고속도로를 횡단하는 가공선 · 케이블.

④ 지방항공청장 또는 시 · 도지사가 항공기의 항행안전을 해칠 우려가 있다고 인정하는 강, 계곡 또는 고속도로 주변에 설치된 가공선과 케이블을 지지하는 탑.

⑤ 가공선 · 케이블 등에 항공장애주간표지를 설치할 수 없을 경우, 그 가공선이나 케이블을 지지하는 탑.

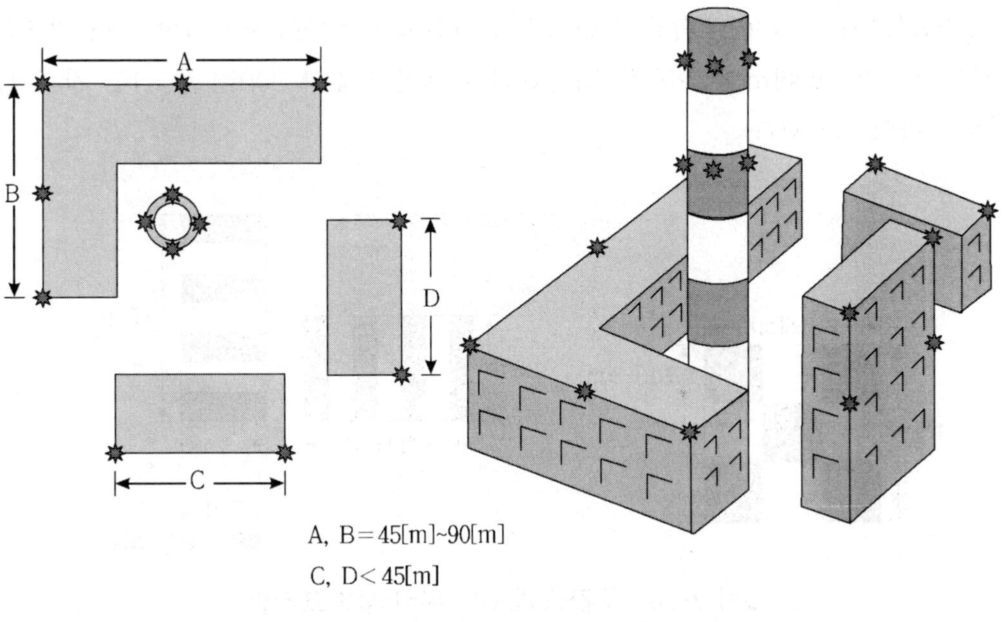

그림 7-27 항공장애표시등의 설치방법

〔3〕 주간장애 표시설비

항공기 등이 주간에 비행할 때 사고를 방지하기 위하여 설치하는 설비를 주간장해 표시설비라고 한다. 주간장애 표시설비는 골조 구조물, 가공 전선로, 철탑, 기둥, 연통, 기타의 물건으로서 그 높이에 비하여 그 나비가 좁은 경우에 설치한다.

주간장애 표시설비는 도색기나 표시물로 하며 설치기준은 다음과 같다.

① 물체가 연속되는 표면을 가지고 수직면상에 물체의 투영이 가로 또는 세로가 각각 4.5[m] 이상일 경우에는 체크무늬형태의 색채로 한 변이 1.5[m] 이상 3[m] 이하로 하고 테두리는 좀 더 어두운 색채로 표시한다. 또한 색채는 다른 색채와 대조가 되고 주변과도 충분한 대조를 이루어야 하며, 주황색과 흰색 또는 붉은색과 흰색을 사용하여 체크무늬형태로 표시한다.

② 연속되는 표면을 가지고 한 변의 길이가 1.5[m]를 초과하고 다른 한 변의 길이가 4.5[m] 미만인 물체 및 한 변의 크기가 1.5[m]를 초과하는 골격형 구조의 물체에는 줄무늬 색채 표지를 그 긴 쪽 변이 장애물의 긴 쪽 변과 직각이 되도록 하여야 하고 장애물 말단의 줄무늬는 더 진한 색으로 채색한다. 또한 줄무늬의 폭은 물체의 긴쪽의 최대 길이가 210[m] 이하에서는 7등분, 270[m] 이하는 9등분으로 나누어 긴쪽을 기준으로 단계별로 등분하여 표시하며 최대 기준은 570[m] 이상 630[m]를 이하로 21등분하여 계산한 값과 30[m] 중 작은 값의 폭을 정하여 표시한다.

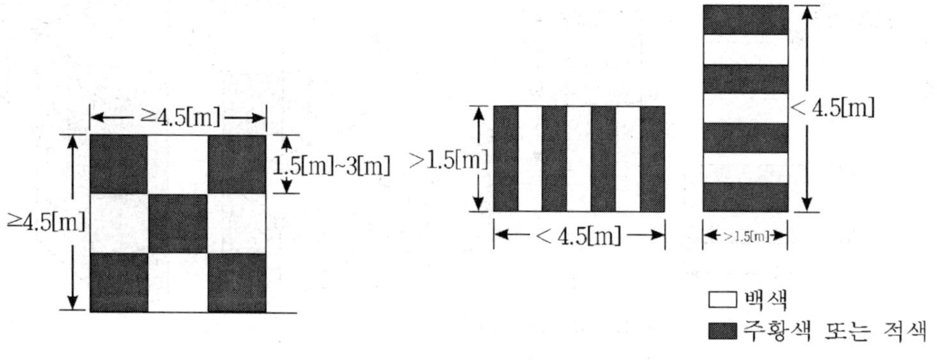

그림 7-28 주간장애표시 무늬색채 표지법

7.3 방범설비

방범설비란 도난방지와 예방을 목적으로 하는 설비로서 방범의 필요성과 용량에 따라 각종 감지기가 조합되어 설치되므로 금융기관, 박물관, 미술관, 귀금속 상점 등에 필요한 설비이다.

(1) 방범설비의 필요조건

① 쉽게 돌파할 수 없는 침입 저지 기능
② 이상상태의 신속, 정확한 검출
③ 검출 정보의 확실한 전송
④ 정보의 적절한 판단과 피해를 최소화
⑤ 경제적이며 설치 및 유지관리 용이
⑥ 평상시의 안전대책 확보

(2) 단말기의 종류

검출원리에 따라 단말기의 종류는 여러 가지로 분류할 수가 있다. 즉 접점에 의한 것, 빛에 의한 것, 음에 의한 것, 전자파에 의한 것, 진동에 의한 것, 영상에 의한 것 등이 있는데, 이들 단말 검출기의 종류를 표 7-12에 나타내었다.

표 7-12 감지원리에 따른 단말 검출기의 분류

감지방식	검출기의 종류	감지 방식	검출기의 종류
접 점	리미트 스위치 매트 스위치 푸시버튼 스위치 마이크로 스위치	전자파	초음파 마이크로파 광파 레이더
빛	적외선 ITV 기타	음	집음 마이크 도청기기
		진 동	바이브레이션

〔1〕 방범설비의 종류

(1) 침입방지설비

① **쇄정장치** : 기계적 쇄정장치와 전기적 쇄정장치가 있으며 인터폰, CCTV와 병행설치하면 더욱 효과적이다.

② **입실관리장치**

㉠ 카드키 방식, 비밀번호 누름, 음성판별방식, 지문, 손 형태 판별방식 등으로 입실자 확인 및 통제를 한다.

㉡ 카드키 방식이 주로 적용된다.

(2) 침입발견설비

① CCTV설비 : 연속감시, 순차감시, 영상기록 등으로 보호구역을 감시한다.

② 음성검지 Microphone : 음성은 Monitor 또는 스피커로 청취, CCTV와 병용, 금고실 등 소음이 낮은 곳에 특히 유효하다.

③ 전자개폐기 : Door Contact S/W, 문, 창의 개폐를 검출한다.

④ 리미트 스위치 : 기계적 접점을 이용하여 문, 창 셔터의 개폐를 검출한다.

⑤ 진동 검출기 : 유리창 절단 검출, 기계적 진동검출기, 전기적 진동검출기가 있다.

⑥ 방범선 : 피아노선 양단에 스프링을 설치하고 리미트 스위치를 고정한 선.

⑦ 적외선 검출기 : 적외선 투광기/수광기를 이용하여 검출하는 기기.

⑧ 초음파 탐지기 : 초음파를 발사하여 이동체의 Doppler 효과를 이용하여 탐지하는 기기.

⑨ 전파식 검출기 : Doppler 효과를 이용한 단파식 또는 마이크로식 검출기.

⑩ Tape Switch : 2개의 동대를 밀봉한 Tape의 인장 압력으로 동작하는 스위치.

⑪ Mat Switch : Mat에 중량이 가해지면 동작하며 통로에 설치한다.

(3) 방범 연락설비

① 비상통보설비 : 전용전화선, 자동전화 호출로 통보하는 설비

② 인터폰설비

③ 비상벨, 사이렌설비

④ 확성장치 : 관계자에게 통보하고 비상방송 또는 업무용 방송에 이용하는 장치

(4) 방범감시반

① 각 단말기에 상태표시, 전기잠금장치의 원방제어, 동작기록, 이상통보 기능과 수위실, 중앙감시실, 방재센타 등에 설치한다.

② 경제적인 계획과 단말기종 및 배치의 적정화, 조작부의 간결명료한 설비, 방재계획과 경비계획의 조정 등이 요구된다.

③ 구성 : 상황표시설비, 모니터설비, 제어장치, 기록장치, 통보장치 등으로 구성한다.

(5) 종합방범설비 시스템

방범설비 적용시 각각의 시설물을 별도로 설치하는 것은 의미가 없으며 여러가지 방범시설을 조합하여 서로 유기적인 보완 관계를 가지도록 종합방법설비 시스템을 구축하여 운영하는 것이 바람직하다. 방범설비 감시반은 방재센터가 설치되어 있는 경우 빌딩 관리 시스템과 연계하여 구성하면 더욱 효과적이다.

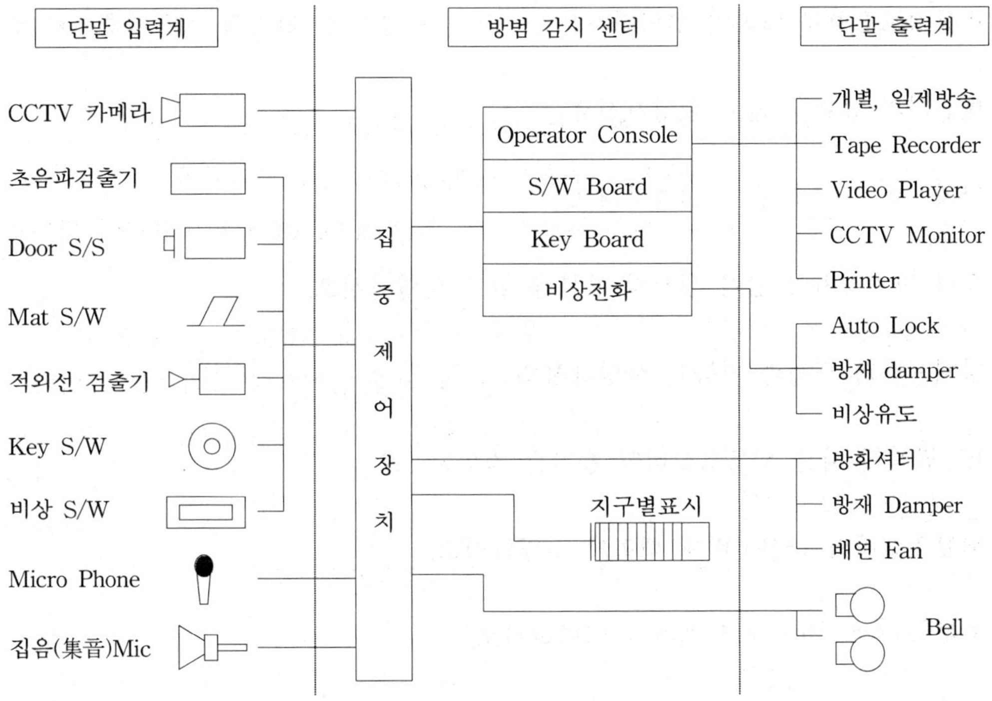

그림 7-29 종합방범설비(예)

연 습 문 제

1. 자동화재탐지설비에 대하여 설명하시오.

2. 비상경보장치에 대하여 설명하시오.

3. 발신기의 종류를 들고 설명하시오.

4. 감지기의 특성을 들고 설명하시오.

5. 도난 방지장치의 입력 센서의 종류를 들고 설명하시오.

6. 방재센터의 구성과 기능을 설명하시오.

7. IEC규격에 따른 뇌보호설비의 용어를 정의하시오.

8. 뇌보호설비의 근접설비에 대하여 설명하시오.

9. 외부 뇌보호 시스템에 대하여 설명하시오.

10. 뇌보호 시스템에서 인하도선 시스템에 대하여 설명하시오.

11. 방범설비의 구성도를 그리고 역할을 설명하시오.

12. 항공기 조종사에게 장애물의 존재를 알리기 위하여 사용되는 표시등의 항공장애등의 종류 3가지를 쓰시오.

[답] 1. 저광도 표시등 2. 중광도 표시등 3. 고광도 표시등

13. 비행장 표점으로부터 반경 15[km] 이내 항공장애 표시등(주간표지) 설치 신고서에 첨부해야 할 서류의 종류는?

[답] 비행장 표점으로부터 반경 15[km] 이내(지방항공청)

① 항공장애등의 종류, 수량 및 설치위치가 포함된 도면

② 주간장애표지 설치도면

③ 항공장애등 및 주간장애표지 설치(전체적 위치를 나타내는) 사진

제 8 장 접지시스템

8.1 접지의 개요

접지란 어떤 대상물을 전기적으로 대지에 낮은 저항값으로 연결시키는 것을 말한다.

8.1.1 접지의 목적

접지란 인축에 대한 감전사고 예방, 이상전압으로부터 기기의 안전과 전기통신설비의 안정된 동작을 확보하기 위하여 대지와 전기적으로 접속하는 것을 말하며, 계통접지와 보호접지에서 전자는 대지전위상승을 제한하고 후자는 누전 및 감전의 영향을 경감시키는 역할을 한다. 접지의 주요 설치목적은 다음과 같다.

① 계통에 고장전류나 뇌격전류의 유입에 대한 기기 보호, 계통의 안전
② 감전사고에 대한 인체보호 목적으로 기기의 외함에 설치
③ 계통회로 전압유지 및 보호계전기 동작의 안정, 계통보호 및 안전
④ 정전차폐효과 유지 등의 목적으로 설치한다.

8.1.2 접지시스템의 구분 및 종류

〔1〕 접지시스템의 구분

(1) 계통접지

전력계통에서 돌발적으로 발생하는 이상 현상에 대비하여 대지와 계통을 연결하는 것으로 중성점을 대지에 접속하는 것을 말하며 일반적으로 중성점 접지라고도 한다.

(2) 보호접지

고장시 감전에 대한 보호를 목적으로 기기의 한 점 또는 여러 점을 접지하는 것을 말한다.

(3) 피뢰시스템 접지

"보호하고자 하는 대상물에 근접하는 뇌격을 확실하게 흡인해서 뇌격 전류를 대지로 안전하게 방류함으로써 건축물 등을 보호하는 것"이며 피뢰시스템 접지는 그러한 피뢰설비에 흐르는 뇌격전류를 안전하게 대지로 흘려보내기 위해 접지극을 대지에 접속하는 설비를 말한다.

〔2〕 접지시스템의 시설 종류

(1) 단독접지

(특)고압 계통의 접지극과 저압 접지계통의 접지극을 독립적으로 시설하는 접지 방식이다.

(2) 공통접지

공통접지는 전력계통의 (특)고압과 저압을 모두 하나의 접지로 만들어 주고 피뢰설비와 통신설비는 별계로 한다. 따라서 (특)고압과 저압 접지계통을 등전위 형성을 위해 공통으로 접지하는 방식이다.

(3) 통합접지

공통접지 방식은 전기설비 · 통신설비 · 피뢰설비의 접지극을 통합하여 접지하는 방식으로 뇌격시 뇌전류로 전기장비들 간의 전위차가 생기는 것을 방지하기 위함이다. 즉, 건물내의 사람이 접촉할 수 있는 모든 도전부를 등전위 형성하는 방식이다.

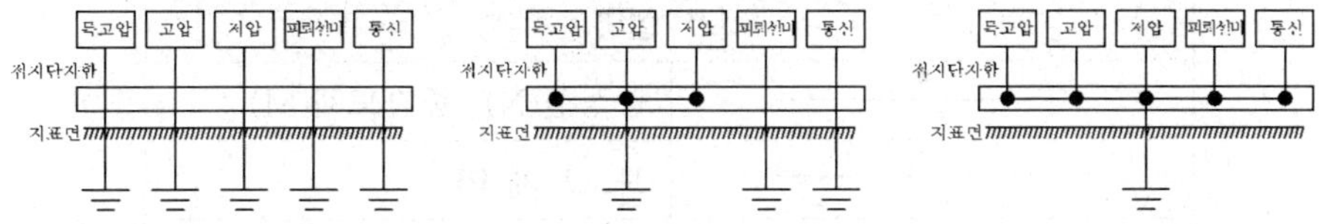

(a) 단독접지 (b) 공통접지 (c) 통합접지

그림 8-1 접지시스템의 시설종류 예

8.1.3 저압 계통 접지방식

〔1〕 접지계통의 구성

(1) 접지계통의 분류

① TN 계통

② TT 계통

③ IT 계통

(2) 접지계통에 사용되는 문자의 구성

① 제1문자 : 전원계통과 대지의 관계

㉠ T : 한 점을 대지에 직접 접속

㉡ I : 모든 충전부를 대지와 절연시키거나 높은 임피던스를 통하여 한 점을 대지에 직접 접속

② 제2문자 : 전기설비의 노출도전부와 대지의 관계

㉠ T : 노출도전부를 대지로 직접 접속. 전원계통의 접지와는 무관

㉡ N : 노출도전부를 전원계통의 접지점(교류 계통에서는 통상적으로 중성점, 중성점이 없을 경우는 선도체)에 직접 접속

③ 그 다음 문자(문자가 있을 경우) : 중성선과 보호 도체의 배치

㉠ S : 중성선 또는 접지된 선도체 외에 별도의 도체에 의해 제공되는 보호 기능

㉡ C : 중성선과 보호 기능을 한 개의 도체로 겸용(PEN 도체)

(3) 각 계통에서 나타내는 그림의 기호는 다음과 같다.

기호 설명	
	중성선(N), 중간도체(M)
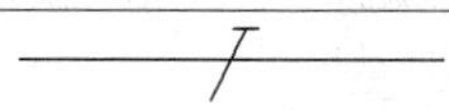	보호도체(PE)
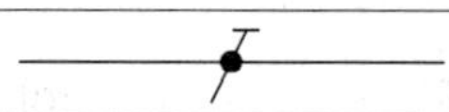	중성선과 보호도체겸용(PEN)

그림 8-2

〔2〕 TN 계통

전원측의 한 점을 직접 접지하고 설비의 노출도전부를 보호도체로 접속시키는 방식으로 중성선 및 보호도체(PE)의 배치 및 접속방식에 따라 다음과 같이 분류한다.

(1) TN-S 계통

계통 전체에 대해 별도의 중성선 또는 PE 도체를 사용한다. 배전계통에서 PE 도체를 추가로 접지할 수 있다.

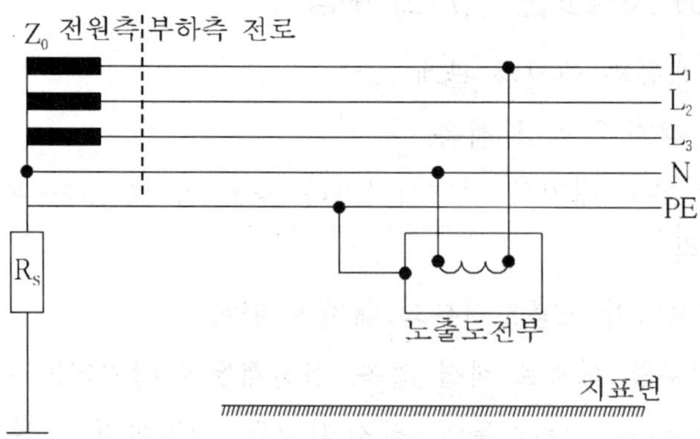

그림 8-3

(2) TN-C 계통

그 계통 전체에 대해 중성선과 보호도체의 기능을 동일도체로 겸용한 PEN 도체를 사용한다. 배전계통에서 PEN 도체를 추가로 접지할 수 있다.

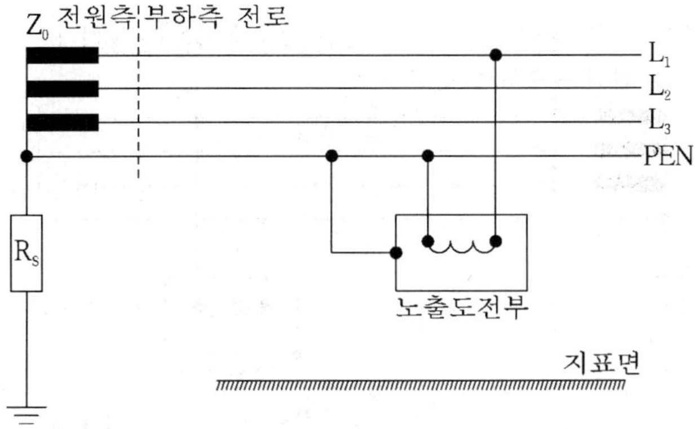

그림 8-4

(3) TN-C-S 계통

계통의 일부분에서 PEN 도체를 사용하거나, 중성선과 별도의 PE 도체를 사용하는 방식이 있다. 배전계통에서 PEN 도체와 PE 도체를 추가로 접지할 수 있다.

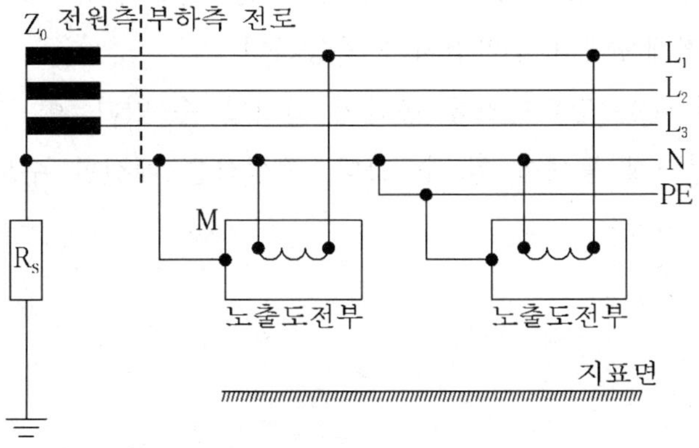

그림 8-5

〔3〕 TT 계통

전원의 한 점을 직접 접지하고 설비의 노출도전부는 전원의 접지전극과 전기적으로 독립적인 접지극에 접속시킨다. 배전계통에서 PE 도체를 추가로 접지할 수 있다.

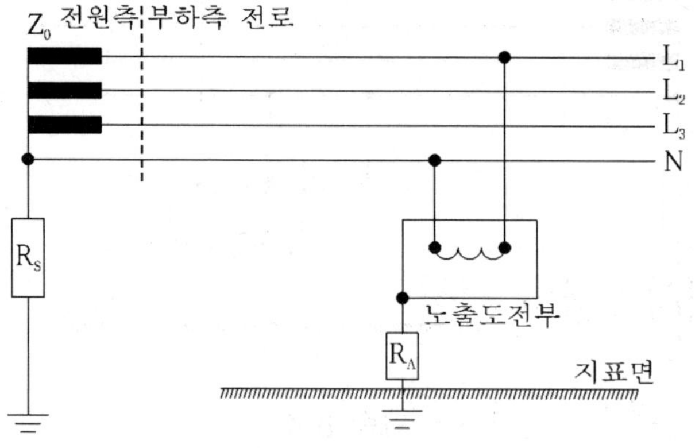

그림 8-6

〔4〕 IT 계통

① 충전부 전체를 대지로부터 절연시키거나, 한 점을 임피던스를 통해 대지에 접속시킨다. 전기설비의 노출도전부를 단독 또는 일괄적으로 계통의 PE 도체에 접속시킨다. 배전계통에서 추가접지가 가능하다.

② 계통은 충분히 높은 임피던스를 통하여 접지할 수 있다. 이 접속은 중성점, 인위적 중성점, 선도체 등에서 할 수 있다. 중성선은 배선할 수도 있고, 배선하지 않을 수도 있다.

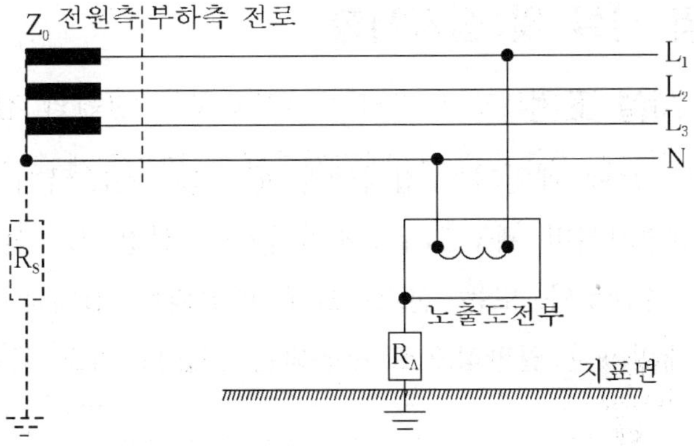

그림 8-7

8.1.4 접지시스템의 시설

(1) 접지시스템의 구성 요소

① 접지시스템 구성 요소

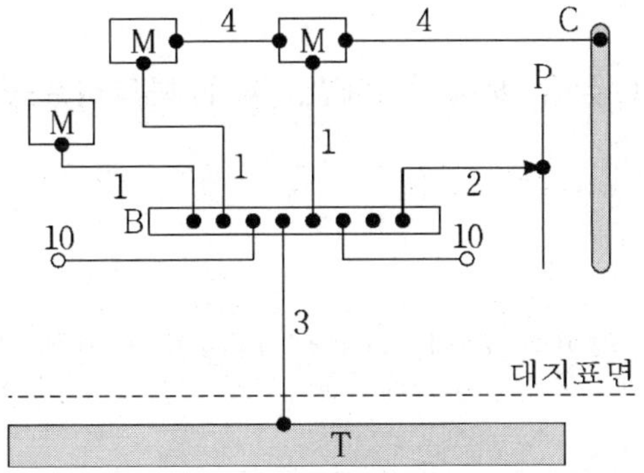

1. 보호도체(PE)
2. 보호등전위본딩용 도체
3. 접지도체
4. 보조 보호등전위본딩용 도체
10. 기타 기기(정보통신, 피뢰시스템)

B. 주접지단자
M. 노출도전성 부분
C. 철골, 금속덕트 등 계통외 도전부
P. 수도관, 가스관 등 계통외 도전부
T. 접지극

그림 8-8

② 접지극은 접지도체를 사용하여 주접지단자에 연결한다.

〔2〕 접지극의 시설 및 접지저항

(1) 접지극의 시설 조건

① 토양 또는 콘크리트에 매입되는 접지극의 재료 및 최소 굵기 등은 KS C IEC 60364-5-54(저압전기설비-제5-54부 : 전기기기의 선정 및 설치-접지설비 및 보호도체)의"표 54.1(토양 또는 콘크리트에 매설되는 접지극으로 부식방지 및 기계적 강도를 대비하여 일반적으로 사용되는 재질의 최소 굵기)"에 따라야 한다.

② 피뢰시스템의 접지는 KEC 152.1.3을 우선 적용하여야 한다.

(2) 접지극은 다음의 방법 중 하나 또는 복합하여 적용 될 것.

① 콘크리트에 매입된 기초 접지극

② 토양에 매설된 기초 접지극

③ 토양에 수직 또는 수평으로 직접 매설된 금속전극(봉, 전선, 테이프, 배관, 판 등)

④ 케이블의 금속외장 및 그 밖에 금속피복

⑤ 지중 금속구조물(배관 등)

⑥ 대지에 매설된 철근콘크리트의 용접된 금속 보강재. 다만, 강화 콘크리트는 제외한다.

(3) 접지극의 매설

① 접지극은 매설하는 토양을 오염시키지 않아야 하며, 가능한 다습한 부분에 설치한다.

② 접지극은 지표면으로부터 지하 0.75[m] 이상으로 하되 동결 깊이를 감안하여 매설 깊이를 정해야 한다.

③ 접지도체를 철주 기타의 금속체를 따라서 시설하는 경우에는 접지극을 철주의 밑면으로부터 0.3[m] 이상의 깊이에 매설하는 경우 이외에는 접지극을 지중에서 그 금속체로부터 1[m] 이상 떼어 매설하여야 한다.

(4) 접지시스템 부식에 대한 고려

① 접지극에 부식을 일으킬 수 있는 폐기물 집하장 및 번화한 장소에 접지극 설치

는 피해야 한다.

② 서로 다른 재질의 접지극을 연결할 경우 전식을 고려하여야 한다.

③ 콘크리트 기초접지극에 접속하는 접지도체가 용융아연도금강제인 경우 접속부를 토양에 직접 매설해서는 안 된다.

(5) 접지극 접속

① 접속하는 경우에는 발열성 용접, 압착접속, 클램프 또는 그 밖의 적절한 기계적 접속장치로 접속하여야 한다.

② 가연성 액체나 가스를 운반하는 금속제 배관은 접지설비의 접지극으로 사용 할 수 없다. 다만, 보호등전위본딩은 예외로 한다.

(6) 수도관 등의 접지극

① 지중에 매설되어 있고 대지와의 전기저항값이 3[Ω] 이하의 값을 유지하고 있는 금속제 수도관로가 다음에 따르는 경우 접지극으로 사용이 가능하다.

② 건축물·구조물의 철골 기타의 금속제는 이를 비접지식 고압전로에 시설하는 기계기구의 철대 또는 금속제 외함의 접지공사 또는 비접지식 고압전로와 저압전로를 결합하는 변압기의 저압전로의 접지공사의 접지극으로 사용할 수 있다. 다만, 대지와의 사이에 전기저항값이 2[Ω] 이하인 값을 유지하는 경우에 한한다.

8.1.5 접지도체와 보호도체

〔1〕 접지도체

(1) 접지도체의 선정

① 접지도체의 단면적은 큰 고장전류가 접지도체를 통하여 흐르지 않을 경우(TN방식) 접지도체의 최소 단면적은 다음과 같다.

㉠ 구리는 6[mm^2] 이상

㉡ 철제는 50[mm^2] 이상

② 접지도체의 단면적은 큰 고장전류가 접지도체를 통하여 흐르는 경우 접지도체의 최소 단면적은 다음과 같다.

㉠ 특고압 · 고압 전기설비용 접지도체는 단면적 6[mm^2] 이상의 연동선 또는 동등 이상의 단면적 및 강도를 가져야 한다.

㉡ 중성점 접지용 접지도체는 공칭단면적 16[mm^2] 이상의 연동선 또는 동등 이상의 단면적 및 세기를 가져야 한다.

③ 접지도체에 피뢰시스템이 접속되는 경우, 접지도체의 단면적은 구리 16[mm^2] 또는 철 50[mm^2] 이상으로 하여야 한다.

(2) 접지도체와 접지극 접속

① 접속은 견고하고 전기적인 연속성이 보장되도록, 접속부는 발열성 용접, 압착접속, 클램프 또는 그 밖에 적절한 기계적 접속장치에 의해야 한다. 다만, 기계적인 접속장치는 제작자의 지침에 따라 설치하여야 한다.

② 클램프를 사용하는 경우, 접지극 또는 접지도체를 손상시키지 않아야 한다. 납땜에만 의존하는 접속은 사용해서는 안 된다.

③ 접지도체를 접지극이나 접지의 다른 수단과 연결하는 것은 견고하게 접속하고, 전기적, 기계적으로 적합하여야 하며, 부식에 대해 적절하게 보호되어야 한다.

(3) 접지도체 시공

접지도체는 지하 0.75[m] 부터 지표상 2[m]까지 부분은 합성수지관(두께 2[mm] 미만의 합성수지제 전선관 및 가연성 콤바인덕트관은 제외한다) 또는 이와 동등 이상의 절연효과와 강도를 가지는 몰드로 덮어야 한다.

〔2〕 보호도체

(1) 보호도체의 단면적

① 보호도체의 최소 단면적

표 8-1

선도체의 단면적 S([mm^2], 구리)	보호도체의 최소 단면적([mm^2], 구리)	
	보호 도체의 재질	
	선도체와 같은 경우	선도체와 다른 경우
$S \le 16$	S	$(k_1/k_2) \times S$
$16 < S \le 35$	16^a	$(k_1/k_2) \times 16$
$S > 35$	$S^a/2$	$(k_1/k_2) \times (S/2)$

② 차단시간이 5초 이하인 경우에만 다음 계산식을 적용한다.

$$S = \frac{\sqrt{I^2 t}}{k} \tag{8-1}$$

여기서,

S : 단면적[mm^2]

I : 보호장치를 통해 흐를 수 있는 예상 고장전류 실효값[A]

t : 자동차단을 위한 보호장치의 동작시간[s]

k : 보호도체, 절연, 기타 부위의 재질 및 초기온도와 최종온도에 따라 정해지는 계수로 KS C IEC 60364-5-54(저압전기설비-제5-54부 : 전기기기의 선정 및 설치－접지설비 및 보호도체)의 "부속서 A(기본보호에 관한 규정)"에 의한다.

③ 보호도체가 케이블의 일부가 아니거나 선도체와 동일 외함에 설치되지 않으면 단면적은 다음의 굵기 이상으로 하여야 한다.

㉠ 기계적 손상에 대해 보호가 되는 경우는 구리 2.5[mm^2], 알루미늄 16[mm^2] 이상

㉡ 기계적 손상에 대해 보호가 되지 않는 경우는 구리 4[mm^2], 알루미늄 16[mm^2] 이상

㉢ 케이블의 일부가 아니라도 전선관 및 트렁킹 내부에 설치되거나, 이와 유사한 방법으로 보호되는 경우 기계적으로 보호되는 것으로 간주한다.

(2) 보호도체의 종류

① 다심케이블의 도체

② 충전도체와 같은 트렁킹에 수납된 절연도체 또는 나도체

③ 고정된 절연도체 또는 나도체

④ 전기설비에 저압개폐기, 제어반 또는 버스덕트와 같은 금속제 외함을 가진 기기가 포함된 경우, 금속함이나 프레임이 다음과 같은 조건을 모두 충족하면 보호도체로 사용이 가능하다.

㉠ 구조·접속이 기계적, 화학적 또는 전기화학적 열화에 대해 보호할 수 있으며 전기적 연속성을 유지하는 경우

㉡ 연결하고자 하는 모든 분기 접속점에서 다른 보호도체의 연결을 허용하는

경우

⑤ 다음과 같은 금속부분은 보호도체 또는 보호본딩도체로 사용해서는 안 된다.

㉠ 금속 수도관

㉡ 가스 · 액체 · 분말과 같은 잠재적인 인화성 물질을 포함하는 금속관

㉢ 상시 기계적 응력을 받는 지지 구조물 일부

㉣ 가요성 금속배관. 다만, 보호도체의 목적으로 설계된 경우는 예외로 한다.

㉤ 가요성 금속전선관

㉥ 지지선, 케이블트레이 및 이와 비슷한 것

(3) 보호도체의 전기적 연속성

① 기계적인 손상, 화학적 · 전기화학적 열화, 전기역학적 · 열역학적 힘에 대해 보호되어야 한다.

② 나사접속 · 클램프접속 등 보호도체 사이 또는 보호도체와 타 기기 사이의 접속은 전기적 연속성 보장 및 충분한 기계적 강도와 보호를 구비하여야 한다.

③ 보호도체를 접속하는 나사는 다른 목적으로 겸용해서는 안 된다.

④ 접속부는 납땜(soldering)으로 접속해서는 안 된다.

⑤ 보호도체에는 어떠한 개폐장치를 연결해서는 안 된다.

〔3〕 주접지단자

(1) 접지시스템의 주접지단자 접속 도체

① 등전위본딩도체

② 접지도체

③ 보호도체

④ 관련이 있는 경우, 기능성 접지도체

(2) 주접지단자 시설

① 여러개의 접지단자가 있는 장소는 접지단자를 상호 접속하여야 한다.

② 주접지단자에 접속하는 각 접지도체는 개별적으로 분리할 수 있어야 하며, 접지저항을 편리하게 측정할 수 있어야 한다. 다만, 접속은 견고해야 하며 공구에 의해서만 분리되는 방법으로 하여야 한다.

8.1.6 전기수용가 접지

〔1〕 저압 수용가 인입구 접지

(1) 수용장소 인입구 부근에서 다음의 것을 접지극으로 사용하여 변압기 중성점 접지를 한 저압전선로의 중성선 또는 접지측 전선에 추가로 접지공사를 할 수 있다.

① 지중에 매설되어 있고 대지와의 전기저항값이 3[Ω] 이하의 값을 유지하고 있는 금속제 수도관로

② 대지 사이의 전기저항값이 3[Ω] 이하인 값을 유지하는 건물의 철골

(2) 접지도체 설치기준

위의 사항에 따른 접지도체는 공칭단면적 6[mm^2] 이상의 연동선 또는 이와 동등 이상의 세기 및 굵기의 쉽게 부식하지 않는 금속선으로서 고장시 흐르는 전류를 안전하게 통할 수 있는 것이어야 한다.

〔2〕 주택 등 저압수용장소 접지

(1) 저압수용장소에서 접지계통이 TN-C-S 방식인 경우

① 보호도체의 최소 단면적은 KEC 142.3.2의 1에 의한값 이상으로 한다.

② 중성선 겸용 보호도체(PEN)는 고정 전기설비에만 사용할 수 있고, 그 도체의 단면적이 구리는 10[mm^2] 이상, 알루미늄은 16[mm^2] 이상이어야 하며, 그 계통의 최고전압에 대하여 절연되어야 한다.

(2) 접지 설치기준

위의 사항에 따른 접지의 경우에는 감전보호용 등전위본딩을 하여야 한다.

8.1.7 변압기 중성점 접지

(1) 중성점 접지저항값

① 일반적으로 변압기의 고압·특고압측 전로 1선 지락전류로 150을 나눈값과 같은 저항값 이하

② 변압기의 고압·특고압측 전로 또는 사용전압이 35[kV] 이하의 특고압전로가 저압측 전로와 혼촉하고 저압전로의 대지전압이 150[V]를 초과하는 경우는 저항값은 다음에 의한다.

㉠ 1초 초과 2초 이내에 고압·특고압 전로를 자동으로 차단하는 장치를 설치할 때는 300을 나눈값 이하

㉡ 1초 이내에 고압·특고압 전로를 자동으로 차단하는 장치를 설치할 때는 600을 나눈값 이하

8.1.8 공통접지 및 통합접지

(1) KEC 고려

(1) 고압 및 특고압과 저압 접지시스템이 서로 근접한 경우

① 저압 전기설비의 접지극이 고압 및 특고압 접지극의 접지저항 형성영역에 완전히 포함되어 있다면 위험전압이 발생하지 않도록 이들 접지극을 상호 접속하여야 한다.

② 접지시스템에서 고압 및 특고압 계통의 지락사고시 저압계통에 가해지는 상용주파 과전압은 표 8-2에서 정한값을 초과해서는 안 된다.

표 8-2

고압계통에서 지락고장시간[초]	저압설비 허용 사용주파 과전압[V]	비 고
>5	U_0 + 250	중성선 도체가 없는 계통에서 U_0는 선간전압을 말한다.
≤ 5	U_0 + 1,200	
1. 순시 상용주파 과전압에 대한 전압기기의 절연 설계기준과 관련된다. 2. 중성선이 변전소 변압기의 접지계통에 접속된 계통에서, 건축물 외부에 설치한 외함이 접지되지 않은 기기의 절연에는 일시적 상용주파 과전압이 나타날 수 있다.		

③ 기타 공통접지와 관련한 사항은 KS C IEC 61936-1(교류 1[kV] 초과 전력설비-제1부 : 공통규정)의 "10 접지시스템"에 의한다.

(2) 전기설비의 접지설비, 건축물의 피뢰설비 · 전자통신설비 등의 공용

① 통합접지시스템은 위의 (1)에 의해 한다.

② 낙뢰에 의한 과전압 등으로부터 전기전자기기 등을 보호하기 위해 KEC 153.1의 규정에 따라 서지보호장치를 설치하여야 한다.

〔2〕 공통 · 통합접지 개념

고압 · 특별고압과 저압 전기설비의 접지극이 서로 근접하여 시설되어 있는 경우 단독접지 효과를 얻을 수 없으므로 이 경우 위험전압이 발생하지 않도록 이들 접지극을 상호 접속하는 것을 공통접지라하고 반면 건물내에 사람이 접촉할 수 있는 모든 도전부가 항상 같은 대지전위를 유지할 수 있도록 등전위를 형성하기 위하여 모든 접지극 상호간을 접속하는 것을 통합접지라 한다. 단, 통신설비 통합접지 여부는 통신사업자의 결정에 의할 수 있다.

표 8-3

공통접지	통합접지
· 고압 및 특고압 접지계통과 저압 접지 계통이 등전위가 되도록 공통으로 접지하는 방식(단, 피뢰설비 접지와 통신용 접지는 별도로 접지를 한다.)	· 전기, 통신, 피뢰설비 및 수도관, 가스관, 철근, 철골등과 같이 계통외 도전부도 함께 접지하여 그들 간에 전위차가 없도록 함으로써 인체의 감전우려를 최소화하는 방식
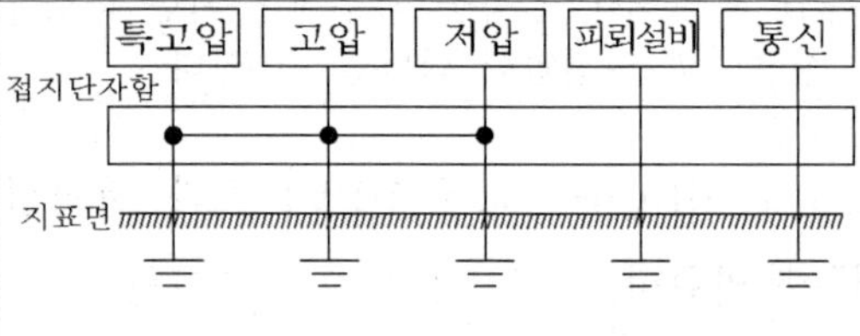	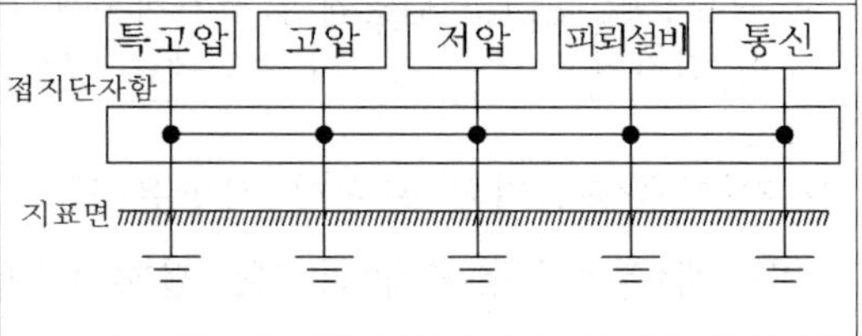
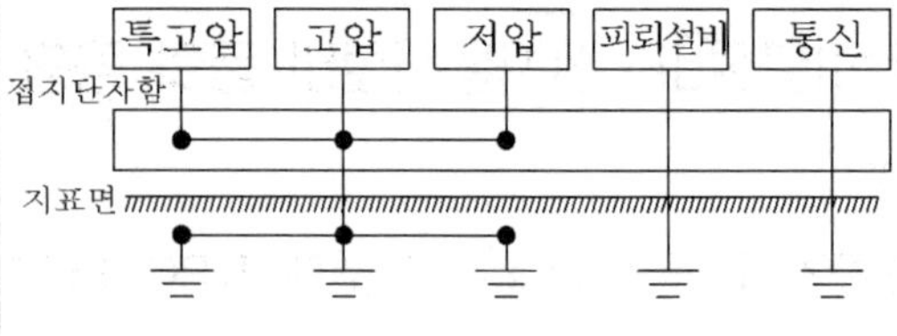	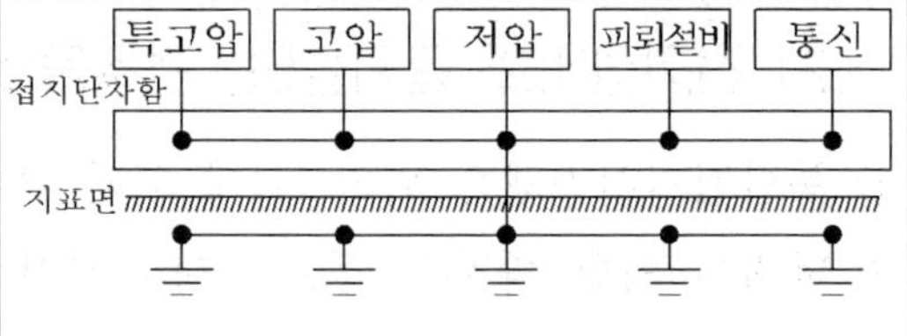

(3) 등전위본딩 도체 시설

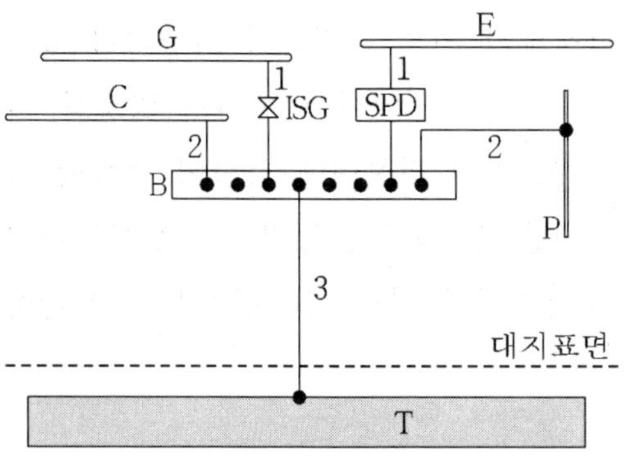

1. 보호도체(PE)
2. 등전위본딩용 도체
3. 접지도체

B. 주접지단자
C. 철골, 금속덕트 등 계통외 도전부
E. 전력선 또는 통신선
G. 금속제 가스관
ISG. 절연방전갭(전기방식방지장치)
P. 수도관, 가스관 등 계통외 도전부
T. 접지극

그림 8-9

(1) 보호등전위본딩

① 전원차단방식에 의한 감전보호 수단으로 다음의 도전성부분은 건축물 또는 구조물 내에서 절연고장 또는 지락고장의 발생시 감전위험으로부터 인체를 보호하기 위하여 도전성부분을 보호도체로 접지단자에 연결하여야 한다.

㉠ 수도관 · 가스관 등 외부에서 내부로 인입되는 금속배관

㉡ 건축물 · 구조물의 철근, 철골 등 금속보강재

㉢ 일상생활에서 접촉이 가능한 금속제 난방배관 및 공조설비 등 계통외도전부

② 수도관 · 가스관의 경우 내부로 인입된 최초의 밸브 후단에서 등전위본딩을 하여야 한다.

③ 건축물 · 구조물의 철근, 철골 등 금속보강재는 등전위본딩을 하여야 한다.

④ 보호 등전위본딩 도체 단면적

표 8-4

재질	단면적[mm^2]	낙뢰보호계통을 포함하는 경우 단면적[mm^2]
구리	6	16
알루미늄	16	25
강철	50	50

(2) 보조 보호등전위본딩

① 고장시 자동차단 시간이 계통별 요구하는 최대 차단시간을 초과하는 경우

② 위 차단시간을 초과하면서 2.5[m] 이내에 설치된 고정기기의 노출도전부와 계통외도전부(비접지계통 동일)

③ 보조 보호등전위 본딩의 유효성에 의문이 생길 경우 동시에 접근 가능한 노출도전부와 계통외도전부 사이의 저항은 다음의 조건을 충족하여야 한다.

㉠ 교류 계통 : $R \leq \frac{50\,V}{I_a}[\Omega]$

㉡ 직류 계통 : $R \leq \frac{120\,V}{I_a}[\Omega]$

여기서, I_a : 보호장치의 동작전류[A](누전차단기의 경우 $I_{\Delta n}$(정격감도전류), 과전류보호장치의 경우 5초 이내 동작전류)

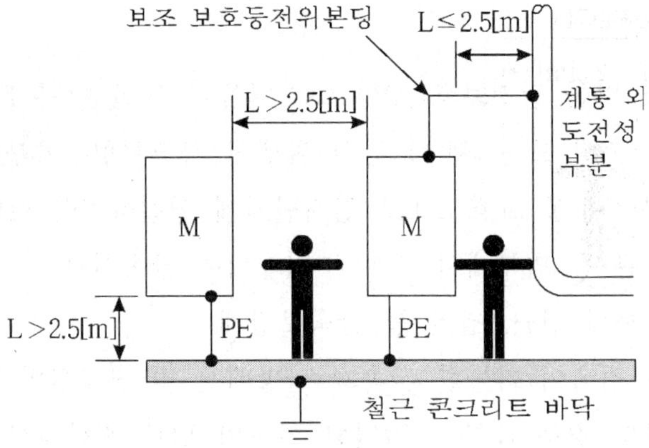

그림 8-10

④ 보조 보호등전위본딩 도체 단면적

㉠ 두 개의 노출도전부를 접속하는 경우 도전성은 노출도전부에 접속된 더 작은 보호도체의 도전성보다 커야 한다.

㉡ 노출도전부를 계통외도전부에 접속하는 경우 도전성은 같은 단면적을 갖는 보호도체의 1/2 이상이어야 한다.

㉢ 케이블의 일부가 아닌 경우 또는 선로도체와 함께 수납되지 않은 본딩도체는 다음값 이상 이어야 한다.

표 8-5

구 분	구리 단면적[mm^2]	알루미늄 단면적[mm^2]
기계적 보호가 된 경우	2.5 이상	16 이상
기계적 보호가 안된 경우	4 이상	16 이상

(3) 비접지 국부적 등전위본딩

① 절연성 바닥으로 된 비접지 장소에서 다음의 경우 국부등전위본딩을 하여야 한다.

㉠ 전기설비 상호간이 2.5[m] 이내인 경우

㉡ 전기설비와 이를 지지하는 금속체 사이

② 전기설비 또는 계통외도전부를 통해 대지에 접촉하지 않아야 한다.

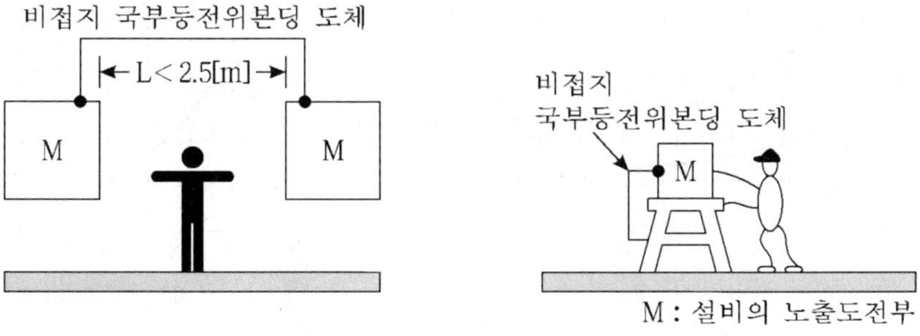

그림 8-11

8.1.9 접지공법

접지극을 시설하여 요구하는 접지저항값을 얻을 수 없는 경우에 접지저항 저감대책을 세워야 하며 이에 대한 대책으로 물리적 저감대책과 화학적 저감대책이 있다.

(1) 접지극의 병렬접속 및 치수 확대

① 접지봉의 연결 개수 또는 접지극의 면적을 증가시켜 저감시키는 방법이다.

② 접지극 병렬접속시 합성 저항은

$$R = K \cdot \frac{1}{\sum \frac{1}{R_n}} \qquad (8\text{-}2)$$

단, K : 집합계수,

2개 연결시 : 55[%]로 감소,

3개 연결시 : 40[%]로 감소,

4개 연결시 : 30[%]로 감소,

5개 연결시 : 25[%]로 감소

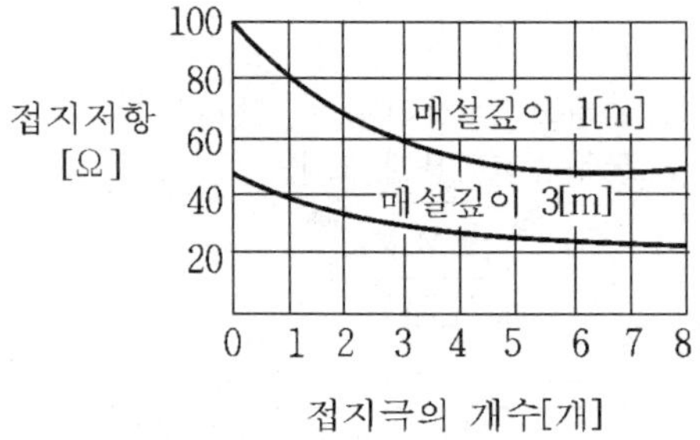

(a)

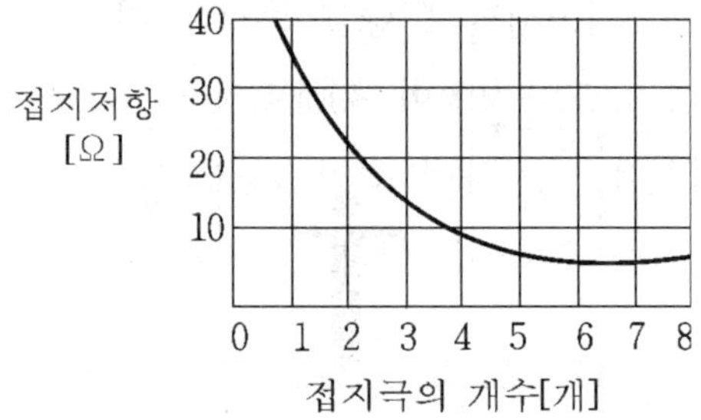

(b)

그림 8-12

(2) 매설길이를 깊게 하여 접지저항을 저감

① 수직공법에는 심타공법, 보링공법

② 동봉, 탄소피막강봉 : 8ϕ, 길이 0.9[mm] 이상

③ 철봉 : 12ϕ, 길이 0.9[mm] 이상

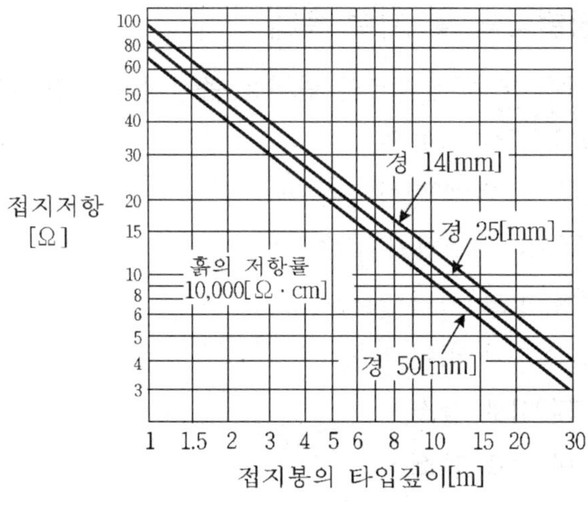

그림 8-13

(3) 매설지선

① 송전선의 철탑, 소규모 발전소, 피뢰기 등의 낮은 저항값을 필요로 하는 장소에서 적용하는 방법이다.

② 접지극으로 길이 20~40[m], 단면적 22~38[mm^2]의 나동선을 사용하여 깊이

50~80[cm]의 도랑을 파서 접지극을 매설하는 방법이다.

③ 대지 고유저항이 300[Ω · m] 이상으로 목표하는 접지저항을 얻지못할 때 매설지선을 설치하여 접지저항을 낮추는 방법으로 집중접지와 분포접지로 높은 접지효과를 얻을 수 있다.

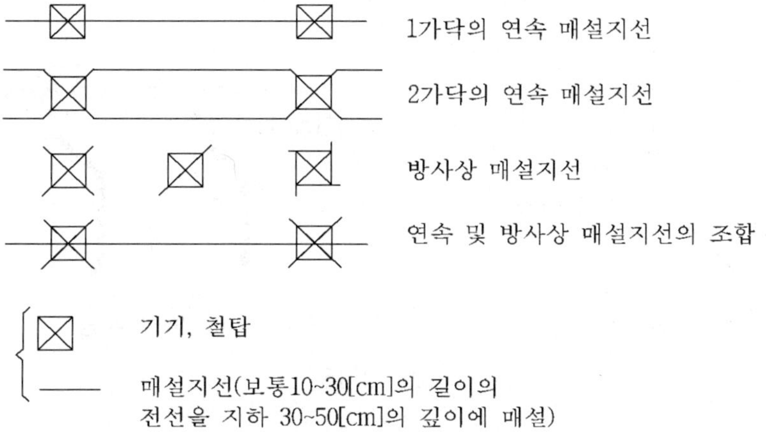

그림 8-14

(4) 격자형 접지극

① 기술기준 및 KEC 기준에 적합하여 계통접지, 보호접지, 등전위본딩(공통접지, 통합접지 등) 및 피뢰시스템접지 등에 적용가능하다

② 등전위 접지성능이 좋고 서지성능은 접지판과 비교하여 우수하다.

③ 전위상승 저감이 효과가 뛰어나다.

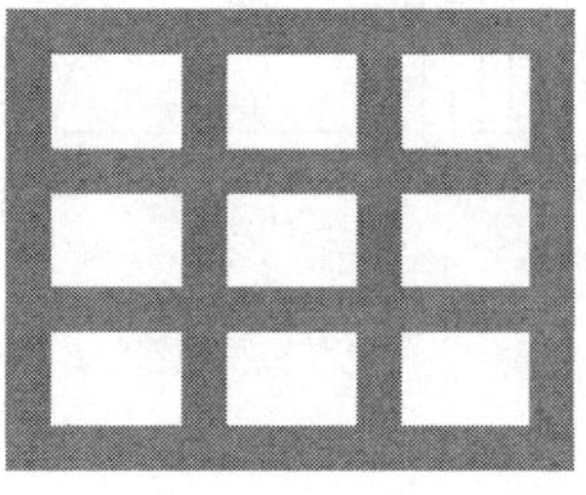

그림 격자형 접지극

(5) 평판 접지극 공극

① 직렬시공하는 방법과 병렬 시공하는 방법이 있으며 직렬시공 하는 것이 효과적임.

② 매설시 표면접촉 저항의 증가를 고려할 것.

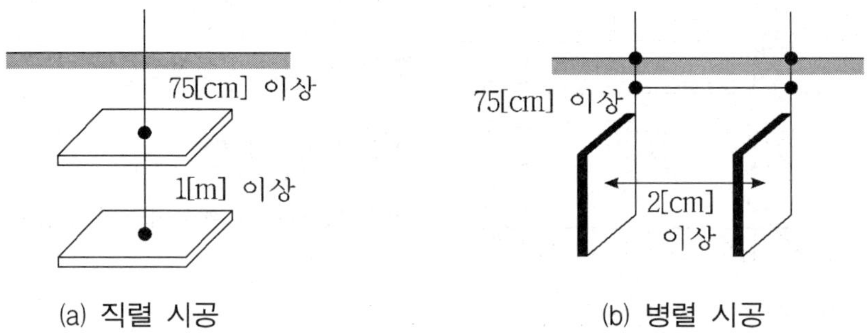

그림 8-15

③ 평판접지극의 사이즈는 $300\times300\times0.7t$, $900\times150\times0.7t$, $600\times600\times0.7t$, $900\times900\times0.7t$ 로써 두께 $0.7t$ 이상이고 면적 900[m²] 이상일 것.

(6) Mesh공법

① 고장전류가 큰 장소나 대지가 넓은 장소에서 접지저항을 저감할 목적으로 사용

② 154[kA] 이상의 수전설비 시공시 적용한다.

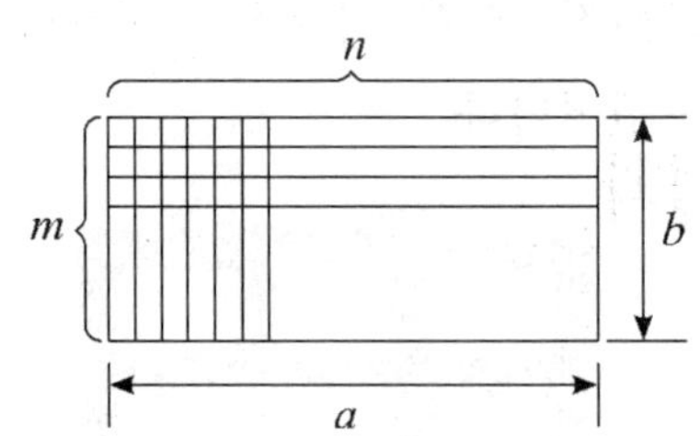

그림 8-16

(7) 다중접지 사이트

그림 8-17

① 그림 8-17과 같이 알루미늄박과 특수유를 교대로 3매 겹쳐서 만든 것.
② 가볍고 유연성이 있어 토양에 적응하기 쉽고 접지저항값이 매우 저감된다.

8.2 접지시스템 설계

접지란 어떤 대상물을 전기적으로 대지에 낮은 저항값으로 연결시키는 것을 말한다. 역할에 따라 강전용과 약전용으로 구분된다. 일반 건축물에서의 접지는 건물 구조체 방식을 이용하고 대지 전위 상승에 의한 기기의 오동작 방지 대책이 강구되어야 하며 송전 계통에서의 접지는 이상 전압에 의한 기기 및 계통보호, 인축의 감전사고 방지 대책이 강구되어야 한다

8.2.1 접지설계 절차

(1) 설계 기준

① 접촉전압 및 보폭전압의 허용값 이내의 요건을 만족 할 것.
② KS C IEC 61936-1(교류 1[kV]초과 전력설비-제1부 공통규정)의 10
③ IEEE std 80표준

(2) 접지설계 절차(IEEE std 80)

① 토양의 특성 조사

㉠ 토양의 특성, 변전설비 평면계획, 대지저항율, 대지구조 및 면적

㉡ 대지저항 측정시 토양의 종류, 수분, 온도, 계절적 영향고려

② 접지전류 및 접지도체 굵기 선정

㉠ 접지전류 계산

$$I_g = 3I_0 = \frac{3E}{Z_0 + Z_1 + Z_2 + 3R_g} \tag{8-3}$$

㉡ 접지도체 굵기

$$S = \frac{\sqrt{t_s}}{K} \times I_g [\mathrm{mm}^2] \tag{8-4}$$

- t_s : 고장지속시간 : 보통 0.5~3초(한전규격 2.0초 권장)
- K : 접지도체 절연물 종류에 따른 계수(XLPE 143)

③ 안전 한계 전압 산정(70[kg] 기준)

㉠ 최대허용 접촉전압

$$(E_{touch}) = (1000 + 1.5\rho_s c_s) \cdot \frac{0.157}{\sqrt{t}} [\mathrm{V}] \tag{8-5}$$

㉡ 최대허용 보폭전압

$$(E_{step}) = (1000 + 6\rho_s c_s) \cdot \frac{0.157}{\sqrt{t}} [\mathrm{V}] \tag{8-6}$$

- ρ_s : 표면층 고유저항, C_s : 표면층 감소계수, t : 통전시간

④ 예비설계 실시

㉠ 포설간격(D), 길이(L)

㉡ 매설깊이(h), 접지봉 수량(n)

⑤ 접지저항(R_g) 계산

㉠ Mesh 접지

$$R_g = \rho\left[\frac{1}{L} + \frac{1}{\sqrt{20A}}\left(1 + \frac{1}{1 + h\left(\frac{20}{A}\right)}\right)\right] \tag{8-7}$$

ⓛ 봉접지

$$R_g = \frac{\rho}{2\pi l}\log\frac{2l}{r} \tag{8-8}$$

⑥ 최대 지락전류 계산

$$I_G = S_f \cdot D_f \cdot C_p \cdot I_g \tag{8-9}$$

- S_f : 고장전류 분류계수(0.2～0.4), D_f : 비대칭 교정계수
- C_p : 계통확장 계수(1.0～1.5), I_g : 1선 최대지락 전류

⑦ 접지망의 전위상승과 최대 허용 접촉 전압과의 비교

$GPR = I_G \times R_g < E_{touch}$

- 만족 : 상세 설계
- 불만족 : 다음 단계(⑧)로 이동

⑧ 접지망 최대 Mesh, 최대 보폭 전압 계산

$$E_m = \frac{\rho \cdot K_m \cdot K_i \cdot I_G}{L_m} \qquad E_s = \frac{\rho \cdot K_s \cdot K_i \cdot I_G}{L_s} \tag{8-10}$$

- K_m : Mesh 간격 계수, K_s : 보폭 간격 계수
- K_i : 전위경도 변화에 대한 보정계수, L : 접지계 총 도체길이[m]

⑨ 접지망 최대 Mesh, 최대 보폭 전압과 최대허용 접촉전압, 보폭전압과의 비교

$E_m < E_{touch}$, $E_s < E_{step}$

- 만족 : 상세 설계
- 불만족 : 예비설계(④)부터 재설계 (D좁게. n 및 L 크게)

8.2.2 접지설계시 고려사항

[1] 토양의 특성 및 대지 저항율

(1) 토양의 성질

토양의 고유저항율에 영향을 미치는 요소로써

① 토양의 종류
② 토양에 함유된 수분의 양
③ 토양에 합유된 물에 용해되어 있는 물질 및 농도
④ 토립자의 크기
⑤ 토양의 밀도
⑥ 토양의 온도가 있다.

표 8-6 토양의 종류와 저항율

토 양 의 종 류	대지 고유저항율[Ω · m]
점토질 습지	1~15
밭	1~20
습지하층 모래질	10~100
산지점토	20~200
산지(자갈, 암반)	200~500
하천, 하상자리(모래, 자갈)	100~500
적 토	5~50

토양의 고유저항이 300[Ω · m] 이내이면 접지 시공이 가능하며 300[Ω · m]을 초과할 경우 별도의 접지대책이 필요하다. 표 8-6은 참고용이므로 접지설계시에는 직접 토양의 대지저항율을 측정하여 현장에 적합한 접지설계를 하여야 한다.

(2) 대지고유저항 측정법

대지고유저항 측정방법으로 Wenner의 4전극법, 전기 검층법, 역산법, 코올라쉬 브리지법, 접지저항 테스터법 등이 있다.

(가) Wenner의 4전극법

① 4개의 전극을 일직선 등간격으로 설치하여 C_1, C_2에 교류 전류를 공급하고 P_1, P_2 간의 전압을 측정하는 방법.

$$a = 200d \qquad (8\text{-}11)$$

$$R = \frac{V}{I}, \quad R = \frac{\rho}{2\pi a} \tag{8-12}$$

$$\rho \fallingdotseq 2\pi a R = 40\pi d R = 40\pi d \frac{V}{I} = 2\pi a \frac{V}{I} \tag{8-13}$$

② a가 넓은 경우에 $\rho - a$ 곡선을 유의해야 한다.

③ $\rho - a$ 곡선에 따라 지층의 구조를 추정할 수 있다.

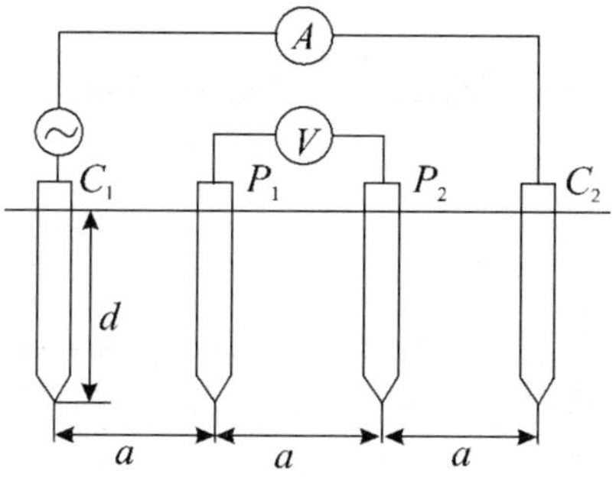

그림 8-19

(나) 코올라쉬브리지법

① 삼각법이라고 하며 전극을 정삼각형 배치하고 극간 저항값에 의해 대지 저항율을 구하게 된다.

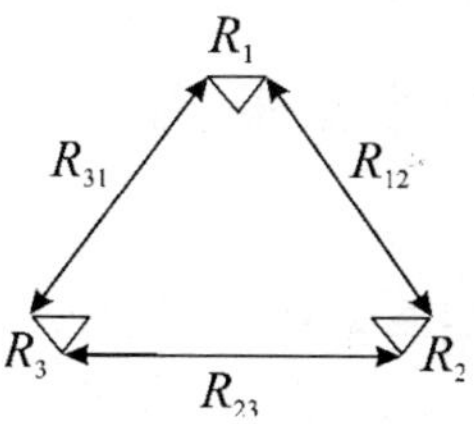

그림 8-20

$R_1 + R_2 = R_{12}$ 의 연립방정식을 풀면 $R_1 R_2 R_3$ 는 각각 $R_1 = \frac{1}{2}(R_{12} + R_{31} - R_{23})$

$R_2 + R_3 = R_{23}$ 의 연립방정식을 풀면 $R_1 R_2 R_3$ 는 각각 $R_2 = \frac{1}{2}(R_{12} + R_{23} - R_{31})$ 이고

$R_3 + R_1 = R_{31}$ 의 연립방정식을 풀면 $R_1 R_2 R_3$ 는 각각 $R_3 = \frac{1}{2}(R_{13} + R_{23} - R_{12})$

(8-14)

$R = \rho \cdot \frac{l}{S}$, 고유저항 $\rho = \frac{RS}{l}$에 의하여 구한다.

(다) 접지 테스터에 의한 접지저항 측정

〔2〕 접촉전압과 보폭전압

(1) 접촉전압

접촉전압이란 접지한 도전성 구조물과 구조물 주위 1[m] 이내의 지표상의 전위차를 말한다.

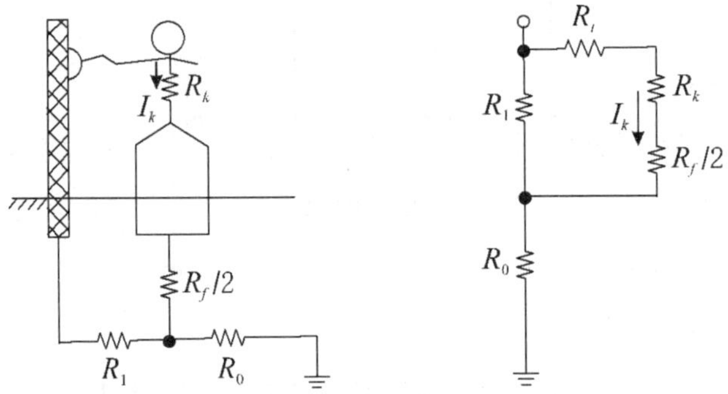

그림 8-21 접촉전압 회로도

그림에서 R_k : 인체몸통저항(1,000[Ω]),

R_f : 대지와 다리 사이의 접촉저항,

R_1 : 대지저항,

R_t : 몸체와 기기의 접촉저항

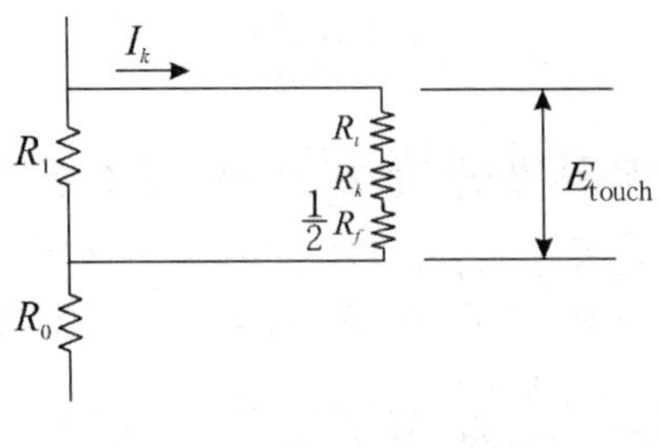

그림 8-22

그림 8-22에서의 접촉전압 E_{touch}는 R_1에 걸리는 전압이 되므로

$$E_{touch} = I_k\left(R_t + R_k + \frac{R_f}{2}\right) \tag{8-15}$$

와 같으며, 대지저항율을 ρ_s라 할 때 접촉저항과 대지와의 접촉저항은 $2\left(R_t + \dfrac{R_f}{2}\right) = 3\rho_s$로 간략시켰을 때의 접촉전압은

$$E_{touch} = I_k\left(R_k + \frac{3}{2}\rho_s\right) = \frac{0.155}{\sqrt{t}}\left(1000 + \frac{3}{2}\rho_s\right) = \frac{1}{\sqrt{t}}(155 + 0.23\rho_s)[V] \tag{8-16}$$

와 같다.

(2) 보폭전압

뇌격전류나 지락전류 등에 의한 고장전류가 접지전극으로 유입했을 때 접지전극을 중심으로 주위에 전위차가 발생, 이 때 접지극 주위의 두점간 거리 1[m]을 기준으로 한 전위차를 보폭전압이라 한다.

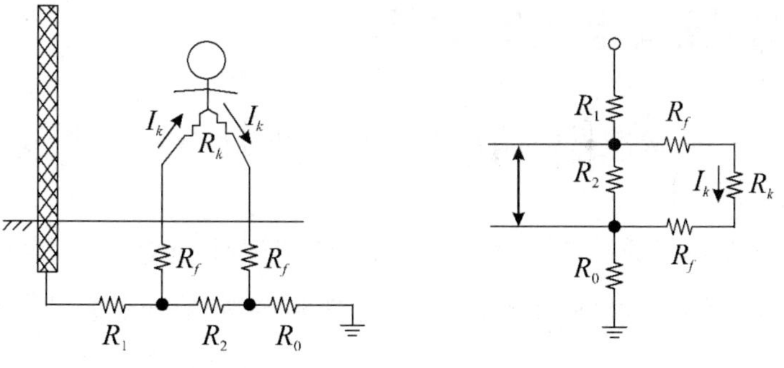

그림 8-23 보폭전압 회로도

그림에서 R_1, R_2, R_0 : 대지저항, R_f : 인체와 대지 사이의 접촉전압, R_k : 인체저항(1000[Ω]), I_k를 인체통과전류라 하면 그림 8-23의 회로도에서 보폭전압 E_{step}는 $E_{step} = I_k(R_k + 2R_f)$이고, $R_f = 3\rho_s$로 간략시킬 경우의 보폭전압은

$$E_{step} = I_k(R_k + 6\rho_s) = \frac{0.155}{\sqrt{t}}(1000 + 6\rho_s) = \frac{1}{\sqrt{t}}(155 + 0.93\rho_s) \tag{8-17}$$

이다.

(2) 보폭전압, 접촉전압 저감대책

① 접지기기주변 1[m] 위치에 0.2~0.4[m] 정도의 깊이로 보조접지극을 매설하고 주접지도체와 접속시킨다.

② 접지기기, 철구 주위에 자갈, 콘크리트 등으로 15[cm] 정도 타설한다.

(3) 접지전위상승

① 접지전극에 고장전류가 유입되면 접지극을 중심으로 지표면의 전위가 상승하게 된다.

② 이때 접지전위상승값은 접지극의 종류, 형상, 매설깊이, 대지저항율에 따라 영향을 받는다. 이때 접지전위상승값 $E_R = I_G R_g$[V]로써 접지설계시 대지전위 상승값 E_R은 허용할 수 있는 범위로 억제시켜야 하며 인체에 대하여는 보폭전압, 접촉전압 등에 대한 허용전위 상승값을 또 기기에 대하여는 기기의 절연 내력을 나타낸다.

8.2.3 접지도체 굵기의 선정

접지도체의 굵기를 선정하는 경우 전선의 기계적 강도, 내식성, 전류용량 등의 요소에 의해 결정된다.

접지도체는 안전측면을 고려하여 최대 고장전류에서 용단되지 않아야 하므로 접지도체의 굵기는 접지도체에 흐르는 고장전류에 의한 온도상승 및 전류용량에 의해 결정되어야 한다.

(1) 나동선의 경우

$$A = \sqrt{\frac{8.5 \times 10^{-6} \times t}{\log_{10}\left(\frac{T}{274}+1\right)}} \times I\,[\mathrm{mm^2}] \tag{8-18}$$

여기서, T : 전선의 온도상승 허용 한도로써 나동선 T : 850°, GV전선 T : 120°

t : 고장전류 계속 시간

I : 고장전류

(2) 전기설비규정에 의한 접지도체의 선정

① 큰 고장전류가 접지도체를 통하여 흐르지 않을 경우 접지도체의 최소 단면적은 구리를 사용하는 경우 6[mm^2] 이상 또는 철제를 사용하는 경우는 50[mm^2] 이상으로 한다. 단, 고장시 흐르는 전류를 안전하게 통할 수 있는 것으로서 다음에 의한다.

㉠ 특고압 · 고압 전기설비용 : 6[mm^2] 이상의 연동선 또는 동등 이상의 단면적 및 강도를 가진것.

㉡ 중성점 접지용 : 16[mm^2] 이상의 연동선 또는 동등 이상의 단면적 및 강도를 가진 것.

② ①항 이외의 경우 접지도체의 최소 단면적은 다음에 의한다.

㉠ 접지도체의 최소 단면적은 표 8-7에 따라 선정하거나 ㉡에 따라 계산하여 선정한다.

표 8-7 접지도체의 최소 단면적

선도체의 단면적 S ([mm^2], 구리)	선도체 재질이 동일한 접지도체의 최소 단면적([mm^2], 구리)
$S \le 16$	S
$16 < S \le 35$	16^a
$S > 35$	$S^a/2$

㉡ 차단시간이 5초 이하인 경우에만 다음 계산식을 적용한다.

$$S = \frac{\sqrt{I^2 t}}{k} \tag{8-19}$$

여기서,

S : 단면적[mm^2]

I : 보호장치를 통해 흐를 수 있는 예상 고장전류 실효값[A]

t : 자동차단을 위한 보호장치의 동작시간[s]

k : 보호도체, 절연, 기타 부위의 재질 및 초기온도와 최종온도에 따라 정해지는 계수로 KS C IEC 60364-5-54(저압전기설비-제5-54부 : 전기기기의 선정

및 설치-접지설비 및 보호도체)의 "부속서 A(기본보호에 관한 규정)"에 의한다.

③ 피뢰시스템에 접속되는 접지도체의 경우, 접지도체의 최소단면적은 구리 16[mm^2] 또는 철 50[mm^2] 이상한다.

8.2.4 프로그램에 의한 접지시스템 설계

(1) 프로그램 소개

① SKM PTW Ground Mat

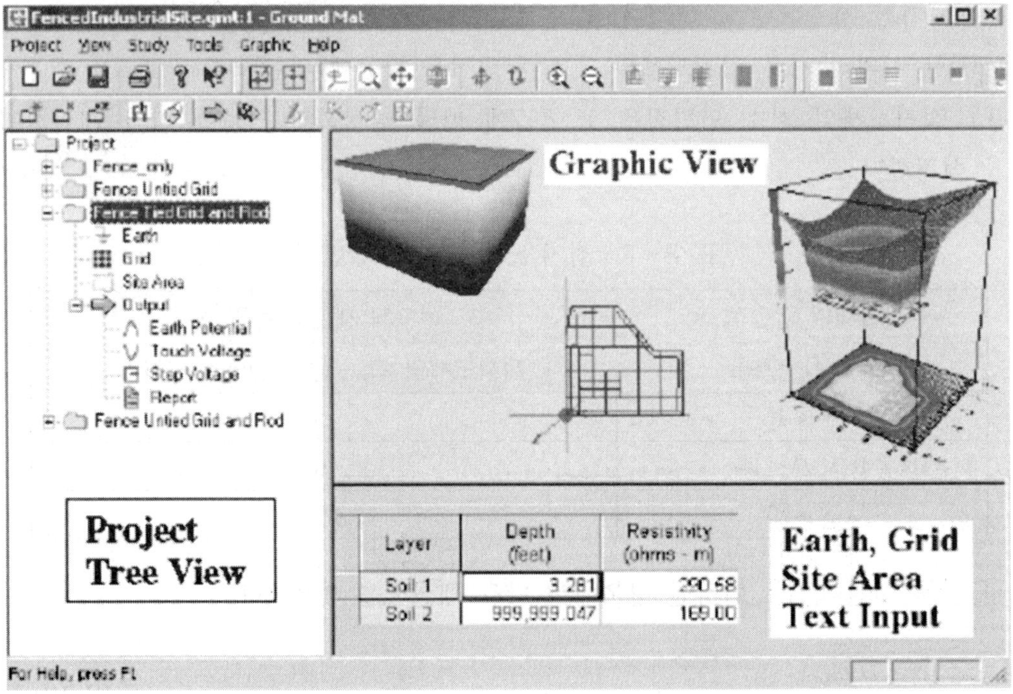

② ETAP

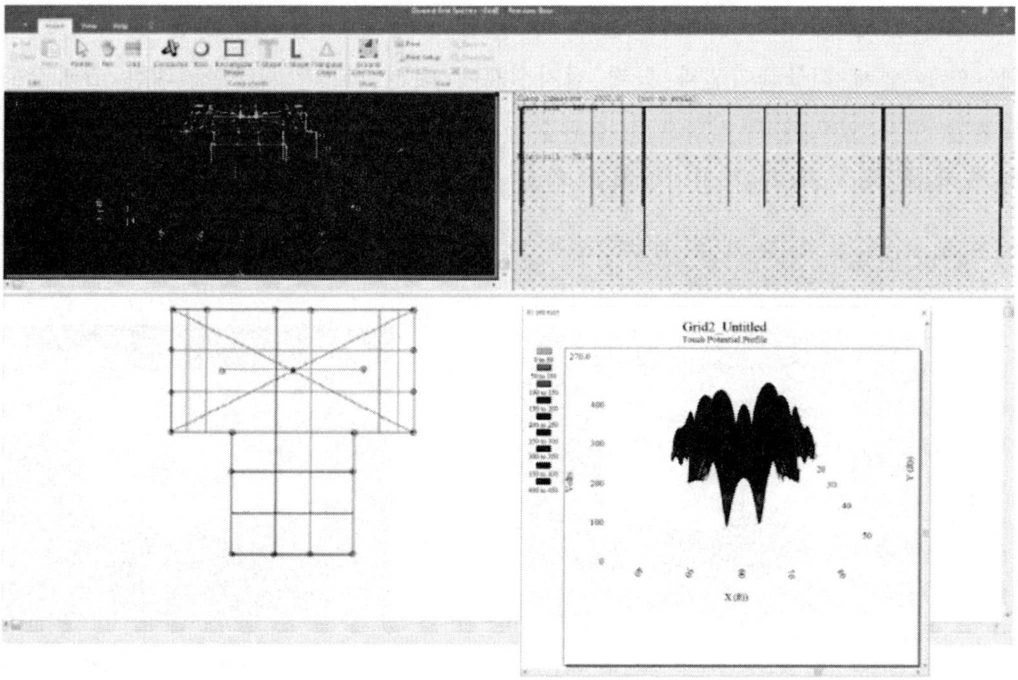

③ CDEGS

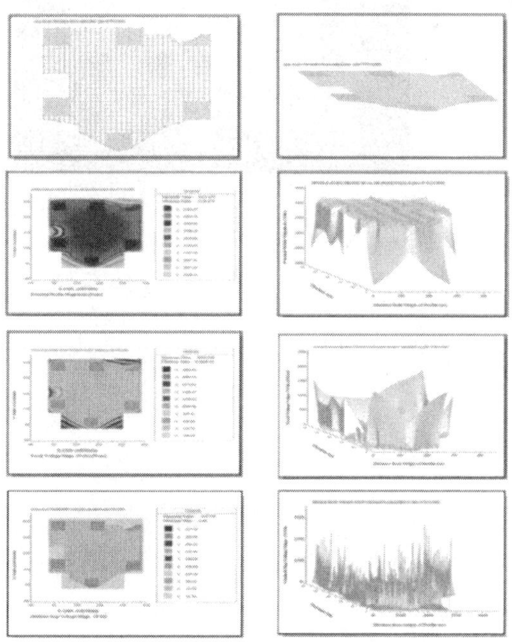

(2) 프로그램을 활용한 접지시스템(Ground Mat)

IEEE std 80의 절차에 따라 접지스템 설계에 필요한 입력 data를 순서대로 입력하면 손쉽게 시뮬레이션과 함께 접지설계에 대한 적·부 판정에 대한 결과값을 도출할 수가 있으며, 부적합으로 결과값이 나오면 그리드 간격, 접지봉 수량, 메시 총 도체길이를 조정하여 접지설계를 완료 할 수 있다.

① 대지전위상승, 접촉전압, 보폭전압, 시뮬레이션 결과

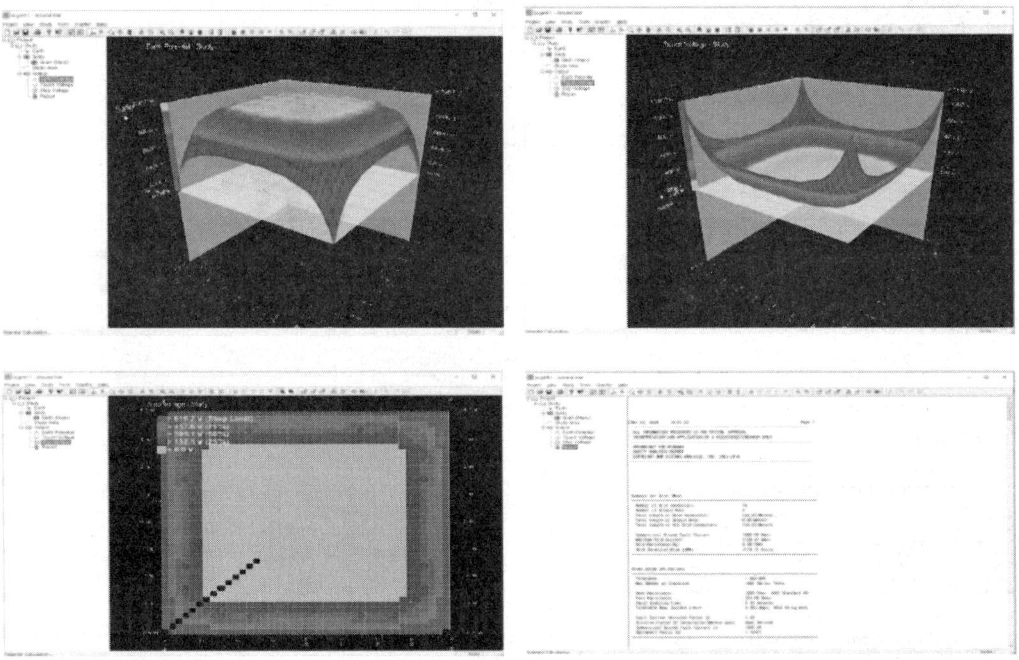

② 접지극 길이/수량, 지락전류, 접지저항, 전위상승 등

```
Summary for Grid: Main
================================================================
  Number of Grid Conductors:                  111
  Number of Ground Rods:                      0
  Total Length of Grid Conductors:            398.15 Feet
  Total Length of Ground Rods:                0.00 Feet
  Total Length of All Grid Conductors:        398.15 Feet

  Symmetrical Ground Fault Current:           1199.00 Amps
  Maximum Grid Current:                       1348.60 Amps
  Grid Resistance Rg:                         9.13 Ohms
  Grid Potential Rise (GPR):                  9487.34 Volts
  Resistance of Electrode System:             7.04 Ohms
================================================================
```

③ 접지계산 결과물(Text)

◆ **Study Setup and Options**

```
Study Setup and Options
================================================================
  Tolerance:                                  1.00e-005
  Max Number of Iteration:                    1000 Series Terms

  Body Resistance:                            1000 Ohms, IEEE Standard 80
  Foot Resistance:                            749.58 Ohms
  Fault Clearing Time:                        0.10 Seconds
  Tolerable Body Current Limit:               0.367 Amps, IEEE 50 kg body

  Fault Current Division Factor Sf:           1.00
  Division Factor Sf Calculation Method Used: User Defined
  Symmetrical Ground Fault Current If:        1199.00
  Decrement Factor Df:                        1.12477
================================================================
```

◆ **Design Criteria**

```
Design Criteria
================================================================
  Touch Voltage Limit:                        504.31 Volts
  Step Voltage Limit:                         916.75 Volts
  Maximum Grid Current:                       1348.60 Amps
================================================================
```

④ 접지계산 결과물(Text)

◆ **Earth Structure Report**

Earth Structure

Surface Layer Thickness:	0.42 Feet
Surface Layer Resistivity:	100.00 Ohm-Meter
Surface Layer Derating Factor Cs:	1.499
Surface Layer Reflection Factor Ks:	0.488
First Soil Layer Height:	3.28
First Soil Layer Resistivity:	290.58
Second Soil Layer Resistivity:	163.08

◆ **Grid Layout Report**

Dimensions of Conductors and Rods in Grid: Main

Segment	(x1	y1	z1)	(x2	y2	z2)	Length(Ft)	Radius	Current(A)
1	8.00	20.30	-1.50	8.00	15.30	-1.50	5.00	0.3976	8.52
2	8.00	10.30	-1.50	8.00	15.30	-1.50	5.00	0.3976	10.92
3	15.00	25.30	-1.50	8.00	25.30	-1.50	7.00	0.3976	7.15
4	8.00	25.30	-1.50	8.00	34.30	-1.50	9.00	0.3976	22.46
5	15.00	25.30	-1.50	15.00	34.30	-1.50	9.00	0.3976	12.34
6	8.00	34.30	-1.50	15.00	34.30	-1.50	7.00	0.3976	16.22

Dimensions of Conductors and Rods in Grid: Fence1

Segment	(x1	y1	z1)	(x2	y2	z2)	Length(Ft)	Radius	Current(A)
32	3.00	3.00	-0.30	64.30	3.00	-0.30	61.30	0.3976	-17.40
33	3.00	3.00	-0.30	3.00	40.30	-0.30	37.30	0.3976	-43.42
34	6.00	40.30	-0.30	3.00	40.30	-0.30	3.00	0.3976	-1.21
35	6.00	40.30	-0.30	6.00	59.70	-0.30	19.40	0.3976	9.10

⑤ 접지계산 결과물(Text)

◆ **Touch Voltage Report**

Touch Voltage Report

Coordinate(X,Y) in Feet ----X----	----Y----	Fault Clearing Time: 0.10 Sec. Touch-Volts	%Limit	Remark
-11.40	-11.40	0044.07	1021.52	$Dangerous
-8.20	-11.40	8736.45	1799.36	$Dangerous
-4.92	-11.48	8625.59	1776.52	$Dangerous
-1.64	-11.48	8513.74	1753.49	$Dangerous
1.64	-11.48	8404.03	1730.89	$Dangerous
4.92	-11.48	8300.38	1709.54	$Dangerous

◆ **Step Voltage Report**

Step Voltage Report

Coordinate(X,Y) in Feet ----X----	----Y----	Step Volts	Clearing Time: 0.10 Sec. %Limit	Remark
-13.02	-14.76	69.76	1.08	SAFE
-6.25	-14.76	70.16	1.08	SAFE
0.51	-14.76	55.13	0.85	SAFE
7.28	-14.76	36.10	0.56	SAFE
14.05	-14.76	23.68	0.37	SAFE
20.81	-14.76	15.01	0.23	SAFE
27.58	-14.76	5.10	0.08	SAFE
34.35	-14.76	8.36	0.13	SAFE
41.11	-14.76	19.18	0.30	SAFE
47.88	-14.76	25.64	0.40	SAFE
54.65	-14.76	33.40	0.52	SAFE
61.41	-14.76	47.31	0.73	SAFE

연 습 문 제

1. 접지시스템의 시설종류에 따른 접지 종류를 들고 설명하라.

2. 변전소에서의 사용하는 기기의 접지종류를 들어라.

3. 전기기기의 외함에 실시하는 접지공사의 종류를 설명하라.

4. 병원에서 실시하는 접지설계를 하는가 구체적으로 설명하시오.

5. 접지저항을 저감하는 방법에 대하여 논하라.

6. 수영장에서 실시하는 조명설비의 접지에 대하여 설명하시오.

7. 보호접지공사의 예를 들어 설명하시오.

8. 접지시스템의 시설에 따른 종류 3가지를 쓰시오.

[답] 단독접지, 공통접지, 통합접지

9. 다음 문제를 읽고, 접지시스템의 구분에서 어떠한 접지공사의 종류로 하여야 하는가? 주어진 답안지에 답을하시오.

가. 고압 옥내배선에 사용하는 관 기타의 케이블을 넣는 방호장치의 금속제 부분, 금속제 전선 접속함 및 케이블의 피복에 사용하는 금속체에는?

나. 방전등용 안정기의 외함 및 방전등용 전등 기구의 금속체 부분(관등회로의 사용전압이 고압이고, 또한 방전등용 변압기의 2차 단락 전류 또는 관등회로의 동작 전류가 1[A]를 넘는 경우)?

다. 터널 내에 고압 전선로를 시설하는 경우 케이블을 사용할 때 방호장치의 금속제 부분, 금속제 전선 접속함 및 케이블의 피복에 사용하는 금속체에는?

라. 고주파 전류에 의한 장해 방지를 위하여 시설하는 콘덴서 및 네온 점멸기의

고주파 발생 방지 장치 접속단자의 접지측 단자에는?

마. 다심형 전선을 사용하는 경우의 중성선 또는 접지측 전선용으로써 절연물로 피복하지 아니한 도체는?

바. 400[V] 이상의 가요관 배선에 사용하는 가요전선관에는?

사. 옥측 또는 옥외에 시설하는 관등회로의 사용전압이 1000[V] 이하의 방전등에는?

아. 고압 전로와 저압 전로를 결합하는 변압기이고, 고압권선과 전압권선과의 사이에 시설하는 금속제 혼촉 방지판에는?

자. 고압용 기계기구의 철대 및 금속제 외함에는?

[답] 가. 보호접지 나. 계통접지 다. 보호접지 라. 보호접지
마. 보호접지 바. 보호접지 사. 보호접지 아. 보호접지 자. 보호접지

10. 440[V] 전동기의 외함에는 어떠한 접지시스템으로 공사를 하여야 하는가?

[답] 보호접지

11. 다음 그림은 TN 계통 중 TN-C-S와 TN-C 접지방식이다. 보호도체(PE), 중성도체(N) 등의 기호를 이용하여 노출 도전성 부분의 접지 결선도를 완성하시오.

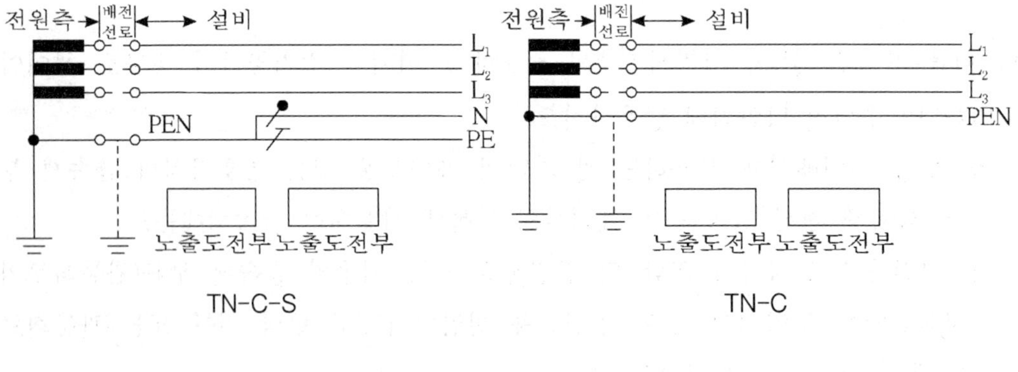

[답]

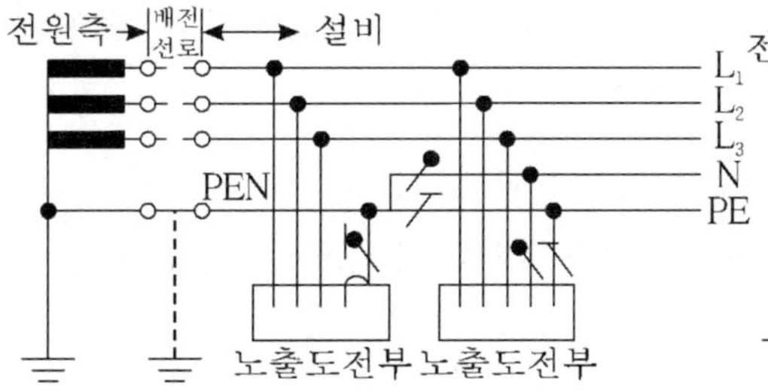

TN-C-S

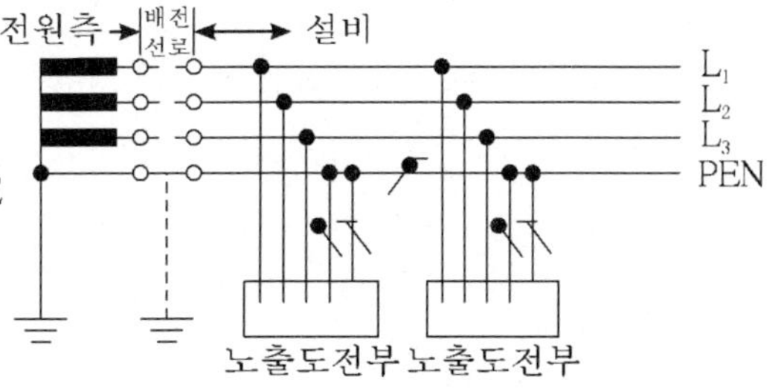

TN-C

12. 공사계획에 의한 수전설비의 일부가 완성되어 그 완성된 설비만을 사용하고자 할 때 전기설비공사 항목처리 지침서에 의한 검사항목을 쓰시오.

[답] 외관검사, 접지사항, 절연저항 측정, 보호장치 설치 및 동작상태, 절연내력시험, 계측장치 설치상태, 절연유내압시험 및 산가측정

13. 접지시스템의 구성요소에 3가지를 쓰시오.

[답] 접지극, 접지도체, 보호도체

14. 접지시스템에서 접지시스템을 구분하는 방법 3가지를 쓰시오.

[답] 계통접지, 보호접지, 피뢰시스템 접지

제 9 장 전기공사의 설계, 시공, 감리, 견적

9.1 전기설비의 설계

9.1.1 전기설비설계의 개요

전기설비설계는 시행하여야 할 공사에 대하여 비용이나 재료, 구조 등의 계획을 세워 도면이나 서류에 구체적으로 명시하는 일이다.

여기서 도서(圖書)라 함은

① 설계도면

② 시방서(표준시방서, 특기시방서)

③ 설계에 대한 모든 것을 요약한 설계설명서

④ 각종 기술계산서(부하계산서, 전압강하계산서, 조도계산서, 변압기용량계산서, 고장전류계산서, 조류계산서 등)

⑤ 예산의 기준이 되는 공사비 산출 내역서 등이 포함된다.

즉, 설계에는 계획단계와 설계단계로 크게 볼 수 있고, 계획은 보통 계획설계라고도 하며, 설계 단계는 기본설계단계와 실시설계단계로 나눌 수 있다.

9.1.2 전기설비설계의 계획설계

계획설계란 구상의 단계로서 사업(공사) 실행의 가능성을 검토하기 위하여 그 사업의 목적과 의도에 따라 설계를 시행하기 위한 제반 사항을 고려하여 모든 것을 조사하고, 각종 설계에 대한 법규나 주위 여건 등을 검토하여 설계의 진행방향을 제시하며, 개략적 모양, 규모, 형태 등을 설정하고 기술적, 경제적 타당성을 평가하기 위한 설계이다.

〔1〕 현지 상황 조사

① **오리엔테이션** : 부지에 대한 건물의 위치 관계에 대하여 확인한다.

② **지역성과 환경조사** : 시가지, 교외, 한냉지, 염해지역, 피뢰대책, 에너지 공급상황, 인근 공해문제, 전파장해 등의 유·무를 확인한다.

③ **현지의 상황조사** : 현장조감도 또는 배치도상에 전력주 및 전화주 등 가까운 전주 번호를 확인, 기록하여 둔다.

④ **배전선로의 조사** : 전력 및 전화 선로의 조사시 인입경로가 가공선로인지, 지중선로인지를 확인하여 가공 선로이면 도로를 횡단 또는 인근의 가옥 상황 등을 조사한다.

〔2〕 기본계획 수립

① 건물의 용도(부하의 종류)

② 부하조사

③ 수변전설비 용량과 계약전력

④ 수전전압과 수전방식

⑤ 단선결선도 초안작성

⑥ 비상용 발전설비의 용량과 절환방식

⑦ 배전전압과 주회로 결선방식

⑧ 보호협조와 보호방식

⑨ 수변전설비의 형식과 기기의 시방, 그리고 정격

⑩ 감시제어 방식

⑪ 전기인입과 인입방식

⑫ 전기실의 위치와 크기 및 배치

9.1.3 전기설비설계의 기본설계

기본설계(Basic Design)란 기본계획에서 정한 건축물의 개요(용도, 구조, 규모, 형상 등), 구조 계획 등을 확장 발전시켜 설비의 기능면에서 재검토하며 기본설계서의 작성, 공사예산의 파악, 전기용량 산정 및 공급방식 선정, 검토서의 작성 등 실질적인 설계가 시작되는 단계를 말한다.

〔1〕 기본설계의 내용 및 작성기준

(1) 설계 설명서

① 공사 개요 : 위치, 설비규모, 공사기간, 공종별 개략공사비 등

② 주요설비사항

㉠ 각종 설비(전력, 통신, 소방, 계장, 보안, 예비 및 비상전원 등의 설비)에 대한 설명

㉡ 인입, 수변전 및 배전설비의 구성, 변전실의 배치, 결선도 등에 관한 경제성 및 안정성에 대한 검토

㉢ 접지시스템을 설비하기 위한 현장조사 검토 확인

③ 계장설비의 범위와 목표

④ 본 설계에 적용된 특수한 공법기준, 시설물에 대한 설명

⑤ 전력 에너지 절감을 위한 각종 대책 설명

(2) 설계 계산서

① 각실별 용도별 조도기준, 주요실별 조도계산서

② 부하산출서 및 수변전설비의 용량계산서

③ 발전기(비상, 예비) 용량 계산서

④ 접지시스템의 종류의 분석 및 접지계산서

⑤ 계측 및 조절범위 산출서

⑥ 전화, 방재, 방송설비 등의 산출서

(3) 설계 도면

① 부근안내도 : 방위, 도로, 등고선, 건축물 및 목표되는 지형물 등.

② 범례 : 사용된 기호 및 부호

③ 배치도

㉠ 각 건축물과 시설물의 위치 및 위치표시 평면도

㉡ 옥외에 설치되는 전기관계시설물의 위치도

④ 옥내간선도 : 전력, 통신, 방재, 계장설비 및 기타 주요한 설비의 옥외 간선평면도, 전력의 간선평면도, 전력의 수전점, 수전검토, 통신설비의 연결지점, 구내설비와의 연결방법, 접지시스템 계통도 등 표시

⑤ 수전 설비도 : 각종 기기의 배치 계획도

⑥ 전력 결선도 : 수전설비의 단선 결선도, 복선 결선도

⑦ 설비 계통도

㉠ 축적 : 1/100 이상

㉡ 전등, 전열, 동력, 통신, 방재, 방송, TV공청, 계장설비 및 기타설비의 계통도 또는 입상도

⑧ 설비 배치도

㉠ 축적 : 1/100 이상

㉡ 전등, 전열, 동력, 통신, 방재, 방송, TV공청, 계장설비 등의 배치 평면도

⑨ 조명기구의 선정 상세도

⑩ 기타 필요한 도면

(4) 기본설계 성과물

기본설계 성과물은 기본설계계획서, 기본설계도면, 개략공사비 내역 및 기타의 용량 계획서, 시스템선정 검토서, 협의기록서 등이 있다.

9.1.4 전기설비설계의 실시설계

실시설계란 기본설계 또는 계획의 검토, 실시설계에 필요한 자료의 수집 및 정비, 설계 요강의 결정, 설계 지침의 작성, 공정표 작성, 공사내역 및 공사비 견적 등을 말한다.

〔1〕 실시설계의 내용 및 작성기준

(1) 설계 설명서

기본설계 내용과 동일.

(2) 설계 계산서

① 각종 계산에 적합한 계산기준, 공식, 적용한 상수(또는 계수) 등의 채택근거 제시(설계 기준서)

② 조도계산서 : 각 실별조도기준, 실별조도 계산서 및 등기구의 특성

③ 부하계산서

㉠ 상용 및 비상전원구분

㉡ 전등, 전열, 동력 등의 수용율, 부등율 적용

㉢ 수변전설비 용량 산출 등

④ 예비전원 및 비상전원(발전기) 용량산출서

⑤ 축전지설비 용량산출서

⑥ 전압강하 계산서

⑦ 수변전설비의 기기 정격용량과 단락전류, 용량산출서

⑧ 계측 및 조절 범위 산출서

⑨ 기타 채택된 설비의 용량계산서, 손실계산서 등

(3) 설계 도면

① 시방서 : 설계도면에 표현이 곤란한 내용이나 세부공사방법 등을 기술

㉠ 표준시방서, 공사시방서, 전문시방서, 특별시방서 등

㉡ 자재시방 : 기재의 특성, 정격, 운용방법, 제작조건, 기준 등

② 부근안내도 : 범위, 등고, 도로, 건축물 및 목표가 되는 지형지물 등

③ 범례 : 사용될 기호 및 부호, 시공상 유의할 특기사항

④ 배치도

㉠ 각 건축물과 시설물의 배치 및 위치평면도

㉡ 구내도로, 전력인입선로, 전화인입선로, 외등, 맨홀 등 구내 배선도 기입

⑤ 옥외간선도 : 전력, 통신, 방재, 계장설비 및 기타 필요한 설비의 옥외간선 평면

도, 전력의 수전지점, 수전경로, 통신설비의 연결지점, 단지 또는 구내설비와의 연결방법, 설치상세도 등

⑥ 수변전 설비도

㉠ 각종 기기의 배치도

㉡ 수변전 설비의 평면도(결선포함), 단면도, 구조물도, 인입도 및 기타 상세도

⑦ 단선결선도 : 수변전설비의 단선결선도(각종 기기, 배선등의 정격, 조작 설명 등 포함)

⑧ 설비계통도

㉠ 축적 : 1/100 이상

㉡ 전등, 전열, 동력, 통신, 방재, 방송, TV공청, 계장설비 및 기타 필요한 설비의 배치와 계통도 또는 입상도와 각종 기기 및 배선의 종별 정격표시 등

㉢ 접지시스템의 종류, 구분과 접지극 종류 및 접속방법

⑨ 설비배치도

㉠ 축적 : 1/100 이상

㉡ 전등, 전열, 동력, 통신, 방재, 방송, TV공청, 계장설비 및 기타 필요한 설비의 배치 및 결선도와 각종 배치 기기 및 배선의 종별, 정격등 표시

㉢ 사용할 각종 설비의 조작도 및 조작 설명서

㉣ 각 분전반의 결선도 및 정격과 총부하 계산

㉤ 계산 설비의 결선도, 각종 기기간의 배선도, 각 설비의 전원의 정격 및 부하 용량 계산

㉥ 기타 타 도면에 표시되지 아니한 결선도

⑩ 각종 상세도

㉠ 조명기구, 설비용 피트, 피뢰침, 접지설비, TV안테나 설치 상세도

⑪ 기타 필요한 설계도서

(4) 실시설계 성과물

표 9-1 실시설계 성과물

실시설계 성과물	실시설계 도서	설계설명서
		설계도면
		공사시방서
	공사비 적산서	내역서
		산출서
		견적서
	설계계산서	조도계산서[KSA 3011(각 시설), 3701(도로), 3703(터널)]
		부하계산서
		간선계산서(전압강하, 설계전류 등)
		용량계산서(변압기, 발전기 등)
		기타 계산서(접지, 고장전류계산 등)
	기타 사항	관공서 협의기록
		관계자 협의기록
		기타 기록(설계자문, 심의 등)

9.2 전기공사

부하설비에 전원을 공급하려면 배관 및 배선설비가 필요하고 신호나 방송 등의 약전설비나 제어기기를 작동시키기 위해서도 배관 및 배선설비가 필요하다.

전기공사는 재료에 따라 금속관공사, 합성수지관공사, 가요전선관공사, 플로어덕트공사, 셀룰러덕트공사 등으로 분류된다.

오늘날 건축일반공사와 관련되는 전기공사, 전기통신공사, 소방설비공사 및 설비전문공사의 4종류로 분류되며 표 9-2와 같다.

표 9-2 전기관련공사

구 분	공사의 종류
전기공사	발전설비공사, 송배전공사, 인입선공사, 변전설비공사, 구내전기설비공사(비상용 전기설비 포함), 조명설비공사, 전기철도공사, 신호설비공사, 네온장치공사.
설비전문공사	가스배관공사, 옥내 급배수 설비공사, 급탕 설비공사, 냉난방 설비공사, 공기조화 설비공사, 승강기 설치공사, 집진기공사, 철도기계 신호공사.
전기통신공사	전기통신선로 설비공사, 전기통신기계 설치공사, 방송기기 설치공사, 공중선 설비공사, 테이터통신 설비공사, 정보제어 설비공사, TV전파 장해방지 설비공사.
소방설비공사	옥내소화전 설치공사, 스프링쿨러 설치공사, 동력 소방펌프 설치공사, 자동화재탐지 설비공사, 전기화재경보기 설치공사, 비상경보 설비공사, 배연설비의 설치공사, 비상콘센트 설치공사.

9.2.1 시설장소와 배선방법

옥내, 옥측 및 옥외배선을 그 시설장소에 따라 사용전압이 400[V] 미만의 경우와 400[V] 이상의 경우에는 표 9-3에 따라 설계 및 시설하여야 한다. 단, 건조한 장소라 하더라도 건축물 화재 확산의 원인이 되므로 이중천장(반자속 포함)내에는 합성수지관공사를 시설할 수 없다.

표 9-3

사용전압 / 시설장소		400[V] 미만	400[V] 이상
전개된 장소	건조한 장소	애자사용공사 · 합성수지몰드공사 · 금속몰드공사 · 금속덕트공사 · 버스덕트공사 또는 라이팅덕트공사	애자사용공사 · 금속덕트공사 또는 버스덕트공사
	기타 장소	애자사용공사, 버스덕트공사	애자사용공사
점검할 수 있는 은폐된 장소	건조한 장소	금속몰드공사 · 금속덕트공사 · 버스덕트공사 · 셀룰라덕트공사 또는 라이팅덕트공사	금속덕트공사 또는 버스덕트공사
점검할 수 없는 은폐된 장소	건조한 장소	플로어덕트공사 또는 셀룰라덕트공사	

〔1〕 배선에 사용하는 전선

① 배선에 사용하는 절연전선, 케이블은 시설장소에 적합한 피복을 가져야 한다.

② 배선에 사용하는 전선은 단면적 2.5[mm²] 이상의 연동선 또는 단면적 1[mm²] 이상의 미네럴 인슈레이션케이블을 사용하여야 한다.

③ 전광표시 장치 · 출퇴 표시등 기타 이와 유사한 장치 또는 제어 회로 등에 사용하는 배선에 단면적 1.5[mm²] 이상의 연동선을 사용하고 여기에 자동차단장치가 있는 단면적 0.75[mm²] 이상인 다심케이블을 사용한다.

(1) 전선 접속시 유의사항

① 전선의 전기 저항이 증가하지 않을 것.

② 전선의 강도가 20[%] 이상 감소되지 않을 것.

③ 접속부의 절연이 절연전선의 절연물과 동등 이상일 것.

(2) 전선 색별

표 9-4 전선식별

상(문자)	색상
L1	갈색
L2	흑색
L3	회색
N	청색
PE(보호도체)	녹색-노란색

〔2〕 전선의 병렬사용

옥내의 교류회로에서 전선을 병렬로 사용하는 경우에는 다음의 사항을 고려하여야 한다.

① 각 전선의 굵기는 동 50[mm²] 이상 또는 알루미늄 70[mm²] 이상의 동일한 도체, 동일한 굵기, 동일한 길이 이어야 한다.

② 공급점 및 수전점에서 전선의 접속은 동극의 각 전선을 동일한 터미널러그에 완전히 접속하고 터미널러그는 동일한 도체에 2개 이상의 리벳 또는 2개 이상의

나사로 확실하게 접속하여야 한다.

③ 전류에 의한 전자적 불평형을 초래하지 아니하도록 한다.

④ 병렬로 사용하는 전선은 각각에 퓨즈를 장치하지 말아야 한다.

9.2.2 인입 전선로공사

[1] 지중 전선로공사

도시의 발전과 더불어 많은 전력의 수요가 요구되고 시가지, 도로, 공장 등에서는 미관상 또는 안전과 공간확보라는 문제점이 제기되어 전주와 철탑 등 가공의 송배전선로 및 통신케이블을 지중화하여 신뢰도를 높이는 지하화 작업을 지중선공사라 한다.

(1) 공사방법

지중전선로는 전선으로 케이블을 사용하며 관로식, 암거식, 직접매설식으로 시설해야 한다.

(가) 관로식

지중전선로에서 케이블이 관속에 들어가 있는 경우는 모두 관로식으로 취급하며 관은 차량 및 기타 중량물의 압력에 견딜 수 있는 것을 사용할 것.

고압 지중전선로를 관로식으로 시설하는 경우 수용장소로 그 길이가 15[m] 이상인 경우 다음 사항을 표시할 것.

① 명칭과 전압을 표시한다.

② 일반적으로 2[m] 간격으로 표시한다. 단, 일반인이 출입할 수 없는 장소나 해당 전선로 위치를 충분히 알 수 있는 경우는 그렇지 않다.

③ 매설 깊이는 1.0[m] 이상, 중량물의 압력을 받을 우려가 없는 장소에는 0.6[m] 이상 매설한다.

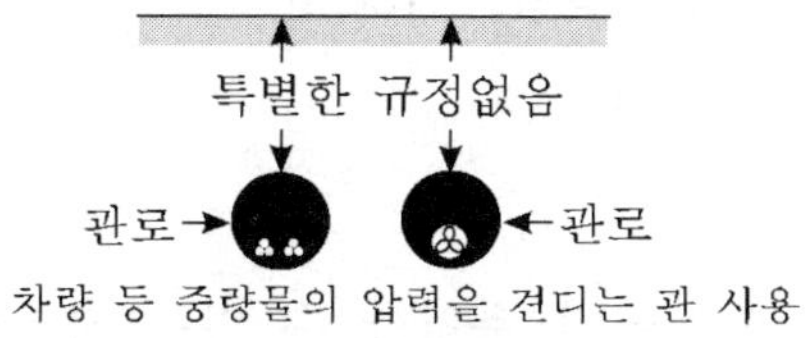

그림 9-1 관로식

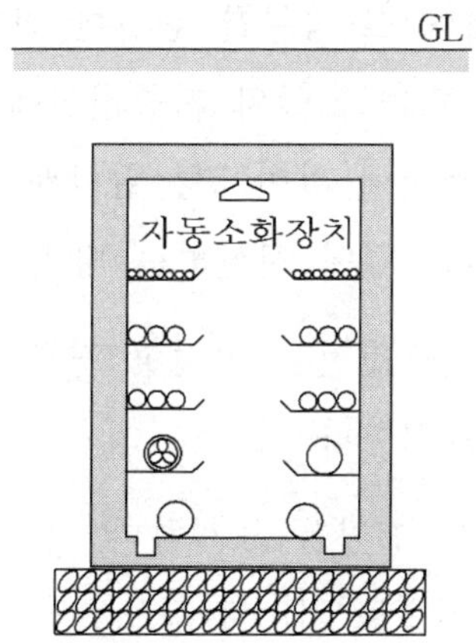

그림 9-2 암거식

(나) 암거식

지중전선로를 암거식으로 시설하는 경우 암거(暗渠)는 차량 및 기타 중량물의 압력에 견딜 수 있는 것을 사용하여 지중전선에 불연조치를 실시하거나 암거내에 자동소화설비를 시설할 것. 불연조치는 다음 중 어느 하나를 따른다.

① 불연성(不燃性) 또는 자기소화성의 난연성 피복을 지닌 지중전선을 사용할 것.
② 불연성 또는 자기소화성의 난연성 연소방지 테이프, 연소방지 시트, 연소방지 도료 기타 이와 유사한 것으로 지중전선을 피복할 것.
③ 불연성 또는 자기소화성의 난연성관 또는 트러프에 넣어 지중전선을 시설할 것.

(다) 직접 매설식

이 방식은 케이블을 직접 땅속에 매설하는 지중전선로이다. 지중매설 깊이(토관)에 제한이 따르며 차량 기타 중량물의 압력을 받을 우려가 있는 장소에서는 1.0[m] 이상, 그 밖의 장소에서는 0.6[m] 이상의 깊이로 시설한 것. 단, 사용하는 케이블의 종류, 시설조건 등을 고려하면 압력에 견딜 수 있도록 시설할 경우는 그렇지 않다.

충격으로부터 케이블을 보호하기 위해 다음 중 어느 하나의 방법으로 시설한다.

① 지중전선을 견고한 트러프 기타 방호물에 넣는 방법.
② 저압 또는 고압의 지중선을 차량 기타 중량물의 압력을 받을 우려가 있는 장

소에서는 그 상부를 견고한 판이나 홈통으로 덮어 시설하는 방법.

③ 저압 또는 고압의 지중전선에 견고한 외장의 케이블을 사용하는 방법.

④ 지중전선에 파이프형 압력케이블을 사용하며 지중전선의 상부를 견고한 판이나 홈통으로 덮어 시설하는 방법.

고압 지중전선을 시설할 경우는 수용장소로 그 길이가 15[m] 이상인 경우 다음 사항을 표시한다.

① 명칭과 전압을 표시한다.

② 일반적으로 2[m]간격으로 표시한다. 단, 일반인이 출입할 수 없는 장소나 해당 전선로

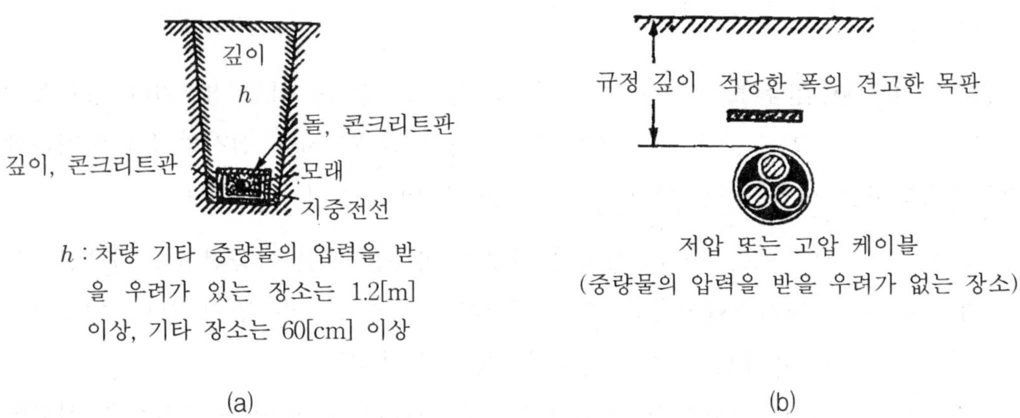

그림 9-3 직접 매설식

표 9-5 지중전선의 종류

전압의 종류	케이블의 종류
저 압	저압용의 연피케이블, 알루미늄피케이블, 클로로프렌외장케이블, 비닐외장케이블, 폴리에틸렌외장케이블, MI케이블(이들에 보호피막을 한 것을 포함한다.) 또는 CD케이블
고 압	고압용의 연피케이블, 알루미늄피케이블, 클로로플렌외장케이블, 비닐외장케이블, 고압에틸렌외장케이블(이들에 보호피막을 한 것을 포함한다.) 또는 CD케이블

(2) 접 지

지중전선의 피복에 사용하는 금속체 및 케이블을 수납하는 방호물의 금속성 부분 KEC 140의 규정에 준하여 접지공사를 해야 한다.

(3) 케이블의 시험

케이블 포설공사가 끝났을 때는 다음의 시험을 한다.

① **절연저항시험** : 각 상과 절연체 및 시이즈의 절연저항값을 1,000[V] 메거로 측정한다.

② **절연내력시험** : 절연저항시험 후 규정전압을 가해서 케이블의 절연내력을 시험한다.

③ **접지저항시험** : 케이블의 금속부분의 접지저항을 측정한다.

〔2〕 가공인입공사

가공인입선은 절연전선 또는 케이블을 사용해야하며 가공인입공사(Overhead Incoming Wiring Methode)는 전력회사로부터 공급되는 전력을 구내에서 받는 수전점이며 인입주는 일반적으로 구내 구석진 곳에 세워져 제3자의 눈에도 쉽게 띄며 인입주가 쓰러진 경우 큰 사고를 초래하게 된다.

(1) 공사순서

구내 인입공사 순서는 다음과 같다.

① 인입전주 건주(建柱)
② 장주(裝柱)
③ PAS(개폐기) 설치
④ 제어함 설치
⑤ 배관
⑥ 통선
⑦ 케이블 단말처리
⑧ 케이블 절연내력시험
⑨ 계전기 시험
⑩ 케이블 절연내력시험
⑪ 송전

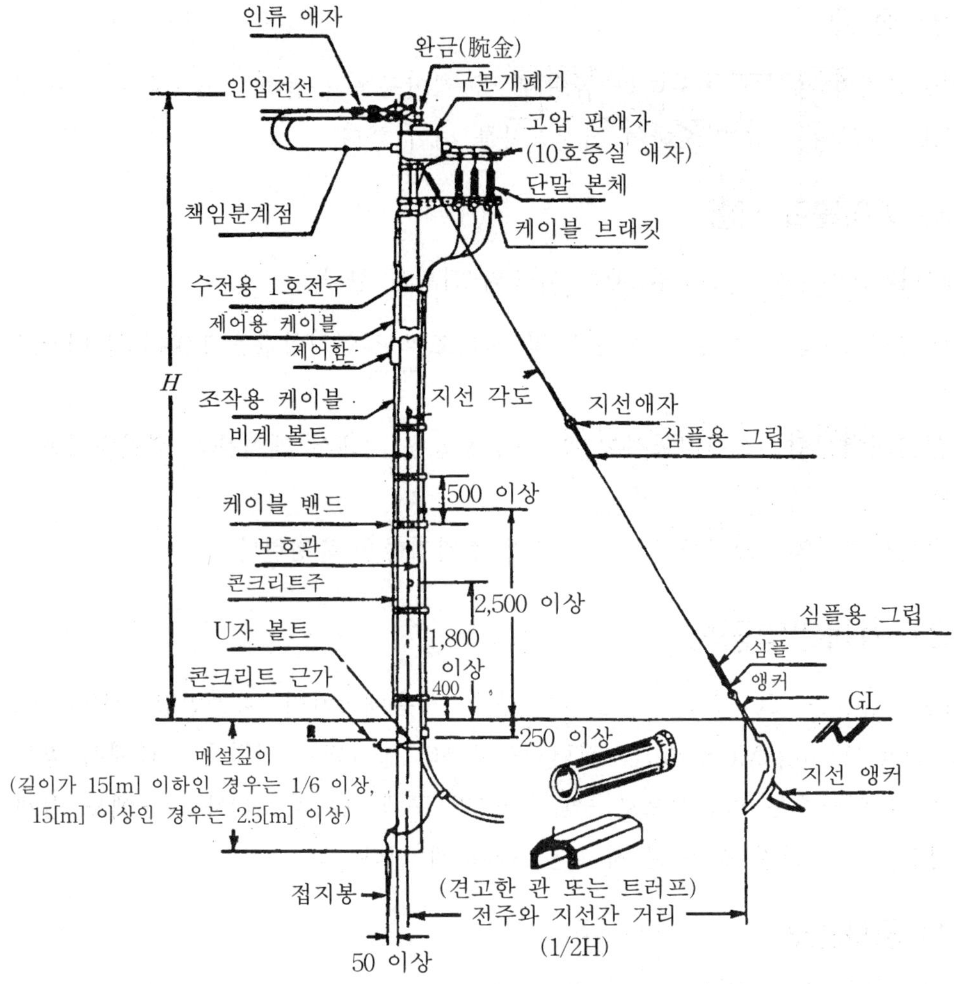

그림 9-4 인입전주

(2) 공사방법

(가) 인입전주의 건주(建柱)

구내 인입전주를 1호 전주라고도 부르며 이 인입전주의 건주에는 다음의 방법이 있다.

① 인력공법

② 건주차(建柱車)를 이용한 공법

이 중 인력공법에는 환혈(丸穴)굴착법, 단굴법(段掘法) 및 특수굴착법이 있으며 대표적인 단굴법 공사법을 그림으로 표시하면 그림 9-5와 같다.

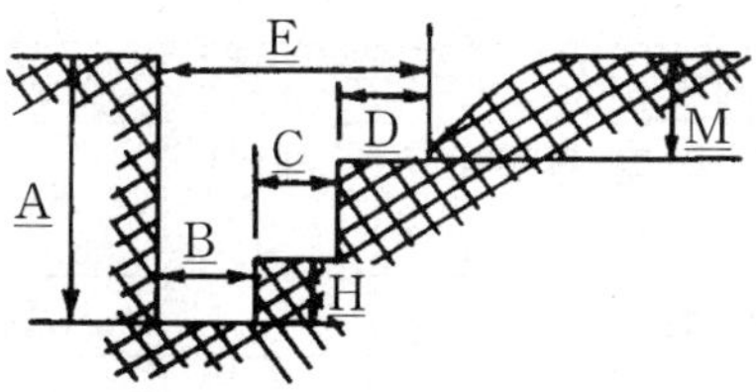

A	전주 매설깊이의 길이
B	전주 직경의 약 1.5배
H	전주 매설 깊이의 약 20[%]
M	〃 약 40[%]
C	〃 약 35[%]
D	〃 약 35[%]
E	〃 와 비슷하다.

(a) 3단 굴착(매설깊이 1.8[m] 이상인 경우)

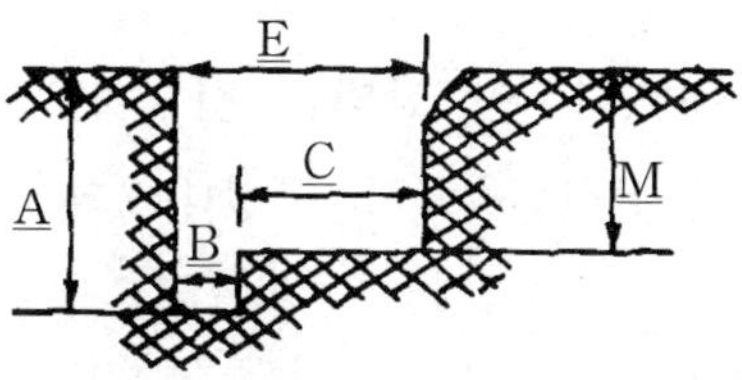

A	전주 매설깊이의 길이
B	전주 직경의 약 1.5배
C	전주 매설 깊이의 약 70[%]
M	〃 약 80[%]
E	〃 와 비슷하다.

(b) 2단 굴착(매설깊이 1.8[m] 이상인 경우)

주 ① 굴착폭은 되도록 협소한 것이 좋으며 일반적으로 40~60[m] 정도로 한다.

② (a) (b)에서 단수(段數)는 최저값으로, 단수를 많게 하는 편이 토사굴착량이 적다.

그림 9-5 단굴법(예)

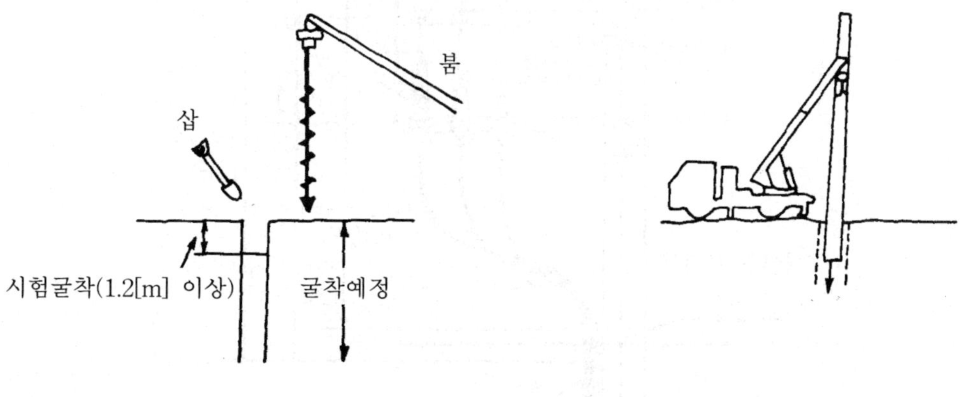

(a) (b)

그림 9-6 건주차 이용(예)

지반이 연약한 장소에서는 필요에 따라 콘크리트를 타설한다. 최근에는 건주차(建柱車)를 이용한 공법이 주류를 차지하며 인력공법은 수고와 시간, 비용이 많이 들므로 도저히 건주차를 사용할 수 없는 장소일 때 이용한다.

표 9-6 인입주 높이

시설조건		전선높이[m]
도로[농도(農道)기타 교통이 혼잡하지 않은 도로 및 횡단보도교 제외] 단면상		6.0 이상
철도 또는 궤조면(軌條面) 위		6.5 이상
횡단보도교 노면위		3.5 이상
상기 이외의 지표위	---------	5.0 이상
	공장구 내에서 해당전선(가공케이블 제외) 아래에 위험하다는 내용을 표시했을때의 지표위	3.5 이상

건주차를 이용한 공법을 그림 9-6에 나타내었다. 이 방법은 건주차 1대로 전주 운반(단, 건주차로는 전주 하나밖에 운반하지 못한다.)에서 구멍내기와 기둥 세우기까지 가능해 경제적이며 편리한 공법이다.

(3) 장주(裝柱), 기기설치

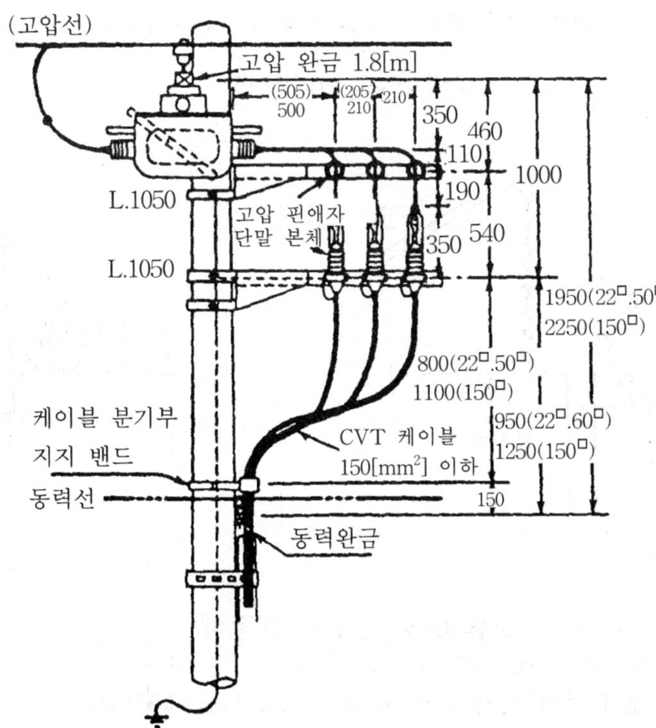

그림 9-7 장주도

일반적인 장주도를 그림 9-7에 나타내었다. 작업은 고소 작업차를 사용하는 것이 일반적이다. 비계 볼트는 지표의 1.8[m] 이상부터 설치한다.

9.2.3 옥내배선공사

9.2.3.1 옥내 배선설비 공사의 종류

① 사용하는 전선 또는 케이블의 종류에 따른 배선설비의 설치방법(버스바트렁킹 시스템 및 파워트랙시스템은 제외)은 표 9-7에 따르며, 배선설비의 선정과 설치에 고려해야 할 외부영향을 고려하여야 한다.

표 9-7 전선 및 케이블의 구분에 따른 배선설비의 공사방법

<table>
<tr><th colspan="2" rowspan="3">전선 및 케이블</th><th colspan="8">공사방법</th></tr>
<tr><th colspan="3">케이블공사</th><th rowspan="2">전선관 시스템</th><th rowspan="2">케이블 트렁킹 시스템 (몰드형, 바닥 매입형 포함)</th><th rowspan="2">케이블 덕팅 시스템</th><th rowspan="2">케이블 트레이 시스템 (래더, 브래킷 등 포함)</th><th rowspan="2">애자 공사</th></tr>
<tr><th>비고정</th><th>직접 고정</th><th>지지선</th></tr>
<tr><td colspan="2">나전선</td><td>-</td><td>-</td><td>-</td><td>-</td><td>-</td><td>-</td><td>-</td><td>+</td></tr>
<tr><td colspan="2">절연전선[b]</td><td>-</td><td>-</td><td>-</td><td>+</td><td>+[a]</td><td>+</td><td>-</td><td>+</td></tr>
<tr><td rowspan="2">케이블 (외장 및 무기질 절연물을 포함)</td><td>다심</td><td>+</td><td>+</td><td>+</td><td>+</td><td>+</td><td>+</td><td>+</td><td>0</td></tr>
<tr><td>단심</td><td>0</td><td>+</td><td>+</td><td>+</td><td>+</td><td>+</td><td>+</td><td>0</td></tr>
<tr><td colspan="10">+ : 사용할 수 있다.
- : 사용할 수 없다.
0 : 적용할 수 없거나 실용상 일반적으로 사용할 수 없다.</td></tr>
<tr><td colspan="10">a 케이블트렁킹시스템이 IP4X 또는 IPXXD급 이상의 보호조건을 제공하고, 도구 등을 사용하여 강제적으로 덮개를 제거할 수 있는 경우에 한하여 절연전선을 사용할 수 있다.
b 보호 도체 또는 보호 본딩도체로 사용되는 절연전선은 적절하다면 어떠한 절연 방법이든 사용할 수 있고 전선관시스템, 트렁킹시스템 또는 덕팅시스템에 배치하지 않아도 된다.</td></tr>
</table>

② 시설상태에 따른 배선설비의 설치방법은 표 9-8을 따르며 이 표에 포함되어 있지 않는 케이블이나 전선의 다른 설치방법은 이 규정에서 제시된 요구사항을 충족할 경우에만 허용하며 또한 표 9-8의 33, 40 등 번호는 KS C IEC 60364-5-52(전기기기의 선정 및 시공－배선설비)"부속서 A(설치방법)"에 따른 설치방법을 말한다.

표 9-8 시설 상태를 고려한 배선설비의 공사방법

시설 상태		공사방법							
		케이블공사			전선관 시스템	케이블 트렁킹 시스템 (몰드형, 바닥 매입형 포함)	케이블 덕팅 시스템	케이블 트레이 시스템 (래더, 브래킷 등 포함)	애자 공사
		비고정	직접 고정	지지선					
건물의 빈공간	접근 가능	40	33	0	41*, 42*	6, 7, 8, 9, 12	43, 44	30, 31, 32, 33, 34	-
	접근 불가	40	0	0	41*, 42*	0	43	0	0
케이블채널		56	56	-	54, 55	0		30, 31, 32, 34	-
지중 매설		72, 73	0	-	70, 71	-	70, 71	0	-
구조체 매입		57, 58	3	-	1, 2, 59, 60	50, 51, 52, 53	46, 45	0	-
노출표면에 부착		-	20, 21, 22, 23, 33	-	4, 5	6, 7, 8, 9, 12	6, 7, 8, 9	30, 31, 32, 34	36
가공/기중		-	33	35	0	10, 11	10, 11	30, 31, 32, 34	36
창틀 내부		16	0	-	16	0	0	0	-
문틀 내부		15	0	-	15	0	0	0	-
수중(물속)		+	+	-	+	-	+	0	-

- : 사용할 수 없다.
0 : 적용할 수 없거나 실용상 일반적으로 사용할 수 없다.
+ : 제조자 지침에 따름.
* : 이중천장(반자 속 포함) 내에는 합성수지관 공사를 시설할 수 없다.

③ 표 9-7 및 표 9-8의 설치방법은 표 9-9의 공사방법의 분류에 따라 공사방법을 선정하여 배선한다.

표 9-9 공사방법의 분류

종류	공사방법
전선관시스템	합성수지관공사, 금속관공사, 가요전선관공사
케이블트렁킹시스템	합성수지몰드공사, 금속몰드공사, 금속트렁킹공사[a]
케이블덕팅시스템	플로어덕트공사, 셀룰러덕트공사, 금속덕트공사[b]
애자공사	애자공사
케이블트레이시스템 (래더, 브래킷 포함)	케이블트레이공사
케이블공사	고정하지 않는 방법, 직접 고정하는 방법, 지지선 방법
a 금속본체와 커버가 별도로 구성되어 커버를 개폐할 수 있는 금속덕트공사를 말한다. b 본체와 커버 구분 없이 하나로 구성된 금속덕트공사를 말한다.	

〔1〕 전선관시스템

(1) 금속관공사

금속관공사(rigid metal conduit wiring)는 절연전선을 금속관 속에 넣고 시설하는 것으로 가장 완전한 공사방법이며 금속관공사의 특징은 다음과 같다.

① 접지가 잘 되어 누전에 의한 화재의 발생 위험이 적고 단락사고로 인하여 불꽃이 발생하여도 외부로 전달되지 않아 전기화재의 위험이 극히 적다.
② 전선을 금속관으로 보호하여 외부로부터의 손상의 위험이 적다.
③ 증설 또는 개수 공사가 쉽다.
④ 방폭공사를 겸할 수 있어 전기시설물에 적용할 수 있다.

(가) 공사방법

① 노출배관에 있어 금속관두께는 1.0[mm] 이상, 콘크리트에 매입할 경우는 1.2[mm] 이상을 사용한다. 단 이음매가 없는 길이 4[m] 이상의 것을 건조한 장소에 시설하는 경우는 0.5[mm] 이상일 것.

② 전선은 절연전선(옥외용 비닐절연전선을 제외)으로 연선일 것. 단, 짧고 가는 금속관에 넣을 경우나 단면적 10[mm^2](알루미늄선은 단면적 16[mm^2]) 이하인 것은 단선으로 할 수 있다.

③ 관 한 개에 수납하는 전선의 굵기와 수량은 전선의 절연물을 포함한 단면적의 합계가 관의 내단면적의 1/3 이하로 한다.

④ 금속관내에서는 전선의 접속점을 두어서는 안된다.

⑤ 금속관에서는 교류회로의 경우 1회로를 구성하는 전선의 전부 또는 동극(同極) 왕복선을 동일관내에 수납해 전자적 평형을 유지하도록 한다.

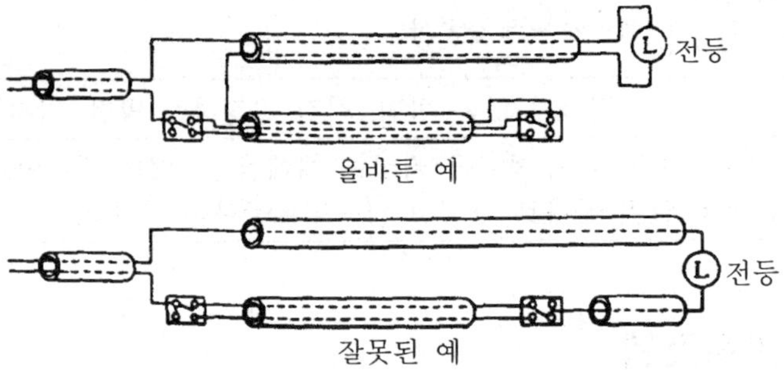

그림 9-8 동극(同極) 왕복선을 동일 관내에 수납할 경우

⑥ 금속관을 구부릴 때에는 단면이 현저하게 변형되지 않도록 하여 내측 반경은 관내경의 6배 이상으로 한다.

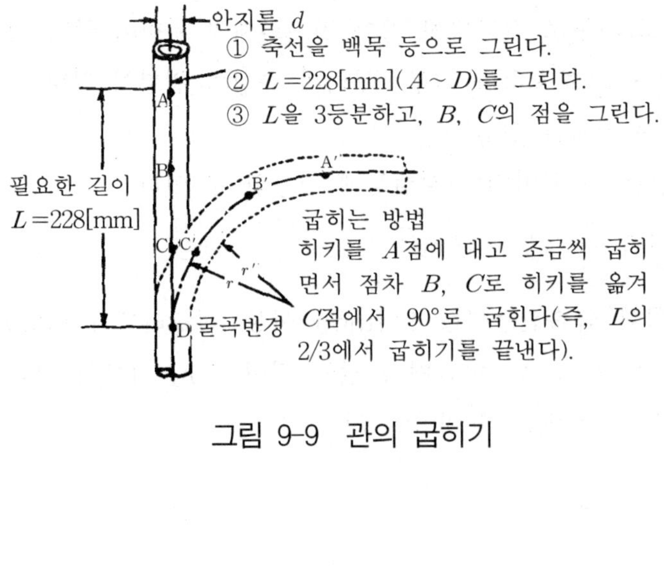

그림 9-9 관의 굽히기

⑦ 관로 1구간에 직각에 가까운 굴곡을 3개 이상 만들지 않는다.
⑧ 굴곡이 많거나 관로 길이가 30[m]를 넘을 때는 풀박스(Pull Box) 등을 설치한다.
⑨ 관 상호간 및 관과 박스는 견고하며 전기적으로 완전히 접속한다. 관의 끝부분에는 전선피복이 손상되지 않도록 적당한 구조의 부싱을 사용한다.
⑩ 관의 지지점 간격은 2.0[m] 이하, 지지점은 관단(管端), 관과 박스와의 접속점 및 관 상호 접속점 근방(보통 0.3[m] 이내)으로 한다.
⑪ 간선처럼 한 방향에 여러개가 병행할 경우는 경량 C형강과 행거장치 등을 사용해 고정한다.
⑫ 조영재를 따라 시설할 경우는 새들 또는 U채널을 이용해 고정한다.
⑬ 나사 도금이 벗겨진 부분은 부식방지 도장을 실시한다.
⑭ 콘크리트 슬라브내에 매입하는 경우의 금속관 바깥지름은 슬라브 두께의 1/3이내로 하는 것이 바람직하다.

(나) 풀박스 및 정크션 박스

1) 풀박스

금속관을 배관할 때 경간이 너무 길거나 구부러지는 개소가 많을 경우에는 배관내에 전선의 처리가 곤란하여 전선의 접속이 아닌 입선의 목적에 사용되는 중간박스를 풀박스라고 한다.

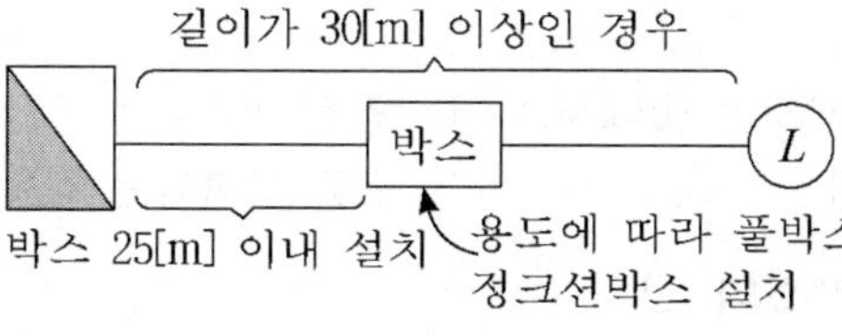

그림 9-10 전선관의 경간이 30[m]를 넘는 경우

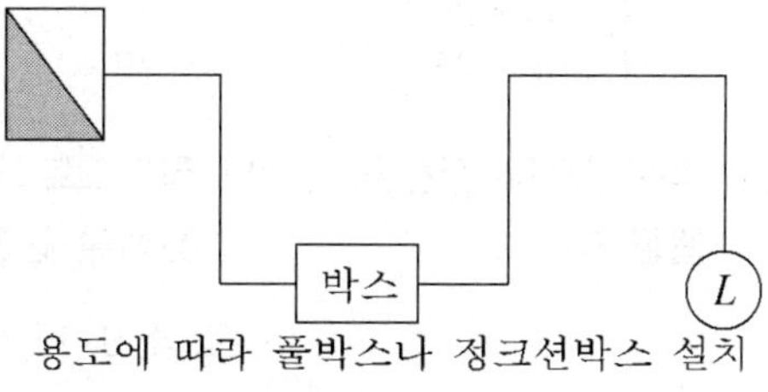

그림 9-11 전선관의 굴곡이 3직각 이상인 경우

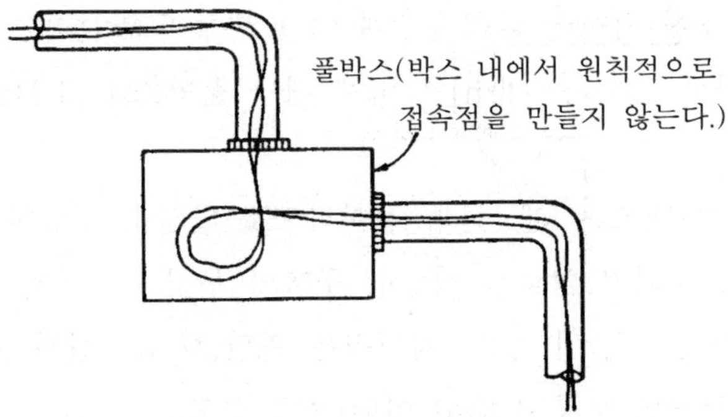

그림 9-12 풀박스내 전선 시공 예

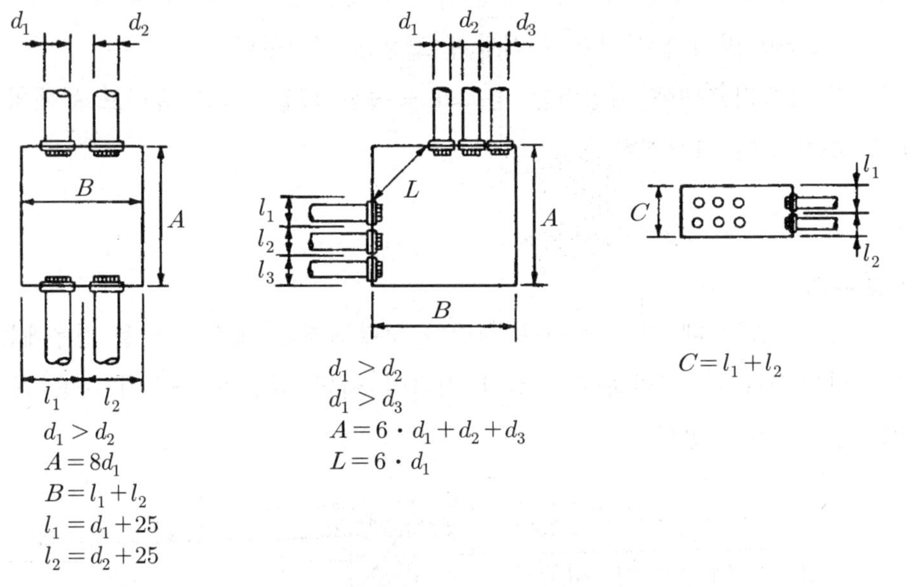

(a) 직선상으로 전선을 뽑을 때

(b) 직각으로 구부러지는 곳에서 전선을 뽑을 때

(c) 전선관이 2단 · 3단으로 접속되는 경우

그림 9-13 풀박스의 크기

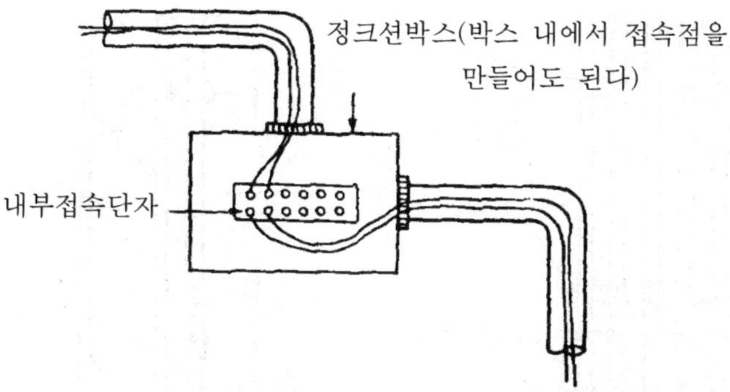

그림 9-14 정크션 박스내 전선 시공 예

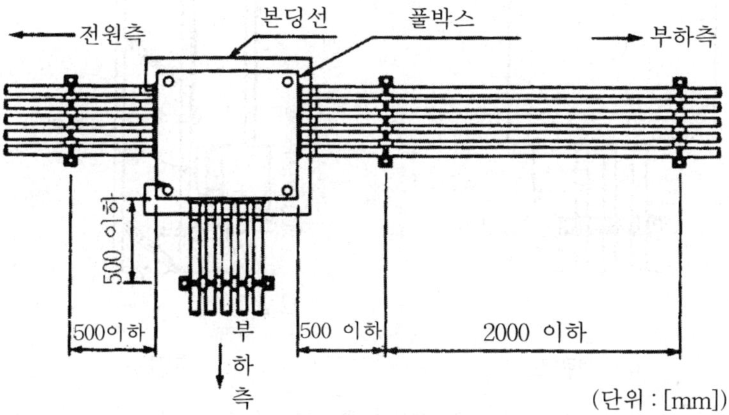

(a) 평면도
(a) 평면도

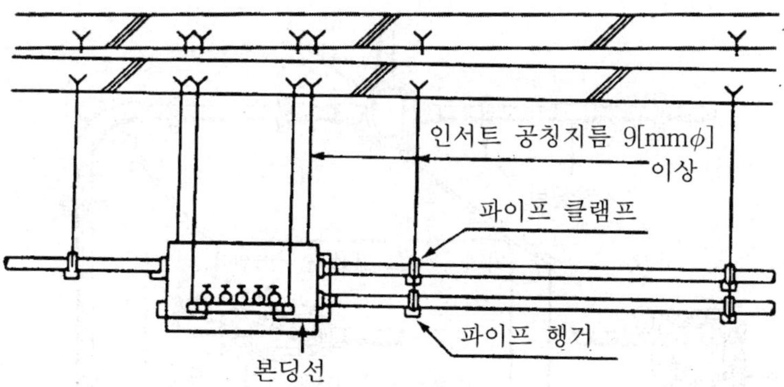

(b) 측면도

그림 9-15 금속관을 이용한 간선배선

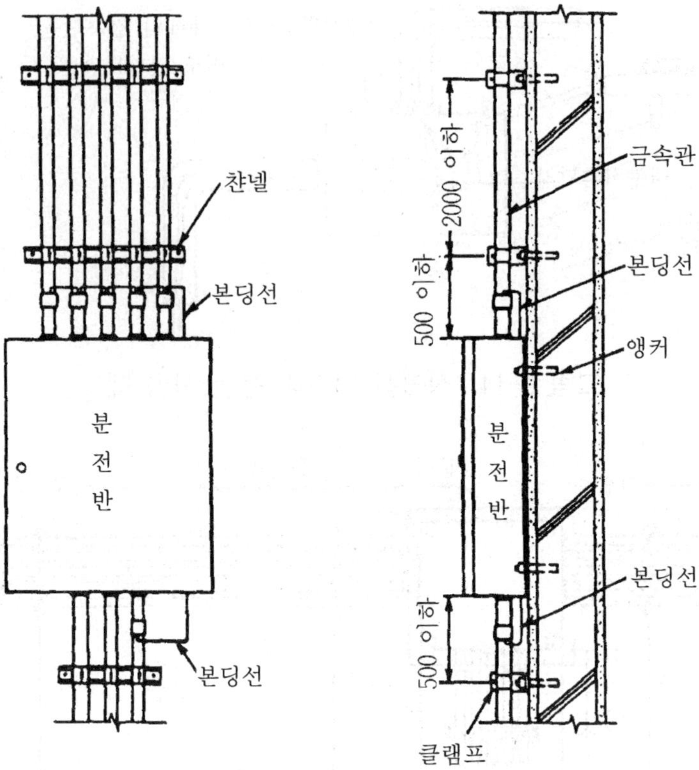

(a) 정면도 (b) 측면도

그림 9-16 패널 주변의 노출배관

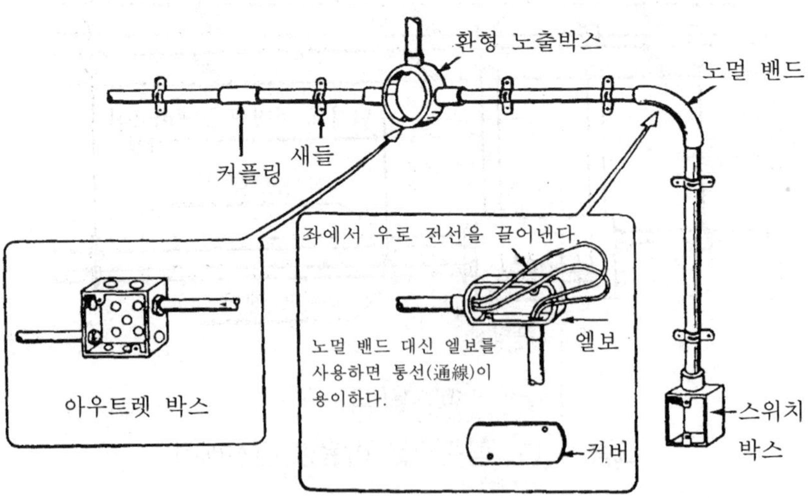

그림 9-17 노출배관(조영재에 대한 배관)

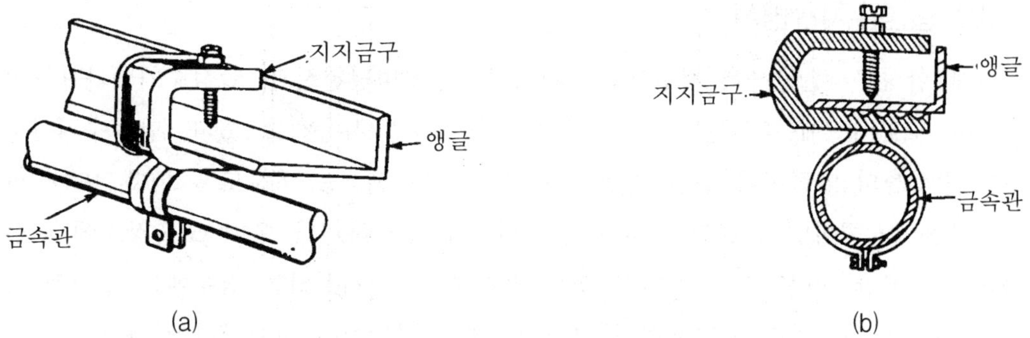

그림 9-18 노출배관(철골에 대한 배관)

(다) 접 지

금속관에는 KEC 211과 140에 준하여 접지공사를 할 것.

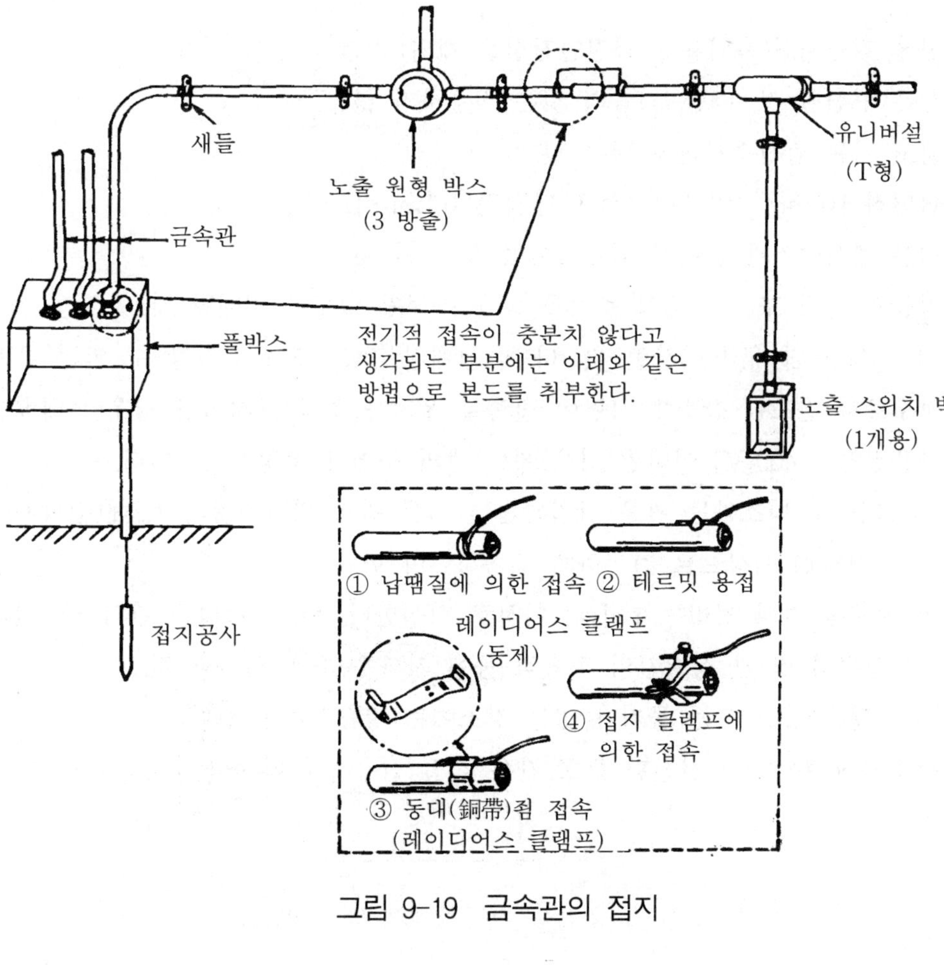

그림 9-19 금속관의 접지

(2) 합성수지관공사

현재 합성수지관공사에 사용되는 것으로는 경질비닐전선관, 합성수지제가요관이 있으며 노출배관에는 일반적으로 경질비닐전선관을 사용하고 있다. 합성수지관공사는 중량물의 압력이나 심한 기계적 충격을 받는 장소는 피하도록 한다. 또한, 합성수지관 중 콤바인 덕트관은 직접 콘크리트에 매입하거나 옥내 노출장소에 시설하는 경우에만 시설하고 이중천장 또는 반자속 내에 시설하는 경우에는 불연성 마감재 내부에 시설하거나 전용의 불연성 관 또는 덕트내에 시설하여야 한다.

합성수지관 배선은 내식성이 좋으므로 부식성 가스 또는 용액을 발산하는 화학공장의 배선에 적합하다.

(가) 배관 및 배선시 고려사항

일반적인 공사예를 그림 9-20, 그림 9-21에 나타내었다.

① 전선은 절연전선(옥외용 비닐절연전선을 제외)일 것.

② 전선은 연선일 것. 다만, 다음의 것은 적용하지 않는다.

㉠ 짧고 가는 합성수지관에 넣은 것.

㉡ 단면적 10[mm^2](알루미늄선은 단면적 16[mm^2]) 이하의 것.

③ 전선은 합성수지관 안에서 접속점이 없도록 할 것.

④ 중량물의 압력 또는 기계적 충격을 받을 우려가 없도록 시설할 것.

⑤ 관의 두께는 2[mm] 이상일 것. 다만, 전개된 장소 또는 점검할 수 있는 은폐된 장소로서 건조한 장소에 사람이 접촉할 우려가 없도록 시설한 경우(옥내배선의 사용전압이 400[V] 이하인 경우)에는 관의 두께가 조정할 수 있다.

⑥ 관 상호간 및 박스와는 관을 삽입하는 깊이를 관의 바깥지름의 1.2배(접착제를 사용시는 0.8배) 이상으로 견고하게 접속하여야 한다.

⑦ 관의 지지점 간의 거리는 1.5[m] 이하로 시설한다. 단, 지지점은 관의 끝, 관과 박스의 접속점 및 관 상화간의 접속점 등에 가까운 곳에 시설할 것.

⑧ 습기가 많은 장소 또는 물기가 있는 장소에는 방습장치를 한다.

⑨ 합성수지제 휨(가요) 전선관 상호 간은 직접 접속하지 않는다.

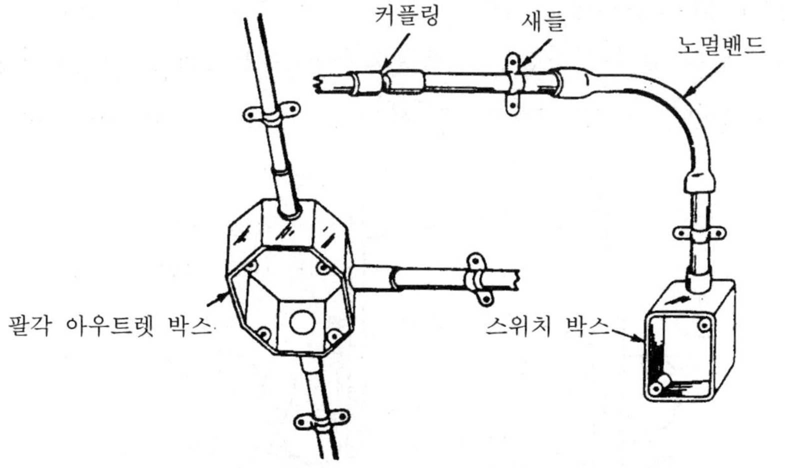

그림 9-20 합성수지관공사(노출배관)

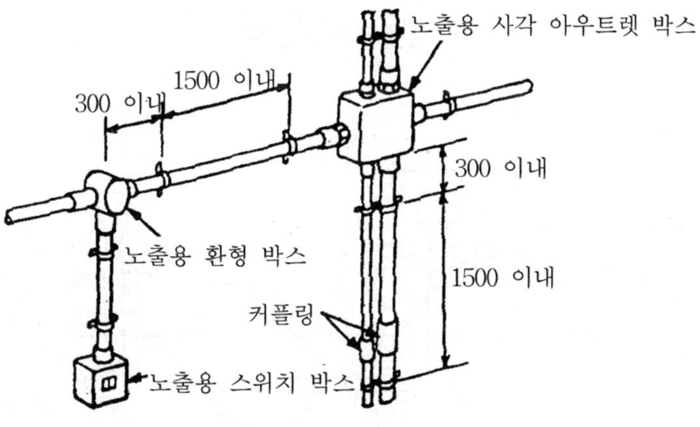

그림 9-21 배관지지 방법

(3) 금속제 가요전선관공사

금속제 가요전선관 배선은 외상을 받을 우려가 없는 장소에 시설하여야 한다. 금속제 가요전선관에는 1종 금속제 가요전선관(플렉시블 콘딧)과 2종 금속제 가요전선관(플리커 튜브)이 있다. 2종 금속제 가요전선관은 표준타입과 표준타입 외측에 비닐로 피복한 통칭 방수 플리커 튜브의 2종류가 있다.

2종 금속제 가요전선관은 1종 금속제 가요전선관에 비해 기계적 강도 및 내수성능 등이 뛰어나므로 2종 금속제 가요전선관을 사용해야 한다. 단, 전개된 장소이거나 검검 할 수 있는 은폐장소(사용전압 400[V]초과하는 전동기 접속 시 가요성이 필요한 부분) 또는 점검 불가능한 은폐장소로서 기계적 충격을 받을 우려가 없는 경우에는 1종 가요전선관을 사용할 수 있다.

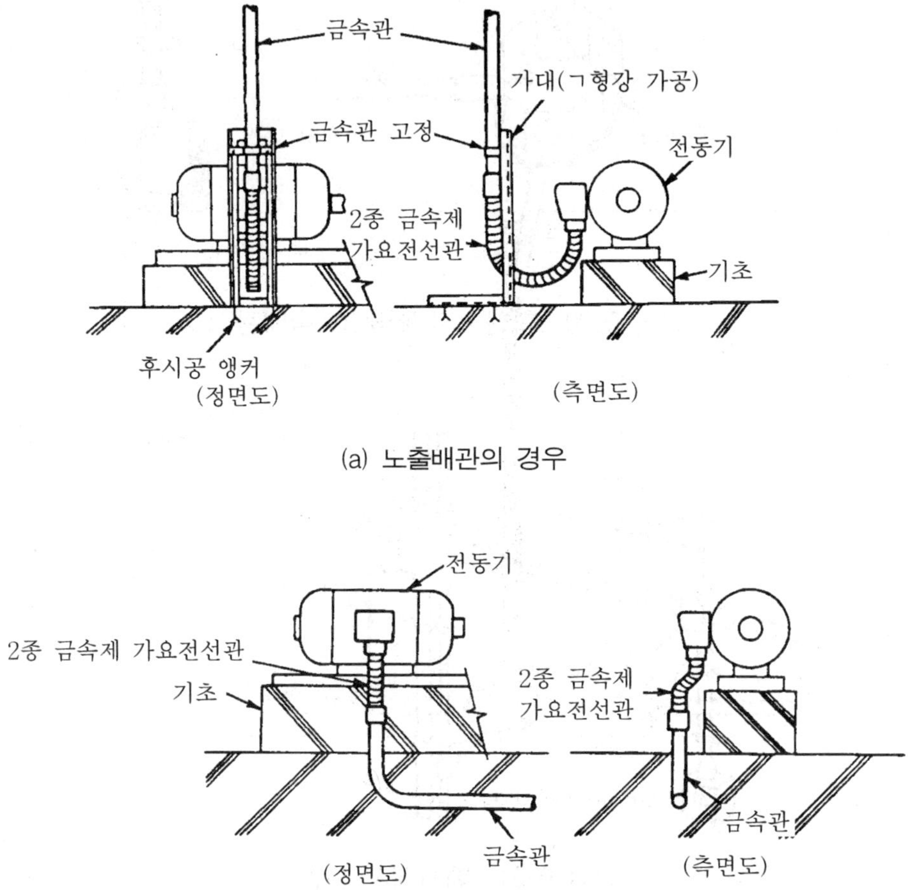

그림 9-22 전동기 배선

표 9-10 지점간의 거리

시설의 구분	지지점간의 거리[m]
조영재의 측면 또는 하면에서는 수평방향으로 시설한 것.	1 이하
사람이 접촉될 우려가 있는 것.	1 이하
가요관 상호 및 가요관과 Box 기구와의 접속개소	접속개소에서 0.3 이하
기 타	2 이하

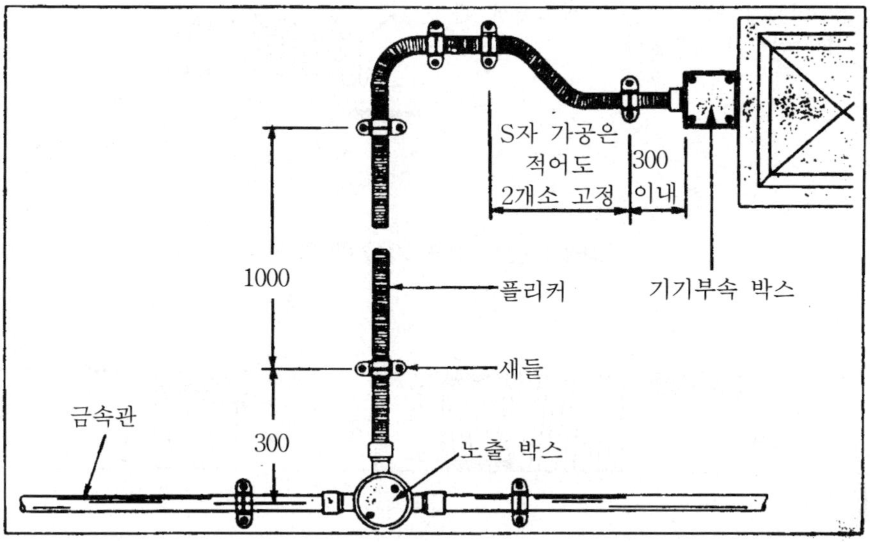

그림 9-23 플리커 튜브 지지간격

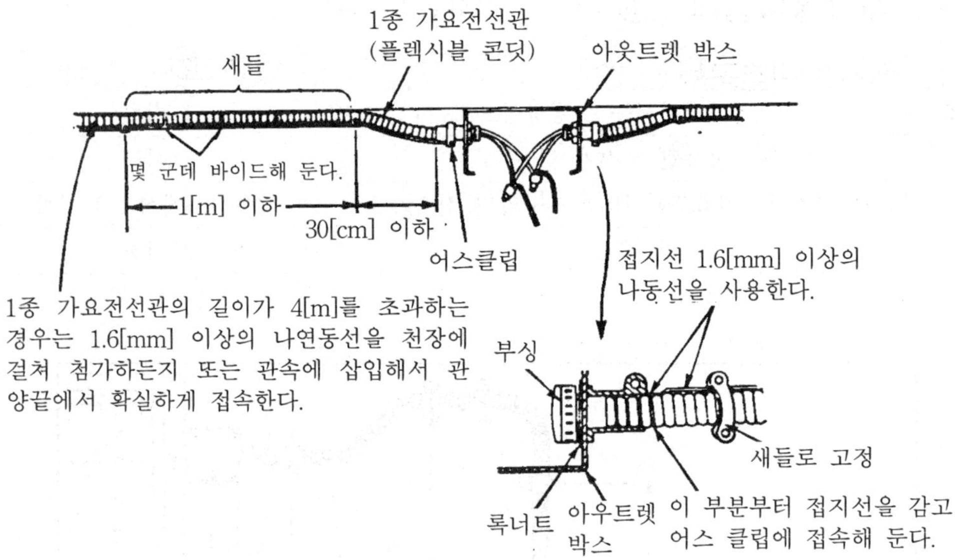

그림 9-24 1종 가요관 배선

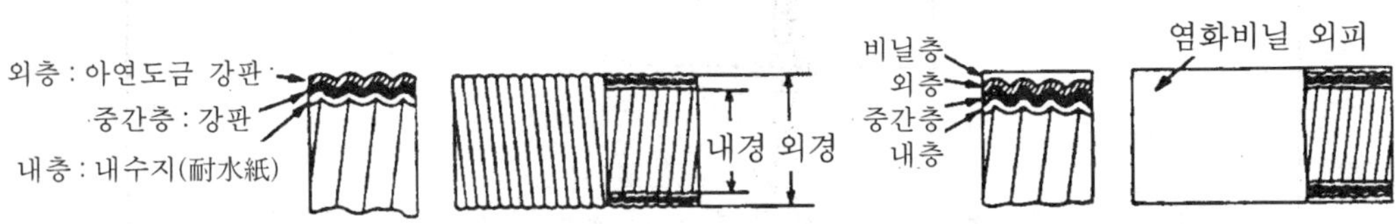

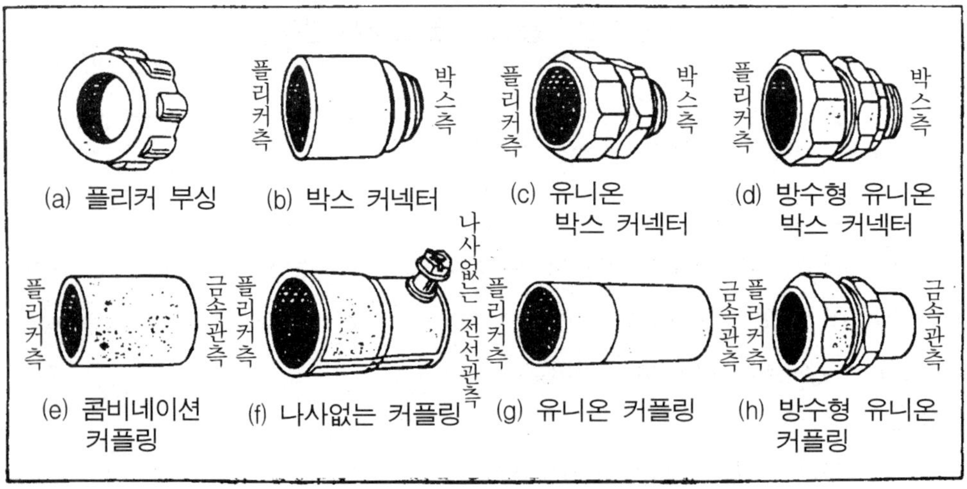

그림 9-25 2종 금속제 가요전선관 부속품

〔2〕 케이블덕팅시스템

(1) 셀룰라 덕트공사

셀룰라 덕트공사는 옥내의 건조한 장소로서 점검할 수 있는 은폐장소, 점검할 수 없는 은폐장소로서 철골구조의 건물로 바닥의 데크 플레이트 홈을 이용하는 방법이다.

건축구조의 강도 저하없이 많은 배선을 비교적 자유롭게 이용할 수 있는 배선수납방식으로 OA배선이 늘어 났을 경우 기존의 건물에서도 증설이 가능하다.

또한 염가로 시설할 수 있어 현재 널리 사용되는 공사방법이다.

① 셀룰라 덕트공사에는 절연전선을 사용하며 덕트 내에서 전선을 접속하여서는 안 된다.

② 전선은 연선을 사용한다. 단, 단면적 10[mm^2](알루미늄선은 16[mm^2]) 이하의 것은 단선을 사용할 수 있다.

③ 셀룰라 덕트의 내면 및 외면에는 녹을 방지하기 위하여 도금 또는 도장을 한 것일 것.

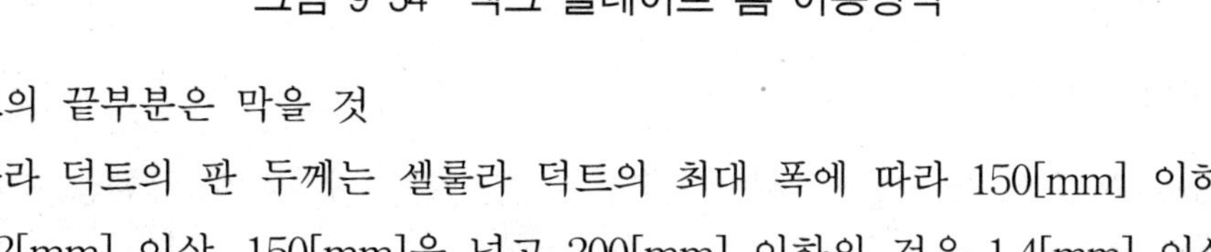

(a) (b)

그림 9-34 덱크 플레이트 홈 이용방식

④ 덕트의 끝부분은 막을 것

⑤ 셀룰라 덕트의 판 두께는 셀룰라 덕트의 최대 폭에 따라 150[mm] 이하의 것은 1.2[mm] 이상, 150[mm]을 넘고 200[mm] 이하의 것은 1.4[mm] 이상, 200[mm]을 넘는 것은 1.6[mm] 이상으로 한다. 또한 부속품의 판 두께는 1.6[mm] 이상일 것.

⑥ 셀룰라 덕트는 KEC 211과 140에 준하여 접지공사를 할 것.

(2) 플로어덕트공사

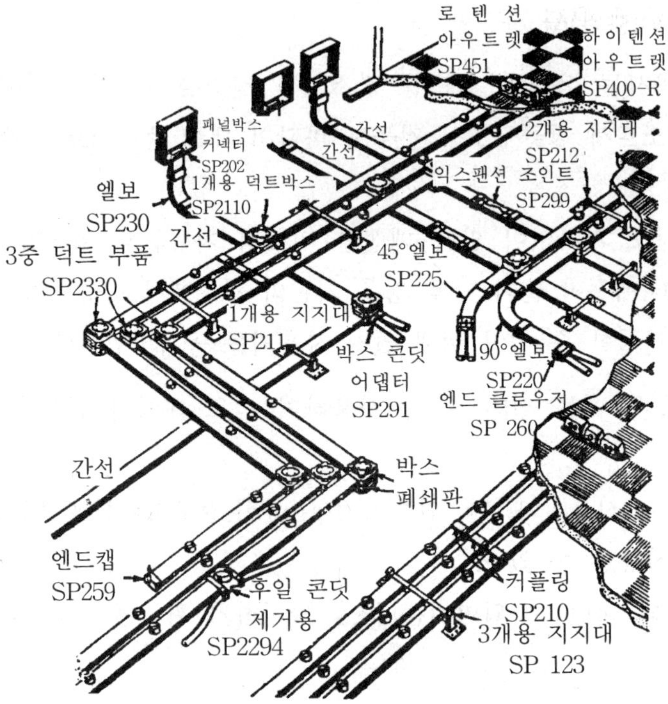

그림 9-27 플로어덕트공사

플로어덕트공사(under floor raceway wiring)는 책상이나 바닥 위에 설치하는 사무기기 등의 전원이나 전화선, 통신선 등을 배선하기 위하여 바닥에 배선용 덕트를 매설하는 시설공사를 말한다.

(가) 특 징

플로어덕트의 특징은 다음과 같다.

① 복잡한 배선을 2중 바닥 내부에 수납할 수 있어 디자인에 영향을 주지 않고 배선할 수 있다.
② 레이아웃 변경이나 배선루트 변경에 유연하게 대응할 수 있다.
③ 배선 인출 위치를 자유롭게 선정할 수 있다.
④ 배선공간은 충분한 용량이 있다.

(나) 공사방법

① 절연전선(OW 제외)을 사용할 것

② 전선은 연선을 사용한다. 단, 단면적 10[mm^2](알루미늄선은 16[mm^2]) 이하의 것은 단선을 사용할 수 있다.

③ 플로어덕트 내에서는 전선의 접속점이 없도록 할 것

④ 플로어덕트 및 박스 기타의 부속품은 KS C 8457(플로어 덕트용의 부속품)에 적합한 것을 사용해야 한다.

⑤ 덕트 상호 간 및 덕트와 박스 및 인출구와는 견고하고 또한 전기적으로 완전하게 접속한다.

⑥ 덕트 및 박스 기타의 부속품은 물이 고이는 부분이 없도록 시설하여야 한다.

⑦ 덕트는 211과 140에 준하여 접지공사를 한다.

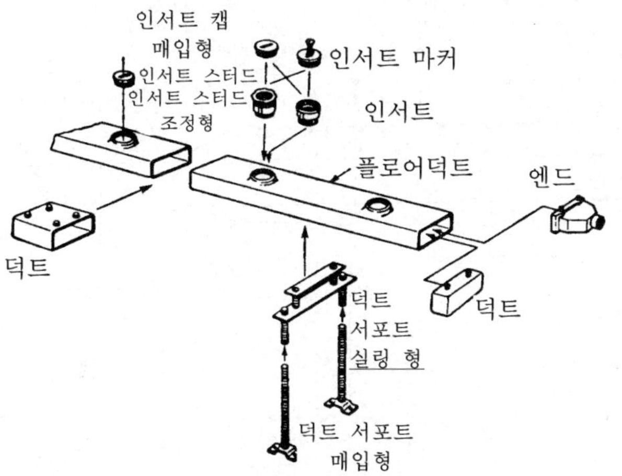

그림 9-28 플로어덕트의 부속품

(3) 금속덕트 배선공사

금속덕트 배선은 금속제 덕트에 절연전선을 사용해 실시하는 저압옥내 배선을 말한다.

배전반으로부터 대량의 간선을 배선할 경우나 빌딩이나 공장에서 다수의 기계장치에 배선할 경우, 분전반 2차측 대량전선을 위로 올리는 경우 등에 사용되며 여러개의 금속관을 사용하던 배선을 간단히 하나의 덕트에 넣어 시설할 수 있는 공사방법이다.

이 밖에 셀룰러덕트나 플로어덕트와 함께 바닥에 매입하는 방법으로 시설하는 경우(트렌치덕트라고 한다)도 있다.

(가) 공사방법

그림 9-29는 금속덕트 배선의 예이다.

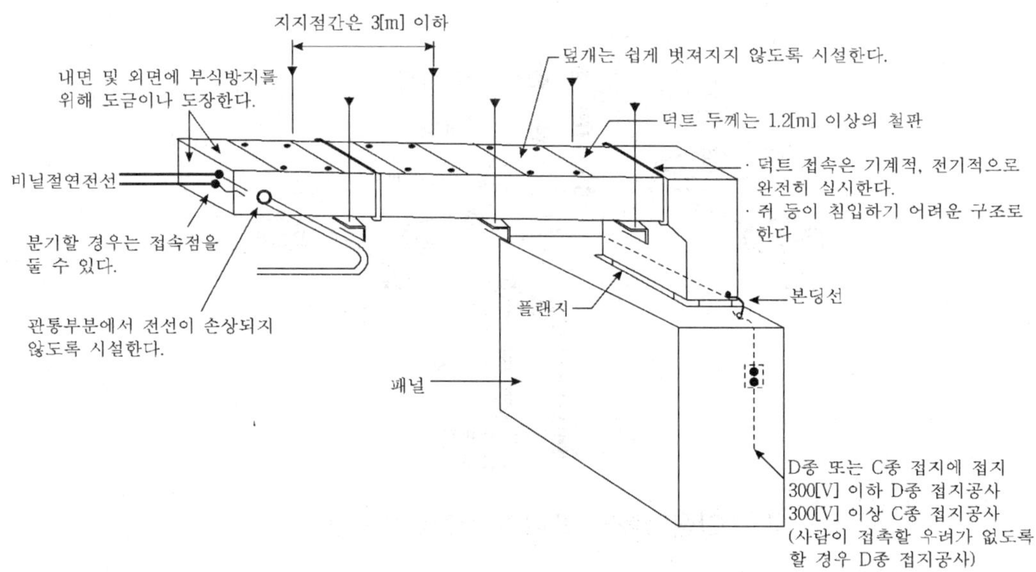

그림 9-29 금속덕트 시설

① 시설장소의 제한 : 옥내의 건조한 노출장소 또는 점검가능한 은폐장소에 한해 시설할 수 있다.

② 덕트지지

㉠ 수평지지의 경우 : 지지점 간격은 3[m] 이하로 한다. 일반적으로는 2[m] 간

격으로 지지한다.

㉡ 수직지지의 경우 : 취급자 이외의 자가 출입할 수 없는 배선 샤프트실(EPS)에서는 6[m] 이하로 할 수 있다. 단, 상기 장소 이외에서는 3[m]로 한다.

③ **덕트 접지** : 덕트는 KEC 211과 140에 준하여 접지공사를 할 것.

④ **덕트 접속** : 덕트와 덕트는 상호견고하며 전기적으로 완전히 접속할 것.

⑤ **전선수** : 금속 덕트내에 넣는 전선은 내단면적의 20[%] 이내로 한다. 단 제어용은 내단면적의 50[%]로 한다.

⑥ 방화구획 관통 : 저압 옥내배선이 건축물의 방화 구획을 관통하거나 인접 조영물로 연장되는 경우에는 그 방화벽 또는 조영물 벽면의 덕트 내부는 불연성의 물질로 차폐한다.

⑦ 덕트내 전선의 접속 : 덕트내 전선의 접속점이 없을 것. 단, 전선을 분기시 그 접속점을 쉽게 점검할 수 있는 경우는 제외한다.

⑧ **진동방지** : 긴 인선트(2[m] 이상)로 지지할 경우는 휨부분이나 분기부분으로 이행하는 곳에 불필요한 힘이 가해지므로 필요에 따라서는 진동방지를 한다.

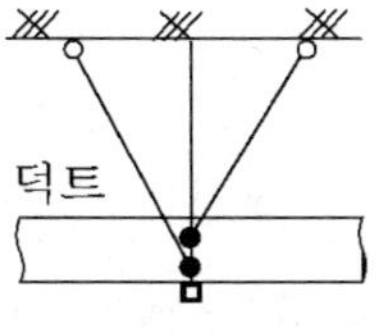

(a) 가로방향 진동방지

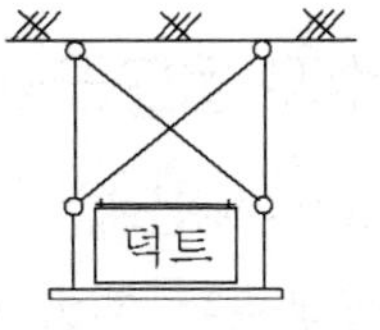

(b) 좌우방향 진동방지

그림 9-30 진동방지

〔3〕 케이블트렁킹시스템

(1) 금속몰드 배선공사

① 금속몰드 배선에는 절연전선(옥외용 비닐절연전선 제외)을 사용한다.

② 금속몰드, 박스 및 부속품(몰드 상호 접속 및 몰드 끝에 접속)은 다음 각 호에 적합한 것이어야 한다.

㉠ 전기용품안전관리법의 적용을 받는 금속제 몰드 및 박스 기타 부속품 또는 황동이나 동으로 견고하게 제작된 것으로써 내면을 매끈하게 한 것으로 한다.

㉡ 황동제 또는 동제의 몰드는 폭이 5[cm] 이하, 두께 0.5[mm] 이상의 것으로 한다.

③ 같은 몰드내에 넣는 경우의 전선수는 다음 각 호에 의한다.

㉠ 1종 금속몰드에 넣는 전선수는 10본 이하로 한다.

㉡ 2종 금속몰드에 넣는 전선수는 전선의 피복절연물을 포함한 단면적의 총합계가 해당 몰드내 단면적의 20[%] 이하로 한다.

④ 금속몰드 내에서는 전선에 접속점을 만들지 않는다. 다만, 전기용품안전관리법의 적용을 받는 2종 금속제 몰드를 사용하고 또한 다음 각 호에 의하여 시설할 경우에는 예외이다.

㉠ 전선을 분기하는 경우일 것.

㉡ 접속점을 쉽게 점검할 수 있도록 시설할 것.

㉢ 몰드내에서 분기한 전선을 외부로 인출하는 부분은 전선이 손상될 우려가 없도록 시설 할 것.

⑤ 금속몰드 배선의 사용전압은 400[V] 이하로서 옥내의 건조한 장소로 전개된 장소 또는 점검할 수 있는 은폐장소에 시설한다.

⑥ 금속몰드의 지지점간의 거리는 1.5[m] 이하로 함이 바람직하다.

(2) 합성수지 몰드공사

① 합성수지몰드 배선에는 절연전선(옥외용 비닐절연전선 제외)을 사용한다.

② 합성수지제몰드는 홈의 폭 및 깊이가 35[mm] 이하로서 두께는 2[mm] 이상의 것이어야 한다, 다만, 사람이 쉽게 접촉될 우려가 없도록 시설하는 경우에는 폭이 50[mm]이하, 두께 1[mm] 이상의 것을 사용할 수 있다.

③ 합성수지몰드는 다음의 각 호에 적합하여야 한다.

㉠ 합성수지몰드는 똑바른 것으로서 단부를 몰드의 축에 대하여 직각으로 절단하고 충분히 모서리를 다듬은 것일 것.

㉡ 조영재에 쉽게 또한 견고하게 부착할 수 있도록 되는 것일 것.

㉢ 베이스와 캡이 완전하게 결합하여 충격으로 쉽게 이탈되지 아니하는 것일 것.

㉣ 내면은 전선의 피복이 손상될 우려가 없도록 매끈한 것일 것.

④ 합성수지몰드 내에서는 전선에 접속점을 만들어서는 아니된다. 다만, 전기용품

안전관리법의 적용을 받는 합성수지제 접속함을 사용하는 경우에는 예외.

⑤ 합성수지제몰드 상호 및 합성수지몰드와 박스 그 밖의 부속품과는 전선이 노출되지 아니하도록 접속한다.

⑥ 합성수지몰드배선의 사용전압은 400[V] 이하로서 옥내의 건조한 장소로 전개된 장소 또는 점검할 수 있는 은폐장소에 시설한다.

⑦ 베이스를 조영재에 부착할 경우에는 400~500[mm] 간격마다 나사로 부착하는 외에 풀로 붙이거나 그 밖의 방법으로 견고하게 부착한다.

〔4〕 애자사용공사

① 전선 : 절연 전선(옥외용 및 인입용 비닐 절연 전선 제외)

② 애자 : 절연성, 나연성, 내수성의 것으로 놉애자, 핀애자가 사용된다.

③ 절연관, 합성 수지관 등의 끝에서 애자까지의 거리는 전선의 길이로 20[cm] 이하로 할 것. 단, 가옥의 외벽 관통시 외측에 한하여 60[cm]까지 할 수 있다.

④ 전선의 이격거리 및 애자의 사용 구분은 표 9-11과 같이 한다.

⑤ 선은 저압 4[mm^2] 이상 연동 절연전선, 고압은 공칭단면적 6[mm^2] 이상의 연동선 또는 이와 동등 이상의 세기 및 굵기의 고압 절연전선이나 특고압 절연전선을 사용한다.

⑥ 고압 옥내배선은 저압 옥내배선과 쉽게 식별되도록 시설한다.

표 9-11 전선의 이격거리

사용 전압 / 거 리	400[V] 이하	400[V] 초과	고 압
전선 상호간의 거리	6[cm] 이상	12[cm] 이상 (건조한 곳은 6[cm] 이상)	8[cm] 이상
전선과 조영재와의 거리	2.5[cm] 이상	4.5[cm] 이상 (건조한 곳은 2.5[cm] 이상)	5[cm] 이상
전선 지지점의 거리 (윗면이나 측면)	2[m] 이하	6[m] 이하	6[m] 이하
	놉애자 등 큰 애자를 사용하여 서까래에서 서까래로 건널때에는 6[m] 이하		2[m] 이하(조영재의 면을 따라 시설하는 경우)

표 9-12 애자의 사용 구분

전선과 조영재와의 거리[mm]	놉 애 자	특 캡		핀 애 자
		측부 바인드	상부 바인드	
25	○	○	○	○
45	×	×	○	○

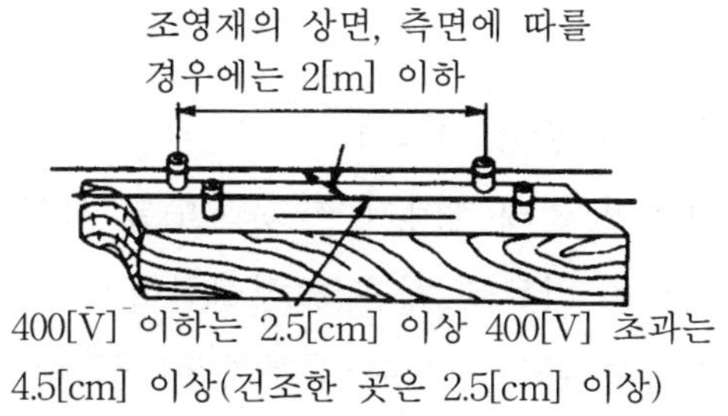

(a)

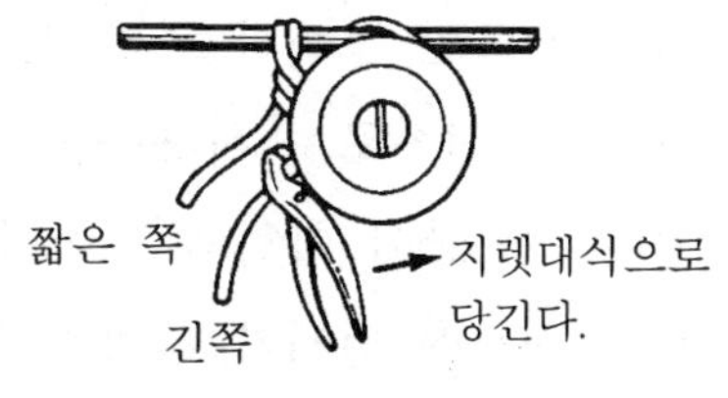

(b) 바인드

그림 9-31 애자공사의 예

〔5〕 버스덕트 배선공사

버스덕트공사는 버스바트렁킹시스템의 한 종류로서 대규모 빌딩이나 공장 등에서 비교적 대전류가 흐르는 옥내간선을 버스덕트를 이용하는 공사방법을 말하며 버스덕트란 금속제 덕트 또는 합성수지제덕트 속에 도체가 들어 있어 절연물을 적당한 간격으로 지지한 것을 말한다.

(1) 공사방법

그림 9-32는 빌딩설비에서의 버스덕트 배선의 예이다.

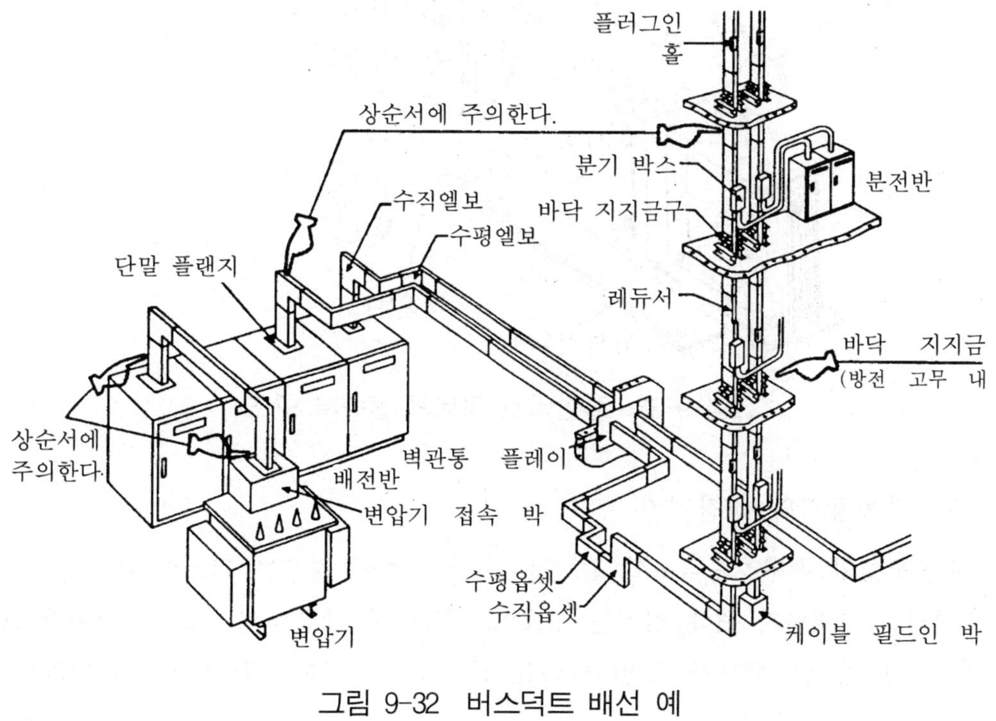

그림 9-32 버스덕트 배선 예

(가) 시설장소의 제한

① 옥내의 건조한 노출장소 및 점검 가능한 은폐장소.

② 저압 옥상 전선로로 사용하는 경우는 사람이 쉽게 접촉하지 못하도록 시설하며 덕트 내부에 물이 침입해 고이지 않는 옥외용 덕트를 사용해 시설한다.

③ 덕트의 내부에 먼지가 침입하지 않도록 시설하고, 덕트은 끝부분은 막는다.

(나) 덕트지지

① **수평지지의 경우** : 지지점간 거리를 3[m] 이하로 한다. 보통 2[m] 정도로 지지한다.

② **수직지지의 경우** : 취급자 이외의 자가 출입할 수 없는 배선 샤프트실(EPS)에서는 6[m] 이하로 지지하면 된다. 단, 상기 이외에서는 3[m] 이하로 한다.

③ 도체의 지지물은 절연성 · 난연성 및 내수성이 있는 견고한 것이어야 한다.

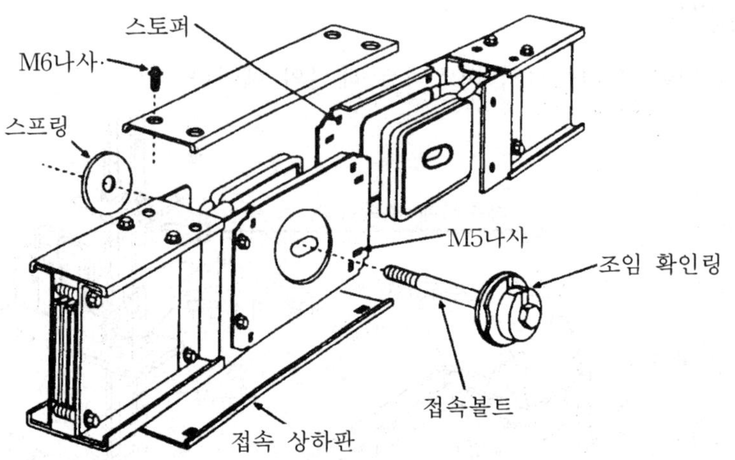

그림 9-33 절연버스 덕트의 접속부 구조

(다) 진동방지와 내진지지

① **수평포설의 경우** : 수직포설 길이가 2[m] 이하인 경우는 덕트의 세로나 가로 흔들림을 방지하기 위해 적절한 장소에 진동방지 금구를 설치한다. 설치간격은 지진시에 건물과 덕트가 공진(共振)을 일으키지 않도록 10[m] 이하가 바람직하

다.

② **내진지지** : 건축전기설비 내진설계 · 공사매뉴얼에서는 12[m] 마다 L형강 등으로 콘크리트 구조체에 내진지지로서 견고하게 지지하도록 되어 있다.

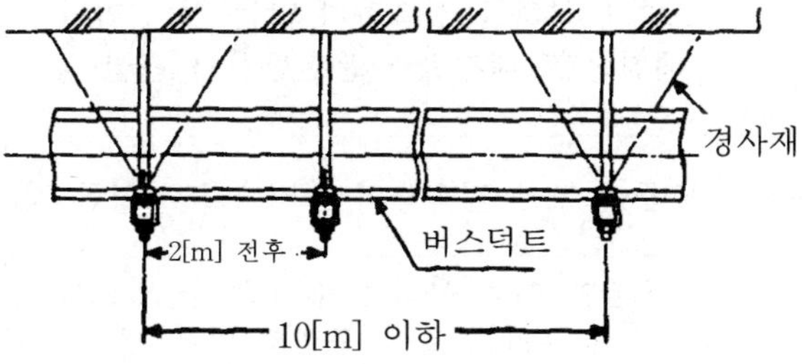

(a) 가로 진동방지

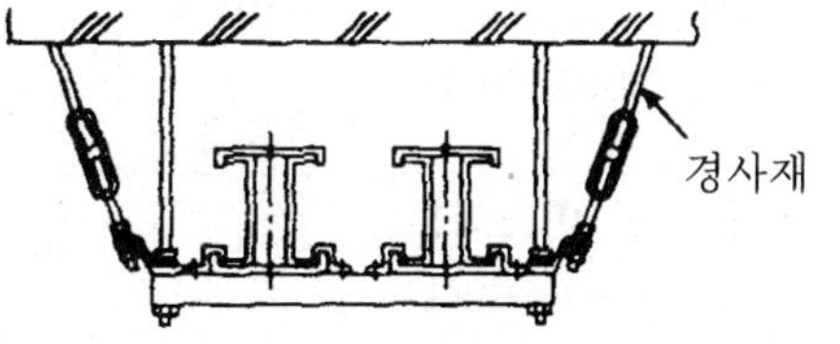

(b) 좌우 진동방지

그림 9-34 진동방지 금구

③ **수직포설의 경우** : 4[m] 이상인 경우는 바닥지지 외에 중간에 진동방지가 필요하다.

(라) 접지공사

덕트는 KEC 211과 140에 준하여 접지공사를 할 것.

(마) 버스덕트의 종류

버스덕트의 도체는 단면적 20 ㎟ 이상의 띠 모양, 지름 5 ㎜ 이상의 관모양이나 둥글고 긴 막대 모양의 동 또는 단면적 30 ㎟ 이상의 띠 모양의 알루미늄을 사용한다.

표 9-13 버스덕트의 종류

명 칭	형 식		설 명
피더 버스덕트 (feeder bus duct)	옥내용	환기형 비환기용	도중에 부하를 접속하지 않는 것(변압기와 배전반간, 배전반과 분전반간의 간선 등)
	옥외용	비환기용	
플러그 인 버스덕트 (plug-in bus duct)	옥내용	비환기용	도중에 부하 접속용의 플러그를 시설한 것
트롤리 버스덕트 (trolley bus duct)	옥내용 옥외용		도중에 이동 부하를 접속할 수 있도록 트롤리 접촉식 구조로 만든 것

〔6〕 라이팅 덕트공사

① 라이팅 덕트는 옥내의 건조한 장소로서 노출장소, 점검할 수 있는 은폐장소에 한하여 시설할 수 있다.

표 9-14 라이팅 덕트의 종류 및 정격

종 류			정격 전압[V]	정격 전류[A]
라이팅 덕트	고정 1형	도체 커버 및 덕트 커버 없음	125, 300 (250)	15, 20, 30 15, 20
	고정 2형	도체 커버 및 덕트 커버 있음	125, 300 (250)	
	주행형		125, 300 (250)	
플러그 어댑터	고정형		125, 300 (250)	6, 10, 15, 20
	주행형			

주 라이팅 덕트의 길이는 15[A]인 것은 1[m], 1.5[m], 2[m], 3[m], 4[m], 20[A] 이상인 것은 3[m]가 표준이다.

② 사용전압이 400[V] 이하일 것, KEC 211과 140에 준하여 접지공사, 150[V] 이하이고 덕트 길이가 4[m] 이하인 경우 접지를 생략하여도 된다.

③ 조영재에 덕트를 부탁할 경우 지지점을 매 덕트마다 2개소 이상 및 지지점간의 거리는 2[m] 이하로 하고 덕트의 끝부분은 막을 것.

④ 라이팅 덕트를 조영재에 부착할 경우는 라이팅 덕트의 지지점은 매 덕트마다 2개소 이상 및 지지점간의 거리는 2[m] 이하로 하고 또한 견고하게 부착한다.

〔7〕 케이블공사

케이블공사는 옥내 · 외에 폭넓게 사용되며 케이블 자체가 도체간을 절연하는 구조로 배선에 필요한 공간이 적어도 되는 배선방법이다.

케이블 시설방법으로 ① 메신저 와이어 공법 ② 행거 지지 공법 ③ 인서트 지지 공법 ④ 스테플 공법 ⑤ 수직조가 공법 ⑥ 직접 지지 공법 ⑦ 케이블 트레이 공법 ⑧ 금속덕트 공법 등이 있다.

케이블공사에 의한 저압 옥내배선(KEC 232.51.2 및 232.51.3에서 규정하는 것 제외)은 다음에 따라 시설하여야 한다.

① 전선은 케이블 및 캡타이어케이블일 것.

② 중량물의 압력 또는 현저한 기계적 충격을 받을 우려가 있는 곳에 포설하는 케이블에는 방호 장치를 할 것.

③ 전선을 조영재의 아랫면 또는 옆면에 따라 붙이는 경우에는 전선의 지지점 간의 거리를 케이블은 2[m](사람이 접촉할 우려가 없는 곳에서 수직으로 붙이는 경우에는 6[m]) 이하 캡타이어케이블은 1[m] 이하로 하고 또한 그 피복을 손상하지 아니하도록 붙일 것.

④ 관 기타의 전선을 넣는 방호 장치의 금속제 부분 · 금속제의 전선 접속함 및 전선의 피복에 사용하는 금속체에는 211과 140에 준하여 접지공사를 할 것.

⑤ 콘크리트 직접 매설하는 경우

㉠ 콘크리트 직접매설용 케이블 또는 비닐 외장 케이블·폴리에틸렌 외장 케이블 등일 것

㉡ 콘크리트 안에는 전선에 접속점을 만들지 아니할 것.

㉢ 전선을 박스 또는 풀박스 안에 인입하는 경우는 물이 박스 또는 풀박스 안으로 침입하지 아니하도록 부싱 또는 이와 유사한 것을 사용할 것.

㉣ 직접 매설식에 의하여 시설하는 경우에는 매설 깊이를 차량 기타 중량물의 압력을 받을 우려가 있는 장소에는 1.0[m] 이상, 기타 장소에는 0.6[m] 이상으로 하고 또한 지중 전선을 견고한 트로프 기타 방호물에 넣어 시설 한다.

〔8〕 케이블 트레이 시스템

(1) 케이블 트레이 공법

일반 옥내배선공사에서 전력간선 케이블을 다수 포설할 경우 일반적으로 그림 9-35와 같은 케이블 트레이를 사용한다. 케이블 트레이 지지는 천장에서 인서트를 내려 트레이용 지지기구로 매다는 방법과 인서트로 수평재를 매달고 그위에 트레이를 올려 고정하는 방법이 있다. 케이블 트레이 지지점 간격은 수평부분에서 2[m] 이하, 수직부분에서 3[m] 이하로 한다.

상기와 같이 트레이를 지지한 후 케이블을 늘어트려 트레이위에 포설한다. 케이블 지지점 간격은 수평부에서는 케이블이 지진에 의해 이동하지 않도록 3[m] 이하로 고정하며 수직부에서는 2[m] 이하 간격마다 묶는 것이 바람직하다. 사람이 접촉할 우려가 없는 경우에는 6[m] 이하도 가능하다. 휨부분에서는 필요한 곳에 고정한다.

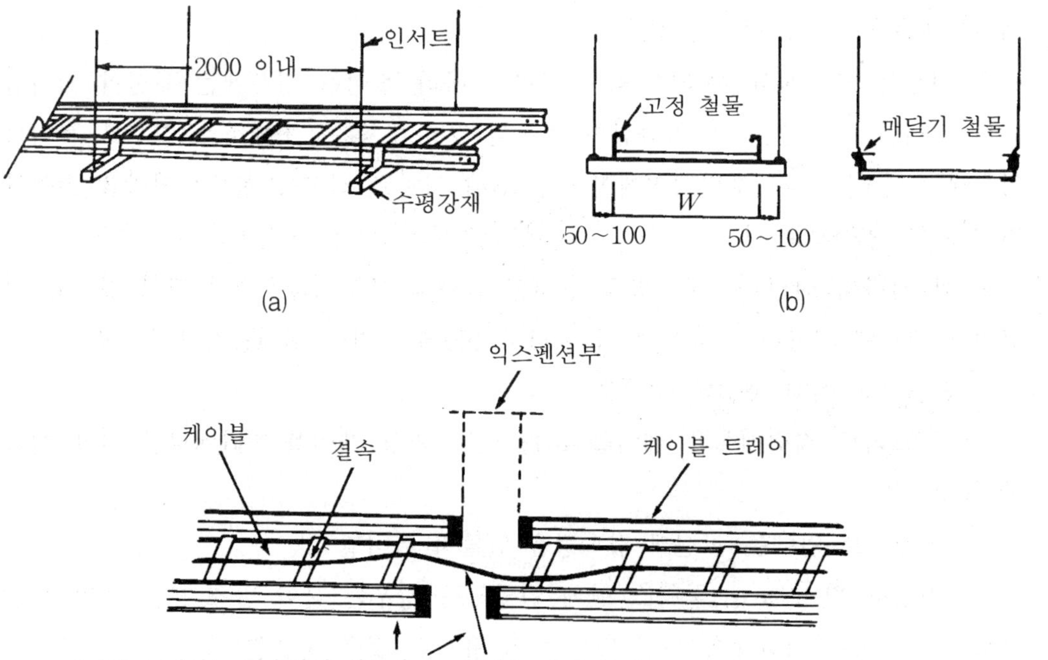

그림 9-35 케이블 트레이 공법

벽면에 케이블을 포설할 경우에는 브래킷을 설치하고 그 위에 트레이를 놓고 고정한 후 케이블을 연선한다. 케이블 지지재료에는 목면, 마, 화학섬유로프, 나일론

밴드, 철물을 이용한다.

(2) 금속덕트 공법

옥상에 다수 포설되는 저압 또는 고압케이블 배선에는 그림 9-36의 옥상 전선로용 금속제 덕트가 사용된다.

옥상 슬라브 안에는 방수시트가 깔려있어 덕트 고정가대를 슬라브에 직접 설치할 수 없어 블록에 가대가 들어있는 제품을 덕트 지지가대로써 사용한다.

이 방법은 케이블을 덕트로 덮어 공사후 손상의 우려는 없지만 직선적으로 공사가능한 공간이 필요해 설비배관이나 에어덕트 루트가 얽혀 있는 좁은 공간에서는 공사가 어렵다. 덕트 상호는 견고하고 전기적으로 완전히 접속해야 한다. 지지점간 거리는 3[m] 이내로 하며 취급자 이외의 자가 출입하지 못하도록 설비한 장소에서 수직으로 설치한 경우는 6[m] 이하로 한다.

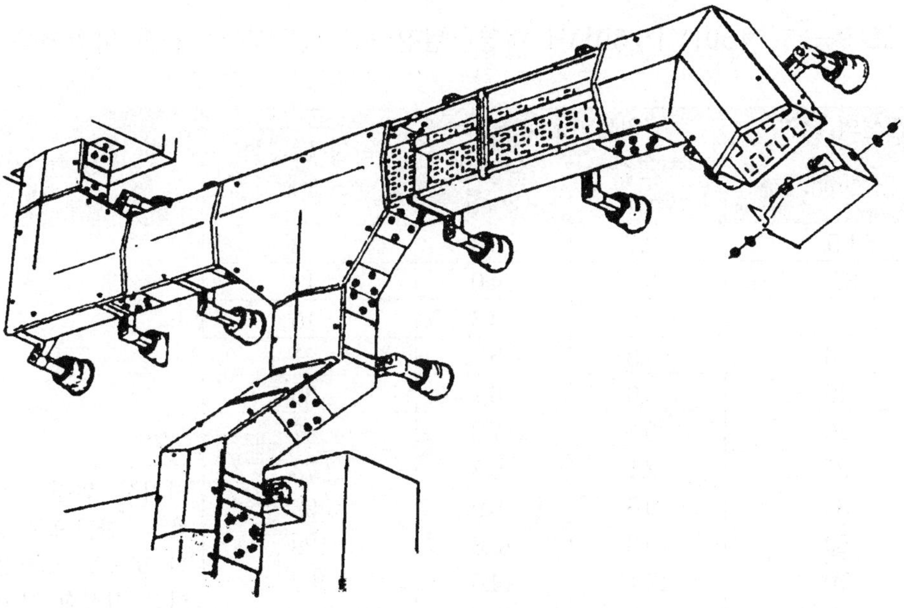

그림 9-36 금속덕트 공법

9.2.4 전선관 굵기 선정

(1) 조사 및 분석

(1) 배관에 대한 관련 규정조사

배관의 규격에 관한사항은 국내 내선규정(이하 "내규"), 국제규격 KS C IEC 60364-5-52, 일본규정, 미국 NFPA70(NEC) 및 실증 데이터에 의한 방법 등을 사용하고 있으나, 현재 국내에서 유효하게 사용되는 "내규"의 내용을 기반으로 하는 것으로 하며, 이에 대한 조사 내용은 다음과 같다.

(2) 450〔V〕/750〔V〕 이하 배선용 비닐절연전선(KS C IEC 60227-3)

KS C IEC 60227-3에 규정하는 450[V]/750[V] 이하 배선용 염화 비닐절연전선 부분은 일반적으로 고정 전기기기 배선에 사용하는 규격으로서 이 규격에서 발췌된 450[V]/750[V] 이하 배선용 염화비닐절연전선의 일반적인 완성 바깥지름은 표 9-15와 같다.

표 9-15 450[V]/750[V] 내열비닐절연전선(HIV)의 완성 바깥지름

전선의 굵기	완성바깥지름		완성 단면적 max[mm²]	비고
연선[mm²]	하한값 [mm]	상한값 [mm]		
1.5	2.7	3.3	8	여기서 완성 단면적은 상한값으로 계산한 것으로 소숫점 이하를 절사한 것이다.
2.5	3.3	4.0	12	
4	3.8	4.6	16	
6	4.3	5.2	21	
10	5.6	6.7	35	
16	6.4	7.8	47	
25	8.1	9.7	73	
35	9.0	10.9	93	
50	10.6	12.8	128	
70	12.1	14.6	167	
95	14.1	17.1	229	
120	15.6	18.8	277	
150	17.3	20.9	343	
185	19.3	23.3	426	
240	22.0	26.6	555	
300	24.5	29.6	688	
400	27.5	33.2	865	

(3) KS C IEC60364-5-52 "배선설비"

KS C IEC60364-5-52 "배선설비" 부분에서는 최소 도체 사용, 허용전류 계산방법, 배관 사용방법을 명시하고 있으며 배선설비의 선정과 설치에 고려할 외적 영향으로 예상되는 외적영향에 대한 보호조치가 확실한 설치방법을 선정해야한다. 특히 방향이 바뀌거나 배선이 기기 안으로 인입, 인출되는 곳에서는 주의를 해야 한다.

외적영향으로는 주위온도, 외부 열원, 물의 존재, 침입 고형물의 존재, 부식 또는 오염 물질의 존재, 충격, 진동 등과 식물과 곰팡이의 존재, 동물의 존재, 태양방사 및 자외선 방서, 지진의 영향, 바람 등이 있다.

(4) 한국전기설비규정

한국전기설비규정(KEC)은 전기설비기술기준(이하"전기")에 기반을 두고 있으며 전기설비의 설계, 감리, 공사, 안전관리의 기반이 되는 규정이다.

① 배관에 관한 사항은 KEC 232 "배선설비" 내용 중 전선관시스템(232.10)에서 상세하게 다루고 있다. 여기에서 기준한 내용은 다음과 같다.
  ㉠ 전선관의 굵기 산정시 단면적에 관한 사항
  ㉡ 절연전선을 전선관에 넣을 경우 전선의 굵기에 다른 보정계수
  ㉢ 전선관의 종류에 따른 내단면적 계산기준

② 전선의 굵기 및 본수에 따라 표 9-16 및 표 9-17을 참고하여 전선관의 굵기를 선정할 수 있다.

표 9-16 후강전선관의 경우 굵기 선정(참고)

전선의 굵기	전선 본수									
단면적 [mm²]	1	2	3	4	5	6	7	8	9	10
	전선관의 최소 굵기[mm]									
2.5	16	16	16	16	22	22	22	28	28	28
4	16	16	16	22	22	22	28	28	28	36
6	16	16	22	22	22	28	28	28	36	36
10	16	22	22	28	28	36	36	36	42	42
16	16	22	28	28	36	36	36	42	42	54
25	22	28	36	36	42	42	54	54	54	54
35	22	28	36	42	54	54	54	70	70	70
50	28	36	42	54	54	70	70	70	70	82
70	28	42	54	54	70	70	70	82	82	82
95	36	54	54	70	70	82	82	92	92	104
120	36	54	70	70	82	82	92	104		
150	36	70	70	82	92	92	104	104		
185	42	70	82	92	92	104				
240	54	82	82	104	104					

주
① 전선 1본에 대한 숫자는 접지선 및 직류회로의 전선에 적용한다.
② 이 표는 실험결과와 경험을 기본으로 하여 결정한 것이다.
③ 이 표는 KS C IEC 60227-3의 450/750[V] 일반용 단심 비닐절연전선을 기준한 것이다

표 9-17 2종 금속제 가요전선관의 경우 굵기 선정(참고)

전선의 굵기	전선 본수									
도체단면적 [mm^2]	1	2	3	4	5	6	7	8	9	10
	제2종 금속제 가요전선관의 최소 굵기(관의 호칭)									
2.5	10	15	17	17	24	24	24	24	30	30
4	10	15	17	24	24	24	24	30	30	30
6	12	15	17	24	24	24	30	30	30	38
10	15	24	24	30	38	38	38	38	38	50
16	15	24	24	30	38	38	38	50	50	50
25	24	30	38	38	50	50	50	50	63	63
35	24	38	38	50	50	50	63	63	63	63
50	24	38	50	50	63	63	63	76	76	76
70	30	50	50	63	63	76	76	76	83	101
95	38	50	63	63	76	76	83	101	101	101
120	38	63	63	76	76	83	101	101		
150	38	63	76	101	101	101				
185	50	70	76	101	101	101				
240	50	76	101	101						

비고
① 전선 1선에 대한 숫자는 접지선 및 직류회로의 전선에도 적용한다.
② 이 표는 실험과 경험에 입각해서 결정한 것이다.

〔2〕 전선관 굵기 선정

(1) 후강전선관 선정방법

여러 개의 전선을 동일 관내에 넣어 공사하는 경우 전선의 피복절연물을 포함한 완성 단면적의 총 합계는 전선관 내부 단면적의 1/3 이내가 되도록 하며, 표 9-18을 참조한다.

표 9-18 후강전선관의 내부 단면적 기준

후강전선관			박강전선관		
호칭	내경 [mm]	관 내단면적의 1/3[㎟]	호칭	내경 [mm]	관 내단면적의 1/3[㎟]
G16	16.4	70	C19	15.9	66
G22	21.9	125	C25	22.2	129
G28	28.3	209	C31	28.6	214
G36	36.9	356	C39	34.9	318
G42	42.8	479	C51	47.6	592
G54	54	762	C63	59.5	925
G70	69.6	1,268	C75	72.2	1,363
G82	82.3	1770			
G92	93.7	2,295			
G104	106.4	2,959			

(2) 2종 금속제 가요전선관 선정방법

여러 개의 전선을 동일 관내에 넣어 공사하는 경우 전선의 피복절연물을 포함한 완성 단면적의 총 합계는 전선관 내부 단면적의 1/3 이내가 되도록 하며, 표 9-19을 참조한다.

표 9-19 2종 금속제 가요전선관의 내부 단면적 기준

제1종 금속제 가요전선관			제2종 금속제 가요전선관		
호칭	내경 [mm]	관 내단면적의 1/3[㎟]	호칭	내경 [mm]	관 내단면적의 1/3[㎟]
10	9.7	24.6	10	9.2	22.1
12	12.2	38.9	12	11.4	34.0
16	15.8	65.3	15	14.1	52.0
22	20.8	113.2	17	16.6	72.1
28	26.4	182.3	24	23.8	148.2
36	35.0	320.5	30	29.3	224.6
42	40.0	418.6	38	37.1	360.1
54	51.3	688.6	50	49.1	630.8
70	62.9	1,035.2	63	62.6	1,025.4
82	77.9	1,587.9	76	76.0	1,511.3
92	88.9	2,068.0	83	81.0	1,716.7
104	101.6	2,701.0	101	100.2	2,627.1

(3) 경질비닐(PVC) 전선관 배관 선정방법

여러 개의 전선을 동일 관내에 넣어 공사하는 경우 전선의 피복절연물을 포함한 완성 단면적의 총 합계는 전선관 내부 단면적의 1/3 이내가 되도록 하며, 표 9-20을 참조한다.

표 9-20 경질비닐 전선관의 내부 단면적 기준

전선관의 굵기[mm]	내 단면적의 1/3[mm²]	전선관의 굵기[mm]	내 단면적의 1/3[mm²]
14	51	42	418
16	85	54	680
22	127	70	1,173
28	205	82	1,550
36	320	100	2,667

9.3 감리업무

(1) 감리의 정의

감리란 전력시설물의 설치·보수공사에 대하여 감리전문회사가 당해 공사의 설계도서, 기타 관계서류의 내용대로 시공되는지의 여부를 확인하고 품질관리, 시공관리, 공정관리, 안전 및 환경관리 등에 대한 기술지도를 하며, 발주자의 위탁에 의하여 관계법령에 따라 발주자의 감독 권한을 대행하는 것을 말한다.

(2) 감리제도의 종류

① 공사감리 : 전력기술관리법에 의한 전력시설물의 설치·보수공사(이하 "공사"라 한다)가 해당된다.

② 건축사법에 의한 감리 : 일반적으로 개인이 짓는 건축물이 해당된다.

③ 주택법에 의한 공동주택 감리 : 일반적으로 공동주택이 여기에 해당된다.

④ 건설기술관리법에 의한 감리 : 발주청(국가기관, 지자체, 정부투자기관 등)에서 발주한 공사를 말한다.

⑤ 기타 소방설비공사 및 통신설비공사 감리제도 등이 있다.

〔3〕 감리원의 분류

① 상주감리원

㉠ 책임감리원 : 감리전문회사를 대표하여 현장에 상주하면서 당해공사 전반에 관한 감리업무를 총괄하는자를 말한다.

㉡ 보조감리원 : 소관 분야별로 책임감리원을 보좌하는 감리원으로써, 담당 감리 업무에 대하여 책임감리원과 연대하여 책임지는자를 말한다.

② 비상주감리원 : 상주감리원의 업무를 지원하는자를 말한다.

〔4〕 감리원의 업무범위

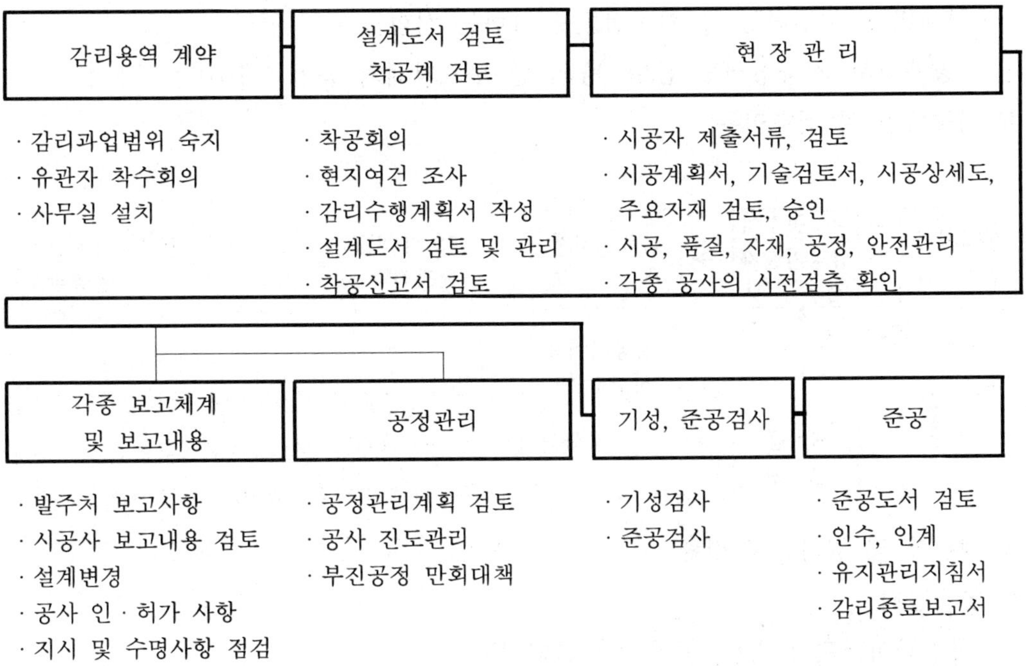

그림 9-37 감리업무 흐름도

(1) 착수단계 감리업무

① 행정업무 : 감리업무수행계획서 작성 등

② 설계서 등의 검토 : 설계서의 누락 · 오류, 실제 시공 가능 여부, 공법개선 및 예산절감 검토 등

③ 착공신고서 검토 : 계약내용 확인, 현장기술자의 적격여부, 공정계획의 적정성, 품질 및 안전관리 계획서의 적정성 등

④ 하도급 검토 등 : 하도급자 자격의 적정성 등

(2) 공사시행단계 감리업무

① 감리업무 기록, 관리

· 보고서 작성 등

② 시공사 제출서류 검토

· 제반서류의 검토

③ 기술검토

· 설계변경, 공법변경 등 기술검토를 요하는 사항

④ 시공계획서, 시공상세도 검토 · 승인 및 주요자재의 승인 · 검수

⑤ 시공확인 및 검측업무

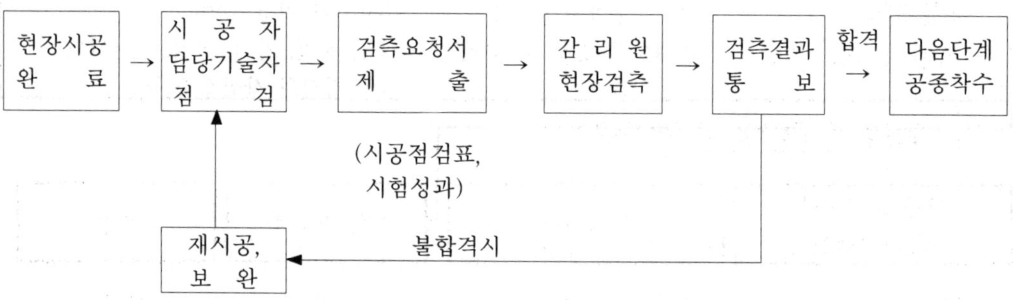

⑥ 재시공 및 공사중지 명령

⑦ 공정관리

· 공정관리계획의 검토, 공사 진도관리 등

⑧ 품질관리

· 품질시험계획의 검토 · 확인, 중점품질관리 계획 · 확인 등

⑨ 안전 · 환경관리 업무

· 안전교육실시 및 확인, 안전 · 환경관리비사용 적정성 검토, 안전점검, 안전 · 환경관련 서류의 확인 등

⑩ 설계변경 및 계약금액 조정관련 업무

· 설계변경의 적정성 검토, 물가변동으로 인한 계약금액 조정의 적정성 검토 등

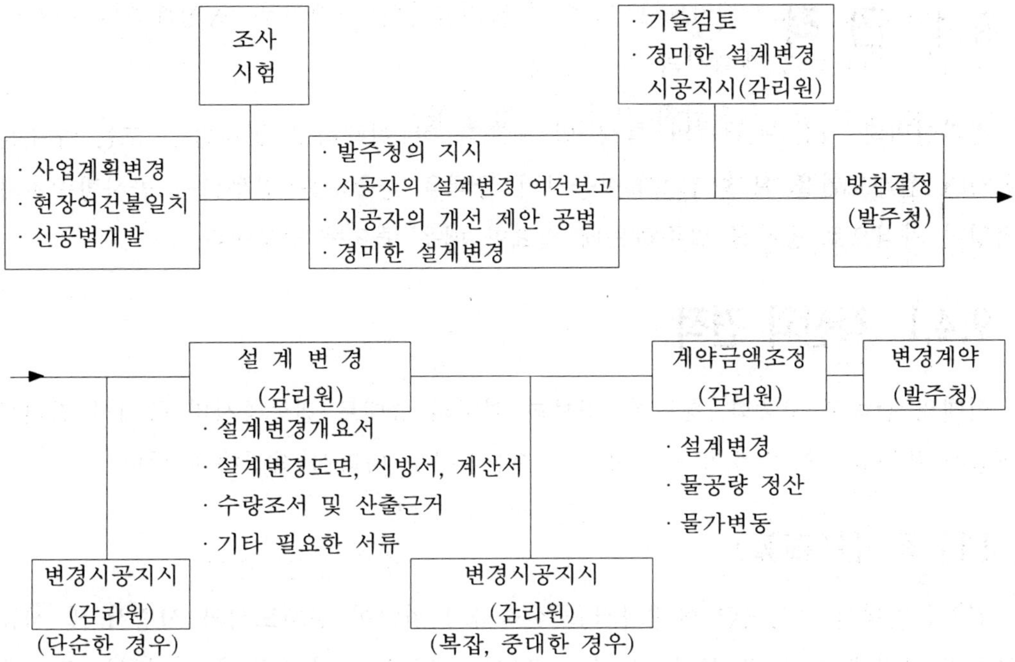

⑪ 기성검토

· 기성서류의 검토 및 기성검사 등

(3) 공사 준공단계 감리업무

① 준공검사 관련 업무

· 설계서, 시방서, 계약서 등 관계서류에 적합 시공여부 확인, 준공도면 및 준공 내역서의 적정성 확인 등

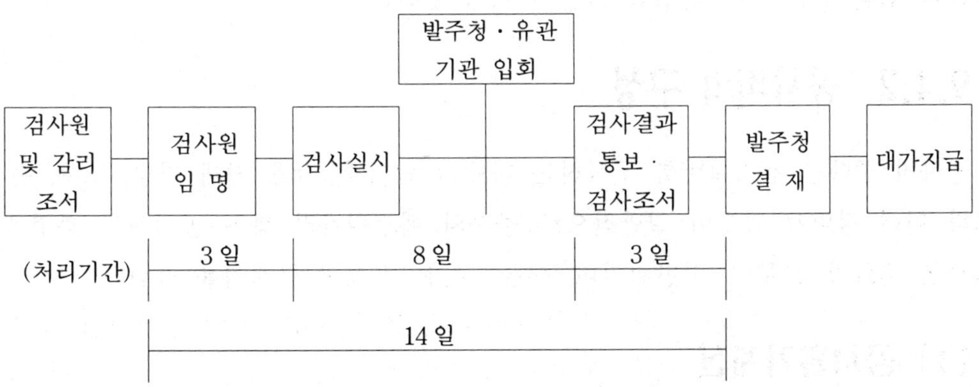

② 시설물 인수, 인계

· 인수인계서의 검토 · 확인, 유지관리지침서 작성 등

9.4 견 적

전기설비의 적산은 건축의 특성 및 구조를 잘 이해하고 공사발주 또는 수주를 위하여 설계도면을 보고 전기설비공사의 금액을 산출하는 업무로서 공사발주자가 적정한 가격으로 공사를 발주하는데 필요한 매우 중요한 업무이다.

9.4.1 적산과 견적

현대의 건축은 고층화, 첨단화, 정보화 설비의 증대로 건축공사비 중에서 전기설비공사 관련공사의 비용이 증대하므로 적산업무도 따라서 복잡하게 된다.

〔1〕 적 산(積算)

전기설비에서 적산이란 예정가격을 산출하기 위하여 설계도서와 시방서 및 시공현장의 조건에 따라 그 시설공사에 소요되는 재료와 노무의 품을 계산하는 것으로서 각 항목별로 그 산출 기초서를 명시한 기초계산서를 첨부한 것.

(기초계산서 : 공사비 산출을 위한 일위대가표(一位對價表), 물공량(物工量)이 표시된 내역서 및 산출명세서 등)

〔2〕 견 적(見積)

견적은 적산 업무에서 산출된 가격에 대하여 수주와 결부되는 타당한 가격을 산출하여 입찰 또는 수주 영업을 하는 가격을 뜻한다.

9.4.2 공사비의 구성

공사비 중에는 전기설비를 구성하는 다수의 원자재, 각종 기계 기구, 노무, 운반, 기타 여러 경비가 있으며 일반적으로 공사의 예정원가라 함은 공사시공 과정에서 발생한 재료비, 노무비, 일반관리비, 이윤, 부가가치세의 합계액을 말한다.

〔1〕 공사원가계산

공사원가계산을 하고자 할 때에는 표 9-21의 공사원가 계산서를 작성하고 비목별 산출한 근거를 명시한 기초계산서를 첨부하여야 한다.

표 9-21 공사원가 계산서

공사명 : 공사기간 :

비 목		구분	금 액	구 성 비	비 고
순공사원가	재료비	직 접 재 료 비			
		간 접 재 료 비			
		작업설·부산물등(Δ)			
		소 계			
	노무비	직 접 노 무 비			
		간 접 노 무 비			
		소 계			
순공사원가	경비	전 력 비			
		수 도 광 열 비			
		운 반 비			
		기 계 경 비			
		특 허 권 사 용 료			
		기 술 료			
		연 구 개 발 비			
		품 질 관 리 비			
		가 설 비			
		시 험 검 사 비			
		지 급 임 차 료			
		보 험 료			
		복 리 후 생 비			
		보 관 비			
		외 주 가 공 비			
		안 전 관 리 비			
		소 모 품 비			
		예비·교통비·통신비			
		세 금 과 공 과			
		폐 기 물 처 리 비			
		도 서 인 쇄 비			
		지 급 수 수 료			
		환 경 보 전 비			
		보 상 비			
		기 타 법 정 경 비			
		소 계			
일 반 관 리 비 ( )[%]					
이 윤 ( )[%]					
합 계					
부 가 가 치 세 10 [%]					
총 공 사 원 가					

- 공사원가
  - 순공사(제조)원가
    - 재료비
      - 직접재료비 : 주재료비, 부분품비
      - 간접재료비 : 소모재료비, 소모공구, 기구, 비품비, 포장재료비, 가설재료비
    - 노무비
      - 직접노무비 : 기본급, 제수당, 상여금, 퇴직급여충당금
      - 간접노무비 : 직접노무비×간접노무비율

        ※ 간접노무비율 $= \dfrac{\text{간접노무비}}{\text{직접노무비}}$
    - 경비 ── 전력비등 21개 비목
  - 일반관리비 ── 공사 또는 제조원가×일정률(6~14[%])
  - 이윤 ── (노무비+경비+일반관리비)×일정률(제조 25[%], 공사 15[%])

※ 예정가격= 공사원가+부가가치세(10[%])

〔2〕 공사원가계산요령

(1) 순공사 원가

공사 시공과정에서 발생한 재료비, 노무비, 경비의 합계액

$$\text{공사원가}=\text{순공사원가}(\text{재료비}+\text{노무비}+\text{경비})+\text{일반관리비}+\text{이윤}+\text{부가가치세} \tag{9-1}$$

(가) 재료비

재료비는 직접재료비 및 간접재료비로 구성되며 그 합계액에서 시공중에 발생되는 작업성 부산물의 매각액 또는 이용가치를 측정 산출하여 이를 공제하여야 한다.

① **직접재료비** : 공사 목적물의 실체를 형성하는 물품의 가치로서 다음 각 호를 말한다.

㉠ 주요재료비 : 공사 목적물의 기본적 구성 형태를 이루는 물품의 가치

㉡ 부분품비 : 공사목적물에 원형대로 부착되어 그 조성부분이 되는 매입부분, 수입부품, 외장재료 및 경비로 계상되는 것을 제외한 외주품의 가치

② **간접재료비** : 공사 목적물의 실체를 형성하지 않으나 공사에 보조적으로 소비되는 재료 또는 소모성 물품의 가치를 말한다.(소모재료비, 소모공구 · 기구 · 비품비, 가설재료비 : 내용 년수 1년 미만) : 직접 재료비의 2[%]

(나) 노무비(노무량×단위당 가격)

① **직접 노무비** : 작업에 종사하는 종업원 및 노무자에 제공되는 노동력의 대가로서 다음 각 호의 합계액으로 한다. 다만, 상여금 400[%], 제수당, 퇴직 급여 충당금은 근로 기준법상 인정되는 범위를 초과하여 계상 할 수 없다.

㉠ 기본급(재정경제원 장관이 결정, 고시하는 정부 노임 단가로서 동 단가에는 기본급의 성격을 갖는 정근 수당, 가족 수당, 위험 수당 등이 포함된다.)

㉡ 제 수당(기본급의 성격을 가지지 않는 시간외 수당, 야간 수당, 휴일 수당 등 작업상 통상적으로 지급되는 금액을 말한다.)

㉢ 상여금

㉣ 퇴직금

㉤ 직접노무비는 제종 공정별로 작업 인원, 작업 시간, 제조 수량을 기준으로 계약 목적물의 제조에 소요되는 노무량을 산정하고 노무비 단가를 곱하여 계산한다.

㉥ 공구손료 : 직접노무비의 3[%]

② **간접노무비** : 작업 현장에서 보조 작업에 종사하는 노무자, 종업원, 현장 감독자 등의 기본급과 제수당, 상여금, 퇴직 급여 충당금의 합계액으로 한다.

㉠ 간접노무비는 원가 계산 자료를 활용하여 직접노무비에 대하여 간접노무비율을 곱하여 계산한다.

$$\text{간접노무비율} = \left(\frac{\text{간접노무비}}{\text{직접노무비}}\right) \times 100$$

㉡ 간접노무비는 직접노무비를 초과하여 계산할 수 있다.

㉢ 간접노무비 계상 방법

㉮ 직접 계산 방법

ⓐ 계상 기준 : 간접노무비＝간접노무량×노무비 단가

ⓑ 계상 방법

· 대상 : 품셈에 따라 계상되는 노무량 제외, 현장 시공과 관련하여 현장 관리 사무소에 종사하는 자의 노무량

· 방법 : 설계서(설계도면, 시방서, 현장 설명서 등)상 특성에 따라 작성 인원을 설계 반영 처리하여야 함.

㉯ 비율 분석 방법

ⓐ 계상 기준 : 간접노무비＝품셈에 의한 직접노무비×간접노무비율

ⓑ 계상 방법

· 원가 계산 자료(공사원가 명세서, 임금대장 또는 직 · 간접 노무비명세서 등)확보

· 동자료에 의해 계산된 간접노무비를 직접노무비로 나누어 간접노무비율 산출

$$간접노무비율 = \frac{간접노무비}{직접노무비} \tag{9-2}$$

㉰ 보완 적용 방법(상기 ㉮, ㉯의 방법이 곤란한 경우) : 표 9-22의 간접노무비율을 참고로 활용하여 간접노무비 계상 가능

표 9-22 간접노무비 계상 방법

구 분		간접노무비율[%]
공사 종류별	건축 공사 토목 공사 특수 공사(포장, 준설 등) 기타(전문, 전기, 통신 등)	14.5 15 15.5 15
공사규모별 품셈에 의하여 산출되는 공사 원가 기준	5억원 미만 5~30억원 미만 30억원 이상	14 15 16
공사 기간별	6개월 미만 6~12개월 미만 12개월 이상	13 15 17

예제 공사 규모가 100억원이고 공사기간이 15개월인 건축공사의 경우 간접노무비를 구하라.

풀이 간접노무비율＝(15[%]＋17[%]＋14.5[%])÷3＝15.5[%]

(다) 경비(소요(소비)량×단위당 가격)

① 경비란 공사 현장에서 시공을 위하여 직접적으로 소비한 공사 원가 중에서 재료비와 노무비를 제외한 원가를 말하며 일반관리비와는 구분이 된다.

② 경비의 계산

㉠ 계상기준

· 품셈 및 법령에 의거 산출 가능한 비목은 이에 처리 계상

· 그 이외의 비목은 소요(소비)량 측정, 계약서(영수증)등을 근거로 예정, 계상 또는 업체의 원가 계산 자료를 분석하여 비율 산정 계산

㉡ 계상 방법

· 원가 계산 자료인 현장별 원가 명세서 확보

· 동 명세서상의 재료비와 노무비의 합계액에 대하여 당해 경비 비목이 차지하는 비율 산정 계산

예제 재료비 : 60, 노무비 : 20, 복리후생비 : 1.5일 때 복리 후생 비율을 구하라.

풀이 복리 후생 비율 $= \dfrac{\text{복리후생비}}{\text{재료비} + \text{노무비}} = \dfrac{1.5}{60+20} = 1.87[\%]$

③ 경비의 구성 내용

· 전력비는 계약 목적물을 시공하는데 직접 소요되는 당해 비용을 말한다.

· 운반비는 재료비에 포함되지 않는 운반비로서 원재료, 반재료 또는 기계 기구의 운송비, 하역비, 상하차비, 조작비 등을 말한다.

· 기계경비는 정부 표준 품셈상의 건설 기계의 경비 산정 기준에 의한 비용을 말한다.

· 특허권 사용료는 타인 소유의 특허권을 사용한 경우에 지급되는 사용료로서 그 사용 비례에 따라 계산한다.

· 기술료는 당해 계약 목적물을 시공하는데 직접 필요한 노·하우비(Know-how)및 동부대 비용으로서 외부에 지급되는 비용을 말하며 세법(법인세법상의 시험 연구비)에서 정한 바에 따라 이연 상각하되 그 사용 비례를 기준하여 배분 계산한다.

· 품질관리비는 당해 계약 목적물의 시공을 위하여 관련 법령이나 계약 조건에 의하여 품질 시험이 요구되는 경우의 비용으로서 실제 소요되는 비용을 계상한다.

· 가설비는 계약 목적물의 실체를 형성하는 것은 아니나 동시공을 위하여 필요한 가설물의 설치에 소요되는 비용을 말한다.

· 지급임차료는 계약 목적물을 시공하는데 직접 사용되거나 제공되는 토지, 건물, 기계기구(건설 기계를 제외한다)의 사용료를 말한다.
· 보험료는 법령 또는 계약 조건에 의하여 가입이 요구되는 보험료를 말하며, 재료비에 계상되는 것은 제외한다.
· 보관비는 계약 목적물의 시공에 소요되는 재료, 기자재 등의 창고 사용료로서 외부에 지급되는 비용으로서 재료비에 계상되는 것은 제외한다.
· 외주가공비는 재료를 외부에 가공시키는 실가공 비용을 말하며 외주 가공품의 가치로서 재료비에 계상되는 것은 제외한다.
· 안전관리비는 작업 현장에서 산업 재해 및 건강 장해 예방을 위하여 법령에 의거 요구되는 비용을 말한다.
· 수도광열비는 계약 목적물을 시공하는데 직접 소요되는 당해 비용을 말한다.
· 연구개발비는 당해 계약 목적물을 시공하는데 직접 필요한 기술 개발 및 연구비로서 시험 및 시범 제작에 소요된 비용 또는 연구 기관에 의뢰한 기술 개발 용역비와 법령에 의한 기술 개발 촉진비 및 직업 훈련비를 말하며 세법(법인세법상의 시험 연구비)에서 정한 바에 따라 이연 상각하되 그 사용 비례를 기준하여 배분 계산한다.
다만, 연구 개발비 중 장래 계속 시공으로서 연결이 불확실하여 미래 수익의 증가와 관련이 없는 비용은 재무부 장관과 협의하여 특별 상각할 수 있다.
· 복리후생비는 계약 목적물을 시공하는데 종사하는 노무자, 종업원, 현장 사무소 직원 등의 의료 위생 약품대, 공상 치료비, 지급 피복비, 건강 진단비, 급식비 등 작업 조건유지에 직접 관련되는 복리 후생비를 말한다.
· 소모품비는 작업 현장에서 발생되는 문방구, 장부대 등 소모용품을 말하며, 보조 재료로서 재료비에 계상되는 것을 제외한다.
· 여비 · 교통비 · 통신비는 시공 현장에서 직접 소요되는 여비 및 차량 유지비와 전신 전화 사용료, 우편료를 말한다.
· 세금과 공과는 시공 현장에서 부담할 재산세, 차량세 등의 세금 및 공공 단체에 납부하는 공과금을 말한다.
· 폐기물 처리비는 계약 목적물의 시공과 관련하여 발생되는 오물, 잔재물, 폐유, 폐알칼리, 폐고무, 폐합성 수지 등 공해 유발 물질을 법령에 의거 처리하기 위하여 소요되는 비용을 말한다.

· 도서인쇄비는 계약 목적물의 시공을 위한 참고 서적 구입비, 각종 인쇄비, 사진 제작비(VTR 제작비를 포함한다) 등을 말한다.
· 지급수수료는 법률로서 규정되어 있거나 의무지워진 수수료를 말한다.
· 환경 보전비는 계약 목적물의 시공을 위한 제반 환경 오염 방지 시설을 위한 것으로서, 관련 법령에 의하여 규정되어 있거나 의무 지워진 비용을 말한다.
· 보상비는 당해 공사로 인해 공사 현장에 인접한 도로 · 하천 · 기타 재산에 훼손을 가하거나 지장물을 철거하게 됨에 따라 발생하는 보상 · 보수비를 말한다. 다만, 당해 공사를 위한 용지 보상비는 제외한다.
· 기타 법정 경비는 위에서 열거한 이외의 것으로서 법령으로 규정되어 있거나 의무지워진 경비를 말한다.

(2) 일반관리비

일반관리비는 기업의 유지를 위한 관리활동 부문에서 발생하는 제비용으로서 제조 원가에 속하지 아니하는 모든 영업비용 중 판매비 등을 제외한 다음의 비용, 즉, 임원 급료, 사무실 직원 급료, 제수당, 퇴직 급여 충당금, 복리 후생비, 여비, 교통 · 통신비, 수도광열비, 세금과 공과, 지급임차료, 감가상각비, 운반비, 차량비, 경상시험 연구개발비, 보험료 등을 말하며 기업 손익계산서를 기준하여 아래와 같이 산정한다.

$$일반관리비 = 판매비와\ 일반관리비 - (광고\ 선전비 + 접대비 + 대손상각\ 등) \quad (9\text{-}3)$$

$$일반관리비율 = 일반관리비 \div 매출\ 원가 \times 100 \quad (9\text{-}4)$$

일반관리비의 계상 방법은 제조원가에서 정한 일반관리 비율을 초과하여 계상할 수 없다.

표 9-23 일반관리비의 계상 방법

시 설 공 사		전문 · 전기 · 전기 통신 공사	
공 사 원 가	일반 관리 비율	공 사 원 가	일반 관리 비율
5억원 미만	6[%]	5천만원 미안	6[%]
5억원~30억원 미만	5.5[%]	5천만원~3억원 미만	5.5[%]
30억원 이상	5[%]	3억원 이상	5[%]

(3) 이 윤

영업이익을 말하며 공사원가 중 노무비, 경비와 일반관리비의 합계액(이 경우 기술료 및 외주 가공비는 제외한다)에 이윤율 15[%]를 초과하여 계상할 수 없다.
(제조구매 : 25[%], 용역 및 수입 물품 : 10[%])

〔3〕 부가 가치세(공사 원가의 10〔%〕)

(재료비+노무비+경비+일반관리비+이윤)×10[%] (9-5)

9.4.3 재료수량 산출방법

〔1〕 배선재료

① 건물의 층고 및 기구의 설치 높이는 일반적으로 아래와 같이 시설한다.
 ㉠ 스위치 : 바닥으로부터 1.2[m] 이상
 ㉡ 콘센트 : 바닥으로부터 0.3[m] 이상(옥외 및 방수용은 0.8[m] 이상)
 ㉢ 등기구 : 도면에 명시된 대로 시설한다.

② 도면의 축척(scale)은 우측 하단에 표시하며, 보통 도면은 $\frac{1}{100}$축척을 기준으로 한다.

③ 전선관에 들어가는 전선의 종류 및 규격을 명시한다.
 ㉠ 기구 상호간의 길이는 각 기구의 중심점간의 직선거리로 한다.
 ㉡ 전선관에 들어있는 전선의 총 길이는 실측된 길이에다 가닥수를 곱하여 수량을 산출한다.

④ 전선의 각 종류별, 규격별로 총 길이 및 총 수량을 집계하여 물가자료표와 표준품셈에 의거하여 산출한다.

⑤ 전선의 사용처에 따른 할증률은 아래와 같다.
 ㉠ 옥외전선 : 5[%]
 ㉡ 옥내전선 : 10[%]
 ㉢ Cable(옥외) : 3[%]
 ㉣ Cable(옥내) : 5[%]

⑥ 기타 사항 도면에 명시된 시방서에 의거하여 산출한다.

(2) 각종 전선관 및 그 부속품

① 특별한 명시가 되지 않는 관은 금속관 사용을 원칙으로 한다.

② 전선관의 총 길이 산출 방법은 아래와 같이 한다.

㉠ 건물의 층고 및 각 기구의 설치 높이를 확인한다.

㉡ 도면의 축척(scale)대로 한다.

㉢ 전선관의 종류와 규격을 확인한다.

ⓐ 후강전선관 : 관의 호칭은 안지름의 근사값을 짝수로 나타낸다.
(16, 22, 28, 36, 42, 54, 70, 82, 92, 104[mm])

ⓑ 박강전선관 : 관의 호칭은 바깥지름의 근사값을 홀수로 나타낸다.
(19, 25, 31, 39, 51, 63, 75[mm])

㉣ 전선관의 각종 부속품

ⓐ 박스 : 전선접속함, 조명기구, 콘센트 등의 취부에 사용된다.

· 아우트렛 박스(4각 얕은형) : 전선접속, 콘센트 등의 취부에 사용되며 주형 4각, 대형 4각 등 사용목적에 따라 다르다.

· 콘크리트 박스 : 콘크리트 내의 매입배선용으로 아우트렛 박스와 같은 목적으로 사용되지만, 밑판을 뗄수 있으므로 슬래브 배관의 경우 천장면에 박스나 관을 취부하기가 용이하다. 중형 4각, 대형 4각, 8각 등 사용목적에 따라 다르다.

8각 : 옥내전등전용이나 전선관 배관이 3조 이하인 경우
4각 : 콘센트 및 전선관 배관이 4조 이상인 경우

· 스위치 박스 : 원형 박스는 허브를 내는 방법에 따라 1방출, 2방출, 직각 2방출, 3방출, 4방출 등이 있다.

ⓑ 부싱 및 로크너트

· 부싱 : 전선의 절연피복을 보호하기 위해서 금속관의 끝에 설치한다.

· 로크너트 : 박스에 금속관을 고정하거나 커플링으로 관 상호간을 접속할 때, 커플링이 도는 것을 방지하기 위해서 사용된다. 6각형과 톱니형의 두 종류가 있으며 로크너트의 수는 부싱수의 2배가 된다.

ⓒ 새들 : 노출배관공사나 점검할 수 있는 은폐배관공사 등에서 전선관을 조영재에 고정할 때 사용한다.

ⓓ 링리듀서 : 금속관을 아우트렛 박스 등의 노크아웃(knock out)에 설치할 때 노크아웃의 지름이 관의 지름보다 큰 관계로 로크너트만으로는 고정할 수 없을 때 보조적으로 사용한다.

ⓔ 유니언 커플링 : 전선과 선로의 접속용으로 쓰이는 것으로 금속관이 고정되어 있을 때 또는 관 자체를 돌릴수 없을 때 사용한다.

ⓕ 커플링 : 금속관 사이를 접속할 때 사용한다. 전선관에 나사를 내고 접속하는 것과 나사를 내지 않고 접속하는 커플링 등이 있다.

ⓖ 노멀밴드 : 배관이 직각으로 굽는 곳에서 사용한다.

ⓗ 유니버설 앨보 : 노출배관공사에서 관을 직각으로 굽히는 곳에 사용한다.

③ 전선관의 할증률은 아래와 같다.

㉠ 전선관 배관 : 10[%]

㉡ 강관 : 5[%]

㉢ 강판 : 10[%]

④ 기타 사항의 도면에 명시된 시방서에 의거하여 산출한다.

〔3〕 터파기 계산법

① 독립기초 터파기량

$$\text{터파기량} = \frac{h}{6}\{(2a+a')\cdot b+(2a'+a)b'\}[\mathrm{m}^3] \qquad (9\text{-}6)$$

② 줄기초 터파기량

$$\text{터파기량} = \frac{h}{2}\times(a+b)\times\text{줄기초 길이}[\mathrm{m}^3] \qquad (9\text{-}7)$$

③ 철탑기초 굴착량

$$\text{굴착량} = \text{가로}\times\text{세로}\times H\times 1.2[\mathrm{m}^3] \qquad (9\text{-}8)$$

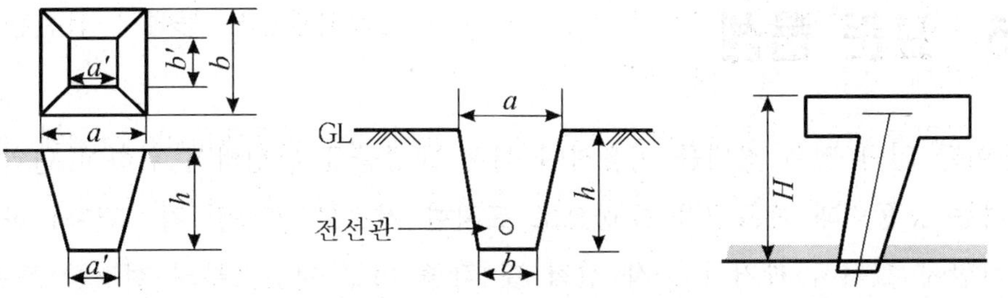

(a) 독립기초 터파기량　　(b) 줄기초 터파기량　　(c) 철탑기초 굴착량

그림 9-38 터파기의 예

〔4〕 벌목 보상비 산출

① 벌목 체적 산출식

$$\frac{\pi}{12} \times h \times (a^2 + b^2 + ab) \times \text{본수} \qquad (9\text{-}9)$$

여기서, h : 수목 높이, a : 원구 직경, b : 말구 직경

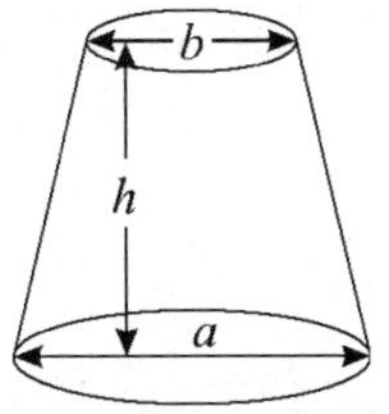

그림 9-39 벌목 체적

② 벌목 보상비

$$\text{체적}[\text{m}^3] \times \text{단가}[\text{원}/\text{m}^3] \times \frac{1}{4} = \qquad (\text{원}) \qquad (9\text{-}10)$$

③ 벌목 인건비

$$\text{벌목 본수} \times \frac{1}{40\text{본}} \times 2\text{인} \times \text{벌목 인부 노임 단가(원)} \qquad (9\text{-}11)$$

9.5 표준 품셈

품셈이란 인력 건설 장비를 이용하여 어떤 대상물을 완성하기 위하여 단위당 소요로 하는 노동력과 재료량을 수량으로 표시한 것으로 공사별 각 부분의 한 단위를 생산함에 있어서 과거의 공사 실적 및 각종 비교 자료로부터 설정한 표준적이 소요 노무공의 수 및 재료의 소요량을 기준한 것이다.

〔1〕 표준 품셈

여러 가지 환경과 기후 등의 환경여건을 고려하여 현장의 작업이 시행되기 전에도 공사비를 계산할 수 있도록 각 작업의 내용에 따라 재료, 인력 및 장비의 소요량 등을 표준화한 것으로 사전원가 계산을 위한 적산의 기준이 되며 정부 등에서 시행하는 각종 건설공사에 대한 적정 공사비를 선정하기 위한 일반적인 기준이 된다. 표준 품셈은 적용 기준(재료의 할증재) 및 표준 품셈 보기를 참조할 것.

연 습 문 제

1. 합성 수지관 공사에서 관의 지지점간의 거리는 몇 [m] 이하로 하여야 하는가?

[답] 1.5[m]

합성 수지관 공사에서 관의 지지점간 거리는 1.5[m] 이하로 하고 또한 관단, 관과 박스에 접속점 및 관상호의 접속점 가까운 곳에서 지지하여야 한다.(기술기준 제 203조)

2. 강제 전선관 공사 중 노출배관공사에서 관을 직각으로 굽히는 곳에 사용한다. 3방향으로 분기할 수 있는 T형과 4방향으로 분기할 수 있는 크로스(cross)형이 있는 자재는?

[답] 유니버설 엘보

3. 주택배선에 금속관 또는 합성 수지관 공사를 할 때 전선을 1.5[mm], 또는 2.5[mm]의 단선으로 배전한 경우 전선관의 접속함(정크션 박스) 내에서 비닐 테이프를 사용치 않고 직접 전선 상호간을 접속하는데 편리한 배선 재료는 무엇인가?

[답] 와이어 커넥터

와이어 커넥터는 박스 안에서 전선을 접속할 때, 또는 전등 기구의 플랜지 안 등의 장력이 걸리지 않는 종단 접속에 사용한다.

4. 저압 인입선의 인입용으로 수직 배관시 비의 침입을 막는 금속관 공사의 재료 이름은?

[답] 앤트런스 캡

5. 다음은 금속관 공사에 필요한 재료들이다. 보기를 참고하여 정확한 답안을 찾아 물음에 답하여라.

보기 유니버설 엘보, 앤트런스 캡, 노멀 밴드, 링리듀서, 픽스쳐 스터드와 하키

가. 저압 가공 인입구에 사용하는 재료는?

나. 배관을 직각으로 굽히는 곳에 관 상호간의 접속하는 재료는?

다. 노출 배관 공사시 관을 직각으로 굽히는 곳에 사용하는 재료는?

라. 무거운 기구를 박스에 취부할 때 사용하는 재료는?

마. 금속관을 아우트렛 박스에 로크 너트만으로 고정하기 어려울 때 보조적으로 사용하는 재료는?

[답] 가. 앤트런스 캡　　나. 노멀 밴드
다. 유니버설 엘보　　라. 픽스쳐 스터드와 하키
마. 링리듀서

6. 금속관 배관공사에서 박스에 금속관을 고정할 때 관 상호간을 접속할 때 주로 사용되며, 6각형과 톱니형이 있다. 이것을 무엇이라 하는가?

[답] 로크 너트

7. 금속관과 접지선 사이의 접속에 사용하는 금속관 부품의 재료는?

[답] 그라운더(grounder)

8. 버스덕트의 종류 3가지를 들고 간단히 설명하시오.

[답] ① 피더 버스덕트 : 옥내 간선으로서 대전류의 공급에 사용되며, 금속 덕트 내부에 도체를 수용한 것
② 플러그 인 버스덕트 : 덕트의 바닥면이나 옆면에 적당한 간격으로 전력 분기구(플러그 인)을 설치하여 필요에 따라 분기 장치를 삽입할 수 있도록 한 것
③ 트롤리 버스덕트 : 덕트의 바닥면에 버스 바에 따라 개방시켜 두고, 여기에 가동성 분기용 접촉자를 취부해 놓은 것.

9. CV 케이블의 절연체의 재질은 무엇인가?

[답] 가교 폴리에틸렌

10. 습기가 많고, 기름, 산 종류를 취급하는 장소에 사용되는 케이블은?

[답] 비닐 캡타이어 케이블

11. 비닐외장, 클로로프렌 외장 케이블로 단심인 경우 굴곡부의 곡률 반경은 케이블 완성품 외경의 몇 배 이상으로 하는가?

[답] 8배

내선규정 450-3에 굴곡부의 곡률 반경은 케이블 완성품 외경의 6배 이상으로 하여야 한다. 단, 단심의 경우는 8배 이상으로 한다.

12. 강심 알루미늄 배전선 시공시 접속 금구에 도포하는 컴파운드(compound)의 사용목적은?

[답] 도전성 증가(전선 부식 방지)

13. 그림은 6600[V] CV $3C \times 35[\text{mm}^2]$ 케이블의 단말처리와 단면도이다. 물음에 답하시오.

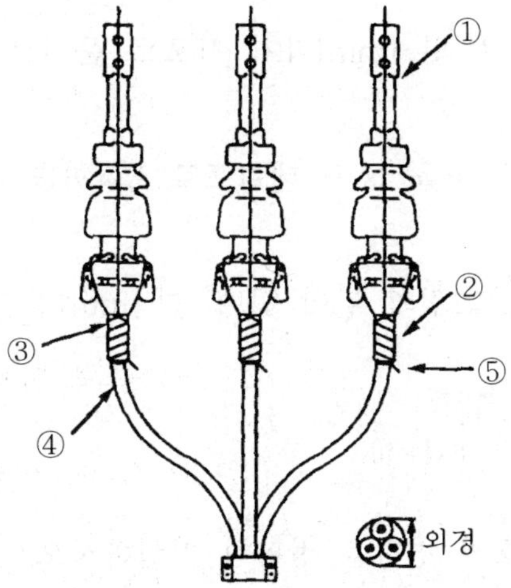

가. 도면에서 ①의 부분에 케이블의 도체와 단자의 접속을 할 때 가장 적합한 공법은?

나. 도면에서 ②의 부분에 사용하는 절연테이프의 명칭은?

다. 도면에서 ③의 부분에 최외각층의 테이프를 감는 방법은?

라. 도면에서 ④의 부분에 감은 테이프의 용도는?

마. 도면에서 ⑤의 부분은 무슨 선인가?

바. CTV의 허용 구부림 반경의 최소치는 케이블 외경의 몇 배인가?

[답] 가. 압축접속 나. 방수테이프(비닐테이프) 다. 하부에서 상부로 감는다.
라. 전계 완화용 테이프 마. 접지선 바. 6배

14. 케이블 포설후 바로 접속을 하지 않는 경우 습기 등이 침입되지 않도록 케이블 끝을 그림과 같이 방수 처리하여 준다. 물음에 답하시오.

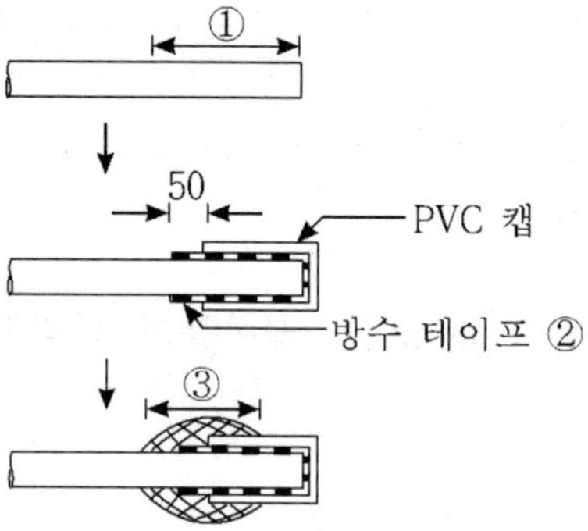

가. 케이블 외피 위 ①은 몇 [mm]까지 사포로 문지르고 솔벤트로 청소하여야 하는가?

나. ②는 사포로 문지른 곳을 방수 테이프로 몇 회를 감고, 그 위에 PVC캡을 씌우는가?

다. ③을 방수 테이프로 그림과 같이 하여 몇 [mm]정도 반 겹쳐서 왕복 2회로 감는가?

[답] 가. 200[mm] 나. 2회 다. 100[mm]

15. 그림에서 표시된 번호의 명칭을 정확히 기입하시오.(단, 그림은 1련 내장애자 장치(역조형)이다.)

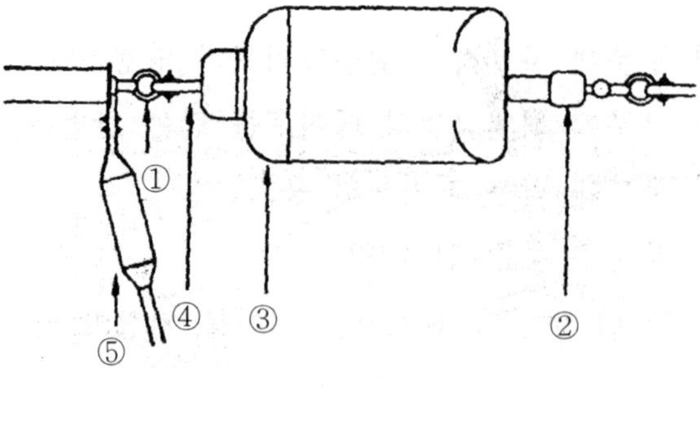

[답] ① 앵카쇄클 ② 소켓아이 ③ 현수애자 ④ 볼 아이 ⑤ 압축형 인류크램프

16. 강도자체의 경제상으로 현재 가장 많이 사용되는 결구로 그림과 같은 철탑부재의 결구방식의 명칭은?

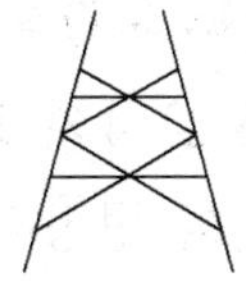

[답] 브레히 결구

17. 답안지 그림은 옥내배선도의 일부를 표시한 것이다. ㉠, ㉡전등은 A스위치로, ㉢, ㉣전등은 B스위치로 점멸토록 설계하고자 한다. 각 배선에 필요한 최소 전선가닥수를 표시하시오.

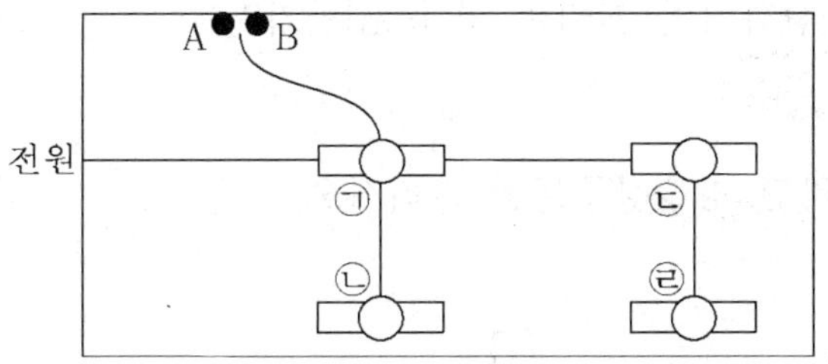

[답]

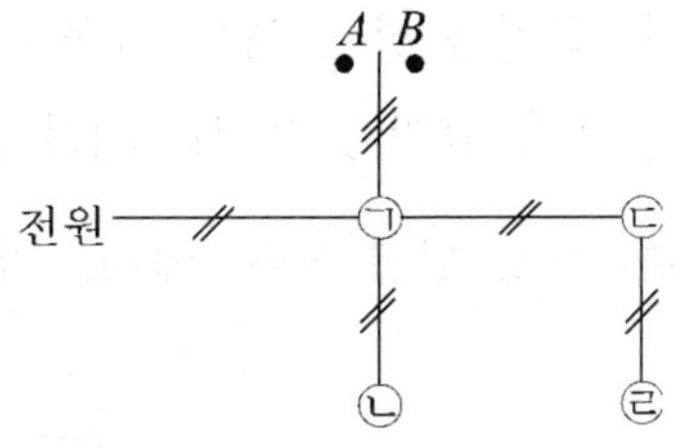

18. 폭연성분진이 있는 곳의 금속관공사이다. 물음에 답하시오.

가. 그림에서 A로 표시된 전선관 부속품의 명칭은?

나. 그림에서 B로 표시된 전선관 부속품의 명칭은?

다. 그림에서 C로 표시된 전선관 부속품의 명칭은?

라. 그림에서 상호간 및 관과 박스 기타의 부속품, 풀박스 또는 전기기계 기구와는 몇 턱이상 나사 죄임을 하여야 하는가?

마. 폭연성분진이란 무엇인가? 간단하게 설명하시오.

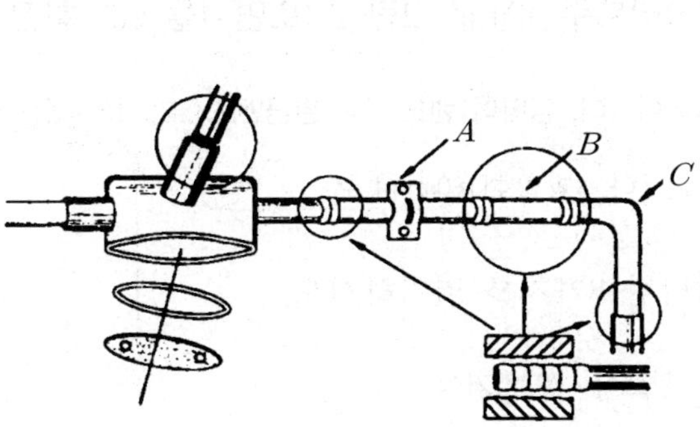

[답] 가. 새들 나. 커플링 다. 노멀밴드 라. 5턱
마. 마그네슘, 알루미늄 등의 먼지가 쌓인 상태에서 착화되었을 때 폭발할 우려가 있는 분진

19. 다음 도면을 보고 물음에 답하시오.

가. 완금 A의 명칭이 ㄱ형 완금이면 완금 B의 명칭은?

나. a의 명칭은?

다. b의 명칭은?

라. a 및 b가 없이 완금을 전주에 고정시킬수 있는 자재 명칭은?

마. a를 완금에 취부할 때 쓰이는 머신 보울트의 규격은 몇 [mm]인가?

바. 그림 2에서 전원측은 전주를 중심으로 하여 어느 쪽인가?(좌우로 구분하시오.)

사. 끝지름(말구)에서 ㄱ형 완금 중심까지의 거리는 몇 [cm]인가?

아. b의 규격은 몇 [mm]인가?

자. ㄱ형 완금 장주 예시도가  라면 창출장주도를 그리시오.

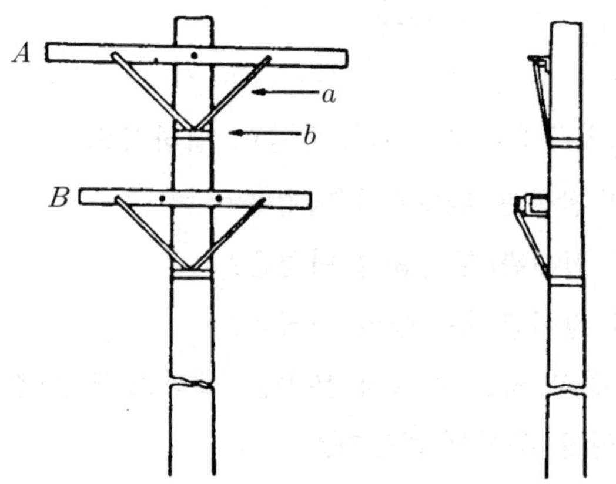

그림 1 (콘크리트주 12[m]) 그림 2 (도면 1을 90° 회전 시킨 것)

[답] 가. 경완금 나. 암타이 다. 암타이 밴드 라. 완금밴드 마. 16×40[mm]

바. 좌측 사. 25[cm] 아. 1방 2호(180[mm]) 자. 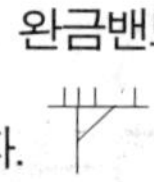

20. 지중케이블 포설방법 3가지를 열거하시오.

[답] ① 직접매설식 ② 관로식 ③ 암거식

21. 무거운 기구를 박스에 취부할 때 사용하는 재료는?

[답] 픽스쳐 하기

22. 다음 그림은 보통지선을 그린 것이다. 도면을 보고 물음에 답하시오.

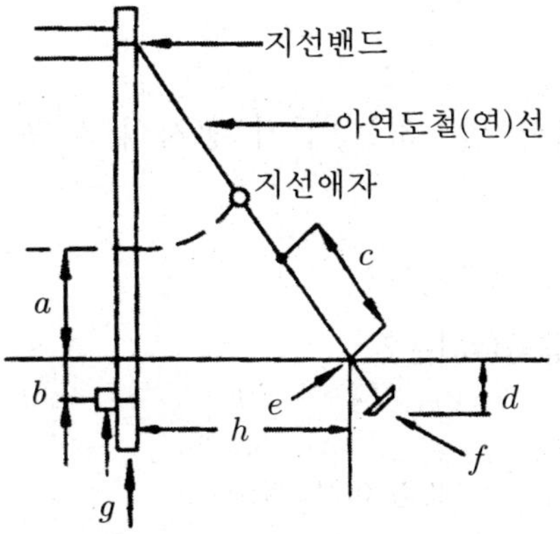

가. 지선밴드의 규격은 몇 [mm]인가?

나. 지선용 아연도 철선의 규격 2가지는?

다. a(지선안전률)의 높이는 최소 몇 [m] 이상을 원칙으로 하는가?

라. b의 깊이는 몇 [m]인가?

마. 콘크리트주 전체의 길이가 10[m]인 경우에 따라 묻히는 최소 깊이는?

바. d의 깊이는 최소 몇 [m] 이상인가?

사. e의 명칭은?

아. h의 간격은 몇 [m]인가?

자. 아연도 철선의 소선은 최소 몇선 이상인가?

[답] 가. 180×234[mm] 나. 2.0[mm] 아연도 철선 또는 2.6[mm] 금속선 다. 2.5[m]
라. 0.5[m] 마. $10\times\frac{1}{6}=1.7$[m] 바. 1.5[m] 사. 지선롯트 아. 5[m] 자. 3분

23. 조명공사 부분에서의 계상이 어려운 소모품은 직접 재료비의 (가)의 (나) [%]까지 계상할 수 있다. (　)안에 알맞은 답을 쓰시오.

[풀이] 표준 품셈 1-31, 잡품 및 소모 재료 참조.

[답] 가. 전선과 배관 자재비 나. 2~5

24. 플로어 박스의 용도를 간단하게 쓰시오.

[답] 바닥밑에 콘센트를 접속하여 사용하는 경우

25. 일반적으로 공수 손료는 직접 노무비(제수당, 사영금, 또는 퇴직 급여 충당금 제외)의 몇 [%]까지 계상 할 수 있는가?

[답] 3[%]

26. 관공서나 공공 기관에서 발주하는 전기 공사의 물량 산출시 건물 층수에 따라 할증률이 적용된다.

가. 5층~10층 이하의 할증률[%]은?

나. 15~20층 이하의 할증률[%]은?

[답] 가. 3[%] 나. 5[%]

2~5층 이하 : 1[%]	10층 이하 : 3[%]
15층 이하 : 4[%]	20층 이하 : [5%]
25층 이하 : 6[%]	30층 이하 : 7[%]

30층 초과시는 매층 증가마다 1[%] 가산.

27. 할증의 중복 가산 요령은 어떤 방법으로 표시하는가. 그 식은?

[풀이] 표준 품셈 1-47에 할증의 중복 가산 요령은 W=기본품$\times(1+a_1+a_2+a_3\cdots+a_n)$이다.

[답] W=기본품$\times(1+a_1+a_2+a_3\cdots+a_n)$

28. 발·변전 설비 및 중공업 설비의 시공 및 보수는 어떤 전공이 필요한가?

[풀이] 표준 품셈 1-48항에서 프랜트 전공의 작업 구분은 발·변전 설비 및 중공업 설비의 시공 및 보수로 규정하고 있다.

[답] 플랜트 전공

29. 견적도란 무엇인가, 간단하게 쓰시오.

[답] 주문할 사람에게 물품의 내용 및 가격 등을 설명하기 위한 도면

30. 적산에는 개산 견적, 상세 견적, 변경 견적, 정산 견적 등이 있다. 이중 상세 견적이란 무엇인지 간단하게 설명하시오.

[답] 주어진 두면 또는 사양서 등의 설계 도면에 의해 재료 등 관계 법령을 이해하고 현장 상황을 파악하여 상세하게 견적을 계산하는 것.

31. 간접 노무비는 무엇의 몇 [%] 인가?

[답] 직접 노무비×간접 노무 비율

$$\left(※ \text{ 간접 노무 비율} = \frac{\text{간접노무비}}{\text{직접노무비}} \times 100[\%]\right)$$

32. 공구 손료는 일반 공구 및 시험 검사용 일반 계측 기구류의 손료로서 공사중 상시 일반적으로 사용하는 것을 말하며 직접 노무비(제수당 상여금 또는 퇴직 급여 충당금을 제외)의 몇 [%]를 계상 할 수 있는가?

[풀이] 표준 품셈 1-29 참조

[답] 3[%]

33. 총 공사비가 32억원이고 공사기간이 18개월인 전기공사의 간접 노무비율[%]을 참고 자료를 이용하여 구하시오.

[참고자료] 공사종류 등에 따른 간접노무비율

구 분		간접노무비율
공사종류별	건축공사 토목공사 특수공사(포장, 준설 등) 기타(전문, 전기, 통신 등)	14.5 15 15.5 15
공사규모별 품셈에 의하여 산출되는 공사 원가기준	5억원 미만 5~30억원 미만 30억원 이상	14 15 16
공사기간별	6개월 미만 6~12개월 미만 12개월 이상	13 15 17

[답] 간접 노무비율 : (15+17+16)÷3=16[%]

34. 전기공사 금액 1억 5천만원일 때의 관리비, 이윤의 비율은 각각 얼마인가?

[풀이] ① 일반관리비는 기업의 유지 관리를 위하여 발생하는 비용으로서 건설 공사중 전기 공사에서는 재료비, 노무비, 경비의 합계액이

5천만원 미만 : 6[%]　　　5천만원~3억원 미만 : 5.5[%]

3억원 이상 : 5[%]의 범위 내에서 계상 할 수 있다.(준칙 제18조)

부가가치세=(재료비+노무비+경비+일반관리비+이윤)×0.1

=(30000000+32200000+5923500+80435250)×0.1

=9166702[원]

총 공사비=재료비+노무비+경비+일반관리비+이윤+부가 가치세

=916672025+9166702=100833727[원]

[답] ① 일반관리비 : 5.5[%] ② 이윤 : (노무비+경비+일반관리비)×15[%]

35. 수전전압이 22.9[kV]이고 전력회사와의 계약종별이 산업용 전력인 어느 공장의 전력 요금 계량장치를 주상 및 별도 계량기함에 설치하기 위한 노무비(직접, 간접포함)합계는 얼마인가? 잡기기 신설표를 적용하여 구하시오.

(단, · MOF와 계량기간의 배관, 배선은 무시하며 MOF는 거치형임.
· 산업용 전력(을)은 3종계기를 설치함
· 3종계기 및 무효전력량계 설치
· 간접노무비는 15[%](가정)로 보고 적용한다.
· 내선전공 노임 단가는 12,410원(가정)으로 본다.
· 노무비 및 인건비 합계에서 소숫점 이하는 버림.

잡기기 신설표

종 별	내선전공
선풍기 30[cm] 이하(벽면)	0.20
선풍기 30[cm] 이하(천장면)	0.50
환풍기 30[cm] 이하(벽면)	0.48
환풍기 30[cm] 이하(천장면)	0.80
적산전력계 1ϕ 2[W]용	0.1
적산전력계 1ϕ 2[W]용 3ϕ 3[W]용	0.2
적산전력계 3ϕ 4[W]	0.3
CT설치(저고압)	0.4
PT설치(저고압)	0.4
현수용 M.O.F설치(고압 · 특고압)	3.0
거치용 M.O.F설치(고압 · 특고압)	2.0
계기함 설치	0.30
특수 계기함 설치	0.45
번성기함 설치(저 · 고압)	0.60

종 별	내선전공
플로어플레이트(수평고저조정카바부)	0.135
전극봉 지지기(3P)	0.80
전극봉 지지기(4P)	0.85
전극봉 지지기(5P)	1.10

[해설]

① 철거 30[%]

② 방폭 200[%]

③ 아파트등 공동주택 및 기타 이와 유사한 집단 지역의 동일구내에서 10호 이상의 적산전력계 설치시에는 70[%]

④ 특수계기함이라 함은 3종요금에 적용하는 계기함을 말한다.

⑤ 거치용 MOF를 주상에 설치시에는 본 품의 180[%](설치대 조립품 포함)

⑥ 전극봉 지지기에는 전극봉의 취부 및 조정품 포함. 다만, 보호함의 취부품은 별도 계상하며, 보호함의 취부품은 풀박스에 준한다.

[답] · MOF 설치 내선전공 : 2.0×1.8＝3.6[M/D]

· 특수계기함 설치 내선전공 : 0.45 [M/D]

· 3종계기 무효전력량계 설치

내선전공 : 0.3[M/D]×2＝0.6[M/D]

· 직접노무비 : 4.65×12410＝57706.5＝577,065원

간접노무비 : 57706.5×15[%]＝8655.9＝8,655원

인건비합계 : 57706＋8655＝66,361원

36. 어떤 대형 공장의 수전설비공사를 시행하는데 순 공사 원가합계가 284,000,000원이였다. 이 때의 일반관리비를 계산하시오.

[답] 일반관리비 : $284{,}000{,}000 \times \frac{5.5}{100} = 15{,}620{,}000$ 원

37. 단면적 240[mm^2]인 154[kV] ACSR 송전선로 10[km] 2회선을 가선하기 위한 전기공사기사, 송전전공, 특별인부 노무비를 품셈표를 적용하여 각각 구하시오. (단, 송전선은 수직 배열하여 평탄지 기준이며 장비비는 고려하지 말 것.)

정부 노임 단가에서 전기공사기사는 40,000원, 특별인부 33,500원. 송전전공은 32,650원이다.

송전선 가선

선종	전선규격	기사	송전전공	특별인부
연선	ACSR 610[mm^2]	1.61	22.4	33.5
	410	1.47	21.8	32.7
	330	1.44	21.4	32.1
	240	1.37	20.4	30.5
	150	1.30	19.4	29.0
	95	1.12	16.8	26.8
간선	ACSR 610[mm^2]	1.14	17.3	24.7
	410	1.12	16.8	24.1
	330	1.09	16.4	23.7
	240	1.04	15.7	22.5
	150	0.97	14.9	21.4
	95	0.93	14.4	19.8

[해설] ① 1회선(3선) 수직배열 정렬시 기준

② 수평배열 120[%]

③ 2회선 동시 가선은 120[%]

④ 특수개소(장경간)는 별도 가산

⑤ 장비 사용료는 별도 가산

⑥ 철거 50[%]

⑦ 장력 조정품 포함

⑧ 기사는 전기공사업에 준함

⑨ HDCC가선은 배전선 참조

[답] · 전기 공사기사 1급 : (1.37+1.04)×1.8×10=43.38[M/D]

43.48×40.000=1,735,200원

· 송전전공 : (20.4+15.7)×1.8×10=649.8[M/D]

649.8×32,650=21,215,970원

· 특별인부 : (30.5+22.5)×1.8×10=945[M/D]

945×33,500=31,657,500원

· 직접노무비 : 1,735,200+21,215,970+31,657.50=54,608,670원

· 간접노무비 : 54,608,670×15[%]=8,191,300.5=8,191,300원

노무비 총계 : 54,08,670+8,191,300=62,799,970원

제 10 장 재료와 공구

전기공사에 대단히 많은 종류의 재료가 사용되고 있다. 현장에서 전기공사에 사용되는 재료명이나 그 규격을 정확히 기억하고 기능을 확실하게 이해 해 두는 것이 바람직하다.

표 10-1 전기설비용 기기 및 재료

기재분류	기재명
① 전선	절연전선, 코드, 케이블, 광파이버 케이블, 고주파 동축케이블, 평형도체, 합성수지절연전선
② 전선 접속재	단말처리재, 절연처리재, 단자, 단자대, 슬리브, 컨넥터, 절연캡, 절연테이프
③ 배관, 배선재료	금속제 전선관 및 부속품, 경질비닐전선관 및 부속품, CD관, 풀박스, 배관 배선용 지지쇠, 접지극, 케이블, 관통부 방화처리재
④ 전선로	레이스웨이, 메탈몰징, 와이어링덕트, 트롤리덕트, 라이팅덕트, 버스덕트, 플로어덕트, 케이블 랙크, 2중바닥 배선시스템
⑤ 배선기구	콘센트, 스위치, 리모콘 기구, 플레이트, 캡, 코드컨넥터
⑥ 배선기구	속선재, 마감기구
⑦ 조명기구	일반 조명기구, 투광기, 조명제어시스템, 방폭 조명기구, 특수조명기구
⑧ 수배전	큐비클 수전설비, 수배전반, 주택용 분전반, 일반용 분전반, 동력용 제어반, 배전함
⑨ 차단기, 개폐기	배선용 차단기, 누전차단기, 차단기, 단로기, 부하개폐기, COS, 퓨즈, 전자접촉기
⑩ 전력기기	변압기, 진상용 콘덴서, 전동기, 리액터

기재분류	기재명
⑪ 피뢰기기	피뢰기, 피뢰침, 뢰경보설비, 서지업서버
⑫ 제어기기	제어용 스위치, 검출용 스위치, 시동기, 전자개폐기, 계전기, 카운터, 타이머, 인버터
⑬ 전기계기, MOF, 보호용 계전기	배전반용 계기, 전력량계, 디지털 판넬메터, PT, CT, ZCT, OVR, OCR, GR
⑭ 전력 관리장치	디멘드 감시제어장치, 자동역률 조정장치, 데이터 로커, 데이터 전송장치, 자동검침장치
⑮ 현장용 계측기	전류계, 전압계, 기록계, 절연저항계, 접지저항계, 테스터, 조도계, 역률계, 검상기, 검전기, 사이클 카운터
⑯ 현장용 시험장치	계전기 시험장치, 내압시험장치, 절연유 산가시험기, 절연유 내압시험기, 케이블 열화진단장치
⑰ 안전방호구, 보호구	안전모, 전기용 고무장갑, 장화, 공사용 작업복, 작업용 방호구, 안전화
⑱ 적산시스템 및 작업 관리시스템	전기공사 작업시스템, 공사관리시스템, 원가관리시스템, 재무관리시스템
⑲ 전원장치	축전지, 충전장치, 무정전 전원장치(CVCF, UPS)
⑳ 방재, 방범장치	비상용 전원(발전기), 비상용 조명기구, 유도등, 비상용 방송설비, 비상용 배분전반, 누전화재경보기, 자동화재경보설비, 가스누설경보기, 방범센서, ITV
㉑ 통신 · 정보 · 방송설비	CATV, 구내방송설비, 전화기, 인터폰, 시계장치, 표시기, 트랜스퍼, 차로경비설비
㉒ 주택용 설비	HA시스템, 홈시큐리티 시스템
㉓ 전기설비용 공구	유압펌프, 압착, 압축공구, 파이프벤더, 파이프커터, 파이프렌치, 케이블커터, 스트리퍼, 나사절단기, 전동드릴, 펀치, 전기용접기, 전공용 드라이버, 전공용 펀치, 접착재
㉔ 작업용 자재보조구	높은 장소의 작업대, 사이렌, 회전등, 작업표시

10.1 전기공사재료

10.1.1 전선 · 케이블 · 코드

〔1〕 개 요

도체의 종류로는 동 · 알루미늄이 거의 대부분을 차지하고 있다. 동에는 도전율(導電率)이 좋은 연동(軟銅)외에 가공선과 같이 강도가 중요시되는 곳에서 사용하는 경동(硬銅)이 있다. 알루미늄선은 전류용량이 동일한 동선과 비교할 때 굵기에 있어서는 동선보다 굵어지지만 중량면에서는 가볍고 가격도 싼 이점이 있다. 전기적으로 볼 때는 저항이 많은 편이고 부러지기 쉬운 관계로 가는 단선(單線)은 아직 사용되고 있지 않다.

표 10-2 금속의 고유저항

품 명	고유저항[μΩ]	품 명	고유저항[μΩ]
은	1.62	카드뮴	7.50
동	1.69	철	10.00
금	2.49	주석	11.40
크롬	2.62	아연	21.90
니켈	4.90		

※ 20[℃]에서 1[cm^3]당의 저항치를 표시

금속의 도전도는 고유저항의 역수로 표시하며, 그 도전율은 만국 표준연동의 도전율을 100으로 한 비율로 표시한 것을 [%]도전율이라고 하고, 20[℃]에서의 [%]도전율은 표 10-3과 같다.

표 10-3 [%] 도전율

재 질	[%] 도전율	재 질	[%] 도전율
은	106	크롬	61.5
표준연동	100	알루미늄	61
금	71.6	니켈	25

절연전선은 절연물의 종류 · 사용전압 · 용도 등에 따라 각각 명칭이 붙어 있으며, 영문자에 의한 약호가 정하여져 있다. 배선도를 그릴 때, 특히 재료명을 기입할 필요가 있을 때 이 약호를 기입한다. 따라서 일반적으로 사용하는 전선 · 케이블 · 코드류에 대해서는 그 명칭과 함께 약호를 기억해 둘 필요가 있다.

〔2〕 전선의 절연 및 보호재료

(1) 절연 및 보호재료의 특성

(가) 염화비닐(PVC)

가공이 쉽고 내(耐)오존성, 내열성, 내후성(耐候性)의 특성이 있으나 3,000[V] 이상의 고압 절연용으로는 별로 사용치 않고, 브틸고무에 비하여 내열성이 떨어지고 변형되기 쉽다.

(나) 폴리에틸렌(PE)

에틸렌을 직접 중합(重合)하여 얻는 고분자의 탄화수소로 열가소성 수지이다. 폴리에틸렌은 고주파에 대한 유전율이 적고 유전체 역률이 극히 적으며 내수(耐水), 내습성이 우수하여 통신케이블, 고주파 케이블용 절연재료로 널리 사용되며 600[V], 3,300[V], 6,600[V], 22,000[V] 등에 활용되고 있다.

(다) 불소수지

내약품성, 내수성, 내열성, 내한성, 내연성이 우수하고 기계적 강도가 높으며 전기적 특성도 합성수지 중 최고이다. 그러므로 고온, 고주파, 고전압의 전기장치나 온도변화가 심한 항공기의 절연재료, TV의 송수신기, 레이다용 및 고주파 케이블 코드의 컨넥터의 절연부품으로 사용된다.

(라) 부틸고무

이소프틸렌과 이소플렌의 중합물로서 천연고무의 스티렌계 고무에 비하여 화학적 안정성이 크다.

(마) 클로로프렌계 합성고무

우수한 내후성, 내유성(耐油性), 내열성, 기계적 강도 등의 모든 특성이 보호피복으로 가장 적합하다.

(바) 규소고무

유지고분자의 특색인 휘기 쉬운 성질과 고무고분자의 특색인 내열성이 겸비한 것으로 −70[℃]~200[℃]에 이르기까지 사용 온도범위가 극히 넓은 절연재료이다.

(사) 가교폴리에틸렌

내열성, 내약품성, 내수성, 전기적 특성이 우수하며 특히 높은 온도에서 변형되는 일이 없으며 CV케이블에 적용하고 있다.

〔3〕 전선 · 케이블 · 코드류의 종류와 용도

전선에는 나동선, 가공송전선, 절연전선, 전력케이블, 제어용케이블, 소방용전선, 통신케이블, 비닐코드선, 비닐절연 비닐캡타이어 케이블, 동축케이블, 광섬유, 광케이블 등이 있고, 이들은 각각의 특징을 가지고 있어 사용할 때에는 목적에 맞게 선정하여야 한다.

(1) 나전선(裸電線)

① 전기로용(電氣爐用)으로 애자 사용 배선공사를 하는 경우 절연물이 열로 열화(劣化)할 염려가 있을 때.

② 절연물이 부식하기 쉬운 장소에서의 애자 사용 배선

③ 저압 접촉 전선으로 사용하는 애자 사용 배선 또는 버스덕트 배선

(a) 전기용 연동연선
(Annealed Copper Stranded Wires for Electrical Purposes)

(b) 전기용 경동연선
(Hard Drawn Copper Stranded Conductors for Electrical Puroses)

(c) 강심알루미늄 연선
(Aluminium Stranded Conductors Steel Reinforced)

그림 10-1 나전선의 종류

(2) 절연전선

절연전선은 나전선의 표면에 절연물을 피복한 것으로, 현재 많이 사용되는 절연물은 면, 고무, 합성수지 등이다. 절연물은 유연하며 강도가 크고, 절연저항, 내열

성이 큰 것이 필요하며 사용장소에 따라서 내산성 등이 요구된다.

표 10-4 절연전선의 종류

명 칭	약 칭	주 요 용 도
옥외용 비닐 절연전선	OW전선 (out-door weather proof poly vinyl chloride insulated wire)	저압가공(架空) 배전선로에 사용
인입용 비닐 절연전선	DV전선 (poly vinyl chloride insulated drop wire)	저압가공 인입선에 사용
450/750[V] 비닐 절연전선	IV전선 (in-door poly vinyl chlor ide -insulated wire)	450/750[V] 이하의 옥내배선에 사용 (PVC전선이라고도 많이 부른다.)
450/750[V] 내열 비닐 절연전선	HIV전선 (heat resistance in-door poly vinyl chloride insulated wire)	450/750[V] 옥내배선 중 내열성(허용온도 90[°C])이 요구되는 장소에 사용
옥외용 가교 폴리에틸렌 절연전선	OC전선 (outdoor cross linked polyet -hylene insulated wire)	고압 가공 전선로에 사용
고압 인하용 가교폴리에틸렌 절연 전선	PDC전선 (pole transformer drop wire cross linked poly ethylene)	고압 가공선에서 주상 변압기의 1차측에 이르는 고압가공 인하선으로 사용
450/750[V] 내열성 고무 절연전선	RB(rubber insulated wire)	온도가 높은(허용온도 110[°C]) 450/750[V] 이하의 회로에 사용

대표적인 절연전선은 저압용(450/750[V] 비닐 절연전선 등)과 고압용(고압 인하용 가교 폴리에틸렌 절연전선 등)이 있는데 일반적으로 저압용이 대부분을 차지하며 저압 전기기기의 내부배선, 전기설비 배선 및 접지용으로 널리 사용되고 있다. 절연전선의 절연체의 종류와 그 최대 허용온도는 표 10-5와 같다.

표 10-5 절연전선의 최대 허용온도

절연전선, 절연체의 종류	절연물의 최대 허용온도[℃]
비닐, 천연고무	60
내열비닐, 폴리에틸렌	75
EP고무	80
가교 폴리에틸렌	90
규소 고무	180 (90)
플루오르 수지	200 (90)

주 ① 전선관에 사람이 닿을 염려가 있을 경우에 ( )내의 온도를 적용한다.
② 절연물의 최고 허용온도는 전선 연속사용(통전)시의 절연물 최고 도달 온도이며 최고 허용 주변온도가 아니므로 유의해야 한다.

절연전선의 용도는 다음과 같다.

① 보통 장소에서의 애자 사용 배선
② 금속관 · 합성수지관 · 가요 전선관(可撓電線管)등에 의한 노출 배선
③ 플로어 덕트에 의한 바닥 매입 전선
④ 금속 덕트에 의한 노출 배선

(a) 450/750[V] 비닐 절연전선
(450/750[V] PVC Insulated Wire)

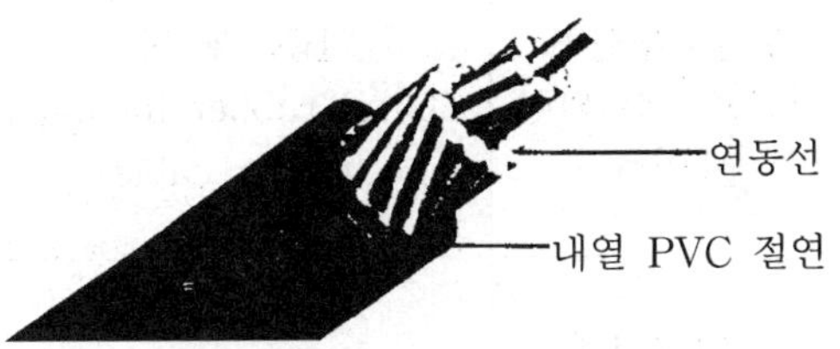

(b) 450/750[V] 내열 비닐 절연전선
(450/750[V] Heat-Resistant PVC Insulated Wire)

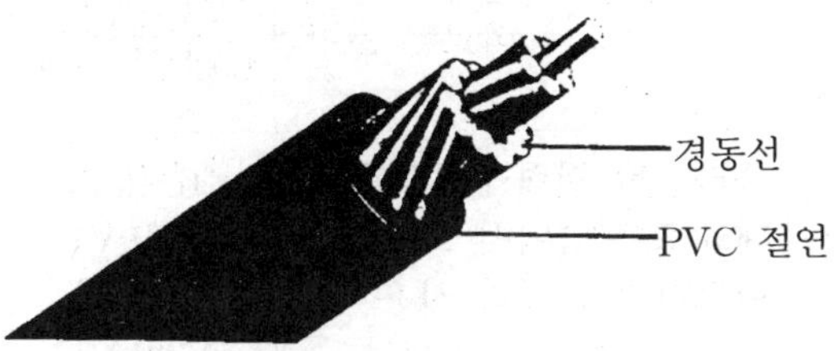

(c) 600[V] 옥외용 비닐 절연전선
(Outdoor Weather Proof PVC Insulated Wire)

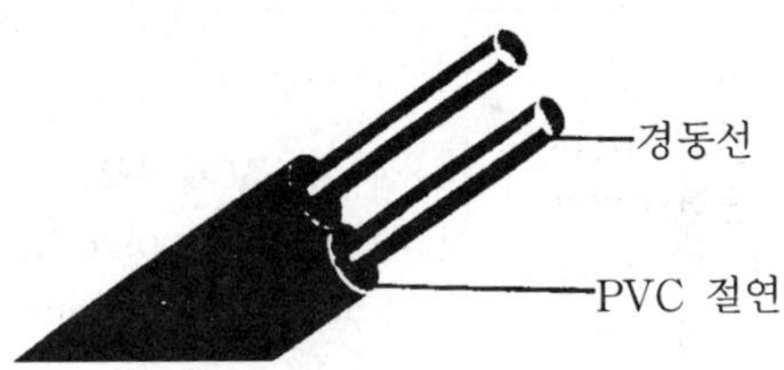

(d) 600[V] 인입용 비닐 절연전선
(PVC Insulated Drop Wire)

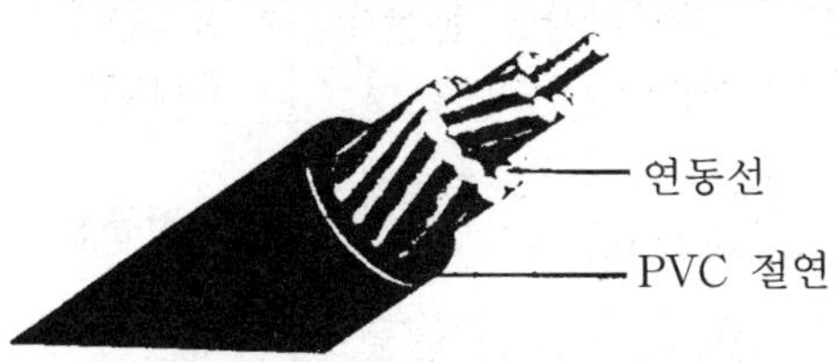

(e) 접지용 비닐 절연전선
(PVC Insulated Wire for Grounding Use)

(f) 450/750[V] 전기기기용 비닐 절연전선
(450/750[V] PVC Insulated Flexible Wire)

그림 10-2 절연전선의 종류

(3) 케이블

표 10-6 전력케이블의 종류와 주요 용도

명칭	약칭	주요 용도	사용전압
비닐절연비닐 외장케이블	VV 케이블 (PVC insulated PVC sheathed power cable)	600[V] 이하인 저압회로에 사용	600[V] 이하
고무절연 클로로프렌 외장케이블	RN 케이블 (rubber insulated chloroprene sheathed cable)	3[kV] 이하의 회로에 사용. 클로로프렌은 내후성, 기계적 특성이 우수하여 조건이 가혹한 곳에 사용.	600[V] 이하 3.3[kV]
부틸고무절연 클로로프렌 외장 케이블	BN 케이블 (butyl rubber insulated power cable)	절연체는 내열성이 우수하고 안정된 성능을 구비하여 광범위한 용도로 사용.	600[V] 이하 3.3[kV] 6.6[kV] 22[kV] 33[kV]
폴리에틸렌 절연비닐 외장케이블	EV 케이블 (polyethylene insulated PVC sheathed power cable)	전기적 특성이 우수하므로 저압에서 특별고압에 이르기까지 널리 사용. 내약품성이 우수하다.	600[V] 이하 3.3[kV] 6.6[kV] 22[kV] 33[kV]
가교(架橋) 폴리에틸렌 절연비닐 외장 케이블	CV케이블 (crosslinked polyethylene insulated cable)	플라스틱 전력케이블의 대표로 저압에서 초고압에 이르기까지 널리 사용	600[V] 이하 3.3[kV] 6.6[kV] 22[kV] 33[kV] 154[kV] 345[kV]
내화전선 (방재설비용 내화 케이블)	FR (fire resistance wire for emergency)	방재설비의 전원 · 조명비상용 콘센트 등에 사용.	600[V] 이하 3.3[kV] 6.6[kV]
내열전선 (방재설비용 내열케이블)	HP	방재설비의 표시, 경보등의 제어용에 사용.	약전류용
동심중성선 전력케이블	CNCV (Concentric Neutral Type XLPE Insulated PVC Sheathed Power Cable)	산업용 배전회로용 전선으로 사용되며 관로 또는 직매 등으로 포설.	22.9[kV] 이하

케이블은 다음과 같은 장소에 사용된다.

① 외부적인 손상을 받을 염려가 없는 장소로서 조영재(造營材)에 따라 취부하는 노출 배선

② 금속관 · 합성수지관 등의 보호관을 사용한 노출 배선 또는 콘크리트 매입 배선

③ 천장 속 또는 평벽의 공동(空洞), 블록 내의 뚫린 구멍을 이용하는 배선

④ 심벽 속을 이용한 매입 배선

⑤ 금속 덕트, 케이블 래크 등에 의한 노출 배선

⑥ 구내의 지중 매입 배선

(a) 600[V] 폴리에틸렌 절연 비닐 시스케이블
(600[V] PE Insulated PVC Sheathed Cable)
600[V] 가교폴리에틸렌 절연 비닐 시스케이블
(600[V] XLPE Insulated PVC Sheathed Cable)

(b) 3300[V] 가교폴리에틸렌 케이블
(3300[V] XLPE Insulated Power Cable)

(c) 6600[V] 가교폴리에틸렌 케이블
(6600[V] XLPE Insulated Power Cable)

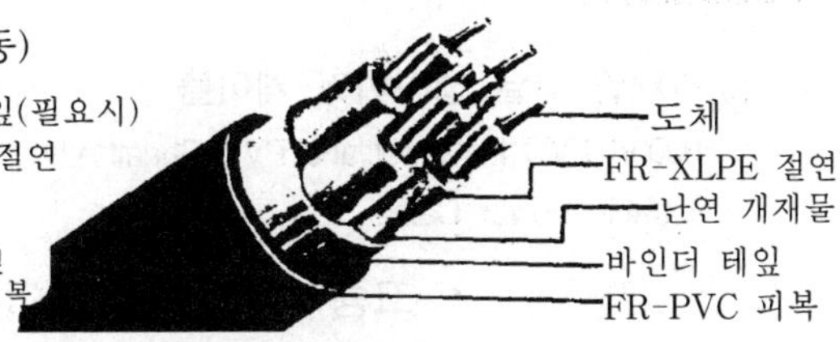

(d) 600[V] 가교폴리에틸렌절연 난연 비닐 시스케이블
(600[V] XLPE Insulated and Flame-Retardant PVC Sheathed Power Cable)

(e) 600[V] 비닐절연 비닐시스 케이블
(600[V] Grade PVC Insulated and Sheathed Cable)

(f) 600[V] 비닐절연, 비닐시스 평형 케이블
(600[V] PVC Insulated PVC Sheathed Flat Type Cable)

그림 10-3 케이블의 종류

(4) 캡타이어 케이블

이동용 전기기구 또는 배선 등에 사용되는 케이블이며 저압용은 1종, 2종, 3종, 4종 등으로 나누어진다. 고압용으로 사용되는 캡타이어 케이블은 절연체로서 부틸 고무 또는 에틸렌프로필렌 고무 혼합물을, 외장으로 클로로프렌 혼합물을 사용한다. 사용장소는 다음과 같다.

① 이동용 전기기계 기구에 접속하는 배선
② 고정된 전기기계 기구에 대한 가까운 거리의 배선
③ 외부로부터 손상을 받을 염려가 없는 장소로서 조형재에 따라 취부하는 노출 배선
④ 천장 속 또는 평벽의 공동 블록 내의 뚫린 구멍을 이용하는 배선

(a) 600[V] 비닐 캡타이어 케이블
(600[V] PVC Insulated and PVC Sheathed Portable Power Cable)

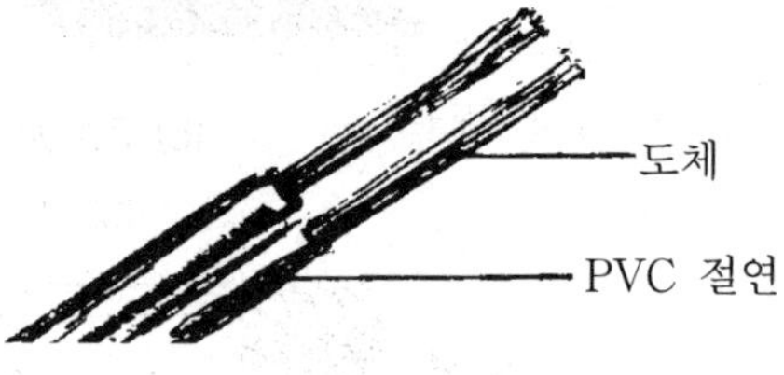

(b) 비닐코드
(PVC Insulated Flexible Cord)

그림 10-4 캡타이어 케이블의 종류

(5) 제어용 케이블

제어용 케이블은 일반 빌딩, 공장, 발 · 수 변전소, 기타 600[V] 이하인 제어회로에 사용되는 케이블이다. 사용조건에 따라 절연 방법 및 외장 재료 등의 조합 방법은 여러 가지가 있다.

(가) 일반용 제어 케이블

사용 조건에 있어 특수한 제약이 가해지지 않는 일반적인 경우에 사용되는 케이블을 말한다.

(나) 특수 용도에 쓰이는 제어 케이블

1) 내약품성, 내유성 제어 케이블

산, 알칼리 등 내약품성 및 내유성을 필요로 할 때 사용되지만, 사용할 때는 온도 조건에 특히 주의할 필요가 있다. 그러나 약산, 약알칼리, 약간의 유질이 있는 경우에는 일반용 케이블을 사용하여도 무방하다.

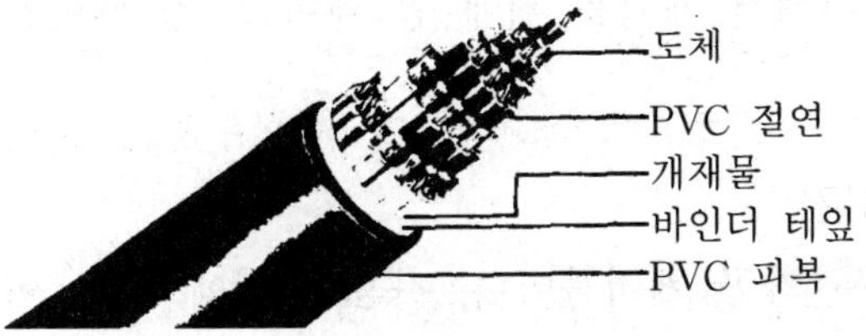

(a) 600[V] 제어용 비닐 절연 비닐 시스케이블
(600[V] PVC Insulated and PVC Sheathed Control Cable)

(b) 600[V] 제어신호용 비닐 절연 비닐 시스케이블
(600[V] PVC Insulated and PVC Sheathed Control Cable)

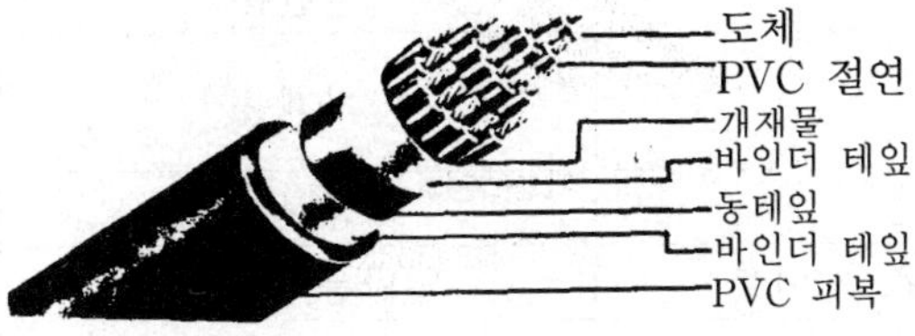

(c) 600[V] 정전 차폐부 제어용 비닐절연 비닐시스 케이블
(600[V] PVC Insulated and PVC Sheathed Control Cable with Copper Tape Shield)

(d) 600[V] 편조형 제어용 비닐절연 비닐 시스케이블
(600[V] PVC Insulated and PVC Sheathed Control Cable with Copper Braid Shield)

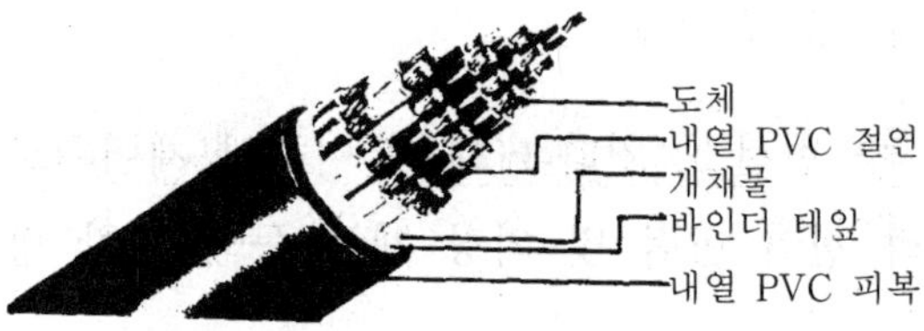

(e) 600[V] 제어용 내열 PVC 절연 내열 비닐 시스케이블
(600[V] Heat-Resistant PVC Insulated and Sheathed Control Cable)

(f) 600[V] 제어용 난연 PVC 절연 난연 비닐 시스케이블
(600[V] PVC Insulated and Flame-Retardant PVC Sheathed Control Cable)

그림 10-5 제어용 케이블의 종류

2) 내열성 제어 케이블

하이프론 절연 하이파론시스(도체 최고허용온도 95[℃])로부터 4 불화 에틸렌 절연 유리편조(도체 최고허용온도 250[℃])의 것까지 온도 조건에 따라 여러 가지가 있다.

3) 차폐 케이블

정전적 및 전자적 유도작용을 없애기 위해서 케이블 위에 동 테이프, 철 테이프를 감아 차폐 효과를 준 케이블이다.

4) 자기지지형 케이블(제어용 SS 케이블)

메신저 와이어와 케이블을 하나로 묶은 가공 케이블이며, 사용 조건에 따라 여러 종류가 있다.

표 10-7 제어용 케이블

약 칭	명 칭	주요 용도
CVV	제어용 비닐시스 케이블	일반용
CVV-S, CVV-SB	제어용 비닐시스 케이블	차폐용
CVS	제어용 비닐시스 케이블	충실형
CEV	제어용 폴리에틸렌 절연 비닐시스 케이블	일반용, 난연용
CCV	제어용 큐프렌 절연 비닐시스 케이블	내구성, 내열용
CRN	제어용 고무절연 플로로프렌 시스 케이블	일반용, 가요성 저온 특수성
CBN	제어용 부틸고무 절연클로로프렌 시스 케이블	내구성, 내열성, 난연성

※ 일반용 제어용 케이블 도체의 최고 허용온도는 60~80[℃]이고, 그 이상의 경우에는 내열용 제어 케이블을 사용한다.

표 10-8 케이블의 약호

구 분	기 호	내 용	품 명(예)
용 도	- C - S - K - I - O	Control (제어용) Signal (신호용) 계장용 또는 기기용 Indoor (옥내용) Outdoor (옥외용)	CVV, CEE SVV KPEV 또는 KIV IV OW
도 체	- AL	Aluminium conductor	AL-OC 또는 AL-CV
절 연 체	- C - E - V - P	Cross-liked PE (XLPE) Polyethylene (PE) Vinyl (PVC) EPR (고무)	CV EV, EE VV FR-PN, FR-PH
시 즈	- V - E - N - H	Vinyl (PVC) Polyethylene (PE) Neoprene 고무 (CR) Hypalon 고무 (CSP)	CV, VV EE, CEE FR-PN FR-CH
외 장	- TA - WA - ATA - AWA	Galvanized steel tape Galvaned steel wire Aluminium tape Aluminium wire	VCTAV CVWAV CVTAV CVWAV
차 폐	- SB - S - AMS - CMS - I/C	Shield braid Tape shield Aluminum mylar Shield Tape Copper mylar tape Shield Individual/Common Shield	CVV-SB SVV-S CVV-AMS CVV-AMS SVV-I/CAMS
난 연	- FR - FRT - FRLS - HF	Flame Retardant Cable Fire resistance of Fire Resi sting Flame Retardant Low Smoke Low Smoke Flame Retardant Halogen Free	FR-CV, FR-CVV FRT-CVVWAV FRT-CV FRLS-CVV HF-CO, HF-CCO
소 방	FR-3 FR-8 TFR-3 TFR-8 NFR-3	내열소방용 전선 내화소방용 전선 트레용 난연 내열 케이블 트레용 난연 내화 케이블 저독성 난연 내열 케이블	

예 SVV-I/C-AMS

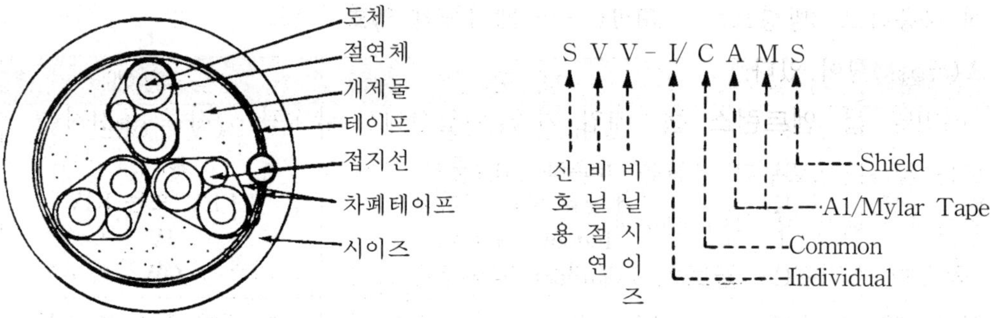

그림 10-6

10.1.2 전선관 및 부속품

전선관에는 금속제와 합성수지제가 있고 외부로부터의 손상에 대해서 전선을 보호하는 것이 목적이다. 또한 금속제 전선관은 이밖에도 전기적인 연속성을 유지하고 전선의 과열에 대하여 안전을 기하는 작용도 있다.

〔1〕 금속관

① 콘크리트 박스 : 콘크리트내의 매입 배선용으로 아웃트렛 박스와 같은 목적으로 사용되나 밑판을 뗄 수 있으므로 슬라브 배관의 경우 천장면에 박스나 관을 취부하기가 용이하다. 주형 4각, 대형 4각, 8각 등 사용목적에 맞출 수 있는 여러 종류가 있다.

② 아웃트렛 박스 : 전선 접속, 조명기구, 콘센트 등의 취부에 사용하고 중형 4각(얕은 형, 깊은 형), 대형 4각(얕은 형, 깊은 형) 등 사용목적에 따라 여러 종류가 있다.

③ 록 너트 : 박스에 금속관을 고정할 때, 커플링으로 관 상호간을 접속할 때 커플링이 도는 것을 방지하기 위해서 사용하고 6각형과 톱니형 두 가지가 있다.

④ 절연 부싱 : 전선의 절연피복을 보호하기 위해서 금속관의 관 끝에 취부하고, 절연부싱은 강제부싱의 안쪽을 절연물로 피복하였기 때문에 안전성이 높다. 합성수지제 부싱도 많이 사용된다.

⑤ 유니버설 엘보우(C형 엘보우) : 노출 배관 공사에서 관을 직각으로 굽히는 곳

에 사용하고 3방향으로 분기할 수 있는 T형과, 4방향으로 분기할 수 있는 크로스(cross)형이 있다.

⑥ **터미널 캡, 엔트런스 캡** : 저압 가공 인입선에서 금속관 공사로 옮겨지는 곳 또는 금속관으로부터 전선을 인출하여 전동기 단자 부분에 접속할 때 전선을 보호하기 위해서 관 끝에 취부한다.

⑦ **픽스쳐 스터트(노 볼트형)** : 무거운 조명기구를 박스에 취부할 때 사용하는 것이며 박스 밑면 중심에 있는 녹아웃 구멍에 꽂고 록너트로 죈다.

⑧ **픽스쳐 히키** : 기구를 파이프로 매달 때 스탠드와 기구 파이프 사이에 취부하고 옆 구멍으로부터 전선을 파이프 속에 넣을 수 있게 되어 있다.

⑨ **접지 클램프** : 금속관과 접지선 사이의 접속에 사용한다.

⑩ **커플링(유니온 커플링)** : 금속관 사이를 접속할 때 사용한다. 전선관에 나사를 내고 접속하는 것과 나사를 내지 않고 접속하는 커플링(no thread coupling)이 있다.

⑪ **플로어 박스** : 바닥 밑으로 매입 배선을 할 때 콘센트 기타 바닥에 취부하는 기구를 취부할 때, 또는 배선을 인출할 때 사용한다.

⑫ **패널 박스** : 패널을 벽에 고정할 때 사용한다.

⑬ **새들** : 새들은 전선과 바깥지름에 맞추어 반원형으로 굽혀져 있어 관 고정작업에 사용된다.

⑭ **노멀 벤드** : 배관이 직각으로 굽는 곳에서 사용한다. 박강관은 25[mm] 이상, 후강관은 16[mm] 이상의 크기가 시판되고 있다.

⑮ **링레듀서** : 금속관을 아웃트렛 박스 등의 녹아웃(knock out)에 취부할 때 녹아우트의 지름이 관의 지름보다 큰 관계로 록너트만으로는 고정할 수 없을 때 보조적으로 사용한다.

후강(박강) 전선관		나사없는 전선관	
			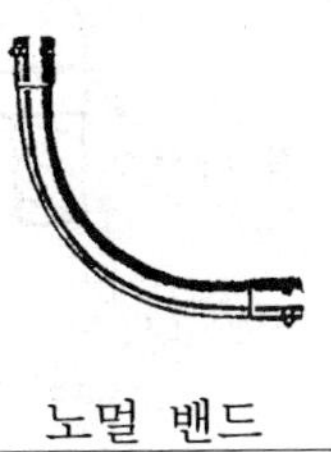
커플링	노멀 밴드	커플링	노멀 밴드

그림 10-7 금속관 부속품

〔2〕 가요 전선관

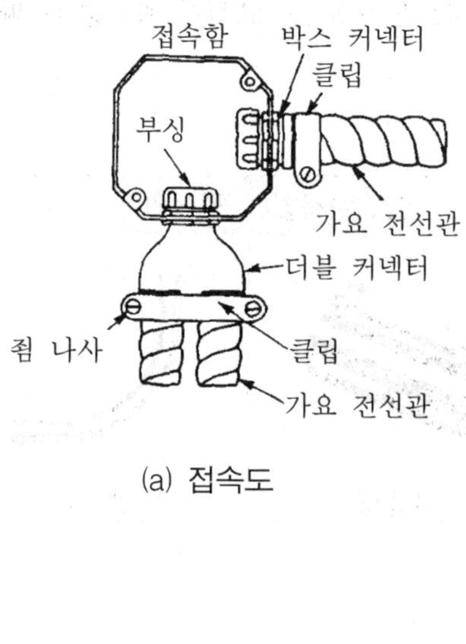

(a) 접속도

(b) 커넥터의 종류

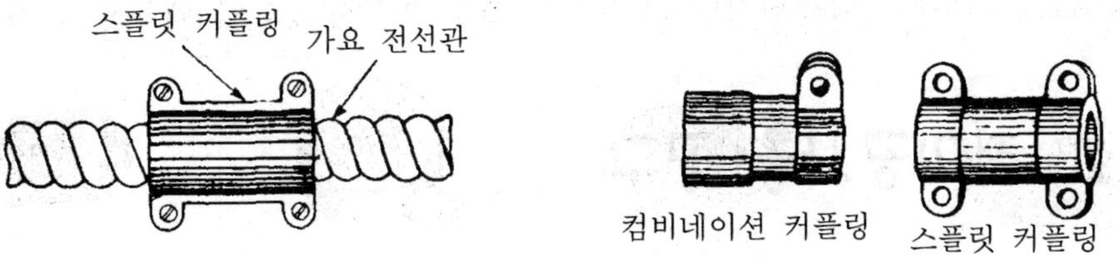

(c) 접속 요령　　　　(d) 커플링의 종류

그림 10-8 가요전선관의 부속품

〔3〕 합성수지관

① 1호 커플링, TS 커플링, 2호 커플링 : 관 상호간의 접속용으로 사용한다.

② 박스 커넥터 : 2호 커넥터관과 박스의 접속에 사용한다.

③ 노멀 벤드 : 지각으로 구부러지는 곳에서 관 상호간의 접속에 사용한다.

그리고 원형 노출박스, 아우트렛박스, 엔트런스캡, 새들, 콘크리트 박스 등은 금속관의 부속품과 같다.

(a) 커플링　　(b) 박스 커넥터　　(c) 부싱　　(d) 노멀 밴드

그림 10-9 합성수지관 부속품

10.1.3 배선기구 및 접속재료

배선기구란 개폐기 · 과전류 보호기 · 접속기 · 기타 이에 준하는 것을 말한다.

① 개폐기 : 텀블러 스위치(tumbler switch), 로터리 스위치(rotary switch), 풀 스위치와 나이프 스위치, 커버 나이프 스위치, 컷아웃(cut out) 스위치 등이 있다. 플로트 스위치(float switch), 리밋 스위치(limit switch)도 개폐기의 일종이다.

② 과전류 보호기 : 퓨즈, 배선용 차단기, 안전 브레이커 등이 있고 접속기에는 플러그류 · 콘센트류 · 커넥터류 등이 있다.

③ 접속재료 : 커넥터 · 압착단자(壓着端子) · 볼트 커넥터 · 절연 테이프 등이 있다.

10.2 전기공사용 공구

펜치나 드라이버 등 보통 많이 사용되고 있는 공구를 예시하면 표 10-9와 같다.

표 10-9 옥내 배선 공사에 사용하는 공구

명 칭	외 형	용 도
① 펜치 (side cutting plier)		① 전선의 절단, 전선의 접속, 전선의 바인드에 사용 ② 크기는 전장으로 나타내며 150[mm](소형 기구용), 175[mm](옥내 공사용), 200[mm](옥외 공사용) 등이 있다.
② 압착 펜치 (터미날 압착기)	 	① 압착 단자를 사용해서 전선과 기구 단자의 접속과 전선 상호의 접속 등에 사용 ② 좀더 큰 단자의 접속이나 굵은 전선의 접속에는 유압식 압착 펜치가 사용된다.
③ 니퍼(nipper)	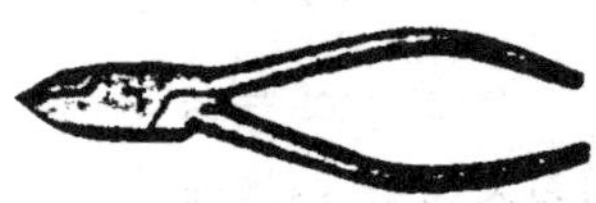	① 전선의 절단에 사용 ② 크기는 150[mm], 175[mm] 등이 있다.
④ 롱 노우즈 플라이어 (long nose plier)		① 전선의 절단, 전선 접속 단자고리 만들기, 작은 부품이나 너트를 죄는데 사용 ② 크기는 전장으로 나타내며 150[mm], 175[mm] 등이 있다.
⑤ 드라이버 (driver)	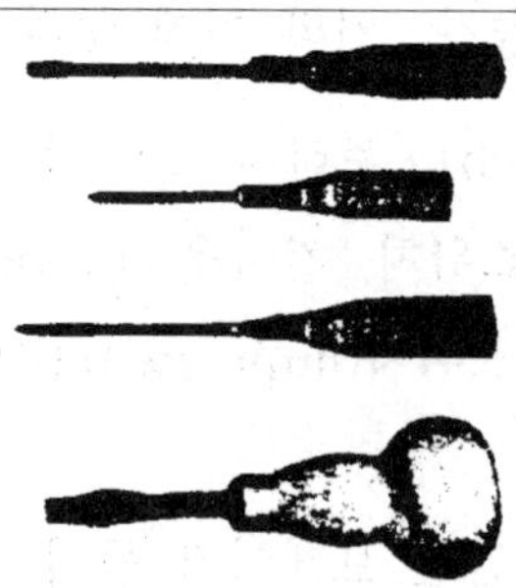	① 배선 기구에 권선을 접속할 때, 나사못을 박을 때 사용 ② 드라이버의 날에 따라 (−), (+)형이 있으며 사용목적에 따라 자동식, 조립식, 정밀 기기용 드라이버 등이 있다. ③ 드라이버의 크기는 50~200[mm]로 다양하며 전공 드라이버가 있다.

명 칭	외 형	용 도
⑥ 플라이어 (plier)	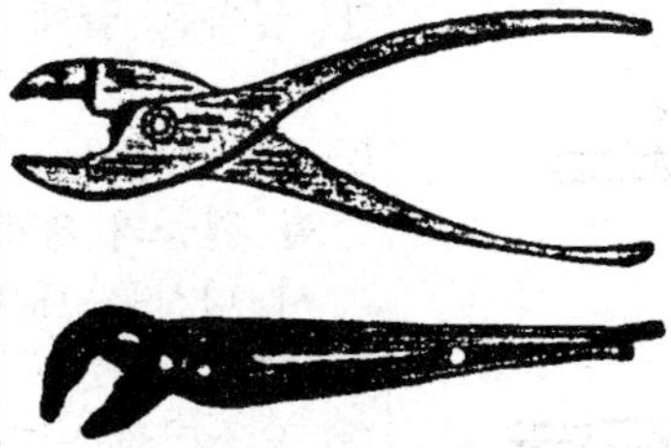	① 보울트 너트를 죄는 데, 금속관의 로크너트와 부싱을 끼우는데 사용 ② 콤비네이션(combination) 플라이어와 워터펌프(water pump) 플라이어가 있다.
⑦ 쇠톱		① 금속관, 경질 비닐관, 굵은 전선, 케이블 및 앵글 등의 절단에 사용 ② 쇠톱날의 크기는 보통 250[mm]가 사용된다.
⑧ 스패너 (spanner)	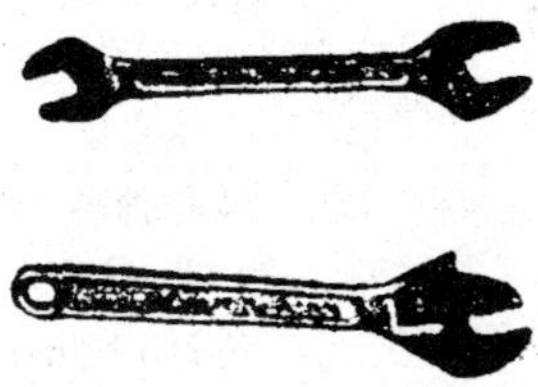	① 보울트, 너트를 죄는데 사용 ② 크기는 구폭으로 나타내며 스패너는 반드시 크기에 맞는 것을 사용해야 한다. ③ 양구 스패너와 몽키(monkey) 스패너가 있으며 후자는 구폭을 자유로이 조절할 수 있다.
⑨ 파이프 커터 (pipe cutter)		① 금속관을 절단하는 데 사용 ② 두께 80[%] 정도 절단하고 나머지는 쇠톱으로 절단한다. 두께 전부를 절단할 경우 반드시 내면 끝을 줄 또는 리이머로 다듬어야 한다.
⑩ 파이프 바이스(pipe vise)		① 금속관을 절단하거나 나사를 낼 경우 고정시키는데 사용 ② 체인(chain) 파이프 바이스도 있다.
⑪ 파이프 벤더 (pipe bender) 및 히키 (hickey)		① 벤더는 금속관을 구부리는 공구로 금속관의 크기에 따라 여러 가지가 있으며 한번에 목적한 각도로 구부릴 수 있다. ② 히키는 금속관을 끼워서 조금씩 구부리고 위치를 옮겨가며 구부린다. ③ 유압식 벤더도 있지만 그리 많이 사용되지 않는다.

명 칭	외 형	용 도
⑫ 오스터(oster)	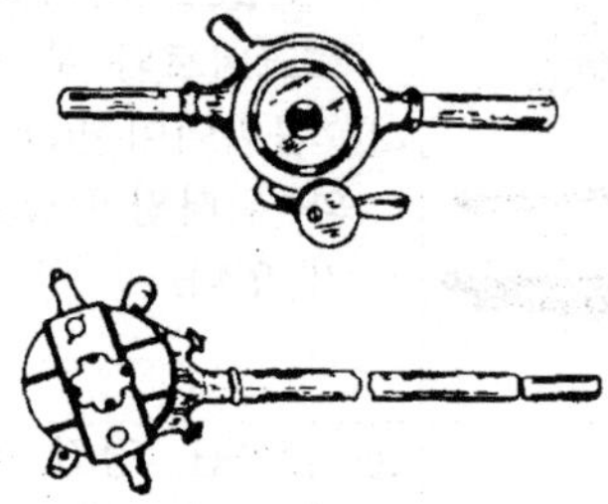	① 금속관 끝에 나사를 내는데 사용 ② 래칫(ratchet)형은 다이스 홀더를 핸들의 왕복 운동을 반복하면서 나사를 내며 주로 가는 금속관에 사용 ③ 오스터형은 다이스(dies)를 홀더에 몰리고 양손으로 핸들을 돌려 나사를 낸다.
⑬ 보울트 클리퍼(bolt clipper) (카타기 또는 전선절단기)		① 굵은 전선, 케이블을 절단하는데 사용 ② 클리퍼 대신 쇠톱을 사용한다.
⑭ 파이프 렌치 (pipe wrench)		① 금속관과 커플링을 고정하거나 풀 때 사용 ② 체인(chain) 파이프 렌치도 있다.
⑮ 와이어 스트리퍼(wier stripper)		① 절연 전선의 피복을 벗기는데 사용 ② 전선의 굵기가 절삭날의 크기에 맞아야 한다.
⑯ 리이머 (reamer)		① 금속관이나 경질 비닐판을 절단 후 내면 끝을 다듬는데 사용 ② 금속관용과 경질 비닐관용이 있다. ③ 클릭 보올이나 전기 핸드 드릴에 물리어 사용
⑰ 클릭 보올 (click boul)	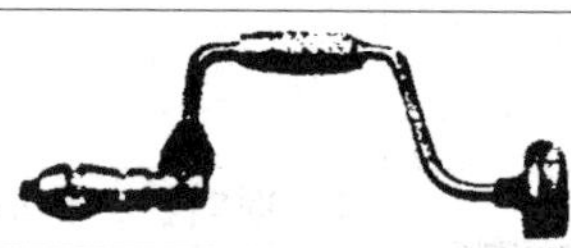	리이머, 목공용 비트(bit) 등을 물리어 사용하는 회전 공구이다.
⑱ 호울 소오 (hole saw)		① 금속판에 구멍을 뚫을 때 사용 ② 크기가 다양하며 전기 드릴에 물리어 사용
⑲ 노크 아우트 펀치(knock out punch) (철판천공기)		① 배전반, 분전반, 노크 아우트 등에 구멍을 뚫을 때 사용 ② 수동식과 유압식이 있다.

명 칭	외 형	용 도
⑳ 드라이브이트 (driveit) (콘크리트타정총)		화약의 폭발력을 이용하여 철근 콘크리트 등의 단단한 조형물에 드라이브이트 핀을 박을 때 사용
㉑ 전동 해머 (electric hammer)	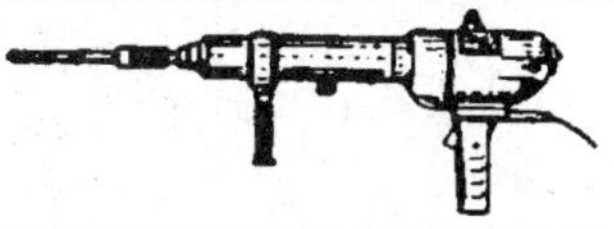	전동력을 이용하여 특수 콘크리트 드릴 또는 비트를 사용하여 콘크리트 조형물에 구멍을 뚫는데 사용

연 습 문 제

1. 전선의 종류를 들고 설명하라.

2. 전기공사용 공구의 종류를 들어라.

3. 금속관공사시 유의할 점과 접지공사의 종류를 설명하라.

4. 합성수지관 공사시 부품의 종류를 설명하시오.

5. 금속몰드공사를 사용하는 장소를 설명하시오.

6. 문화재가 많이 있는 곳의 전기공사는 어떤 방법을 사용하는가?

7. 셀룰러덕트 공사의 시공방법에 대하여 설명하시오.

8. 1종 가요전선관공사의 방법에 대하여 설명하시오.

9. 가요전선관공사의 부속품에 대하여 설명하시오.

10. 특별고압 선로 25000[V] 이하에 쓰이는 CV-CN 전력 케이블은 어떤 계통의 선로에 주로 쓰이는가?

[답] 다중접지계통(Y계통)

11. 옥내에 사용되는 전선은 절연전선으로 전기용품 안전관리법에 적합한 것으로 공칭 단면적 몇 [mm^2] 이하를 사용해야 하는가?

[답] 8[mm^2]

12. 소선수가 19이고 소선지름이 2.6[mm]인 케이블의 공칭단면적은 몇 [mm^2]인가?

[답] $A = \frac{\pi \times 2.6^2}{4} \times 19 = 100.825 = 120[mm^2]$

13. 다음 전선의 표시약호에 대한 우리말 명칭을 쓰시오.

가. RB전선 나. DV전선 다. IV전선 라. OW전선 마. GV전선 바. HIV전선

[답] 가. 600[V] 고무절연 전선 나. 인입용 비닐절연전선 다. 600[V] 비닐절연전선
라. 옥외용 비닐 절연전선 마. 접지용비닐전선 바. 내열용 비닐 절연전선

제 11 장 안전보호

11.1 감전보호

11.1.1 감전보호대책 및 감전보호 체계

전기설비의 설계시 전격에 의해 사람과 가축의 감전사고를 예방하기 위하여 전기설비를 설비해야 한다. 감전사고를 방지하기 위하여 KEC에서는 기본보호와 고장보호 및 단독보호에 대하여 규정하고 있다.

(1) 보호대책의 구성방법

① 기본보호와 고장보호를 독립적으로 적절하게 조합

② 기본보호와 고장보호를 모두 제공하는 강화된 보호 규정

(2) 감전보호대책은 다음과 같다.

① 전원의 자동차단

② 이중절연 또는 강화절연

③ 한 개의 전기사용기기에 전기를 공급하기 위한 전기적 분리

④ SELV와 PELV에 의한 특별저압 등 안전을 위한 감전보호체계는 그림 11-1에 나타내고 있다.

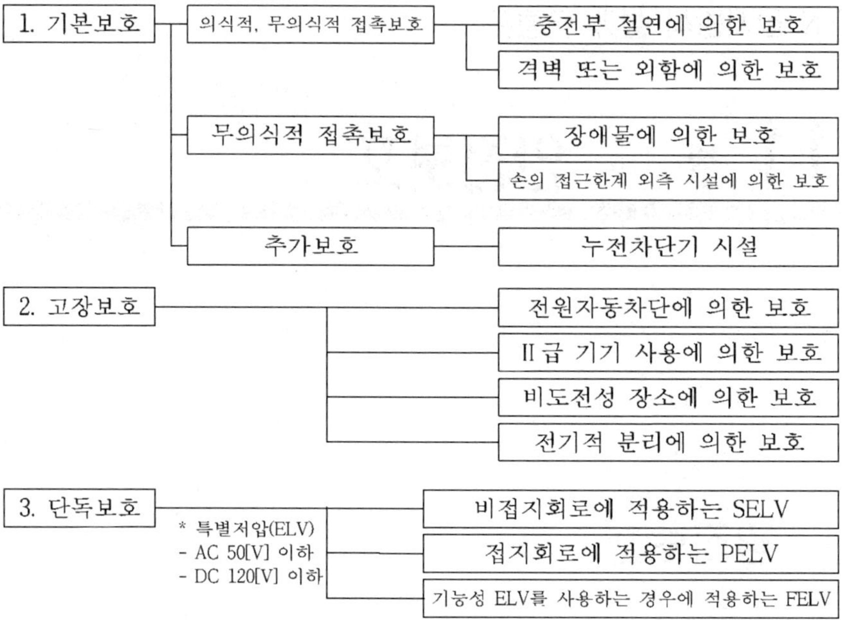

그림 11-1 안전을 위한 감전보호체계

11.1.2 자동차단에 의한 감전보호

(1) TN 접지방식 설계

계통 접지방식에는 TN계통, TT계통, IT계통으로 분류하고 있으며, 감전보호를 위한 보호장치로서 과전류 차단기와 누전차단기 및 절연감시장치를 전로 및 부하의 종류 및 특성에 따라 전원의 중단이 더 큰 위험을 일으킬 우려 등을 고려하여 선정 사용한다. 또한 TN계통은 지락사고시에 고장전류가 매우커서 과전류차단기를 사용할 수 있으나 이러한 경우 배전계통에서 PE 및 PEN 도체의 단선사고에 대비하여야 한다.

(1) TN 접지방식 설계 흐름도

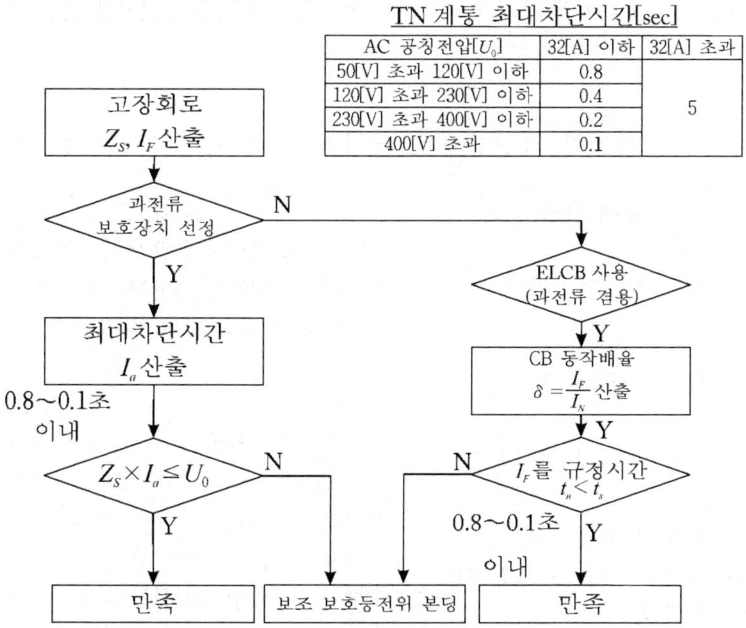

TN 계통 최대차단시간[sec]

AC 공칭전압[U_0]	32[A] 이하	32[A] 초과
50[V] 초과 120[V] 이하	0.8	5
120[V] 초과 230[V] 이하	0.4	
230[V] 초과 400[V] 이하	0.2	
400[V] 초과	0.1	

그림 11-2 TN 접지방식 32[A] 이하 분기회로

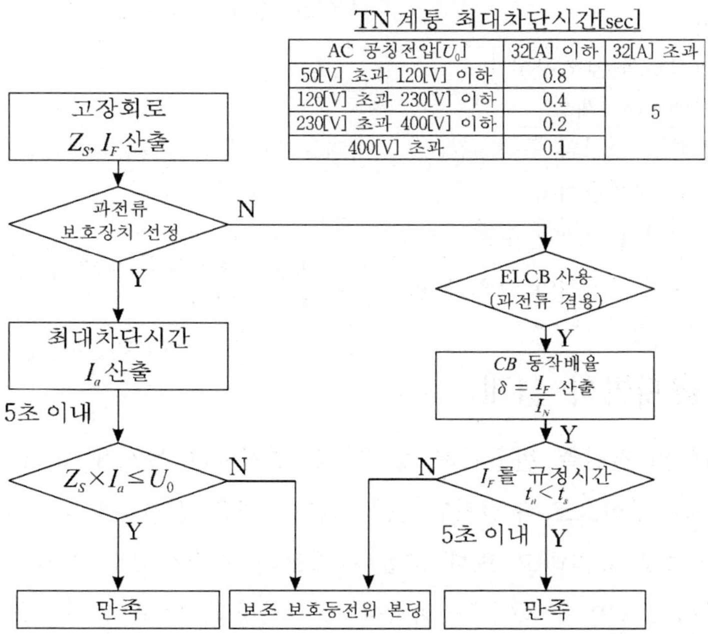

TN 계통 최대차단시간[sec]

AC 공칭전압[U_0]	32[A] 이하	32[A] 초과
50[V] 초과 120[V] 이하	0.8	5
120[V] 초과 230[V] 이하	0.4	
230[V] 초과 400[V] 이하	0.2	
400[V] 초과	0.1	

그림 11-3 TN 접지방식 32[A] 넘는 (간선, 분기)회로

(2) TN 접지방식의 전원자동차단에 의한 감전보호 설계 순서

TN 접지방식의 전원자동차단에 의한 감전보호설계순서는 표 11-1에 나타내고 있다.

표 11-1 TN 계통의 과전류보호기(차단기)에 의한 감전보호 설계 순서

단 계	설계 내용	비 고
Step1	고장회로 임피던스의 계산(Z_s)	변압기 임피던스+간선의 임피던스+간선보호도체의 임피던스+분기회로의 임피던스+분기회로 보호도체의 임피던스
Step2	고장회로 전류의 계산(I_F)	지락전류 : $I_F = I_g = \dfrac{0.95 \times V}{\sqrt{(R)^2 + (X)^2}} \times 1000$
Step3	TN 계통의 최대 차단시간(t_s)	32[A]이하 120[V]초과 230[V]이하 : 0.4초 32[A]넘는 120[V]초과 230[V]이하 : 5초
Step4	TN 계통의 최대 차단시간 이내에 동작하는 보호장치의 동작전류(I_a)	$I_a = Z_B \times \delta$ [A], (δ : 동작배율) 주택용 B-Type 순시트립범위 : 3~5배 주택용 C-Type 순시트립범위 : 5~10배 주택용 D-Type 순시트립범위 : 10~20배
Step5	과전류보호기의 자동차단조건	$Z_s \times I_a \le U_0$
Step6	보호장치의 자동차단조건의 평가	허용접촉전압 & 계산 접촉전압
Step7	고장회로의 보호장치 동작배율(δ) 계산	$\delta = \dfrac{I_F}{I_n}$
Step8	과전류 차단기의 동작시간(t_n)	과전류차단기 동작특성곡선확인
Step9	과전류 보호장치의 동작시간의 적정성 검증	$t_n \le t_s$
Step10	부적정시 추가적인 보호 적용	보조 보호등전위본딩 도체 설치 누전차단기 설치

〔2〕 TT 접지방식 설계

TT 접지계통은 전원측 변압기의 중성점을 접지함과 동시에 부하측 노출도전성부분을 접지하는 방식으로 누전차단기를 적용할 경우 감전보호를 위하여 허용접촉전압 50[V] 이하로 유지하고 또한 고압측 전로의 지락사고로 인하여 저압측 기기의 허용 스트레스 전압을 낮추기 위하여 접지저항을 낮게 얻기 위한 접지공사를 하여야 한다.

(1) TT 접지방식 설계 흐름도

TN 계통 최대차단시간[sec]

AC 공칭전압[U_0]	32[A] 이하	32[A] 초과
50[V] 초과 120[V] 이하	0.3	1
120[V] 초과 230[V] 이하	0.2	
230[V] 초과 400[V] 이하	0.07	
400[V] 초과	0.04	

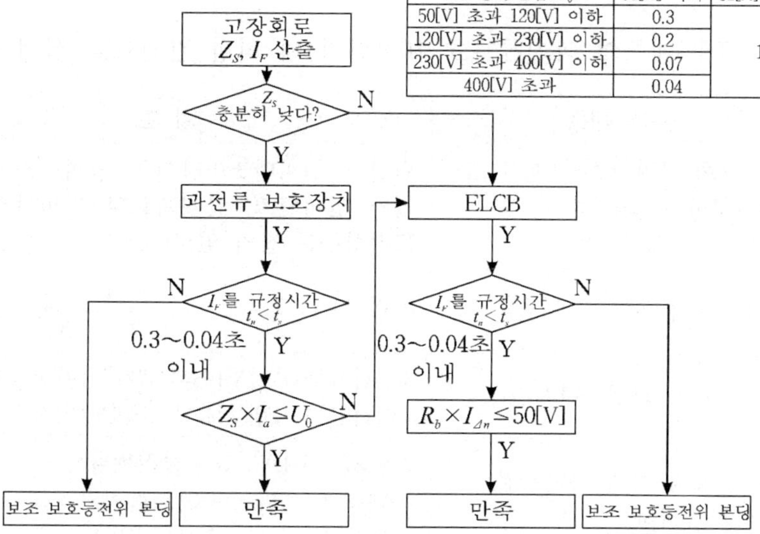

그림 11-4 TT 접지방식 32[A] 이하 분기회로

TN 계통 최대차단시간[sec]

AC 공칭전압[U_0]	32[A] 이하	32[A] 초과
50[V] 초과 120[V] 이하	0.3	1
120[V] 초과 230[V] 이하	0.2	
230[V] 초과 400[V] 이하	0.07	
400[V] 초과	0.04	

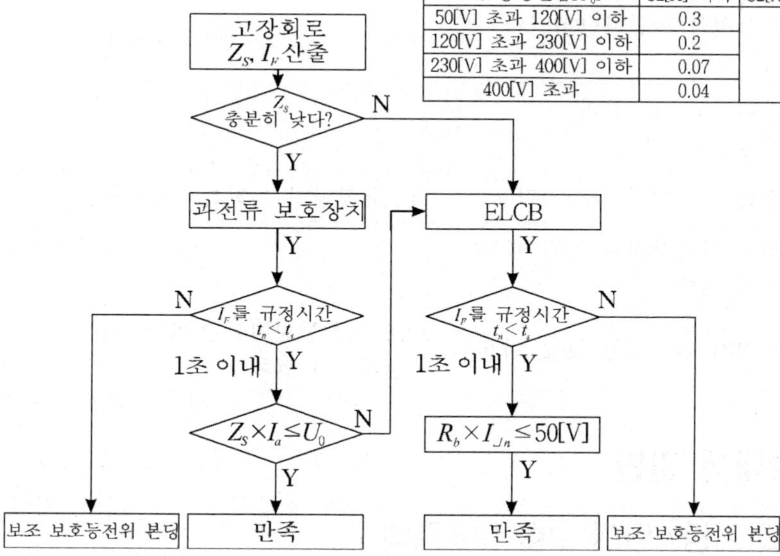

그림 11-5 TT 접지방식 32[A] 넘는 (간선, 분기)회로

(2) TT 접지방식의 전원자동차단에 의한 감전보호 설계 순서

TT 접지방식의 전원자동차단에 의한 감전보호 설계 순서는 표 11-2에 나타내고 있다.

표 11-2 TT 계통의 과전류보호기(차단기)에 의한 감전보호 설계 순서

단 계	설계 내용	비 고
Step1	고장회로 임피던스의 계산(Z_s) (접지저항이 낮은 경우, 높은 경우, 매우 높은 경우)	변압기 임피던스+간선의 임피던스+전원측 접지 임피던스+분기회로의 임피던스+노출 도전성부분 접지 임피던스
Step2	고장회로 전류의 계산(I_F)	지락전류 : $I_F = I_g = \dfrac{V}{\sqrt{(R)^2+(X)^2}} \times 1000$
Step3	TT 계통의 최대차단시간(t_s)	32[A]이하 120[V]초과 230[V]이하 : 0.2초 32[A]넘는 120[V]초과 230[V]이하 : 1초
Step4	TT 계통의 최대 차단시간 이내에 동작하는 보호장치의 동작전류(I_a)	$I_a = Z_B \times \delta$ [A], (δ : 동작배율) 주택용 B-Type 순시트립범위 : 3~5배 주택용 C-Type 순시트립범위 : 5~10배 주택용 D-Type 순시트립범위 : 10~20배
Step5	과전류보호기의 자동차단조건	과전류차단기 사용 :$Z_s \times I_a \leq U_0$ 누전차단기 사용 : $Z_s \times I_a \leq 50\,V$
Step6	보호장치의 자동차단조건의 평가	허용접촉전압 & 계산 접촉전압
Step7	고장회로의 보호장치 동작배율(δ) 계산	$\delta = \dfrac{I_F}{I_n}$
Step8	과전류 차단기의 동작시간(t_n)	과전류차단기 동작특성곡선확인
Step9	과전류 보호장치의 동작시간의 적정성 검증	$t_n \leq t_s$
Step10	부적정시 추가적인 보호 적용	보조 보호등전위본딩 도체 설치 누전차단기 설치

〔3〕 보호대책 일반

(1) 전원의 자동차단에 의한 보호대책

① 기본보호 : 충전부의 기본절연 또는 격벽이나 외함

② 고장보호 : 보호등전위본딩 및 자동차단

③ 추가적인 보호로 누전차단기를 시설가능하다.

누전차단기는 금속제 외함을 가지는 사용전압이 50[V]를 초과하는 저압의 기계기구로서 사람이 쉽게 접촉할 우려가 있는 곳에 시설하는 것에 전기를 공급하는 전로에 설치한다.

(2) 전기설비의 누설전류의 설정값을 초과하는 경우 음향 또는 음향과 시각적인 신호를 발생시키는 누설전류 감시장치을 사용한다.

11.1.3 TN 계통의 전원자동차단에 의한 감전보호

(1) 고장회로의 구성

고장회로는 전원에서 고장점까지의 선도체 및 고장점과 전원간의 보호도체(PE)로 고장회로가 형성되어 있으며 고장전류 $I_g(I_F)$는 점선을 따라 흐르게 된다. 여기서, 고장회로의 임피던스는 계통의 접지저항은 포함되지 않는다.

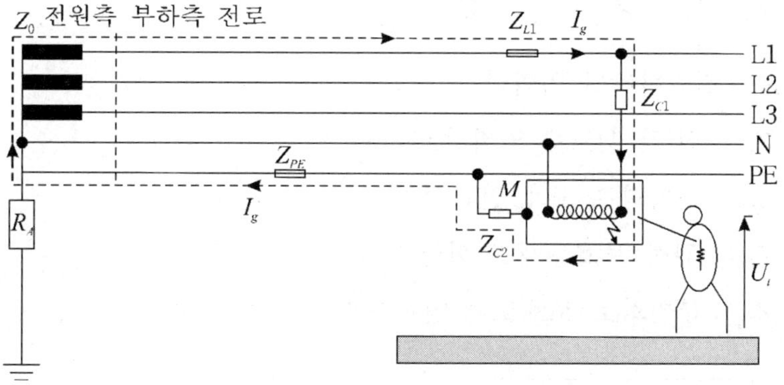

그림 11-6 TN 계통의 고장회로 예

(2) 고장회로의 임피던스

표 11-3 고장회로의 임피던스 특성

구 분	도체의 종류	길이[m]	$R[\Omega]$	$X[\Omega]$	비고
외부 임피던스(Z_0)			0.0036476	0.0171073	TR
간선의 임피던스(Z_{L1})	F-CV 70[mm^2]	120	0.041088	0.01506	평형 배치
간선 보호도체의 임피던스(Z_{PE})	F-CV 50[mm^2]	120	0.059268	0.015888	
분기회로의 임피던스(Z_{C1})	HFIX 6[mm^2]	20	0.078548	0.00284	삼각 배치
분기회로 보호도체의 임피던스(Z_{C2})	HFIX 6[mm^2]	20	0.078548	0.00284	
합 계			0.2611	0.053735	

① 고장회로 임피던스(Z_s) 산출

$$Z_s = Z_0 + Z_{L1} + Z_{C1} + Z_{C2} + Z_{PE}$$

여기서, Z_0 : 전원변압기 임피던스

Z_{L1} : 선(간선)도체 임피던스

Z_{C1} : 분기회로 도체 임피던스

Z_{PE} : 간선 보호도체 임피던스

Z_{C2} : 분기회로 보호도체 임피던스

$$Z_s = \sqrt{0.2611^2 + 0.053735^2}$$
$$= 0.2665720545[\Omega]$$

(3) 배선용 차단기의 종류

감전보호를 위한 전원의 자동 차단을 실시하기 위하여 과전류 차단기로 규정된 차단시간 내에 배선용 차단기를 확실하게 작동시키기 위한 전류-시간 특성의 배선용 차단기를 확인하며 배선용 차단기 종류에는 주택용 배선용 차단기와 산업용 배선용 차단기가 있다.

순시차단기능을 가진 순시 트립 범위는 순시 동작전류가 정격전류에 대한 배율로 표 11-4와 같이 구분하고 있다.

표 11-4 주택용 배선용 차단기의 순시 트립에 따른 구분

Type(형)	순시 트립 범위	적 용
Type B	$3I_n$초과~$5I_n$ 이하	정격전류의 3~5배의 범위에서 동작하며, 연결부하는 조명설비, 저항성 부하(전열기기) 등 기동전류가 작은 부하에 적용
Type C	$5I_n$초과~$10I_n$ 이하	정격전류의 5~10배의 범위에서 동작하며, 기동전류가 있는 유도전동기 부하에 적용
Type D	$10I_n$초과~$20I_n$ 이하	정격전류의 10~20배의 범위에서 동작하며, 돌입전류가 매우 큰 부하에 적용변압기, X선 발생장치, 기동전류가 큰 유도 전동기
I_n : 차단기 정격전류[A]		

회로 전압마다 규정된 표 1-4에 표시된 최대 차단시간 또는 5초 이내에 배선용 차단기를 확실하게 동작시키기 위해서는 배선용 차단기가 순시 차단 성능을 확인한다.

(4) 배선용 차단기의 전류 시간 동작특성

배선용 차단기의 동작특성은 각 제조사 마다 차이가 있으므로 선정된 모델에 따라 전류 시간 동작특성을 적용해야 한다. 표준에서 표 11-5와 같이 정하고 있으며, 동작특성 곡선은 그림 11-7을 참고한다.

표 11-5 과전류 트립 동작시간 및 특성

정격전류의 구분	시 간	정격전류의 배수 (모든극에 통전)			
		산업용 배선차단기		주택용 배선차단기	
		부동작 전류	동작 전류	부동작 전류	동작 전류
63[A] 이하	60분	1.05배	1.3배	1.13배	1.45배
63[A] 초과	120분	1.05배	1.3배	1.13배	1.45배

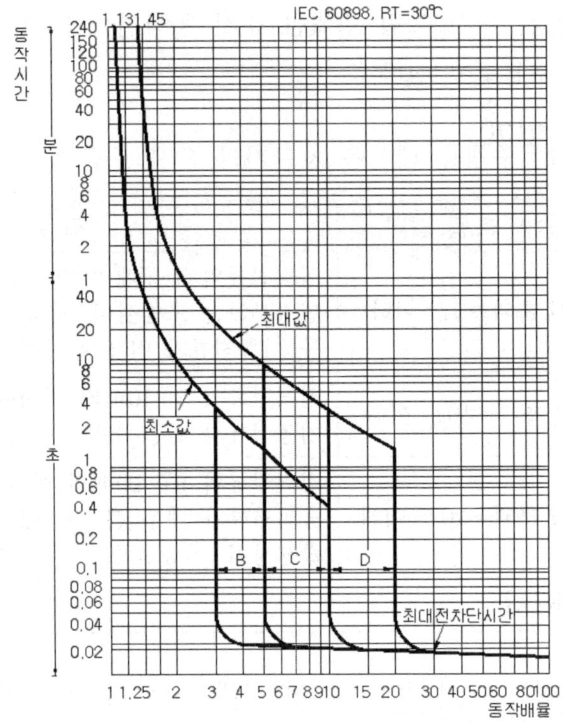

그림 11-7 주택용 배선 차단기(B, C, D형) 동작 특성

(5) TN-S 계통의 고장(지락)전류 계산

$$I_g = \frac{0.95 \times 220}{\sqrt{(0.2611)^2 + (0.053735)^2}} = 784.028[\text{A}]$$

(6) 배선용 차단기의 선정

정격전류 20[A]의 주택용 배선 차단기 C-Type이 0.4초 이내에 동작하기 위하여 위 배선용 자단기 제조사의 특성곡선에서 동작시간(0.4[s])과 특성곡선의 교점에 해당하는 전류배율 10배(200[A]) 이상의 전류가 흐르면 순시동작한다.

① 최대 차단시간 이내에 동작하는 보호장치의 동작전류(I_a)

$I_a = I_n \times 10 = 20[\text{A}] \times 10 = 200[\text{A}]$(주택용 배선용차단기(C-Type)의 순시트립 범위(500~1000[%]))

② 보호장치의 동작배율(δ) $\delta = \frac{I_F}{I_n} = \frac{784.028}{20} = 39.201$

(7) 감전보호의 평가

허용접촉전압 조건($Z_s \times I_a \leq U_0(U_t)$)을 적용하여 계산하면 접촉전압은 0.267[Ω] ×200[A]=53.4[V]이므로 공칭대지전압 220[V] 이하로서 만족하고, 배선용 차단기 동작특성곡선에서 고장전류 784.028[A]는 0.2초 이내에 보호장치가 동작하므로 자동차단조건에 부합되므로 감전보호가 적합하게 이루어졌다.

$$Z_s \times I_a(53.4[\text{V}]) \leq U_0(220[\text{V}])$$

단, Z_s : 고장회로 임피던스

I_a : 최대 차단시간내 보호장치를 자동으로 차단시킬 수 있는 전류[A]

U_0 : 공칭대지전압(실효값)

11.1.4 TT 계통 방식의 전원자동차단에 의한 감전보호

(1) 고장회로의 임피던스의 구성

고장회로는 전원에서 고장점까지의 선도체 및 고장점에서 접지를 통한 대지회로와 고장회로가 형성되어 있으며 고장전류 $I_g(I_F)$는 점선을 따라 흐르게 된다. 여기서는 고장회로의 임피던스는 계통의 접지저항을 포함한다.

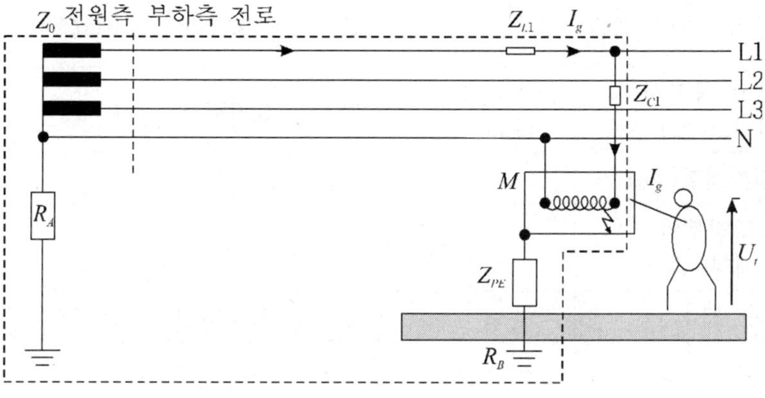

그림 11-8 TT 계통의 고장회로 예

① 접지저항이 매우 낮은 경우

표 11-6 접지저항이 매우 낮은 경우 임피던스 특성

구 분	도체의 종류	길이[m]	$R[\Omega]$	$X[\Omega]$	비 고
외부 임피던스(Z_0)			0.0036476	0.0171073	TR
간선의 임피던스(Z_{L1})	F-CV 120[mm^2]	120	0.041088	0.01506	평형배치
분기회로의 임피던스(Z_{C1})	HFIX 6[mm^2]	20	0.078548	0.00284	삼각배치
분기회로 중성선 임피던스(Z_N)	HFIX 6[mm^2]	20	0.078548	0.00284	
계통 접지저항(R_A)			0.2		변경전
노출도전부의 접지저항(R_B)			0.2		변경전
합 계			0.601832	0.037847	

② 접지저항이 낮은 경우

표 11-7 접지저항이 낮은 경우 임피던스 특성

구 분	도체의 종류	길이[m]	$R[\Omega]$	$X[\Omega]$	비 고
외부 임피던스(Z_0)			0.0036476	0.0171073	TR
간선의 임피던스(Z_{L1})	F-CV 120[mm^2]	120	0.041088	0.01506	평형배치
분기회로의 임피던스(Z_{C1})	HFIX 6[mm^2]	20	0.078548	0.00284	삼각배치
분기회로 중성선 임피던스(Z_N)	HFIX 6[mm^2]	20	0.078548	0.00284	
계통 접지저항(R_A)			2		변경전
노출도전부의 접지저항(R_B)			5		변경전
합 계			7.201832	0.037847	

③ 접지저항이 높은 경우

표 11-8 접지저항이 높은 경우 임피던스 특성

구 분	도체의 종류	길이[m]	$R[\Omega]$	$X[\Omega]$	비 고
외부 임피던스(Z_0)			0.0036476	0.0171073	TR
간선의 임피던스(Z_{L1})	F-CV 120[mm^2]	120	0.041088	0.01506	평형배치
분기회로의 임피던스(Z_{C1})	HFIX 6[mm^2]	20	0.078548	0.00284	삼각배치
분기회로 중성선 임피던스(Z_N)	HFIX 6[mm^2]	20	0.078548	0.00284	
계통 접지저항(R_A)			5		변경전
노출도전부의 접지저항(R_B)			100		변경전
합 계			105.201832	0.037847	

(2) 고장회로 전류의 계산

① 접지저항이 매우 낮은 경우

$$I_g = \frac{U_0}{Z_0 + Z_{L1} + Z_{C1} + Z_{PE} + Z_a + Z_b}$$

$$= \frac{220}{0.34 + 0.0736 + 0.0234 + 0.0147 + 0.2 + 0.2}$$

$$= \frac{220}{0.53984} = 407.53[\text{A}]$$

② 접지저항이 낮은 경우

$$= \frac{220}{0.34 + 0.0736 + 0.0234 + 0.0147 + 2.0 + 50}$$

$$= \frac{220}{7.13984} = 30.81[\text{A}]$$

③ 접지저항이 높은 경우

$$= \frac{220}{0.34+0.0736+0.0234+0.0147+5.0+100}$$

$$= \frac{220}{105.13984} = 2.092[A]$$

(3) 보호장치 선정

TT 계통은 TN 계통과 비교하여 고장전류가 작기 때문에 정격감도전류는 과전류 차단기보다 누전차단기로서 회로를 차단하는 것이 필요하다.

① TT 계통에서 고장이 발생한 경우 자동차단 조건

TT 계통의 지락고장시 흐르는 고장전류에 의해 노출 도전성부분과 접지극 접지저항 R_B를 통해 흐르는 고장전류에 의한 허용접촉전압은 50[V] 이하이다. 단, 이 조건을 만족시키지 못할 경우에는 보조 보호등 전위본딩을 하여야 한다.

$$R_B \times I_a \leq 50[V]$$

여기서, I_a : 정격감도전류 30[mA] 누전차단기 적용

R_B : 노출 도전성 부분과 보호도체 및 접지극 접지저항의 합[Ω]

(4) 과전류 보호장치의 선정

(가) 접지저항이 매우 낮은 경우

① 정격전류 20[A]의 주택용 차단기 B-Type의 고장전류 크기(I_F)는 407.53[A]이다.

② 과전류 보호장치의 감전보호 적정성 평가

㉠ 고장전류 동작배율

$$\delta = \frac{I_F}{I_n} = \frac{407.53}{20} = 20.37$$

㉡ 배선용 차단기 제조사의 특성곡선에서 고장전류에 상당하는 동작배율 20과 특성곡선(그림 11-7)이 만나는 점의 배선용 차단기 동작시간 (t_n)은 0.02초이다.

㉢ TT 계통의 220[V]에서 고장시 최대 차단시간(t_s)는 0.2초로 $t_n(0.02[s]) \le t_s(0.2[s])$로 적정하다.

③ 과전류 차단기로 감전보호 하는 경우 자동차단조건의 검증

㉠ 자동차단 조건식

$$Z_s \times I_a \le 50[V]$$

단, Z_s : 고장회로 임피던스

I_a : 규약시간이내에 차단기를 자동으로 차단시킬 수 있는 전류[A]

U_0 : 공칭대지전압(실효값)

㉡ 고장회로 임피던스(Z_s)

고장회로 임피던스 $Z_s = 0.53984[\Omega]$으로 "① 접지저항이 매우 낮은 경우"의 임피던스 값이다.

㉢ 보호장치의 동작전류(I_n)

배선용 차단기에서 주택용 차단기 Type-B는 최대 동작시간 0.2초 이내에 동작하려면 과전류 차단기 정격전류의 5배 이상 흘려야 한다. 따라서 동작전류는 다음과 같이 된다.

$$I_a = I_n \times 5 = 20[A] \times 5 = 100[A]$$

㉣ 보호장치의 선정 평가는 적합하게 이루어짐.

(나) 접지저항이 낮은 경우

① 정격전류 20[A]의 주택용 차단기 Type-B의 고장전류 크기는(I_F)는 30.81[A]이다.

② 과전류보호장치에 의한 감전보호 적정성 평가

㉠ 고장전류 동작배율

$$\delta = \frac{I_F}{I_n} = \frac{30.81}{20} = 1.5405$$

㉡ 배선용 차단기 제조상의 특성곡선에서 고장전류에 상당하는 동작배율과 특성곡선(그림 11-7)의 교점에 해당하는 배선용차단기 동작시간(t_n)은 40분이다.

㉢ TT 계통의 220[V]에서 고장시 최대 차단시간(t_s)는 0.2초로 t_n(40분)$\leq t_s$ (0.2[s])로 부적정하다.

③ TT 계통에서 과전류 차단기로 감전보호하는 경우 자동차단조건의 검증

㉠ 자동차단 조건식

$$Z_S \times I_a \leq U_0$$

㉡ 고장회로 임피던스

고장회로 임피던스 Z_s =7.13984[Ω]으로 "② 접지저항이 낮은 경우"의 임피던스 값이다.

㉢ 보호장치의 동작전류(I_a)

배선용 차단기에서 주택용 차단기 Type-B는 최대 동작시간 0.2초 이내에 동작하려면 과전류 차단기 정격전류의 5배 이상 흘려야 된다. 따라서 동작전류는 다음과 같이 된다.

$$I_a = I_n \times 5 = 20[A] \times 5 = 100[A]$$

㉣ 평가 : 부적정

$$Z_s \times I_a (713.984[V]) \leq U_0 (220[V])$$

여기에서, $Z_s \times I_a = 7.13984 \times 100 = 713.984[V]$

(다) 접지저항이 높은 경우

① 정격전류 20[A]의 주택용 차단기 Type-B의 고장전류 크기는(I_F)는 2.092[A]이다.

② 과전류보호장치에 의한 감전보호 적정성 평가

㉠ 고장전류 동작배율

$$\delta = \frac{I_F}{I_n} = \frac{2.092}{20} = 0.1046$$

㉡ 배선용 차단기 제조상의 특성곡선에서 고장전류에 상당하는 동작배율과 특성곡선(그림 11-7)의 교점에 해당하는 배선용차단기 동작시간(t_n)은 ∞초이다.

ⓒ TT 계통의 220[V]에서 고장시 최대 차단시간(t_s)는 0.2초로 $t_n(\infty s) \le t_s$ (0.2[s])로 부적정하다.

(5) 누전차단기에 의한 감전보호 적용

(가) 누전차단기의 종류 및 정격

표 11-9 누전차단기의 정격감도전류 및 동작시간

<table>
<tr><th>구 분</th><th>정격감도전류</th><th>동작시간[sec]</th></tr>
<tr><td>주택용</td><td>6,10,15,30,50,
100,200,300,
500[mA]</td><td rowspan="2">감전보호형 : 0.03초, 고속형 : 0.1
기준: KS C IEC 61009-1.의 5.3.8(주택용) KS C IEC 60947-2의 B.4.2.4(산업용)
<table>
<tr><th colspan="2">누설전류</th><th>$I_{\Delta n}$</th><th>$2I_{\Delta n}$</th><th>$5I_{\Delta n}$</th><th>$10I_{\Delta n}$</th></tr>
<tr><td rowspan="2">최대 차단 시간</td><td>비시간 지연형 (일반형)</td><td>0.3</td><td>0.15</td><td>0.04</td><td>0.04</td></tr>
<tr><td>시간 지연형 (S형)</td><td>0.5</td><td>0.2</td><td>0.15</td><td>0.15</td></tr>
</table>
감전보호용 : 정격감도전류에서 동작시간 0.03초 이내
고속형 : 정격감도전류에서 동작시간 0.1초 이내
고감도형 : 정격감도전류가 30[mA]이하인 차단기
S형 누전차단기 : 시간지연형 차단기</td></tr>
<tr><td>산업용</td><td>6,10,15,30,50,
100,200,300,
500[mA],
1,3,10,30[A]</td></tr>
<tr><td colspan="3">출처:
KS C IEC 61009-1.의 5.3.8(주택용 및 이와 유사한 용도의 과전류 보호장치를 가진 누전차단기 제1부 일반 요구사항)
KS C IEC 60947-2(저압 개폐장치 및 제어장치-제2부:차단기)의 B.4.2.4 부속서 B. 누전보호기능을 갖는 차단기(산업용)</td></tr>
</table>

(나) 누전차단기의 적용

① 누전차단기의 정격감도전류는 표 11-9를 참조한다.

② 누전차단기의 정격감도전류를 참조하여 정격감도전류 50[mA]로 하고, 동작시간은 비시간지연형을 선택한다.

③ 누전차단기의 동작시간

고장전류의 크기는 접지저항이 높은 경우에 2.092[A]이므로 고장전류에 대한 누전차단기 동작배율

$$\delta = \frac{I_F}{I_n} = \frac{2.092}{0.05} = 41.84$$

- 누전차단기 동작시간 : 0.02초 이하
- 동작시간의 평가 : 적정

$$t_n(0.02\text{초}) < t_s(0.04\text{초})$$

(다) 누전차단기에 의한 감전보호를 하는 경우 자동차단조건의 검증

① 자동차단 조건

$$R_B \times I_{\Delta n} \leq 50[\mathrm{V}]$$

여기서, R_B : 노출도전부에 접속된 보호도체와 접지극 저항의 합[Ω]

$I_{\Delta n}$: 누전차단기의 정격동작 전류[A]

② $R_B \times I_{\Delta n}$

$$R_B \times I_{\Delta n} = 100 \times 0.05 = 0.5[\mathrm{V}]$$

③ 자동차단조건의 평가 : 적정

$$R_B \times I_{\Delta n}(0.05\,V) \leq 50[\mathrm{V}]$$

④ 누전차단기 적용시 수용가 최대 접지저항

누전차단기를 적용할 경우 수용가의 최대 접지저항값의 계산은 다음 식으로 구할 수 있다.

$$R_B = \frac{\text{허용접촉전압}(50[\mathrm{V}])}{\text{정격감도전류}([\mathrm{mA}])}$$

윗 식에 의해 누전차단기의 정격감도전류를 30[mA]로 선정하는 경우에 최대 접지저항값은

$$R_B = \frac{50[\mathrm{V}]}{0.03[\mathrm{A}]} = 1667[\Omega]$$

이 된다.

누전차단기를 자동차단방식에 도입시 수용가의 최대 접지저항값은 표 11-10과 같으며, 접지저항값이 커서 누전차단기 대용으로 과전류차단기의 사용은 불가능할 것으로 판단된다.

표 11-10 누전차단기 적용시 최대 접지저항

누전차단기의 동작전류	정격감도전류 [mA]				
	30	100	300	500	1000
접촉전압제한 50[V]	1667	500	167	100	50

(라) 누전차단기의 추가보호

KEC 211.2.3에 누전차단기의 추가보호에 의해 다음의 장소에 누전차단기를 의무적으로 설치하여야 한다.

① 일반적으로 사용되며 일반인이 사용하는 정격전류 20[A] 이하 콘센트

② 옥외에서 사용되는 정격전류 32[A] 이하 이동용 전기기기

11.2 과전류에 대한 보호

11.2.1 과부하전류에 대한 보호

회로의 전선로에 정상적인 설계전류가 흐르는 동안 전선 또는 케이블의 도체와 절연체 및 접속부에 열이 발생하지 않아야 하고 또한 기계적 강도에도 견디도록 설치한다. 만약 전선로에서 열의 발생과 기계적인 강도에 위험이 발생할 경우에는 이를 차단하는 보호장치를 설치해야 한다.

회로의 설계전류란 최대부하전류를 말하며 고조파 전류가 포함된 경우에는 이를 선전류에 더하여야 한다.

간선은 부하의 역률, 효율, 수용률, 부하율, 부하 불형률 및 장래부하 증설에 대한 여유율 등을 고려하여야 하며 분기회로에서는 부하의 역률, 효율, 부하율을 적용한다.

(1) 보호장치의 종류 및 특성

① 과부하전류 및 단락전류 겸용 보호장치는 과부하전류 및 단락전류 모두를 보호하는 장치는 그 보호장치 설치 점에서 예상되는 단락전류를 포함한 모든 과전류를 차단 및 투입할 수 있다.

② 과부하전류 전용 보호장치는 전기적 분리에 의한 보호의 요구사항을 충족하여야 하며, 차단용량은 그 설치 점에서의 예상 단락전류값 미만으로도 가능하다.

③ 단락전류 전용 보호장치는 과부하 보호는 별도의 보호장치에 의하거나, 전기적 분리에 의한 보호에서 과부하 보호장치의 생략이 허용되는 경우에 설치 가능하고 이 보호장치는 예상 단락전류를 차단할 수 있어야 하며, 차단기인 경우에는 이 단락전류를 투입할 수 있는 능력이 있어야 한다.

(2) 도체와 과부하 보호장치 사이의 협조

과부하에 대해 케이블 및 전선을 보호하는 장치의 동작특성은 다음의 조건을 충족해야 한다.

$$I_B \le I_n \le I_Z \qquad (11\text{-}1)$$

$$I_2 \le 1.45 \times I_Z \qquad (11\text{-}2)$$

여기서, I_B : 회로의 설계전류

I_Z : 케이블의 허용전류

I_n : 보호장치의 정격전류(사용장소에 적합하게 조정된 전류의 설정값)

I_2 : 보호장치가 규약시간 이내에 유효하게 동작하는 것을 보장하는 전류

① 과부하 보호장치의 정격전류 선정(I_n) : 전선로에 설치하는 과부하 보호장치의 정격전류 선정은 최대 사용전류를 고려하여 식 (11-1)에 적합하게 선정한다. 보호장치의 규약동작전류는 식 (11-2)에 따라 케이블의 허용전류의 1.45배 이하가 되도록 설정하여야 한다. 그림 11-9는 케이블의 과부하에 대한 특성곡선으로서 허용전류의 1.45배의 전류가 60분간 연속하여 흐를 때 케이블의 과부하보호점을 나타내고 있다.

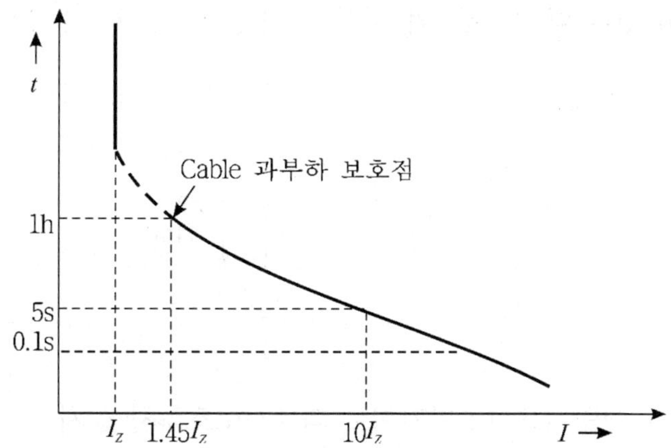

그림 11-9 케이블의 과부하 특성곡선

② 유효한 동작을 보장하는 전류 I_2는 제조자 또는 제품 표준에 제시되어야 한다.

③ 식 (11-2)에 따른 보호는 조건에 따라서는 보호가 불확실한 경우가 발생하는 경우에는 식 (11-2)에 따라 선정된 전선보다 단면적이 큰 전선을 선정한다.

④ I_B는 선도체의 설계전류 또는 함유율이 높은 영상분 고조파(특히 제3고조파)가 연속하여 중성선에 흐르는 전류이다.

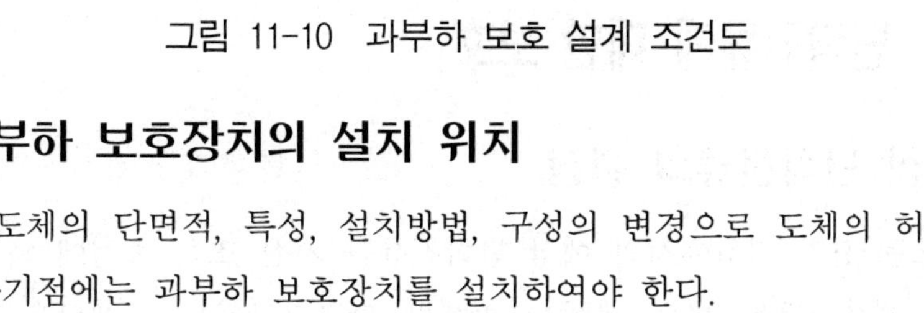

그림 11-10 과부하 보호 설계 조건도

〔3〕 과부하 보호장치의 설치 위치

전로 중 도체의 단면적, 특성, 설치방법, 구성의 변경으로 도체의 허용전류값이 줄어드는 분기점에는 과부하 보호장치를 설치하여야 한다.

① 분기점으로 3[m] 이내 CB_2 설치 : 분기회로(S_2)의 과부하보호장치(CB_2)의 전원측에서 분기점(O) 사이에 다른 분기회로 또는 콘센트의 접속이 없고 분기회로에 대한 단락의 위험과 화재 및 인체에 대한 위험성이 최소화 되도록 시설된

경우 분기점(O)으로부터 3[m]까지 이격 설치할 수 있다. 단, IT 계통의 적용은 제외한다.

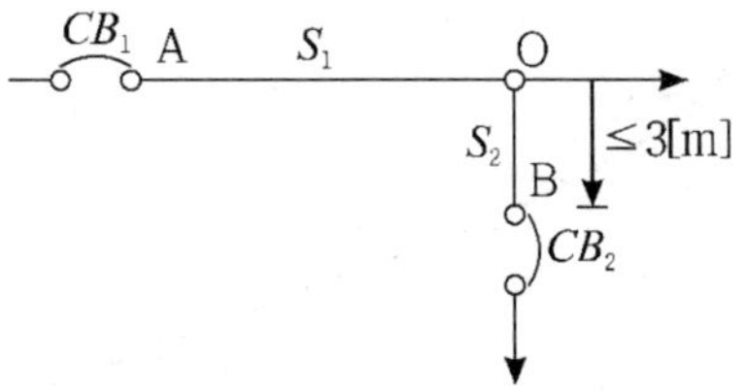

그림 11-11 분기회로 과부하보호장치 설치

② 분기점으로 거리제한 없이 CB_2 설치를 할 경우 분기점(O)과 분기회로의 과부하 보호장치의 설치점 사이의 배선 부분에 다른 분기회로 또는 콘센트를 설치하지 않고 간선보호장치(CB_1)로부터 단락보호가 이루어지는 경우 분기회로(S_2)는 분기점으로부터 임의거리까지 이격하여 설치할 수 있다. 단, IT 계통의 적용은 제외한다.

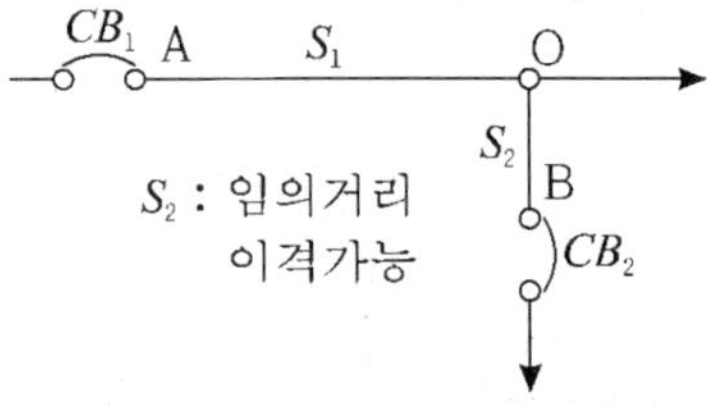

그림 11-12 간선 보호장치에 의한 단락보호

11.2.2 단락전류에 대한 보호

[1] 예상 단락전류의 결정

설비의 모든 관련 지점에서의 예상 단락전류를 계산 또는 측정에 의하여 결정하여야 한다. 계산방법은 회로 내에서 발생한 단락고장전류의 계산은 KS C IEC 60909-0(3상 교류계통의 단락전류-제0부 : 전류의 계산)에서 정하는 계산방법에 따라야 한다.

(1) 최대 단락전류

전기기기의 용량이나 정격을 결정한다.

$$I_{\max} = \frac{K \times C_{\max} \times U_n}{\sqrt{3} \times \sqrt{R^2 + X^2}} \tag{11-3}$$

여기에서, K : 보정계수, $C_{\max}$: 전압계수

(가) 최대 단락전류 계산시 조건

표 11-11 전압계수 c

<table>
<tr><th rowspan="2">공칭전압</th><th colspan="2">계산을 위한 전압계수</th><th rowspan="2">비 고</th></tr>
<tr><th>최대 단락전류 $C_{\max}$</th><th>최소 단락전류 $C_{\min}$</th></tr>
<tr><td rowspan="2">100~1000[V]</td><td>1.05(허용차가 +6[%]인 저압계통, 380~400[V])</td><td rowspan="2">0.95</td><td rowspan="2">IEC 60038, 표1</td></tr>
<tr><td>1.10(허용차가 +10[%]인 저압계통)</td></tr>
<tr><td>1000~35000[V] 이하</td><td>1.10</td><td>1.00</td><td>IEC 60038, 표3</td></tr>
<tr><td>35000[V] 초과</td><td>1.10</td><td>1.00</td><td>IEC 60038, 표4</td></tr>
<tr><td colspan="4">전압계수(Voltage factor, c)는 등가 전압원과 공칭 계통전압 U_n을 $\sqrt{3}$으로 나눈것의 비율</td></tr>
</table>

① 단락전류 계산을 위한 전압계수($C_{\max}$)를 적용(표 11-11. 전압계수)하는데 전압 계수 c는 시간과 장소에 따른 전압 변동, 변압기 탭의 변화, 발전기와 전동기의 초기과도 작용으로 인하여 적용한다.

② 단락위치에서 단락전류의 최대값에 이르게 하는 발전소와 회로망 급전선 계통 구성과 최대 기여 선택

③ 회로망 급전선의 최대 단락전류 기여에 해당하는 최소 등가 단락 임피던스를 사용

④ 적합한 전동기 포함

⑤ 가공선로와 케이블의 선로 저항 R_L은 20[℃]에서 유도한다.

$$R_L = [1 + \alpha(\theta_e - 20[℃])] \times R_{L20}$$

여기서, R_{L20} : 20[℃] 온도에서의 저항

θ_e : 단락 지속시간 종료시 도체 온도[℃]

α : 구리, 알루미늄, 알루미늄 합금에 대해 충분한 정확도를 가질 때 유효한 계수

(2) 최소 단락전류

퓨즈의 선택, 보호장치의 설정, 전동기 시운전 검사 등 기준이 된다.

$$I_{\min} = \frac{C_{\min} \times U_n}{\sqrt{3} \times \sqrt{R^2 + X^2}} \tag{11-4}$$

(가) 최소 단락전류 계산시 조건

① 단락위치에서 단락전류의 최소값에 이르게 하는 발전소 및 회로망 급전선으로부터 계통 구성과 최소 기여 선택

② 최소 단락전류 계산을 위한 전압계수($C_{\min}$)을 적용

③ 전동기 무시

④ 선로의 저항 R_L은 더 높은 온도에서 유도(도체의 온도특성 고려)

〔2〕 단락보호장치의 설치위치

단락전류 보호장치는 분기점(O 또는 P)에 설치해야 한다. 단, 그림 11-13과 같이 분기회로의 단락보호장치 설치점(B)과 분기점(O) 사이에 다른 분기회로 또는 콘센트의 접속이 없으며 단락, 화재 및 인체에 대한 위험이 최소화 될 경우, 분기회로의 단락보호장치(CB_2)는 분기점(O)으로부터 3[m]까지 이동하여 설치할 수 있다.

도체의 단면적이 감소하거나 다른 변경이 이루어진 분기회로의 시작점(P)과 이 분기회로의 단락보호장치(CB_3) 사이에 있는 도체가 전원측에 설치되는 보호장치(CB_1)에 의해 단락보호가 되는 경우에 CB_3의 설치위치는 분기점(O)으로부터 임의거리까지 이격하여 설치 할 수 있다.

그림 11-13은 분기회로 단락보호장치 시설 위치를 나타내고 있다.(단, S_1은 주간선의 굵기, S_2는 분기회로 전선 굵기

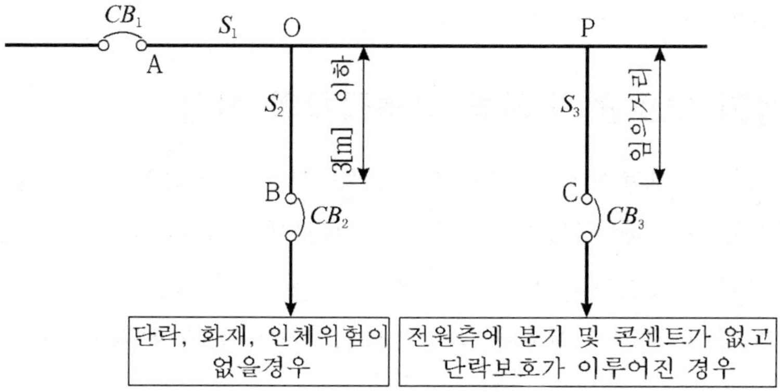

그림 11-13 분기회로 단락보호장치 시설 위치

(1) 단락보호장치의 생략

배선을 단락위험이 없고 가연성 물질 근처에 설치하지 않는 경우 다음과 같은 곳에 단락보호장치를 생략할 수 있다.

① 발전기, 변압기, 정류기, 축전지와 보호장치가 설치된 제어반을 연결하는 도체
② 전원차단이 설비의 운전에 위험을 가져올 수 있는 회로
③ 특정 측정회로

(2) 병렬도체의 단락보호

① 여러 개의 병렬도체를 사용하는 회로의 전원측에 1개의 단락보호장치가 설치되어 있는 조건에서, 어느 하나의 도체에서 발생한 단락고장이라도 효과적인 동작이 보증되면, 해당 보호장치 1개로 그 병렬도체 전체의 단락보호장치로 사용 가능.

② 1개의 보호장치에 의한 단락보호가 효과적이지 못하면, 다음 중 1가지 이상의 조치할 것.

㉠ 배선은 기계적인 손상 보호와 같은 방법으로 병렬도체에서의 단락위험을 최소화 할 수 있는 방법으로 설치하고, 화재 또는 인체에 대한 위험을 최소화할 수 있는 방법으로 설치할 것.

㉡ 병렬도체가 2가닥인 경우 단락보호장치를 각 병렬도체의 전원측에 설치할 것.

㉢ 병렬도체가 3가닥 이상인 경우 단락보호장치는 각 병렬도체의 전원측과 부하측에 설치한다.

〔3〕 전동기 보호용 과전류 보호장치의 시설

전동기용 과부하 보호장치의 정격전류 또는 설정값 선정은 전동기를 전전압 기동시 기동전류는 6~8배 정도의 정격전류가 회로에 흐른다. 그러므로 전동기 보호장치는 전동기의 기동전류와 부하전류, 전동기 및 케이블의 열특성 등을 고려하여 그림 11-14와 같이 전동기 보호용 과전류보호장치를 협조 하여야 한다.

(1) 보호장치의 정격전류 선정에 영향을 미치는 요소

① 전동기의 정격전류(I_m)

② 전동기의 전전압 기동배율(β)

③ 전동기의 전전압 기동시간(t_m)

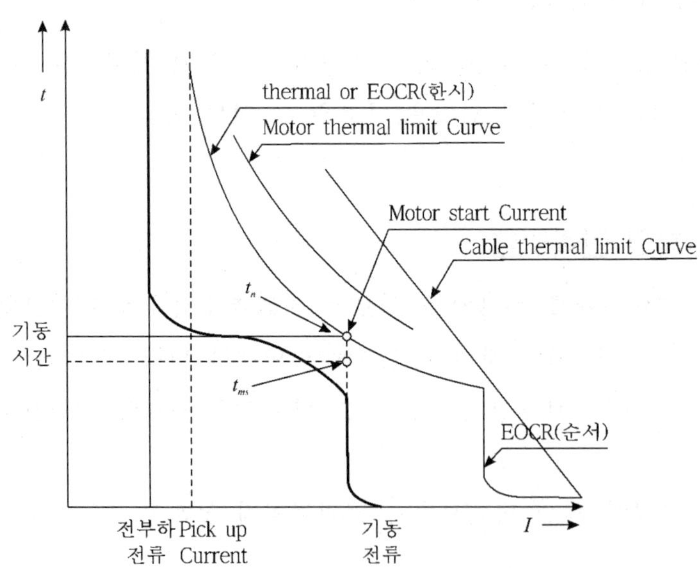

그림 11-14 보호협조 특성곡선

(2) 보호장치의 정격전류 선정방법

① 보호장치 최소 동작시간의 결정(t_n) : 전동기의 기동방식에 따른 전동기의 기동 전류의 크기와 기동시간을 고려한다.

② 보호장치의 동작배율(δ) : 최소 동작시간과 특성곡선의 교점에 해당하는 전류동작배율

③ 과부하 보호장치의 정격전류 선정 : $I_n = \dfrac{I_m \times \beta}{\delta}$

(3) 전동기 과부하 보호장치의 정격전류 선정

전동기 과부하 보호장치 선정할 경우에는 다음사항을 고려한다.

① 전기방식 및 전압

② 정격출력, 효율, 역률

③ 전 전압 기동전류의 크기-전동기의 기동용량 고려

④ 전동기의 기동방식 : 전 전압 기동방식, Y-Δ 기동방식, 리액터 기동방식, 기동보상기 기동방식, 인버터 기동방식 등

⑤ 전동기의 기동시간 및 기동시 역률

(4) 과부하 보호장치의 정격전류 선정

과부하 보호장치의 정격전류 선정순서는 다음 표 11-12와 같은 단계를 거쳐 선정한다.

표 11-12 과부하 보호장치의 정격전류 선정순서

단계	선정 내용
Step 1	부하의 설계전류를 고려한 과부하 보호장치의 정격전류 선정
Step 2	$I_2 \leq 1.45 \times I_Z$를 고려한 과부하 보호장치의 정격전류 선정
Step 3	전동기의 기동전류를 고려한 과부하 보호장치의 정격전류 선정
Step 4	Step 1~Step 3의 과부하 보호장치의 정격전류 중 가장 큰 정격전류를 선정

〔4〕 저압 전동기 단락보호장치의 정격전류 선정

(1) 예상 단락전류의 결정

회로의 모든 지점에서 단락고장이 발생한 경우를 예상하여 단락전류를 계산 또는 측정에 의하여 결정한다. 보호장치의 부하측 단자의 단락전류와 부하설비의 전원측 단자의 단락전류 크기에는 차이가 발생하며 거리가 멀어질수록 더 큰 차이가 발생할 수 있다. 따라서, 보호장치는 보호장치 설치점 이후의 모든 단락전류에 대해서도 신뢰성 있도록 차단해야 한다. 단락고장전류의 계산은 KSC IEC60909-0 표준에 따라 계산하여 적용할 필요가 있다.

(2) 도체의 단시간 허용온도에 도달하는 시간을 고려한 보호장치의 선정

도체의 단시간 허용온도에 도달하는 시간(t_z)의 계산은 다음 식과 같다.

$$t_z = (\frac{kS}{I})^2 \qquad (11\text{-}5)$$

여기서, t_z : 단락전류 지속시간[초]

S : 도체의 단면적[mm^2]

I : 유효 단락전류[A, rms]

k : 도체 재료의 저항률, 온도계수, 열용량, 해당 초기온도와 최종온도를 고려한 계수로서, 일반적인 도체의 절연물에서, 선 도체에 대한 k값은 표 11-13과 같다.

표 11-13 도체에 대한 k값

구 분	도체절연 형식							
	PVC (열가소성)		PVC (열가소성) 90[℃]		에틸렌프로필렌 고무/가교폴리에틸렌(열경화성)	고무 (열경화성) 60[℃]	무기재료	
							PVC 외장	노출 비외장
단면적 [mm²]	≦300 [mm²]	>300 [mm²]	≦300 [mm²]	>300 [mm²]				
초기 온도 [℃]	70		90		90	60	70	105
최종 온도 [℃]	160	140	160	140	250	200	160	250
도체재료 : 구리, 알루미늄, 구리의 납땜접속	115	103	100	86	143	141	115	135/115*
	76	68	66	57	94	93	-	-
	115	-			-	-	-	-

* 이 값은 사람이 접촉할 우려가 있는 노출 케이블에 적용되어야 한다.

① 가는 도체 (단면적이 10[mm²] 미만), 기타 다른 형식의 전선 접속, 노출 도체의 k값은 검토 중임.
② 단락보호장치의 정격전류는 케이블의 허용전류보다 클 수도 있다.
③ 위의 계수는 KS C IEC 60724에 근거한다.
④ 계수 k의 계산방법에 대해서는 IEC 60364-5-54(전기기기의 선정 및 설치-접지설비 및 보호도체)의 “부속서 A” 참조한다.

① 단락고장에 의한 보호장치 동작배율

$$\delta = \frac{I_F}{I_n}$$

② 단락보호장치의 동작시간(t_n)은 제조사에서 제공 적용된 보호장치의 특성곡선에서 고장전류의 동작배율과 차단특성곡선이 만나는 점(교점)이 된다.

③ 보호장치의 적정성 평가

적정 $t_z > t_n$, 부적정 $t_z < t_n$

여기서, t_z : 단시간 허용온도에 도달하는 시간(sec) $t_z = (\frac{kS}{I})^2$

(3) 단락보호장치의 정격전류 선정

전동기 보호장치는 기동시 돌입전류에 동작하지 않아야 하고 전동기회로의 단락고장시 반드시 동작하도록 동작전류를 설정한다.

전동기의 기동시 돌입전류를 고려한 단락보호장치의 정격전류는 식 (11-6)과 같이 계산한다.

$$I_n = \frac{I_i \times \alpha}{\delta} \tag{11-6}$$

여기서, I_i : 기동방식을 고려한 기동돌입전류

α : 설계여유(25[%])

δ : 보호장치의 순시차단 배율(8~16)

(4) 단락보호장치의 차단용량 선정

저압전로 중의 전동기 보호용 단락보호장치는 설치 지점에서 예상단락고장전류보다 커야 한다. 보호장치의 정격차단전류를 선정하는 경우에는 식 (11-7)을 이용하여 예상 단락고장전류에 25[%]정도 설계여유를 반영한다.

보호장치의 정격차단전류 > 예상단락전류 × 1.25 (11-7)

① 과전류차단기로 저압전로에 시설하는 과부하보호장치(전동기가 손상될 우려가 있는 과전류가 발생했을 경우에 자동적으로 차단하는 것에 한함)와 단락보호 전용차단기 또는 과부하 보호장치와 단락보호전용퓨즈를 조합한 장치는 전동기에만 연결하는 저압전로에 사용하고 다음 각각에 적합한 것일 것.

㉠ 과부하 보호장치, 단락보호전용 차단기 및 단락보호전용 퓨즈는 다음에 따라 시설할 것.

· 과부하 보호장치로 전자접촉기를 사용할 경우에는 반드시 과부하계전기가 부착되어 있을 것.

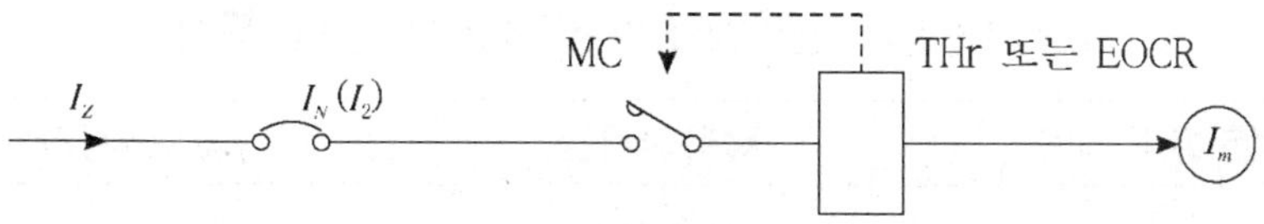

그림 11-15

· 단락보호전용 차단기의 단락동작설정 전류값은 전동기의 기동방식에 따른 기동돌입전류를 고려할 것.

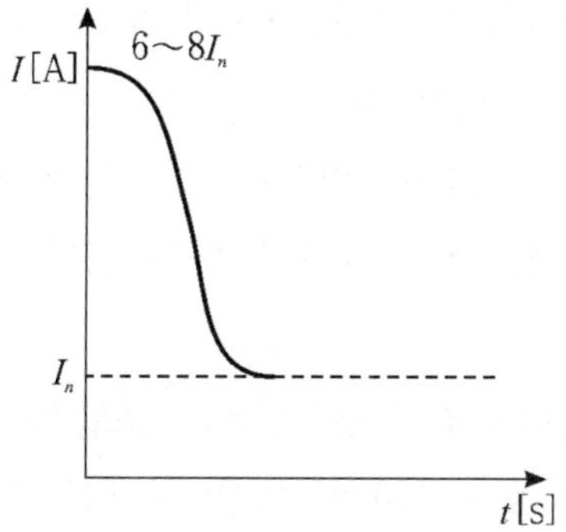

그림 11-16

· 단락보호전용 퓨즈는 표 11-14의 용단 특성에 적합한 것일 것.

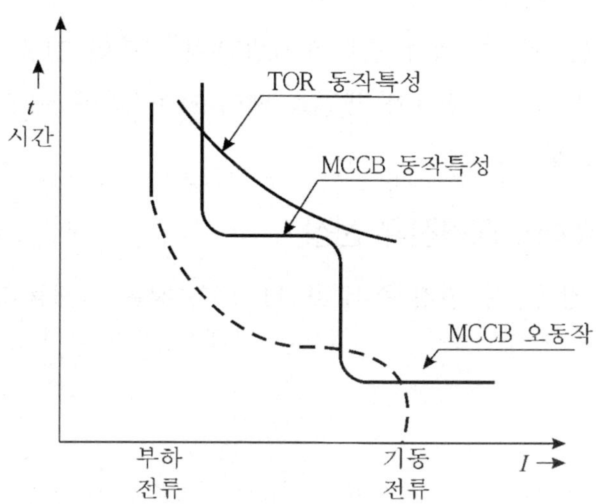

그림 11-17 전동기 기동전류와 MCCB 동작특성곡선

표 11-14 단락보호전용 퓨즈의 용단 특성

정격전류의 배수	불용단시간	용단시간
4배	60초 이내	-
6.3배	-	60초 이내
8배	0.5초 이내	-
10배	0.2초 이내	-
12.5배	-	0.5초 이내
19배	-	0.1초 이내

㉡ 과부하 보호장치와 단락보호 전용 차단기 또는 단락보호 전용 퓨즈를 하나의 전용함 속에 넣어 시설한 것일 것.

㉢ 과부하 보호장치가 단락전류에 의하여 손상되기 전에 그 단락전류를 차단하는 능력을 가진 단락보호 전용 차단기 또는 단락보호 전용 퓨즈를 시설한 것일 것.

㉣ 과부하 보호장치와 단락보호 전용 퓨즈를 조합한 장치는 단락보호 전용 퓨즈의 정격전류가 과부하 보호장치의 설정 전류값 이하가 되도록 시설한 것일 것.

② 저압 옥내 시설하는 보호장치의 정격전류 또는 전류 설정값은 전동기 등이 접속되는 경우에는 그 전동기의 기동방식에 따른 기동전류와 다른 전기사용기계기구의 정격전류를 고려하여 선정할 것.

③ 옥내에 시설하는 전동기(정격 출력이 0.2[kW] 이하인 것을 제외)에는 전동기가 손상될 우려가 있는 과전류가 생겼을 때에 자동적으로 이를 저지하거나 이를 경보하는 장치를 할 것.

(5) 단락보호장치의 정격전류 선정

단락보호장치의 정격전류 선정 순서 표 11-15와 같은 단계를 거쳐 선정한다.

표 11-15 단락보호장치의 정격전류 선정 순서

단계	주 요 내 용
Step 1	회로의 단락고장전류를 계산
Step 2	단락고장에 의한 도체의 단시간 허용온도에 도달하는 시간을 고려한 단락보호장치의 정격전류 선정
Step 3	전동기의 기동돌입전류를 고려한 단락보호장치의 정격전류를 선정
Step 4	Step 2~Step 3의 단락보호장치의 정격전류 중 가장 큰 정격전류를 선정
Step 5	겸용 보호장치를 사용하는 경우에는 과부하보호장치 정격전류의 선정순서에 결정된 Step 4와 단락보호장치의 정격전류 선정 순서에서 결정된 Step 4 중 큰 값의 정격전류를 선정
Step 6	회로의 최대고장전류를 고려한 보호장치의 정격차단전류 선정

(6) 분기회로의 시설

분기회로의 분기 개폐기는 각 극에 시설하여야 하며 분기회로의 과전류 차단기에 플러그 퓨즈를 사용하는 등 절연저항의 측정 등을 할 때에는 그 저압 전로를 개폐 가능하게 시설한 경우에는 분기 개폐기의 시설생략을 생략할 수 있다. 또한, 분기회로에 과전류 차단기를 시설할 경우에는 과전류 차단기를 각 극에 시설하여야 한다. 다만, 정격전류가 50[A]를 초과하는 하나의 전기사용기계기구(전동기 등을 제외)에 이르는 저압 전로는 다음에 의하여 시설하여야 한다.

① 시설하는 분기회로의 과전류 차단기는 그 정격전류가 그 전기사용기계기구의 정격전류는 1.3배 한 값을 넘지 아니하는 것일 것.
② 그 전기사용기계기구 이외의 부하를 접속시키지 아니할 것.
③ 분기회로의 과전류 차단기의 정격전류와 도체의 허용전류는 서로 협조할 것.

〔5〕 과부하 및 단락 보호의 협조

① 과부하전류 및 단락전류에 대한 보호의 요구사항을 만족하는 경우 한 개의 보호장치를 이용하여 보호할 수 있다.
② 개별 장치를 이용한 보호 : 과부하전류에 대한 보호 및 단락전류에 대한 보호의 요구사항을 과부하 보호장치와 단락 보호장치에 각각 적용할 경우에는 개별 장치를 이용하여 보호한다. 단, 단락 보호장치의 통과에너지가 과부하 보호장치

에 손상을 주지 않고 견딜 수 있는 값을 초과하지 않도록 협조하여야 한다. 도체의 허용전류를 초과하는 전류를 공급할 수 없는 전원으로부터 전류를 공급받은 도체의 경우에는 과부하 및 단락보호가 적용된 것으로 한다.

[참고문헌]

1. KS C 8332 주택용 배선차단기, 기술표준원, 2018.
2. KS C 4621 주택용 누전차단기, 기술표준원, 2018.04.18.
3. KS C 8321 산업용 배선차단기, 기술표준원, 2018.12.23.
4. KS C 4613 산업용 누전차단기, 기술표준원, 2018.12.23.
5. KEC 2021 한국전기설비규정, 대한전기협회, 2020.12.31.
6. KECG 1703-2019 접지시스템 설계에 관한 기술지침, 대한전기협회, 2019.11.04
7. KECG 1702A-2020 감전 및 과전류보호 설계방법에 관한 기술지침 부록, 대한전기협회, 2020.07.01.
8. 저압전기설비 제 5-52부 전기기기의 선정 및 설치-배선설비(KS C IEC 60364-5-52(2012)) 기술표준원, 2012.07.26.

최신 전기설비설계

2026. 1. 17 개정판 인쇄
2026. 1. 21 개정판 발행

저 자 : 박종복 · 배준기
민찬식 · 송정원 공저
발행자 : 김갑수
발행처 : 도서출판 **태영문화사**

주 소 : 서울특별시 강서구 초원로 38
전 화 : 2661-8751
F A X : 2661-8798
등 록 : 1998년 11월 12일 제 2-2682호

정가 32,000원

ISBN 978-89-6354-337-6